U0214187

鄱阳湖流域水土保持研究与实践

杨 洁 汤崇军 郑海金 等 著

科学出版社

北京

内 容 简 介

本书通过文献研究、实证研究、定位观测和数学模型计算等研究手段，从理论和实践两个方面梳理了多年来在鄱阳湖流域水土保持方面的研究成果，主要分析了降雨、土壤与水土流失的关系，介绍了主要的水土流失监测方法和监测技术，针对坡耕地、果园、马尾松林、崩岗、稀土矿迹地、鄱阳湖滨湖沙地、堤防边坡的不同特点提出了相应的水土保持技术，并对各类水土保持技术的示范推广情况进行了介绍，对典型区域的水土流失防治效益进行了评估。

本书可供水土保持、环境科学、地理科学、水文学、流域管理等领域相关科技人员和高等院校师生参考。

图书在版编目 (CIP) 数据

鄱阳湖流域水土保持研究与实践 / 杨洁等著. —北京：科学出版社，2020.6

ISBN 978-7-03-065364-2

Ⅰ. ①鄱… Ⅱ. ①杨… Ⅲ. ①鄱阳湖 – 流域 – 水土保持 – 研究 Ⅳ. ①S157

中国版本图书馆 CIP 数据核字 (2020) 第 093427 号

责任编辑：朱 丽 郭允允 / 责任校对：何艳萍
责任印制：吴兆东 / 封面设计：蓝 正

科学出版社 出版
北京东黄城根北街 16 号
邮政编码：100717
http://www.sciencep.com

北京中石油彩色印刷有限责任公司 印刷
科学出版社发行 各地新华书店经销
*
2020 年 6 月第 一 版 开本：787×1092 1/16
2020 年 6 月第一次印刷 印张：31 3/4
字数：750 000

定价：298.00 元
(如有印装质量问题，我社负责调换)

前　言

　　水土流失是我国最为突出的环境问题之一，是各类生态退化的集中表现，严重困扰着经济社会的可持续发展和农民脱贫致富。鄱阳湖流域地处长江流域中下游，总面积占长江流域面积的9%，占江西省面积的94.1%。鄱阳湖流域水热资源丰沛，地貌以丘陵山地为主，是我国粮、棉、油、果、林重要生产基地，也是长江经济带的重要组成部分。由于耕作生产扰动频繁，降雨量大，水土流失严重，所以该地区成为我国红壤区水土流失最为严重的地区之一。因此，鄱阳湖流域面临严峻的水土资源保护和治理任务。

　　本书作者团队长期立足于土壤侵蚀和水土保持学科理论，瞄准红壤侵蚀过程与防治、典型侵蚀区植被恢复及环境效应、流域生态环境及生态服务功能、水土保持监测关键技术与信息化等方向，通过模拟试验、野外定位观测、勘察调研、地空遥感监测和统计模型等相结合的方法，在坡面和小流域尺度上潜心探索，综合研究了鄱阳湖流域坡地水土流失规律、防治技术和水土保持效益，获得许多优秀成果。本书是在江西省土壤侵蚀与防治重点实验室及"水土保持和水资源保护与利用"省级优势科技创新团队多年研究成果的基础上提炼而成，详细阐述了鄱阳湖流域降雨、土壤与水土流失的关系，水土流失监测方法与技术，总结出坡耕地水土保持技术、果园水土保持技术、林下水土流失防治技术、崩岗侵蚀防控技术与模式、稀土矿迹地水土流失治理技术、鄱阳湖滨湖沙地治理技术、堤防边坡植草防护技术7大水土保持技术，并对典型区域的水土流失防治效益和水土流失综合治理示范情况进行了总结。

　　本书由杨洁总体设计，全书共13章，第1章鄱阳湖流域概况，由张勇奋、汤崇军执笔；第2章降雨与水土流失，由陈晓安、宋月君执笔；第3章土壤与水土流失，由杨洁、刘窑军、陈晓安执笔；第4章水土流失监测，由宋月君、廖凯涛执笔；第5章坡耕地水土保持技术，由郑海金、左继超执笔；第6章果园水土保持技术，由郑海金、袁芳执笔；第7章林下水土流失防治技术，由汤崇军、肖胜生、宋月君执笔；第8章崩岗侵蚀防控技术与模式，由肖胜生、陈晓安、宋月君执笔；第9章稀土矿迹地水土流失治理技术，由郑太辉、黄鹏飞、陈晓安执笔；第10章鄱阳湖滨湖沙地治理技术，由莫明浩、段剑执笔；第11章堤防边坡植草防护技术，由段剑、肖胜生、叶忠铭执笔；第12章典型区域水土流失防治效益评估，由莫明浩、汪邦稳、宋月君执笔；第13章水土流失综合治理示范，由段剑、肖胜生、张勇奋执笔。全书最后由杨洁、郑海金、汤崇军统稿审定。

　　参加的主要研究人员还有方少文、胡建民、张展羽、谢颂华、涂安国、王凌云、张杰、熊永、盛丽婷、邢栋、陈建威、康金林、徐铭泽、万佳蕾等。在研究期间作者得到了中国科学院南京土壤研究所、中国科学院水利部水土保持研究所长江水利委员会长江流域水土保持监测中心站、河海大学、江西农业大学、南昌大学、江西省水利厅、江西水土保持生态科技园和江西省各县（市、区）水利水保部门的大力支持，以及课题组全体研究人员的密切配合，圆满完成了研究任务。在此对他们的辛勤劳动表示诚挚的感谢。

限于作者水平，加之时间仓促，书中难免存在欠妥或谬误之处，恳请读者批评指正。

作　者

2019 年 11 月

本书所涉及彩图及内容信息请扫描右侧二维码扩展阅读。

目　　录

第1章 鄱阳湖流域概况

1.1 自然地理概况

鄱阳湖流域位于长江中下游南岸,东起武夷山脉,西至罗霄山脉,南至南岭山脉,是鄱阳湖水系集水范围的总称。鄱阳湖水系由赣江、抚河、信江、饶河、修水和环湖直接入湖河流及鄱阳湖共同组成。它与汉江流域、洞庭湖流域和长江中游干流区间一起,构成面积达 70 万 km^2 的长江中游地区。鄱阳湖流域地处中国的东部季风区,位于 24°29′14″N～30°04′41″N, 113°34′36″E～118°28′58″E, 南北最长约 620km, 东西最宽约 490km, 总面积为 16.22 万 km^2, 约占整个长江流域面积的 9%。其中,大约 15.67 万 km^2 位于江西省境内,约占江西省面积的 94.1%, 其余 5500km^2 隶属于福建、浙江、安徽、湖北、广东等省份[①]。

1.1.1 地形地貌

鄱阳湖流域地势南高北低,四周高中间低,东西南部三面环山,中部丘陵起伏,构成一个以鄱阳湖平原为底部的向北敞口的大盆地。地貌类型以丘陵山地为主,约占总面积的 78%, 平原岗地约占 12.1%, 水面约占 9.9%, 另有少量喀斯特、丹霞和冰川等特殊地貌。

依据形态和成因,结合区域性地形地貌综合标志,把鄱阳湖流域分为 6 个地形地貌区(表 1-1)(江西省人民代表大会环境与资源保护委员会,2008)。

表 1-1 鄱阳湖流域地形地貌区分类

序号	名称	概况
1	赣西北中低山与丘陵区	面积 3.5 万 km^2。山川呈北东东向展布,幕阜山脉位于该区北部,向西蜿蜒入湘,庐山为其东延余脉,平地拔起,一山独秀。九岭山脉与幕阜山脉南北对峙,海拔 1000m 左右,组成幕阜、九岭侵蚀中山山区。该区南部为萍乡—丰城丘陵、盆地区,为沉积碎屑岩、碳酸盐岩组成的低山丘陵和红色碎屑岩盆地
2	鄱阳湖冲积平原区	面积 2 万 km^2。是江西省五大河流入湖处三角洲连成一片的冲积平原。河流纵横,湖泊星罗棋布,土壤肥沃,是江西省主要的农业区
3	赣东北中低山与丘陵区	面积 2.5 万 km^2。山川地貌呈北东向展布,西北部为浩山、蛟潭侵蚀低山丘陵,中部为鄣公山、怀玉山侵蚀中低山,海拔一般 500～1000m, 怀玉山脉的主峰玉京峰高 1814m, 南部为信江红色碎屑岩丘陵盆地
4	赣中河谷丘陵盆地区	面积 2.2 万 km^2。位于赣江、抚河中游两岸广大地区。发育低山丘陵与漫滩平原以及河流阶地,地势低缓,是江西省内以水稻为主的农作物区
5	赣西中低山区	包括武功山、井冈山、万洋山,统称罗霄山脉。海拔高度一般 1200～1500m, 主峰海拔 2120m, 为侵蚀地貌单元。赣江西侧的数条支流源于本区,沟谷割切,水资源丰富,植被发育,面积 1 万 km^2
6	赣中南中低山与丘陵区	面积 5.9 万 km^2。位于遂川、铅山一线以南广大地区。流水侵蚀切割,地势起伏较大,本区西南部为诸广山中低山区和赣州—信丰侵蚀低山丘陵与红色碎屑岩盆地,中部的雩山—九连山中低山区与东部的武夷山中低山区呈北北东—南南西平行展布,海拔在 500～1500m, 两者之间为南城—会昌低山丘陵和红色碎屑岩盆地。武夷山脉纵驰于赣闽之间,为来自东南的台风屏障,主峰黄岗山海拔 2157.7m, 是江西省最高峰

---

① 由于资料收集所限,本书所涉及研究区域均以江西省为主。

1.1.2 地质构造

据已有资料，鄱阳湖流域地质构造较为复杂，从大地构造看，鄱阳湖流域可按不同地质时期造山运动所形成的隆起和凹陷，自北向南分成 5 个构造区（表 1-2）（赵其国，1988）。

表 1-2 鄱阳湖流域地质构造区分类

序号	名称	概况
1	江南凹陷区	指赣北长江沿岸及修水流域一带。该区在下古生代就已下陷，早古生代曾数度震荡并几次下沉于海，中生代以后趋于稳定，但却发生了今日可见的长江河道及其沿岸平原的巨大断裂。该凹陷区内地层以古生代沉积岩为主
2	江南隆起区	横贯江西省北部，形成于晚古生代。区内以变质岩地层为主，花岗岩大岩体出露，其中隆起的庐山主要基岩为变质岩。鄱阳湖为断裂凹陷，始成于中生代，受燕山期断裂作用影响，湖区面积扩大（400 万～600 万亩①），切割了江南隆起，而与长江凹陷构通，沉积了巨厚的红色岩层
3	江西隆起凹陷区	包括赣西武功山、吉安及赣西南一带。此区断裂构造发达，常出现大断层将褶皱破坏现象。早古生代、白垩纪及古近纪-新近纪地层均有出露。赣南一带，由中生代凹陷构造，经断裂作用切割而成，堆积了很厚的白垩纪及古近纪-新近纪的红色岩层，其他地区大多由燕山期侵入的花岗岩所构成，并夹有少量石灰岩
4	上饶凹陷区	主要由石炭纪及古近纪-新近纪红色岩层所组成，并不断受断裂切割的影响
5	武夷山隆起区	在江西省境内，地质构造以褶皱为主，出露的地层为变质岩系，它是在白垩纪至新近纪期内由强烈的断裂作用所造成的

从整个地史发育过程看，在早古生代加里东运动时期，鄱阳湖流域的江南凹陷区，就已发生过下陷，出现了古生代沉积岩。到晚古生代的海西运动时期，江南凹陷区几经下沉，而该流域北部的江南隆起区，开始褶皱和隆起，有大量花岗岩侵入体。至中生代燕山运动时期，北部发生巨大断裂凹陷，形成了今日的长江河道及鄱阳湖体。庐山也在此期间逐渐隆起。与此同时，这种凹陷构造，使赣西及赣南大部分地区，出现花岗岩的穹隆构造。它是由燕山期侵入变质岩及沉积岩的花岗岩体构成。直至古近纪-新近纪，赣西及上饶区发生凹陷，开始堆积了深厚的白垩纪及古近纪-新近纪红色岩体。直到第四纪不少湖积及冲积盆地，开始形成大面积深厚的第四纪红土，它是红壤发育的特殊母质基础（赵其国，1988）。

1.1.3 气候

鄱阳湖流域地处亚热带湿润季风气候区，受季风环流的影响，气温四季变化非常明显，冬夏季长而春秋季短。各季节平均气温为：春季 17.3℃，夏季 27.6℃，秋季 19℃，冬季 7.2℃。随着纬度变化，流域内气温自北向南依次增高，南北温差相差约 3℃，冬夏季气温差异较大。1 月受北方冷空气影响，平均气温南高北低，月平均气温为 6.1℃，冷暖温差大。7 月多受副热带高气压带控制，气温较高，温差较小，月平均气温为 28.8℃，极端最高气温 44.9℃（1953 年 8 月 15 日出现在修水县）。同时由于地貌因素的影响，月平均气温出现北高南低现象，周围山区温度更低。年平均降水量为 1675mm，降水量空间分布不均，差异较大，赣东和赣南多，赣中和赣北少（江西省气象局，2020；江西省统

---

① 1 亩≈666.67m²。

计局，2020）。流域内降雨季节分配极不均匀，4~6 月降雨最集中，3 个月总降雨量在 700~900mm，大部分地区降雨量占年降雨总量的 45%~50%；7~9 月总降雨量为 300~ 350mm（约占全年总量的 20%），是流域极易发生旱灾的月份。鄱阳湖流域日照强、风速大，年均蒸发量较大，其中夏季最大、冬季最小，春季、秋季居于二者之间，秋季蒸发量大于春季蒸发量。

1.1.4 土壤

地形、气候、成土母质、植被和成土年龄等决定和影响土壤形成。地质母岩是土壤形成的物质基础。经过成土因素的长期作用，鄱阳湖流域土壤分布的地域性分布特征明显，主要土壤类型包括红壤、黄壤、山地黄棕壤、山地草甸土、紫色土、冲积土、石灰土和水稻土 8 类。红壤是鄱阳湖流域内面积最大、分布最广的一种地带性土壤。多种母质都可以发育红壤，如第四纪红土、红砂岩、花岗岩、千枚岩等。发育母质差异性，使各类红壤在理化性状上也存在一定的差异。其中第四纪红土发育的红壤主要分布在低丘岗地和盆地，土层深厚，土质黏重，透水通气性差，养分含量低。红砂岩发育形成的红壤土层较薄，含粉较多，土质疏松，通气透水性好，水肥保持力较差。花岗岩风化发育而成的红壤主要分布在山区，土层夹有石英砂和砾石，土质粗糙，含钾量高，水肥保持性很差，存在严重的水土流失。千枚岩等发育的红壤主要分布在山区，土质黏细，土壤肥力较高。根据土壤发育程度和主要性状，红壤又可划分为红壤、红壤性土和黄红壤三个亚类。其中，红壤亚类面积最大，在平地、丘陵和山地皆有分布。红壤性土亚类属于幼年土，多散落分布在丘陵山区。黄红壤亚类为红壤向山地黄壤的过渡类型，主要分布于海拔 400~500m 的山地。黄壤主要分布于海拔 700~1200m。土层厚度不一，自然肥力一般较高，适于用材林和经济林业发展。山地黄棕壤主要分布在海拔 1000~1400m 山地，自然肥力高，适于林业和药材业等，一般覆盖着茂密的常绿与落叶混交林。山地草甸土主要分布在海拔 1400~1700m 的高山顶部，一般面积很小，潜在肥力高，适于药材种植。紫色土主要分布在赣州、抚州和上饶市的丘陵地带，磷钾含量丰富，适于蜜橘和烟草等经济作物。冲击土主要分布在鄱阳湖沿岸和流域五河的河谷平原，土壤物理性质较好，适于棉花、甘蔗和麻类等种植。石灰土散见于石灰岩山地丘陵区，一般土层浅薄。水稻土为耕作土壤，广泛分布于山地、丘陵、谷地和河湖平原阶地。其他土壤包括潮沙泥土、乌泥土和黄泥土等旱地土壤（刘元波等，2012）。

1.1.5 植被

鄱阳湖流域三面环山的地形和温暖湿润的亚热带气候，孕育了丰富多样的植物种类。据研究，流域内地带性植被主要有针叶林、常绿阔叶林、竹林、针阔叶混交林、常绿与落叶阔叶混交林、落叶阔叶林、山地夏绿矮林七个类型，非地带性植被主要有灌丛、沙地植被、山地草甸、湿地草甸、水生植被、草本沼泽、泥炭沼泽等。流域内共有高等植物 5000 多种。在裸子植物中，不包括人工引种栽培的 100 多种针叶树，共有 9 科 20 属约 29 种。在种子植物中，木本植物已知有 120 科 390 属 2000 种以上。山毛榉科（壳斗科）的常绿种类为建种群，其次为樟科、山茶科、杜英科、冬青科、桑科、木兰科等。随着纬度由南向北变化，南部地区具有较多的热带植物区系，而北部地区落叶阔叶树种成分逐渐增多，一直过渡到常绿阔叶与落叶阔叶混交林的类型。从垂直分布看，南部地区常绿阔叶林分布高度可达 1500m，北部仅出现在海拔 300～800m。现状植被主要为马尾松林，分布于南北各地，在南部，马尾松分布高度可高达 1800m，北部仅为 600～1000m。其次为杉林及毛竹林，多系人工林或半自然林。此外，还有各种荒山灌丛及草甸植被等。除上述植被外，还有许多人工植被，主要包括栽培的各类经济植物水稻、油茶、棉花等，以及各种粮食蔬菜和柑橘等果树(林英等，1965)。

1.1.6 河流水系

鄱阳湖流域三面环山、四周高中间低的地势特点决定了该流域水系的分布格局。鄱阳湖流域水系发达，包括赣江、抚河、信江、饶河、修水五大河流及各级支流，以及鄱阳湖和湖区周边的青峰山溪、博阳河、樟田河、潼津河等区间入湖河流，形成以鄱阳湖为中心的辐聚水系。鄱阳湖水系是一个完整的水系，各大小河流的水均注入鄱阳湖，经湖泊调蓄后，由位于流域北端的湖口流入长江。入江年均径流量为 1468 亿 m³(江西省水利厅，2010)，水量占整个长江流域的 15%，是长江水系的重要组成部分，是中国重要的淡水资源库。

鄱阳湖流域河流众多，集水面积 10km² 以上的河流有 3745 条。其中，集水面积 100～1000km² 的河流有 406 条，1000～3000km² 以上的有 28 条，3000～10000km² 以上的有 13 条，10000km² 以上的有 5 条，即赣江、抚河、信江、饶河和修水(杨荣清等，2003)。

赣江，古称扬汉(杨汉)、湖汉，是鄱阳湖流域第一大河，位于流域南部，发源于江西省石城县横江镇赣江源村石寮崬，在赣州由章江和贡水汇合而成。从南向北流贯江西省，主河道长 823km，主要一级支流有湘水、濂水、梅江、平江、桃江、章水、遂川江、蜀水、孤江、禾水、乌江、袁水、肖江、锦江等，集水面积 8.28 万 km²，占鄱阳湖流域面积的 51%。以赣州、新干为界，分为上游、中游、下游三段，赣江下游尾闾区间属于鄱阳湖区。在南昌市八一大桥以下，赣江分南、北、中、西四支入湖，其中西支为主支，也是赣江的入湖主航道，出口位于永修吴城。下游控制站南昌外洲站多年平均径流量 686 亿 m³，占鄱阳湖水系总径流量 46.7%。赣江流域气候温和，四季分明，春雨较多，梅雨现象明显。流域多年平均气温在 17.8℃，气温南高北低。多年平均年降水量约为 1580mm，但时空分布不均匀。降水主要集中在 4～6 月，约占全年降水量的 46.6%。

信江是鄱阳湖流域的第二大河，位于流域的东北部，发源于浙赣边界江西省玉山县三清乡平家源，在上饶由玉山水和丰溪水汇合而成。自东向西流动，干流全长 359km，集水面积为 1.75 万 km²，占鄱阳湖流域面积的 11%。以上饶、鹰潭为界，分为上游、中游、下游三段，上游为山地丘陵，中游为盆地—丘陵—平原相间地带，下游为滨湖平原，中有丰溪、泸溪河、铅山河、湖坊河、葛溪、罗塘河、白塔河等支流汇入。信江多年平均年径流量 209.1 亿 m³。流域东南高西北低，地貌特征主要以山地丘陵为主。信江流域降水丰富，蒸发相对较小，气候温暖湿润。多年平均年降水量 1860mm，属于鄱阳湖流域的多雨区。一般每年 12 月至翌年 2 月为该流域的枯水季节。

抚河是鄱阳湖流域的第三大河，位于流域的中东部，发源于广昌、石城、宁都三县交界处的广昌县驿前镇灵华峰(血木岭)东侧里木庄,干流全长 348km,集水面积 1.64 万 km²,占鄱阳湖流域面积不足 10%。以南城县城、抚河市为界,分为上游、中游、下游三段,汇纳长桥水、青铜港、翟溪河、密港水、石咀水、九剧水、沧浪水、黎滩河、龙安水、茶亭水、桐埠水、金溪水、崇仁河、宜黄水等支流。抚河流域水资源丰富,多年平均年径流量 165.8 亿 m³,4~6 月径流量占全年 50.7%,4~9 月径流量占全年 72.1%。流域南部为山地、丘陵,中部以山地为主,北部主要为河谷平原和低丘岗地。抚河流域降水丰富,蒸发量较小,气候温暖湿润。多年平均年降水量 1732mm,4~9 月降水量占全年的 67%,东南部降水量多于西北部。多年平均年水面蒸发量 894mm。

修水古称建昌江、于延水,位于流域的西北部,发源于九岭山脉大围山西北麓,修水县城以上为上游,流经丛山地带;柘林水库以下为下游,地势平缓,水系杂乱,两岸多丘陵、台地和平原。主河长 419km,流域面积 1.47 万 km²,占鄱阳湖流域面积的 9%,居五河流域第四位。先后纳汇东津、铜鼓、潦河。修水流域多年平均年径流量 135.05 亿 m³。多年平均年降水量 1663mm,多年平均年水面蒸发量 786mm。流域地势西高东低,其中低山占 15%,丘陵占 48%,台地平原占 37%。

饶河,又名鄱江,古称番水,发源于皖赣交界江西省婺源县段莘乡五龙山,主河长 299km,集水面积为 1.32 万 km²,占鄱阳湖流域面积的 8%,在五河流域中面积最小。饶河有南北两支,北支昌江河,南支乐安江,南北两支于鄱阳县姚公渡汇合。多年平均年径流量 165.6 亿 m³。地貌以山地和丘陵为主。地势从东南和西北向西倾斜,与鄱阳湖区相接。饶河流域日照充足,冬冷夏热,降水较丰沛,但季节分配不均。流域下游西部多年平均年降水量约 1850mm,4~9 月降水量占全年 69.1%。多年平均年水面蒸发量 750mm。

1.2　社会经济概况

根据《江西省 2018 年国民经济和社会发展统计公报》,全年江西省(鄱阳湖流域)生产总值为 21984.8 亿元,比 2017 年增长 8.7%,增速居中部第一、全国第四,高于全国平均水平 2.1 个百分点;人均生产总值 47434 元,按年平均汇率计算,折合 7168 美元,增长 8.1%。江西省常住人口为 4647.6 万人,全年新出生人口 62.2 万人,出生率为 13.43‰;死亡人口 28.1 万人,死亡率为 6.06%,自然增长率为 7.37%。全年全省居民人均可支配收入 24080 元,城镇居民人均可支配收入 33819 元,农村居民人均可支配收入 14460 元,城乡居民收入比 2.34∶1;全年全省居民人均消费支出 15792 元,其中城镇居民人均消费支出 20760 元,农村居民人均消费支出 10885 元,城、乡居民消费恩格尔系数分别为 30.0%、31.3%(江西省统计局和国家统计局江西调查总队,2019)。

鄱阳湖流域涉及的江西省是传统的农业大省、粮食主产区。中华人民共和国成立以来,江西省粮食播种面积总体呈增加趋势,由 1949 年的 263 万 hm² 增加到 2018 年的 372.13 万 hm²(江西省统计局和国家统计局江西调查总队,2019),但期间略有波动,大致是前增后减,并在 1958 年达到顶峰为 409.9 万 hm²。2018 年江西省内粮食总产量为 2190.7 万 t,总产量居全国第 13 位。全省农林牧渔业总产值 3148.6 亿元,占地区生产总值的 14.3%。农业产业化趋势明显,至 2018 年,共有省级现代农业示范园 159 个,建设面积 241.3 万亩, 形成粮食、畜牧、果蔬、水产等四大千亿元产业, 农业产品加工业产值与农业总产值的比为 2.2:1, 建立了赣南脐橙、南丰蜜橘、广丰马家柚、庐山云雾茶、宁红茶、广昌白莲等 10 个农产品区域公用品牌(江西省统计局和国家统计局江西调查总队, 2019)。

江西省(鄱阳湖流域)2018 年第二产业增加值 10250.2 亿元, 在三大产业中所占比重为 46.6%, 在三大产业中所占比例最大, 对经济增长的贡献率为 48.2%(江西省统计局和国家统计局江西调查总队, 2019)。而工业又在第二产业中占主导地位。改革开放之后, 江西省大力改造传统行业, 出台了各种有利政策鼓励新型产业的发展。1978~2018 年, 工业得到了较好的发展, 每年均给江西省 GDP 做了不少贡献。江西省 2018 年全年工业增加值 8113.0 亿元, 比上年增长 8.7%; 规模以上工业增加值增长 8.9%。规模以上工业增加值中, 分轻重工业看, 轻工业增长 4.7%, 重工业增长 11.3%。分经济类型看, 国有企业增长 1.0%, 集体企业增长 6.7%, 股份合作企业下降 12.3%, 股份制企业增长 9.3%, 外商及港澳台商投资企业增长 8.7%, 其他经济类型企业增长 12.0%。分行业看, 38 个行业大类中 34 个实现增长, 占比达 89.5%。其中, 计算机、通信和其他电子设备制造业增加值增长 27.3%, 电气机械和器材制造业增长 15.3%, 电力、热力生产和供应业增长 13.0%, 有色金属冶炼和压延加工业增长 12.7%。非公工业贡献较大。非公有制工业增加值增长 9.7%, 占规模以上工业增加值的 79.8%, 对规模以上工业增长的贡献率为 86.5%。其中, 私营企业增长 10.1%, 占规模以上工业增加值的 37.0%, 对规模以上工业增长的贡献率为 41.2%。新产业加速发展。高新技术产业增加值增长 12.0%, 比规模以上工业快 3.1 个百分点, 占规模以上工业增加值的 33.8%, 比上年提高 2.9 个百分点; 装备制造业增加值增长 13.8%, 比规模以上工业快 4.9 个百分点, 占规模以上工业增加值的 26.3%, 比上年提高 0.8 个百分点; 战略性新兴产业增加值增长 11.6%, 比规模以上工业快 2.7 个百分点, 占规模以上工业增加值的 17.1%, 比上年提高 2.0 个百分点。全年全省建筑业总产值 6993.4 亿元, 比上年增长 13.4%(江西省统计局和国家统计局江西调查总队, 2019)。

近年来, 江西省(鄱阳湖流域)第三产业发展相对较快, 2018 年第三产业增加值 9857.2 亿元, 增长 10.3%, 占三大产业的 44.8%, 对经济增长的贡献率为从 2013 年的 29.2%上升到 2018 年的 48.1%。其中, 省邮电业务总量 1784.2 亿元, 比上年增长 125.6%; 全年保险公司保费收入 753.6 亿元, 比上年增长 3.6%(江西省统计局和国家统计局江西调查总队, 2019)。

江西省(鄱阳湖流域)建有自然保护区 190 个, 其中国家级自然保护区有 16 个, 自然保护区总面积为 109.88 万 hm^2, 占全省面积的 6.6%。江西地下矿藏丰富, 是我国矿产资源配套程度较高的省份之一。储量居全国前三位的有铜、钨、银、钽、钪、铀、铷、铯、金、伴生硫、滑石、粉石英、硅灰石等。铜、钨、铀、钽、稀土、金、银被誉为江西的"七朵金花"。(陈祥云和王志刚, 2008)。

1.3 水土流失与治理概况

根据《水土保持术语》(GB/T 20465—2006), 水土流失是指"在水力、风力、重力及冻融等自然营力和人类活动作用下，水土资源和土地生产能力的破坏和损失，包括土地表层侵蚀及水的损失"。这是因为，从农业生产角度看，水土流失既引起了水资源的流失，同时也造成了土壤侵蚀和土壤养分的流失，对这两方面都应予以关注。就鄱阳湖流域而言，主要的水土流失类型有水力侵蚀和重力侵蚀（鄱阳湖滨湖地区还存在一定程度的风力侵蚀，形成滨湖沙地。沙地在全国土壤侵蚀分区中属于区中的沿河环湖滨海平原风沙区）（水利部等，2010）。具体如下：

（1）水力侵蚀。包括面状侵蚀和沟状侵蚀。面状侵蚀指雨滴降落在坡面上，对土壤产生击溅和地表径流冲刷，表层土粒被均匀冲刷的侵蚀现象；沟状侵蚀指坡面上水流汇集成股流后，对地面进行线状切割产生的以沟槽为主的土壤侵蚀。水力侵蚀是鄱阳湖流域最为普遍的一种侵蚀方式。

（2）重力侵蚀。主要包括滑坡、崩塌、崩岗和泥石流。滑坡是斜坡上的岩体、土体在饱和重力水和层间潜流滑动作用下发生的顺坡向下移动的侵蚀现象；崩塌是指土体或者岩体在自重作用下向临空面突然崩落的侵蚀现象；崩岗是由水力和崩塌作用形成特定地貌"岗"的一种侵蚀现象，其特征是侵蚀量巨大；泥石流是一种含有大量泥沙和块石等固体物质而突然暴发、历时短暂、具有强大破坏力的特殊洪流。泥石流中的泥石体积一般占总体积 15%～80%，其容重在 $1.3～2.3t/m^3$ 以上。

此外，工程侵蚀较为普遍。由于采矿、大量挖土、采土、采石所造成的水土流失；开发建设项目引起的水土流失，主要包括修筑公路、铁路后造成的边坡、堆积土冲刷等方面的土壤侵蚀；房地产开发、经济开发、旅游等方面的开发区所引发的主壤侵蚀；修筑水库、电站等水利、电力工程基础建设所引发的土侵蚀。还有农业开发造成的水土流失，如陡坡开垦及坡耕地，随着人口的增长，对农产品的需求增加，大面积的坡度为 25°～35°以上的陡坡都被开垦成旱地、果园或经济作物园等，在开发的过程中原有植被被破坏殆尽，地表裸露，加之降水集中，易产生严重的土壤侵蚀；许多结构相对较复杂、稳定性较强、生物品种多样的自然坡地生态系统被结构单调、稳定性较弱的人工植被系统取代，加上清耕、清园、梯壁锄草等不合理耕作方式，使水土流失加剧。此外，已有的坡度为 3°～25°的坡耕旱地，由于耕作方式，比如每年翻耕 2～4 次，对地表影响很大，易产生水土流失。

1.3.1 水土流失演变历史

根据中华人民共和国成立以来的历史资料显示，江西省（鄱阳湖流域）水土流失面积从 20 世纪 50 年代到 80 年代呈增加趋势，其中 50 年代初为 1.1 万 km^2，60 年代为 1.8 万 km^2，70 年代为 2.4 万 km^2，80 年代初为 3.4 万 km^2，80 年代末已达 4.62 万 km^2，居历史最高值（左长清，1999；梁音等，2009）。针对水土流失的现状，江西省采取了有效的水土保持措施，20 世纪 90 年代以后，全省水土流失面积开始逐渐减少。2011 年第一次全国水利普查江西省水土保持专项普查成果表明，全省水土流失面积已经变为 2.66 万 km^2。江西省（鄱阳湖流域）水土流失总面积时间动态变化系列及各个强度侵蚀面积的变化可概括为表 1-3。

表1-3 鄱阳湖流域各土壤侵蚀强度等级面积变化 （单位：km²）

时间	侵蚀总面积	轻度侵蚀	中度侵蚀	强烈侵蚀	极强烈侵蚀	剧烈侵蚀
20世纪50年代	11000.00	—	—	—	—	—
20世纪60年代	18000.00	—	—	—	—	—
20世纪70年代	24000.00	—	—	—	—	—
1984年	34177.60	17748.70	9772.90	—	6656.00	—
1989年	46153.06	24725.20	12879.60	6358.93	1566.20	623.13
1996年	35224.07	13113.96	10395.24	7815.32	2368.77	1530.78
2000年	33472.19	12296.27	10381.80	7526.54	2043.37	1224.21
2011年	26629.68	14928.87	7600.47	3207.11	780.41	112.82

总体来看，20世纪90年代以来，江西省(鄱阳湖流域)水土流失面积和强度均呈下降趋势。据江西省水文局对历年水沙资料分析，五大河流年径流量为1000亿m³，相对应的每年流入鄱阳湖的总泥沙量在20世纪60年代约为1350万t，到90年代中期约为880万t；自50年代以来，赣江、抚河、信江、饶河和修河五大河流泥沙含量呈逐步递减之势。但也需要注意到，江西省仍有水土流失面积2.66万km²，年均土壤侵蚀量约为0.82亿t，中度侵蚀以上的面积约为1.17万km²，占土壤侵蚀总面积的43.94%，面上水土流失总体好转与局部恶化并存的现象在一段时期内还会存在，水土保持工作仍然十分艰巨(张利超等，2016；何长高等，2017)。

1.3.2 水土流失的成因及危害

1. 水土流失的成因

水土流失受多种自然因素和人为因素的共同影响，自然因素是水土流失发生发展的基础和潜在因素，人为因素是水土流失发生发展的外部条件和主导因素。

1) 自然因素

决定水土流失发生、发展，主要有气象、地形、土壤、植被等。从气象因素来看，降雨是水土流失发生的直接原动力，一方面通过雨滴的击溅作用直接对地表产生剥蚀；另一方面又通过形成地表径流，对地表产生冲刷作用。鄱阳湖流域地处亚热带地区，降水量大且集中，季节分配不均，4~6月的降水量约占全年降水量的一半左右，且多以暴雨形式出现，是造成水土流失的重要驱动因素。从地形因素来看，鄱阳湖流域以丘陵、山地为主，坡度陡，地形复杂，强化了地表径流对土壤的冲刷作用，促进了水土流失的发生发展。从土壤因素来看，鄱阳湖流域红壤广布，其中赣南地区红壤主要由花岗岩发育而来，风化程度强，土层深厚，结构松散如没有植被保护，在雨水的冲刷下极易产生严重的水土流失。从植被因素来看，历史上对森林资源的掠夺性砍伐造成了江西自中华人民共和国成立以来至20世纪80年代末愈演愈烈的水土流失问题，虽然经过治理，目前江西省(鄱阳湖流域)森林覆盖率已居全国前列，但由于人工种植林相单一，林分组成、林分结构极不合理，以针叶林为主，极易导致"林下流"的产生，且纯针叶林的凋落物使土壤进一步酸化，更不利于灌、草的生长使地表失去植被的有效保护，水土流失严重，"远看青山在，近看水土流"的现象十分普遍。

2）人为因素

人类活动是水土流失发生发展的外部条件其产生的影响具有双面性，尊重自然发展规律的人类活动在满足人类生活生产需要的同时，可以采取多样化的保护措施恢复和发展自然生产力，达到防治水土流失的效果；不合理的人类活动则会对植被、土壤等自然资源产生严重破坏，加重水土流失。在江西境内的鄱阳湖流域，社会经济的发展和人口的迅速增加导致的乱砍滥伐是造成水土流失的主要人为原因。据记载，由于长期战乱，江西省(鄱阳湖流域)人口从 19 世纪中叶的 2400 多万人锐减至 20 世经 40 年代的 1300 多万人(尹承国，1986)；中华人民共和国成立以后，人口开始出现补偿性增长，到1990 年人口已增长至 3700 多万人，人口迅速膨胀导致对粮食需求大增，再加上特定历史时期不合理的政策失误，放火烧山、陡坡开垦、围垦造田等粗放的耕地开垦方式对植被产生了严重破坏；为满足人们的居住和生活需求，大量树木被砍伐掉用于建造房屋和用作燃料，树木的砍伐量远远超过生长量，特别是 20 世纪 70 年代末到 80 年代初农村实行家庭联产承包责任制，分田分山到户，有些农民怕政策改变，乱砍滥伐，毁林开荒的现象严重(史德明等，1981；石天行，1982)。同时，大量的开发建设活动如采矿、修路、取土、城市建设等对原地貌产生了严重的扰动，对生产建设过程中产生的大量弃土、弃石、弃渣没有采取及时有效的防护，产生了极为严重的人为水土流失。

2. 水土流失的主要危害

水土流失已严重影响到鄱阳湖流域的粮食安全、生态安全、防洪安全和人饮安全，成为制约社会经济可持续发展的重要限制性因素之一。其主要危害表现在以下几个方面。

1）破坏土地资源，威胁粮食安全

水土流失造成农业生产用地土层不断变薄，养分大量流失，地力不断减退，研究表明，未受到侵蚀破坏的正常土壤的产投比为 4∶1，失去 A、B 层土壤的产投比仅为 0.1∶1，在同等投入条件下，后者取得的经济效益仅为前者的 1/40(左长清和杨洁，2007)。水土流失造成的土地退化和耕地减少加剧了人口与土地资源的矛盾，对粮食生产造成了严重影响。

2）淤塞江河湖库，威胁防洪及航运安全

大量泥沙下泄淤积江、河、湖、库，库容减少，河床抬高，降低了水利设施的调蓄功能、河道的行洪能力及航运功能，致使洪涝灾害频率加快。据资料显示，中华人民共和国成立以来，赣江上游各主要支流河床淤高 0.5～2.1m，南昌八一桥下淤高 2.5～3m，下游尾闾淤高 1m；抚河下游最大淤高达 4.57m；信江下游淤高 2.5m。由于江河湖库泥沙淤积严重、河床抬高，导致在流量相同的情况下，水位明显抬高，致使该省各主要河段在汛期经常出现"小流量，高水位；小洪水，大灾情"，加大了防汛的压力，加剧了洪涝灾害(谢颂华等，2010)。

3）剥蚀土层，加剧旱灾形成，影响人饮安全

水土流失区地表植被破坏严重，使得土壤入渗减少，坡面径流流速增加，集流时间缩短，径流系数增大，加剧了降雨对土壤的冲刷；同时由于水土流失区植被稀疏，土壤涵养水分的能力大大降低，增加了地表蒸发和降水的流失，加剧了干旱的发展。在雨量较小时，容易出现"雨停即旱"的现象；久旱的情况下，容易形成严重旱灾。2003年江西省内鄱阳湖流域发生伏秋旱，水土流失严重的赣州旱情最为严重，成片的农田干裂，农作物减产、绝收。

4）破坏生态环境，制约社会经济可持续发展

水土流失区一般都具有"四缺"（燃料缺、肥料缺、饲料缺、木材缺）、"三低"（粮食单产低、人均收入低、生活水平低）、"一慢"（生产发展慢）的社会经济特征。严重的水土流失导致土地土层变薄、肥力减弱，土地沙化、石化严重，旱涝灾害频繁发生，农业产量低而不稳，农民收入长期在低水平徘徊。可见，水土流失不仅使生态环境恶化，而且直接制约着群众脱贫致富，严重影响社会经济的可持续发展。

1.3.3　治理历程及治理成效

江西境内鄱阳湖流域的水土流失防治具有非常久远的历史。据考证，"梯田"作为一种可有效减少水土流失的水土保持措施，其公认的最早出处来自于南宋范成大的《骖鸾录》："出庙三十里，至仰山（今宜春市南 10 余 km），缘山腹乔松之磴甚危，岭阪上皆禾田，层层而上至顶，名曰梯田。"可见在南宋，江西境内鄱阳湖流域就有大范围利用修筑梯田来防治水土流失的实践。除梯田外，由于种种原因实行的封禁政策也客观上起到了保护生态环境、防治水土流失的作用。唐代卢肇的《震山岩记》记载："因谓高公；使郡人无得樵渔。于是林之檀、栎、杉、桧不日丰茂，以冠于郡。"说明唐代宜春卢氏的园林已进行封山育林，取得了良好的效果；上饶境内的铜钹山自唐朝黄巢起义后被封禁，禁止百姓进入，直到清朝才予以解封，使铜钹山较好地保留了其原生的自然生态环境。20世纪 30 年代初，毛泽东在《寻乌调查》中指出："山地则因其生产力小，通常一姓的山（一姓住在一村），都管在公堂之手，周围五六里以内，用的公禁公采制度。所谓'公禁'者，不但禁止买卖，而且绝对地禁止自由采伐。"可见山林封禁制度已成为当地乡规民约的重要组成部分。几千年来，民众在日常生活实践中，创造性地发掘了一些行之有效的水土流失防治措施，但始终处于初级和零散的状态。

中华人民共和国成立以来，鄱阳湖流域水土保持工作才真正得到重视并逐步步入正轨。20 世纪 50 年代初，江西省委、省政府批准成立江西省水土保持委员会，并在水土流失严重的兴国等县建立了一批水土保持试验站，一方面在每年冬春兴修水利时组织群众开展水土流失治理，另一方面积极研究和探索水土流失规律和治理措施，用以指导全省广泛地开展水土流失治理工作（傅国儒和姚毅臣，1999）。改革开放以后，江西省的水土保持工作开始逐步走向依法防治的轨道。1982 年，国务院颁布《水土保持工作条例》，确立了防治并重、治管结合、因地制宜、全面规划、综合治理、防害兴利的工作方针，健全和完善了水土保持制度。1983 年，财政部、水利部将兴国县列入全国八片重点治理

区域之一开展水土保持重点治理。1984 年，鄱阳湖流域结合地区实际，制定并颁发《江西省贯彻〈水土保持工作条例〉实施细则》。1991 年，《中华人民共和国水土保持法》颁布实施。1994 年，《江西省实施〈中华人民共和国水土保持法〉办法》颁布施行，全流域的水土流失防治工作步入快车道。仅 1998～2002 年，中央、省级财政用于全省水土保持生态建设的投入达 1.6 亿多元，是 1949～1997 年中央、省级财政投入的 4 倍，每年治理面积超过 20 万 hm²（何长高等，2017）。至 2001 年，全流域已有 96 个县（市、区）颁布和制定了地方性的配套法规和文件，占应出台数的 100%，为水土保持工作走上依法防治的轨道奠定了基础（刘政民，2001）。1998 年特大洪水以后，中央高度重视大江大河上中游的水土保持工作，在全国范围内掀起了水土保持生态环境建设的高潮，鄱阳湖流域也从全国"八片"赣江流域水土保持重点防治工程一个国家项目拓展到鄱阳湖流域水土保持重点治理一期工程生态环境综合治理工程、长江上中游水土保持重点防治工程、水土保持生态修复试点工程、全国水土保持生态环境建设"十、百、千"示范工程等多个项目，建设范围涉及 70 多个县（市、区），占全省县（市、区）的 78%（孙新生，2004）。江西省政府 2016 年批复的《江西省水土保持规划（2016—2030 年）》显示，1998 年以来，鄱阳湖流域涉及的江西全省先后实施了国家水土保持重点建设工程、农业综合开发水土保持项目、坡耕地水土流失综合治理等国家水土保持重点工程，相关部门还实施了林业生态保护建设工程、农业生态环境保护工程、造地增粮富民工程等一批生态环境保护与建设的重点项目。仅"十二五"期间，全省完成的水土流失综合防治面积就达到 10000km²。其中，治理水土流失面积 4116km²，总投资 24.93 亿元，取得了很好的生态、经济和社会效益。

据统计，在国家专项资金的支持下，江西境内鄱阳湖流域水土流失治理速度明显加快，年均水土流失治理面积由"七五"期间的 100 万亩左右增加到"八五"期间的 200 多万亩，"九五"以来每年达到约 300 万亩。"十二五"期间，累计治理小流域 439 条、生态清洁型小流域 32 条；治理水土流失面积 3416km²，修筑小型水利水保工程 11524 座，种植经济果木林 65.4 万亩，水土保持林 98.27 万亩（江西省水利厅，2016）。水土流失面积由 1989 年的 4.61 万 km² 降至 2011 年的 2.66 万 km²，下降了 42%；强烈以上侵蚀面积由 2000 年的 1.08 万 km² 降至 2011 年的 0.4 万 km²，下降了 63%。水土流失区生态环境得到显著改善，江西境内鄱阳湖流域森林覆盖率由 20 世纪 80 年代末的 36.9% 提高到 2011 年的 63.1%，农民人均纯收入由 1990 年的 669.90 元提高到 2011 年的 6891.63 元。

参 考 文 献

陈祥云, 王志刚. 2008. 江西省矿产资源产业发展研究. 中国矿业, (4): 22-24, 36.

傅国儒, 姚毅臣. 1999. 踏遍青山人未老风景这边独好——江西省水土保持工作 50 年. 江西水利科技, 25(4): 193-198.

何长高, 刘茂福, 张利超, 等. 2017. 江西省水土流失治理历程及成效. 中国水土保持, (8): 10-13.

江西省气象局. 2020. 江西气候概况. [2020-01-03]. http://jx.weather.com.cn/jxqh/.

江西省人民代表大会环境与资源保护委员会. 2008. 江西生态. 南昌: 江西人民出版社.

江西省水利厅. 2010. 江西河湖大典. 武汉: 长江出版社.

江西省水利厅. 2016. 12 家中央主要媒体聚焦江西水保助推生态文明建设. [2017-01-01]. http://slt.jiangxi.gov.cn/art/2016/9/27/art_27165_895636.html.

江西省统计局, 国家统计局江西调查总队. 2019-03-20(6). 江西省 2018 年国民经济和社会发展统计公报. 江西日报.

江西省统计局. 2020. 地理气候. [2020-01-03]. http://tjj.jiangxi.gov.cn/id_OLDCOLUMN14/news.shtml.

梁音, 张斌, 潘贤章, 等. 2009. 南方红壤区水土流失动态演变趋势分析. 土壤, 41(4): 534-539.

林英, 黄新和, 杨祥学, 等. 1965. 江西植被的基本类型及其评价. 南昌大学学报(理科版), (1): 57-62.

刘元波, 张奇, 刘健, 等. 2012. 鄱阳湖流域气候水文过程及水环境效应. 北京: 科学出版社.

刘政民. 2001. 依法防治注重效益全面推进江西水土保持生态建设. 中国水土保持, (10): 18-20.

石天行. 1982. 治理江西省水土流失的几点建议. 水土保持通报, (5): 39-43.

史德明, 杨艳生, 黄心唐. 1981. 从江西兴国县的水土流失谈我国南方的水土保持问题. 水土保持通报, (4): 23-28.

水利部, 中国科学院, 中国工程院. 2010. 中国水土流失防治与生态安全(南方红壤区卷). 北京: 科学出版社.

孙新生. 2004. 世纪之交江西水土保持工作的回顾与思考. 中国水土保持, (2): 17-19.

谢颂华, 曾建玲, 杨洁, 等. 2010. 江西水土流失省情分析. 南昌工程学院学报, 29(3): 69-72.

杨荣清, 胡立平, 史良云. 2003. 江西河流概述. 江西水利科技, (1): 27-30.

尹承国. 1986. 论 1840-1949 年江西人口发展的几个问题. 当代财经, (4): 88-93.

张利超, 王辉文, 谢颂华. 2016. 江西省水土流失现状与发展趋势分析. 水土保持研究, (1): 356-359.

赵其国. 1988. 江西红壤. 南昌: 江西科学技术出版社.

左长清. 1999. 江西省水土保持工作现状与战略措施. 江西水利科技, 25(4): 199-203.

左长清, 杨洁. 2007. 江西省水土流失对生态安全的影响. 亚热带水土保持, 19(3): 19-21.

第 2 章　降雨与水土流失

2.1　降 雨 特 征

2.1.1　数据来源与方法

1. 数据来源

气象数据来源于国家气象科学数据中心(中国气象数据网, http://data.cma.cn/)。其中降水量年内年际分布特征研究, 利用 1955~2018 年九江站气象数据; 降雨侵蚀力是下载分析 1980~2017 年共 38 年的鄱阳湖流域以及周边区域共 49 个气象站点的日降雨数据(图 2-1), 得到鄱阳湖流域不同时间尺度上的降雨侵蚀力。旱涝急转研究主要利用鄱阳湖流域 14 个气象站(鄱阳、赣县、广昌、贵溪、吉安、景德、庐山、南昌、南城、修水、寻乌、宜春、玉山、樟树)1964~2013 年共 50 年的逐日降水量为分析数据。

图 2-1　雨量站分布图

2. 分析方法

1) SPI 指数

采用 Gamma 概率分布计算出的标准化降水指数(standard precipitation index, SPI)来

描述降水量的分布变化(Mckee,1993),其计算过程如下:

如果一段时间内降水量为 x,则其满足 Gamma 分布的概率密度函数为

$$g(x) = \frac{1}{\beta^\alpha \Gamma(\alpha)} x^{\alpha-1} e^{-x/\beta} \tag{2-1}$$

式中,$\alpha > 0$ 为形状参数,$\beta < 0$ 为尺度参数,$x > 0$ 为降水量。$\Gamma(\alpha)$ 为 Gamma 函数,其概率函数为

$$\Gamma(\alpha) = \int_0^\infty y^{\alpha-1} e^{-y} \mathrm{d}y \tag{2-2}$$

最佳的 α、β 估计值可采用极大似然估计法求得:

$$\hat{\alpha} = \frac{1}{4A}\left(1 + \sqrt{1 + \frac{4A}{3}}\right)$$

$$\hat{\beta} = \frac{\overline{x}}{\hat{\alpha}} \tag{2-3}$$

$$A = \ln(\overline{x}) - \frac{\sum \ln(x_i)}{n}$$

式中,x_i 为降水量序列的样本,$\overline{x}$ 为降水量序列的平均值,n 为计算序列的长度。于是给定时间长度的累计概率由下式计算:

$$G(x) = \int_0^x g(x)\mathrm{d}x = \frac{1}{\hat{\beta}^{\hat{\alpha}} \Gamma(\hat{\alpha})} \int_0^x x^{\hat{\alpha}-1} e^{-x/\hat{\beta}} \mathrm{d}x \tag{2-4}$$

由于 Gamma 方程中不包含 $x=0$ 的情况,而实际的降水量可能为 0,所以累计概率表示为

$$H(x) = q + (1-q)G(x) \tag{2-5}$$

式中,q 是降水量为 0 的概率。如果设 m 为降水时间序列中降水量为 0 的数量,则有 $q = m/n$。

累计概率 $H(x)$ 可通过下式转换为标准正态分布函数:

$$H(x) = \frac{1}{\sqrt{2\pi}} \int_{-\infty}^x e^{-t^2/2} \mathrm{d}t \tag{2-6}$$

对其进行近似求解得到以下结果:

当 $0 < H(x) \leqslant 0.5$ 时：

$$\text{SPI} = -\left(t - \frac{c_0 + c_1 t + c_2 t^2}{1 + d_1 t + d_2 t^2 + d_3 t^3} \right)$$

$$t = \sqrt{\ln\left(\frac{1}{(H(x))^2} \right)} \tag{2-7}$$

当 $0.5 < H(x) < 1$ 时：

$$\text{SPI} = \left(t - \frac{c_0 + c_1 t + c_2 t^2}{1 + d_1 t + d_2 t^2 + d_3 t^3} \right)$$

$$t = \sqrt{\ln\left(\frac{1}{(1.0 - H(x))^2} \right)} \tag{2-8}$$

式中，$c_0 = 2.515517$，$c_1 = 0.802853$，$c_2 = 0.010328$，$d_1 = 1.432788$，$d_2 = 0.189269$，$d_3 = 0.001308$。

根据 SPI 指数旱涝等级标准，将得到的值划分 9 个旱涝等级及相应的临界值作为旱涝指标(表 2-1)，统计旱涝异情特征。

表 2-1　标准化降水指数(SPI)与旱涝等级

等级	标准化降水指数(SPI)	类型
1	<-1.96	极端干旱
2	$-1.96 \sim -1.48$	严重干旱
3	$-1.48 \sim -1.00$	中等干旱
4	$-1.00 \sim -0.50$	轻微干旱
5	$-0.50 \sim 0.50$	正常
6	$0.50 \sim 1.00$	轻微湿润
7	$1.00 \sim 1.48$	中等湿润
8	$1.48 \sim 1.96$	严重湿润
9	>1.96	极端湿润

2) 趋势分析

作为非参数趋势检验中的一种常用方法，Mann-Kendall 检验法可以不受检验样本的数据量、样本数据的分布情况等限制，因而在水文气象数据(径流量、降雨量、蒸散发量等)的时间趋势分析中受到广泛推广。Mann-Kendall 检验法具体方法如下：

假设一时间序列 x 包含 n 个样本，构造一秩序列：

$$S_k = \sum_{i=1}^{k-1} r_i, \quad (k = 1, 2, \cdots, n) \tag{2-9}$$

$$r_i = \begin{cases} 1, & x_i < x_k \\ 0, & x_i \geqslant x_k \end{cases} \ (i = 1, 2, \cdots, k-1) \tag{2-10}$$

构造以下统计量来进行无显著趋势的假设检验:

$$Z = \frac{\tau}{\sqrt{\mathrm{Var}(\tau)}} \tag{2-11}$$

式中, $\tau = \dfrac{4\sum\limits_{k=2}^{n} S_k}{n(n-1)} - 1$, $\mathrm{Var}(\tau) = \dfrac{2(2n+5)}{9n(n-1)}$。

样本数量 n 越大,则构造的统计值越接近标准正态分布。设置显著性水平∂,在标准正态分布表里根据 n 查得该水平下的临界值,如果$|Z| > Z_{\partial/2}$,表明原假设不成立,该检测序列 x 在时间上有显著变化趋势,其中若 $Z > Z_{\partial/2}$,则检测序列 x 有显著增大趋势,反之检测序列 x 有显著减小趋势。

2.1.2 降雨量年内年际分布特征

利用国家气象科学数据中心 1955~2018 年鄱阳湖流域九江站气象数据,对九江站年内各月分配情况和年降水数据变化曲线进行了分析(图 2-2、图 2-3)。可以看到,九江站降水量年内分配不均,3~9 月多年平均降水量占年降水量的 75.77%,4~6 月多年平均降水量占 41.90%。

九江站多年平均降水量为 1421.2mm,1955~2018 年,最大降水量为 1999 年的 2123.8mm,最小降水量为 1978 年的 868mm,其丰枯极值比为 2.45,年际降水量变异大,变异系数为 19.48%。从年降水变化线、5 年滑动平均降水变化趋势线可以发现,1955~2018 年降水量呈增加趋势。

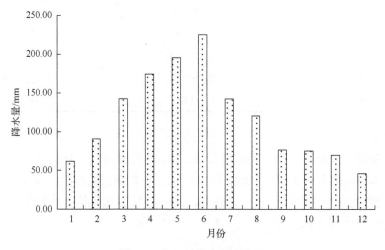

图 2-2　九江站降水年内分配

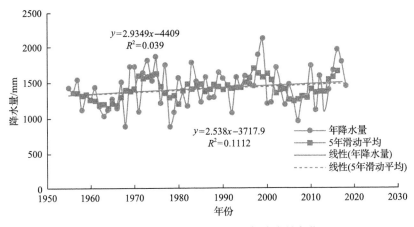

图 2-3 1955～2018 年九江站年降水量变化

2.1.3 降雨侵蚀力空间分布特征

降雨侵蚀力因子 R 值作为表征降雨对土壤潜在侵蚀能力的特征值,自 20 世纪 50 年代中后期提出并应用于通用土壤流失方程(USLE)以来,已成为目前研究土壤水蚀对降雨变化响应的最佳选择。本节主要对鄱阳湖流域多年平均降雨侵蚀力进行县域空间层面上的系统分析,从而为流域水土流失预测提供技术数据支撑。

1. 降雨侵蚀力因子(R)计算方法

降雨侵蚀力(刘宝元,2013)公式如下:

$$\overline{R} = \sum_{k=1}^{24} \overline{R}_{\text{半月}k} \tag{2-12}$$

$$\overline{R}_{\text{半月}k} = \frac{1}{N} \sum_{i=1}^{N} \sum_{j=0}^{m} (\alpha \times P_{i,j,k}^{1.7265}) \tag{2-13}$$

式中,$\overline{R}$ 为多年平均年降雨侵蚀力,MJ·mm/(hm²·h·a);k 取 1, 2, 3, …, 24,指将一年划分为 24 个半月;$\overline{R}_{\text{半月}k}$ 为第 k 个半月的降雨侵蚀力,MJ·mm/(hm²·h·a);i 取 1, 2, …, N;N 为年份序列;j 取 0, 1, …, m;m 为第 i 年第 k 个半月内侵蚀性降雨的数量(侵蚀性降雨日指日雨量≥10mm);$P_{i,j,k}$ 第 i 年第 k 个半月第 j 个侵蚀雨量,mm;如果某年某个半月内没有侵蚀性雨量,即 $j=0$,则令 $P_{i,0,k}=0$;α 为参数,暖季(5～9 月)α 取 0.3937,冷季(10～12 月,1～4 月)α 取 0.3101。

2. 鄱阳湖流域多年平均降雨侵蚀力空间分析

通过对鄱阳湖流域多年平均降雨侵蚀力的分析得到,流域多年平均降雨侵蚀力在5094.02～11911.4MJ·mm/(hm²·h·a)。从空间分布上看,降雨侵蚀力主要呈现自东北部向西南部递减的趋势,其中赣北的九江市、景德镇市以及贵溪市为三个降雨侵蚀力高值中心,赣南的上犹县位于降雨侵蚀力的低值中心,赣中地区的降雨侵蚀力主要位于中值区间

（图 2-4）。通过对鄱阳湖流域各区域的统计分析得到（表 2-2），多年降雨侵蚀力以德安县最大为 11079.56MJ·mm/(hm^2·h·a)，以上犹县的最小为 5561.56MJ·mm/(hm^2·h·a)。降雨侵蚀力是影响水土流失的主要影响因素之一，在进行鄱阳湖流域不同区域水土流失防治过程中，在其他因子同等条件下，需更加重视降雨侵蚀力高值区的水土保持治理力度和合理调配，而对于降雨侵蚀力低值区，也要充分考虑其他水土流失影响因子的影响，合理估算水土流失危害，进行水土保持措施的有效实施，从而实现不同区域水土流失的防治工作。

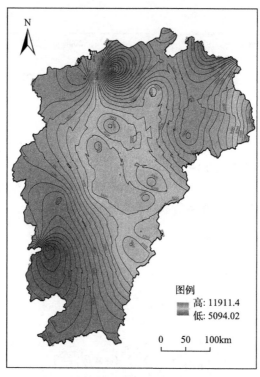

图 2-4　鄱阳湖流域多年平均降雨侵蚀力图

表 2-2　鄱阳湖流域各区域多年降雨侵蚀力表

序号	区域	多年降雨侵蚀力/[MJ·mm/(hm^2·h·a)]	序号	区域	多年降雨侵蚀力/[MJ·mm/(hm^2·h·a)]
1	安福县	7123.58	11	定南县	6566.49
2	安义县	8876.48	12	东湖区	8691.68
3	安源区	7167.61	13	东乡县	8760.82
4	安远县	6877.89	14	都昌县	9412.28
5	昌江区	9589.69	15	分宜县	7856.65
6	崇仁县	8284.32	16	丰城市	8156.35
7	崇义县	5891.99	17	奉新县	8054.66
8	大余县	5981.54	18	浮梁县	10093.81
9	德安县	11079.56	19	赣县区	6515.87
10	德兴市	8980.65	20	高安市	8221.89

序号	区域	多年降雨侵蚀力/[MJ·mm/(hm²·h·a)]	序号	区域	多年降雨侵蚀力/[MJ·mm/(hm²·h·a)]
21	共青城市	10732.21	61	上犹县	5561.56
22	广昌县	8219.35	62	石城县	8238.76
23	广丰区	7946.14	63	遂川县	6113.39
24	贵溪市	9413.76	64	泰和县	7051.59
25	横峰县	9071.27	65	铜鼓县	7474.20
26	湖口县	9683.92	66	湾里区	8817.17
27	会昌县	7568.78	67	万安县	6493.73
28	吉安县	7143.63	68	万年县	9266.99
29	吉水县	8214.39	69	万载县	7648.19
30	吉州区	7568.45	70	武宁县	7541.92
31	金溪县	8801.91	71	婺源县	9559.20
32	进贤县	8411.28	72	西湖区	8499.04
33	井冈山市	6924.77	73	峡江县	8342.46
34	靖安县	8118.83	74	湘东区	7112.00
35	九江县	10398.50	75	新干县	8505.26
36	乐安县	8442.05	76	新建县	8695.48
37	乐平市	9441.33	77	信丰县	6318.09
38	黎川县	8350.25	78	信州区	8435.40
39	莲花县	7019.62	79	庐山市	10415.28
40	临川区	8344.14	80	兴国县	7661.21
41	龙南县	6429.48	81	修水县	7263.81
42	芦溪县	7176.23	82	寻乌县	6903.65
43	濂溪区	10149.98	83	浔阳区	10036.00
44	南昌县	8466.45	84	宜丰县	7863.47
45	南城县	8317.19	85	宜黄县	8231.59
46	南丰县	8331.79	86	弋阳县	9373.67
47	南康区	5809.09	87	永丰县	8402.96
48	宁都县	8358.15	88	永新县	6842.60
49	彭泽县	9203.53	89	永修县	10021.25
50	鄱阳县	9140.66	90	于都县	7460.19
51	铅山县	8879.90	91	余干县	8697.93
52	青山湖区	8637.22	92	余江县	9263.25
53	青原区	7817.57	93	渝水区	8252.43
54	青云谱区	8468.67	94	玉山县	8137.87
55	全南县	6437.16	95	袁州区	7474.95
56	瑞昌市	9553.46	96	月湖区	9519.54
57	瑞金市	8247.43	97	章贡区	6170.34
58	上高县	8079.77	98	樟树市	8487.75
59	上栗县	7222.20	99	珠山区	9748.19
60	上饶县	8578.36	100	资溪县	8929.64

2.1.4　旱涝异情及旱涝急转特征

旱涝急转、旱涝并存、旱涝交替事件作为一种气象灾害在南方地区比较常见，指在短时间内交替出现旱涝极端事件的情形(吴志伟等，2007)。张屏等(2008)对旱涝急转事件出现时的降水特征进行研究，表明旱涝急转是在某一地区前期干旱状态下，突发一场降雨量大或降雨强度(以下简称"雨强")大的降雨事件，出现由旱突转涝的现象。

1. 旱涝异情时空分布特征

本节将 1964～2013 年分为 20 世纪 70 年代前、70 年代、80 年代、90 年代和 21 世纪 5 个时段，分别计算 5 个时段的年均 SPI 值，依据 Kriging 插值方法绘制 5 个时段鄱阳湖流域年均 SPI 值的空间分布图(图 2-5)。

鄱阳湖流域在 20 世纪 70 年代前各地区干湿程度区别较大，但整体偏干，干旱程度以北部和西南地区最为严重，中部次之；湿润地区所占面积不大，但湿润程度较重并以西北部和南部边缘地区为主。70 年代全省各区干湿分布与 70 年代前相反，北部和西南地区以湿润为主，西北和南部边缘地区以干旱为主，但旱涝程度都不明显，全省整体处于温和状态。80 年代呈现由西南向东北方向逐渐从湿润转为干旱，与 70 年代前相似，

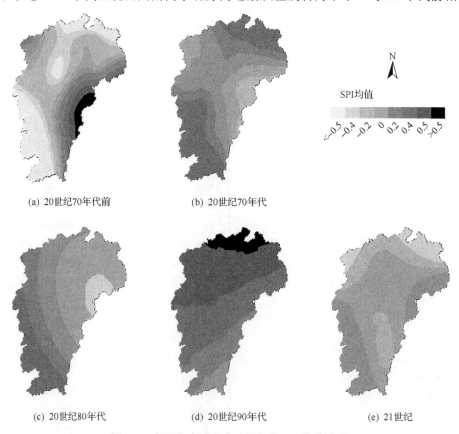

图 2-5　鄱阳湖流域 5 个时段年均 SPI 均值分布

表现出旱涝异情地域化且两端的干湿程度较重。90 年代整体处于较湿润的状况，且湿润程度呈现由南向北逐步递增的趋势，到北部九江地区面临较严重的涝情。进入 21 世纪以来，鄱阳湖流域整体转旱，以北部地区旱情最为严重。

2. 旱涝急转事件概率及趋势

对于旱和涝单一事件的定义已经有明确的概念，而旱涝急转的定义存在着多样性和一定的时间相对性。(吴志伟等，2006；张屏等，2008；程智等，2012)，本书认为旱涝急转事件是指一定时间尺度内前期持续偏旱、后期持续偏涝的现象，按旱涝事件的持续时间尺度来划分，大致分为两类：一类是长周期尺度(1 个月及以上时间尺度)的旱涝急转；另一类是短周期尺度(日尺度)的旱涝急转。下面分别给出这两类旱涝急转的定义。

长周期尺度的旱涝急转事件：分别利用 1 个月尺度的 SPI 值，以典型月为周期，如满足前月属于偏旱状态，后月转为偏涝状态，则定义为一次长周期尺度旱涝急转事件。

短周期尺度旱涝急转事件是指：①根据水利部旱情等级标准(表 2-3)前期数日持续无有效降水达到旱情；②旱后 1~5d 降雨累积量达到涝情的标准(表 2-4)；③同时满足以上两种情况的记为一次旱涝急转事件。

表 2-3　连续无有效降雨日数旱情等级划分表

季节	地域	不同旱情等级的连续无雨天数/d			
		轻度干旱	中度干旱	严重干旱	特大干旱
春季(3~5 月) 秋季(9~11 月)	北方	15~30	31~50	51~75	>75
	南方	10~20	21~45	46~60	>60
夏季(6~8 月)	北方	10~20	21~30	31~50	>50
	南方	5~10	11~15	16~30	>30
冬季(12~2 月)	北方	20~30	31~60	61~80	>80
	南方	15~25	26~45	46~70	>70

注：数据来源于中华人民共和国水利行业标准《旱情等级标准》(SL424—2008)，其中，春季、秋季和冬季日降水量<3mm 为无雨日；夏季日降水量<5mm 为无雨日。

表 2-4　涝情降雨累积量的下限值

降雨天数/d	1	2	3	4	5
累计降雨量/mm	>80	>110	>140	>170	>200

1)旱涝急转发生概率

鄱阳湖流域各站点发生长周期尺度旱涝急转事件的次数、年数分析见图 2-6。各站点发生长周期尺度旱涝急转事件次数在 40~60：广昌、吉安、南城、修水、寻乌、玉山和樟树站发生次数在 50 次以下；鄱阳、赣州、贵溪、景德、庐山、南昌、宜春站次数都超出了 50 次(宜春站超过 60 次)，即平均每年至少发生一次长周期尺度的旱涝急转事件。

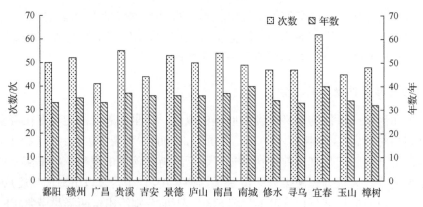

图 2-6　鄱阳湖流域长周期尺度旱涝急转事件发生次数和年数统计(1964～2013 年)

　　发生长周期尺度旱涝急转事件的年数能体现旱涝急转事件发生的集中程度,从图 2-6 中可以看出,江西省各站点发生年数在 30～40 年,即年内旱涝急转事件出现的概率在 0.6～0.8。其中,发生概率最高的是宜春站,南城站次之。

　　各站点发生短周期尺度旱涝急转事件的次数、年数分析见图 2-7。各站点发生短周期尺度旱涝急转事件的次数平均值为 20 次,鄱阳、庐山、樟树站超过 30 次(其中庐山站最高)。各站点发生短周期尺度旱涝急转事件的年数平均在 17 年,比事件次数均值少 3。樟树、庐山、鄱阳站发生的年数分别为 31 年、27 年、24 年,发生概率分别为 62%、54%、48%。除了赣州站发生的年数为 9 年,发生概率为 18%,在 20%以下,其余各站都超过 20%。

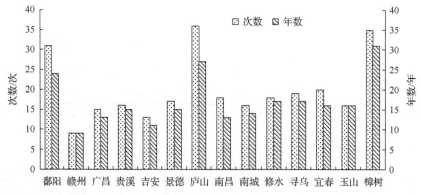

图 2-7　鄱阳湖流域短周期尺度旱涝急转事件发生次数和年数统计(1964～2013 年)

2) 旱涝急转趋势

　　同样用 Mann-Kendall 方法检验鄱阳湖流域各站点旱涝急转事件发生的趋势性,检验结果见表 2-5。从长周期尺度旱涝急转事件来看,赣州、吉安、庐山、修水、寻乌、宜春、玉山等全省一半站点呈现出增多趋势,其中庐山、修水、寻乌和宜春站趋势较显著;而短周期尺度旱涝急转事件在全省呈现出基本一致的增多趋势,其中南昌、赣州及修水站增多显著,因此应加强对旱涝急转灾害的预防和控制。鄱阳、广昌和玉山站呈现出减少趋势，雨水较为充足且旱情不明显，但不能忽略涝情可能带来的灾害。

表 2-5　旱涝急转事件趋势检验结果

站点	长周期尺度	短周期尺度
鄱阳	−0.0049	−0.1210
赣州	0.0842	0.0907*
广昌	−0.0699	−0.0955
贵溪	−0.0667	0.1070
吉安	0.101	0.1310
景德	−0.0464*	0.2230
庐山	0.1990*	0.1250
南昌	−0.0443	0.0239**
南城	−0.1990	0.2240
修水	0.00102**	0.0868*
寻乌	0.0738*	0.2430
宜春	0.0297*	0.2770**
玉山	0.1310	−0.0122**
樟树	−0.0665*	0.2350

* 表示检验结果可靠度较高；** 表示检验结果可靠度高。

2.2　降雨对水土流失的影响

2.2.1　数据来源与方法

　　雨强与水土流失的关系研究主要采用人工模拟降雨试验，试验土槽规格 1.5m(宽)×3m(长)×0.5m(高)，土槽底部填筑 10cm 厚度的粗砂，粗砂上覆盖一层土工布，再填筑 40cm 后的第四纪红土，20～40cm 土壤填筑容重控制在 1.3g/cm³，0～20cm 土壤容重控制在 1.15g/cm³，模拟耕作土壤，种植花生前与野外花生地一样翻耕 0～20cm 深度土壤；土槽坡度可以调节，调节范围是 0～45°，试验坡度为 5°；农作物采用的是鄱阳湖流域坡耕地最主要的作物花生，按照当地正常种植方式播种花生，株行距为 30cm×30cm；模拟降雨系统采用下喷式降雨系统，降雨高度为 17m，雨强变化范围为 10～200mm/h，试验雨强分别为 30mm/h、60mm/h、90mm/h，降雨历时 60min，观测产流开始时间、产流结束时间，产流后每隔 3min 采集一次地表径流泥沙和壤中流过程样品。

2.2.2　雨强与水土流失

　　降雨是坡面侵蚀的动力来源，雨强决定降雨动能的大小，本书通过人工模拟降雨试验研究雨强对红壤坡耕地水土流失的影响。

1. 地表径流特征

红壤坡耕地在不同雨强降雨作用下地表产流时间差异明显，产流时间从长到短依次为 30mm/h＞60mm/h＞90mm/h；30mm/h 雨强降雨 32.4min 才出现产流，到 60mm/h 雨强时产流时间骤减为 2.93min，随着降雨强度的增大，开始产流时间不断缩短（图 2-8）。由于坡耕地表层土壤进行了翻耕，土壤入渗率大，在小降雨条件下入渗率大于雨强很难产流，因此，在 30mm/h 雨强时前期土壤入渗率大于雨强，随着土壤吸水饱和土壤入渗率减小，雨强大于入渗率出现产流，在该雨强下产流时间很长；但雨强达到 60mm/h 时，雨强大于初始非饱和土壤入渗，因此迅速产流，随着雨强的进一步增大，开始产流时间不断缩短，由于坡面水流汇流时间差异不大，因此开始产流时间差异变小。

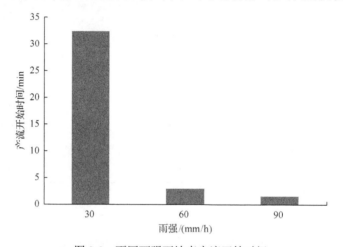

图 2-8　不同雨强下地表产流开始时间

不同雨强下红壤坡耕地地表产流量都是先增大后趋于稳定，产流开始时间从 30mm/h 到 90mm/h 依次减小，单位时间产流量表现为 90mm/h＞60mm/h＞30mm/h。雨强越大相同时间内的雨量越大，因此产流量越大（图 2-9）。

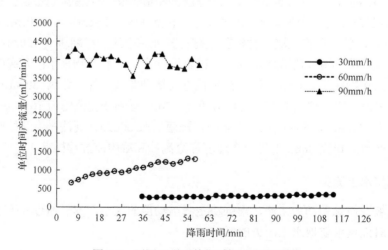

图 2-9　不同雨强下单位时间地表产流量

一个小时的模拟降雨，不同雨强地表产流总量从大到小依次为 90mm/h＞60mm/h＞30mm/h，60mm/h 的降雨总地表产流量是 30mm/h 的 7.78 倍，90mm/h 的降雨总地表产流量是 30mm/h 的 29.42 倍（表 2-6）。由此可见随着雨强的增大，地表总产流量增大，并且径流增大的倍数大于雨强增大的倍数。

表 2-6　不同雨强 1h 降雨总产流量

雨强/(mm/h)	总产流量/L
30	7.7
60	59.91
90	226.5

不同雨强累计雨量与累计径流量的折线斜率从大到小依次为 90mm/h＞60mm/h＞30mm/h（图 2-10），表明即使相同的雨量不同雨强地表产流量亦表现出 90mm/h＞60mm/h＞30mm/h，说明不同雨强对地表径流的影响一方面是降雨量差别导致的，另一方面是雨强导致的，小雨强达到大雨强相同的雨量所需时间更多，那么向土壤中入渗的时间就越长，入渗量就越大。

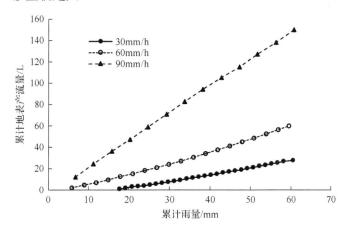

图 2-10　不同雨强累计雨量与累计地表产流量的关系

2. 壤中流特征

不同雨强的壤中流产流开始时间从大到小依次为 30mm/h＞60mm/h＞90mm/h（表 2-7），不同雨强下壤中流比地表产流滞后时间表现为 30mm/h 最小，60mm/h 远大于

表 2-7　不同雨强壤中流产流开始时间

雨强/(mm/h)	产流开始时间/min	比地表产流滞后时间/min
30	32.85	0.45
60	16.13	13.20
90	14.67	13.13

30mm/h 雨强下壤中流滞后于地表产流时间，60mm/h、90mm/h 雨强下壤中流滞后时间接近。上述分析表明，随着降雨强度的增大壤中流开始产流时间减小，大雨强下壤中流滞后地表产流时间长，小雨强下壤中流与地表产流时间接近。

不同雨强下红壤坡耕地壤中流产流都是先增大，当雨停后 5min 内达到峰值，随后开始减小，不同雨强下壤中流峰值相近；60mm/h 与 90mm/h 雨强下壤中流产流过程曲线非常接近，两个雨强下峰值前增加速度和峰值后减小速度均接近，30mm/h 雨强下壤中流前期增速较缓，90min 后继续降雨壤中流增速才迅速上升(图 2-11)。壤中流的产流很大程度上取决于土壤的入渗性，当雨强足够大时，可为入渗提供充足的水源，因此，壤中流的大小很大程度取决于土壤性质，因此 60mm/h 与 90mm/h 雨强下壤中流产流过程曲线非常接近；30mm/h 雨强较小，提供入渗水源较少，降雨初期土壤处于非饱和状态，土壤入渗性强，甚至出现雨水全部入渗，而当土壤全部饱和后土壤入渗率稳定，并且小于非饱和土壤入渗率，因此在降雨作用下一定时间后壤中流迅速上升。

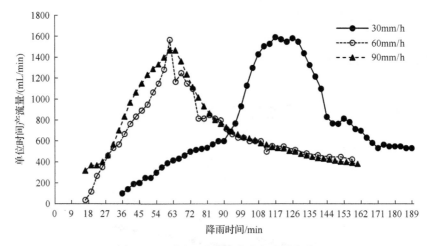

图 2-11　不同雨强下壤中流产流过程线

3. 侵蚀产沙特征

不同雨强影响红壤坡耕地的土壤侵蚀产沙浓度，土壤侵蚀产沙浓度不同雨强下都表现出初始产沙浓度大，随后减小并趋于稳定，稳定土壤侵蚀产沙浓度从大到小依次为 60mm/h＞90mm/h＞30mm/h，30mm/h、60mm/h、90mm/h 雨强的平均土壤侵蚀产沙浓度分别为 0.53g/L、6.67g/L、4.15g/L(图 2-12)。分析表明，土壤侵蚀产沙浓度随雨强增大时先增大后减小。30mm/h 雨强较小雨滴击溅地表土壤能量较小，另外坡面径流小，流速慢，搬运泥沙能力小，因此，土壤侵蚀泥沙浓度很低，雨强增大到 60mm/h 雨滴击溅地表能量大，另外坡面径流能量较大，搬运泥沙能力强，因此泥沙浓度从土壤侵蚀产沙浓度迅速上升，增加倍数远大于雨强的增大倍数，雨强从 60mm/h 增加到 90mm/h 后，径流增加很大，搬运泥沙能力增大，但是红壤坡耕地土槽试验中主要是面蚀，雨滴击溅提供沙源，本身径流冲刷侵蚀泥沙的能力较弱，虽然雨滴动能增大，但是坡面径流深增大，又起到削弱溅蚀的作用，由于从雨强 60mm/h 增加到 90mm/h 后径流量增大倍数大，可以稀释泥沙浓度的作用，因此泥沙浓度反而减小。

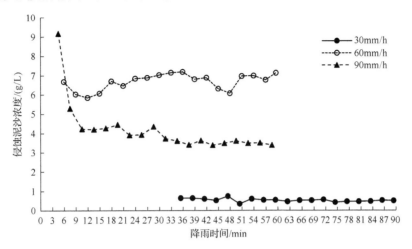

图 2-12　不同雨强红壤坡耕地土壤侵蚀产沙浓度过程线

不同雨强影响红壤坡面侵蚀产沙过程，单位时间内土壤侵蚀产沙量从大到小依次为 90mm/h＞60mm/h＞30mm/h（图 2-13），30mm/h 雨强时，土壤侵蚀速率稳定值为 0.15g/min，土壤侵蚀速率非常低，60mm/h 雨强时，土壤侵蚀速率稳定值为 8.35g/min，相比 30mm/h 雨强增加高达 54.67 倍，60mm/h 雨强增大到 90mm/h 雨强时，土壤侵蚀稳定速率稳定值为 13.04g/min，相比 60mm/h 降雨增大 56.17%，说明从小雨强到大雨强，增大雨强致使侵蚀泥沙浓度和径流量的增大，导致土壤侵蚀产沙速率迅速增大，随着雨强继续增大，泥沙浓度减小和径流量作用下，土壤侵蚀速率增加变缓。

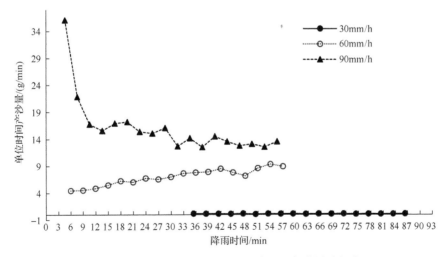

图 2-13　不同雨强红壤坡耕地土壤侵蚀产沙量过程线

不同雨强 1h 中土壤侵蚀产沙量从大到小依次为 90mm/h＞60mm/h＞30mm/h，60mm/h 雨强下总侵蚀产沙量是 30mm/h 雨强的 44.38 倍，90mm/h 雨强下总侵蚀产沙量是 30mm/h 雨强 103.25 倍（表 2-8）。

表 2-8　不同雨强 1h 降雨总侵蚀产沙量

雨强/(mm/h)	总侵蚀产沙量/g
30	9.04
60	401.20
90	933.38

2.3　旱涝急转对水土流失的影响

2.3.1　材料与方法

1. 人工模拟试验

土壤硬度、抗剪强度观测试验：2016 年 8 月开展，试验地点江西水土保持生态科技园二期温室大棚，设置 3 个重复土槽(长 1m、宽 1m、高 0.4m)，土槽内填筑第四纪红土，0～20cm 填筑土壤容重 1.25g/cm³，20～40cm 填筑土壤容重 1.32g/cm³，土壤填筑完成后用洒水壶均匀洒水至土壤完全饱和，每天下午 5 点用土壤硬度计、十字板剪切仪分层测定 2cm、5cm、10cm、15cm、20cm 土壤的硬度和抗剪强度，并采集相应土层土壤烘干法测试土壤含水量，监测至 0～5cm 土壤抗旱到土壤含水量 5%左右。

干旱模拟试验：2015 年 11 月至 2017 年 3 月在江西水土保持生态科技园温室大棚开展了不同干旱模拟试验，试验土槽长 1m、宽 0.5m、高 0.6m，坡度可调(5°、10°、15°、20°、25°、30°)，试验设计土槽坡度 10°，土槽底部铺设 10cm 的粗砂，砂上面填筑 40cm 过筛后的第四纪红土。土壤容重根据野外实测容重设计，0～20cm 土层土壤容重为 1.25g/cm³，20～40cm 土壤容重为 1.32g/cm³。土槽内填土完成后进行预降雨，雨强 20mm/h，降雨至土壤含水量饱和，将土槽放置于温室大棚，使其自然干旱失水，并达到相应旱情。干旱等级参考国家标准《农业干旱等级》(GB/T 32136—2015)中 0～20cm 土壤相对湿度 R 作为旱情评价指标。

试验设计：不同旱情相同降雨人工模拟试验，设置 4 个处理(无旱、轻旱、中旱、重旱)，每个处理设置 2 个重复，达到相应等级干旱后用 90mm/h 降雨 1.5h；相同旱情不同等级降雨试验设置 3 个处理(大雨 45mm/h、暴雨 90mm/h、大暴雨 135mm/h)，每个处理设置两个重复，当土壤达到中旱后试验不同等级降雨，降雨历时 1.5h。

地表土壤拍照观测：每次降雨前、雨后用单反相机拍摄土槽地表，为保证裂缝图像拍摄距离、位置以及环境的一致性，安装一个适用于土槽试验拍照的支架，该相机架可以调整高度及水平位置，满足试验拍照需求。保持每次拍照高度、角度、空间位置一致。

2. 野外定位观测试验

试验在江西水土保持生态科技园内的大型土壤水分渗漏小区进行，每个径流小区规格为 5m×15m，坡度为 14°，处理小区剖面如图 2-14 所示。小区下部设置集水池，承接地表径流与泥沙。每个小区设置四个出水口，由上到下分别可以承接地表径流和 30cm、60cm、105cm 壤中流。在径流小区分布设置全园裸露、百喜草全园敷盖、百喜草全园覆盖三个处理(表 2-9)。

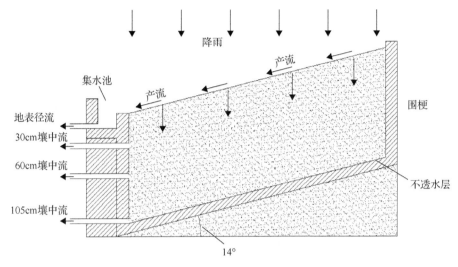

图 2-14　径流小区(大型土壤水分渗漏装置)剖面图

表 2-9　试验处理措施表

处理	处理措施	坡度	特征
CK	裸露对照	14°	全园地表完全裸露
T1	百喜草敷盖	14°	将百喜草刈割后敷盖于地表，敷盖度100%，厚度约10cm
T2	百喜草覆盖	14°	全园种植百喜草，覆盖度100%

　　地表径流的观测与采集主要是用塑料管把集水池中的水引到地表径流池。地表径流池采用三级径流池，根据可能发生 50 年一遇的暴雨产生的径流量设计，每级径流池均按方柱形构筑。一级池规格为 1.0m×1.0m×1.2m，在墙壁两侧及与二级池连接处装有五分 60°V 形三角堰，三角堰距地面 0.74 m，侧边安装四个，与二级池连接处安装一个，水量过堰时，就会有 4/5 排出，1/5 流入二级池；二级池规格为 1.0m×1.0m×1.0m，也在与一级池相同的位置布设 60°V 形三角分流堰，水量过堰时，就会有 4/5 排出，1/5 流入三级池；三级池规格也为 1.0m×1.0m×1.0m。每个地表径流池均安装水尺，可以通过水尺读数计算出地表径流量。壤中流的观测主要是通过小区墙壁内的管道将三种不同深度的壤中流引出，再由塑料管连接到不同深度壤中流径流池。与地表径流池一样，壤中流径流池也都安装水尺，可以通过水尺读数计算壤中流径流量。

2.3.2　坡面土壤特征

　　不同干旱等级土壤硬度见图 2-15。不同深度土壤从无旱到重旱，土壤硬度随着干旱等级的增大而增大，2cm 深度土壤硬度从重旱到特旱略有减小，其他深度土壤硬度从重旱到特旱基本处于稳定趋势。

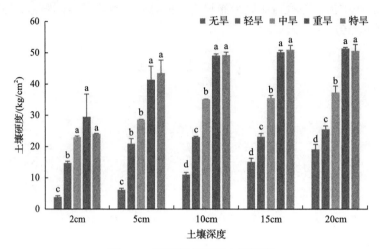

图 2-15　不同干旱等级土壤硬度

不同字母表示同一深度土壤不同旱情间差异显著(P<0.05)

将不同干旱等级土壤抗剪强度见图 2-16，可知当 0～20cm 土壤平均处于无旱到中旱时，地表 2cm 深度土壤抗剪强度随着干旱等级增加而增大，中旱到特旱土壤抗剪强度趋于稳定；当 0～20cm 土壤平均处于无旱到重旱时，5cm、10cm 深度土壤抗剪强度随干旱等级增加而增大，重旱到特旱土壤抗剪强度趋于稳定；在其他深度土壤抗剪强度随着干旱等级的增大基本都处于增大趋势，并且随着深度增大，干旱等级增大程度变大。

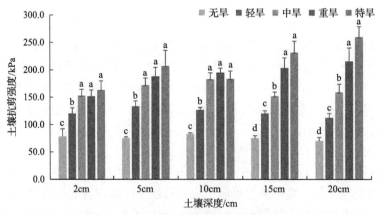

图 2-16　不同干旱等级土壤抗剪强度

不同字母表示同一深度土壤不同旱情间差异显著(P<0.05)

将不同干旱级别土壤拍照，先利用 Photoshop 对裂缝进行描绘，结合 Matlab 图像处理功能，通过灰度化、二值分割、杂点去除、骨架化、裂缝分割等流程，对土壤裂缝图像进行处理。分析结果见图 2-17。

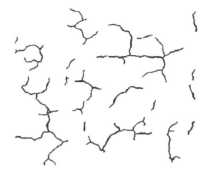

原始样方照片　　　　　　　　　　　　　　　二值化后图片

图 2-17　不同旱情等级下土壤干缩裂缝

通过表 2-10 可知，从轻旱到重旱土壤的裂缝总长度和长度密度增大，从轻旱到中旱土壤裂缝总长度和长度密度增加到 1.6 倍，重旱时土壤裂缝总长度和长度密度是轻旱的 2.9 倍；轻旱时土壤长度密度为 0.0112mm/mm^2，中旱时 0.0179mm/mm^2，重旱时 0.0323mm/mm^2。

表 2-10　不同干旱等级土壤裂缝总长度特征

干旱等级	裂缝总长度/mm	长度密度/(mm/mm^2)
轻旱	2796.49	0.0112
中旱	4484.20	0.0179
重旱	8066.57	0.0323

土壤裂缝的平均宽度、最大宽度、最小宽度都随着旱情的发展而增大(表 2-11)，从轻旱、中旱、重旱土壤裂缝平均宽度、最大宽度、最小宽度依次增大，轻旱时土壤裂缝平均宽度仅 1.24mm，中旱后平均宽度增加 0.22mm，到重旱后增加 0.55mm，不同旱情土壤裂缝最大宽度差异很大，轻旱时最大裂缝宽度仅 4.74mm，到中旱时最大宽度增加 5.45mm，增加倍数为 1.15 倍，到重旱后土壤裂缝最大宽度增加 10.76mm，比轻旱增加 2.27 倍。

表 2-11　不同干旱等级土壤裂缝宽度特征　　　　　　　　　(单位：mm)

旱情等级	裂缝平均宽度	裂缝最大宽度	裂缝最小宽度
轻旱	1.24	4.74	0.50
中旱	1.46	10.19	0.80
重旱	1.79	15.50	0.96

由图 2-18 可知，土壤裂缝总面积从小到大依次为轻旱、中旱、重旱，从轻旱增加到中旱时土壤裂缝总面积增加 0.73 倍，到重旱时土壤裂缝总面积比轻旱增加 2.48 倍，轻旱时土壤裂缝面积密度仅 1.36%，到中旱时土壤裂缝面积密度达到 2.36%，到重旱时土壤裂缝面积密度达到 4.74%。

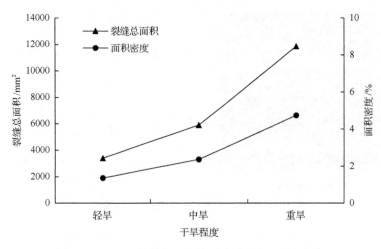

图 2-18　不同旱情等级下土壤裂缝总面积及面积密度

图 2-19 可知，不同旱情等级下土壤裂缝的交点数从小到大依次为轻旱、中旱、重旱，轻旱条件下土壤裂缝交点数 41 个，中旱增加到 72 个，重旱土壤裂缝交点数增加到 127 个，土壤裂缝交点数间接反映裂缝数量和土壤破碎程度，由此可知，从轻旱到重旱土壤破碎程度逐渐增大。

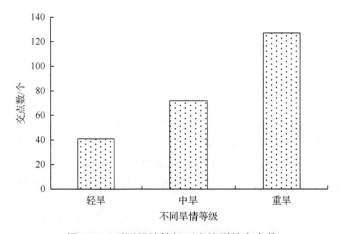

图 2-19　不同旱情等级下土壤裂缝交点数

从图 2-20 可知，轻旱到中旱土壤裂缝数略有下降，重旱后土壤裂缝明显增大，重旱下的土壤裂缝数量是轻旱的 1.86 倍，说明随着旱情的发展，达到重旱后土壤裂缝数量激增，土壤破碎度增加明显。

由图 2-21 可知，土壤裂缝的网络连通性从轻旱(28%)到中旱(51%)连通性剧增，重旱后土壤裂缝的网络连通性与中旱基本一致，说明轻旱时土壤裂缝较分散，裂缝与裂缝间的连接较差，到中旱后土壤裂缝密度较大，分布集中，裂缝与裂缝之间的连接线较紧密，网络连通性强，中旱到重旱土壤裂缝的连接线未能增大，因此，其土壤裂缝的网络连通性并未明显增大。

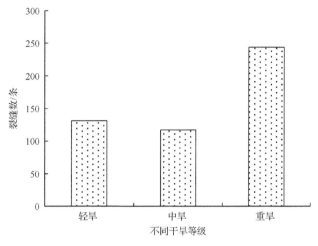

图 2-20　不同旱情等级下土壤裂缝数

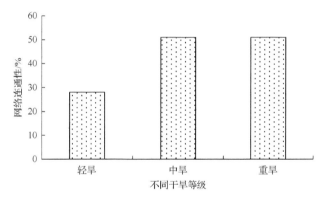

图 2-21　土壤裂缝的网络连通性

由表 2-12 可知，土壤裂缝平均弯曲度从小到大依次为轻旱、中旱、重旱，土壤裂缝最大弯曲度随旱情差异很大。轻旱时土壤裂缝最大弯曲度仅为 5.03；中旱时土壤裂缝最大弯曲度达到 9.34；到重旱时土壤裂缝最大弯曲度达到 25.04，分别是轻旱、中旱的 4.98 倍、2.68 倍。土壤裂缝最小弯曲度随着旱情的变化差异很小。

表 2-12　不同干旱等级土壤裂缝弯曲度

旱情等级	裂缝平均弯曲度	裂缝最大弯曲度	裂缝最小弯曲度
轻旱	1.32	5.03	0.99
中旱	1.44	9.34	0.96
重旱	1.49	25.04	1.00

2.3.3　坡面产流产沙特征

1. 模拟试验下产流产沙特征

采用人工模拟降雨试验法，在长 1.0m、宽 0.5m、深 0.5m、坡面 10°土槽，设有无旱、轻旱、中旱、重旱 4 个旱情等级，每个旱情等级 2 个重复，分别利用 2 个不同雨强（90mm/h、135mm/h）进行人工模拟降雨，研究干旱土壤在极端暴雨（旱涝急转）侵蚀下坡面产流产沙特征。

不同旱情等级土壤在 90mm/h 降雨时，其产流过程线见图 2-22，可知不同旱情下降雨产流过程曲线相似，初始径流强度小，随着产流时间增加，径流强度增大，一定时间后径流强度稳定，降雨停止后径流强度迅速减小；随着旱情等级增加，开始产流时间不断增大；初始径流强度、稳定径流强度都随着旱情等级先增大后减小。

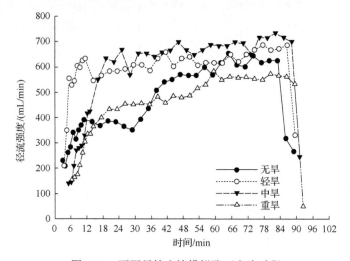

图 2-22　不同旱情土壤模拟降雨产流过程

通过对不同旱情模拟降雨试验总产流量进行统计分析（图 2-23），可知随着旱情加剧总产流量先增大后减小，说明一定的旱情会促进产流。

通过不同旱情等级模拟降雨壤中流数据分析（图 2-24），可知不同降雨下壤中流均表现为随着旱情等级的增大先增大后减小，表明前期土壤旱情影响壤中流的发育，第四纪红土从无旱到干旱会出现干缩裂缝，轻旱、中旱，旱情等级较低，降雨后干缩裂缝很快闭合，重旱土壤裂缝宽、深，土壤干缩裂缝为壤中流发育提供了优先通道。

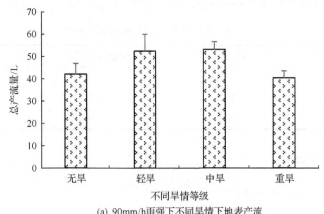

(a) 90mm/h雨强下不同旱情下地表产流

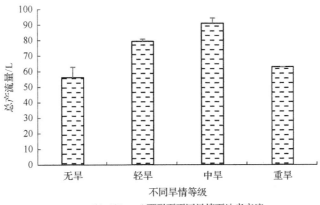

(b) 135mm/h雨强下不同旱情下地表产流

图 2-23　不同旱情土壤模拟降雨总产流量

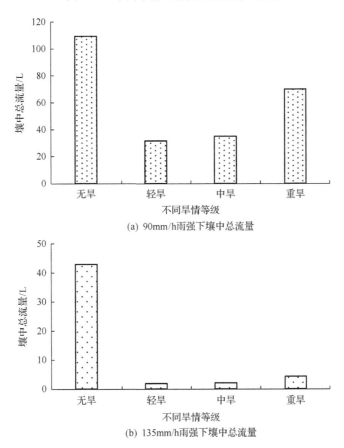

(a) 90mm/h雨强下壤中总流量

(b) 135mm/h雨强下壤中总流量

图 2-24　不同旱情土壤模拟降雨壤中总流量

　　通过对不同旱情等级模拟降雨产沙过程分析(图 2-25)，可知不同旱情等级产沙过程线类似，初始产沙强度小，随着时间增大产沙强度增大，而后减小，最后产沙强度趋于稳定，即产沙强度先增大后减小最后趋于稳定；旱情等级对坡面侵蚀产沙有明显影响，产沙强度总体上表现为轻旱＞中旱＞重旱＞无旱。

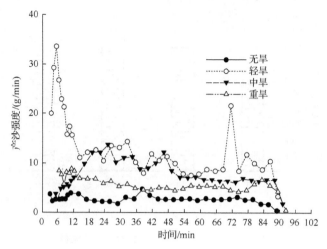

图 2-25　不同旱情土壤模拟降雨产沙过程

通过对不同旱情模拟降雨试验总产沙量进行统计分析(图 2-26)随着旱情加剧，不同

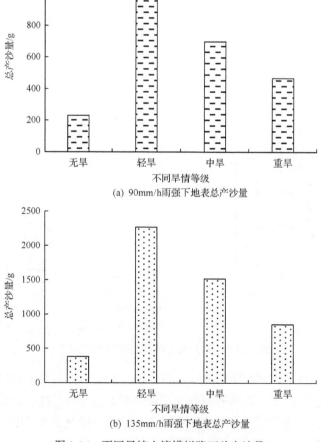

(a) 90mm/h雨强下地表总产沙量

(b) 135mm/h雨强下地表总产沙量

图 2-26　不同旱情土壤模拟降雨总产沙量

雨强下地表总产沙量都表现为先增大后减小,轻旱时地表产沙量最大,轻旱、中旱、重旱侵蚀产沙均高于无旱。干旱后会促进坡面侵蚀产沙,干旱条件下土壤遇水,土壤团粒会发生吸水消散作用,导致土块迅速崩解分散,为径流搬运提供了大量的沙源,因此一定的干旱会促进侵蚀产沙;随着干旱继续加重,地表产流减少,搬运泥沙的动能减少,导致坡面侵蚀泥沙减小。

2. 自然降雨下产流产沙特征

1)地表产流特征

旱涝急转条件下地表径流产流量见表 2-13,可知,降雨等级相同条件下,前期干旱等级越低,产流量越大;前期同等级干旱条件下,降雨等级越高,产流量越大。相对于全园裸露,百喜草的敷盖和覆盖对于拦截降雨、减小地表径流的产流量都有一定作用,其中百喜草的覆盖措施减小地表产流量效果更好。

表 2-13　旱涝急转条件下地表径流产流量

降雨场次	雨前干旱等级	降雨类型	产流量/m³		
			裸露对照(CK)	百喜草敷盖(T1)	百喜草覆盖(T2)
1	严重干旱	大雨	0.0450	0.0305	0.0275
2	轻度干旱	中雨	0.0776	0.0578	0.0515
3	轻度干旱	大雨	0.3058	0.1946	0.1483
4(I)	轻度干旱	大雨	0.2823	0.126	0.0895
5	轻度干旱	中雨	0.0645	0.0552	0.0445
6	轻度干旱	中雨	0.0519	0.0385	0.0271
7	中度干旱	大雨	0.067	0.0278	0.0217
8	轻度干旱	大雨	0.2683	0.1257	0.0844
9(III)	严重干旱	大雨	0.0509	0.0287	0.0231
10	轻度干旱	中雨	0.0803	0.0552	0.0367
11	轻度干旱	暴雨	0.3765	0.1867	0.1315
12	轻度干旱	中雨	0.0836	0.0582	0.0417
13(II)	中度干旱	大雨	0.0760	0.0320	0.0250
14	中度干旱	暴雨	0.6643	0.2500	0.2267
15	轻度干旱	中雨	0.0938	0.0546	0.0395
16	轻度干旱	大雨	0.2782	0.1358	0.0994
17	中度干旱	中雨	0.0485	0.0297	0.0226

选取雨前干旱类型为轻度、中度、重度干旱的三场降雨,对应表 2-13 中的场次为 4(雨

前轻度干旱)、13(雨前中度干旱)、9(雨前严重干旱)的降雨强度为大雨的降雨进行研究，分别记为降雨Ⅰ、Ⅱ、Ⅲ。另外取 2013 年 8 月 17 日降雨(前期无旱)作为对照，降雨时间为 15:23，降雨历时 118min，雨量 32.3mm。对照三种处理的地表产流量分别为 0.307m³、0.183m³、0.131m³。

通过对上述四场降雨地表径流进行观测，分析地表径流产流过程(图 2-27～图 2-30)。可以看出，相对于降雨过程，各处理地表径流产流过程都出现了不同程度的滞后，径流滞后时间见表 2-14。由表 2-14 可得，干旱时间越长，干旱程度越严重，地表径流的产流滞后时间越长。地表径流的产流先后顺序为裸露覆盖(CK)、百喜草敷盖(T1)、百喜草覆盖(T2)处理。降雨到达地面后，裸地地表径流流速快，产流时间快；百喜草的敷盖与覆盖都能涵蓄一定水分，增加入渗，有效减缓地表径流产生。同时，百喜草的敷盖与覆盖能增加地表粗糙度，地表径流流速减慢，因此其产流时间比裸露对照滞后。

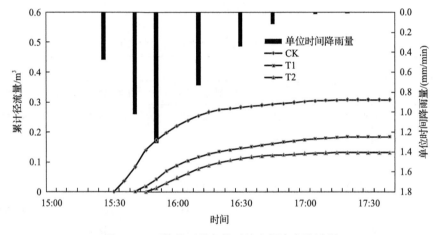

图 2-27 雨前非干旱条件下地表径流产流过程

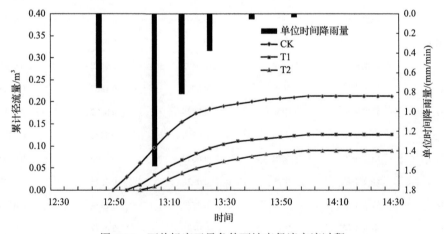

图 2-28 雨前轻度干旱条件下地表径流产流过程

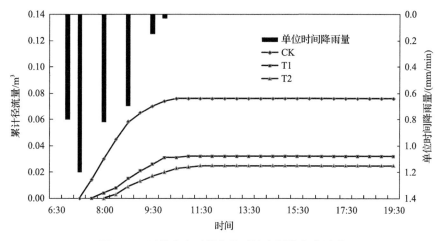

图 2-29　雨前中度干旱条件下地表径流产流过程

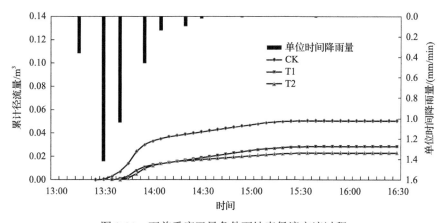

图 2-30　雨前重度干旱条件下地表径流产流过程

表 2-14　地表径流滞后时间　　　　　　　　　　（单位：min）

场次	裸露对照（CK）	百喜草敷盖（T1）	百喜草覆盖（T2）
无旱降雨（对照）	5	11	16
降雨 I	7	15	21
降雨 II	11	20	27
降雨 III	15	24	33

由图 2-27～图 2-30 可得，不同旱涝急转条件下地表产流过程基本一致，不同处理的地表产流过程也基本一致，地表径流受雨强影响较大，随着雨强的变化而变化。雨强较大时，累计径流量曲线斜率较高；雨强较小时，累计径流量曲线斜率较低，且最终随着降雨的结束产流过程也相应结束。

雨前轻度干旱条件下，全园裸露小区、百喜草敷盖小区和百喜草覆盖小区三个处理小区的降雨地表产流量分别是雨前非干旱条件下的 69.06%、68.85% 和 68.70%；雨前中度干旱条件下，降雨地表产流量分别是雨前非干旱条件下的 24.76%、17.49% 和 19.08%；雨前重度干旱条件下，降雨地表产流量分别是雨前非干旱条件下的 16.51%、15.68% 和 17.63%。可见，前期干旱能够减小地表产流量；雨前干旱程度越大，降雨引起的地表产流量越小。

相对于全园裸露，百喜草的敷盖和覆盖对于减小地表径流的产流量都有一定的作用。相同降雨强度条件下，雨前干旱程度越低，地表产流量越大。

2) 地表产沙特征

通过分析三种处理小区在不同旱涝急转条件下 (表 2-15) 的产沙量。

表 2-15　旱涝急转条件下产沙量

降雨场次	干旱等级	降雨类型	产沙量/kg		
			CK	T1	T2
1	严重干旱	大雨	0.2987	0.0388	0.0064
2	轻度干旱	中雨	0.1123	0.0128	0.0026
3	轻度干旱	大雨	0.1582	0.0197	0.0048
4	轻度干旱	大雨	0.1465	0.0173	0.0043
5	轻度干旱	中雨	0.1169	0.0126	0.0028
6	轻度干旱	中雨	0.1087	0.0121	0.0023
7	中度干旱	大雨	0.2133	0.0212	0.0047
8	轻度干旱	大雨	0.1396	0.0158	0.0037
9	严重干旱	大雨	0.3291	0.0439	0.0071
10	轻度干旱	中雨	0.1156	0.0131	0.0029
11	轻度干旱	暴雨	0.8367	0.0359	0.0187
12	轻度干旱	中雨	0.1204	0.0138	0.0032
13	中度干旱	大雨	0.2365	0.0231	0.0054
14	中度干旱	暴雨	1.1185	0.0843	0.0215
15	轻度干旱	中雨	0.1158	0.0123	0.0028
16	轻度干旱	大雨	0.1432	0.0169	0.0039
17	中度干旱	中雨	0.1326	0.0148	0.0036

泥沙的迁移都是伴随着地表径流而发生的，产沙量也受到雨前干旱等级与降雨类型的影响。同种降雨等级条件下，雨前干旱等级越低，产沙量越大；前期干旱等级相同，降雨等级越高，产沙量越大。

由表 2-15 可知，T1 处理下小区产沙量为 CK 的 9.54%～19.23%，T2 处理下小区产沙量为 CK 的 1.92%～4.98%。可见，相对于全园裸露，百喜草的敷盖和覆盖措施对于拦截泥沙、降低土壤侵蚀量都有一定的作用，说明百喜草敷盖和覆盖具有减少旱涝急转事件下的产沙量，其中百喜草的覆盖措施效果最好。

3) 壤中流特征

选取 2012～2014 年期间的四次旱涝急转事件 (前期干旱程度依次为无旱、轻旱、中旱和重旱，后期降雨条件一致，表 2-16)，对旱涝急转条件下坡地壤中流产流特征 (包括产流总量、产流开始时间、产流过程) 进行分析，分析结果见图 2-31～图 2-44。

表 2-16　旱涝急转事件概况

事件	时间(年-月-日)	前期无雨日数/d	降雨量/mm	历时/min	强度/(mm/h)	事件类型
1	2013-8-17	0	32.1	118.20	16.29	无旱转大雨
2	2012-8-19	9	31.7	127.91	14.87	轻旱转大雨
3	2014-5-04	21	32.3	187.97	10.31	中旱转大雨
4	2013-8-15	25	30.8	133.05	13.89	重旱转大雨

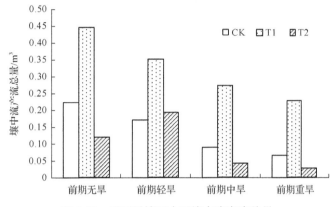

图 2-31　不同旱情下小区壤中流产流总量

图 2-31 显示了不同程度旱涝急转条件下壤中流产流总量。从前期无旱到前期重旱，CK、T1 和 T2 壤中流产流总量分别为 0.225m³、0.171m³、0.090m³、0.066m³，0.446m³、0.351m³、0.272m³、0.229m³ 和 0.121m³、0.194m³、0.043m³、0.028m³ (表 2-17)，随着旱情等级的提高，CK、T1 和 T2 壤中流产流总量总体呈现逐渐降低的趋势(除了小区 T2 在前期轻旱时突然增大)。这说明前期旱情不仅影响坡面地表产流，而且对壤中流产流也影响很大。对比三个小区来看，不同干旱程度下 T1 壤中流产流总量均为最大，而 T2 一般都是最小。结合地表径流的产流规律(CK 最大)，可看出百喜草的敷盖和覆盖都能拦截一定地表径流，使水流下渗。

表 2-17　不同程度旱涝急转条件下壤中流产流总量

前期干旱等级	壤中流产流总量/m³		
	CK	T1	T2
无旱	0.225	0.446	0.121
轻旱	0.171	0.351	0.194
中旱	0.090	0.272	0.043
重旱	0.066	0.229	0.028

图 2-32 列出了四次降雨后坡地各深度壤中流产流滞后时间。对于同一降雨场次，在相同的雨前无连续降雨天数情况下，覆盖小区由于地表植物的蒸腾作用，土壤含水率最低，壤中流产流最慢；敷盖小区由于表层的敷盖物能有效减少土壤水分的蒸发，土壤含水率最高，壤中流产流最快。对于不同场次降雨，随着前期干旱程度的增强，土壤含水

率降低，土壤水分达到饱和进而产生壤中流的时间也在不断增加，且 30cm 壤中流滞后时间的增加速率远大于 60cm 壤中流和 90cm 壤中流。由此可见，相较于深层壤中流，浅层壤中流滞后时间受雨前干旱强度的影响更大。

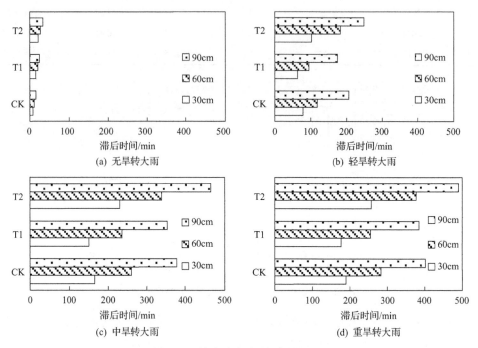

图 2-32　壤中流产流滞后时间对比

如图 2-33～图 2-35 所示，雨前非干旱条件下 CK、T1 和 T2 在 30cm 深度壤中流产流稳定值分别为 0.05m³、0.167m³、0.072m³，CK、T1、T2 在 60cm 深度处壤中流稳定值分别为 0.013m³、0.053m³、0.017m³，CK、T1、T2 在 90cm 深度处壤中流稳定值分别为 0.162m³、0.226m³、0.032m³；对比 T1 小区，CK 和 T2 下 30cm 壤中流总流量分别为 T1 的 29.94%和 43.11%；CK 和 T2 下 60cm 壤中流总流量分别为 T1 的 24.53%和 32.08%；CK 和 T2 下 90cm 壤中流总流量，分别为 T1 的 71.68%和 14.16%。

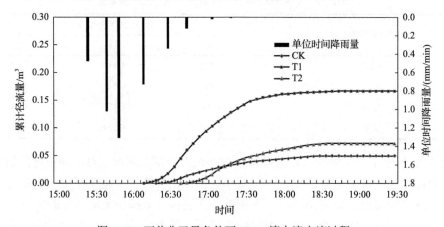

图 2-33　雨前非干旱条件下 30cm 壤中流产流过程

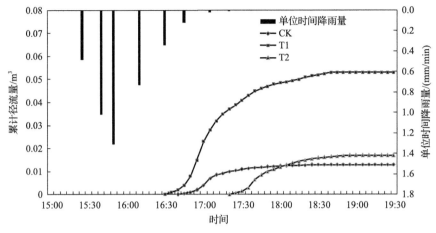

图 2-34　雨前非干旱条件下 60cm 壤中流产流过程

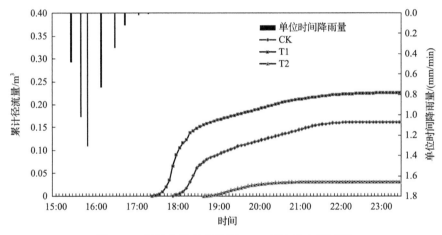

图 2-35　雨前非干旱条件下 90cm 壤中流产流过程

由图 2-36～图 2-38 可知，雨前轻度干旱条件下 CK、T1、T2 在 30cm 深度壤中流产流稳定值分别为 0.038m³、0.145m³、0.049m³，CK、T1、T2 在 60cm 深度处壤中流稳定值分别为 0.008m³、0.041m³、0.011m³，CK、T1、T2 在 90cm 深度处壤中流稳定值分别为 0.125m³、0.165m³、0.134m³。对比 T1 小区，CK 和 T2 下 30cm 壤中流总流量分别为 T1 的 26.21%和 31.72%；CK 和 T2 下 60cm 壤中流总流量分别为 T1 的 19.51%和 24.39%；CK 和 T2 下 90cm 壤中流总流量，分别为 T1 的 75.76%和 7.88%。

如图 2-39～图 2-41 所示，雨前中度干旱条件下 CK、T1 和 T2 在 30cm 深度壤中流产流稳定值分别为 0.023m³、0.101m³、0.028m³，CK、T1、T2 在 60cm 深度处壤中流稳定值分别为 0.004m³、0.037m³、0.007m³，CK、T1、T2 在 90cm 深度处壤中流稳定值分别为 0.063m³、0.134m³、0.008m³。对比 T1 小区，CK 和 T2 下 30cm 壤中流总流量分别为 T1 的 23.76%和 26.73%；CK 和 T2 下 60cm 壤中流总流量分别为 T1 的 10.81%和 16.22%z；CK 和 T2 下 90cm 壤中流总流量，分别为 T1 的 47.01%和 5.97%。

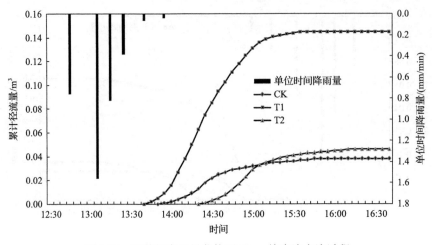

图 2-36　雨前轻度干旱条件下 30cm 壤中流产流过程

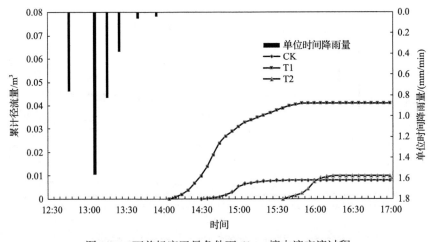

图 2-37　雨前轻度干旱条件下 60cm 壤中流产流过程

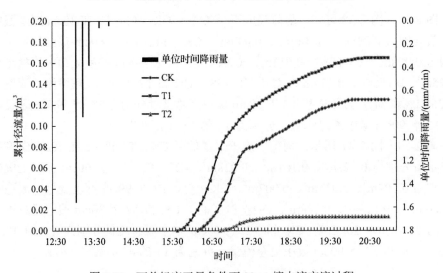

图 2-38　雨前轻度干旱条件下 90cm 壤中流产流过程

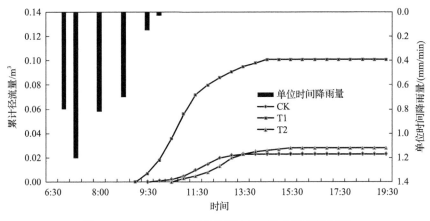

图 2-39　雨前中度干旱条件下 30cm 壤中流产流过程

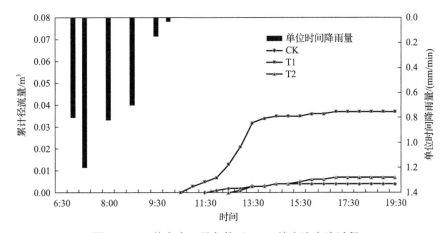

图 2-40　雨前中度干旱条件下 60cm 壤中流产流过程

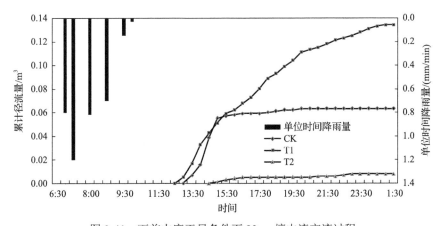

图 2-41　雨前中度干旱条件下 90cm 壤中流产流过程

　　如图 2-42～图 2-44 所示,雨前重度干旱条件下 CK、T1 和 T2 在 30cm 深度壤中流产流稳定值分别为 0.014m³、0.085m³、0.017m³,CK、T1、T2 在 60cm 深度处壤中流稳定值分别为 0.004m³、0.027m³、0.005m³,CK、T1、T2 在 90cm 深度处壤中流稳定值分

别为 0.048m³、0.117m³、0.006m³。对比 T1 小区，CK 和 T2 下 30cm 壤中流总流量分别为 T1 的 16.47%和 20.00%；CK 和 T2 下 60cm 壤中流总流量分别为 T1 的 14.81%和 18.53%；CK 和 T2 下 90cm 壤中流总流量，分别为 T1 的 40.03%和 5.13%。

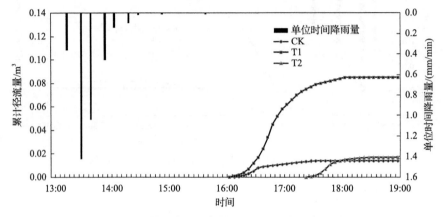

图 2-42　雨前重度干旱条件下 30cm 壤中流产流过程

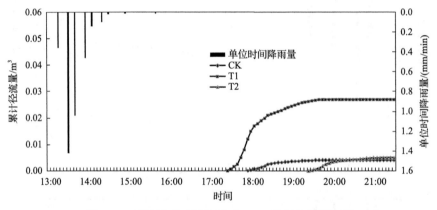

图 2-43　雨前重度干旱条件下 60cm 壤中流产流过程

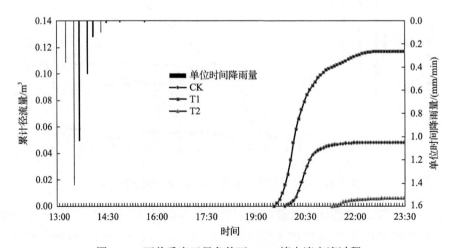

图 2-44　雨前重度干旱条件下 90cm 壤中流产流过程

　　综上可知,在不同降雨下 T1 小区各深度壤中流都是最大的,T2 小区在 30cm 和 60cm 处壤中流稳定值要大于 CK 小区,而在 90cm 深度却为最小,这说明不同水土保持措施下地下土壤的蓄水能力不同,且植被根茎的深度可能是影响不同深度蓄水情况的原因之一;对比不同雨前干旱程度下壤中流流量,可以看出,随着干旱程度的增强,各处理各深度的壤中流总流量均有降低,其中以 30cm 壤中流的总流量降低的幅度最大,60cm 壤中流总流量降低幅度次之,90cm 壤中流总流量降低幅度最小,结合之前不同雨前干旱程度壤中流总流量变化规律,可得地表径流和浅层壤中流受到雨前干旱程度的影响较大,而随着土壤深度的增加壤中流受到雨前干旱程度的影响逐渐减小。

参 考 文 献

程智, 徐敏, 罗连升, 等. 2012. 淮河流域旱涝急转气候特征研究. 水文, 32(1): 73-79.

刘宝元, 郭索彦, 李智广, 等. 2013. 中国水力侵蚀抽样调查. 中国水土保持, 10: 30-38.

吴志伟, 李建平, 何金海, 等. 2006. 大尺度大气环流异常与长江中下游夏季长周期旱涝急转. 科学通报, 51(14): 1717-1724.

吴志伟, 李建平, 何金海, 等. 2007. 正常季风年华南夏季"旱涝并存、旱涝急转"之气候统计特征. 自然科学进展, (12): 1665-1671.

张屏, 汪付华, 吴忠连, 等. 2008. 淮北市旱涝急转型气候规律分析. 水利水电快报, 29(S1): 139-140, 151.

Mckee T B, Doesken N J, Kleist J. 1993. The relationship of drought frequency and duration to timescales: Proceedings of the 8th Conference on Applied Climatology. Boston: American Meteorological Society: 179-183.

第3章 土壤与水土流失

3.1 土壤抗蚀性

土壤抗蚀性是评价土壤抗侵蚀能力的重要参数(Bakker et al.,2008),是指土壤抵抗水流分散和悬浮的能力,是控制土壤承受降雨和径流分离及输移等过程的综合效应(蒋定生,1999)。德国土壤学家 Wollny 最早于 1877~1895 年开展了与土壤可蚀性相关的土壤侵蚀试验。1930 年,Middleton(1930)首先对土壤可蚀性进行了定义,提出评价土壤可蚀性的重要指标——分散率和土壤侵蚀率,并将分散率 15%作为划分易侵蚀土壤和不易侵蚀土壤的界限。Bouyoucos(1935)提出以黏粒率作为评价土壤可蚀性的评价指标。1954年,Andesron(1954)以团聚体表面率作为土壤抗蚀性的评价指标。土壤中>0.05mm 团聚体含量与土壤溅蚀量线性相关,提出以团聚体稳定性和分散率作为该地区土壤抗蚀性评价指标(Russell and John,1956)。1983 年 Kazuhiko 等(1983)在研究暗色土的可蚀性时发现土壤侵蚀量与团聚体的稳定性之间呈显著的负相关关系,提出可以将团聚体稳定性作为暗色土的可蚀性指标。1954 年,朱显谟院士首先提出将土壤的抗侵蚀能力分成抗蚀性和抗冲性两种性能,其中土壤抗蚀性是指土壤对雨滴击溅和径流对其分散和悬浮的抵抗能力。我国学者从土壤性质、土地利用方式、水土保持措施等方面开展了大量土壤抗蚀性研究,并从土壤团聚体、机械组成、有机质、抗分散能力等方面进行了抗蚀性评价。

3.1.1 材料与方法

选择鄱阳湖流域 3 种代表性岩性红壤、7 种典型土地利用方式土壤样地采样,岩性红壤样地见表 3-1,土地利用方式土壤样地见表 3-2。每个处理设 3 个重复样地,在每个样地内按 S 型布设采样点,每个采样点按深度 0~10cm、10~20cm 分层采集土壤样品。土样采集完成后带回土样室进行自然风干,其中原状土样在风干过程中沿土壤自然纹理掰成粒径 10mm 左右的小土块,测试土壤团聚体、抗分散性指标等。

表 3-1 不同岩性红壤样地基本情况表

编号	岩性	采样地点	基本情况说明
HSY	红砂岩	宁都县翠微峰	常绿阔叶混交林地,主要树种有青冈栎、香樟、甜槠、木荷等,林下杂草丛生,坡度 10°~25°
HGY	花岗岩	宁都县湛田乡蓝田村	常绿阔叶混交林地,主要树种有香樟、甜槠、木荷等,坡度 10°~15°
DSJ	第四纪红土	江西省水土保持生态科技园	人工营造常绿阔叶混交林,主要树种有香樟、七叶树、深山含笑等,树龄 11 年,坡度 10°~15°

表 3-2　不同土地利用方式红壤样地基本情况表

编号	土地利用方式	取样地点	基本情况说明
SP	顺坡耕地		坡耕地试验区，传统顺坡耕作模式，主要种植花生、大豆和油菜，一年两熟，坡度 15°
Z-SP	植物篱-顺坡耕地		坡耕地试验区，顺坡耕作+横向种植植物篱复合农业种植模式，草篱采用宽叶雀稗，坡度 15°
GL-C	果林-百喜草覆盖	江西省水土保持生态科技园	柑橘试验区，柑橘树-百喜草全园覆盖，草丛高度 20～40cm，植被覆盖度 95%以上，柑橘树树龄 16 年，平均树高 3m，郁闭度 0.6，坡度 12°；植被结构为林-草型
GL	果林清耕地		柑橘试验区，清耕柑橘林地，及时清除地面杂草，植被覆盖度 20%，坡度 12°；植被结构为纯林
LD	林地		人工营造常绿阔叶混交林，主要有香樟、七叶树、深山含笑等，树龄 11 年，坡度 10°～15°
CD	草地		植草品种为百喜草，全园覆盖，植被覆盖度 100%，坡度 12°
CK	裸露荒地		柑橘园试验区，地表常年裸露，及时清除杂草，以供对照，坡度 12°

3.1.2　母质与土壤抗蚀性特征

1. 土壤团聚体状况及其水稳性

1)土壤微团聚体团聚状况

土壤团聚结构与土壤稳定性密切相关，土壤微团聚状况、团聚度和分散率指标，可以很好地反映土壤结构优劣和土壤的抗侵蚀能力。良好的土壤团聚状况是土壤抵抗水土流失的关键保证，团聚状况与团聚度越高，分散率越小，表示土壤微团聚稳定性越好，抗分散能力强，则土壤抗侵蚀能力也就越强(薛萐等，2010)。

不同岩性红壤团聚状况见表 3-3，可知不同岩性红壤微团聚体团聚状况分布范围为27.59%～64.49%，团聚度分布范围为 32.39%～92.30%，分散率分布范围为 27.11%～46.42%。在 0～10cm 土层内，第四纪红土发育的红壤微团聚体团聚状况最大，花岗岩风化物发育的红壤次之，红砂岩风化物发育的红壤最小，且明显小于前两者($P<0.05$)；分散率的大小则表现为花岗岩(46.42%)＞第四纪红土(30.69%)＞红砂岩(27.11%)，花岗岩分散率显著高于另外两种岩性($P<0.05$)。在 10～20cm 土层，团聚状况平均大小为第四纪红土(59.40%)＞花岗岩(49.73%)＞红砂岩(27.59%)，且三者间差异显著；0～20cm 的土壤平均团聚度表现为花岗岩＞第四纪红土＞红砂岩，红砂岩团聚度显著小于其余两种岩性红壤；0～20cm 的土壤平均分散率表现出与团聚度相似规律。各岩性不同土层间红壤团聚状况和团聚度均表现出随土层深度增加而降低的趋势，分散率则随着土层深度增加而增加，这表明深层土壤较表层土壤团聚体稳定性更差，更易被水分散，造成水土流失。

2)土壤团聚体水稳性特征

土壤团聚体的分布特征及稳定性与土壤抗蚀性有着密切的关系，是反映土壤结构形状和侵蚀敏感性的重要指标(Valmis et al.，2005)，土壤中水稳性团聚体的数量和质量以及土壤团聚体的水稳性与土壤的抗侵蚀能力密切相关。早期评价土壤团聚体水稳性主要采用结构体平均重量直径(mean weight diameter，MWD)和团聚体破坏率(percentage of aggregate destruction，PAD)，近年来学界引入了分形维数(fractal dimension，D)，用来反映土壤团聚体数量及粒径大小组成对土壤结构与稳定性的影响情况。

表 3-3　不同岩性红壤微团聚体团聚状况

岩性	土层深度/cm	团聚状况/%	团聚度/%	分散率/%
HSY	0~10	30.93±6.90Ac	34.84±7.45Ab	27.11±6.20Bb
	10~20	27.59±12.52Ab	32.39±15.13Ab	35.66±7.99Aa
HGY	0~10	51.25±3.58Ab	92.30±1.13Aa	46.42±4.13Aa
	10~20	49.73±10.34Aa	86.22±15.64Aa	46.01±8.21Aa
DSJ	0~10	64.49±0.54Aa	90.39±2.78Aa	30.69±2.27Ab
	10~20	59.40±5.17Aa	86.72±5.59Aa	34.78±3.19Aa

注：同列不同大写字母表示相同岩性红壤不同土层间差异显著（$P<0.05$），同列不同小写字母表示不同岩性红壤相同土层间差异显著（$P<0.05$）。

本章选择团聚体 MWD、D 和 PAD 作为衡量土壤团聚体水稳性的指标，MWD 值越大，D 值越小，PAD 值越小，表示团聚体的平均粒径团聚度越高，水稳性越高，抗蚀性越强。

不同岩性红壤团聚体水稳性特征情况见表 3-4 和图 3-1，可知不同岩性红壤团聚体水稳性均有一定差异。在研究的三种岩性红壤中，水稳性团聚体 MWD 分布范围为 1.46~2.84mm，以第四纪红土为最大，花岗岩次之，红砂岩最小；>0.25mm 水稳性团聚体破坏率分布在 3.07%~16.88%，>0.5mm 水稳性团聚体破坏率分布在 4.14%~36.05%，两项指标的分布规律均表现为红砂岩>花岗岩>第四纪红土；水稳性团聚体分形维数分布情况在不同土层间有所差异，0~10cm 土层上，红砂岩与花岗岩相当，均大于第四纪红土，10~20cm 土层上则表现为红砂岩>第四纪红土>花岗岩。表明三种岩性红壤中，第四纪红土团聚体水稳性较好，红砂岩则相对较差。

表 3-4　不同岩性红壤团聚体水稳性特征

岩性	土层深度/cm	MWD/mm	$PAD_{0.25}$/%	$PAD_{0.5}$/%	分形维数 D	判定系数 R^2
HSY	0~10	1.46±0.69Ab	16.88±9.97Aa	36.05±21.81Aa	2.53±0.06Aa	0.95
	10~20	1.90±0.64Ab	11.36±8.83Aa	24.77±18.62Aa	2.45±0.03Ba	0.98
HGY	0~10	2.47±0.27Aa	7.90±6.07Aa	14.33±6.70Aab	2.53±0.12Aa	1.00
	10~20	2.75±0.10Aa	5.02±2.91Aa	7.98±3.09Aa	2.27±0.05Ab	0.98
DSJ	0~10	2.76±0.19Aa	4.07±3.58Aa	4.14±3.28Ab	2.51±0.07Aa	0.99
	10~20	2.84±0.29Aa	3.07±2.86Aa	4.27±4.22Aa	2.42±0.02Aa	0.98

注：同列不同大写字母表示相同岩性红壤不同土层间差异显著（$P<0.05$），同列不同小写字母表示不同岩性红壤相同土层间差异显著（$P<0.05$）。

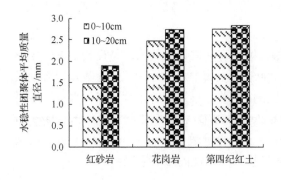
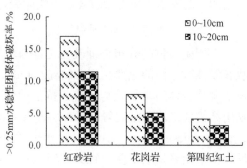

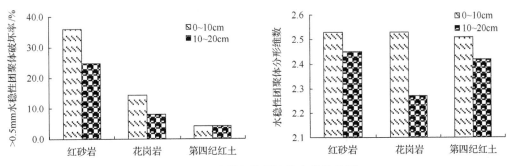

图 3-1　不同岩性红壤团聚体水稳性特征

不同土层间，不同岩性红壤 MWD 值均随土层深度的增加而升高，$PAD_{0.25}$、$PAD_{0.5}$、分形维数 D 三个指标变化趋势相同，均随土层深度的增加而降低，说明深层土壤团聚体水稳性更好，抗侵蚀能力更强。

2. 土壤抗分散能力

土壤抗分散指标包括抗蚀指数和水稳性指数，二者均通过土粒水浸实验测得，水浸实验是检验土壤抗侵蚀性能强弱的指标，也是表征土壤抗蚀性能的内在指标(周利军，2006)。

1) 土壤抗分散指标分布特征

土壤抗蚀指数是指土壤团聚体在静水中的分散程度，反映的是土壤的抗崩塌能力，可以很好地表征土壤抗水蚀性的强弱；抗蚀指数越大，抗崩塌能力越强，抗蚀性越强。水稳性指数则是通过测定土壤团聚体在静水中的分散速度来表征土壤抗蚀性的大小，水稳性指数越大，抗蚀性越强，反之越小。

不同岩性红壤抗蚀指数和水稳性指数分布情况见表 3-5。可知不同岩性条件下红壤抗蚀指数有所差异，在 0～20cm 土壤剖面上，第四纪红土抗蚀指数最大，为 98.00%，花岗岩次之(90.33%)，红砂岩最小，为 80.67%，显著低于第四纪红土($P<0.05$)；不同岩性红壤水稳指数大小具体表现为第四纪红土(0.98)＞花岗岩(0.92)＞红砂岩(0.84)，且第

表 3-5　不同岩性红壤抗分散指标分布情况

岩性	土层深度/cm	土壤抗蚀指数分析/%			土壤水稳性指数分析/%		
		抗蚀指数	标准差	变异系数	水稳性指数	标准差	变异系数
HSY	0～10	84.67Aa	24.85	29.35	0.87Aa	0.21	24.39
	10～20	76.67Aa	24.85	32.41	0.80Aa	0.21	26.65
	0～20	80.67b	22.65	28.08	0.84b	0.19	23.19
HGY	0～10	93.33Aa	1.15	1.24	0.94Aa	0.01	0.92
	10～20	87.33Ba	1.15	1.32	0.90Ba	0.00	0.51
	0～20	90.33ab	3.44	3.81	0.92ab	0.03	2.76
DSJ	0～10	99.33Aa	1.15	1.16	0.99Aa	0.01	1.10
	10～20	98.67Aa	2.00	2.03	0.99Aa	0.02	1.72
	0～20	98.00a	1.63	1.67	0.98a	0.01	1.42

注：同列不同大写字母表示相同岩性红壤不同土层间差异显著($P<0.05$)，同列不同小写字母表示不同岩性红壤相同土层间差异显著($P<0.05$)。

四纪红土水稳性指数显著大于红砂岩（$P<0.05$）。可以看出成土母岩不同，红壤团聚体抗分散能力不同，抗侵蚀能力也就不同，其中第四纪红土抗崩塌能力最强，团聚体遇水不易分散，抗蚀性最好，花岗岩次之，红砂岩最小，且显著小于第四纪红土（$P<0.05$）。

由第四纪红土发育的红壤土质黏重、土层深厚，土壤结构性良好，保水保肥能力强，故土壤肥力水平高，有机质含量高，而土壤团聚体的稳定性十分依赖有机质的胶结作用，因此其团聚体抗分散能力强，抗侵蚀能力也较强；由花岗岩风化物发育的红壤虽然土壤颗粒组成中黏粒和粉砂粒含量较高，可是其土层中含有大量的石英砂和砾石，导致其质地粗糙，漏水漏肥状况严重，有机质含量低，因此抗蚀指数和水稳性指数偏低，抗侵蚀能力差；由红砂岩风化物发育形成的红壤质地疏松，持水保肥能力差，土壤肥力水平低，有机质含量最小，因此团聚体抗分散能力最差，显著低于第四纪红土发育的红壤。

表 3-5 可知，相同岩性不同土层间红壤抗分散能力也不同，不同岩性红壤 0～10cm 土层抗分散指标均大于 10～20cm 土层，且花岗岩红壤不同土层间抗分散指标达到了显著差异水平（$P<0.05$）。可知，随着土层深度增加，土壤的理化性质发生变化，土壤抗蚀性会逐渐减弱，且以花岗岩风化物发育的红壤抗蚀性减弱幅度最为显著，说明深层土壤较表层土壤更易被侵蚀，一旦表层土壤被破坏，将造成更严重的水土流失。

2）土壤抗蚀指数随时间变化规律

土壤抗蚀性指数随时间变化分析见图 3-2，不同岩性红壤抗蚀指数随着时间的增加均呈现下降的趋势。说明随着降雨历时的延长，土壤颗粒越来越容易分散崩塌，分散崩塌的细小土粒堵塞土壤的非毛管孔隙，影响雨水下渗，加快地表径流的产生，加剧土壤侵蚀。不同岩性红壤抗蚀指数在浸水试验第一分钟都在 85%以上，抗蚀性较强。随着时间的延长，不同岩性红壤抗蚀指数变化规律也不尽相同，其中第四纪红土和花岗岩抗蚀指数变化较为平缓，而红砂岩抗蚀指数在前 5min 下降幅度比较明显，抗蚀性快速下降。

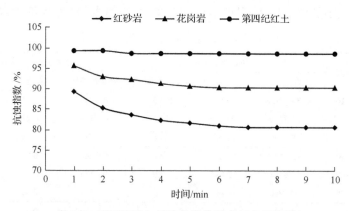

图 3-2　不同岩性红壤抗蚀指数随时间变化规律

利用统计分析软件 SPSS 对不同岩性红壤抗蚀指数（S）与浸水时间（t）做回归分析，发现土壤抗蚀指数与浸水时间三次函数的拟合效果最好，拟合方程为 $S = at^3 + bt^2 + ct + d$，其决定系数均在 0.80 以上，且经 F 检验均呈极显著关系。

3.1.3　土地利用类型与土壤抗蚀性

土壤抗蚀性的大小，除了与土壤母岩类型有关，还受土地利用方式等外在因素的影响。土地利用状况不同，则地上植被覆盖情况和地下根系条件也有所差异，进而影响土壤结构及其理化性质，导致土壤具有不同的抗蚀能力。本章以鄱阳湖流域分布广泛的第四纪红土发育的红壤为研究对象，选取坡耕地(顺坡耕地、植物篱-顺坡耕地)、果林地(果林清耕地、果林-百喜草覆盖)、林地(人工水保林)、草地(狗牙根)以及作为对照的裸露荒地共 5 大类 7 种土地利用方式，探索不同土地利用方式下土壤抗蚀性特征。

1. 土壤团聚体状况及水稳性

1) 土壤微团聚体团聚状况

团聚状况、团聚度和分散率均以土壤微团聚体含量为基础，可以很好地反映土壤结构优劣和土壤抗侵蚀能力，团聚状况与团聚度越高，分散率越小，说明土壤微团聚稳定性越好，土壤结构越好，土壤抗侵蚀能力也就越强。

不同土地利用方式土壤微团聚体团聚状况分析见表 3-6，可知整个土壤剖面 0~20cm 土层上，果林-百喜草覆盖复合种植模式土壤微团聚体团聚状况高于其他土地利用方式，且分别比草地、林地、果林清耕地、植物篱-顺坡耕地、顺坡耕地和裸露荒地提高了 2.56%、5.02%、15.28%、19.90%、24.23% 和 35.39%；林地微团聚体团聚度高于其他土地利用方式，且分别比果林-百喜草覆盖复合种植地、草地、植物篱-顺坡耕地、果林清耕地、顺坡耕地和裸露荒地提高了 0.56%、4.01%、5.02%、7.59%、10.14% 和 18.73%；分散率则以果林-百喜草覆盖复合种植模式为最小，分别比草地、林地、果林清耕地、植物篱-顺坡耕地、顺坡耕地和裸露荒地降低了 0.12%、10.18%、16.85%、23.92%、25.23% 和 29.31%。植物篱-顺坡耕地和果林-百喜草覆盖两种复合种植模式相较于传统的顺坡耕地和果林清耕种植模式，土壤微团聚体团聚状况和团聚度升高，分散率降低，表明复合种植模式土壤微团聚体稳定性更好，抗侵蚀能力也得到增强。

表 3-6　不同土地利用方式土壤微团聚体团聚状况

土地利用方式	土层深度/cm	团聚状况/%	团聚度/%	分散率/%
顺坡耕地 (SP)	0~10	45.45±8.45Acd	76.05±11.88Abc	47.33±5.69Aa
	10~20	55.99±4.51Aab	90.14±0.84Aa	40.38±4.77Bab
	0~20	50.72±8.37cd	83.10±10.78bc	43.85±6.04ab
植物篱-顺坡耕地 (Z-SP)	0~10	52.55±8.09Abc	85.42±4.70Aab	42.47±8.13Aab
	10~20	52.55±2.77Aab	88.86±2.38Aab	43.73±2.95Aa
	0~20	52.55±5.41cd	87.14±3.83ab	43.10±5.51ab
果林-百喜草覆盖 (GL-C)	0~10	66.94±2.68Aa	90.80±1.51Aa	28.14±3.72Bc
	10~20	59.09±4.46Bab	91.23±3.58Aa	37.43±3.35Aab
	0~20	63.01±5.42a	91.01±2.47a	32.79±6.00d

续表

土地利用方式	土层深度/cm	团聚状况/%	团聚度/%	分散率/%
果林清耕地 （GL）	0～10	53.72±3.15Abc	87.68±3.95Aa	41.68±5.27Aab
	10～20	55.60±7.68Aab	82.45±5.43Aab	37.19±7.17Aab
	0～20	54.66±5.35bc	85.07±5.12ab	39.44±6.14bc
林地 （LD）	0～10	61.30±6.23Aab	92.70±2.97Aa	35.71±5.45Abc
	10～20	58.70±3.47Aab	90.34±4.50Aa	37.30±3.76Aab
	0～20	60.00±4.73ab	91.52±3.65a	36.50±4.28cd
草地 （CD）	0～10	62.52±1.76Aab	91.36±1.26Ba	33.55±1.80Abc
	10～20	60.36±1.78Aa	84.62±3.76Aa	32.12±2.38Ab
	0～20	61.44±1.98ab	87.99±4.46ab	32.83±2.04cd
裸露荒地 （CK）	0～10	41.84±5.75Ad	72.78±5.97Ac	50.58±5.41Aa
	10～20	51.24±8.18Ab	81.38±4.68Bc	42.19±8.44Aa
	0～20	46.54±8.16d	77.08±6.72c	46.39±7.83a

注：同列不同大写字母表示相同岩性红壤不同土层间差异显著（$P<0.05$），同列不同小写字母表示不同岩性红壤相同土层间差异显著（$P<0.05$）。

2）土壤团聚体水稳性特征

不同土地利用方式土壤团聚体水稳性特征见表 3-7，可知不同土地利用方式对土壤团聚体水稳性的影响比较显著。在 0～20cm 土壤剖面上，土壤水稳性团聚体 MWD 分布范围为 0.60～2.97mm，其中林地＞草地＞果林-百喜草覆盖＞果林清耕地＞植物篱-顺坡耕地＞裸露荒地＞顺坡耕地；$PAD_{0.25}$ 和 $PAD_{0.5}$ 表现出相似的变化趋势，且均与 MWD 变化趋势相反，$PAD_{0.25}$ 表现为顺坡耕地＞裸露荒地＞植物篱-顺坡耕地＞果林清耕地＞果林-百喜草覆盖＞草地＞林地，$PAD_{0.5}$ 表现为顺坡耕地＞裸露荒地＞植物篱-顺坡耕地＞果林清耕地＞果林-百喜草覆盖＞林地＞草地；分形维数 D 表现为顺坡耕地＞裸露荒地＞果林清耕地＞植物篱-顺坡耕地＞果林-百喜草覆盖＞草地＝林地。与林地和草地相比，顺坡耕地和裸露荒地的 MWD 值明显降低，$PAD_{0.25}$、$PAD_{0.5}$ 和分形维数 D 明显升高（$P<0.05$），表明人为干扰强度的增大和地上植被的缺失会导致土壤团聚体水稳性降低，容易被降雨分散，抗侵蚀能力降低。

表 3-7　不同土地利用方式土壤团聚体水稳性特征

土地利用	土深/cm	MWD/mm	$PAD_{0.25}$/%	$PAD_{0.5}$/%	分形维数 D
SP	0～10	0.53±0.22Ac	47.15±20.28Aa	70.63±16.30Aa	2.79±0.07Aa
	10～20	0.66±0.27Ac	44.72±7.09Aa	69.75±10.97Aa	2.65±0.08Aa
	0～20	0.60±0.23d	45.93±13.66a	70.19±12.43a	2.72±0.10a
Z-SP	0～10	1.83±0.35Ad	20.39±6.68Ab	32.95±9.74Ab	2.45±0.28Abc
	10～20	1.98±0.41Aab	17.40±12.88Abc	26.79±12.52Abc	2.44±0.07Abc
	0～20	1.90±0.35c	18.90±9.31bc	29.87±10.58c	2.44±0.19c

土地利用	土深/cm	MWD/mm	PAD$_{0.25}$/%	PAD$_{0.5}$/%	分形维数 D
GL-C	0～10	2.55±0.36Abc	7.55±1.96Abc	16.48±7.07Abc	2.34±0.03Ac
	10～20	2.06±0.58Aab	7.79±3.78Abc	20.03±7.18Abc	2.49±0.10Abc
	0～20	2.30±0.51bc	7.67±2.70d	18.25±6.66cd	2.41±0.10c
GL	0～10	2.07±0.24Acd	10.74±4.12Abc	24.41±3.21Ab	2.47±0.05Abc
	10～20	1.95±0.80Aab	8.84±6.05Abc	25.92±19.15Abc	2.56±0.11Aab
	0～20	2.01±0.54c	9.79±4.74cd	25.16±12.31c	2.51±0.09bc
LD	0～10	3.12±0.14Aa	1.96±1.63Ac	3.12±2.30Ac	2.34±0.11Ac
	10～20	2.82±0.38Aa	3.19±2.89Ac	6.61±5.60Ac	2.41±0.12Ac
	0～20	2.97±0.31a	2.58±2.20d	4.87±4.28d	2.38±0.11c
CD	0～10	2.98±0.13Aab	1.51±0.68Ac	1.73±0.74Ac	2.31±0.24Ac
	10～20	2.62±0.11Aa	5.63±2.92Bbc	6.67±3.11Bc	2.44±0.11Abc
	0～20	2.80±0.22ab	3.57±2.95d	4.20±3.38d	2.38±0.18c
CK	0～10	0.88±0.39Ae	19.73±5.35Ab	58.54±14.80Aa	2.64±0.08Aab
	10～20	1.18±0.91Abc	21.42±17.17Ab	47.55±32.68Aab	2.62±0.14Aab
	0～20	1.03±0.65d	20.57±11.41b	53.04±23.48b	2.63±0.10ab

注：同列不同大写字母表示相同岩性红壤不同土层间差异显著（$P<0.05$），同列不同小写字母表示不同岩性红壤相同土层间差异显著（$P<0.05$）。

表 3-7 可知，除草地外，其他土地利用类型的不同土层深度间的土壤的水稳性团聚体 MWD、PAD$_{0.25}$、PAD$_{0.5}$、分形维数 D 均没有显著差异，说明 0～20cm 土层深度内水稳性团聚体 MWD、PAD$_{0.25}$、PAD$_{0.5}$、分形维数 D 与土壤深度无明显关系。在 0～10cm 土层上，不同土地利用方式对土壤团聚体水稳性各项指标的影响显著，而在 10～20cm 土层上不同土地利用的差异减弱，说明不同土地利用方式对土壤团聚体水稳性的影响主要集中在表层土壤。

2. 土壤抗分散能力

1）土壤抗分散能力

不同土地利用方式土壤抗分散指标分布情况见表 3-8，可知不同土地利用方式对土壤抗分散指标的影响十分显著，在 0～20cm 土壤剖面上，土壤抗蚀指数分布在 8.00%～98.00%，具体大小顺序表现为草地（98.00%）＞林地（73.00%）＞植物篱-顺坡耕地（69.00%）＞果林-百喜草覆盖（62.33%）＞果林清耕地（28.33%）＞顺坡耕地（21.67%）＞裸露荒地（8.00%），这其中，草地抗蚀指数显著大于其他土地利用方式，裸露荒地则显著小于除顺坡耕地外的其他土地利用方式（$P<0.05$）；水稳性指数变化趋势与抗蚀指数相似，分布范围为 0.18～0.98，草地最高，为 0.98，显著高于其他土地利用方式，其次依次为林地（0.77）、植物篱-顺坡耕地（0.75）、果林-百喜草覆盖（0.69）、果林清耕地（0.42）、顺

坡耕地(0.31)，对照小区裸露荒地最小，为 0.18，且显著低于除顺坡耕地外的其他土地利用方式。这表明不同土地利用方式土壤抗分散能力差异显著，草地和林地抗分散性较强，而顺坡耕地和裸露荒地较差，这是因为林地和草地土壤则受人为扰动程度低，植被覆盖率高，枯枝落叶量较多，有机质可以得到及时补充，含量较高，从而导致这两种土地利用方式土壤抗分散能力较强；而顺坡耕地受较多人为耕作活动影响，裸露荒地植被覆盖率低，侵蚀程度剧烈，导致土壤团聚体胶结强度低，抗分散能力偏弱。同时，植物篱-顺坡耕地抗分散指标显著大于传统顺坡耕地种植方式，与传统果林清耕模式相比，果林-百喜草覆盖种植方式土壤抗分散指标也有所提高，说明适宜的设置水土保持林草措施改善种植方式，可以很好地提高土壤抗侵蚀能力，减少水土流失。

表 3-8　不同土地利用方式土壤抗分散指标分布情况

土地利用方式	土层深度/cm	土壤抗蚀指数分析/%			土壤水稳性指数分析/%		
		抗蚀指数	标准差	变异系数	水稳性指数	标准差	变异系数
SP	0~10	6.00Bd	3.46	57.74	0.18Bd	0.04	21.96
	10~20	37.33Acd	7.02	18.81	0.44Acd	0.06	14.58
	0~20	21.67de	17.86	82.44	0.31de	0.15	49.58
Z-SP	0~10	70.67Ab	16.77	23.74	0.76Ab	0.13	16.37
	10~20	67.33Ab	9.87	14.65	0.73Ab	0.10	14.07
	0~20	69.00b	12.44	18.03	0.75b	0.10	14.01
GL-C	0~10	63.33Ab	7.57	11.96	0.72Ab	0.06	8.94
	10~20	61.33Abc	20.03	32.66	0.67Abc	0.18	27.22
	0~20	62.33bc	13.59	21.80	0.69bc	0.12	18.05
GL	0~10	38.00Ac	26.15	68.82	0.47Ac	0.28	60.52
	10~20	18.67Ade	23.69	126.92	0.37Ade	0.21	56.01
	0~20	28.33cd	24.70	87.19	0.42cd	0.23	54.50
LD	0~10	86.00Aab	12.00	13.95	0.89Aab	0.11	11.95
	10~20	60.00Abc	14.00	23.33	0.66Abc	0.12	17.89
	0~20	73.00b	18.41	25.21	0.77b	0.16	20.91
CD	0~10	99.33Aa	1.15	1.16	0.99Aa	0.01	1.10
	10~20	98.67Aa	2.00	2.03	0.99Aa	0.02	1.72
	0~20	98.00a	1.63	1.67	0.98a	0.01	1.42
CK	0~10	7.33Ad	7.02	95.78	0.13Ad	0.07	55.60
	10~20	8.67Ae	6.43	74.18	0.23Ae	0.06	27.58
	0~20	8.00e	6.07	75.83	0.18e	0.08	46.08

注：同列不同大写字母表示相同岩性红壤不同土层间差异显著($P<0.05$)，同列不同小写字母表示不同岩性红壤相同土层间差异显著($P<0.05$)。

从表中还可以看出，随着土层深度的增加，顺坡耕地和裸露荒地土壤抗蚀指数、水稳性指数均逐渐减小，表明土壤抗分散能力逐渐减弱；植物篱-顺坡耕地、果林-百喜草覆盖、果林清耕地、林地和草地土壤抗蚀指数和水稳性指数则随土层深度的增加而逐渐升高，表明土壤抗分散能力逐渐增强，这是因为顺坡耕地与裸露荒地表层土壤受人为扰动和降雨侵蚀较为严重，导致表层土壤抗分散能力弱。在 0～10cm 土层上，不同土地利用方式对土壤抗分散能力的影响较为显著，在 10～20cm 土层上有所减弱，说明不同土地利用方式对土壤抗分散能力的影响主要集中在表层土壤。

2）土壤抗蚀指数

不同土地利用方式土壤抗蚀指数随时间变化规律见图 3-3。不同土地利用方式土壤抗蚀指数随着时间的增加均呈现下降的趋势。说明随着降雨历时的延长，土壤颗粒越来越容易分散崩塌，分散的细小土粒充满土壤的非毛管孔隙，堵塞水分渗漏通道，影响雨水下渗，加快地表径流的产生，加剧土壤侵蚀。同时，草地、林地、植物篱-顺坡耕地和果林-百喜草覆盖四种土地利用方式土壤抗蚀指数在浸水试验第一分钟都在80%以上，抗蚀性较强；果林清耕地、顺坡耕地和裸露荒地三种土地利用方式土壤抗蚀指数第一分钟就相对较低，在 65%以下。随着时间的延长，不同土地利用方式土壤抗蚀指数变化规律也不尽相同，其中草地土壤抗蚀指数几乎变化不大，一直维持在 98%以上的较高水准；林地、植物篱-顺坡耕地和果林-百喜草覆盖土壤抗蚀指数随时间变化较为平缓，前 5min 缓慢下降，5min 以后几乎不再下降；而果林清耕地、顺坡耕地和裸露荒地土壤抗蚀指数在前 5min 下降幅度比较明显，说明土壤抗侵蚀能力随降雨历时的延长快速下降。

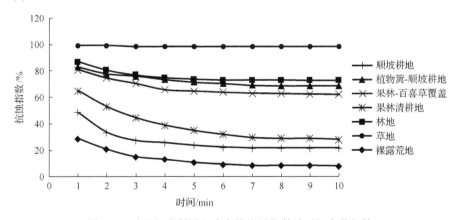

图 3-3　不同土地利用方式土壤抗蚀指数随时间变化规律

利用统计分析软件 SPSS 对不同土地利用方式土壤抗蚀指数(S)与浸水时间(t)做回归分析，分别用线性函数、二次多项式、三次多项式、指数函数和对数函数进行拟合，以找出最优数学关系模型。经过分析，三次多项式拟合方程相关系数最高，F 值最大，经方差分析达到极显著水平，说明三次多项式是最理想的数学关系模型，其通式为 $S = at^3 + bt^2 + ct + d$，不同土地利用方式土壤抗蚀指数与时间数学关系模型见表 3-9。

表 3-9 不同土地利用方式土壤抗蚀指数与时间的数学关系模型

土地利用方式	数学关系模型	R^2	F
SP	$S=-18.086x+2.610x^2-0.122x^3+62.695$	0.976	81.023**
Z-SP	$S=-4.920x+0.425x^2-0.011x^3+87.130$	0.994	311.225**
GL-C	$S=-9.595x+1.178x^2-0.049x^3+89.545$	0.996	557.687**
GL	$S=-15.912x+1.727x^2-0.064x^3+78.912$	0.999	2402.815**
LD	$S=-9.002x+1.25x^2-0.057x^3+94.521$	0.997	580.575**
CD	$S=-0.557x+0.079x^2-0.004x^3+99.902$	0.845	10.902**
CK	$S=-11.009x+1.384x^2-0.058x^3+37.980$	0.996	454.568**

**代表现状水平。

3.2 土壤入渗

　　水分进入土壤的过程，是水分循环的重要部分（雷廷武等，2017）。雨水或灌溉水通过土壤表面进入土壤孔隙并向下运动的过程称为入渗，是土壤水分运动开始和转化的重要环节。影响水分入渗的主要因素是供水强度和土壤入渗能力。当供水强度小于土壤入渗能力，即小雨强或低强度灌溉时，入渗过程取决于雨强或灌溉强度。而当供水强度大于土壤入渗能力时，水分入渗过程由土壤的入渗能力控制。土壤入渗能力强弱则由其自身的质地、结构、容重、含水量等特征所决定，如土壤结构紧实、含水量高入渗能力就弱。入渗能力强弱通常用入渗率表示，即单位时间通过单位面积的水量（mm/min、mm/h 等）。入渗能力强弱与降雨（灌溉）、产流、土壤质地、土壤侵蚀和水分再分配等密切相关，是反映土壤涵养水源和抗侵蚀能力的重要指标。

　　土壤入渗过程分成三个阶段：渗润阶段、渗漏阶段和渗透阶段。①渗润阶段，入渗水分主要受分子力作用，水分子被土壤颗粒所吸附，在强大的分子力的吸引下，水分迅速下渗，因而导致入渗初期具有很大的入渗率，当土壤含水量大于分子持水量时，这一阶段逐渐消失。②渗漏阶段，在毛管力和重力的作用下，水分沿土壤孔隙向下作非稳定流动，逐步填充土壤孔隙，直到全部孔隙被水充满饱和为止。这一阶段入渗率变化很大，入渗强度逐渐减小。③渗透阶段，当土壤孔隙被水充满饱和后，水分主要在重力作用下流动，土壤含水量不再增加，入渗强度达到稳渗，水流呈稳定的饱和水流运动（邵明安等，2006）。

　　为了能够更好地描述土壤入渗过程，人们通过对过程实际取得下渗资料，选取合适的函数，并确定其中的参数，从而求得相应的下渗曲线，建立经验下渗曲线公式。常用的入渗公式有：

　　（1）Kostiakov 入渗公式

$$i = \gamma t^{\alpha} \tag{3-1}$$

式中，i 为从 0 到 t 时段的累积入渗量，mm；γ 和 α 为经验常数。

（2）Horton 入渗公式

$$i = i_f + (i_0 - i_f)\exp(-\beta t) \tag{3-2}$$

式中，i_0 为 $t=0$ 时的初始入渗速率；i_f 为稳定入渗速率；β 为描述入渗速率降低速率的一个参数。

（3）Green-Ampt 入渗公式

$$t = \frac{\theta_0 - \theta_i}{k_0}\left[z_f - (s_f + h_0)\ln\left(\frac{z_f + s_f + h_0}{s_f + h_0}\right)\right] \tag{3-3}$$

式中，θ_i 为初始含水量；h_0 为常量水力势头；s_f 为累积的一个吸力系数。

（4）Philip 入渗公式

$$\frac{\partial \theta}{\partial t} = \frac{\partial}{\partial z}\left[d(\theta)\frac{\partial \theta}{\partial z} - k(\theta)\right] \tag{3-4}$$

式中，z 为土壤吸渗率，mm/min；k 为土壤入渗速率，mm/min。

3.2.1　材料与方法

1. 入渗试验装置

均质及异构型红壤入渗试验装置由带刻度供水容器（马氏瓶）、供水管、带刻度有机玻璃柱和土样组成（图 3-4），马氏瓶底面积为 50.24cm^2，有机玻璃柱内径 18cm。两个马

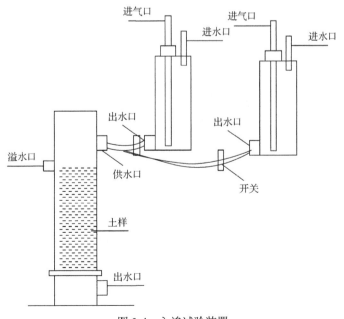

图 3-4　入渗试验装置

氏瓶与有机玻璃柱之间用 Y 形管连接，并且 Y 形管设有开关，保证恒定连续供水，在有机玻璃柱上部设有溢水口，便于控制积水深度，柱底加一反滤体，其底部设有渗透收集装置，渗透液用烧杯收集。根据不同研究目的，有机玻璃管内装填不同要求的土样。

2. 原状土入渗试验

图 3-5 为原状土入渗试验装置，由橡皮管连接马氏瓶、土柱、产流收集盆、量筒、土柱架等组成，土柱(体积为 30cm×30cm×30cm)由有机玻璃板(体积为 30cm×30cm×40cm)固定，边隙用玻璃胶封住，土柱与土柱架连接处固定有镀漆铁纱网及薄海绵，防止土壤掉落。试验开始前，将装置组装好，在土柱表层垫一层薄海绵，防止供水水流冲蚀表层土壤，破坏表层土壤结构，阻塞土壤孔隙，影响试验效果。记录马氏瓶液面高度，打开供水管，开始入渗试验。

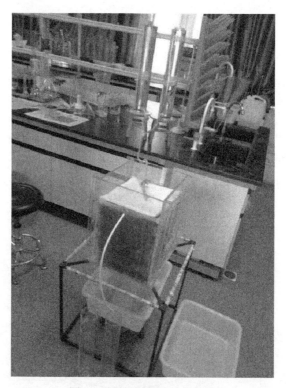

图 3-5　原状土入渗试验装置

3. 野外试验地概况

为了研究野外自然状态下裸露坡地和自然结皮坡地土壤剖面水分变化情况，试验地选择在江西省德安县内国家级水土保持科技示范园(115°23′E～115°53′E，29°10′N～29°5′N)，该区域位于我国红壤的中心区域，总面积 80hm²。该地属亚热带季风气候，四季分明，受亚热带季风气候影响，降雨在季节上分布不均，有明显的雨季和旱季之分。其地形、土壤条件在江西省和南方红壤区均具有典型性和代表性。地貌类型属低丘岗地，海拔 30～100m；土壤类型为第四纪红土发育的红壤，剖面构型有松散的腐殖质层(A 层)、致密、黏重的红色心土层(B 层)、棱块状、多裂缝的网纹层(C 层)，pH 呈酸性至弱酸性，土壤中矿物质营养元素磷含量相对较少。

3.2.2 不同初始含水率入渗过程

1. 土壤水分入渗过程

土壤水分入渗受众多因素的影响，土壤初始含水量对土壤的入渗性能和过程有着明显的影响。对同种类土壤，随着初始含水量增加，入渗率降低。表 3-10 显示了第四纪红土均质土不同初始含水率的初始入渗速率、120min 入渗速率、1h 累计下渗量、初始湿润锋速率、湿润锋稳定速率。从表中可以看出三种不同初始含水量处理的初始入渗速率及湿润锋稳定速率等均不相同。初始含水率为 7%处理土壤的初始入渗速率和 1h 累计下渗量分别为 3.36mm/min 和 85.95mm，高于其他两组；初始入渗速率和 1h 累计下渗量在土壤不同初始含水率情形下表现为 7%＞11%＞15%。相反，初始湿润锋速率和湿润锋稳定速率在不同初始含水率情形下表现为 7%＜11%＜15%。随着土壤初始含水率的增加，入渗速率与累计下渗量均减小，但湿润锋运移加快。根据土壤水势理论，土壤水基质势是水在土壤环境下最重要势值之一，而土壤水基质势受土壤含水量的影响。土壤水分的运动由水势差决定，土壤初始含水率越低，水分入渗时，形成的水势差越大，水分入渗速率越大；土壤水分入渗有水分吸收阶段和渗透阶段，只在土壤达到完全饱和时渗透才开始，初始含水率越低，土壤达到饱和时间越长，延迟了湿润锋运移时间，故初始含水率越高的土壤湿润锋速率越大。

表 3-10　不同初始含水率条件下土壤水分入渗参数

土壤初始含水率/%	初始入渗速率/(mm/min)	120min 入渗速率/(mm/min)	1h 累计下渗量/mm	初始湿润锋速率/(cm/min)	湿润锋稳定速率/(cm/min)
7	3.36	0.83	85.95	0.65	0.06
11	2.57	0.35	55.95	1.00	0.16
15	1.97	0.29	42.38	1.20	0.40

2. 土壤入渗速率变化特征

根据不同初始含水率入渗速率随时间变化曲线(图 3-6)，三条入渗过程曲线随着时间推移均逐渐下降，20min 后均趋于平缓。入渗速率指单位时间内单位面积土壤的入渗水量，入渗开始时水分受土壤水吸力及水分自身重力作用下渗，且土壤水吸力为主要作用力，单位时间内渗入单位面积土壤的水量较大，随着入渗时间的不断延长土壤含水率增加。根据土壤水势原理，土壤水吸力减小，水分最终只受重力作用下渗，单位时间内渗入单位面积土壤的水量自然减少，也就是入渗速率逐渐减小，最终趋于稳定。

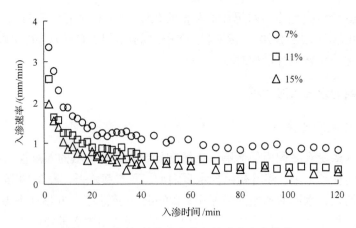

图 3-6　不同初始含水率的入渗速率变化曲线

初始含水率对土壤水分入渗过程影响明显，不同初始含水率处理的土壤水入渗速率变化过程不同，初始含水率高的曲线在下方且曲线较为平缓。原因是其他条件一致时，初始含水率越低，入渗开始时土壤水吸力越大，表现出入渗速率越大，曲线位于上方；初始含水率越高，入渗开始时土壤水吸力相对较小，随着入渗进行，土壤含水率增加，土壤水吸力减小值也相对较小，表现出入渗速率变化不大，曲线较为平缓。

3. 累计下渗量变化特征

图 3-7 所示为不同初始含水率条件下，累计下渗量随时间变化规律曲线，在 20min 前，曲线差异不大，随着时间推移，三条曲线差异越来越大，初始含水率越低，曲线斜率越大；初始含水率越高，曲线越平缓，同一入渗时间，所对应的点越在下方。

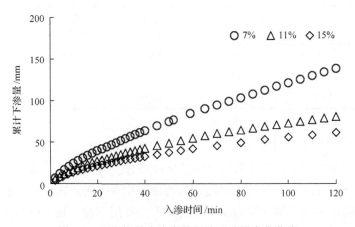

图 3-7　不同初始含水率的累计下渗量变化曲线

4. 湿润锋运移特征

图 3-8 所示为不同初始含水率，相同土体高度，湿润锋速率随时间变化曲线，结果

显示三个处理湿润锋速率均呈下降趋势，随着时间的推移，湿润锋速率逐渐趋于稳定；初始含水率越高，曲线越短且陡，湿润锋速率越大；初始含水率越低，曲线越长和平缓，湿润锋速率越小，湿润锋到达土体底部时间越长。原因是相同深度的土壤，初始含水率越高，土壤达到饱和的时间越短，土壤优先进入渗透阶段，毛管水和重力水在土壤中自由移动，湿润锋运移越快。

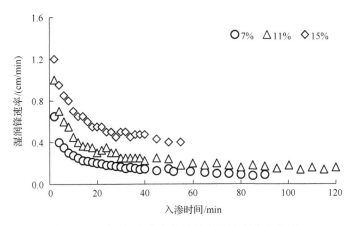

图 3-8 不同初始含水率的湿润锋速率变化曲线

5. 土壤入渗过程模拟

国内外学者在研究土壤入渗时建立了许多模型，来模拟土壤入渗率随时间变化过程。其中经验模型（如 Kostiakov 模型）及物理模型（如 Philip 模型）在模拟均质土壤入渗过程有较高精确度及适用性。本节选用上述两种模型对土柱法入渗试验结果进行回归分析，探讨其精确度及适用性，结果见表 3-11。

表 3-11 初始含水率影响入渗模型回归分析

变量		采用 Kostiakov 模型		采用 Philip 模型	
容重/(g/cm³)	含水率/%	回归方程	R^2	回归方程	R^2
1.3	7	$i=3.866t^{-0.303}$	0.964	$i=0.5\times8.080t^{-0.5}+0.573$	0.993
1.3	11	$i=3.423t^{-0.435}$	0.994	$i=0.5\times7.062t^{-0.5}+0.118$	0.990
1.3	15	$i=2.871t^{-0.470}$	0.989	$i=0.5\times5.874t^{-0.5}-0.845$	0.987

注：表中 i 为入渗速率，t 为入渗时间。

3.2.3 容重对土壤入渗过程的影响

土壤水分入渗是一个复杂的动态过程。土壤作为一种透水介质，其中的孔隙为水分的进入及向下移动提供了通道。作为表征土壤密度、孔隙和紧实程度的基本物理特性指标，土壤容重与水分入渗过程有着密切的相关关系。自然条件下土壤容重受成土母质、成土过程、气候及生物作用的影响，形成了特有的土壤结构，影响土壤透水性、吸水能力和持水性能，从而决定了该土壤的入渗能力。通常由于受耕作、碾压、放牧等各类压实活动影响，土壤颗粒受挤压重新分裂使土壤孔隙减少，容重和紧实度增大。土壤容重的变化影响到土壤的孔隙度与孔隙大小的分配，以及土壤的穿透阻力。通常情况下，土壤紧实度增加，土壤容重越大，土壤孔隙度降低，不利于土壤水渗透。土壤容重和结构决定土壤的透水性和吸水性。通常土壤越疏松多孔，容重越小，透水性能越好，土壤越紧实，容重越大，其透水性能越小。

1. 湿润锋迁移速率

图 3-9～图 3-11 为第四纪红土、红砂岩和花岗岩成土母质土壤不同容重下，湿润锋迁移随时间的变化过程曲线，三种母质发育的红壤，湿润锋迁移均表现了共同的迁移趋势：在同一时间内，容重越大，湿润锋迁移距离越小；容重越小，湿润锋迁移距离越大，湿润锋到达柱底的时间越短。

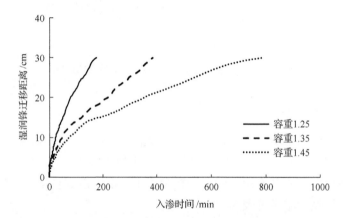

图 3-9　不同容重第四纪红土发育红壤湿润锋随时间的变化

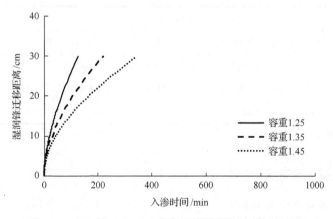

图 3-10　不同容重红砂岩发育红壤湿润锋随时间的变化

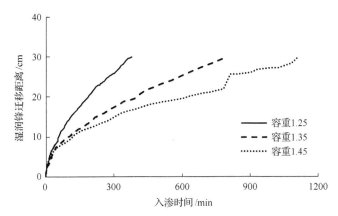

图 3-11　不同容重花岗岩发育红壤湿润锋随时间的变化

2. 入渗速率

图 3-12～图 3-14 是第四纪红土、红砂岩和花岗岩发育红壤不同容重下土壤入渗速率随时间的变化过程曲线，由此可见，容重对第四纪红土发育红壤的入渗速率变化的影响

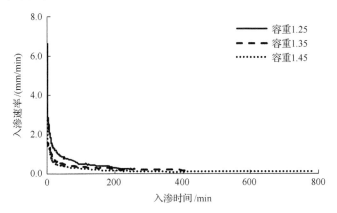

图 3-12　不同容重的第四纪红土发育红壤的入渗速率变化情况

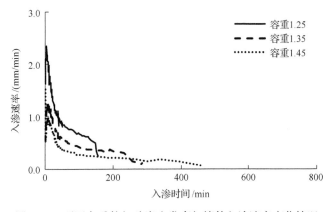

图 3-13　不同容重的红砂岩土发育红壤的入渗速率变化情况

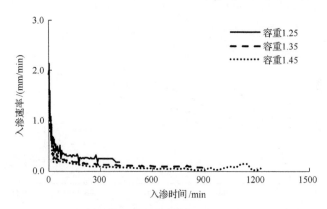

图 3-14　不同容重的花岗岩发育红壤的入渗速率变化情况

非常明显，入渗速率随时间的变化整体成幂函数的趋势下降。根据时间不同入渗速率变化趋势可分为 3 个阶段。第一阶段是入渗初期入渗速率随入渗时间的推移呈直线下降；第二阶段入渗速率曲线逐渐平缓；第三阶段入渗速率逐渐趋于稳定。

　　入渗初始，由于土壤较干燥土壤基质势梯度大，此时入渗速率很大。随着入渗过程进行，土壤基质势梯度不断减弱，重力势的影响逐渐增加，入渗速率逐渐减小。当入渗时间无限大时土壤基质势梯度趋于零，入渗速率稳定在一个比较固定的值上，此时入渗速率为稳定入渗速率。不同容重具有不同的稳定入渗速率，容重小则稳定入渗速率大，容重大则稳定入渗速率小。

3. 累计下渗量

　　图 3-15～图 3-17 是第四纪红土、红砂岩和花岗岩发育红壤不同容重条件下累计下渗量随时间变化曲线。入渗初期，3 种土壤不同容重的累计下渗量差异变化不大；随着入渗时间的延长，不同容重的土壤累计下渗量差异越来越大，容重越小，曲线斜率越大；容重越大，曲线越平缓，最终基本趋于直线。曲线趋于直线时的时间与入渗速率达到稳定入渗速率的时间基本吻合，直线的斜率基本等于稳定入渗速率的大小。

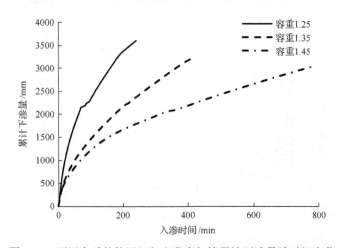

图 3-15　不同容重的第四纪红土发育红壤累计下渗量随时间变化

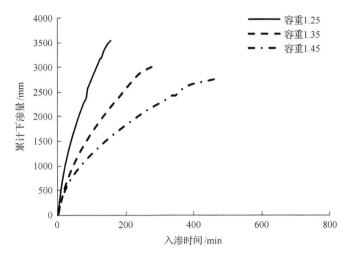

图 3-16 不同容重的红砂岩发育红壤累计下渗量随时间变化

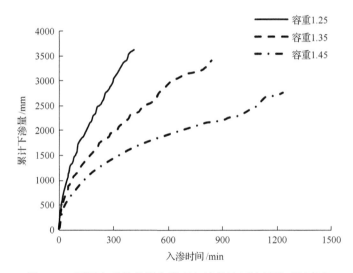

图 3-17 不同容重的花岗岩发育红壤累计下渗量随时间变化

图 3-15 为不同容重条件下第四纪红土发育红壤累计下渗量随时间变化规律曲线，在 30min 前，曲线差异不大，随着时间推移，不同曲线间的差异越来越大，容重越小，曲线斜率越大；容重越大，曲线越平缓。

图 3-16 为不同容重条件下红砂岩发育红壤累计下渗量随时间变化规律曲线，在 13.5min 前，曲线差异不大，随着时间推移，各曲线间的差异越来越大，容重越小，曲线斜率越大；容重越大，曲线越平缓。

图 3-17 为不同容重条件下花岗岩发育红壤累计下渗量随时间变化规律曲线，在 50min 前，曲线差异不大，随着时间推移，曲线间的差异越来越大，容重越小，曲线斜率越大；容重越大，曲线越平缓。

累计下渗量表征了土壤稳定入渗前的下渗能力，随着容重的增大，土壤下渗能力下降。土壤中水流的运移通道主要靠的是传导孔隙，入渗过程中其下渗能力主要受土壤中孔隙含量与分布程度影响，而土壤容重则是通过对土壤中孔隙的影响来实现。容重可以反映出土壤中孔隙大小程度与数量以及土壤的密实程度，土壤容重越小，孔隙含量越高，下渗能力越强，水分通量越大(赵勇钢等，2008)。

3.2.4　母质对土壤入渗的影响

土壤的持水、输水能力是重要的土壤物理性质，主要取决于土壤的质地和结构状况，不同母质形成的土壤其持水、输水能力均有一定的差异。

1. 湿润锋迁移速率

由图 3-18～图 3-20 可见，不同成土母质对水分入渗影响非常明显，3 种不同成土母质形成的土壤其湿润锋迁移过程曲线差异显著。入渗初期 10cm 土柱范围内，三种土壤的湿润锋迁移速率较快，随着时间的延长，湿润锋迁移速率差异逐渐显现，红砂岩湿润锋迁移比第四纪红土、花岗岩快，花岗岩湿润锋迁移速率最慢。

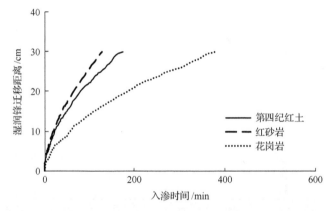

图 3-18　容重 1.25 时不同母质对均质土的湿润锋迁移速率的影响

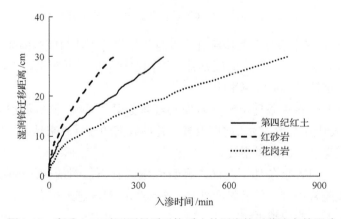

图 3-19　容重 1.35 时不同母质对均质土的湿润锋迁移速率的影响

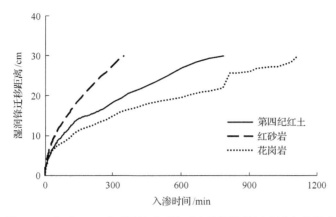

图 3-20 容重 1.45 时不同母质对均质土的湿润锋迁移速率的影响

2. 入渗速率

图 3-21～图 3-23 为三种不同母质发育的土壤入渗速率随时间变化过程曲线,不同母质发育的土壤对入渗速率影响非常明显。

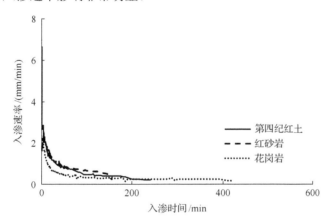

图 3-21 容重为 1.25 情况下不同母质对入渗速率的影响

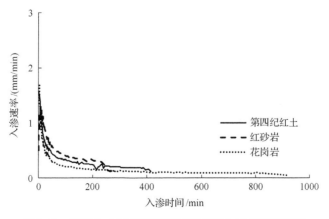

图 3-22 容重为 1.35 情况下不同母质对入渗速率的影响

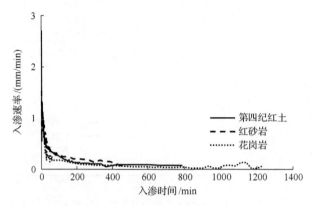

图 3-23　容重为 1.45 情况下不同母质对入渗速率的影响

红砂岩入渗性能较其他两种好，随着容重的增加，三种土壤类型入渗性能均有所减弱，而红砂岩入渗性能下降幅度较大。

3. 累计下渗量

图 3-24～图 3-26 为不同母质土壤累计下渗量随时间的变化过程曲线，整体来看，红砂岩入渗性能最佳，第四纪红土入渗性能接近红砂岩，而花岗岩入渗性能最差。

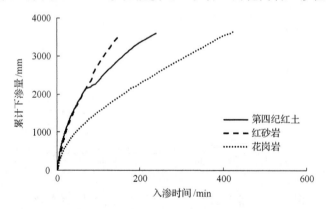

图 3-24　容重为 1.25 情况下不同母质对累计下渗量的影响

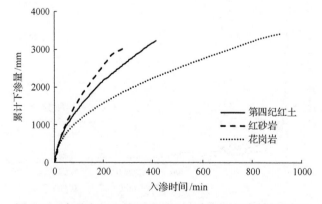

图 3-25　容重为 1.35 情况下不同母质对累计下渗量的影响

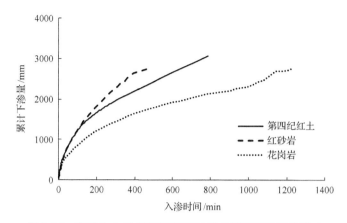

图 3-26　容重为 1.45 情况下不同母质对累计下渗量的影响

　　土壤中水分入渗通道主要依靠土壤中的孔隙通道，入渗过程中其入渗能力强弱决定于土壤中孔隙含量与分布状况，不同母质的土壤其矿物组成、化学组成和颗粒组成不同，导致土壤孔隙大小、含量和分布差异，从而影响了土壤水分的运移。

3.2.5　层状结构对土壤入渗过程的影响

　　土体构型是指各土壤发生有规律的组合、有序的排列，也称为土壤剖面构型，是土壤剖面最重要的特征。自然土壤的土体构型一般可分为四个基本层次，即覆盖层、淋溶层、淀积层和母质层，每层又可进一步细分为：①覆盖层（O 层），覆盖于土壤表面，是由不同程度分解的动植物残余体组成，即未完全分解的枯枝落叶和高度分解的难辨原形的有机物。②淋溶层（A 层），处于土体最上部的表土层，有足够多的分解有机质和矿物质，土壤颜色比下层土壤更深偏黑。此层有较为强烈的生物活动，进行着有机质的积聚和分解转化过程，也是植物根系和微生物最为集中的土层，是土壤剖面中最为重要的化学发生层，不论是自然土壤还是耕作土壤，不论是发育完全的剖面还是发育较差的剖面，任何土壤都有这一层。在湿润地区该层内的细小物质发生淋溶，故称为淋溶层。③淀积层（B 层），位于 A 层之下，是由物质沉积作用造成的，这层土壤物质积累最多，可以是铁铝氧化物、硅酸盐黏粒等物质，其中有些可能来自土体的上部，也可能来自土体的下部和地下水，由地下水上升，带来水溶性或还原性物质，改变了土体中部环境条件而发生沉积。④母质层（C 层），为岩石风化的残积物或各种再沉积的物质，未受成土作用的影响。⑤基岩层（D 层），是半风化或未风化的基岩。

　　由于自然条件和发育时间、程度的不同，土壤剖面构型差异很大，有的可能不具有以上所有土层，其组合情况也可能各不相同，如处在初期发育阶段的土壤类型，剖面中只有 A-C 层；受侵蚀地区表土流失，产生 B-BC-C 层剖面；只有发育时间很长，成土过程亦很稳定的土壤才有可能出现完整的 A-B-C 剖面。

　　农业土壤是人类长期耕作栽培活动的产物，它是在不同的自然土壤上发育而来的，因此，其土体构型也是比较复杂的。在农业土壤中旱地和水田由于长期利用方式、耕作、灌溉措施和水分状况的不同，明显地反映出不同的层次。

　　旱地土壤层次一般包括耕作层、犁底层、心土层和底土层。①耕作层，也称表土层或熟化层，受人类耕作措施影响最大的土壤层次，作物根系分布占比可达50%以上，土壤容重较小、疏松多孔，渗透性能好，有机质和养分含量高，土壤颜色较深，是对作物生长影响最大的土壤层次。②犁底层，受耕作措施的机械压实作用，犁底层土壤紧实，容重较大，渗透性较差，有机质含量低，土壤颜色较浅。该层次不利于作物根系的向地生长，影响耕作层与心土层的物质能量交换，但该层次具有托水托肥的作用。深耕改土，也就是疏松犁底层，增加耕层厚度，有利于作物正常生长发育。③心土层，位于耕层或犁底层以下，有各种物质的沉积现象，土壤渗透性能差，有机质含量极低，生物活动较弱，作物根系分布较少，但该层次受大气与外界因素影响较弱，土壤温度和湿度较为稳定，是保水保肥的重要层次，能为作物生长后期提供水肥。④底土层，也称母质层，位于心土层以下，受大气条件与外界自然人为因素的影响较小，基本无作物根系分布，底土层的土壤理化性状会在一定程度上影响土壤水分蓄积、渗漏、物质转化、温度、通气状况和水分深层供应等。

　　土体构型的层状变化势必影响了水分入渗进程。根据鄱阳湖流域不同母质发育的红壤土壤结构特征，模拟研究了不同土体构型对入渗的影响。

1. 入渗速率

　　由三种不同容重组成的层状土对入渗速率的影响如图3-27所示，当红壤土柱的容重呈上1.25中1.35下1.45的层状土时，第四纪红土、红砂岩、花岗岩发育红壤的入渗速率变化曲线都会出现两次跳跃性的下降，且跳跃出现的时间都是在湿润锋到达容重变化界限的几分钟至十几分钟内；两次跳跃都是红砂岩最先出现，其次是第四纪红土，最后出现的是花岗岩；从整体上看，红砂岩发育红壤的下渗曲线在最上面，第四纪红土居中，花岗岩发育红壤的下渗曲线在最下面。并且层状土第四纪红土(上1.25中1.35下1.45)的稳定入渗速率约为2.2mm/min，这与第四纪红土(容重1.45)均质的稳定入渗速率的2.3mm/min几乎一致，红砂岩(上1.25中1.35下1.45)的稳定入渗速率大小约为5.2mm/min，这与红砂岩(容重1.45)均质的稳定入渗速率的4.9mm/min几乎一致，花岗岩(上1.25中1.35下1.45)的稳定入渗速率大小约为1.25mm/min，这与花岗岩(容重1.45)均质的稳定入渗速率的1.15mm/min几乎一致，因此，可以认为层状土柱下渗的稳定入渗速率受土柱的最下层土壤的容重控制。

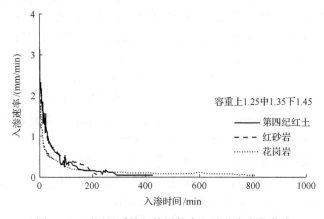

图3-27　不同母质的红壤层状土入渗速率变化曲线

　　从层状土(容重上 1.45 中 1.35 下 1.25)和均质土(容重 1.45)(图 3-28～图 3-30)土壤入渗速率变化曲线可以看出，三种母质土壤入渗初期阶段，层状土和均质土入渗速率比较接近，随着入渗时间延长，层状土入渗速率要高于均质土入渗速率。第四纪红土层状土稳定入渗速率为 6.7mm/min，与容重为 1.25 的均质土的稳定入渗速率(6.3mm/min)接近，红砂岩红

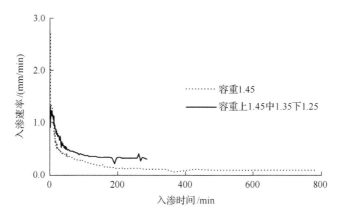

图 3-28　第四纪红土与均质土的入渗速率变化曲线

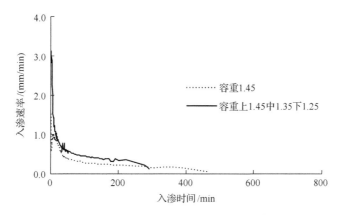

图 3-29　红砂岩层状土与均质土的入渗速率变化曲线

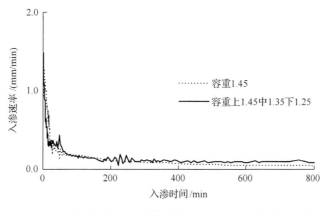

图 3-30　花岗岩层状土与花岗岩均质土的入渗速率变化曲线

壤层状土稳定入渗速率为 8.1mm/min,与容重为 1.25 的均质土的稳定入渗速率(7.8mm/min)接近,花岗岩红壤层状土稳定入渗速率为 4.3mm/min,与容重为 1.25 的均质土的稳定入渗速率(5.2mm/min)接近。结果表明,层状土的稳定入渗速率受最下层土壤容重控制。

2. 累计下渗量

由图 3-31,不同母质发育对土壤的累计下渗量影响非常明显,整体来看,红砂岩所代表曲线在最上面,第四纪红土居中,花岗岩代表的曲线在最下面。随着时间推移,最终基本沿直线变化,且开始成直线变化的时间与入渗速率达到稳定入渗速率的时间基本吻合,直线的斜率基本等于稳定入渗速率的大小;从上文得出入渗速率变化曲线都会出现两次跳跃性下降的结论,从而推断层状土的累计下渗量也应该出现跳跃性变化,考虑到入渗速率的跳跃变化的大小相对累计下渗量的大小基本可以忽略不计,因此从累计下渗量变化曲线上基本看不出来。

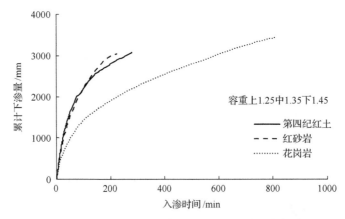

图 3-31　不同母质的红壤层状土累计下渗量变化线

累计下渗量的变化曲线由上到下分别为红砂岩(容重上 1.45 中 1.35 下 1.25)、第四纪红土(容重上 1.45 中 1.35 下 1.25)、花岗岩(容重上 1.45 中 1.35 下 1.25);三条曲线最后都会趋于直线,且红砂岩的斜率最大、第四纪红土次之,花岗岩最小(图 3-32)。

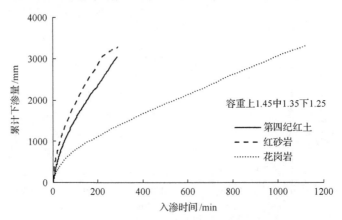

图 3-32　不同母质对容重上大下小的层状土累计下渗量的影响

3.2.6　异构土体入渗过程

1. 湿润锋运移特征

对比不同容重构型土壤湿润锋运移特征，将七种容重的土壤构成八种构型土壤湿润锋到达下层土壤界面和土体底部时间作图 3-33。为方便论述，将土壤容重 1.20、1.25、1.30、1.35、1.40、1.45、1.50 分别用字母 a、b、c、d、e、f、g 代替，下文中用不同字母组合代表不同土壤容重组合构成的土体构型，如 ac 表示容重为 1.20-1.30 组合的土体构型。

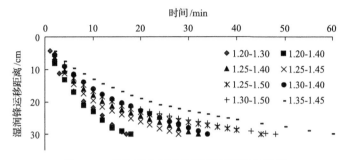

图 3-33　异构型土壤湿润锋随时间变化关系

由图 3-33 可知，容重越小湿润锋到达下层界面时间越短，湿润锋到达土柱底部的时间也越短。上层容重相同的土体在湿润锋进入下层土壤之前，湿润锋运移过程基本相同，而当湿润锋进入下层土壤后，有明显不同，下层容重大的湿润锋运移曲线减缓。下层容重相同时，上层容重越大，湿润锋运移速度越缓慢；上下层容重之和越大，湿润锋运移速度越慢，土壤容重可能是影响湿润锋运移的主导因素，容重大小影响土壤透水性能，容重越小，水分在土壤孔隙中自由移动越快，表现出湿润锋运移越快。

2. 入渗速率

八种土体构型入渗速率随时间变化规律基本一致，都表现出入渗速率减小再趋于稳定阶段和再次减小达到稳定阶段的两个入渗阶段的曲线模式(图 3-34)，出现这种入渗情况的主要原因是，当水分穿透上层土壤进入下层土壤时，由于容重突然变大，水分受土壤水势及下层土壤空气阻力影响下渗减慢。上层土壤容重越小，初始入渗速率越大，曲线越位于上方，第一阶段各土体入渗速率大小顺序为 ac＞ae＞be＞bf＞bg＞ce＞cg＞df，

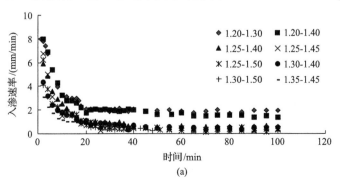

(a)

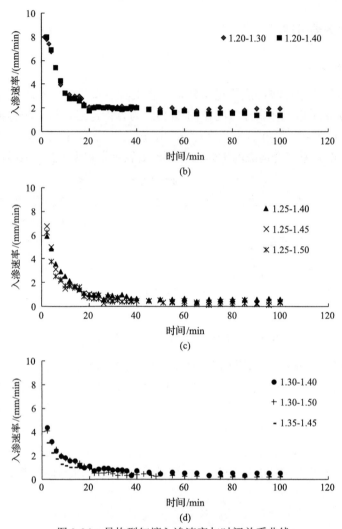

图 3-34　异构型红壤入渗速率与时间关系曲线

原因是土壤密度一致，容重越小，土壤越疏松，孔隙度越大且大孔隙多，透水能力越强；第二阶段土体稳定入渗速率大小受下层土壤容重影响发生改变，容重大入渗速率小，容重小入渗速率大。上层土壤容重相同情况下，下层土壤容重越大第二入渗阶段入渗速率越小。上层土壤容重越小的土体第一阶段历时越短，而上层土壤容重较大第一阶段历时较长，入渗速率减小后趋于稳定较为明显。

3. 累计下渗量

图 3-35 显示出各土体构型累计下渗量的变化趋势，可以看出曲线先以较高斜率上升而后出现斜率慢慢减小最终呈线性增长；随着上下土层容重之和的增加，累计下渗量的变化趋势表现为降低趋势，即 ac＞ae＞be＞bf＞ce＞bg＞cg＞df。当入渗时间为 1h 时，ac～df 号土体累计下渗量分别为 161.54mm、154.36mm、83.15mm、71.67mm、62.50mm、65.58mm、56.28mm 和 49.88mm，土层容重为 1.35～1.50g/cm³ 的累计下渗量相比于前 7

组土体依次降低了 89%、80%、76%、70%、60%、32% 和 31%。在相同供水条件下，同一入渗时间内，土体累计下渗量减小，说明上下两层土壤容重大的累计下渗量显著小于容重小的土体。当上层土壤容重一致时，下层土壤容重大的比小的累计下渗量减小情况为：ae 号土体比 ac 号减小 4.44%，bg 号土体比 be 号减小 24.83%，cg 号土体比 ce 号减小 14.18%。说明上层土壤相同时，下层土壤容重大小影响入渗强度，容重越大，累计下渗量越小，主要原因是当土壤密度等其他条件一致时，容重影响土壤孔隙度大小及大小孔隙数量，容重越大，土壤孔隙度越小，大孔隙减少，土壤透水性降低。

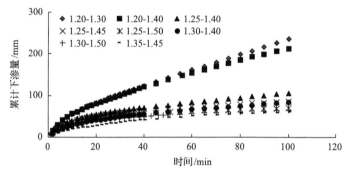

图 3-35　累计下渗量与时间关系曲线

4. 入渗过程模拟

国内外学者在研究土壤入渗时建立了许多模型用来模拟土壤入渗速率随时间变化过程。其中有 Kostiakov 模型、Horton 模型和方正三公式。本节选用这三种模型对异构型入渗试验结果进行回归分析，探讨其对异构型土壤入渗的精确度及适用性，详见表 3-12。

表 3-12　入渗速率与入渗时间回归方程

编号	Kostiakov 模型		Horton 模型		方正三公式	
	回归方程	R^2	回归方程	R^2	回归方程	R^2
ac	$i=34.922t^{-0.561}$	0.919	$i=4.6+(35.838-4.6)\,\mathrm{e}^{-0.219t}$	0.995	$i=3.226+42.814/t^{0.908}$	0.967
ae	$i=9.371t^{-0.405}$	0.903	$i=1.92+(9.673-1.92)\,\mathrm{e}^{-0.146t}$	0.985	$i=-0.204+9.520/t^{0.385}$	0.903
be	$i=12.261t^{-0.539}$	0.931	$i=1.55+(10.611-1.55)\,\mathrm{e}^{-0.151t}$	0.992	$i=0.620+12.813/t^{0.665}$	0.939
bf	$i=11.413t^{-0.715}$	0.981	$i=0.6+(8.328-0.6)\,\mathrm{e}^{-0.148t}$	0.983	$i=-0.06+11.319/t^{0.696}$	0.981
bg	$i=13.218t^{-0.868}$	0.961	$i=0.2+(8.502-0.2)\,\mathrm{e}^{-0.146t}$	0.981	$i=-0.529+12.213/t^{0.691}$	0.975
ce	$i=6.935t^{-0.616}$	0.986	$i=0.52+(4.972-0.52)\,\mathrm{e}^{-0.119t}$	0.976	$i=-0.056+6.887/t^{0.595}$	0.986
cg	$i=7.544t^{-0.719}$	0.936	$i=0.19+(4.608-0.19)\,\mathrm{e}^{-0.095t}$	0.985	$i=-0.864+7.141/t^{0.457}$	0.967
df	$i=4.750t^{-0.599}$	0.979	$i=0.2+(2.767-0.2)\,\mathrm{e}^{-0.07t}$	0.872	$i=-0.181+4.648/t^{0.516}$	0.982

Kostiakov 模型 R^2 平均值为 0.950，Horton 模型 R^2 平均值为 0.971，方正三公式 R^2 平均值为 0.963，三种模型拟合效果都不错，Horton 模型拟合效果最佳。当容重逐渐变大时，Horton 模型拟合效果呈减弱趋势，而方正三公式在容重大的土壤水分入渗过程有较好的拟合效果。

3.2.7　原状土水分入渗特征

土壤是地球上能够生长植物的疏松表层，是由矿物质、空气、水、有机物构成。不同类型的岩石风化成不同类型的土壤。不同类型的土壤，分层也不一样，一般分为表土层（A层）、心土层（B层）和底土层（C层）。表土层又可分为耕作层和犁底层。

耕作层是受耕作、施肥、灌溉影响最强烈的土壤层，厚度约为20cm左右。由于受生产活动和气候等因素影响强烈，土壤疏松多孔，干湿交替频繁，通透性好，物质转化快。

犁底层在耕作层之下，厚度约为6～8cm。犁底层长期受农具等压力影响，土层紧实，大孔隙少，透气、透水性差，结构常呈片状，形成明显可见的水平层理。

原状土壤因受风化程度、理化性状、矿物质组成和扰动程度影响，其入渗性能存在较大差异。试验土柱土壤取自江西水土保持生态科技园（江西省德安县）第四纪红土。

1. 水分入渗参数

表3-13中，从剖面垂直向下各层次稳定入渗速率、3h累计下渗量依次减小，而入渗达稳定时间先增大再减小，产流开始时间基本是先增大后减小。入渗达稳定及产流时间增大是由于A层土壤容重较小，土壤疏松孔隙度大，入渗能力强，B层土壤接近均质结构土壤，容重较A层土壤大，入渗能力相对较弱，稳定入渗速率及累计下渗量较小，达稳定入渗时间及产流时间较大；C层土壤为网纹层，比其上层土体黏重、紧实，网纹大多呈蠕虫状和树枝状，大块状或棱块状结构，大孔隙高度发育，入渗时水分直接由大孔隙下渗，发生了指流现象，所以相同条件下C层或含有C层土壤的土体产流较快，入渗达稳定时间也较短，但C层土壤容重较大，总孔隙度小，稳定入渗速率及累计下渗量最小。产流开始时间可间接说明原状土壤湿润锋运移速率A＞BC＞C＞AB＞B。

表 3-13　不同剖面层次原状土入渗参数

土柱类型	容重/(g/cm³)	稳定入渗速率/(mm/min)	入渗达稳定时间/min	产流开始时间/min	3h累计下渗量/mm
A	1.30	6.20	20	3	1237.87
AB	—	2.26	30	40	481.18
B	1.45	0.67	45	70	173.60
BC	—	0.38	20	30	91.33
C	1.53	0.20	15	36	46.06

2. 入渗速率

原状土各层次土壤水分入渗速率随时间变化关系见图3-36。可以看出，各层次土壤入渗速率变化趋势大致相同，入渗开始时，入渗速率逐渐减小，最后趋于稳定；A层土壤入渗速率明显大于其他层次土壤入渗速率，B层次之，而C层土壤入渗速率相比最小，各层次土壤入渗速率大小关系为A＞AB＞B＞BC＞C。A层土壤结构疏松，孔隙大且多，水分入渗时，水分子大量聚集于大孔隙，水分子重力及土壤水吸力之和大于孔隙内空气阻力，水流经大孔隙自由下渗。B层土壤接近均质，土壤容重相比A层较大，大孔隙少，孔隙度比A层小，入渗速率相对A层较小。C层土壤为网纹层结构土壤，土体黏重、紧实，容重大，总孔隙度小，相同时间内下渗量小，入渗速率小。AB 层和 BC 层分别为 A 层和 B 层及 B 层和 C 层的过渡层，具有不同剖面结构，根据表 3-13 及图 3-36，AB 层和 BC 层入渗速率分别介于 A 层和 B 层及 B 层和 C 层入渗速率之间。由此可见，不同剖面层次原状红壤入渗速率显著不同，层次越深入渗速率越小。

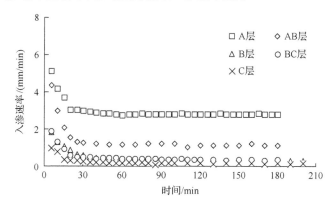

图 3-36　各层次土壤入渗速率随时间变化曲线

对各层次土壤入渗过程数据进行回归分析，结果见表 3-14，Kostiakov 模型 R^2 平均值为 0.757，Philip 模型 R^2 平均值为 0.798，Horton 模型 R^2 平均值为 0.949，方正三公式 R^2 平均值为 0.965，显然各模型拟合系数 R^2 关系为方正三公式＞Horton 模型＞Philip 模型＞Kostiakov 模型，方正三公式模拟原状土各剖面层次水分入渗效果最佳。由于 B 层土壤接近均质土，其 Kostiakov 模型及 Philip 模型拟合系数 R^2 均达 0.9 以上，而其他剖面层次土壤为非均质土，Kostiakov 模型及 Philip 模型将不适用，Horton 模型及方正三公式在描述非均质土壤水分入渗方面有较高准确度。

表 3-14　原状土剖面各层土壤入渗速率回归方程

编号	Kostiakov 模型		Philip 模型		Horton 模型		方正三公式	
	回归方程	R^2	回归方程	R^2	回归方程	R^2	回归方程	R^2
A	$i=9.736t^{-0.096}$	0.589	$i=0.5\times18.653t^{-0.5}+5.281$	0.738	$i=6.2+(15.931-6.2)\,\mathrm{e}^{-0.115t}$	0.965	$i=6.171+201.922t^{-1.802}$	0.957
AB	$i=9.138t^{-0.305}$	0.685	$i=0.5\times22.09t^{-0.5}+1.148$	0.752	$i=2.2+(15.766-2.2)\,\mathrm{e}^{-0.132t}$	0.976	$i=2.259+402.65t^{-2.046}$	0.983
B	$i=9.608t^{-0.582}$	0.921	$i=0.5\times15.761t^{-0.5}-0.1$	0.908	$i=0.66+(4.413-0.66)\,\mathrm{e}^{-0.063t}$	0.989	$i=0.51+26.035t^{-1.065}$	0.967
BC	$i=3.226t^{-0.468}$	0.827	$i=0.5\times6.381t^{-0.5}+0.067$	0.841	$i=0.38+(2.796-0.38)\,\mathrm{e}^{-0.96t}$	0.944	$i=0.375+35.501t^{-1.563}$	0.977
C	$i=2.443t^{-0.578}$	0.763	$i=0.5\times3.891t^{-0.5}-0.12$	0.749	$i=0.18+(2.321-0.18)\,\mathrm{e}^{-0.125t}$	0.872	$i=0.194+75.511t^{-2.079}$	0.940

3. 下渗量

图 3-37 为原状土剖面各层次土壤水分下渗量随时间变化曲线，图中显示，各曲线开始阶段斜率很大，随着入渗速率的降低斜率降低，最后入渗速率达到稳定，斜率接近常数，下渗量与时间趋于线性关系；各层次累计下渗量差异明显，C 层土壤累计下渗量最小，A 层最大，各层次累计下渗量大小关系为 A＞AB＞B＞BC＞C，综合分析容重是影响各层次土壤累计下渗量的重要因素，各层次土壤的质地、孔隙度等也是影响其累计下渗量差异性的原因。由于原状土入渗是一个较复杂的过程，更深入的机理机制分析有待

进一步的试验研究。

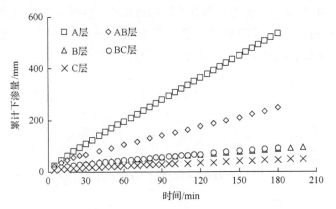

图 3-37　各层次土壤累计下渗量随时间变化曲线

4. 水分再分布

将各组试验前、试验结束时和一天后土壤剖面水分分布情况列于图 3-38，试验前土壤在同一时间、同一地点挖取，然后在实验室密封保存一个月，各组土壤含水量基本一致。试验结束时各组土壤含水量有明显差异，原因可能是各组土壤土体构型、质地、孔

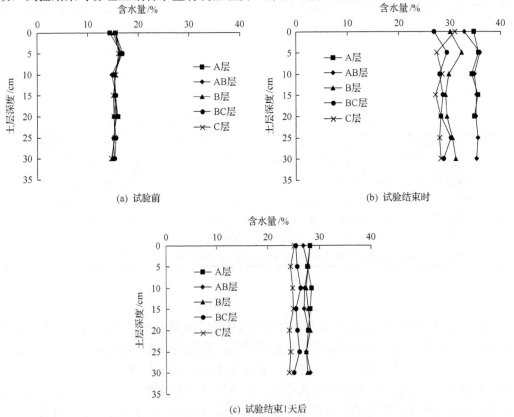

图 3-38　土壤不同层次水分再分布情况

隙度不一，导致其饱和含水率不一。各组自然土壤放置一天后，含水量明显减少，原因是试验结束后土壤水分受到重力作用继续下渗，产流流失水分，当土壤中土壤水吸力大于或等于水重力时产流才结束，由于产流及自然蒸发(当时处于夏天，室内温度约为25℃)，土壤含水量显著下降。

3.2.8　野外土壤剖面水分变化特征

试验观测了单场降雨后连续一周天气晴朗情况下，用英国土壤剖面水分测试仪DELTA-T/PR2 对土壤剖面含水量进行了连续监测，记录一周内 10cm、20cm、30cm、40cm、60cm、100cm 深度土壤含水量变化情况。

由图 3-39 和图 3-40 可见，每个监测点的土壤含水量一周内逐日减少，裸露坡地减少幅度较大，且表层土壤含水量也较低。裸露坡地土壤水分之所以减少快，是由于地表无任何覆盖物，自然蒸发快。然而由图 3-40 可见，地表自然结皮状态土壤持水能力增强，随着自然蒸发的递进，土壤含水量减少幅度也较小，由此可见，地表结皮有利于保持土壤水分。

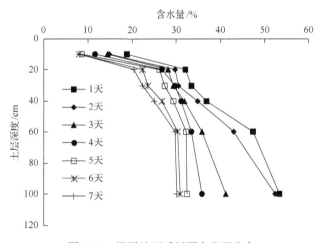

图 3-39　裸露地雨后剖面水分再分布

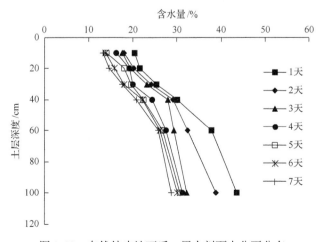

图 3-40　自然结皮地雨后一周内剖面水分再分布

由于雨后天晴，期间气温高蒸发量大，土壤剖面含水量整体呈下降趋势，表层土壤水分明显低于下层土壤。以雨后第一天土壤剖面 4 个不同土层含水量为基准，计算随后一周内土壤含水量相比第一天的减少值，可以看出土壤含水量呈线性减小。对裸露坡地和自然结皮地土壤含水量减少值进行线性拟合分析，拟合系数均大于 0.90，拟合度较好。

3.3 土壤侵蚀

3.3.1 材料与方法

1. 土壤溅蚀

1) 研究点概况

结合土壤母质分布特征及野外前期调查，选择土壤采集样地。第四纪红土发育红壤采集地(编号 SQ)位于江西水土保持生态科技园，土地利用为柑橘园；花岗岩发育红壤采集自赣南地区的宁都县小洋小流域(编号 SG)，土地利用为脐橙园；红砂岩发育红壤采集自赣南地区的宁都县还安小流域(编号 SR)，土地利用为脐橙园。所选样地均为该种母质主要的土地利用方式，土壤容重 1.13～1.32g/cm³。野外土壤样品于 2017 年 6 月进行采集，采样时，清除地表杂物，多点采样混合后，带回实验室风干，过 2mm 筛之后装袋备用。

2) 土壤理化性质测定

为了分析土壤基本理化性质对溅蚀的影响，将试验用土进行室内分析，土壤质地采用吸管法测地，土壤水稳性团聚体采用湿筛法测定，土壤 pH 采用电极法测定，全氮采用高氯酸-浓硫酸消煮-凯氏定氮法测定，全磷采用高氯酸-浓硫酸消煮-钼锑抗比色法测定，有机质采用重铬酸钾外加热法测定，阳离子交换量(CEC)采用乙酸铵交换法测定，游离氧化铁采用 ICP 测定。室内理化分析于 2017 年 10 月底完成。

3) 溅蚀盘设计

为有效收集溅蚀过程中不同溅蚀距离土壤溅蚀量，研究人员设计了一种可收集过程样的土壤溅蚀盘，溅蚀盘的设计细节如图 3-41 所示。整个溅蚀盘由两个主体部分构成，上部为溅蚀盘，下部为支撑装置。上部溅蚀盘由 10 个同心圆柱组成，同心圆柱材质为亚克力透明管，管壁厚为 3mm，每个同心圆柱等间距为 3cm，10 个同心圆柱按直径由小到大依次用胶粘在一块倾斜角度为 45°的椭圆底板上，相邻两个同心圆柱之间形成间距为 3cm 的环形空间用于收集溅蚀土壤。降雨和溅蚀土壤颗粒落入环形空间，在倾斜底板作用下汇集，在汇集处开一个导水孔，导水孔外接一根塑料软管，通过软管将降雨和溅蚀土壤颗粒导入收集瓶中，每个环形空间均设置导水孔、外接软管和收集瓶。所有同心圆柱粘在圆底板上之后，将顶部截平。中心圆柱用来存放溅蚀试验用土样，中心圆柱直径 10cm，中心土柱底部放置直径约 2cm 的粗砾石，便于降雨自由入渗防止积水。下部支撑装置为半径 40cm(大于最大圆心土柱半径)、高 50cm 的亚克力透明圆管，圆管顶部用一个圆环与溅蚀盘胶结在一起，形成的下部防水空间用于放置收集瓶，收集瓶容积为 2L。

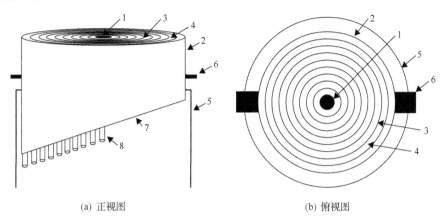

(a) 正视图　　　　　　　　　　　　(b) 俯视图

图 3-41　溅蚀盘结构示意图

1. 圆心土柱；2. 外柱；3. 同心圆柱；4. 同心圆环；5. 支撑圆管；6. 提手；7. 45°倾斜底板；8. 导水管

4) 模拟降雨

模拟降雨试验于 2017 年 7~8 月在江西水土保持生态科技示范园内的降雨大厅进行，降雨设备为西安清远测控技术有限公司生产的 QYJY-503T 型降雨器，下喷式喷头，降雨有效高度为 18m，保证雨滴终速直径，降雨强度可连续变化范围为 10~200mm/h，降雨均匀度>0.80，降雨强度变化响应时间<30s。根据野外采样点土壤容重资料，试验过程中，按照容重 1.20g/m^3 将试验土填入溅蚀盘圆心土柱中，自然风干土壤水分含量为(5.2±0.8)%。为了研究不同降雨强度条件下土壤溅蚀特征，试验设置降雨强度梯度为 30mm/h、60mm/h、90mm/h、120mm/h、150mm/h，考虑溅蚀发生发育特点，降雨历时设置为 30min，每个处理降雨重复 3 次取均值。

降雨过程中，将导水管置于收集瓶中，收集降雨过程中不同溅蚀距离的水沙样。降雨结束之后，用细嘴喷壶将相对应的同心圆环内的泥沙颗粒全部洗入收集瓶中，带回实验室过滤烘干称重，计算不同溅蚀距离土壤溅蚀量和总溅蚀量。

$$SS_t = \sum_{i=1}^{n} SS_i \tag{3-5}$$

式中，SS_t 为总溅蚀量；SS_i 为不同溅蚀距离 i 土壤溅蚀量；n 为次降雨下总的收集数量。

2. 土槽模拟降雨试验

试验土槽规格为 1.5m×0.5m×0.5m(长×宽×深)，总计为 10 个土槽。土槽设置为 3 个出水口(地表径流、壤中流、底层下渗)，底部用软管连接。土槽底部铺有一层 2~5cm 的鹅卵石，方便土体下层水分充分排出。在鹅卵石上铺一层细纱布，防止试验土在水的作用下进入石块间隙，影响排水，堵住出水口。为保证实验过程中壤中流收集槽内均为侧向移动的壤中流，在紧贴壤中流收集槽上方固定一张规格为 0.5m×0.2m×0.02m(长×宽×厚)的铁板，铁板与土槽内壁之间的空隙用玻璃胶填补。土槽内每 5cm 填一层试验土，共 8 层。每一层按照容重 1.2g/cm³ 的要求压实、平整。填下层土前对上层土面做抓毛处理，防止土壤分层。整个土槽装土高度为 40cm。

人工降雨前需对土壤进行预湿润，保证土壤的前期含水量一致。先在土槽表面盖上一层细纱布，减少湿润过程对表土面结构破坏，然后用口径 0.5mm 的喷水壶均匀湿润试验土表面，待试验土表面水分入渗后再次湿润，直到土槽底部两个出水口持续有水滴出为止。预湿润结束后静置 24h 排除重力水。模拟降雨之前取表层铝盒样烘干称重测定土壤前期含水量(18.4±2.3)%，根据研究区近十年的降雨资料，降雨强度设置为 45mm/h 和 135mm/h，模拟小雨、大雨两种降雨条件，坡度设置为 10°。每个条件重复 3 次，试验数据取 3 次平均值。

降雨设备为西安清远测控技术有限公司生产的 QYJY-503T 降雨器，喷头为垂直下喷式喷头，有效高度为 18m，雨强连续变化范围为 10～200mm/h，降雨均匀度＞0.80，雨强变化调节时间＜30s。记录地表径流、壤中流、底层渗透初始产流时间，观察坡面的侵蚀产沙过程以及壤中流、底层下渗的出流特征，每 3min 采集径流、泥沙样。试验总降雨时长为 90min。降雨结束后，铝盒中的水沙样需静置 24h 后将上层清夜倒出，用烘干法烘干测定泥沙量。壤中流水样则需继续收集，时长为停雨后 2h。2h 后换大桶收集剩余的壤中流、底层渗透量，24h 后测量径流尾量。

3.3.2 土壤溅蚀

土壤溅蚀是土壤侵蚀过程的开始，雨滴击溅作用将粗颗粒破碎分散成细颗粒，分散后的细小颗粒被雨滴击溅起从而发生短距离搬运，是坡面水蚀的一个重要过程(Morgan，2010；Van Dijk et al，2002；Kinnell，2005；罗亲普和刘文杰，2012)。雨滴击溅形成的细小颗粒为径流侵蚀提供了丰富的可蚀性物质(Wei et al，2016)。国内外学者对溅蚀的影响因素做了多方面的研究，土壤颗粒组成对土壤侵蚀过程有重要的影响(蔡强国和陈浩，1986；倪世民等，2018；郝好鑫等，2017)，郝好鑫等(2017)表明，土壤颗粒级配对土壤溅蚀特征起主导作用；Hairsine 和 Rose(1992)、Asadi 等(2011)试验结果指出，土壤颗粒运动形式及输移距离与土壤颗粒自身性质有关，特别是颗粒大小及其密度。雨滴击溅是一个雨滴做功的过程，Asadi 等(2007)认为只要有足够大的雨滴动能，即便土壤大团聚体也能被破碎搬运，降雨动能决定泥沙的颗粒分布；Wei 等(2016)研究表明，雨滴动能与溅蚀量有良好的幂函数关系；蔡强国和陈浩(1986)研究表明，溅蚀量与雨滴直径有明显的线性关系；高学田和包忠谟(2001)研究表明，溅蚀量与降雨强度之间存在很好的回归关系。塔娜等(2016)、赵龙山等(2012)还针对地表微地形等因子开展溅蚀特征研究。分析现有研究发现，学者关注更多的是溅蚀的影响因素和不同颗粒组成被溅蚀的难易程度，而对溅蚀颗粒的迁移规律关注并不多，颗粒迁移直接关系雨滴击溅搬运过程，是侵蚀初期一个重要的泥沙搬运形式。

鄱阳湖流域是南方红壤的中心区域，其中花岗岩、红砂岩和第四纪红土等 3 种母质广泛分布，不同母质发育的土壤性质差异很大，侵蚀特征也明显不同。为进一步分析母

质差异对溅蚀特征及溅蚀颗粒的迁移规律的影响，本节以花岗岩、红砂岩、第四纪红土
3 种典型土壤为试验土壤，结合区域气候条件，开展不同降雨强度的模拟试验，研究结
果有助于深入了解溅蚀的发生过程及其机理，为南方红壤区溅蚀模型建立提供基础，还
可为 3 种母质发育红壤的水土流失治理提供依据。

1. 溅蚀特征

1）不同母质红壤基本性质

表 3-15 所示为 3 种土壤吸管法测定下的土壤质地结果。SQ 为粉质壤土，土壤颗粒
分布主要集中在粉粒（561.3g/kg），尤其细粉粒含量（362.4g/kg），黏粒含量在 3 种母质土
壤中最高为 191.93g/kg。SG 为砂质壤土，其中砂粒含量 725.43g/kg，且以粗砂为主
（486.57g/kg），粉粒含量为 120.03g/kg。SR 为壤质砂土，其中砂粒含量在 3 种母质中最
高为 762.65g/kg，但黏粒含量最低为 6.24g/kg。

表 3-15　试验土壤基本理化性质

母质类型	粗砂粒（g/kg）	细砂粒（g/kg）	粗粉粒（g/kg）	细粉粒（g/kg）	黏粒（g/kg）	有机质/（g/kg）
第四纪红土	75.13±21.81c	171.69±39.68c	198.88±7.31a	362.37±12.41a	191.93±29.08a	11.04±1.64a
花岗岩	486.57±22.62a	238.86±18.74b	43.52±11.66c	76.51±6.90c	154.54±29.0b	5.29±0.97c
红砂岩	334.46±31.04b	428.19±45.20a	101.36±18.37b	129.75±21.40b	6.24±2.81c	6.11±0.32b

母质类型	全氮/（g/kg）	全磷/（g/kg）	CEC/（mol/kg）	pH	游离氧化铁/（mg/kg）
第四纪红土	0.88±0.06a	0.17±0.06a	19.34±3.32a	4.29±0.14b	41.16±6.04a
花岗岩	0.37±0.08c	0.12±0.03b	11.91±0.96b	4.65±2.91a	13.84±1.98c
红砂岩	0.49±0.02b	0.08±0.02c	13.07±1.26c	4.72±0.22a	21.92±2.45b

注：粗砂粒粒径为 200～2000μm，细砂粒粒径为 50～200μm，粗粉粒粒径为 20～50μm，细粉粒粒径为 2～20μm，黏粒
粒径为 0～2μm。同列不同字母之间表示不同处理间差异显著（$P<0.05$）。

3 种测试土壤的部分化学性质见表 3-15。3 种土壤母质均为酸性土壤，pH 分布区间
为 4.29～4.72，由表 3-15 可知，土壤养分指标（如有机质含量、全氮、全磷等）SQ 均显著
高于 SG 和 SR。受土壤质地及有机质等含量差异影响，红壤中 CEC 含量和游离氧化铁
含量在不同母质中也存在显著差别，SQ 土壤 CEC 含量最高为 19.34mol/kg，其次为 SR
的 13.07mol/kg 和 SG 的 11.91mol/kg，相比 CEC，3 种母质游离氧化铁含量的差异更大，
SQ 游离氧化铁含量分别是 SG 的 2.97 倍和 SR 的 1.88 倍。

2）土壤溅蚀量

不同母质土壤平均总侵蚀量结果如表 3-16 所示，溅蚀量最高为 SR，溅蚀量为 4.06g，
显著高于 SG（3.29g）和 SQ（3.24g），不同雨强下，母质对溅蚀量有显著影响，且随雨强增
大而增加。30mm/h 雨强下，土壤溅蚀量最低为 SG 的 0.09g，其次为 SR 0.11g，SQ 最高
为 0.25g，随着雨强增加至 60mm/h，土壤溅蚀量显著增加，尤其是 SR 增加了 43 倍，其
次 SG 增加了 33 倍，最低的 SQ 也增加了 14 倍，但随着雨强继续增大，增幅显著变缓，

当雨强从 60mm/h 增加至 150mm/h，溅蚀量增加幅度最大的为 SG（56.7%），其次为 SQ（20.1%），SR 仅增长了 13.1%。随雨强增加而溅蚀量增速减缓主要原因为大雨强下地表薄层水流的形成所致。

表 3-16　不同雨强下试验母质红壤溅蚀量

雨强/(mm/h)	第四纪红土	花岗岩	红砂岩
30	0.25±0.10Ac	0.09±0.07Bc	0.11±0.06Bc
60	3.58±0.47Bb	3.00±0.58Cb	4.74±0.78Ab
90	4.00±0.88Cab	4.30±0.59Bab	4.89±1.12Ab
120	4.06±0.39Cab	4.36±2.22Bab	5.22±0.97Aab
150	4.30±2.01Ca	4.70±0.69Ba	5.36±1.14Aa

注：多重比较中大写字母代表同一行之间比较结果，小写字母代表同一列之间比较结果。

溅蚀量与雨强的关系符合对数函数关系，拟合方程及 R^2 见表 3-17。随着雨强越大，溅蚀量增长越慢，其中花岗岩与雨强的相关性显著大于其他两种母质土壤。

表 3-17　总溅蚀量与雨强的函数关系

母质类型	方程式	R^2
第四纪红土	$SS_t = 3.135\ln(I) - 9.599$	0.802
花岗岩	$SS_t = 2.434\ln(I) - 7.369$	0.834
红砂岩	$SS_t = 2.889\ln(I) - 9.302$	0.929

3）溅蚀分布规律

为了进一步揭示不同母质影响下红壤溅蚀特征，按照距离远近收集溅蚀量，其结果如图 3-42～图 3-44 所示。离中心土柱越近，溅蚀量越大，0～3cm 溅蚀量占总溅蚀量的比重最大，且雨强越大，占比越高。SQ 土壤 0～3cm 溅蚀量占总溅蚀量的比例由 30mm/h 的 30.1%增加至 150mm/h 的 54.9%，SG 土壤由 35.0%增加至 62.9%，SR 土壤由 36.8%增加至 67.6%。

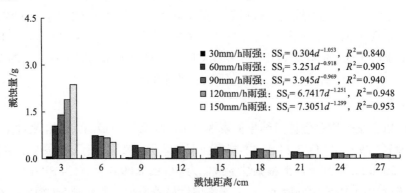

图 3-42　第四纪红土发育红壤溅蚀量随距离分布规律及溅蚀量与溅蚀距离（d）的函数关系

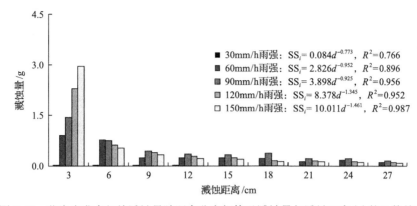

图 3-43　花岗岩发育红壤溅蚀量随距离分布规律及溅蚀量与溅蚀距离(d)的函数关系

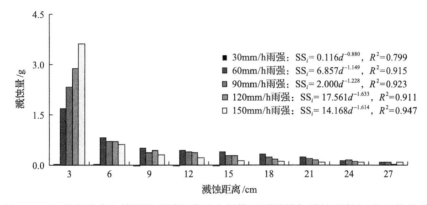

图 3-44　红砂岩发育红壤溅蚀量随距离分布规律及溅蚀量与溅蚀距离(d)的函数关系

30～90mm/h 降雨下,SQ 土壤 80%以上的溅蚀量分布区间为 0～15cm,120～150mm/h 降雨下,80%溅蚀量分布区间缩小至 0～12cm。SG 和 SR 与 SQ 略有不同,30mm/h 降雨下,SG 和 SR 土壤 80%溅蚀量集中分布在 0～9cm 范围内,60～90mm/h 降雨下,范围增加至 0～15cm,至 150mm/h 降雨下降低至 0～9cm 范围,呈现单峰变化趋势,而 SQ 表现为递减变化趋势。

不同雨强及母质条件下,溅蚀量与溅蚀距离的关系可以用幂函数递减关系表示 (图 3-42～图 3-44),拟合系数随雨强增大而增加。由函数关系式中的系数项可知,随着雨强增大,递减越明显,粗颗粒母质土壤(SG 和 SR),随距离递减越严重,而细颗粒母质土壤(SQ)溅蚀量随距离递减幅度更缓慢。

2. 溅蚀影响因子

土壤不同指标之间关系复杂,部分指标之间相关性显著或者互相掩盖,因此运用主成分分析方法,将冗杂的土壤性质简化为少数的几个综合性指标,指示不同土壤性质对溅蚀性的影响。由表 3-18 可知,前 3 个主成分特征值均大于 1,累计方差贡献率达到 88.375%,满足主成分分析的要求。第 1 个主成分(F1)方差贡献率为 62.039%,其中系数绝对值超过 0.8 的有 5 个,即粗砂粒(–0.974)、细砂粒(–0.808)、粗粉粒(0.832)、细粉粒

(0.878)和 CEC(0.903)，主要表征土壤质地特征，粗颗粒含量越高，溅蚀量越小且溅蚀搬运越困难；第2个主成分(F2)和第3主成分(F3)方差贡献率分别为14.887%和11.449%，系数绝对值比较高的为黏粒(0.525)、有机质(0.514)、游离氧化铁(0.483)和pH(0.662)。黏粒、有机质以及游离氧化铁都是影响土壤团聚体形成的重要指标(黄义端等，1989；范荣生和李占斌，1993；马仁明等，2013)，土壤团聚体含量越高，抵抗雨滴溅蚀的能力越强(倪世民等，2018；马仁明等；2013)。

表 3-18 主成分分析结果

土壤指标	主成分		
	F1	F2	F3
粗砂粒	−0.974	−0.019	−0.190
细砂粒	−0.808	−0.133	−0.008
粗粉粒	0.832	0.200	0.194
细粉粒	0.878	−0.217	0.405
黏粒	0.751	0.525	−0.349
全氮	0.769	0.447	−0.329
全磷	0.767	0.256	0.056
有机质	−0.628	0.514	0.391
CEC	0.903	0.059	−0.006
游离氧化铁	0.728	−0.214	0.483
pH	−0.475	0.662	0.459
特征值 λ	5.584	1.340	1.030
贡献率/%	62.039	14.887	11.449
累计贡献率/%	62.039	76.926	88.375

根据主成分分析结果，由因子荷载矩阵和主成分特征值可计算得到得分系数矩阵，根据得分系数的矩阵和各主成分的函数表达式以及各主成分特征值的比重，计算 3 个主成分的综合得分(表 3-19)，综合得分越高，表示土壤抗侵蚀能力越强。SQ 土壤的综合得分最高为 14.720，而花岗岩(−3.056)和红砂岩(−3.013)两者之间得分接近，这表明不同母质发育的 SQ 土壤的抗溅蚀能力最强,结构性差和粗骨质的 SG 和 SR 土壤抗溅蚀能力较差。

表 3-19 不同母质发育红壤土壤抗蚀性指标主成分分析综合得分指数

母质类型	主成分得分			综合得分
	F1	F2	F3	
第四纪红土	15.336	−2.932	34.358	14.720
花岗岩	−5.521	6.966	−2.737	−3.056
红砂岩	−5.601	−2.467	10.304	−3.013

雨滴击溅土壤表面的作用力使得表层土壤颗粒分离、溅散、跃起并离开原来的位置而产生位移，雨滴直径和降雨动能受降雨强度的影响，进而影响溅蚀过程(蔡强国和陈浩，1986；胡伟等，2016)。胡伟等(2016)研究显示，总溅蚀量及其上下迁移分量均随降雨能量的增加而增大，通过定量分析东北黑土各溅蚀分量、总溅蚀量、净溅蚀量与降雨能量

的关系，提出了溅蚀发生的降雨能量阈值，发现雨滴溅蚀发生的临界能量为 3～6J/(m²·mm)。当雨量较小时，降雨雨滴小、雨滴动能小，雨滴击溅能力有限，溅蚀颗粒迁移距离也近，当降雨强度增加，雨滴直径和雨滴动能增大，溅蚀量显著增加且溅蚀迁移距离也大幅增加，本研究结果也表明，当雨强增加到 60mm/h 时，溅蚀量显著增加。除了雨滴动能之外，地表产流状况也是溅蚀发生变化的一个重要因素，在坡面产流发生之前，溅蚀率随降雨历时的增加而递增，产流之后逐渐减小并趋于稳定(胡伟等，2016)，坡面薄层水流一旦形成，雨滴击溅作用迅速减弱(Kinnell，2005)。本研究结果显示，随着雨强进一步增大，溅蚀量并没有相应大幅增加，其主要原因是当雨强超过土壤入渗速率时，降雨在地表积聚形成薄层水流，薄层水流消耗了雨滴动能，降低雨滴溅蚀量，并且溅蚀颗粒迁移距离也大幅减少。本节所用 3 种母质土壤中，SQ 土壤质地较黏重，土壤入渗能力差，且降雨过程中容易形成结皮，结皮和地表薄层水流的影响导致大雨强条件下溅蚀量比 SG 和 SR 更低，而粗骨性的 SG 和 SR 土壤，结皮和薄层水流影响较小，主要影响因子是土壤质地，由于容易被溅蚀的细颗粒含量低，随着降雨持续，地表颗粒粗化，溅蚀量降低(秦越等，2014；Leguédois and Bissonnais，2004；程琴娟等，2007；Legout et al.，2005；Fu et al.，2017)。

3.3.3 坡面水蚀

红壤是中国南部的地带性土壤，分布面积广泛，是中国重要的土壤资源(谢小立和王凯荣，2002)。由于红壤性质上的酸、瘦、黏等弱点，红壤分布区域降水时空分布的不均匀，以及不合理开发利用造成的水土流失、土壤退化等，导致红壤地区的生态环境恶化，红壤资源潜在的生产能力得不到应有的发挥，使整个地区农业及经济持续发展受到严重影响(赵其国等，2013)。鄱阳湖流域是红壤的中心区域，多年来，就鄱阳湖流域的土壤侵蚀研究已取得许多成果(彭娜等，2006；尹忠东等，2006；谢颂华等，2014；王峰等，2007)，但大多数研究成果都集中在第四纪红土发育的红壤上，其他母质发育的红壤的研究涉及较少。在不同母质红壤的研究中，对土壤性质差异等方面的研究报道较为常见(孙佳佳等，2015；王艳玲等，2013；于寒青等，2010)，成土母质对红壤坡面产流产沙过程的影响研究还需进一步深化。为此，本节采用人工降雨模拟试验，比较分析鄱阳湖流域 3 种典型母质发育的红壤坡面产流产沙特征差异，为加深鄱阳湖流域水土流失及治理提供理论基础。

1. 产流产沙过程

1) 地表产流产沙过程

如图 3-45 所示，不同母质红壤坡面的地表产流过程在大小雨强条件下表现出明显的区别。45mm/h 条件下，花岗岩红壤产流最快(约 8min)，产流后 50min 内坡面地表径流增长较快，该阶段的平均产流速率达到 68.5mL/(min·m²)，50min 后坡面产流速率稳定在 98mL/(min·m²) 左右；红砂岩红壤产流较晚，21～78min 内地表产流逐渐增加，平均产流速率为 58.6mL/(min·m²)，降雨后期坡面产流速率逐渐稳定[110.8mL/(min·m²)左右]；第四纪红土红壤产流增长十分缓慢，径流稳定前的平均产流速率为 20.9mL/(min·m²)，

仅为花岗岩红壤的 31.2%和红砂岩红壤的 36.1%,稳定后的产流速率在 60.2mL/(min·m²)
左右,远低于其他两种母质红壤。

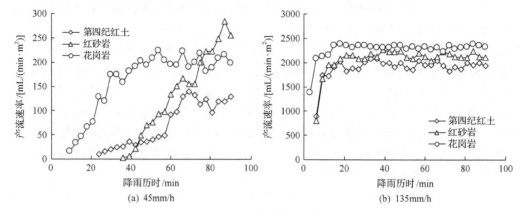

图 3-45　地表产流过程线

　　135mm/h 条件下,3 种母质红壤的地表产流趋势基本一致,均为快速上升—稳定。
花岗岩红壤初始产流速率约为其他两种红壤的 1.57～1.63 倍,场均(多场降雨平均,下同)
产流速率为花岗岩>红砂岩>第四纪红土。

　　如图 3-46 所示,45mm/h 条件下的红壤坡面场均泥沙浓度较小,仅为 0.37～0.76g/L,
说明该条件下的坡面侵蚀程度较弱。从过程线来看,泥沙浓度先上下波动后逐渐稳定,
这是由于产流初期红壤坡面的径流量和产流速率相对较小,坡面的径流通过蓄积、汇流
形成水流通路,集中对泥沙进行运输。3 种母质红壤中,场均泥沙浓度顺序为第四纪红
土>花岗岩>红砂岩,其中第四纪红土坡面的泥沙浓度极不稳定,波动最大。

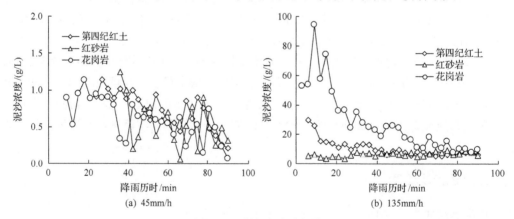

图 3-46　地表产沙过程线

　　相比 45mm/h、135mm/h 下的红壤坡面场均泥沙浓度增大 8.33～11.37 倍,约为 4.57～
7.07g/L,说明雨强与坡面产沙呈正相关。从图 3-46 过程线可知,3 种母质红壤的泥沙浓
度最大值均出现在降雨初期,随着降雨历时延长,坡面泥沙浓度逐渐降低,60min 后基
本上达到稳定值。3 种母质红壤场均泥沙浓度顺序为花岗岩>红砂岩>第四纪红土,花
岗岩发育红壤场均泥沙浓度为第四纪红土发育红壤的 1.76 倍。

2) 壤中流产流过程

两种雨强下的红壤壤中流产流过程均为单峰型(图 3-47)，趋势基本一致。在 45mm/h 条件下，第四纪红土和红砂岩壤中流产流速率在降雨初期(45min 内)增长非常快，其平均值为花岗岩的 2.17～2.33 倍。45min 后壤中流出流逐渐稳定，壤中流峰值为第四纪红土＞红砂岩＞花岗岩，其中花岗岩峰值仅为第四纪红土和红砂岩的 42%～47%。

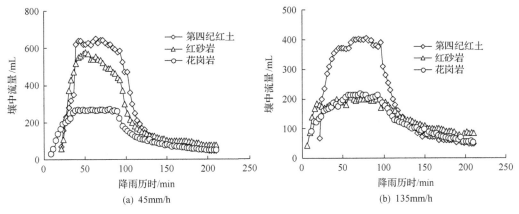

图 3-47　壤中流产流过程线

雨强为 135mm/h 时，不同成土母质红壤壤中流量和产流速率均有不同程度的降低。其中花岗岩红壤壤中流产流受雨强的影响最小，两个雨强条件下的壤中流量差值为 8.2%。红砂岩红壤的壤中流过程线变化最大，场均产流速率下降了 52.2%，壤中流峰值仅为 45mm/h 条件下峰值的 36.3%。

3) 底层下渗过程

在 45mm/h 条件下，3 种母质红壤底层下渗在初始产流时间和初始产流量方面比较接近，第四纪红土发育红壤前期产流速率(60min 前)明显高于花岗岩发育和红砂岩发育红壤。底层渗透量峰值为第四纪红土＞红砂岩＞花岗岩，第四纪红土峰值为后者的 1.35 倍和 1.46 倍(图 3-48)。

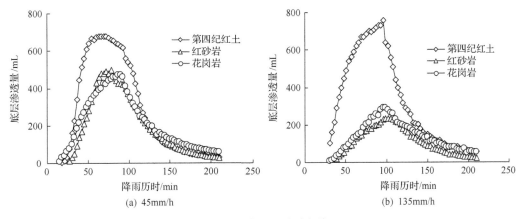

图 3-48　底层下渗过程线

135mm/h 条件下，不同母质红壤底层下渗过程线分异更加明显，第四纪红土发育红壤底层下渗量要远高于其他两种红壤，是红砂岩发育红壤和花岗岩发育红壤的 4.98 倍和 5.63 倍，峰值为红砂岩红壤和花岗岩红壤的 3.32 倍和 2.62 倍。

4）坡面径流组成比较

径流组成是反映不同母质红壤水文过程的重要参数，不同母质红壤由于其土壤性质的差异，对降雨过程的响应不一。如图 3-49，花岗岩红壤地表径流量所占比例是最高的，为 30.4%～90.3%；第四纪红土发育红壤壤中流所占比例在 3 种母质红壤中最高，为 8.2%～44.4%。

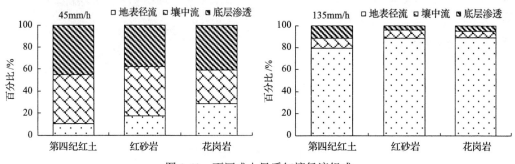

图 3-49　不同成土母质红壤径流组成

就红壤而言，雨强对坡面径流组成的影响十分明显。45mm/h 条件下红壤坡面壤中流和底层下渗量所占比例较高，地表径流量仅为 10.1%～30.3%。135mm/h 条件，红壤坡面地表径流占总径流量 79.4%～90.7%。这说明小雨强条件有利于红壤坡面水分入渗，促进壤中流的出流。

5）壤中流消退过程及预测

降雨后的退水过程是水文过程的重要组成部分，而壤中流不同于地表径流，消退过程历时较长。总体上红壤壤中流消退过程呈从大到小的变化趋势，停雨后 30min 内红壤的壤中流消退速率较大，表现为快速消退，30min 后壤中流消退速率逐渐减小，消退过程较为缓慢。不同母质间红壤壤中流消退过程在降雨后 30min 内区别较大，以第四纪红土的壤中流消退速率最大，30min 后消退速率较为接近，无明显区别。

通过对停雨后的壤中流出流量进行回归分析，结果表明消退过程可采用指数函数关系表示，随着时间延长，壤中流量呈指数函数关系递减，关系式如下所示：

$$V_{SSF} = a e^{(bt)} \tag{3-6}$$

式中，V_{SSF} 为壤中流量，mL；t 为雨停之后的产流时间，min；雨停时间重置为 0min，再开始计时，a 和 b 为拟合参数。表 3-20 所列为不同雨强和红壤类型下预测方程参数及决定系数，所有试验条件下，决定系数都在 0.82 以上，显示了较好的预测性能。对于不同母质发育的红壤类型来看，该方程对花岗岩发育的红壤壤中流消退过程预测精度最高，决定系数可达到 0.92 以上。

表 3-20　预测方程参数及决定系数

红壤类型	雨强/(mm/h)	方程变量		决定系数
		a	b	
花岗岩	45	166.89	−0.01	0.93
	135	175.85	−0.01	0.96
第四纪红土	45	360.28	−0.02	0.90
	135	260.79	−0.02	0.89
红砂岩	45	244.19	−0.01	0.83
	135	151.45	−0.01	0.95

整体而言，在雨停 30min 内，壤中流预测值与实测值差异较大，呈 S 形变化，初期几分钟内偏高然后转而偏低，雨停 30min 之后，预测值与实测值吻合度高，可以很好地预测壤中流消退过程曲线。

2. 母质对侵蚀的影响

由表 3-21 可知，黏粒、粉粒含量越高，土壤质地越黏重的红壤类型地表产流越慢。这是由于花岗岩和红砂岩红壤砂粒含量高，初始入渗率大于第四纪红土，产流前的入渗过程相对更短暂 (余长洪等，2015)，导致坡面产流时间要更快；对比地表产流速率和总径流量发现，花岗岩红壤要高于其他两种母质红壤，原因可能为：一是表土发生结皮促进了产流；二是雨滴打击导致表土大颗粒破碎，阻塞了部分大孔隙影响了入渗；三是降雨对表土的压实作用。在试验过程中，3 种母质红壤都存在不同程度的结皮，且结皮特点不一 (Zhang et al.，2001；李朝霞等，2005；蔡崇法等，1996)，说明表土结构变化对坡面产流有一定的影响。

表 3-21　不同母质红壤产流特征

成土母质	雨强	地表产流			壤中流			底层渗透		
		产流时间/s	总流量/L	峰值/mL	产流时间/s	总流量/L	峰值/mL	产流时间/s	总流量/L	峰值/mL
第四纪红土	45	1627	4.12	315	1200	18.18	640	1200	18.91	680
红砂岩	45	1263	7.69	515	1260	16.75	570	1620	13.23	535
花岗岩	45	480	10.18	505	622	9.65	270	960	13.98	470
第四纪红土	135	360	123.97	4700	1210	13.10	405	1740	20.23	760
红砂岩	135	180	143.20	5200	360	8.66	210	1980	6.64	235
花岗岩	135	240	153.58	5380	608	8.83	210	1680	8.40	292

如图 3-46 所示，小雨强条件下第四纪红土泥沙浓度最高，而大雨强条件下第四纪红土泥沙浓度最低，主要和土壤性质及径流量有关。小雨强条件下，地表径流对土壤的剥蚀能力较弱，只能裹挟较为细小的颗粒，所以侵蚀泥沙颗粒以黏粒为主 (杨伟等，2016)。由于第四纪红土黏粒、粉粒含量较高，坡面可搬运的物质就多，所以该条件下的泥沙浓度较高；当雨强较大时，径流在极短时间内就把原有的细小颗粒带离坡面，后续产沙依

靠雨滴打击破碎和径流分离不断形成新的可搬运物质,所以在产沙过程线中表现为从高到低的趋势。3 种母质红壤中,第四纪红土团聚体稳定性最高,土壤颗粒不容易被雨滴和径流分散,产生的物质较少,所以泥沙浓度最低。而花岗岩红壤和红砂岩红壤,由于本身结构较差,在大雨强条件下容易发生土壤分离,相比之下泥沙浓度偏高。

土壤饱和导水率越小,水分下渗速度就会越慢,多余的水分就容易在土层间滞留,进一步形成侧向的壤中流。一般来说,排除容重等因素的影响,黏粒含量越高、质地越细的土壤饱和导水率越小(方堃等,2008)。第四纪红土壤中流无论是总量还是峰值都要大于其他两种母质红壤,说明土壤的饱和导水率与壤中流量存在负相关;对于同一厚度的土壤,饱和导水率大的土壤更快达到水分饱和条件,壤中流产流时间更快。

有研究表明,第四纪红土土壤颗粒由 Fe^+、Al^+ 胶结而成,物理性质更接近于砂粒,其透水性较强,与花岗岩红壤类似(李成亮等,2004)。从试验结果来看,第四纪红土和底层下渗量要远高于其他母质红壤,说明其透水性要更强。李成亮等(2004)认为红砂岩红壤的持水性较差,对水的吸附能力较弱。但从试验结果来看,45mm/h 条件下的红砂岩红壤壤中流量和峰值相对较高,与第四纪红土接近。当雨强过渡到 135mm/h 时,红砂岩红壤壤中流量显著降低,与花岗岩红壤接近。这有可能是因为红砂岩红壤由于其黏粒含量极低且土壤结构差,在大雨强条件下表土结构被破坏,导致入渗量降低。

参 考 文 献

蔡崇法, 丁树文, 张光远. 1996. 花岗岩红壤表土特征及对坡面侵蚀影响的研究. 水土保持研究, 3(4): 111-115.

蔡强国, 陈浩. 1986. 降雨特性对溅蚀影响的初步试验研究. 中国水土保持, 6: 32-35, 41.

程琴娟, 蔡强国, 胡霞. 2007. 不同粒径黄绵土的溅蚀规律及表土结皮发育研究. 土壤学报, 44(3): 392-396.

范荣生, 李占斌. 1993. 坡地降雨溅蚀及输沙模型. 水利学报, 6: 24-29.

方堃, 陈效民, 张佳宝, 等. 2008. 红壤地区典型农田土壤饱和导水率及其影响因素研究. 灌溉排水学报, 27(4): 67-69.

高学田, 包忠谟. 2001. 降雨特性和土壤结构对溅蚀的影响. 水土保持学报, 15(3): 24-26, 47.

郝好鑫, 马仁明, 占海歌, 等. 2017. 不同粒径红壤团聚体坡面溅蚀特征. 水土保持学报, 31(1): 37-42.

胡伟, 郑粉莉, 边锋. 2016. 降雨能量对东北典型黑土区土壤溅蚀的影响. 生态学报, 36(15): 4708-4717.

黄义端, 田积莹, 雍绍萍. 1989. 土壤内在性质对侵蚀影响的研究. 水土保持学报, 3: 9-14.

蒋定生. 1999. 黄土高原水土流失与治理模式. 北京: 中国水利水电出版社.

康金林, 杨洁, 刘窑军, 等. 2016. 初始含水率及容重影响下红壤水分入渗规律. 水土保持学报, 30(1): 122-126.

雷廷武, 毛丽丽, 张婧, 等. 2017. 土壤入渗测量方法. 北京: 科学出版社.

雷志栋, 杨诗秀, 谢森传. 1988. 土壤水动力学. 北京: 清华大学出版社.

李成亮, 何园球, 熊又升, 等. 2004. 四种不同母质发育的红壤水分状况研究. 土壤, 36(3): 310-317.

李朝霞, 王天巍, 史志华, 等. 2005. 降雨过程中红壤表土结构变化与侵蚀产沙关系. 水土保持学报, 19(1): 1-4.

梁音, 张斌, 潘贤章, 等. 2008. 南方红壤丘陵区水土流失现状与综合治理对策. 中国水土保持科学, (1): 22-27.

刘窑军. 2016-11-29. 一种可收集过程样的溅蚀盘. 中国, 201621287373.2.

罗亲普, 刘文杰. 2012. 土壤溅蚀过程和研究方法综述. 土壤通报, 1: 230-235.

马仁明, 王军光, 李朝霞, 等. 2013. 降雨过程中红壤团聚体粒径变化对溅蚀的影响. 长江流域资源与环境, 22(6): 779-785.

倪世民, 杨伟, 王杰, 等. 2018. 不同类型土壤团聚体斥水性及其对溅蚀的影响. 水土保持学报, 32(1): 167-173.

彭娜, 谢小立, 王开峰, 等. 2006. 红壤坡地降雨入渗、产流及土壤水分分配规律研究. 水土保持学报, 20(3): 18-20.

秦越, 程金花, 张洪江, 等. 2014. 雨滴对击溅侵蚀的影响研究. 水土保持学报, 28(2): 74-78.

孙佳佳, 王培, 王志刚, 等. 2015. 不同成土母质及土地利用对红壤机械组成的影响. 长江科学院院报, 32(3): 54-58.

塔娜, 王健, 张慧荟, 等. 2016.黄土耕作坡面溅蚀过程中微地形响应特征. 水土保持通报, 36(1): 110-114, 345.

王峰, 沈阿林, 陈洪松, 等. 2007. 红壤丘陵区坡地降雨壤中流产流过程试验研究. 水土保持学报, 21(5): 15-18.

王艳玲, 王燕, 李凌宇, 等. 2013. 成土母质与利用方式双重影响下红壤团聚体的组成特征与稳定性研究. 土壤通报, 44(4): 776-785.

谢颂华, 莫明浩, 涂安国, 等. 2014. 自然降雨条件下红壤坡面径流垂向分层输出特征. 农业工程学报, 30(19): 132-138.

谢小立, 王凯荣. 2002. 红壤坡地雨水产流及其土壤流失的垫面反应. 水土保持学报, 16(4): 37-40.

薛萐, 刘国彬, 张超, 等. 2010. 黄土丘陵区人工灌木林土壤抗蚀性演变特征. 中国农业科学, (15): 3143-3150.

杨伟, 张琪, 李朝霞, 等. 2016. 几种典型红壤模拟降雨条件下的泥沙特征研究. 长江流域资源与环境, 25(3): 439-444.

尹忠东, 左长清, 高国雄, 等. 2006. 江西红壤缓坡地壤中流影响因素分析. 西北林学院学报, 21(5): 1-6.

于寒青, 孙楠, 吕家珑, 等. 2010. 红壤地区三种母质土壤熟化过程中有机质的变化特征. 植物营养与肥料学报, 16(1): 92-98.

余长洪, 李就好, 陈凯, 等. 2015. 强降雨条件下砖红壤坡面产流产沙过程研究. 水土保持学报, 29(2): 7-10.

赵龙山, 梁心蓝, 张青峰, 等. 2012. 裸地雨滴溅蚀对坡面微地形的影响与变化特征. 农业工程学报, 28(19): 71-77.

赵其国, 黄国勤, 马艳芹. 2013. 中国南方红壤生态系统面临的问题及对策. 生态学报, 33(24): 7615-7622.

赵勇钢, 赵世伟, 曹丽花, 等. 2008. 半干旱典型草原区退耕地土壤结构特征及其对入渗的影响. 农业工程学报. 24(6): 14-20.

周利军, 齐实, 王云琦. 2006. 三峡库区典型林分林地土壤抗蚀抗冲性研究. 水土保持研究, (1): 186-188, 216

Anderson H W. 1954. Suspended sediment discharge as related to streamflow, topography, soil, and land use. Journal of Sediment Research, 35(2): 268.

Asadi H, Ghadiri H, Rose C W, et al. 2007. An investigation of flow-driven soil erosion processes at low stream powers . Journal of Hydrology, 342(1-2): 134-142.

Asadi H, Moussavi A, Ghadiri H, et al. 2011. Flow-driven soil erosion processes and the size selectivity of sediment. Journal of Hydrology, 406: 73-81.

Bakker M M, Govers G, Doorn A V, et al. 2008. The response of soil erosion and sediment export to land-use change in four areas of Europe: The importance of landscape pattern. Geomorphology, 98(3-4): 213-226.

Bouyoucos G J. 1935. The clay ratio as a criterion of susceptibility of soils to erosion. Journal of American Society of Agronomy, 27, 738-741.

Fu Y, Li G L, Zheng T H, et al. 2017. Splash detachment and transport of loess aggregate fragments by raindrop action. Catena, 150: 154-160.

Hairsine P B, Rose C W. 1992. Modeling water erosion due to overland flow using physical principles, I. Sheet flow. Water Resource Research, 28: 237-243.

Kazuhiko E, Yumi K, Katsutoshi T. 1983. Aggregate stability as an index of erodibility of and soils. Soil Science and Plant Nutrition, 29(4): 473-481.

Kinnell P I A. 2005. Raindrop-impact-induced erosion processes and prediction: A review. Hydrological Processes, 19(14): 2815-2844.

Legout C, Leguédoisb S, Bissonnaisb Y Le, et al. 2005. Splash distance and size distributions for various soils. Geoderma, 124(3): 279-292.

Leguédois S, Bissonnais Y. 2004. Size fractions resulting from an aggregate stability test, interrill detachment and transport. Earth Surface Processes and Landforms, 29(9): 1117-1129.

Morgan R P C. 2010. Field studies of rain splash erosion. Earth Surface Processes and Landforms, 3(3): 295-299.

Middleton H E. 1930. Properties of soils which influence soil erosion. Technical Bulletins, 3: 1-17.

Russell W, John K. 1956. A study of relative erodibility of a group of Mississippi gully soils. Eos Transactions American Geophysical Union, 37: 749-753.

Valmis S, Dimoyiannis D, Danalatos N G. 2005. Assessing interrill erosion rate from soil aggregate instability index, rainfall intensity and slope angle on cultivated soils in central Greece. Soil & Tillage Research, 80(1-2): 139-147.

Van Dijk A, Meestess A, Bsuijnzeel L. 2002. Exponential distribution theory and the interpretation of splash detachment and transport experiments. Soil Science Society of America Journal, 66: 1466-1474.

Wei H, Zheng F L, Bian F. 2016. The directional components of splash erosion at different raindrop kinetic energy in the Chinese Mollisol Region. Soil Science Society of America Journal, 80: 1329-1340.

Zhang X C, Friedrich J M, Nearing M A, et al. 2001. Potential use of rare-earth oxides as tracers for soil erosion and aggregation studies. Soil Science Society of America Journal, 65: 1508-1515.

第4章 水土流失监测

4.1 监测技术发展概况

水土流失监测由德国学者 Wollny 于 1877 年首次提出(王礼先和朱金兆，2005)，主要通过修建野外观测试验小区，开展水土流失的定位监测。后经多年的发展和完善，进入 20 世纪 40 年代后，美国土壤科学家(Wischmeier and Smith，1978；Renard et al.，1997)通过野外长期试验观测研究，从服务坡面、区域水土流失动态监测角度出发，建立和修正了 USLE、RUSLE、WEPP 等水土流失预测评价模型。我国学者(刘宝元等，2001)也通过对野外试验小区的数据整理与分析，构建了中国土壤侵蚀方程(CSLE-Chinese soil loss equation)，并应用于全国第一次水利普查-水土保持专项普查，成效显著。传统的水土流失监测主要是通过在野外选取代表性坡面、集水区或者小流域，布设监测装置或者修建径流监测小区、卡口站，实现坡面、集水区及流域尺度的水土流失数据采集(图 4-1)。其中以野外试验小区为主，如蔡强国等(1994)通过在湖北通城布设 12 个野外试验小区，

(a) 野外试验小区(江西水土保持生态科技园)

(b) 野外流域卡口站(宁都县还安小流域卡口站)

(c) 野外人工模拟降雨试验(江西省水土保持科学研究院)

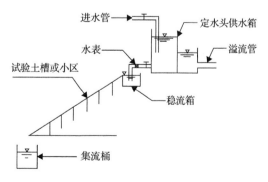

(d) 野外模拟放水试验示意图

图 4-1 常用水土流失监测方法

结合多年天然降雨事件,对红壤坡耕地不同耕作措施对水土流失的影响进行了试验研究。传统的野外试验小区虽可较好地保证野外试验观测数据的真实性,但往往存在建造成本高,并受天然降雨事件及人为观测手段的限制,难以实现水土流失过程的实时动态监测。

由于人工模拟降雨器的发展,水土流失监测实现了由野外试验小区向室内模拟降雨试验观测小区的扩展,即可根据野外坡面实际情况,填装室内试验观测土槽和搭设人工模拟降雨装置,完成室内小区(土槽)水土流失观测。人工模拟降雨用于水土流失监测领域最早出现于 19 世纪 30 年代的美国。自 19 世纪 50 年代后期,我国逐渐将人工模拟降雨用于水土流失试验与监测工作。室内人工模拟降雨水土流失监测方法,可实现水土流失影响因子的控制试验,解决野外天然降雨试验多因素同时影响的弊端,已成为水土保持研究领域不可或缺的一个重要手段。但是室内模拟降雨侵蚀试验前期人为控制影响因素较多,虽可取得较为理想的监测数据,但是所得结论难以外推。伴随着便携式人工模拟降雨器的诞生,人工模拟降雨侵蚀试验也逐渐由室内转向室外,从而弥补了野外及室内监测试验的不足。如我国学者结合室外人工模拟降雨试验,开展了东北黑土区及南方红壤区不同坡面的土壤侵蚀监测研究(李洪丽等,2013;张赫斯等,2010),也有学者通过野外模拟放水试验,对坡耕地坡面的土壤侵蚀过程开展了相关研究工作(郭军权等,2012;吴淑芳等,2010)。

随着水土流失监测工作对时效性、针对性、系统性要求逐步提高,水土流失监测技术也由传统的定性、半定量接触式监测技术向全新的动态、精准、定量非接触式监测技术转变(张锦娟等,2012)。

传统水土流失监测技术主要包括钢钎法、侵蚀针法及核示踪法等,其中钢钎法由于试验设备简易,布设简单,广泛应用于野外坡面的土壤侵蚀动态监测,是目前生产建设项目水土流失监测的常用方法。相关学者(丁绍兰等,2012;孙根行等,2009)以青海省黄土丘陵区数十条侵蚀沟为研究对象,用钢钎法测定了不同侵蚀沟的侵蚀模数,并系统分析了侵蚀模数与其周边影响因子的相互关系。钢钎法虽然具有实验方法简单、成本低,但是由于钢钎布设的间距基本为 2~4m,钢钎之间的坡面地貌形态变化存在盲区,观测结果误差往往较大,同时钢钎布设后,由于突发事件或者人为破坏,钢钎容易丢失或者耗损。侵蚀针法是由 Kuipers(1957)最早提出的,可通过布设 10cm 间距大的接触式测针,开展坡耕地坡面土壤侵蚀前后的高程变化值,从而获取坡面微地形变化特征,估算土壤侵蚀动态变化量。后来 Brough 和 Jarrett(1992)对该方法进行了改良,可根据坡面实际情况,将测针间距定在 25mm 以下,其测量精度更加准确。我国学者也采用自行研制的侵蚀测针,设定测针间距为 2cm,对黄土高原地区坡耕地坡面微地貌特征进行了提取分析工作(郑子成,2007)。胡国庆等(2009)利用磁性示踪法和侵蚀针法相结合的方法,在自然降雨条件下对比研究了不同坡度坡面土壤侵蚀的空间分异特征。侵蚀针法虽然可实现坡面土壤侵蚀微地形、地貌的信息提取,但是由于其测针直接与坡面土壤接触,难免会对坡面土壤产生扰动影响,从而影响坡面土壤侵蚀过程的真实性,同时对于细微的微地貌信息的提取不够全面。核示踪法是 20 世纪 60 年代兴起的一种水土流失监测技术手段,一般分成单核素示踪法、多核素复合示踪法及 REE 示踪法等(宋炜等,2004;唐翔宇等,

2001；Fang et al.，2012）。核示踪法判别土壤侵蚀的理论依据在于土壤侵蚀和沉积作用是导致小范围侵蚀环境内土壤中示踪剂的迁移和再分配的主要原因（张锦娟等，2012）。Collins 等（2001）将 ^{137}Cs 示踪技术应用于非洲地区的土壤侵蚀研究中，在赞比亚南部的 Upper Kaleya 河流域发现，不同土地利用区的土壤侵蚀速率有较大差异。迄今为止，^{137}Cs 示踪技术已在除南极洲外其他六大洲的土壤侵蚀速率研究中得到了成功的应用（刘刚等，2007）。张信宝（2007）在 20 世纪 80 年代末将核示踪法引入国内，并在土壤侵蚀研究中得到了广泛应用。但是核示踪法受核素半衰期及监测点基准值的不确定性影响，直接关系到土壤侵蚀模数计算结果的准确性。同时，其所需采集土壤样品任务繁重，分析测试费用也较为昂贵。

三维激光技术、近景摄影测量技术等高新技术的迅速发展，为土壤侵蚀监测提供了全新的技术手段和方法。三维激光技术是测绘领域新兴的一门技术，又被称为"实景复制技术"，它能够快速完整、高精度地获得测量目标的三维点云数据，极大地提高了测量的效率，为测绘技术的发展带来了一次新的突破。20 世纪 80 年代，美国学者用自制三维激光扫描仪完成了观测试验小区的地表糙度和地表微观地形地貌的测量（Huang et al.，1988；Huang and Bradford，1990）。在国内，岳鹏等（2012）采用三维激光地貌分析仪完成了黑龙江省水土保持科技示范园内坡耕地观测试验小区的土壤侵蚀监测，发现三维激光扫描分析法与集流桶测量法得到的土壤侵蚀量之间具有良好的线性关系；王一峰等（2013）利用徕卡 HDS300 三维激光扫描仪对黄绵土坡面观测试验小区土壤侵蚀形态的微观变化及过程进行了高精度、实时监测，从形态学上探讨了土壤侵蚀过程及分布特征。霍云云等（2011）利用三维激光扫描仪探索多场降雨情况下同一坡面细沟侵蚀的动态过程，为解释细沟侵蚀过程提供了一定的理论依据。唐辉等（2015）采用三维激光扫描仪研究了不同雨强连续降雨条件下黄土坡面微地形变化特征及其与产流产沙的响应关系。三维激光技术虽然可以生成高密度的点云数据，但是由于其扫描视角及扫描精度的影响，在开展坡面细沟侵蚀以及微地貌变化还存在一定的缺陷，特别是在细沟侵蚀阶段，侵蚀沟内部地貌存在扫描盲区，对坡面侵蚀沟的发生、发育解释不够全面。

近景摄影测量技术兼有非接触性测量手段、不伤及被测体、影像信息量丰富、信息易存储、可重复使用信息、测量精度高、成本低、速度快、外业劳动强度小等特点（Fraser，1998），近年来已开始应用于地质、水利、交通等领域。也有一些学者利用数字近景摄影测量手段对微观尺度的土壤侵蚀进行了一定的探索研究（Nouwakpo and Huang，2012；Guo et al.，2016）。20 世纪 80 年代，R·威尔其等（1985）利用近景摄影测量技术对河道侵蚀进行了监测；Kersten 等（1996）将近景摄影测量技术用于大坝的变形监测，对 600m× 200m 大坝目标监测点的量测结果达到了毫米级的精度；Chandler 等（2003）为了研究河床的泥沙分布状况，利用近景摄影测量技术进行了河床的三维重建和数字高程模型（digital elevation model，DEM）的提取工作。伴随着近景摄影测量技术的不断发展和土壤侵蚀研究的需要，近几年，近景摄影测量技术在土壤侵蚀监测中的应用出现了递增趋势。Prosdocimi 等（2017）采用人工模拟降雨和近景摄影测量技术对地中海地区葡萄园不同区位的坡面开展了水蚀模拟研究，较好地呈现坡面水蚀过程微地貌变化趋势。Balaguer-Puig

等(2017)将近景摄影测量技术应用于室内模拟降雨坡面土壤侵蚀估算,并进行了适用性分析。覃超(2016)基于立体摄影测量技术,以黄土坡面为研究对象,采用人工模拟径流冲刷的方法,对比不同时刻坡面的高精度数字高程模型 DEM,提出了动床条件下坡面细沟宽度、深度以及细沟水流宽度、深度的测量和计算方法。近景摄影测量技术还可以与无人机技术相结合开展微观以及宏观尺度的土壤侵蚀监测(Gallik et al.,2016)。近景摄影测量技术耗时短,便携性好,精度可达亚毫米级,适用于多种尺度地形数据的获取及动态监测;但是对实验技能要求高,图像处理复杂,且生成地表微地形 DEM 需要空间插值,有可能损失细节信息。

模型模拟法是以试验观测资料和数理统计技术为基础建立的土壤侵蚀影响因素和土壤侵蚀强度之间关系的模型,并以此进行一定参数条件的模拟确定土壤侵蚀量(郑红丽,2014)。目前,用于土壤侵蚀的预测预报模型最具代表性的主要有 USLE 以及 WEPP 模型,同时相关学者将神经网络预测预报(赵西宁等,2004)、元胞自动机(霍云云,2011)等方法也引入到水土流失监测研究中,并进行了水土流失的预测预报验证分析。模型模拟法,其模型运算所需数据种类较多,且数据处理量较大,是在缺乏常规监测数据的情况下,土壤侵蚀预测的有效方法,但是模型模拟的结果精度往往不高。

4.2　监测方法与技术

结合目前经典的水土流失监测方法与技术,在开展鄱阳湖流域水土流失研究过程中,研究人员将传统的监测方法与技术进行了有效集成和研究,探索了多种监测方法与技术。

4.2.1　监测方法

1. 室内人工模拟降雨法

室内人工模拟降雨法主要在人工模拟降雨大厅内开展。人工模拟降雨大厅是研究水土流失影响因素及规律的重要科研设施,作为其主要组成部分的人工模拟降雨系统装置,一般由控制系统(工控机、PLC 控制系统、继电器等)、供水系统(泵房、供水池、配电柜等)、降雨系统(喷头、供水管网、电池阀等)、遮雨系统(遮雨槽、汇水槽、电动机、控制传感器等)和显示系统(触控显示屏、LED 电子屏等)等几部分组成。

模拟降雨大厅多采用单跨度、单层高建筑,一般装备有独立的下喷式降雨装置或侧喷式降雨装置。江西水土保持生态科技园园内的人工模拟降雨大厅,整体采用钢结构建设,建筑面积约为 $1776m^2$,有效降雨高度为 18m,降雨面积约为 $800m^2$。降雨大厅分为 3 个下喷式降雨区和 1 个侧喷式降雨区,各降雨区相互独立运行,各区有效降雨长宽为 $15.6m×12.6m$,下喷式降雨区雨强变化范围为 $10\sim200mm/h$,侧喷式降雨区为 $30\sim300mm/h$,降雨调节精度为 7mm/h,下喷式降雨区的降雨均匀度在 0.80 以上,侧喷式降雨区则在 0.75 以上。此外,该降雨大厅供水室储水量达 $150m^3$,可以实现降雨试验的长时间持续进行。该模拟降雨大厅布局如图 4-2 所示。

图 4-2 人工模拟降雨大厅(江西水土保持生态科技园内)

1)人工模拟降雨的操作过程

人工模拟降雨试验对雨强、雨滴大小及组成、雨滴动能、雨量等降雨特征值的要求,可以通过选择单喷头或多喷头组合、喷头安置高度及控制供水压力等实现(张洪江等,2015),一般降雨模拟操作步骤为:

(1)首先打开人工模拟降雨装置总电源,然后将遮雨槽、工控机等电源打开,启动计算机,最后用鼠标(触屏)打开降雨系统控制软件。

(2)按照试验设计要求,选择适当的降雨喷头并打开,然后打开降雨器回水阀。启动水泵,通过手动控制或自动控制设定好目标雨强对应的压力值,待压力稳定至目标压力时,打开遮雨槽,降雨开始。

(3)降雨结束时,首先关闭遮雨槽,依次关闭水泵,等待 3～5min,关闭降雨器回水阀和喷头,然后关闭降雨系统控制软件,关闭计算机,关闭工控机及遮雨槽等电源,最后将总控制电源关闭。

2)土槽下界面设计规格

人工模拟降雨试验的下垫面通常采用具有升降坡度功能的且由金属板制成的固定钢槽或活动钢槽。根据试验目的的不同,此类钢槽可设计为不同的尺寸,常见的有(长×宽×高): $2m×1m×0.4m$、$2m×0.5m×0.4m$、$3m×1.5m×0.5m$、$5m×1m×0.5m$、$6m×2m×0.5m$、$8m×3m×0.4m$、$10m×3m×0.4m$ 等。此外,试验下垫面还包括一些具有一定坡度的固定式砖砌水泥槽。目前,移动式液压升降试验钢槽的使用更加广泛,其基本不受场地的影响,可在室内和野外进行试验,不仅可以做植被种植、耕作处理、地形改造等水土保持措施研究,而且可以进行不同坡度的变坡试验,开展不同坡度坡面在不同降雨条件下产流产沙规律等方面的研究。

2. 野外人工模拟降雨法

1)水土流失流动监测车

江西省水土保持科学研究院研制的水土流失流动监测车(专利号: ZL 201220095459.0)是一种车载的、可移动并配置有发电机、供水系统、下喷式模拟降雨器和便携式水土流失自动监测系统的监测平台(图 4-3)。该平台克服了各种野外人工模拟降雨试验设备移动性差、组装拆卸复杂，试验费时、费力等缺点。主要以中型载重汽车为基础平台，经过改装，使其成为移动式水土流失监测平台的动力系统，方便移动于不同的野外试验场地，实现了在不同地形地貌条件下进行试验研究的要求。

(a) 水土流失流动监测车外观

(b) 水土流失流动监测车所获专利

(c) 人工模拟降雨器的搭建

(d) 野外模拟降雨试验

图4-3 水土流失流动监测车相关照片

平台配套的降雨系统由模拟降雨器、供水系统、水箱组成。模拟降雨器为下喷式，试验时，通过控制系统，水箱中的水由压力水泵及配套的供水系统进入降雨器，用手动或自动操作调节供回水电磁阀的开度来控制降雨强度，可以随时用于不同类型下垫面条件下的野外扰动或原状土壤试验。监测平台搭载的野外模拟降雨器的有效降雨面积一般较小，主要适用于野外微小型径流小区试验。供水系统由水泵、不锈钢水箱、电池阀、压力表以及相配套的不锈钢水管等组成；水箱可由水泵直接在野外的水塘、水池、河流等补水。水土流失监测系统由坡面径流及泥沙自动测量系统、数据采集管理器和 PC 机等组成，试验过程中坡面径流及泥沙自动测量系统通过对径流及泥沙含量进行自动监测，经数据采集管理器实时采集后传送到 PC 机，实现了径流泥沙实时曲线过程显示及数据存储。

2) 野外人工模拟降雨试验大棚

(1) 试验土槽的设计。人工模拟降雨大棚 (图 4-4) 位于江西水土保持生态科技园一期内，土槽的规格 (长×宽×深) 均为 3m×1.5m×0.5m，除一个土槽为可调坡度外，其余土槽坡度为 10°。在鄱阳湖流域选取典型土壤，并参考鄱阳湖流域坡耕地开发实际，完成土槽的填土，主要是将从野外取回的土样风干后过 5mm 筛，然后装入土槽中，填土厚度为 0.45m。在装填土之前，先在土槽底部填 2cm 厚的小碎石，并铺上透水纱布，以保持试验土层的透水状况接近天然坡面。各土槽设置有出水口，出水口下方配有收集池，用以收集不同模拟降雨条件下的径流以及泥沙。

图 4-4　野外人工模拟降雨大棚(江西水土保持生态科技园一期内)

(2)人工模拟降雨试验设计。该试验采用的人工模拟降雨装置降雨高度为 3m，喷嘴为下喷式组合喷嘴，降雨均匀度大于 85%，可控降雨有效面积为 4m×10m，雨强范围为 20～250mm/h。

3. 野外径流试验小区法

野外径流试验小区主要包括标准径流小区和非标准径流小区两类，用于开展水土流失规律及治理成效等方面的试验观测。其中，标准径流小区是指小区坡长(水平投影长)为 20m、宽 5m 规格的坡面试验小区。非标准径流小区主要用于研究某一特定因素对土壤侵蚀的定量影响，其面积选取应根据研究目的要求进行，要充分考虑坡度坡长级别、土地利用方式、耕作制度、水土保持措施等。同时，还可以根据研究的需要，修建基于自然坡面的非标准径流小区。由于标准径流小区面积小，坡度均一，径流形态和土壤侵蚀形态与自然坡面有很大的不同，所测定的产沙量仅是坡面部分侵蚀量(片蚀量和细沟侵蚀量之和)，不能反映自然坡面土壤侵蚀的全部过程(郑粉莉等，1994)，而基于自然坡面的非标准径流小区可实现在自然状况下试验坡面的径流量和土壤流失量的收集与测算，即研究坡面小地形(坡度、坡长、坡向、坡形等)、土地利用类型、植被状况等各种自然因素和人类生产活动等因素，以及这些因素综合作用对水土流失的影响(郭索彦等，2003)。大型坡面径流小区一般面积在几百甚至上千平方米，比坡面径流小区面积大；由于坡面宽阔，径流易于集中，降雨产流后，坡面径流形态除少部分为薄层片流外，大多为股流，侵蚀形态既有片蚀和细沟侵蚀，也有浅沟侵蚀、谷坡侵蚀及重力侵蚀，其测定的土壤流失量代表了自然坡面的实际土壤流失量(周耀华等，2013)。这类小区反映了下垫面异质性相互作用后产生的土壤侵蚀状况，监测结果可以直接用于实际工作需要（郑粉莉等，1994）。

为了更好地实现不同坡面水土流失规律及机理的研究工作，江西省水土保持科学研究院在江西水土保持生态科技园、于都野外研究基地、赣县野外研究基地及泰和研究基地等地分别修建了不同类型的野外标准径流小区和非标准径流小区部分径流试验小区如图4-5～图4-7所示。

图 4-5 江西水土保持生态科技园坡耕地野外径流试验小区

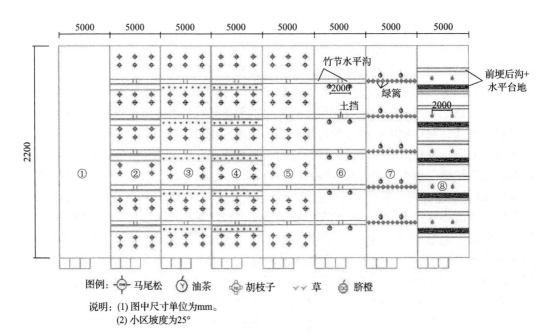

图例：⊕ 马尾松 Y 油茶 ✿ 胡枝子 ⌄⌄ 草 ◉ 脐橙

说明：(1) 图中尺寸单位为mm。
(2) 小区坡度为25°

图 4-6 于都左马小流域野外径流试验小区措施配置示意图

(a) 第1小区
全裸

(b) 第2小区
乔+草+水平竹节沟

(c) 第3小区
乔+灌+水平竹节沟

(d) 第4小区
乔+灌+草+水平竹节沟

(e) 第5小区
乔+水平竹节沟

(f) 第6小区
油茶+水平竹节沟

(g) 第7小区
油茶+绿篱

(g) 第8小区
果园+水平台地+梯壁植草

图 4-7　于都左马小流域野外径流试验小区配置实效图

4. 野外小流域控制站试验法

1) 野外小流域控制站布设要求

在试验小流域、对比小流域出口附近，设置径流控制站，用于观测流域输出的径流泥沙量。测验沟道的顺直长度不宜小于洪水时主槽沟宽的 3～5 倍；测验河段的长度应大于最大断面均流速的 30～50 倍。沟道或河段应顺直无急弯、无塌岸、无支流汇水、无严重漫滩、无冲淤变化、水流集中等，以便于布设测验设施。当不能满足上述要求时，应进行人工整修(中华人民共和国水利部，2008)。图 4-8 所示为江西省水土保持科学研究院在鄱阳湖流域内建设的野外小流域控制站。

(a) 宁都还安小流域卡口站   (b) 于都左马小流域卡口站

图 4-8 野外小流域控制站

(1)雨量点布设要求(中华人民共和国水利部，2008)。流域基本雨量点的布设数量，应以能控制流域内平面和垂直方向雨量变化为原则。雨量的分布，除受地形影响外，在微面上呈波状起伏，梯度变化也较大。雨量点的布设，在流域面积小、地形复杂的流域，密度应大一些；流域面积大、地形变化不大的流域，密度可小一些。流域面积在 50km^2 以下，每 1～2km^2 布设一个雨量点；流域面积超过 50km^2 的每 3～6km^2 布设一个雨量点。

(2)径流场布设要求(中华人民共和国水利部，2008)。在具有代表性不同类型的坡地上布设土壤侵蚀观测场，用于观测不同类型土地产生的侵蚀量。一般布设自然坡面径流场，既观测径流量，也观测土壤侵蚀量，每个实验小流域在每种类型的坡地上布设 2～3 个。

(3)侵蚀沟观测要求。应选择沟道侵蚀有代表性的支沟 2～3 条，从沟口至沟头，按侵蚀轻重，划分成 2～3 段(如果侵蚀情况复杂，亦可增加段数)，测定固定断面 2～3 个，测定水准高程于固定处，设置永久水准标志。每次洪水之后和汛期终了，测绘断面变化，比较计算沟道冲淤土方。

2)地下水观测要求

对地下水进行观测，主要用于了解试验小流域实施水土保持治理过程中水位的变化趋势，及其可能对重力侵蚀造成的影响。测井的布设，宜沿着沟道轴线和垂直沟道轴线各两排。每排数量，按流域面积大小确定，有 2～3 个即可。但应均匀分布。井的深度，应低于地下最低水位 2m。如果在布设的测井线上或附近，有群众吃水或灌溉用井，或有泉水露头，则应充分利用，并相应减少测井个数。径流试验场中心，应布设重点测井，重点观测(中华人民共和国水利部，2008)。

4.2.2 监测技术

1. 常规人工监测技术

常规人工监测技术主要为依托野外径流试验小区及野外控制站，采取人工直接观测及测定，从而获取径流及泥沙数据。主要通过在野外径流试验小区的集流池内侧及野外控制站断面安装水位尺，开展降雨前后或者特定时期集流池及野外控制断面的水位变化，结合相关公式进行径流量的换算，从而获取野外径流小区及野外控制站的径流量数据；泥沙数据则通过人为采集水沙样品，测定泥沙浓度并通过相关计算公式进行泥沙量的换算，在这里鉴于不同区域的野外径流试验小区实际情况，在进行径流池及集流桶设计时，一般会进行多孔分流设计，从而对实际产流量进行计算。

如图 4-9 所示，江西省水土保持科学研究院在于都野外研究基地、宁都野外研究基地及江西水土保持生态科技园内设计施工的野外标准径流试验小区集流池(桶)和常规野外卡口站。

(a) 常规集流池　　　　　　　　　(b) 常规集流桶　　　　　　　　　(c) 常规卡口站

图 4-9　常规径流、泥沙监测技术

2. 设备监测技术

1) 径流、泥沙监测技术

随着相关仪器设备的研发及新技术的发展，测定径流泥沙量的技术也不断改进，其中浮子式及雷达式水位计应用较为普遍。江西省水土保持科学研究院为了开展野外坡面径流试验小区及流域的产流、产沙过程监测，分别引进了浮子式水位计、雷达式水位计及径流泥沙自动监测仪等进行坡面及流域产流、产沙过程的监测与分析，为探明坡面和流域产流过程及驱动机制提供了技术支撑(图 4-10)。

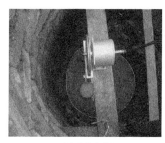  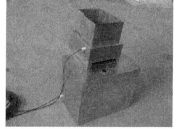

(a) 浮子式水位计　　　　　　　　(b) 雷达式水位计　　　　　　　(c) 径流泥沙自动监测仪

图 4-10　径流、泥沙先进监测技术

2) 土壤侵蚀三维重建及模型模拟技术

传统的土壤侵蚀监测方法主要反映了整个坡面及流域的土壤侵蚀总体变化情况，而对坡面及流域土壤侵蚀过程的空间变化分析方面，还存在不足，无法对坡面侵蚀细沟、微地貌形态等侵蚀过程因子进行提取。伴随着激光与近景摄影测量技术的发展，为探索坡面侵蚀过程及微地貌变化过程提供了技术支撑。江西省水土保持科学研究院通过将激光与近景摄影测量技术的集成，为研究坡面土壤侵蚀过程及三维重建提供了技术手段，该技术的主要设备组成及技术体系如图 4-11 所示。

  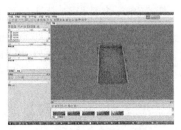

(a) 影像数据采集系统　　　(b) 影像数据三维建模系统　　　(c) 影像数据三维建模系统
　　　　　　　　　　　　　　　-PhotoModeler Scanner　　　　　-AgiSoft PhotoScan

  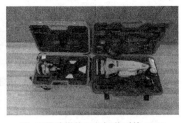

(d) 三维建模校正与评价系统-　　(e) 三维建模校正与评价系统-3D　　(f) 三维建模校正与评价系统-TS02
　　激光雨滴谱仪　　　　　　　　激光地貌分析仪　　　　　　　　　全站仪

图 4-11　水土激光与近景摄影测量系统组成

水土激光与近景摄影测量系统主要由三部分组成：①影像数据采集系统：由 2 台 EOS 5D Mark Ⅲ数码相机组成；②影像数据三维建模系统：由 AgiSoft PhotoScan（型号：AgiSoft PhotoScan Pro）摄影测量与建模软件和 1 套 PhotoModeler（型号：PhotoModeler Scanner）近景摄影测绘软件组成；③三维建模校正与评价系统：由 1 台 TS02 全站仪、1 台 3D 激光地貌分析仪（3D-Laser）和 1 台激光雨滴谱仪（LPM）组成。

4.3　监测技术应用

4.3.1　近景摄影测量技术

1. 研究方法

1）试验设计

（1）室内人工模拟试验设计

室内人工模拟试验主要采用人工模拟降雨大厅（图 4-12）及水土流失流动监测车上搭载的人工模拟降雨器（图 4-13）开展相关研究工作。

图 4-12　人工模拟降雨大厅安装的模拟降雨器降雨及数据采集

图 4-13　水土流失流动监测车搭载的模拟降雨器及数据采集

①模拟试验土槽的布设

本次采用的模拟试验土槽为钢制可变坡土槽，土槽的尺寸(长×宽×深)为 1m× 0.5m×0.5m，并可通过电机调节坡度。为科学、合理地开展相关模拟试验，将从野外取回的土样风干后过 5mm 筛，然后装入土槽中，填土厚度为 0.45m。在装填土前，先在土槽底部填 2cm 厚的小碎石，并铺上透水纱布，以保持试验土层的透水状况接近天然坡面(李兰君等，2011)。为保证人工模拟降雨前后的一致性，每次人工模拟降雨的前一天要进行预降雨，保证其降雨前期含水量的一致性，并把土槽的坡度统一调整为 10°。供试土壤为鄱阳湖流域坡耕地主要分布区的代表性土壤——第四纪红土发育的红壤，供试相关土壤的基本理化性质如表 4-1 所示。

表 4-1　土壤基本理化性质特征表

试验土壤	容重/(g/cm³)	机械组成/%			有机质/(g/kg)
		黏粒<0.002mm	粉(砂)粒 0.05～0.002mm	砂粒 2.0～0.05mm	
第四纪红土发育红壤	1.19	8.25	63.93	27.82	6.50

②人工模拟降雨试验设计

a.人工模拟降雨大厅降雨设计：采用 FULLJET 旋转下喷式喷头模拟降雨，降雨高度 18m，可模拟 10～200mm/h 小雨到暴雨的各种雨型。本次模拟降雨试验设计 60mm/h、90mm/h、150mm/h 三种不同雨强，降雨历时均为 60min，试验前一天进行预降雨，每次降雨结束后，用数码相机采集坡面影像数据，并进行径流、泥沙的采集，试验重复两次。

　　b.水土流失流动监测车模拟降雨设计：采用水土流失流动监测车搭载的人工模拟器开展模拟降雨，降雨高度为 3m，喷嘴采用 FULLJET 旋转下喷式喷头和 LECHLER 旋转下喷式喷头组合喷嘴，降雨均匀度大于 85%，可控有效降雨面积为 3m×3m，可开展 10～250mm/h 内不同强度的降雨试验。本次模拟降雨试验设计 60mm/h、90mm/h、150mm/h 三种不同的雨强，降雨历时均为 60min，试验前一天进行预降雨，每次降雨结束后，用数码相机采集坡面影像数据，并进行径流、泥沙的采集，试验重复两次。

　　(2)数据指标的采集与计算

　　①降雨特征数据

　　包括降雨量、雨滴速度、降雨粒径大小以及降雨强度等数据，主要采用 LPM 激光雨滴谱仪获取。

　　②径流、泥沙数据

　　主要通过人工采集，在土槽出水口处，放置径流收集桶，采用量筒量取浑水径流量，并通过相关公式换算获取泥沙量。

　　③坡面微地貌数据

　　土槽内土壤坡面的微地貌三维点云数据，主要通过相机(CANNON 5D mark Ⅲ)拍照法，结合 PhotoScan 近景摄影测量软件计算获取，并保证密集点云分辨率为 2mm。主要包括高程变化、粗糙度信息，相关计算公式参考 Cloud Compare 网站软件使用自带说明书(http://www.cloudcompare.org/)。

　　其中，高程变化值主要通过降雨前后或者侵蚀前后坡面点云数据的高程差值表示，如式(4-1)所示：

$$Z_{(x_i,y_i)差值} = \left| Z_{(x_i,y_i)后} - Z_{(x_i,y_i)前} \right| \tag{4-1}$$

式中，$Z_{(x_i,y_i)差值}$ 为 (x_i, y_i) 坐标点云的高程变化值，m；$Z_{(x_i,y_i)后}$ 为 (x_i, y_i) 坐标点云的降雨后或者侵蚀后的高程值，m；$Z_{(x_i,y_i)前}$ 为 (x_i, y_i) 坐标点云的降雨前或者侵蚀前的高程值，m。

　　点云粗糙度的计算参照最小中值平面拟合算法(王强锋等，2012)，粗糙度定义为地表各点云高程值与该最小中值拟合平面对应点高程值的绝对差值，计算公式如下：

$$R = \left| Z_{(x_i,y_i)} - Z_{D_i} \right| \tag{4-2}$$

式中，R 为点云粗糙度，m；$Z_{(x_i,y_i)}$ 为 (x_i, y_i) 坐标点云的高程值，m；Z_{D_i} 为最小中值拟合平面 D 对应 (x_i, y_i) 点云的高程值，m。

　　④降雨特征数据分析

　　主要依托 THIES LMN 配套软件，对不同降雨条件下的降雨速度、降雨粒径大小等数据进行分析。

　　⑤坡面微地貌特征分析

　　主要通过PhotoModeler Scanner、PhotoScan 及 Cloud Compare 后期处理软件提取信息并运算，以土槽顶部外框的 4 个角点组成的平面为基准参考平面，获取土壤坡面侵蚀地形、粗糙度等微地貌指标，进行不同降雨强度下的微地貌特征分析。

⑥土壤侵蚀量分析

以土槽顶部外框的 4 个角点组成的平面为基准参考平面，采取近景摄影测量方法，开展不同降雨强度前后以及冲水前后的土壤侵蚀量估算研究，主要采用 PhotoScan、Global Mapper 及 Cloud Compare 软件对降雨前后以及过程土壤侵蚀量进行估算。

2）野外天然降雨试验设计

（1）试验小区布设

在江西水土保持生态科技园内选择坡度为 25°的裸露坡面，用不锈钢隔板围建面积为 1m×0.6m 试验小区，同时在坡耕地裸露小区围建坡度为 10°，面积约为 0.32m×0.52m 试验小区。

（2）试验设计

①原理介绍

近景摄影测量技术主要通过直接线性变换解法（direct linear transformation，简称 DLT）进行三维模型的构建。

直接线性变换解法通过建立物方坐标(X, Y)与像方坐标(x, y)间的映射关系，计算出物方坐标(X, Y)。该解法无需摄影机内、外方位元素，特别适用于非测量相机的摄影测量处理。二维直接线性变换解法的数学模型见式(4-3)，其计算过程包括 L 系数计算和物方坐标计算。

$$\begin{cases} x + \dfrac{L_1 X + L_2 Y + L_3}{L_7 X + L_8 + 1} = 0 \\ y + \dfrac{L_4 X + L_5 Y + L_6}{L_7 X + L_8 + 1} = 0 \end{cases} \tag{4-3}$$

式中，X 和 Y 为物方坐标值；x 和 y 为对应点的像方坐标值；$L_1, L_2, \cdots, L_8$ 为待定系数。根据二维直接线性变换解法的数学模型，可得到 L 系数的计算公式：

$$\begin{bmatrix} X_1 & Y_1 & 1 & 0 & 0 & 0 & x_1 X_1 & x_1 Y_1 \\ 0 & 0 & 0 & X_1 & Y_1 & 1 & y_1 X_1 & y_1 Y_1 \\ X_2 & Y_2 & 1 & 0 & 0 & 0 & x_2 X_2 & x_2 Y_2 \\ 0 & 0 & 0 & X_2 & Y_2 & 1 & y_2 X_2 & y_2 Y_1 \\ M & M & M & M & M & M & M & M \\ 0 & 0 & 0 & X_4 & Y_4 & 1 & y_4 X_4 & y_4 Y_4 \end{bmatrix} \begin{bmatrix} L_1 \\ L_2 \\ L_3 \\ L_4 \\ L_5 \\ L_6 \\ L_7 \\ L_8 \end{bmatrix} + \begin{bmatrix} x_1 \\ y_1 \\ x_2 \\ y_2 \\ M \\ y_4 \end{bmatrix} = 0 \tag{4-4}$$

物方坐标计算：求得 L 系数后，根据式(4-5)可求解像点坐标(x, y)对应的物方空间坐标(X, Y)。

$$\begin{cases} (L_1 + xL_7)X + (L_2 + xL_8)Y + (L_3 + x) = 0 \\ (L_4 + yL_7)X + (L_5 + yL_8)Y + (L_6 + y) = 0 \end{cases} \tag{4-5}$$

②试验方法

通过水冲试验(放水量为 10L,放水流量为 25L/min)和天然降雨试验(雨量为 12mm,雨强为 4mm/h)相结合的方法,使用普通数码相机(相关参数见表 4-2)拍摄试验前后的坡面影像照片,借助于 PhotoModeler Scanner 6.5 近景摄影测量系统和 Autocad 3D civil 2012 软件获取土壤侵蚀量。

表 4-2　PowerShot G11 参数表

指标	说明
有效像素	1000 万像素
镜头描述	F=6.1～30.5
等效焦距	28～140mm
起始焦距	28mm
普通对焦范围	普通：50cm～无穷远；微距模式：1～50cm(广角),30～50cm(长焦)

(3)数据采集与计算

①土壤侵蚀体积测定

采集冲水试验和降雨前后坡面影像,通过近景摄影测量软件得到微区坡面前后因土壤侵蚀造成的微地形变化曲面,再通过导出相关矢量文件(.dxf),用 Autocad 3D civil 2012 软件进行体积计算,从而得到土壤侵蚀体积。

②土壤侵蚀体积测定

土壤侵蚀体积测算通过径流量、泥沙浓度和土壤容重数据进行换算得到:径流量采取径流桶测定法;泥沙量采取烘干法测定;土壤容重采取环刀法测定,通过式(4-6)计算土壤侵蚀体积。

$$V = R \times C / \gamma \tag{4-6}$$

式中,V 为土壤侵蚀体积,cm^3;R 为径流量,cm^3;C 为泥沙浓度,g/cm^3;γ 为土壤容重,g/cm^3。

3)数据分析方法

所有数据的相关性分析、模型模拟以及其他数理统计和制图,均采用 DPS 7.05 数据处理系统和 Excel 2013 完成。

2. 坡面土壤侵蚀动态监测

1)60mm/h 雨强下的坡面土壤侵蚀动态变化

(1)水土流失流动监测车模拟降雨试验

如图 4-14 和图 4-15 所示,随着降雨持续,土壤坡面平均高程由−0.0728m 减少至−0.0748m;从其空间分布来看,泥沙自上坡位向中坡位和下坡位运移,中坡位土壤坡面相对高程升高;从土壤坡面各点云糙度来看(图 4-16～图 4-18),降雨前坡面各点云的平均糙度为 0.000392,随着降雨的持续,糙度降低至 0.000303,可见初始降雨对坡面具有一定的"整平去糙"效果，这与降雨对坡面表层土壤大颗粒的湿润、崩解作用有关。总体来看，60mm/h 降雨条件下，坡面的微地貌变化不大，特别是小雨强条件下，主要以溅蚀和微弱面蚀为主，对坡面微地貌的变化影响不大，对于不规则坡面，反而有削高填洼的作用。平均土壤侵蚀厚度约为 1.89mm，主要发生于中上坡，下坡位的左下角出现了土壤沉积现象，厚度达 5mm 左右(图 4-19)。

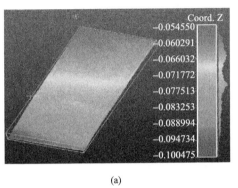

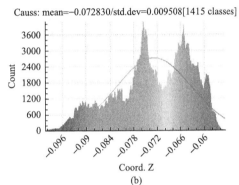

图 4-14　降雨前坡面微地貌图

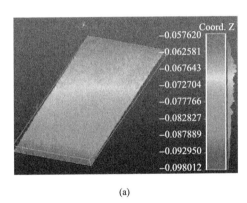

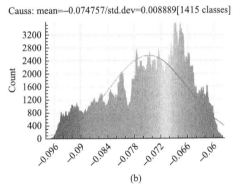

图 4-15　降雨后坡面微地貌图

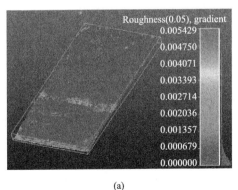

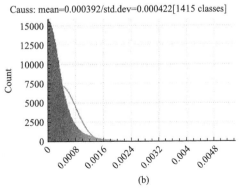

图 4-16　降雨前坡面点云糙度图

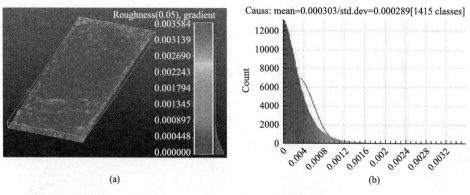

图 4-17　降雨后坡面点云糙度图

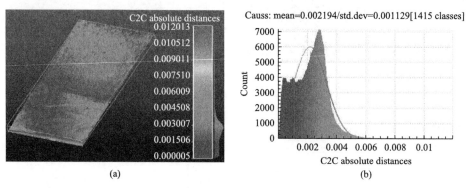

图 4-18　降雨前后坡面变化图

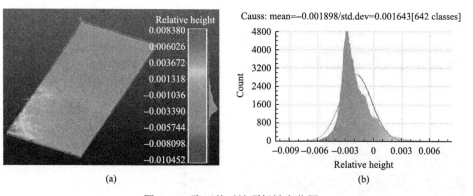

图 4-19　降雨前后坡面侵蚀变化图

(2) 人工模拟降雨大厅模拟降雨试验

如图 4-20、图 4-21 所示，与水土流失流动监测车模拟降雨类似，土壤坡面平均高程由 –0.08420m 降至 –0.08598m；从坡面的空间状况来看，随着降雨持续以及雨滴打击坡面薄层水流的作用，出现了少量细沟；从坡面点云的糙度来看（图 4-22～图 4-24），坡面点云平均糙度由 0.00082 降至 0.00071；从坡面微地貌变化的空间分布来看，呈现出自上坡到下坡层层下跌式的鱼鳞状（图 4-25、图 4-26）。土壤侵蚀主要发生在中上坡位，平均土壤侵蚀厚度近 1mm，沉积与侵蚀并存，下坡位存在沉积现象，下坡位右下角厚度达 3mm 左右。

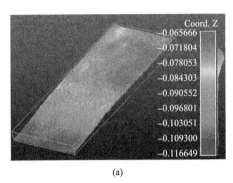
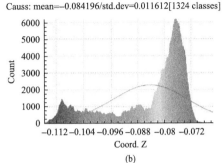

(a)   (b)

图 4-20 降雨前坡面微地貌图

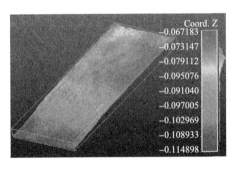
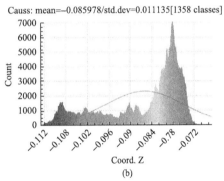

(a)   (b)

图 4-21 降雨后坡面微地貌图

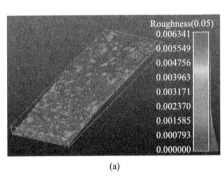
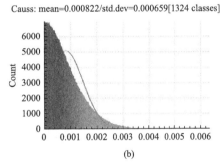

(a)   (b)

图 4-22 降雨前坡面点云糙度图

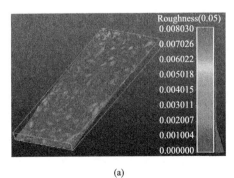
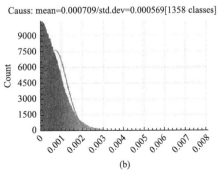

(a)   (b)

图 4-23 降雨后坡面点云糙度图

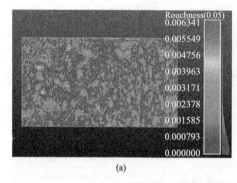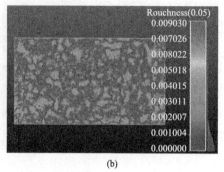

(a)　　　　　　　　　　　　　　(b)

图 4-24　降雨前后坡面点云糙度对比图

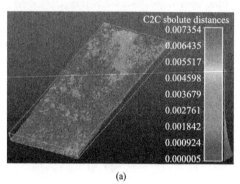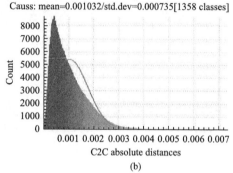

(a)　　　　　　　　　　　　　　(b)

图 4-25　降雨前后坡面变化图

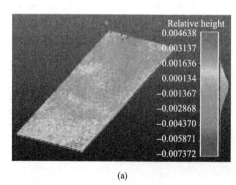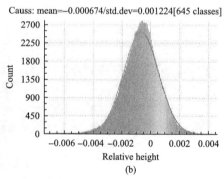

(a)　　　　　　　　　　　　　　(b)

图 4-26　降雨前后坡面侵蚀变化图

2）90mm/h 雨强下的坡面土壤侵蚀动态变化

（1）水土流失流动监测车模拟降雨试验

如图 4-27 所示，通过对 90mm/h 雨强的模拟降雨试验，相比较图 4-14，土壤坡面的平均高程已由–0.0728m 降至–0.0753m，下坡位出现细沟侵蚀，坡面侵蚀加剧；如图 4-28 所示，坡面点云的平均糙度由 0.000392 提高至 0.000594。从坡面侵蚀变化图（图 4-29、图 4-30）上来看，下坡位土壤侵蚀明显，出现细沟侵蚀，整体土壤侵蚀厚度达 2.4mm，中坡位和下坡位发生沉积，厚度可达 10mm 左右。

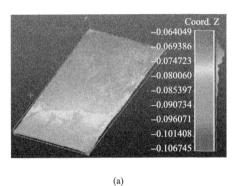
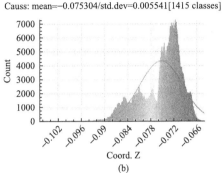

(a)　(b)

图 4-27　降雨后坡面微地貌图

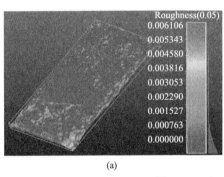
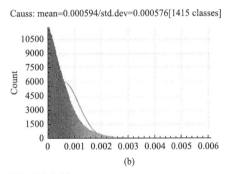

(a)　(b)

图 4-28　降雨后坡面糙度图

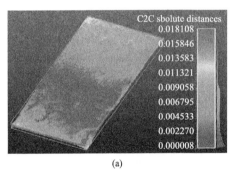
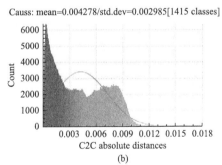

(a)　(b)

图 4-29　降雨前后坡面变化图

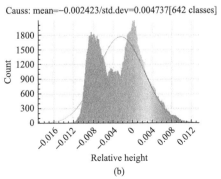

(a)　(b)

图 4-30　降雨前后坡面侵蚀变化图

（2）人工模拟降雨大厅模拟降雨试验

如图 4-31 所示，降雨后，土壤坡面平均高程由–0.08420m 降至–0.08448m；如图 4-32 所示，坡面点云糙度平均值由 0.00082 降为 0.00068，局部区域的糙度有所提升；从坡面微地貌的空间分布来看（图 4-33、图 4-34），平均侵蚀厚度达到 3mm，上坡位侵蚀强度大，下坡位出现沉积现象，厚度可达 1.5mm。

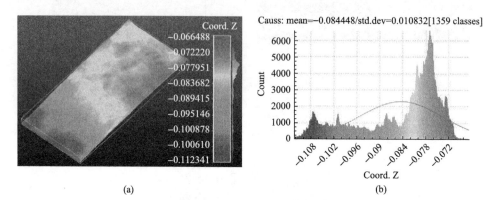

图 4-31　降雨后坡面微地貌图

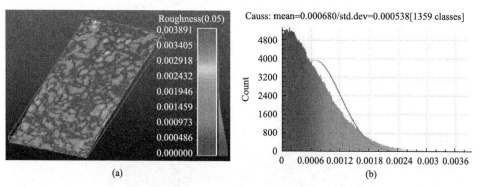

图 4-32　降雨后坡面糙度图

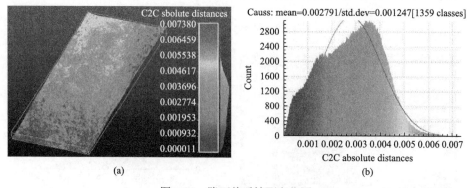

图 4-33　降雨前后坡面变化图

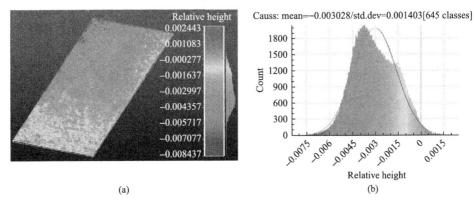

(a)　　　　　　　　　　　　　　　　　(b)

图 4-34　降雨前后坡面侵蚀变化图

3)150mm/h 雨强下的坡面土壤侵蚀动态变化

(1)水土流失流动监测车模拟降雨试验

　　降雨试验采用组合喷头进行(图 4-35)，降雨后对照降雨前的坡面平均高程由–0.0728m
降至–0.0964m，产生了明显的细沟侵蚀；如图 4-36 所示，从坡面点云平均糙度来看，与
降雨前比较，由 0.000392 提升到 0.00305，提高了近 10 倍，这主要是由于大雨强导致土
壤坡面微地貌产生了显著变化，坡面已经出现了非常明显的侵蚀沟(图 4-37、图 4-38)，
平均土壤侵蚀厚度达 2.16cm，最高可达 7cm，主要位于侵蚀沟发生的沟条带状区域。

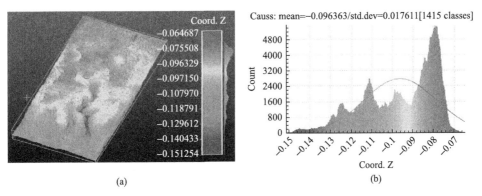

(a)　　　　　　　　　　　　　　　　　(b)

图 4-35　降雨后坡面微地貌图

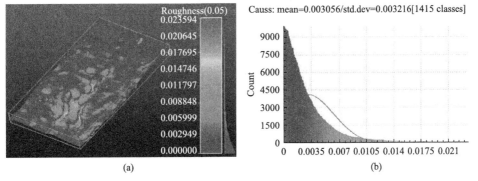

(a)　　　　　　　　　　　　　　　　　(b)

图 4-36　降雨后坡面糙度图

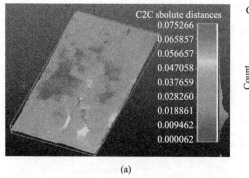 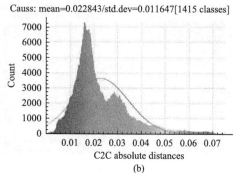

(a)　　　　　　　　　　　　　　　　(b)

图 4-37　降雨前后坡面变化图

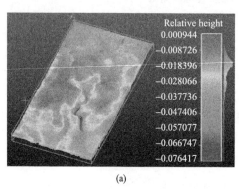 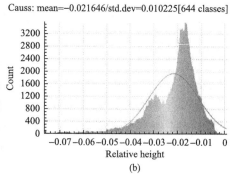

(a)　　　　　　　　　　　　　　　　(b)

图 4-38　150mm/h 降雨前后坡面侵蚀变化图

（2）人工模拟降雨大厅模拟降雨试验

如图 4-39 所示，降雨后坡面平均高程由-0.08420m 降为-0.08579m；从坡面点云糙度看（图 4-40），坡面的平均点云糙度由 0.00082 降低到 0.00069，糙度有所降低；如图 4-41 和图 4-42 所示，坡面平均土壤侵蚀厚度为 4.6mm，中坡位和上坡位侵蚀较为严重，下坡位侵蚀程度较轻。

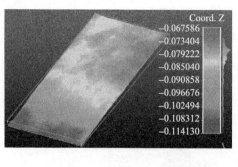 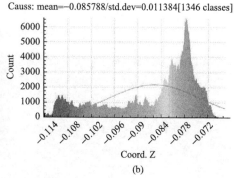

(a)　　　　　　　　　　　　　　　　(b)

图 4-39　降雨后坡面微地貌图

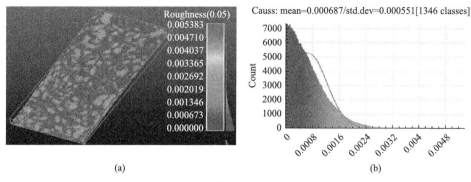

图 4-40　降雨后坡面糙度图

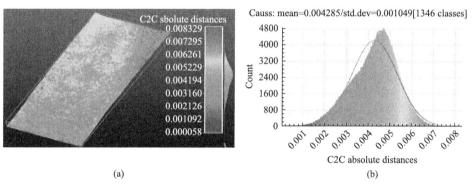

图 4-41　降雨前后坡面变化图

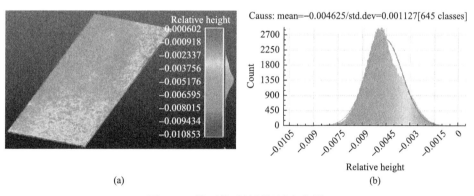

图 4-42　降雨前后坡面侵蚀变化图

3. 天然降雨下的坡面土壤三维动态监测

1) 近景摄影测量系统的选取

主要应用加拿大 EOS 公司生产的 PhotoModeler Scanner 6.5 近景摄影测量系统,该系统是基于影像的数字近景摄影测量软件,广泛应用于建筑、考古与医学等领域;包含普通数码相机的检校模块,能快速实现相机的检校,计算出相机的内方位元素和光学畸变系数,配以高配数码相机可以达到 0.1mm 的精度。

2) 近景摄影测量方法

(1) 数码相机的选择

普通数码相机以其体积小、重量轻、像元几何位置精度高及其便利的数字图像获取、存储等优点，已日渐成为数字近景摄影测量的基本设备。选取性能较佳的数码相机可提高后期监测精度。

相机和镜头的选择，应综合考虑以下因素(苏毅，2010)：①镜头视角应能满足工作空间的限制；②优先考虑采用定焦镜头，特别是透镜组为对称结构的定焦镜头，这样可减少畸变像差。若手头只有变焦镜头，则须用固定变焦环，使镜头在测绘过程中不会因为偶然触动而改变焦距；③相机具有较高的像素，镜头的锐度好。

本研究选取了日本 CANON 公司生产的 PowerShot G11 型普通数码相机，相关技术参数见表 4-2。

(2) 数码相机的室内检校

室内检校主要采用 PhotoModeler Scanner 软件配套的室内检校板，采用数码相机大致保持镜头主光轴与室内检校板间呈 45°，如图 4-43 所示，从 4 个方向先拍摄 4 幅横幅相片，再以镜头主光轴为轴旋转 90°，拍摄 4 幅纵幅相片，共拍摄 8 张相片，导入软件进行相机的参数检校(程效军等，2011；苏毅，2010)。

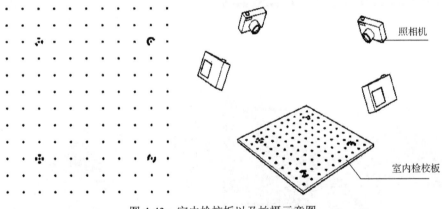

图 4-43　室内检校板以及拍摄示意图

(3) 野外自动识别控制点的布设

本研究采用该软件自动生成的野外识别控制点，如图 4-44 中所示，标识点具有唯一性。为提高坡面土壤侵蚀定量观测的精度，野外自动识别控制点的布设遵循倒 U 形环绕布设原则，3 边各布设 10 个左右的自动识别控制点，并尽量保持控制点的对称分布。

图 4-44　自动识别控制点

(4) 数码相机的野外测量

数码相机的野外测量，采用 CANON PowerShot G11 相机，在锁定焦距 F=13.8mm，对焦无穷远的条件下进行测量试验，选择室内检校的 13.8mm 焦距相机参数，进行定向与平差计算。室内检校试验中，完成 10 次平差处理迭代计算后，错误值为 2.08。所有点的最大残差值为 0.84 像素，最大的点残差中误差为 0.45 像素，可以作为野外测量的起算数据，室内及野外校准样点参差放大图如图 4-45 所示。

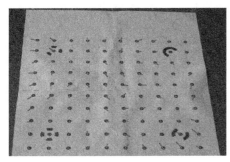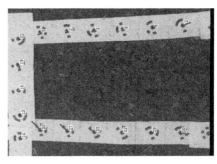

(a) 室内像点残差放大图　　　　　　(b) 野外控制场像点残差放大图

图 4-45　像点残差放大图

(5) 数码相机野外信息采集及模型构建

通过选取合适的位置(图 4-46)进行拍摄，并将照片导入 PhotoModeler Scanner 软件中，对控制点进行自动识别，建立参考基准点，选取建模区域，构建坡面三维模型。

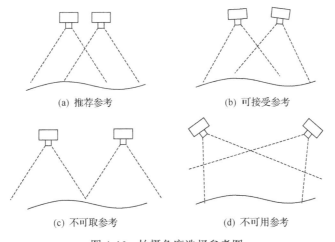

(a) 推荐参考　　　　　　　　　　(b) 可接受参考

(c) 不可取参考　　　　　　　　　(d) 不可用参考

图 4-46　拍摄角度选择参考图

3) 土壤侵蚀估算

(1) 水冲试验坡面前后土壤侵蚀估算

水冲试验的实际土壤侵蚀量为 4074g，根据测得的土壤容重(1.28g/cm³)，得到水冲试验土壤侵蚀体积为 3182.18cm³，近景摄影测量系统计算的结果为 3983.32m³，测量误差为 25.17%，近景摄影测量精度为 74.83%。水冲试验如图 4-47 所示，造成精度较低的原因可能与水冲试验所造成的冲沟深度较深，近景摄影测量在采集微地形信息过程中，出现盲区，同时近景摄影测量的拍摄位置可能也影响了估算的精度(宋月君等，2016)。

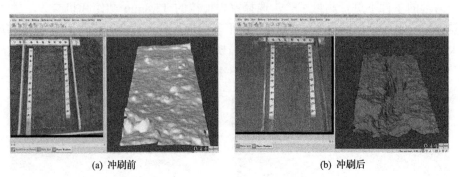

(a) 冲刷前　　　　　　　　　　　　　(b) 冲刷后

图 4-47　微区水冲试验前后照片

(2) 坡耕地坡面微区土壤侵蚀估算

如表 4-3 和图 4-48 所示,通过 6 组试验(图 4-49)测得的土壤体积误差最大为 532cm^3，最小为 115cm^3，最高测量精度为 94.33%，最低为 71.38%，平均测量精度为 83.11%。开展常规土壤侵蚀监测是可行性的，但是在土壤微观机理研究方面还存在着一定的局限性。

表 4-3　降雨前后土壤侵蚀体积特性表

小区编号	土壤侵蚀体积/cm^3		差值/cm^3	精度/%
	常规监测法	近景摄影测量法		
QL01	2080	2312	232	88.85
QL02	1365	1657	292	78.61
QL03	2028	1913	115	94.33
QL04	1859	1327	532	71.38
QL05	832	1023	191	77.04
QL06	1901	1681	220	88.43
平均	1677.5	1652.17	263.67	83.11

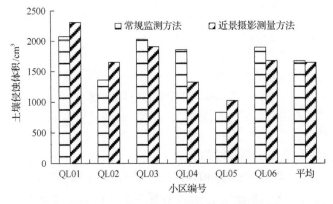

图 4-48　降雨前后微区土壤侵蚀体积特性图

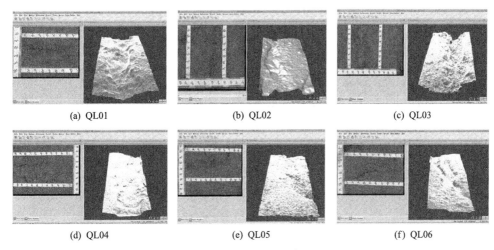

图 4-49 降雨后的坡面模拟曲面

(3) 误差分析

本研究采取人工冲水试验和模拟降雨试验，对近景摄影测量技术在土壤侵蚀监测中的适用性进行研究，精度分别达到 75%和 83.11%。通过总结前人(项鑫和王艳利，2010；张喆，2009)的研究成果，并结合本次试验产生误差的原因可能看：①本次采用的相机为可变焦相机，焦距是在拍摄过程中凭借经验设定，对结果有一定的影响；②相机的分辨率也是造成误差的重要原因之一，一般来说，相机的图像分辨率越高，所拍摄测量的精度越高；③环境因素和人为操作也会造成误差，如拍摄图像时的角度、地表特性、基高比、标识点设计的大小、光照等情况；④对于水冲试验所获得的体积数据，是通过泥沙重量和土壤容重计算得来的，坡面表层土壤性质上的差异也会导致一定的误差。

此外，镜头畸变偏大、模型有部分落在景深范围之外导致影像不清晰、测绘时模型本身被触动而发生改变等因素也会加大误差，这些都应避免(苏毅，2010)。

4.3.2 三维激光扫描技术

1. 研究方法

1) 试验设计

本研究主要依托室内土槽冲刷试验开展。

(1) 模拟试验土槽的布设

土槽的尺寸为 1m(长)×0.5m(宽)×0.5m(深)，具体布设详见 4.3.1 小节。

(2) 水冲试验设计

采用自土槽上方定量来水冲刷，根据坡地实际降雨汇流特征，设定流量为 25L/min，开展微地貌变化及侵蚀量估算。

2）数据采集与计算

（1）径流、泥沙数据

在土槽出水口处放置径流收集桶，人工采集径流、泥沙数据。

（2）坡面微地貌数据获取

土槽内土壤坡面的微地貌三维点云数据，利用 3D 激光地貌分析仪（3D-Laser，图 4-50）采用三维激光扫描法获取，并保证密集点云分辨率为 2mm。主要包括高程变化信息，相关计算公式参考软件使用自带说明书（http://www.cloudcompare.org/）。其中，高程变化值主要通过水冲前后坡面点云数据的高程差值反应。

图 4-50　3D 激光地貌分析仪（3D-Laser）

（3）坡面微地貌特征分析

主要利用 Cloud Compare 后期处理软件的信息提取和运算，以土槽顶部外框的 4 个角点组成的平面为基准面，获取土壤坡面侵蚀地形等微地貌指数，开展不同水冲条件下的微地貌特征分析。

（4）土壤侵蚀量分析

以土槽顶部外框的 4 个角点组成的平面为基准面，采取三维激光扫描法，开展不同冲水前后的土壤侵蚀量估算研究，采用 Cloud Compare 软件开展水冲前后及过程土壤侵蚀量的估算分析。

2. 基于三维激光扫描的坡地土壤侵蚀动态监测

模拟野外短时强降雨造成的上游来水情况，开展了 3 次水冲试验，土壤坡面侵蚀情况如图 4-51～图 4-54 所示，土壤坡面微地貌形态呈现出不同的变化。整体上来看，整个坡面的相对高程均有所递减，如图 4-55 所示。

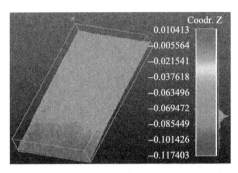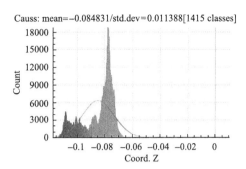

图 4-51　水冲试验前坡面微地貌图

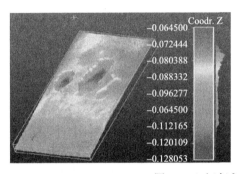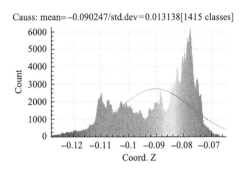

图 4-52　水冲试验 1 坡面微地貌图

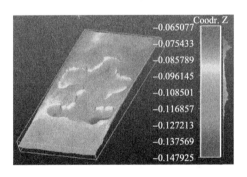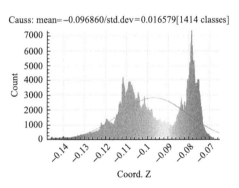

图 4-53　水冲试验 2 坡面微地貌图

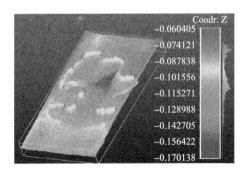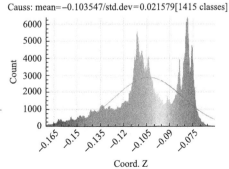

图 4-54　水冲试验 3 坡面微地貌

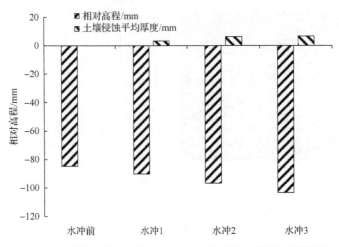

图 4-55　不同水冲试验的相对高程变化以及土壤侵蚀厚度图

如图 4-56～图 4-61 所示，水冲试验期间，坡面的土壤侵蚀过程经历了坡面冲刷、填洼以及泥沙运移等过程。第一次水冲试验导致的土壤侵蚀平均厚度为 3.3mm，土壤侵蚀厚度最大的区域主要位于水冲试验产生的冲坑，土壤侵蚀厚度可达到 4cm 左右；第二次水冲试验导致的土壤侵蚀平均厚度为 9.7mm，土壤侵蚀厚度最大的区域主要位于冲坑的上缘以及底部区域，最大土壤侵蚀厚度可达 5cm；第三次水冲试验导致的土壤侵蚀平均厚度为 16.5mm，土壤侵蚀强度最大，其中土壤侵蚀最严重的区域位于冲坑的前缘处，如图 4-56 所示，土壤侵蚀厚度接近于 10cm。

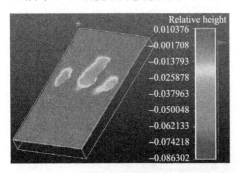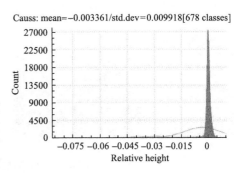

图 4-56　冲水 1 后的坡面前后侵蚀变化图

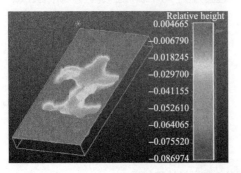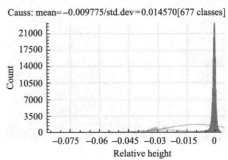

图 4-57　冲水 2 后的坡面前后侵蚀变化图

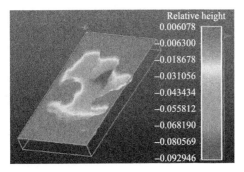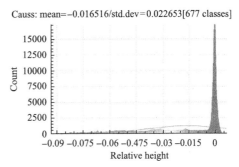

图 4-58　冲水 3 后的坡面前后侵蚀变化图

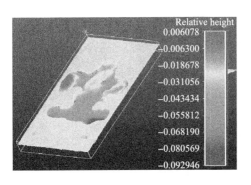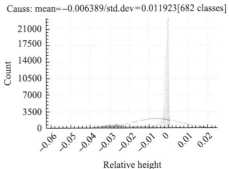

图 4-59　冲水 1、2 前后的坡面前后侵蚀变化图

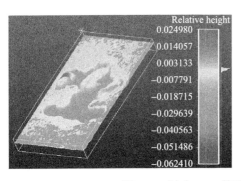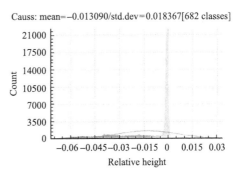

图 4-60　冲水 1～3 前后的坡面前后侵蚀变化图

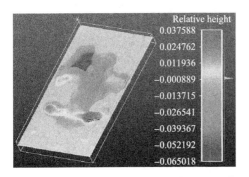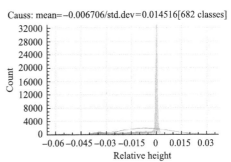

图 4-61　冲水 2、3 前后的坡面前后侵蚀变化图

对整个系统冲水试验流程进行分析，可以得到，在第一次冲水试验后，整个坡形已遭受到破坏；在第二次冲水试验的过程中，以第一次冲水试验形成的三个冲坑为基础，土壤坡面侵蚀继续发育，由于汇水作用及流水冲刷作用，前期的三个冲坑互相连通，形成更大的汇水坑。第二次冲水试验与第一次相比，平均造成 6.38mm 厚度的土壤侵蚀，从坡面侵蚀的空间分布来看，主要以冲刷侵蚀为主；第三次冲水试验导致的土壤侵蚀情况更加复杂，集水坑进一步加深和加宽，通过第三次冲水试验，与前一场冲水试验坡面侵蚀地貌比较，平均土壤侵蚀厚度为 6.7mm，虽然与第二次冲水试验所产生的土壤侵蚀厚度相当，但是在土壤侵蚀过程方面有所不同，由于前期产生了一个较宽、较深的集水坑，其前缘坡陡、坑深，造成了上缘土体的崩塌，填满了部分集水坑，并有部分伴随着径流向着下坡移动，也就造成了如图 4-61 中的情景。

4.3.3　无人机遥测技术

1. 研究方法

1）试验小区设计

选取了江西水土保持生态科技园 6 个径流试验小区作为试验研究对象。

（1）生态护坡径流试验区

生态护坡径流试验区修建于 2012 年，共布设 18 个长宽为 10m×5m 的径流小区，每个小区水平投影面积 50m^2，坡比采用实践中较为常用的坡度设计。其中，坡比为 1∶1.5 的径流小区有 12 个；坡比为 1∶2 的径流小区有 6 个（房焕英等，2019）。在小区的四周设置用于防止坡面地表径流进出的围埂，围埂的宽为 0.12m，围埂较弃土体上方平台地表高出 0.3m，且围埂埋入弃土体内深度为 0.45m，护埂采用砖砌石砂浆抹面，并将回填的弃土进行夯实；护埂的顶部做成向外 45°的单侧倾角斜刃，防止围埂处的雨水滴溅进入小区；小区下边缘修筑与之齐平的横向集流槽，收集小区径流及泥沙，并引入径流桶当中。

本书选取了坡比为 1∶1.5（坡度 33.7°）的裸露小区以及坡比为 1∶2（坡度为 26.6°）的裸露小区作为研究对象（图 4-62）。

(a) 坡比为1∶1.5的12号裸露小区　　　　　(b) 坡比为1∶2的18号裸露小区

图 4-62　生态护坡径流试验小区

（2）综合护坡径流试验区

综合护坡径流试验区修建于 2012 年，共布设 20 个长宽为 6m×5m 的径流小区，每个小区水平投影面积 50m^2，坡比为 1∶1。试验前，将各小区按顺序依次编为 1～20 号。其中，1～5 号小区采用工程护坡措施，6～20 号小区采用植物和工程+植物护坡措施。

本书选取了第 9、10 两个裸露小区，土壤母质为第四纪红土，容重 1.40±0.24g/cm^3，坡度为 45°作为研究对象（图 4-63）。

(a) 坡比为1∶1的9号裸露小区　　　　　(b) 坡比为1∶1的裸露10号小区

图 4-63　综合护坡径流试验小区

（3）依坡倾倒黏土堆积试验区

依坡倾倒黏土堆积试验区修建于 2015 年，土壤母质为第四纪红土，共有两个观测径流小区，每个小区水平投影面积 100m^2，坡度为 30°，填土厚度为 50cm（图 4-64）。

图 4-64　依坡倾倒黏土堆积试验区

2）试验设计与方法

生态护坡径流试验区、综合护坡径流试验区及依坡倾倒黏土堆积试验区共进行两次拍摄，第一次时间为 2015 年 8 月，第二次时间为 2016 年 12 月，使用的无人机遥测系统均为大疆精灵 4 四旋翼无人机，再利用近景摄影测量系统生成高精度的三维模型和 DEM，进行对比分析。

3) 数据处理

数据处理采用 Agisoft PhotoScan Professional 软件以及 Global Mapper 软件进行处理，PhotoScan 用于照片的处理，生产高精度点云数据以及 DEM、DOM 数据，提取细沟条数、宽度、深度、沟头发育距坡顶距离；Global Mapper 用于生成的 DEM 前后分析，估算侵蚀量。

数据处理流程，处理流程主要包括以下步骤：加载照片、检查照片、对齐照片、生成点云、生成密集点云、生成网格、生成纹理、建立 3D 模型、生成 Dem 及生成正射影像(图 4-65)。

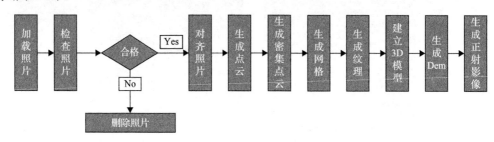

图 4-65　PhotoScan 数据处理流程

侵蚀沟条数：从径流小区顶部开始，沿坡面每隔 1m 取一个观测横断面，计算侵蚀沟条数。

侵蚀沟宽度：从径流小区顶部开始，沿坡面每隔 1m 取一个观测横断面，计算每条侵蚀沟的宽度，并记录最小宽度(D_{min} 指断面所有侵蚀沟中宽度最小值)、最大宽度(D_{max} 指断面所有侵蚀沟中沟深最大值)及平均宽度(D 指断面所有侵蚀沟的宽度平均值)。

侵蚀沟深度：从径流小区顶部开始，沿坡面每隔 1m 取一个观测横断面，计算每条侵蚀沟的深度，并记录最小深度(H_{min} 指断面所有侵蚀沟中沟深最小值)、最大深度(H_{max} 指断面所有侵蚀沟中沟深最大值)及平均深度(H 指断面所有侵蚀沟的沟深平均值)。

沟头发育长度：侵蚀沟沟头发育位置距径流小区坡顶的距离，并记录最小长度(S_{min} 指所有侵蚀沟沟头发育位置距径流小区坡顶的距离中最小值)、最大长度(S_{max} 指所有侵蚀沟中沟头发育位置距径流小区坡顶的距离的最大值)、平均长度(S 指沟头发育位置距径流小区坡顶的距离的平均值)。

侵蚀量估算：前后两次处理生成的 DEM 进行相减，计算得出体积变化，再乘以土壤容重，计算得出侵蚀泥沙重量。

2. 基于无人机遥测的土壤侵蚀动态监测

1) 综合护坡径流试验区土壤侵蚀监测

采用无人机遥测技术，结合近景摄影测量软件 PhotoScan，共获得两个综合护坡裸露坡面径流小区两年间的高分辨率 DEM 数据(图 4-66～图 4-69)，以及从 DEM 数据中提取出侵蚀沟条数、宽度、深度、沟头发育长度等数据(表 4-4)。

    (a) 密集点云   (b) DEM

图 4-66　2015 年综合护坡 9 号裸露小区

    (a) 密集点云   (b) DEM

图 4-67　2016 年综合护坡 9 号裸露小区

    (a) 密集点云   (b) DEM

图 4-68　2015 年综合护坡 10 号裸露小区

    (a) 密集点云   (b) DEM

图 4-69　2016 年综合护坡 10 号裸露小区

表 4-4　综合护坡侵蚀沟相关参数

径流小区	断面/m	侵蚀沟条数/条	侵蚀沟宽/cm			侵蚀沟深/cm			沟头发育长度/m		
			最大沟宽	最小沟宽	平均沟宽	最大沟深	最小沟深	平均沟深	最大长度	最小长度	平均长度
2015 年综合护坡 9 号裸露小区	1	—	—	—	—	—	—	—			
	2	—	—	—	—	—	—	—			
	3	6	39.82	18.78	28.39	8.7	2.6	4.45			
	4	10	31.48	8.55	19.22	9.1	2.9	6.86	3.82	2.43	3.11
	5	9	22.66	12.7	18.09	9.8	4.6	6.76			
	6	9	39.86	5.03	20.58	8.8	1.7	5.87			
	7	9	32.5	8.7	21.67	16.5	4.6	11.14			
	8	8	38.96	10.87	22.43	15.4	6.2	10.8			
2015 年综合护坡 10 号裸露小区	1	—	—	—	—	—	—	—			
	2	1	22.86	22.86	22.86	4.7	4.7	4.7			
	3	3	28.77	11.69	19.48	3.6	1.3	2.4			
	4	5	25.86	10.44	20.51	7.2	2.6	4.18	3.41	2.16	2.88
	5	10	30.41	10.09	19.53	7.2	2.7	5.09			
	6	2	45.82	13.17	29.50	23.8	3.2	13.5			
	7	6	34.07	7.83	21.0	12.7	3.1	6.58			
	8	6	31.45	15.96	22.24	8.6	3.1	6.03			

径流小区	断面/m	侵蚀沟条数/条	侵蚀沟宽/cm			侵蚀沟深/cm			沟头发育长度/m		
			最大沟宽	最小沟宽	平均沟宽	最大沟深	最小沟深	平均沟深	最大长度	最小长度	平均长度
2016 年综合护坡 9 号裸露小区	1	—	—	—	—	—	—	—	3.65	1.44	2.65
	2	—	—	—	—	—	—	—			
	3	6	76.9	32.5	52.9	10.8	2.8	5.45			
	4	11	45.31	14.25	27.16	9	1.2	5.14			
	5	10	36.65	14.81	26.41	6	1.4	3.77			
	6	9	34.01	11.66	23.68	14	2.2	6.15			
	7	8	29.87	17.34	22.35	13.8	2.5	6.9			
	8	7	46.16	13.75	30.06	7.3	2.2	4.23			
2016 年综合护坡 10 号裸露小区	1	—	—	—	—	—	—	—	3.52	1.38	2.57
	2	3	33.44	18.66	25.55	4.4	1.9	2.93			
	3	4	38.13	7.93	21.83	4.4	1.1	2.28			
	4	12	31.59	7.89	21.11	11.2	1.2	2.75			
	5	10	36.69	12.89	21.79	8.8	1.1	3.47			
	6	6	49.42	8.72	24.88	23	1.1	6.08			
	7	6	48.65	14.61	30.50	11.9	1.3	4.5			
	8	5	27.18	20.31	23.76	6.9	2.3	4.88			

　　从生成的密集点云数据及 DEM 数据上看,可以明显地识别出侵蚀沟的条数、大致长度以及坡面的整体高程变化。两个径流小区的整个坡面都是上坡比下坡高程大,下坡发生的侵蚀流失量要大于上坡。从生成的密集点云及 DEM 图中,可以识别出侵蚀沟及侵蚀沟离径流小区上源发育的大致距离,但是对于侵蚀沟的深浅及宽度目视则难以直接识别。为了更好地识别坡面侵蚀沟情况,自坡面小区顶部开始,自上而下沿坡面每隔 1m 提取一个坡面的横断面,从而获取每个断面的侵蚀沟的条数、最大沟宽、最小沟宽、平均沟宽、最大沟深、最小沟深、平均沟深、沟头发育最大长度、沟头发育最小长度、沟头发育平均长度等信息(表 4-4)。

　　按照每 1m 获取一个断面,综合护坡裸露试验小区沿坡面共有 8 个断面,将坡面按断面 1~3m 分为上坡、4~6m 分为中坡、7~8m 分为下坡。从图 4-70 分析可知,综合护坡的侵蚀沟主要集中在径流小区的中坡,侵蚀沟数在 10 条左右。上坡发育的侵蚀沟较少,在中坡渐渐分开形成了多条侵蚀沟,在下坡的时候有些侵蚀沟就慢慢消失了,形成了面蚀。从图 4-71 中得出,侵蚀沟的平均发育长度在 3m 左右,最长的发育长度在 4m 左右,最小的在 1.5m 处。分别比较两个小区 2015 年和 2016 年的侵蚀沟发育长度,年际变化不大,在 2016 年两个小区的侵蚀沟发育长度均比 2015 年小,更加靠近径流小区的上缘,变化值均在 0.2m 内,坡面产生侵蚀沟后,经过一段时间后,侵蚀沟趋于稳定,向上发育缓慢。

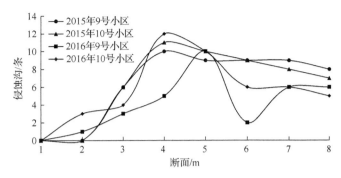

图 4-70　综合护坡裸露试验小区侵蚀沟数

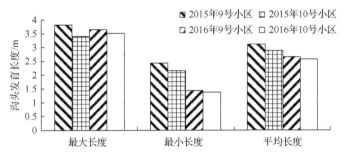

图 4-71　综合护坡裸露试验小区侵蚀沟头发育长度

从图 4-72 和图 4-73 可以看到，综合护坡的两个裸露小区各断面的平均沟宽在 20～30cm，侵蚀沟的宽度变化不大，但在上坡、下坡的宽度要比中坡宽，呈现两边宽中间窄的态势。就沟宽年际变化分析，2016 年综合护坡 9 号裸露小区的平均沟宽要比 2015 年的大，较 2015 年继续发育；2016 年综合护坡 10 号裸露小区的平均沟宽除 6m 断面外，其他各断面的平均沟宽均比 2015 年的大，较 2015 年继续发育。

从图 4-74 得到，综合护坡的两个裸露小区各断面的平均沟深在 2～14cm，主要集中在 4～7cm，沟宽随着坡面往下沟深越大，下坡的沟深最大。从图 4-75 得到，侵蚀沟沟深年际变化分析，2016 年综合护坡 9 号裸露小区的平均沟深要比 2015 年的小，一是因为 2016 年的坡面断面的侵蚀沟数要比 2015 年多；二是因为 2016 年在径流小区的中坡位

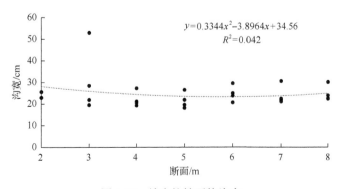

图 4-72　综合护坡平均沟宽

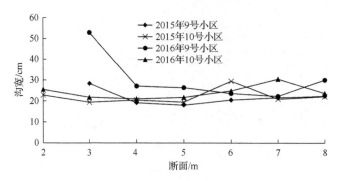

图 4-73　综合护坡各断面平均沟宽

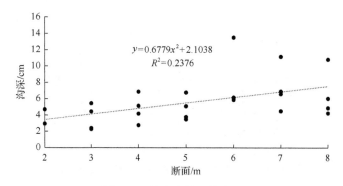

图 4-74　综合护坡平均沟深

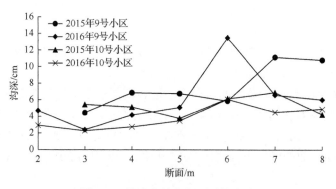

图 4-75　综合护坡各断面平均沟深

置发生了面蚀,2016 年径流小区整个中坡要比 2015 年的中坡低,造成 2016 年的平均侵蚀沟比 2015 年的小;三是因为在 2016 年有强降雨,强降雨将侵蚀沟两侧的泥土冲入侵蚀沟,使得 2016 年的侵蚀沟宽比 2015 年的侵蚀沟宽,而 2016 年侵蚀沟沟深比 2015 年的侵蚀沟浅。综合护坡 10 号裸露小区的坡面侵蚀情况与综合护坡 9 号裸露小区的情况基本一致。

2) 生态护坡径流试验区土壤侵蚀监测

采用无人机遥测技术,结合近景摄影测量软件 PhotoScan,共获得生态护坡两个径流小区两年间的高分辨率 DEM 数据(图 4-76～图 4-79),以及从 DEM 数据中提取出侵蚀沟条数、宽度、深度、沟头发育长度等数据(表 4-5)。

(a) 密集点云　　　　(b) DEM

图 4-76　2015 年生态护坡 12 号裸露试验小区

(a) 密集点云　　　　(b) DEM

图 4-77　2016 年生态护坡 12 号裸露试验小区

(a) 密集点云　　　　(b) DEM

图 4-78　2015 年生态护坡 18 号裸露试验小区

(a) 密集点云　　　　(b) DEM

图 4-79　2016 年生态护坡 18 号裸露试验小区

表 4-5　生态护坡径流小区侵蚀沟参数提取

径流小区	断面/m	侵蚀沟条数/条	侵蚀沟宽/cm			侵蚀沟深/cm			沟头发育长度/m		
			最大沟宽	最小沟宽	平均沟宽	最大沟深	最小沟深	平均沟深	最大长度	最小长度	平均长度
2015 年生态护坡 12 号裸露小区	1	—	—	—	—	—	—	—			
	2	—	—	—	—	—	—	—			
	3	—	—	—	—	—	—	—			
	4	—	—	—	—	—	—	—			
	5	5	39.96	21.23	29.78	2.7	1.6	2.18	5.63	4.24	4.38
	6	9	40.8	17.68	28.34	5.9	1.8	3			
	7	10	42.99	12.22	25.61	8.9	2.7	5.73			
	8	10	26.88	13.21	21.03	12.4	3.2	6.93			
	9	10	32.29	13.64	21.79	13.3	3.3	7.52			
	10	9	28.38	10.41	17.33	15.9	3.7	9.39			
	11	8	43.82	12.32	24.69	11.8	2	6.89			

续表

径流小区	断面/m	侵蚀沟条数/条	侵蚀沟宽/cm			侵蚀沟深/cm			沟头发育长度/m		
			最大沟宽	最小沟宽	平均沟宽	最大沟深	最小沟深	平均沟深	最大长度	最小长度	平均长度
2015年生态护坡18号裸露小区	1	—	—	—	—	—	—	—			
	2	3	32.81	10.94	19.69	1.8	1	1.27			
	3	7	34.21	10.35	24.63	4.7	1.8	3.31			
	4	7	25.81	8.6	16.36	4.7	1.6	3.36			
	5	10	21.97	7.62	13.4	5	1.4	2.75			
	6	11	31.27	13.6	18.39	8	2.3	4.27	2.68	1.51	2.18
	7	13	29.28	9.32	18.59	6.7	2	3.6			
	8	9	23.95	3.4	10.1	6.2	1.3	3.03			
	9	7	22.38	9.04	13.06	6.9	2.4	4.14			
	10	8	36.39	9.06	17	11.9	4.1	7.1			
	11	8	22.78	9.03	17.41	14.08	2.1	9.01			
	12	7	30.64	11.49	22.5	8	2.3	4.37			
2016年生态护坡12号裸露小区	1	—	—	—	—	—	—	—			
	2	—	—	—	—	—	—	—			
	3	—	—	—	—	—	—	—			
	4	—	—	—	—	—	—	—			
	5	5	55.4	19.68	27.63	3.5	1.4	1.94			
	6	8	42.06	20.35	31.66	6.3	1.7	3.33	5.11	4.08	4.26
	7	9	71.4	25.18	42.92	6.6	4.7	6.5			
	8	9	54	15.43	30.25	11.4	3.9	6.5			
	9	8	32.71	16.38	24.37	12.6	3.8	9.1			
	10	7	33.64	14.8	28.9	11.2	7	9.49			
	11	6	54.2	22.9	34.19	9.3	3.5	5.92			
2016年生态护坡18号裸露小区	1	—	—	—	—	—	—	—			
	2	4	24.03	12.01	17.58	1.5	1.2	1.35			
	3	10	30.05	12.11	18.55	3.1	1.3	2.3			
	4	10	42.54	3.61	21.14	4.6	1	2.76			
	5	9	32.54	13.11	20.22	7.2	1.2	3.57			
	6	10	38.19	12.27	24.21	8.7	2.1	5.33	2.56	1.45	2.08
	7	11	26.19	4.97	14.95	9.4	2.3	3.9			
	8	12	37.59	12.68	21.36	7.2	2.7	4.35			
	9	10	22.35	10.49	14.37	8.5	1.4	4			
	10	7	29.28	12.27	20.32	8.3	3.3	5.26			
	11	6	39.21	10.37	25.32	14.1	6.9	11.02			
	12	6	27.24	9.53	20.05	6.2	2.6	4.23			

　　从生成的密集点云数据以及 DEM 数据，可以明显识别出侵蚀沟的条数、大致长度及坡面的高程变化。两个生态护坡裸露径流小区土壤母质相同，土壤容重相近，但由于坡度不一致，可观察出坡度更陡的生态护坡 18 号裸露小区的侵蚀沟发育位置要比坡度更缓的生态护坡 12 号裸露小区的发育更加靠近径流小区的上缘。从生成的密集点云以及 DEM 图中可识别出侵蚀沟及侵蚀沟离径流小区上源发育的大致距离，但是对于沟深浅且沟宽大的侵蚀沟通过目视则难以直接识别，通过沿坡面每隔 1m 取一个观测横断面生成的剖面图可以获取每个断面的侵蚀沟的条数、最大沟宽、最小沟宽、平均沟宽、最大沟深、最小沟深、平均沟深、沟头发育最大长度、沟头发育最小长度、沟头发育平均长度(表 4-5)。

　　生态护坡 12 号裸露小区沿坡每隔 1m 取一段面，共有 11 个断面，断面 1～4 分为上坡、断面 5～8 位中坡、断面 9～11 位下坡。从图 4-80 可知，上坡没有侵蚀沟发育；到中坡才有侵蚀沟发育，且数目达到最大；到下坡后，侵蚀沟数目又开始减少，整个呈现中间多，两头少的趋势。2016 年各断面侵蚀沟数要比 2015 年少，一是因为部分侵蚀沟已经合并为 1 条侵蚀沟，二是因为 2015 年部分浅的侵蚀沟被泥沙掩埋消失了。

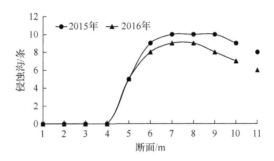

图 4-80　生态护坡 12 号裸露小区断面侵蚀沟数

　　生态护坡 18 号裸露小区沿坡每隔 1m 取一段面，共有 12 个断面，断面 1～4 为上坡、断面 5～8 位中坡、断面 9～12 位下坡。从图 4-81 可知，由于坡度较陡，上坡就已经有侵蚀沟发育；到中坡侵蚀沟数达到最大；到下坡后，侵蚀沟数又开始减少，总体呈现中间多，两头少的趋势。2016 年的上坡各断面侵蚀沟数要比 2015 年多，这是因为新发育了很多侵蚀沟；2016 年中坡侵蚀沟数比 2015 年少是因为在中坡位置，经过一年的降雨冲刷，有多个侵蚀沟合并为单个侵蚀沟；下坡位置侵蚀沟数变化交替，使细沟不断分叉和合并，逐渐形成细沟沟网。

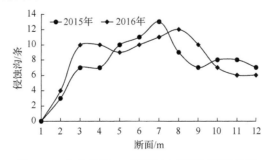

图 4-81　生态护坡 18 号裸露小区断面侵蚀沟数

从图 4-82 和图 4-83 可以看出,坡度为 26.6°的生态护坡 12 号裸露小区的沟头发育长度大致在 4.5m,坡度为 33.7°的生态护坡 18 号裸露小区沟头发育长度为 2m,坡度更缓的生态护坡 12 号裸露小区侵蚀沟发育要比坡度更陡的生态护坡 18 号裸露小区更靠后。经过 5 年的时间,生态护坡裸露径流小区的侵蚀沟发育趋于稳定,侵蚀沟头向上发育缓慢,生态护坡 12 号裸露小区平均向上发育 0.12m,生态护坡 18 号裸露小区平均向上发育 0.10m,沟头溯源侵蚀加强。

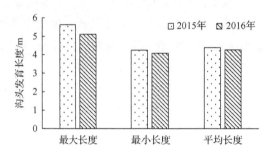

图 4-82　生态护坡 12 号裸露小区侵蚀沟头发育长度

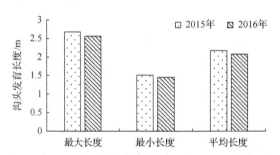

图 4-83　生态护坡 18 号裸露小区侵蚀沟头发育长度

从图 4-84 得到,生态护坡 12 号裸露小区各断面的平均宽度在 25～30cm;2015 年和 2016 年整体均呈现两头宽中间窄的 U 形态势;2016 年小区各断面的沟宽要比 2015 年的大,这是由于降雨导致侵蚀沟壁崩塌导致细沟加宽侵蚀沟继续发育所致。

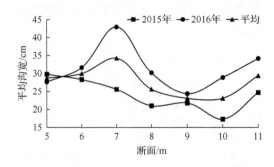

图 4-84　生态护坡 12 号裸露小区各断面平均沟宽

从图 4-85 得到,生态护坡 18 号裸露小区各断面的平均宽度在 15～20cm;2015 年和

2016 年整体均呈现两头宽中间窄的 U 形态势，上坡到中坡有一个先增大后减少的态势，到下坡后呈现增加的态势。2016 年径流小区各断面的沟宽比 2015 年沟宽的要大，这是由于降雨导致侵蚀沟壁崩塌导致细沟加宽侵蚀沟继续发育所致。

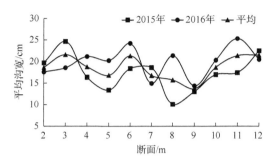

图 4-85   生态护坡 18 号裸露小区各断面平均沟宽

从图 4-86 可到，生态护坡 12 号裸露小区各断面侵蚀沟深度和坡长成正比，坡面越长侵蚀沟越深。2016 年生态护坡 12 号裸露小区的侵蚀沟各断面沟深在 2015 年的基础上有所增加，但增加的值较小，这是由于侵蚀沟发育稳定，同时径流小区坡度变缓，虽然沟底发生下切，但是下切量不大所致。

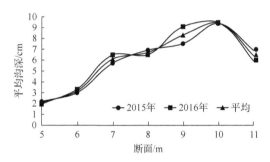

图 4-86   生态护坡 12 号裸露小区各断面平均沟深

从图 4-87 可得，生态护坡 18 号裸露小区由于坡度大，侵蚀沟发育早，断面数多，各断面侵蚀沟深有起伏，但总体上各断面侵蚀沟深度和坡长成正比，坡面越长侵蚀沟越深，在下坡倒数第二个断面处达到最大，下坡是侵蚀沟泥沙沉积的地方，也是侵蚀最为严重区，在下坡上部，侵蚀沟继续下切，沟深加大，最后一个断面是靠近径流小区下缘位置，是侵蚀泥沙的沉积区，导致沟深不加大反而变小。2016 年生态护坡 18 号裸露小区的上坡侵蚀沟各断面沟深比 2015 年浅，这是由于 2016 年上坡比 2015 年上坡多发育了几条侵蚀沟，拉低了侵蚀沟的平均沟深；在中坡，2016 年的各断面的平均侵蚀沟深比 2015 年的大，是因为中坡是细沟侵蚀和切沟侵蚀发生的主要区域，经过一年的降雨侵蚀，侵蚀沟下切，沟深发生了明显变化；总体上，2016 年生态护坡 18 号裸露小区的各断面平均沟深比 2015 年要大，侵蚀沟较 2015 年继续发育。

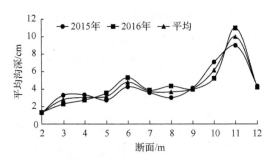

图 4-87　生态护坡 18 号裸露小区各断面平均沟深

3) 依坡倾倒黏土堆积试验区土壤侵蚀监测

采用无人机遥测技术，利用近景摄影测量软件 PhotoScan，共获得依坡倾倒黏土堆积两个径流小区两年的高分辨率 DEM 数据(图 4-88 和图 4-89)。前后两次数据获取时间间隔为 1 个月，在这期间仅有一次 15mm 的降雨，通过 PhotoScan 软件分析，前后体积基本没有变化。依坡倾倒黏土堆积小区于 2016 年 2 月 25 日完工，通过分析 2016 年 11 月和 12 月的点云数据和 DEM 基本没有变化，虽然两个径流小区修建规格方式一致，但通过观察两个径流小区点云数据，发现两个试验小区的侵蚀方式不一样，左侧的小区上坡发育了侵蚀沟，在中坡位置开始发生面蚀，形成了崩塌式的侵蚀，中坡大面积的泥土被水流冲刷堆积在下坡，久而久之，又被上坡雨水汇聚的水流冲刷出沟蚀。右侧的小区上坡无明显侵蚀，在上坡和中坡的位置发生了整体垮塌下滑，可能是由于 2016 年 9 月的一场强降雨使得上坡和中坡的坡面土壤整体发生滑坡，致使上坡与中坡发生断带，上坡不利于集水冲刷，加之侵蚀滑坡造成泥土堆积在中坡，久而久之，又被上坡雨水汇聚的水流冲刷出沟蚀，在下坡形成沟蚀。从 DEM 看，两个小区侵蚀不一样，但是通过软件分析发现，发生沟蚀的集水区长度均为 8~9m，表明依坡倾倒黏土堆积小区在坡度为 30°的时候沟蚀容易在 8~9m 的地方开始发育。

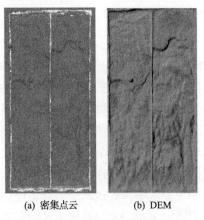

(a) 密集点云　　　(b) DEM

图 4-88　2016 年 11 月依坡倾倒黏土堆积小区

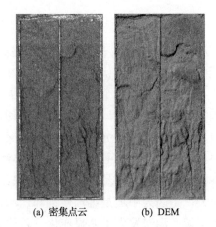

(a) 密集点云　　　(b) DEM

图 4-89　2016 年 12 月依坡倾倒黏土堆积小区

4.3.4　土壤侵蚀动态模拟

1. 研究方法

1）数据来源

主要搜集了 1975 年、1998 年及 2008 年的植被覆盖、土地利用、地形地貌、降雨、土壤等本底数据，植被覆盖数据主要通过遥感影像解译和归一化植被指数（normal differential vegetation index，NDVI）运算获取（汪邦稳等，2011），获取的遥感影像时间主要集中在每年的夏季和秋季，云量小于 10%，均从美国 USGS 官网（http://glovis.usgs.gov/）免费下载获取。其中，1975 年主要采用 Landsat 2 MSS 数据，地面分辨率为 78m，1998 年和 2008 年主要采用 Landsat 5 TM 遥感影像，地面分辨率为 30m；土地利用数据主要基于获取的三期遥感影像，通过监督分类等人工解译并参考国际科学数据服务平台（http://datamirror.csdb.cn/）发布的 1∶10 万土地利用栅格数据获取；降雨资料主要来自全国第一次水利普查数据，主要涉及赣州市 18 个气象站的日降雨数据资料；地形、地貌数据均下载自国际科学数据服务平台，其地面分辨率为 30m；土壤图来于江西省第三次土壤侵蚀遥感调查数据，为 1∶25 万比例尺的矢量数据。具体的数据来源以及处理方法如表 4-6 所示。

表 4-6　数据资料来源说明

数据类型	数据来源	分辨率/m	方法	资料来源
地形图及 DEM 数据	DEM	30	—	国际科学数据服务平台
植被数据	遥感影像	30	植被覆盖-NDVI-C	国际科学数据服务平台、马里兰大学
土壤数据	1∶25 万土壤图、《江西土种》鄱阳湖区各县土壤志	—	赋值法	江西省第三次土壤侵蚀调查
降雨数据	日降雨量	18 个雨量站	Spline 插值	全国第一次水利普查数据
专题图	1∶10 万土地利用图	30	遥感解译	国际科学数据服务平台

2）数据处理方法

（1）土壤侵蚀估算方法

当前关于土壤侵蚀估算的方法，应用较多的主要有 USLE、RUSLE 及 CSLE 等模型与方法，其中中国土壤流失方程（CSLE）是刘宝元等（2001）结合中国土壤侵蚀现状研发的一种土壤侵蚀预测预报模型，在国内已有大量应用。CSLE 模型的公式如下：

$$A = 100 \times R \times K \times LS \times B \times E \times T \tag{4-7}$$

式中，A 为多年平均土壤流失量，$t/(km^2 \cdot a)$；R 为降雨侵蚀力因子，$MJ \cdot mm/(hm^2 \cdot h \cdot a)$；$K$ 为土壤可蚀性因子，$t \cdot hm^2 \cdot h/(hm^2 \cdot MJ \cdot mm)$；LS 为坡度坡长因子，无量纲；$B$ 为水土保持生物措施因子，无量纲；E 为水土保持工程措施，无量纲；T 为水土保持耕作措施因子，无量纲。

（2）各因子的获取方法

①降雨侵蚀力因子（R）的获取

在这里主要采用章文波和谢云（2002）提出的利用日降雨数据获取降雨侵蚀力的方法及鄱阳湖流域的特性获得，如式（4-8）所示：

$$\begin{cases} R_{半月} = \alpha \sum_{k=1}^{m} (P_k)^{\beta} \\ R_{年} = \sum_{i=1}^{24} R_{半月i} \\ \bar{R} = \frac{1}{n} \sum_{i=1}^{n} R_{年i} \\ \beta = 0.8363 + (18.14 / P_{d10}) + (24.455 / P_{y10}) \\ \alpha = 21.586 \beta^{-7.1891} \end{cases} \tag{4-8}$$

式中，$k=1, 2, \cdots, m$，为某半月内侵蚀性降雨日数，d；P_k 是半月内第 k 天的日雨量，mm；本研究使用的标准是 10mm（汪邦稳等，2011）；P_{d10} 为一年内侵蚀性降雨日雨量的平均值（即 1 年中大于等于 10mm 日雨量的总和与相应日数的比值），mm；P_{y10} 为侵蚀性降雨年总量的多年平均值（即大于等于 10mm 日雨量年累加值的多年平均），mm；n 为年数；α 和 β 为模型参数；R 为降雨侵蚀力，MJ·mm/（hm²·a）；$\bar{R}$ 为多年平均降雨侵蚀力，MJ·mm/（hm²·a）。

②土壤可蚀性因子（K）的获取

主要采用张科利等（2007）提出的修正方法计算土壤可蚀性因子 K 值，公式如下：

$$K_{epic} = \left\{ 0.2 + 0.3 \exp \left[0.0256 SAN (1 - SIL / 100) \right] \right\} \left(\frac{SIL}{CLA + SIL} \right)^{0.3}$$
$$\left(1.0 - \frac{0.25C}{C + \exp(3.72 - 2.95C)} \right) \left(1.0 - \frac{0.7SN1}{SN1 + \exp(-5.51 + 22.9SN1)} \right) \tag{4-9}$$

式中，SAN、SIL、CLA 是砂粒、粉粒、黏粒含量，%；C 为土壤有机碳含量，%；SN1= 1−SAN/100。

$$K = -0.01383 + 0.51575 K_{epic} \tag{4-10}$$

③坡度坡长因子（LS）的获取

采用刘宝元等（2010）修正后的坡度坡长因子提取方法，其公式为

$$\begin{cases} S = 10.8 \sin \theta + 0.03 & \theta < 5° \\ S = 16.8 \sin \theta - 0.5 & 5° \leqslant \theta < 10° \\ S = 21.9 \sin \theta - 0.96 & \theta \geqslant 10° \\ L = (\lambda / 22.1)^m \end{cases} \tag{4-11}$$

$$\begin{cases} m = 0.2 & \theta \leqslant 1° \\ m = 0.3 & 1° < \theta \leqslant 3° \\ m = 0.4 & 3° < \theta \leqslant 5° \\ m = 0.5 & \theta > 5° \end{cases} \quad (4\text{-}12)$$

式中，S 为坡度因子；θ 为坡度；L 为坡长因子，m 为坡长指数。

④水土保持生物措施因子(B)以及水土保持工程措施因子(E)的获取

结合求得的各时期的植被覆盖度 f（基于像元二分模型原理获得），之后采用式 (4-13)，获取各时期的植被覆盖 B 因子值，水土保持工程措施因子(E)主要采用汪邦稳等 (2011)提出的方法获得。

$$\begin{cases} B = 1 & f = 0 \\ B = 0.6508 - 0.3436 \lg f & 0 < f < 78.3\% \\ B = 0 & f > 78.3\% \end{cases} \quad (4\text{-}13)$$

⑤水土保持耕作措施因子(T)的获取

据已有研究结果表明(宋月君等，2013)，塘背河小流域内的水土保持治理主要采取配以一定工程措施的植物措施为主，注重后期植物的自然生态修复，同时，南方的水土保持措施工程因子值研究还少见报道，有待进一步研究。在此，耕作措施的因子暂取常值为 1。

3)具体技术方法

(1)各因子的运算图层的获取

根据各因子的计算公式，基于获取的各种基础数据，完成各因子栅格运算图层数据的获取工作。

①降雨侵蚀力因子(R)图层的获取：运用 Arcgis 软件中的矢量数据插值功能，对 18 个气象站的降雨数据进行空间差值运算，从而获取降雨侵蚀力因子(R)栅格运算图层数据。

②土壤可蚀性因子(K)图层的获取：应用式(4-9)和式(4-10)中关于土壤可蚀性因子的运算方法，进行不同土壤类型可蚀性因子的赋值，然后采用 Arcgis 的图层格式转换工具，将土壤可蚀性因子(K)的矢量图层，转化为栅格运算图层数据。

③坡度坡长因子(LS)图层的获取：应用式(4-11)和式(4-12)中关于坡度坡长因子(LS)的运算方法，基于研究区的 DEM 栅格数据，通过 Arcgis 的图层运算功能，获取坡度坡长因子(LS)的栅格运算图层数据。

④水土保持生物措施因子(B)以及水土保持工程措施因子(E)图层的获取：基于各时段土地利用数据、植被覆盖数据以及水土保持工程措施量数据，通过 Arcgis 的图层格式转换、图层运算等功能，获取水土保持生物措施因子(B)以及水土保持工程措施因子(E)的栅格运算图层数据。

⑤水土保持耕作措施因子(T)统一赋值为 1，在此，不做栅格运算图层处理，基于各不同遥感影像数据的空间分辨率的限制，最后统一生成为空间分辨率为 50m 的栅格影像

数据进行区域内土壤侵蚀时空动态变化。

(2)土壤侵蚀估算以及分类、分级

根据 CSLE 方程，将获得的各因子栅格运算图层，带入 Arcgis 软件中，通过其图层运算功能，获取其土壤侵蚀时空分布特征，并开展土壤侵蚀估算以及分类、分级研究。土壤侵蚀程度按照水利部颁布的《土壤侵蚀分类分级标准》（SL190—2007）进行南方红壤区土壤侵蚀分级如表 4-7 所示。

表 4-7　土壤侵蚀分类、分级标准

侵蚀模数/[t/(km²·a)]	<500	500~2500	2500~5000	5000~8000	8000~15000	>15000
侵蚀等级	微度	轻度	中度	强烈	极强烈	剧烈

2. 基于模型模拟的土壤侵蚀动态监测

1)塘背河小流域土壤侵蚀时间变化特征

如图 4-90、表 4-8 所示，通过对塘背河小流域的土壤侵蚀估算分析得到，1975 年未治理前，小流域土壤侵蚀面积达 12.20km²，占小流域总面积的 74.48%，其中轻度土壤侵蚀面积为 1.25km²，中度土壤侵蚀面积为 0.68km²，强烈土壤侵蚀面积为 1.23km²，极强烈土壤侵蚀面积为 1.61km²，剧烈土壤侵蚀面积为 7.53km²，强烈以上的土壤侵蚀面积占到了水土流失总面积的 84.20%，整个流域的水土流失情况严峻，这与 1980 年第一次水土保持治理前的调查结果(11.53km²)相接近；截至 1998 年，经过第一期水土保持重点治理工程后，伴随着各项水土保持措施效益的发挥，土壤侵蚀面积减少至 2.83km²，仅占塘背小流域面积的 17.28%，其中，主要以轻度土壤侵蚀为主，轻度土壤侵蚀面积为 1.09km²，占到了土壤侵蚀总面积的 38.50%，中度土壤侵蚀面积为 0.98km²，强烈土壤侵蚀面积为 0.35km²，极强烈以上的土壤侵蚀面积为 0.41km²，通过多年的水土保持治理工作，土壤侵蚀状况大为改善，土壤侵蚀治理程度达到 76.80%，已无集中连片的水土流失区，仅存在一些零星的水土流失区；从 2008 年的土壤侵蚀估算来看，土壤侵蚀面积相比 1998 年，

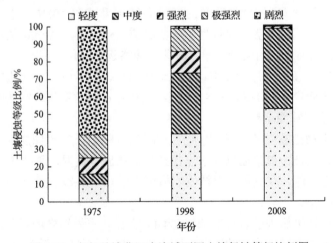

图 4-90　各年份塘背河小流域不同土壤侵蚀等级比例图

表 4-8　各年份塘背河小流域土壤侵蚀面积统计表　　　　（单位：km²）

年份	土壤侵蚀面积	不同土壤侵蚀等级面积				
		轻度	中度	强烈	极强烈	剧烈
1975	12.20	1.25	0.68	1.23	1.61	7.53
1998	2.83	1.09	0.98	0.35	0.37	0.04
2008	3.40	1.80	1.56	0.04	0.003	0.01

有所增加，由原来的 2.83km² 增至 3.40km²，但是从土壤侵蚀等级上来看，强烈以上的土壤侵蚀面积大为减少，由原来的 0.76km² 减少至 0.053km²，主要以轻度和中度土壤侵蚀面积为主，占到了土壤侵蚀总面积的 98% 以上。

　　2）塘背河小流域土壤侵蚀空间变化特征

　　如图 4-91 所示，1975 年水土流失治理前，塘背河小流域的土壤侵蚀主要发生在山地丘陵区域，其中以来溪村和都田村土壤侵蚀最为严重，流域上游的里溪村也有零星分布，1998 年经过了近 20 年的水土保持治理工程，其境内的土壤侵蚀状况得到了较好改善，其中原来侵蚀严重的来溪村和都田村治理度均达到了 85% 以上，只存在零星的剧烈侵蚀小斑块；2008 年，经历了长达 10 年之久的自我生态修复和人为干预过程，流域内的土壤侵蚀面积虽有小幅提升，但是其侵蚀强度大大减弱。

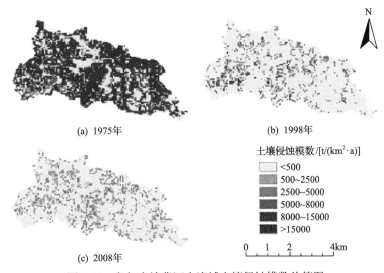

(a) 1975年　　　　　　　　　　(b) 1998年

土壤侵蚀模数 /[t/(km²·a)]
- <500
- 500~2500
- 2500~5000
- 5000~8000
- 8000~15000
- >15000

0　1　2　　　4km

(c) 2008年

图 4-91　各年度塘背河小流域土壤侵蚀模数估算图

　　塘背河小流域自 1980 年开始治理之后，截至 2008 年，未开展过任何大规模的水土保持治理工程，流域内的生态环境基本是在原有治理成果自然修复及人为干扰的双重作用下形成的，从土壤侵蚀估算结果来看，基本上是向着生态友好、环境优美的方向发展。但是仍然存在着少量的水土流失强烈侵蚀区，这可能与流域内采石场以及新果园开发初期有关，特别是山顶以及个别区域零星存在林下水土流失和崩岗侵蚀所致。

3)塘背河小流域土壤侵蚀时空转移特征分析

对塘背河小流域不同时期的土壤侵蚀栅格影像做转移矩阵分析(表 4-9)得到,1975～1998 年不同土壤侵蚀面积的变化程度从大到小依次为剧烈土壤侵蚀面积、极强烈土壤侵蚀面积、强烈土壤侵蚀面积、中度土壤侵蚀面积、轻度土壤侵蚀面积和微度土壤侵蚀面积,其中剧烈土壤侵蚀面积共转移面积达 7.51km^2,其中 5.54km^2 转移为微度侵蚀,占了转移总面积的 73.77%,其余转移面积仅占总转移面积的 26.23%,其中,0.81km^2 转移为轻度侵蚀,0.69km^2 转移为中度侵蚀,0.23km^2 和 0.24km^2 分别转移为强烈和极强烈侵蚀,仅有 0.02km^2 未发生变化,还处于剧烈侵蚀;极强烈土壤侵蚀的转移面积为 1.58km^2,均向着侵蚀等级较低的方向转移,其中向微度侵蚀转移面积为 1.37km^2,占到了总转移面积的 86.71%,其余转移占到了 13.29%;轻度土壤侵蚀的转移面积为 1.22km^2,其中向微度侵蚀转移面积为 1.13km^2,占到了总转移面积的 92.62%,其余均向着中度侵蚀等级以上转移;强烈土壤侵蚀转移面积为 1.11km^2,其中向强烈以下等级转移面积为 1.09km^2,占到了总转移面积的 98.20%;中度土壤侵蚀的转移面积为 0.64km^2,有 0.61km^2 的面积转移到了中度侵蚀等级以下,占总转移面积的 95.31%;微度土壤侵蚀的转移面积较少,仅为 0.20km^2。总体而言,如图 4-92 所示,1975～1998 年,在第一期水土保持治理工程后,

表 4-9   1975～1998 年塘背河小流域土壤侵蚀转移矩阵   (单位:km^2)

年份	1998 年						
	侵蚀等级	微度	轻度	中度	强烈	极强烈	剧烈	合计
	微度	**3.97**	0.07	0.06	0.04	0.04	0.00	4.18
	轻度	1.13	**0.03**	0.03	0.02	0.03	0.00	1.25
	中度	0.56	0.05	**0.04**	0.01	0.02	0.00	0.68
1975 年	强烈	0.97	0.06	0.06	**0.02**	0.01	0.01	1.13
	极强烈	1.37	0.07	0.10	0.04	**0.03**	0.00	1.61
	剧烈	5.54	0.81	0.69	0.23	0.24	**0.02**	7.53
	合计	13.55	1.09	0.98	0.35	0.37	0.04	16.38

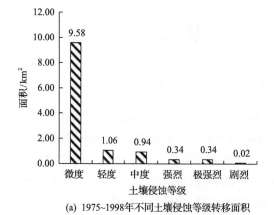

(a) 1975~1998年不同土壤侵蚀等级转移面积

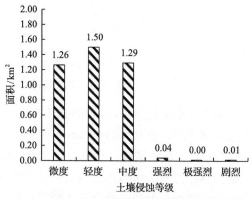

(b) 1998~2008年不同土壤侵蚀等级转移面积

图 4-92   各阶段不同土壤侵蚀等级转移面积统计图

流域内土壤侵蚀格局发生了显著变化，与 1975 年相比，整个流域内不同土壤侵蚀等级面积转移为微度侵蚀等级的总面积最大为 9.58km²，其次为轻度侵蚀等级为 1.06km²，最小的为剧烈侵蚀等级，仅为 0.02km²，土壤侵蚀程度显著降低。

1998～2008 年的土壤侵蚀等级变化特征与 1975～1998 年不同，此阶段主要经历了水土保持治理工程后的自我生态修复和人为干扰过程。从表 4-10 可以看到，微度土壤侵蚀面积变化最大为 1.84km²，其中 98.91%的面积向着中度和轻度侵蚀等级转移；其次为轻度和中度土壤侵蚀，转移面积分别为 0.79km² 和 0.71km²，主要向着比其侵蚀等级较低的方向转移；最小的为剧烈土壤侵蚀面积，转移面积仅为 0.04km²，主要向着微度和中度侵蚀等级转移。与 1975～1998 年的土壤侵蚀转移特征相比，土壤侵蚀等级转移矩阵呈现相反的趋势，从 1998～2008 年的整个小流域内不同土壤侵蚀等级面积转移总量来看，如图 4-92 所示，以转移到轻度侵蚀等级的面积最大为 1.50km²，主要来源于微度土壤侵蚀等级，占到了总转移量的 68.67%，其次为中度和微度侵蚀等级面积分别为 1.29km² 和 1.26km²，其中，中度侵蚀转移面积主要源于原有微度和轻度侵蚀等级面积，微度侵蚀转移面积主要源于原有轻度和中度侵蚀面积，向着强烈以上等级的转移面积均较小。

表 4-10　1998～2008 年塘背河小流域土壤侵蚀转移矩阵　　（单位：km²）

年份		2008 年						
	侵蚀等级	微度	轻度	中度	强烈	极强烈	剧烈	合计
1998 年	微度	**11.71**	1.03	0.79	0.02	0.00	0.00	13.55
	轻度	0.49	**0.30**	0.29	0.01	0.00	0.00	1.09
	中度	0.42	0.27	**0.27**	0.01	0.00	0.00	0.98
	强烈	0.18	0.09	0.09	**0.00**	0.00	0.00	0.35
	极强烈	0.14	0.10	0.12	0.00	**0.00**	0.00	0.37
	剧烈	0.03	0.00	0.01	0.00	0.00	**0.00**	0.04
	合计	12.97	1.80	1.56	0.04	0.00	0.01	16.38

1975～2008 年，塘背河小流域土壤侵蚀等级整体向着较低侵蚀等级转移，如表 4-11 所示，向着微度侵蚀等级的转移面积可达 9km²，向轻度和中度侵蚀等级的转移面积分别为 1.71km² 和 1.51km²，其中均以 1975 年剧烈侵蚀等级面积转移比重最高，分别占到了 55.55%、76.60%和 78.00%，剧烈土壤侵蚀等级向低一级土壤侵蚀等级转移面积共 7.53km²。

表 4-11　1975～2008 年塘背河小流域土壤侵蚀转移矩阵　　（单位：km²）

年份		2008 年						
	侵蚀等级	微度	轻度	中度	强烈	极强烈	剧烈	合计
1975 年	微度	**3.98**	0.12	0.08	0.00	0.00	0.00	4.18
	轻度	1.11	**0.09**	0.05	0.00	0.00	0.00	1.25
	中度	0.59	0.05	**0.05**	0.00	0.00	0.00	0.68
	强烈	0.97	0.08	0.08	**0.00**	0.00	0.00	1.13
	极强烈	1.33	0.16	0.12	0.00	**0.00**	0.00	1.61
	剧烈	5.00	1.31	1.18	0.04	0.00	**0.01**	7.53
	合计	12.97	1.80	1.56	0.04	0.00	0.01	16.38

基于 Arcgis 地理信息系统平台，采用中国土壤流失方程(CSLE)对 1975～2008 年塘背河小流域土壤侵蚀时空变化特征进行了分析。结果表明，塘背河小流域土壤侵蚀状况得到了明显改善，土壤侵蚀面积已由 1975 年的 12.20km² 减少为 2008 年的 3.40km²，治理度达 72.13%，1998～2008 年土壤侵蚀面积虽有增加，但主要集中在轻度和中度侵蚀等级；土壤侵蚀改良以塘背河小流域中游的来溪村和下游的都田村最为显著，土壤侵蚀空间格局已由 1975 年的集中连片式转变为 2008 年的零星分散式；1975～2008 年塘背河小流域土壤侵蚀等级整体向较低等级转移，1998～2008 年，土壤侵蚀等级出现了向侵蚀高等级转移的情况，但其转移面积较少且主要向轻、中度侵蚀等级转移，流域内土壤侵蚀整体改善状况良好(宋月君和张金生，2017)。

4.3.5　天地一体化监测技术体系

根据在鄱阳湖流域开展的水土流失监测研究工作，针对当前水土流失监测技术现状，依托室内模拟、野外试验以及模型模拟等方法，将三维激光、近景摄影测量、无人机遥测以及模型模拟等技术引入到水土流失动态监测领域，参考中华人民共和国国家标准《近景摄影测量规范 GB/T 12979—2008》和测绘行业标准指导性技术文件《低空数字航空摄影规范 CH/Z 3005—2010》、《低空数字航空摄影测量外业规范 CH/Z 3004—2010》、《低空数字航空摄影测量内业规范 CH/Z 3003—2010》、《水土保持遥感监测技术规范(SL592—2012)》等，梳理提出了一套集"三维激光、近景摄影测量、遥感遥测以及模型模拟"于一体的土壤侵蚀动态监测技术体系(图 4-93～图 4-95 所示)。

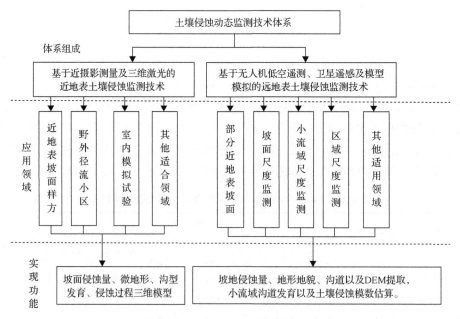

图 4-93　技术体系框架图

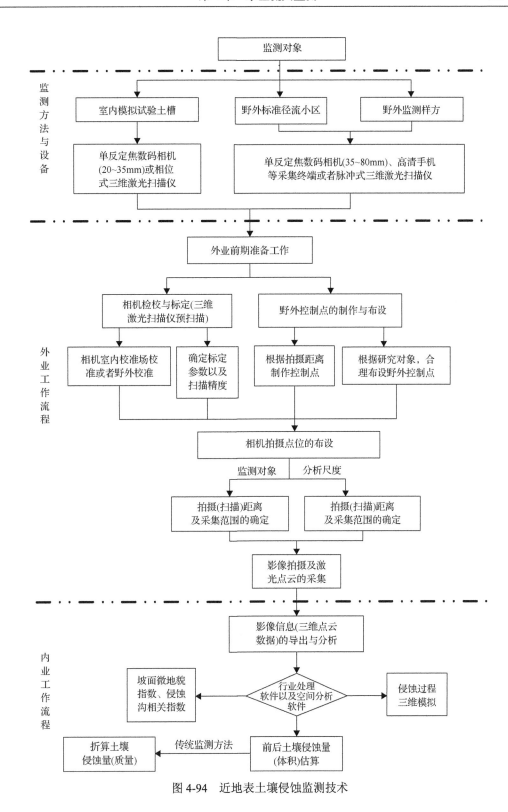

图 4-94　近地表土壤侵蚀监测技术

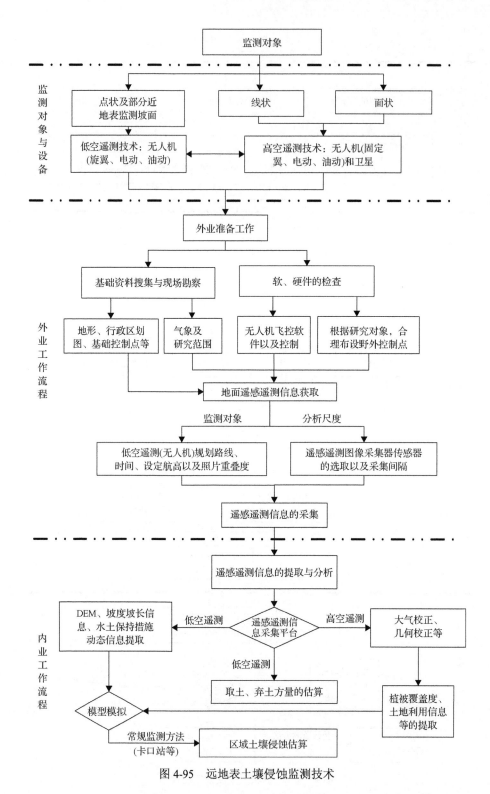

图 4-95　远地表土壤侵蚀监测技术

该监测技术体系主要包括基于近景摄影测量及三维激光的近地表土壤侵蚀监测技术

和基于遥感遥测以及模型模拟的远地表土壤侵蚀监测技术，其中基于近景摄影测量以及三维激光的近地表土壤侵蚀监测技术主要适用于近地表坡面样方、野外径流小区、室内模拟试验及其他适合领域的坡地土壤侵蚀监测；基于遥感遥测以及模型模拟的远地表土壤侵蚀监测技术主要应用于部分近地表坡面、坡面尺度、小流域尺度、区域尺度及其他适合领域等大尺度的土壤侵蚀监测、影响因子的提取工作，可为今后水土流失以及防治成效监测提供全方位、多角度的监测技术支撑。

参 考 文 献

蔡强国, 马绍嘉, 吴淑安, 等. 1994. 横厢耕作措施对红壤坡耕地水土流失影响的试验研究. 水土保持通报, (1): 49-56.

程金花, 秦越, 张洪江, 等. 2015. 华北土石山区模拟降雨下土壤溅蚀研究. 农业机械学报, 46(2): 154-161.

程效军, 许读权, 周行泉. 2011. 基于 PhotoModeler Scanner 的普通数码相机快速检校研究. 遥感信息, (4): 80-84.

丁绍兰, 王振, 赵串串, 等. 2012. 青海黄土丘陵区沟蚀侵蚀模数与其影响因子关系分析. 干旱区资源与环境, 26(6): 60-65.

房焕英, 谢颂华, 黄鹏飞, 等. 2019. 江西省生产建设项目弃土弃渣土壤侵蚀定量研究. 水土保持通报, 39(2): 131-137.

郭军权, 刘敏, 王文龙. 2012. 上方来水对浅沟侵蚀产沙的野外放水冲刷试验研究. 水土保持学报, 26(3): 49-52.

郭索彦, 许峰, 李智广. 2003. 土壤侵蚀宏观监测. 中国水土保持科学, (4): 6-9.

胡国庆, 董元杰, 史衍玺, 等. 2010. 坡面土壤侵蚀空间分异特征的磁性示踪法和侵蚀针法对比研究. 水土保持学报, 24(1): 54-57.

胡文生, 蔡强国, 陈浩. 2004. 摄影测量技术在土壤侵蚀研究中的应用. 水土保持研究, 11(4): 150-153.

霍云云. 2011. 基于元胞自动机的坡面细沟侵蚀过程模拟. 杨凌: 西北农林科技大学.

霍云云, 吴淑芳, 冯浩, 等. 2011. 基于三维激光扫描仪的坡面细沟侵蚀动态过程研究. 中国水土保持科学, 09(2): 32-37.

李洪丽, 韩兴, 张志丹, 等. 2013. 东北黑土区野外模拟降雨条件下产流产沙研究. 水土保持学报, 27(4): 49-57.

李君兰, 蔡强国, 孙莉英, 等. 2011. 坡面水流速度与坡面含砂量的关系. 农业工程学报, 27(3): 73-78.

李智广, 姜学兵, 刘二佳, 等. 2015. 我国水土保持监测技术和方法的现状与发展方向. 中国水土保持科学, 13(4): 144-148.

刘宝元, 毕小刚, 付素华. 2010. 北京土壤流失方程. 北京: 科学出版社.

刘宝元, 谢云, 张科利. 2001. 土壤侵蚀预报模型. 北京: 中国科学技术出版社.

刘超, 高井祥, 杨化超, 等. 2008. 较大幅面立面场景中数字近景摄影测量定位精度的实验研究. 矿山测量, (3): 62-65.

刘刚, 杨明义, 刘普灵, 等. 2007. 近十年来核素示踪技术在土壤侵蚀研究中的应用进展. 核农学报, 21(1): 101-105.

覃超, 郑粉莉, 徐锡蒙, 等. 2016. 基于立体摄影技术的细沟与细沟水流参数测量. 农业机械学报, 47(11): 150-156.

宋炜, 刘普灵, 杨明义. 2004. 利用 REE 示踪法研究坡面侵蚀过程. 水科学进展, 15(2): 197-201.

宋月君, 黄炎和, 杨洁, 等. 2016. 近景摄影测量在土壤侵蚀监测中的应用. 测绘学, 41(6): 80-83, 96.

宋月君, 杨洁, 汪邦稳. 2013. 赣南水土保持生态建设土壤改良成效分析. 水资源与水工程学报, 24(1): 104-108.

宋月君, 张金生. 2017. 1975-2008 年塘背河小流域土壤侵蚀时空变化特征分析. 中国农村水利水电, (12): 121-126, 130.

苏毅. 2010. 结合数字化技术的自然形态城市设计方法研究. 天津: 天津大学.

孙根行, 王湜, 赵串串, 等. 2009. 青海省黄土丘陵沟壑区沟蚀影响因子的贡献率. 生态环境学报, 18(4): 1402-1406.

唐辉, 李占斌, 李鹏, 等. 2015. 模拟降雨下坡面微地形量化及其与产流产沙的关系. 农业工程学报, (24): 127-133.

唐翔宇, 杨浩, 李仁英, 等. 2001. ^7Be 在土壤侵蚀示踪中的应用研究进展. 地球科学进展, 16(4): 520-525.

汪邦稳, 方少文, 杨勤科. 2011. 赣南地区水土流失评价模型及其影响因子获取方法研究. 中国水土保持, (12): 16-19.

王礼先, 朱金兆. 2005. 水土保持学(第 2 版). 北京: 中国林业出版社.

王强锋, 李建军, 张公平. 2012. 从随机非概率数据中提取粗糙度及其可靠度. 计算机工程与应用, 48(29): 168-171.

王一峰, 牛俊, 张长伟. 2013. 基于三维激光扫描仪技术的坡面径流小区土壤侵蚀运用研究. 中国农业信息, (12S): 151-152.

吴淑芳, 吴普特, 宋维秀, 等. 2010. 坡面调控措施下的水沙输出过程及减流减沙效应研究. 水利学报, 41(7): 870-875.

项鑫, 王艳利. 2010. 近景摄影测量在边坡变形监测中的应用. 中国煤炭地质, 22(6): 66-69.

岳鹏, 史明昌, 杜哲, 等. 2012. 激光扫描技术在坡耕地土壤侵蚀监测中的应用. 中国水土保持科学, 10(3): 64-68.

张赫斯, 张丽萍, 朱晓梅, 等. 2010. 红壤坡地降雨产流产沙动态过程模拟试验研究. 生态环境学报, 19(5): 1210-1214.

张洪江, 丛月, 杨帆, 等. 2015. 华北土石山区模拟降雨下土壤溅蚀研究. 农业机械学报, 46(2): 154-161.

张锦娟, 陆芳春, 赵聚国. 2012. 坡面土壤侵蚀监测技术研究现状及展望. 浙江水利科技, (6): 44-45.

张科利, 彭文英, 杨红丽. 2007. 中国土壤可蚀性值及其估算. 土壤学报, 44(1): 7-13.

张信宝, 贺秀斌, 文安邦, 等. 2007. 侵蚀泥沙研究的 ^{137}Cs 核示踪技术. 水土保持研究, 14(2): 152-154.

张喆. 2009. 基于近景摄影测量的边坡变形监测模拟试验研究. 交通科技, (3): 65-67.

章文波, 谢云. 2002. 利用日雨量计算降雨侵蚀力的方法研究. 地理科学, 22(6): 705-711.

赵西宁, 吴普特, 冯浩, 等. 2004. 基于人工神经网络的坡面土壤侵蚀研究. 中国水土保持科学, 2(3): 32-35.

郑粉莉, 唐克丽, 白红英. 1994. 标准小区和大型坡面径流场径流泥沙监测方法分析. 人民黄河, (7): 19-22, 61-62.

郑红丽, 韦杰, 陈国建, 等. 2014. 三峡库区紫色土坡耕地土壤侵蚀研究: 进展与方向. 重庆师范大学学报(自然科学版), 31(3): 42-48.

郑子成. 2007. 坡面水蚀过程中地表糙度的作用及变化特征研究. 杨凌: 西北农林科技大学.

中华人民共和国水利部. 2008. 水土保持试验规程(SL419—2007). 北京: 中国水利电力出版社.

周耀华, 张涛, 郭国先, 等. 2013. 径流场监测结果在武汉黄陂区水土流失预测中的应用. 水土保持研究, 20(6): 10-13.

R.威尔其, T.R.约旦, A.W.托马斯, 等. 1985. 摄影测量技术在测量土壤侵蚀方面的应用. 中国水土保持, (8): 60-63.

Balaguer-Puig M, Ángel Marqués-Mateu, Lerma J L, et al. 2017. Estimation of small-scale soil erosion in laboratory experiments with Structure from Motion photogrammetry. Geomorphology, (295): 285-296.

Brazier R E, Beven K J, Anthony S G, et al. 2001. Implications of model uncertainty for the mapping of hillslope-scale soil erosion predictions. Earth Surface Processes & Landforms, 26(12): 1334-1352.

Brough D L, Jarrett A R. 1992. Simple technique for approximating surface storage of sift-tilled fields. Transactions of the Asae, 35(3): 885-890.

Chandler J H, Buffin-Bélanger T, Rice S, et al. 2003. The accuracy of a river bed moulding/casting system and the effectiveness of a low-cost digital camera for recording river bed fabric. Photogrammetric Record, 18(103): 209-223.

Collins A L, Walling D E, Sichingabula H M, et al. 2001. Using 137 Cs measurements to quantify soil erosion and redistribution rates for areas under different land use in the Upper Kaleya River basin, southern Zambia. Geoderma, 104(4-4): 299-323.

Fang H, Sun L, Qi D, et al. 2012. Using ^{137}Cs technique to quantify soil erosion and deposition rates in an agricultural catchment in the black soil region, Northeast China. Geomorphology, 169-170(169): 142-150.

Fraser C S. 1998. Automated processes in digital photogrammetric calibration, orientation, and triangulation. New York: Academic Press.

Gallik J, Bolešová, Lenka. 2016. UAS and their application in observing geomorphological processes. Solid Earth, 7(4):1033-1042.

Guo M, Shi H, Zhao J, et al. 2016. Digital close range photogrammetry for the study of rill development at flume scale. Catena, 143(143): 265-274.

Heng B C P, Chandler J H, Armstrong A. 2010. Applying close range digital photogrammetry in soil erosion studies. Photogrammetric Record, 25(131): 240-265.

Huang C H, Bradford J M. 1990. Depressional storge for Markor-Gaussian surfaces. Water Resources Research. 26(9): 2235-2242.

Huang C H, White I, Thwaite E G. et al. 1988. A noncontact laser system for measuring soil surface topogrophy. Soil Science of America Journal, 52(3): 350-355.

Kersten T, H-G M, Piezzi K, et al. 1996. Photogrammetric point determination in the inspection of dams. International Journal of Rock Mechanics & Mining Sciences & Geomechanics Abstracts, (3): 125A.

Kuipers H. 1957. A relief-meter for soil cultivation studies. Netherlands Journal of Agricultural Science, 5: 255-262.

Nouwakpo S K, Huang C H. 2012. A Simplified close-range photogrammetric technique for soil erosion assessment. Soil Science Society of America Journal, 76(1): 70.

Prosdocimi M, Burguet M, Di P S, et al. 2017. Rainfall simulation and Structure-from-Motion photogrammetry for the analysis of soil water erosion in Mediterranean vineyards. Science of the Total Environment, 574: 204-215.

Renard. K G, Foster G R, Weesies G A, et al. 1997. Predicting soil erosion by water: A guide to conservation planning with the Revised Universal Soil Loss Equation (RUSLE). Washington DC: US Department of Agriculture.

Wischmeier W H, Smith D D. 1978. Predicting rainfall erosion losses-a guide to conservation planning. Agric Handbook, 537.

Yang C X, Zhen B, Li L, et al. 2011. Application of fractal dimensions and GIS technology in the soil erosion field. Advanced Materials Research, 271-273: 1146-1151.

第 5 章　坡耕地水土保持技术

坡耕地是我国山地丘陵地区的主要生产用地,广泛分布于 30 个省区(左长清,2011)。由于人多地少、复种指数高、耕作方式粗放等因素,全国现有的 3.6 亿亩坡耕地虽只占全国耕地总面积的 19.7%、占土壤侵蚀总面积的 6.7%,但年均土壤侵蚀量却高达 14 亿 t,占全国土壤侵蚀量的 28.3%,尤其是在坡耕地集中的地区,其土壤侵蚀量占全区土壤侵蚀总量的 40% 以上,成为山丘区水土流失的主要策源地(水利部等,2010;左长清,2015)。坡耕地是我国耕地资源的重要组成部分,直接关系国家粮食安全、生态安全和防洪安全。近年来,坡耕地水土流失问题引起了国家的高度重视。2010 年 5 月,国家在 20 个省(自治区、直辖市)的 70 个县启动了首批坡耕地水土流失综合治理试点工程,2011 年又加大了投入力度,工程实施范围扩大到 22 个省(自治区、直辖市)的 100 个县。坡耕地水土流失综合治理已被列入国家战略工程,其目标任务是:“十二五”期间,力争建设 4000 万亩高标准梯田,稳定解决 3000 万人的吃粮问题;到 2020 年,建成 1 亿亩标准化、规模化、设施配套化的高标准梯田,稳定解决 7000 万山丘区群众的生存和发展问题。开展坡耕地水土保持基础理论与关键技术研究,是大规模实施坡耕地水土流失综合治理的前提和基础。

南方红壤丘陵区是我国水土流失范围最广、侵蚀程度较高的地区,严重程度仅次于黄土高原区,是我国治理水土流失的重点区域之一(赵其国,1995;谢锦升等,2004;何圣嘉等,2011)。该地区坡耕地比较集中,占全国坡耕地总面积的 36%,是水土流失的主要发生地。由坡耕地土壤侵蚀等引起的土地生产力急剧下降,已经成为我国南方农业可持续发展的主要制约因子之一(赵其国,2002)。根据国家战略,坡耕地水土流失综合治理正在南方红壤丘陵区(包括位于该区中心的鄱阳湖流域)广泛地进行着。为此,对以坡改梯、植物篱、保土耕作等为代表的坡耕地水土流失治理技术进行优化组合、推广、示范、转化和集成,形成水土保持调控坡耕地径流泥沙技术体系,将进一步提升坡耕地水土流失综合治理水平,丰富坡地生态农业建设的水土保持技术和生态治理模式,为鄱阳湖流域乃至南方红壤丘陵区的生态文明建设和可持续发展提供技术支撑。

5.1　坡耕地水土保持技术概况

5.1.1　工程技术

水土保持工程技术的主要作用是改变地形,蓄水保土,建设高产稳产的耕地,促进农业生产高质量发展。在鄱阳湖流域坡地农林开发生产中,水土保持工程技术是坡耕生产蓄水保土的重要措施之一,主要包括梯田工程和生态路沟工程等。

1. 梯田工程

1) 坡改梯技术

梯田在我国有着深厚的历史渊源，坡耕地进行水土流失治理最普遍的措施就是进行坡改梯，即在坡地上分段沿等高线建设阶梯式农田。梯田宜布设于坡位较低、坡度小于25°、土层较厚、土质较好的坡地。由于各地的耕作习惯和利用方式不同，梯田的分类方法有很多，主要有以下三种：①按利用方向，可分为旱作梯田、水稻梯田、果园梯田和经济林梯田等；②按断面形态，可分为水平梯田、内斜式梯田、外斜式梯田、坡式梯田和隔坡梯田；③按坎坝构筑材料，可分为土坎梯田、石坎梯田、预制件坎梯田、土石混合坎梯田(左长清，2015)。坡改梯被实践证明是见效最快、效益最好的治理措施，在当前水土流失综合治理工程中得到大面积推广和应用。

2) 植物护埂坎技术

在我国南方一些石料缺乏的红壤丘陵区，梯田田坎、田埂的建筑材料基本上以土料为主，由于当地雨量丰富而且降雨集中，降雨强度大，如果梯坎、梯埂不加以有效防护，其土壤侵蚀将会相当严重，不仅会影响梯田的稳定性，还会成为山坡地垦殖利用土壤侵蚀的主要策源地。植物护埂坎技术是指种植草类以防止梯坎和梯埂土壤侵蚀的措施(武艺和杨洁，2008)。采用梯坎、梯埂上植草防护技术，不仅保护了梯田的稳定、防止梯田的崩塌，而且比石坎等其他形式的梯田，大大减小了建设成本(李小强，2004)。因其具有费用低廉、施工简易、控制水土流失效果好、又能兼顾自然景观的美化以及具有显著的生态经济效益等特点，目前已被广泛应用于我国各地土坎梯田田坎、田埂的水土保持。

3) 改土培肥技术

新修梯田往往由于存在土层厚薄不均，表土厚薄不一，甚至表土深埋、生土裸露的现象，导致土壤肥力下降，土壤水分亏缺、理化性状变劣，土壤微生物量减少等问题而影响农作物产量。采取有效措施改土培肥，使新修梯田当年不减产或比坡地略增产，是坡面梯田改造技术中的重要环节(唐克丽，2004)。

2. 生态路沟

传统坡面侵蚀治理技术路沟分离，增加耕地占用。江西省水土保持科学研究院在坡耕地水土保持和生态建设中研发出一种新型技术——生态路沟。生态路沟是一种集道路和蓄排水功能于一体并覆有草被的路沟，是草沟和草路的组装集成，由廖氏山边沟演变而来。生态路沟主要由工程部分和植物部分组成，工程部分主要包括路、沟等，植物部分主要包括路面、沟道内的草本植物及沿生态路沟水平方向种植的植物篱。生态路沟本身就是一种蓄排水措施，与坡面截排水沟连接，形成坡面排水水系；同时在道路系统属于支路，与规划的其他道路相连可完善道路交通网络。与传统的坡耕地路、沟技术相比，生态路沟技术具有投入较低、控制水土流失、减少占地的优势，是坡耕地水土保持和生态建设的一种新型技术。

5.1.2　生物技术

水土保持生物技术是指在山地丘陵以控制水土流失、保护和合理利用水土资源、改良土壤和提供土地生产潜力为主要目的进行的造林种草措施。以改变微地形为主的植物篱措施是坡耕地中较好的水土保持植物措施。在 25°以上坡耕地实行退耕还林,包括人工造林(经济林和水保林等)、封山育林等。通过增加地面植被覆盖,保护坡面土壤不受暴雨径流的冲刷,治根治本,对土壤的破坏程度也非常小。

1. 植物篱

植物篱,即在坡耕地上沿等高线,每隔一定坡间距,种植一行或多行的速生、萌生力强、经济价值较高的灌木或灌草,形成一条条生长茂密的灌丛或灌草丛,即植物篱。两行植物篱间坡地种植农作物,形成农林、农牧复合生态系统(王正秋,2010)。与其他水土保持措施(如梯田)的投入相比,等高植物篱种植模式的投入较低。它不仅可以有效控制水土流失,使坡地逐渐梯化,而且改善土壤理化性质、增强土壤肥力、促进养分循环以及抑制杂草生长等作用。同时,其自身有一定的经济效益,对改善生态环境,实现坡耕地持续利用、增加农民收入具有重要意义,已成为山地、丘陵、破碎高原等以坡地为主的地区进行水土保持和生态建设的一种重要实践形式(陈凯和胡国谦,1993)。

2. 地表覆盖

地表覆盖(薄膜、草被和秸秆),尤其是稻草秸秆覆盖,在南方红壤丘陵区广泛采用,其技术实施简单经济、方便易行,一般是利用塑料薄膜覆盖田面,或使用草被、秸秆等覆盖地表,使雨水流入田间沟内,防止雨滴击溅地表的同时,聚集降雨径流,有效减少土壤水分的蒸发,有利于蓄水保墒,促进作物对水分的吸收,增加作物产量,为土壤提供可靠的水源(程艳辉,2010)。同地膜覆盖比较,秸秆覆盖具有成本低、就地取材、方法简单、易于大面积推广应用等优势,同时还解决了秸秆再利用的问题,防止由秸秆燃烧造成的资源浪费和环境污染,是一项值得推广的节水增产技术。

3. 退耕还林还草

退耕还林还草是把不适于耕作的农地有计划地停止耕种,改为植树种草,恢复植被。在南方红壤丘陵区将 15°以上的坡耕地多数开发成经济林,如赣南的脐橙果林、秭归的柑橘果林等,坡度太陡不宜开发经济林的地区一般进行封山育林、种植水保林等。从保护和改善生态环境出发,将易造成水土流失的坡耕地有计划、有步骤地停止耕种,按照适地适树的原则,因地制宜地植树造林种草,有利于保护生态环境。

5.1.3　耕作技术

一般对暂时无法改为梯田又必须保留农作的坡耕地,推广水土保持耕作技术,不仅能取得较好的保持水土和增产效果,而且加快了坡耕地治理速度。在坡度较缓的地块,为了节省资源,减轻农民负担,水土流失治理措施一般以水土保持耕作措施为主。

1. 等高耕作

等高耕作也叫横坡耕作，是在坡耕地上沿等高线方向用犁开沟播种，利用犁沟、耧沟、锄沟阻滞径流，增大拦蓄和入渗能力的水土保持措施。它是改变传统顺坡耕作最基本、最简易的水土保持耕作法，也是衍生和发展其他水土保持耕作法的基础。一般情况下，地表径流均顺坡而下。在坡耕地上，如果只考虑耕作方便，采取顺坡耕作，就会使地表径流顺犁沟集中，加大水土流失。反之，如果采取横坡耕作，即沿等高线耕作，增加了地面的糙率，则每条犁沟和每一行作物，都具有拦蓄地表径流和减少土壤冲刷的效果。我国南方多雨且土质黏重地区，耕作方向应与等高线呈 1%~2%的比降，以适应排水，并防止冲刷(唐克丽，2004)。

2. 沟垄耕作

因等高耕作一般适用于小于 15°的缓坡地，为探索较陡坡地的耕作技术，人们总结出了沟垄耕作(等高垄作)。沟垄耕作是在坡面上沿等高线(或与等高线呈 1%~2%的比降)开犁，形成较大的沟和垄，在垄面上栽种作物，起到减水减沙，防旱抗涝的一种耕作方式，可用于 10°~20°坡地。沟垄耕作形成高凸的垄台和低凹的垄沟，改变了坡地小地形，每条沟垄都发挥就地拦蓄水土的作用，同时增加了降水入渗(唐克丽，2004)。

3. 保土耕作

增加植物覆被的保土耕作主要有套种、间作、轮作等。

1) 套种

在前茬作物的发育后期，于其行间播种或栽植后茬作物的种植方式。根据作物的不同特点，在播种上分别采用以下两种作法：在第一种作物第一次或第二次中耕以后，套种第二种作物；在第一种作物收获前，套种第二种作物。套种作物的选择，应具备生态群落和生长环境的相互协调和互补，例如，高秆与低秆作物、深根与浅根作物、早熟与晚熟作物、密生与疏生作物、喜光与喜阴作物，以及禾本科与豆科作物的优化组合与合理配置，并等高种植，尤其在雨季，作物生长最为繁茂，覆盖率达 75%以上，以能取得最大的水土保持效益(唐克丽，2004)。南方红壤丘陵区在经果林幼苗期一般套种大豆、萝卜、西瓜等作物。

2) 间作

指在同一地块，成行或成带(厢式)间隔种植两种或两种以上发育期相近的作物。间作优点：增加植被覆盖度，减少水土流失；增加阳光的截取和吸收，提高光能的利用率；两种作物间作可互补作用，不同植物需肥特点不一样，可以增加土壤养分的利用率，豆科与禾本科间作有利于补充土壤氮元素的消耗等(唐克丽，2004)。南方红壤丘陵区主要有玉米与油菜或红薯间作、小麦与蚕豆间作、洋葱与番茄或冬瓜间作、大豆与玉米间作等。

3) 轮作

在同一块田地上，有顺序地在季节间或年间轮换种植不同的作物或复种组合的一种种植方式。轮作优点：增加年植被覆盖，从而减少土壤侵蚀；提高土地利用率，增加收入（唐克丽，2004）。南方红壤丘陵区坡耕地常用的轮作主要花生-油菜轮作、大豆-油菜轮作、花生-芝麻轮作等。

4) 休闲地种植绿肥

作物收获前 10～15d，在作物行间顺等高线地面播种绿肥作物，收获后绿肥快速生长，迅速覆盖地面。若在作物收获前未能套种绿肥，则应在作物收获后尽快播种，并配合做好水平犁沟。休闲地种绿肥可增加休闲植被覆盖度，减少水土流失；绿肥可肥田增加土壤肥力（唐克丽，2004）。南方红壤丘陵区坡耕地绿肥主要有肥田萝卜、箭舌豌豆、印度豇豆等。

5.2　坡耕地水土保持技术效应

选择江西水土保持生态科技园梯田试验区，以非坡面梯化坡地为对照（直坡 CK），分析前埂后沟梯壁植百喜草的水平梯田、梯壁植百喜草的水平梯田、梯壁不植草的水平梯田等代表性坡面梯化工程技术条件下的调水、保土、提高土壤肥力、维持生物多样性和固碳等方面效应。同时，选择江西水土保持生态科技园坡耕地试验区，以裸露对照为对比，分析植物篱、沟垄种植、等高耕作、秸秆覆盖等代表性生物和耕作技术条件下的调水、保土、提高土壤肥力、维持生物多样性和固碳等方面效应。

5.2.1　研究方法

1. 研究区概况

江西水土保持生态科技园地处江西省北部的德安县燕沟小流域、鄱阳湖水系博阳河西岸，位于东经 115°42′～115°43′、北纬 29°16′～29°17′，总面积为 80hm²。该园属亚热带季风气候区，气候温和，四季分明，雨量充沛，光照充足，且雨热基本同期。多年平均降雨量为 1350.9mm，因受季风影响而在季节分配上极不均匀，形成明显的干季和湿季。最大年降水量为 1807.7mm，最小年降水量为 865.6mm。多年平均气温为 16.7℃，年日照时数为 1650～2100h，无霜期为 245～260 天。

科技园位于我国红壤的中心区域，属于全国水土保持区划二级类型区的江南山地丘陵区，在鄱阳湖流域和南方红壤丘陵区具有典型代表性。其地层为元古界板溪群泥质岩、新生界第四纪红土、近代冲积与残积物。地貌类型为浅丘岗地，海拔一般为 30～100m，坡度多为 5°～25°。土壤为发育于母质主要是泥质岩类风化物、第四纪红土的红壤；土质类型主要为中壤土、重壤土和轻黏土；土壤呈酸性至微酸性，土壤中矿物营养元素缺乏，氮、磷、钾都少，尤其是磷更少。地带性植被类型为常绿阔叶林，植物种类繁多，植被类型多样，但由于长期不合理的采伐利用，造成地表植被遭到破坏，现存植被多为人工营造的针叶林、常绿阔叶林、竹林、针阔混交林、常绿落叶混交林、落叶阔叶林等。建园初期这里生态环境相当脆弱，水土流失十分严重，水土流失面积达 72.0hm²，占土地总面积的 85.7%，其中，轻度流失 35.2hm²，占流失面积的 48.9%；中度流失 7.5hm²，占流失面积的 10.4%；强烈流失 29.3hm²，占流失面积的 40.7%；年土壤侵蚀总量为 2122.6t，土壤侵蚀模数为 2948t/(km²·a)，土壤侵蚀类型以水力侵蚀为主。

2. 试验设计与方法

1）坡耕地试验区

（1）试验措施布设

该试验区修建于 2011 年初。在土层厚度均匀、土壤理化特性较一致、坡度较均一的同一坡面上，经人工修整后，共布设 12 个 20m（长）×5m（宽）标准径流小区，小区编号为 1～12，水平投影面积为 100m²，坡度均为 10°。依据当地坡耕地的农作物特点，试验设计种植花生和油菜作物，采取轮作制度，共分 5 种处理，每种处理 2～3 个重复；同时布设了 3 个 45m（长）×40（20）m（宽）的大坡面试验区，坡度均为 10°，编号为 13～15 小区。15 个坡耕地试验小区措施设置如表 5-1 所示。为阻止地表径流进出，在试验小区周边设置围埂，拦挡外部径流。小区下面修筑横向集水槽，承接小区径流及泥沙，并通过 PVC 塑胶管引入径流桶。径流桶根据当地可能发生的最大暴雨和径流量设计成 A、B、C 3 个径流桶，径流桶是用 2mm 的白铁皮制成，每个桶的规格是直径 80cm，高 100cm；同时，A 桶在距底 60cm 处的桶壁上设 7（9）孔分流法的分流孔，径流桶内壁正面均安装有水尺，桶底安装有放水阀门。

表 5-1 坡耕地试验径流小区

小区编号	措施名称	种植方式
1	常规耕作+稻草覆盖	花生+油菜轮作
2	顺坡垄作	花生+油菜轮作
3	常规耕作+稻草覆盖	花生+油菜轮作
4	顺坡垄作+黄花菜植物篱	花生+油菜轮作
5	顺坡垄作	花生+油菜轮作
6	裸地对照	花生+油菜轮作
7	顺坡垄作+黄花菜植物篱	花生+油菜轮作
8	横坡垄作	花生+油菜轮作
9	裸地对照	花生+油菜轮作
10	顺坡垄作	花生+油菜轮作
11	横坡垄作	花生+油菜轮作
12	顺坡垄作+黄花菜植物篱	花生+油菜轮作
13	生态路沟+蓄水池/沉沙池+常规耕作	花生+油菜轮作
14	常规耕作	花生+油菜轮作
15	生态路沟+常规耕作	花生+油菜轮作

注：1 号小区原为横坡垄作，于 2014 年 4 月 30 日改为平地加稻草覆盖；3 号小区原为裸露对照，于 2014 年 4 月 30 日改为稻草覆盖；4、7、12 小区于 2014 年 9 月 16 日将黄花菜 4 行改为 2 行。

（2）试验处理

12 个坡耕地标准径流小区（编号为 1～12）分为 5 个处理（图 5-1）：措施 1：常规耕作+

稻草覆盖(编号1、3);措施2:顺坡垄作(编号为2、5、10);措施3:顺坡垄作+黄花菜植物篱(编号为4、7、12);措施4:横坡垄作(编号8、11);CK:裸露对照(编号6、9)。每个处理重复2~3次,随机排列。13~15号小区的措施分别为生态路沟+蓄水池/沉沙池+常规耕作、常规耕作(CK)、生态路沟+常规耕作。除了对照小区外,每个小区自2012年起4月底~5月初播种花生,8月上旬~中旬收获;10月下旬移栽油菜,4月底或5月初收获。横坡垄作小区,按照等高线方向起垄,每个小区20个横垄,垄宽70cm,垄高20cm,垄间沟宽30cm。顺坡垄作小区,按垂直等高线的方向起垄,垄长与小区长相等,每个小区5垄,垄宽70cm,垄高20cm,垄间沟宽30cm。常规耕作+稻草覆盖小区,整地时不起垄,翻耕后直接整平,按1kg干稻草/m²于花生出苗后覆盖。顺坡垄作+植物篱小区,按照垂直等高线的方向起垄,每个小区5垄,从小区上坡顶部起算,每隔5m等高线布设0.3m的黄花菜植物篱,总共布置4个植物篱,把顺坡垄作分成4带。垄作小区的花生采取一垄双行、株行距为20cm×30cm种植;常规耕作小区的花生除不起垄外,其他与顺坡垄作小区相同。

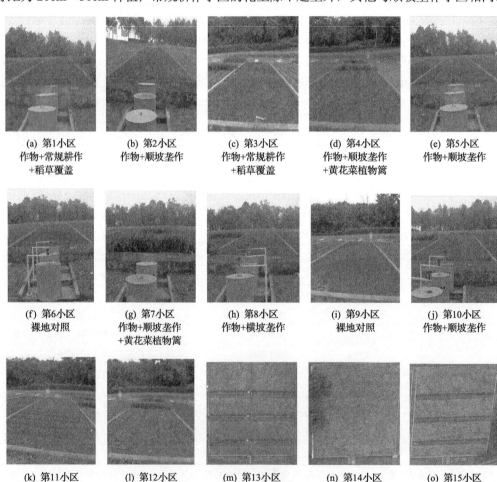

(a) 第1小区	(b) 第2小区	(c) 第3小区	(d) 第4小区	(e) 第5小区
作物+常规耕作	作物+顺坡垄作	作物+常规耕作	作物+顺坡垄作	作物+顺坡垄作
+稻草覆盖		+稻草覆盖	+黄花菜植物篱	

(f) 第6小区	(g) 第7小区	(h) 第8小区	(i) 第9小区	(j) 第10小区
裸地对照	作物+顺坡垄作	作物+横坡垄作	裸地对照	作物+顺坡垄作
	+黄花菜植物篱			

(k) 第11小区	(l) 第12小区	(m) 第13小区	(n) 第14小区	(o) 第15小区
作物+横坡垄作	作物+顺坡垄作	作物+生态路沟+	作物+常规耕作	作物+生态路沟
	+黄花菜植物篱	蓄水池+常规耕作		+常规耕作

图 5-1　坡耕地试验径流小区

2) 梯田试验区

(1) 试验措施布设

该试验区修建于 1999 年底。在土层厚度均匀、坡度较均一、土壤理化特性较一致的同一坡面上，建有 4 个径流小区，每个小区宽 5m(与等高线平行)，长 20m(水平投影)，其水平投影面积 100m²，坡度均为 12°。为阻止地表径流进出，在每个试验小区周边设置围坝，拦挡外部径流。试验小区下面修筑集水槽承接小区径流和泥沙，并通过 PVC 塑胶管引入径流池。

径流池根据当地可能发生 24 小时 50 年一遇的最大暴雨和径流量设计成 A、B、C 三池。A 池按 1.0m×1.2m×1.0m、B 和 C 池按 1.0m×1.2m×0.8m 方柱形构筑，为钢筋混凝土结构现浇而成。A 池在墙壁两侧 0.75m 处、B 池在墙壁两侧 0.55m 处设有五分法 V 形三角分流堰，其中，A 池正面 4 份排出，内侧 1 份流入 B 池；B 池与 A 池一样。三角分流堰板采用不锈钢材料，堰角均为 60°。径流池内壁正面均安装有搪瓷量水尺，率定后可直接读数计算地表径流量。

(2) 试验处理

每个小区于 2000 年春顺坡栽植二年生大苗柑橘(品种为椪柑)12 株，由上至下种植 6 行，行距 3.0m，每行 2 株，株距 2.5m；距小区两侧各 1.25m，距坡顶 2.5m。梯田措施区组每个小区均设 3 个台面，梯角 75°，梯区平面 6m×5m。其中，前埂后沟梯田小区，埂坎高 0.3m，顶宽 0.3m，排水沟位于梯面内侧，沟深 0.3m，宽 0.2m；梯壁植草小区，梯壁和田埂种植百喜草；内斜式梯田小区，梯面内斜，内斜坡度 5°；外斜式梯田小区，梯面外斜，外斜坡度 5°。各试验小区设计及处理情况如表 5-2、图 5-2 所示。

表 5-2　梯田试验径流小区

措施名称	小区介绍
直坡 CK	柑橘净耕区，植被覆盖度 20%
梯田Ⅰ	水平梯田区+前埂后沟+梯壁植百喜草，梯面种柑橘，植被覆盖度 45%
梯田Ⅱ	普通水平梯田+梯壁植百喜草，梯面种柑橘，植被覆盖度 45%
梯田Ⅲ	普通水平梯田+柑橘净耕区，植被覆盖度 20%

(a) 柑橘+未坡改梯　　(b) 柑橘+前埂后沟+梯壁　　(c) 柑橘+梯壁植草　　(d) 柑橘+梯壁不植草
　　(直坡CK)　　　　　植草水平梯田(梯田Ⅰ)　　水平梯田(梯田Ⅱ)　　水平梯田(梯田Ⅲ)

图 5-2　梯田试验径流小区

5.2.2 调水效应

1. 梯田和路沟工程

1）减少地表径流

表 5-3 为梯田试验区 2001～2015 年不同坡改梯措施下的年均蓄水减流效应，减流率是相对于未坡改梯对照来计算的。如表 5-3 所示，梯壁裸露水平梯田处理的减流率最低，为 56.9%；前埂后沟+梯壁植草水平梯田措施的减流率最大，达 89.0%；梯壁植草水平梯田的减流率居两者之间，为 82.3%。结果表明，实施坡改梯后，由于坡长截短，坡度降低，使水分就地入渗，减弱了降雨径流冲刷，减小了径流率，不同坡改梯措施均起到了一定的减流效果，年均减流率在 56.9%～89.0%。与梯壁不植草的普通水平梯田（梯田Ⅲ）相比，有梯壁植草和前埂后沟处理的水平梯田（梯田Ⅰ和梯田Ⅱ）的减流率为 58.9%～74.5%；与梯壁植草水平梯田（梯田Ⅱ）相比，前埂后沟+梯壁植草水平梯田（梯田Ⅰ）的减流率为 37.9%。这说明坡改梯地与非坡改梯地相比对地表径流具有较好的调控作用，以同时配套有前埂后沟和梯壁植草辅助设施的梯田最佳，仅配套梯壁植草或前埂后沟单项辅助设施的梯田次之。

表 5-3　坡改梯措施减少地表径流效应

措施类型	年最大径流量/m³	年最小径流量/m³	年均径流深/mm	年均径流系数/%	年均减流率/%
梯田Ⅰ	4.47	0.61	22.78	1.63	89.0
梯田Ⅱ	6.78	0.93	36.66	2.63	82.3
梯田Ⅲ	22.59	2.00	89.39	6.41	56.9
直坡 CK	68.20	2.87	207.39	14.86	—

注：梯田Ⅰ为前埂后沟+梯壁植草水平梯田；梯田Ⅱ为梯壁植草水平梯田；梯田Ⅲ为梯壁裸露普通水平梯田；CK 为未坡改梯地。

利用江西水土保持生态科技园坡耕地试验区 13～15 号小区 2012 年 8～12 月份径流观测数据，分析生态路沟技术对红壤坡耕地地表产流的影响如表 5-4 所示，可知不同措施的产流差异明显，径流深从大到小依次为常规耕作＞生态路沟+常规耕作＞生态路沟+蓄水池+常规耕作，15 号生态路沟+常规耕作比 14 号常规耕作具有明显减少地表径流作用，减流效益达 61.9%，13 号生态路沟+蓄水池+常规耕作与常规耕作相比减流效益高达 88.6%，与生态路沟相比减流效益为 70.2%。上述分析说明，生态路沟具有明显的减流作用，其主要通过截短坡长减缓流速，并增加入渗；生态路沟+蓄水池的坡面水系工程比单纯的生态路沟减流效益更好，蓄水池可以集蓄生态路沟引入的地表径流，从而进一步减少地表径流作用，同时蓄积地表径流提高径流的利用效率，实现涝能排蓄，旱能灌溉。

表 5-4　生态路沟减少地表径流效应

措施类型	径流深/mm	减流率/%
常规耕作（CK）	295.42	—
生态路沟+常规耕作	112.68	61.9
生态路沟+蓄水池+常规耕作	33.56	88.6

2) 增加土壤储水

表 5-5 为梯田试验区 2014 年全年观测计算的各土层土壤储水量。可以看出，各处理 0～90cm 土层土壤储水量为 210～273mm。坡面梯化地块的土壤储水量均大于非坡面梯化地块，土壤储水量增加了 5.2%～29.7%，主要是因为梯田截短坡长，拦蓄地表径流，增加了降雨入渗；前埂后沟+梯壁植草水平梯田地块土壤储水量最大，原因是梯埂拦蓄地表径流，加上坎下沟蓄积雨水，有效地增加了土壤水分含量。

表 5-5　坡改梯措施增加土壤储水效应

措施类型	30cm 土壤储水量 /mm	60cm 土壤储水量 /mm	90cm 土壤储水量 /mm	土壤储水总量 /mm	增加土壤储水效率 /%
梯田 I	79.17	95.77	98.15	273.09	29.7
梯田 II	82.72	61.25	77.45	221.42	5.2
梯田 III	77.01	81.52	87.95	246.48	17.1
直坡 CK	62.04	69.87	78.67	210.58	—

注：梯田 I 为前埂后沟+梯壁植草水平梯田；梯田 II 为梯壁植草水平梯田；梯田 III 为梯壁裸露普通水平梯田；CK 为未坡改梯地。

2. 生物和耕作技术

1) 减少地表径流

表 5-6 为坡耕地试验区 2013～2015 年花生生长季不同处理的地表径流产流量和减流效应。可以看出，不同水土保持生物和耕作措施的蓄水减流效应良好，其中顺坡垄作(花生顺坡开沟起垄种植，下同)减流率最低，为 5.9%～48.3%；顺坡垄作配套黄花菜植物篱后减流率提高到 17.8%～76.0%；横坡垄作减流率高于顺坡垄作，达到 33.3%～94.9%；稻草覆盖减流率也较高，为 68.4%～78.2%。上述表明，种植农作物增加了地表覆盖度，可以减少径流流失；在坡耕地上种植植物篱，可以阻挡减缓地表径流流速，从而增加入渗，减小径流。值得注意的是黄花菜植物篱种植一年后(2013 年)减流率不足 20%，但种植两年后(2014 和 2015 年)受建篱植物生长的影响其减流效果明显且稳定；横坡垄作的减流效果较植物篱明显，主要是因为横坡垄作通过垄面层层拦截能起到很好的减流作用；秸秆覆盖因避免雨滴直接打击地表，增加雨水就地入渗，其蓄水减流效果较好；顺坡垄作的坡面径流量较大，减流率较小，产生这一现象的原因是顺坡沟垄平行于坡面，有利于径流在坡面的汇集。

表 5-6　生物和耕作措施减少地表径流效应

措施类型	2013 年		2014 年		2015 年	
	径流量/m³	减流率/%	径流量/m³	减流率/%	径流量/m³	减流率/%
常规耕作+稻草覆盖	—	—	5.04	78.2	4.75	68.4
横坡垄作	12.55	33.3	5.37	76.8	0.77	94.9
顺坡垄作+植物篱	15.45	17.8	5.54	76.0	3.71	75.4
顺坡垄作	17.70	5.9	18.57	19.7	7.78	48.3
裸露对照	18.80	—	23.13	—	15.04	—

2）增加土壤储水

表 5-7 为坡耕地试验区 2014 年花生生长季不同处理的各土层土壤储水量。可以看出，各处理在整个花生生长季（4～8 月）的 0～90cm 土层土壤储水量约为 200～290mm，与顺坡垄作相比，采取稻草秸秆覆盖和等高植物篱的坡耕地土壤储水量增加了 22.0%～43.4%。其中，顺坡垄作处理的土壤储水量最小，原因可能是顺坡条件下降雨渗入土壤后，易向下坡方向聚集并排出试验区；顺坡垄作+植物篱的土壤储水量也较低，表明植物篱虽然能够减少地表径流，相比顺坡垄作其减流率为 12.7%～70.2%，但因植物自身生长耗水需要，土壤储水量并没有较顺坡垄作明显增加；常规耕作+稻草覆盖处理土壤储水量最大，原因是表层覆盖的稻草能够形成隔离层，减缓土壤水分与大气水分的交换，有效降低热辐射和地表温度，从而减少地表蒸发；横坡垄作处理的土壤储水量也较大，主要是通过层层拦蓄地表径流，增加了雨水就地入渗。

表 5-7　生物和耕作措施增加土壤储水效应

措施类型	30cm 土壤储水量 /mm	60cm 土壤储水量 /mm	90cm 土壤储水量 /mm	土壤储水总量 /mm	增加土壤储水效率 /%
常规耕作+稻草覆盖	80.16	88.22	117.99	286.37	43.4
横坡垄作	69.64	72.20	130.27	272.10	36.3
顺坡垄作+植物篱	63.37	74.44	105.82	243.63	22.0
顺坡垄作	60.23	55.76	83.69	199.68	—

5.2.3　保土效应

1. 梯田和路沟工程

表 5-8 为 2001～2015 年不同坡改梯措施下的年均保土减蚀效应，减蚀率是相对于未坡改梯对照来计算的。如表 5-8 所示，梯壁裸露普通水平梯田处理的减蚀率最低，为 66.6%；前埂后沟+梯壁植草水平梯田措施的减蚀率和梯壁植草水平梯田的减流率较高，达 99.0% 以上。这表明，实施坡改梯后，由于坡长截短，坡度降低，使水分就地入渗，减弱了降雨径流冲刷，减小了径流率，不同坡改梯措施均起到了一定的减蚀效果。与梯壁裸露普通水平梯田（梯田Ⅲ）相比，有梯壁植草和前埂后沟处理的水平梯田（梯田Ⅰ和梯田Ⅱ）的减蚀率为 97.6%～98.4%；与梯壁植草水平梯田（梯田Ⅱ）相比，前埂后沟+梯壁植草水平梯田（梯田Ⅰ）的减蚀率为 33.4%。这说明梯田对侵蚀泥沙具有较好的调控作用，以同时配套有前埂后沟和梯壁植草辅助设施的梯田最佳，仅配套梯壁植草或前埂后沟单项辅助设施的梯田次之。

表 5-8　坡改梯措施减少土壤侵蚀效应

措施类型	年最大侵蚀量 /[t/(km²·a)]	年最小侵蚀量 /[t/(km²·a)]	年均土壤侵蚀模数 /[t/(km²·a)]	侵蚀状态	年均减蚀率/%
梯田Ⅰ	26	2	9	微度	99.5
梯田Ⅱ	36	1	13	微度	99.2
梯田Ⅲ	1167	71	547	轻度	66.6
直坡 CK	8285	27	1636	中度	—

注：梯田Ⅰ为前埂后沟+梯壁植草水平梯田；梯田Ⅱ为梯壁植草水平梯田；梯田Ⅲ为梯壁裸露普通水平梯田；CK 为未坡改梯地。

利用坡耕地试验区 13～15 号小区 2012 年 8～12 月份径流泥沙观测数据，分析生态路沟技术对红壤坡耕地侵蚀产沙的影响，结果如表 5-9 所示，可知不同措施土壤侵蚀产沙差异明显。不同措施土壤侵蚀量从大到小依次为 14 号常规耕作＞15 号生态路沟+常规耕作＞13 号生态路沟+蓄水池+常规耕作，生态路沟+常规耕作减蚀率高达 81.8%，生态路沟+蓄水池+常规耕作减蚀率达 93.8%。上述分析说明，生态路沟具有明显的减蚀作用，其主要通过截短坡长，减少径流功率，生态路沟+蓄水池比单独的生态路沟减蚀效应更好，主要由于蓄水池的蓄水作用减少了地表径流的进一步下泄，减少对下坡面的冲刷侵蚀。

表 5-9　坡耕地配套生态路沟技术的侵蚀产沙状况

措施类型	土壤侵蚀量/(t/km²)	减蚀率/%
常规耕作(CK)	2983.00	—
生态路沟+常规耕作	543.37	81.8
生态路沟+蓄水池+常规耕作	184.49	93.8

2. 生物和耕作技术

表 5-10 为坡耕地试验区 2013～2015 年花生生长季不同处理的产沙量和减蚀效应。可知，沟垄种植、植物篱等都能起到改变坡面微地形而达到减少土壤侵蚀效果。其中顺坡垄作减蚀率最低，为 62.0%～64.3%；顺坡垄作配套黄花菜植物篱后减蚀率提高到 70.4%～94.9%；横坡垄作减蚀率高于顺坡垄作，达到 69.5%～98.6%；稻草覆盖减蚀率也较高，为 99% 左右。上述表明，农作物的种植增加了地表的地面覆盖度，可以减少土壤流失；在坡耕地上种植植物篱，可以阻挡减缓地表径流流速，从而促使径流中泥沙在坡面上沉积，减小产沙量。值得注意的是，黄花菜植物篱种植一年后(2013 年)减蚀率明显高于减流率，达到 70% 左右，种植两年后(2014 年和 2015 年)受建篱植物生长的影响其减蚀效果提升至 90% 以上且较为稳定；横坡垄作的减蚀效果明显，主要是因为横坡垄作通过垄面层层拦截能起到很好的减沙作用；秸秆覆盖因减少地表径流、拦截泥沙，其保土减蚀效果显著。

表 5-10　生物和耕作措施减少土壤侵蚀效应

措施类型	2013 年		2014 年		2015 年	
	土壤侵蚀量/(t/km²)	减蚀率/%	土壤侵蚀量/(t/km²)	减蚀率/%	土壤侵蚀量/(t/km²)	减蚀率/%
常规耕作+稻草覆盖	—	—	45.08	99.4	42.65	98.9
横坡垄作	1321.36	69.5	462.94	93.5	60.46	98.6
顺坡垄作+植物篱	1280.12	70.4	364.69	94.9	347.32	91.7
顺坡垄作	1544.85	64.3	2718.07	62.0	1548.29	62.9
裸露对照	4331.94	—	7159.46	—	4174.94	—

5.2.4　提高土壤肥力

1. 梯田工程

2013 年 11 月 21 日，研究人员对梯田试验区不同坡改梯措施小区进行土壤样品采集与分析测试，分析不同类型坡改梯实施 13 年后的土壤物理、化学和生物属性的差异。

1）改善土壤物理质量

与土壤结构密切相关的指标是土壤容重和孔隙状况。土壤容重综合反映了土壤颗粒和土壤孔隙的状况，一般来讲，土壤容重小，表明土壤比较疏松，孔隙多；反之，土壤容重大，表明土壤比较紧实，孔隙少。土壤孔隙作为评价土壤贮水性能和肥力特征的重要因素量之一，其中，毛管孔隙决定着土壤的保蓄性（保水保肥能力），非毛管孔隙（大孔隙）决定着土壤的通透性（通气透水性）。许多研究表明，对作物生长发育最适宜的土壤容重为 1.20g/cm^3；红壤丘陵区域由于土壤颗粒黏重、细小，毛管孔隙度多，非毛管孔隙度少，当毛管孔隙度与非毛管孔隙度之比为 2∶1 时最适宜作物生长（西南农业大学，1986）。图 5-3 中可以看出，梯田措施处理下表层（0～20cm）土壤容重在 1.28～1.34g/cm^3，低于直坡 CK 的 1.34g/cm^3；相应的，梯田措施处理下表层土壤总孔隙度（49.29%～50.96%），高于直坡 CK（48.46%）。可见，采取梯田措施对改良表层土壤结构有一定作用。

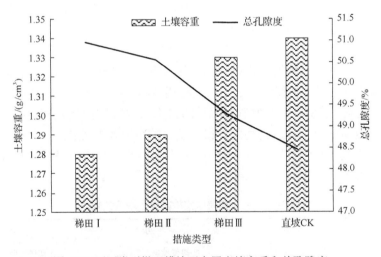

图 5-3　不同类型梯田措施下表层土壤容重和总孔隙度

梯田Ⅰ为前埂后沟+梯壁植草水平梯田，梯田Ⅱ为梯壁植草水平梯田，梯田Ⅲ为梯壁裸露普通水平梯田，CK 为未坡改梯地

本研究土壤大小粒级微团聚体的划分以 0.05mm 为界：大粒级微团聚体 0.05～2mm，小粒级微团聚体＜0.05mm。小粒级微团聚体有助于土壤养分离子的吸附保存，尤其是氮、磷养分；大粒级微团聚体则有助于土壤养分的解吸供应。表 5-11 列出了各处理 0～20cm 表层土壤样品中各粒级微团聚体在微团聚体总量中的分配情况。从表中可以看出，各处理中土壤微团聚体的优势粒级均为 0.002～0.05mm，在 62.52%±1.62%以上；次优势粒

级是 0.05～2mm，在 22.95%±2.56% 以上；＜0.002mm 粒级的微团聚体含量最少，均小于 10.81%。不同处理相比较，梯壁裸露水平梯田处理下土壤 2～0.05mm 粒级微团聚体含量高于其他坡改梯处理土壤，仅低于未坡改梯对照处理，其＜0.002mm 粒级微团聚体含量不足 10%，而其他几种坡改梯处理中土壤 0.05mm 以下粒级微团聚体含量为 76% 以上，说明这几种措施条件下土壤小粒级微团聚体含量的增多，更有利于土壤养分的保存。究其原因有二，一是与施工工艺有关，即在修筑梯田时，将表土填埋到下层，造成心土层出露，而心土层土壤肥力较低；二是梯田田面除了种植椪柑外，没有种植其他植物，只有零星自然生长的小草，覆盖度很低，土壤有机物归还量小，故而造成其土壤改良效果不够理想(左长清，2015)。

表 5-11　不同类型梯田措施下表层土壤微团聚体粒径含量　　　　　(单位：%)

措施类型	＜0.002mm	0.002～0.05mm	0.05～2mm
梯田Ⅰ	3.21±0.54	73.84±2.15	22.95±2.56
梯田Ⅱ	10.81±1.16	65.60±1.28	23.59±0.14
梯田Ⅲ	9.99±0.60	62.93±0.99	27.08±0.56
直坡 CK	8.83±0.45	62.52±1.62	28.65±1.22

注：梯田Ⅰ为前埂后沟+梯壁植草水平梯田；梯田Ⅱ为梯壁植草水平梯田；梯田Ⅲ为梯壁裸露普通水平梯田，CK 为未坡改梯地。

由图 5-4 可知，不同类型梯田措施下表层(0～20cm)土壤湿筛团聚体各粒径所占比例有所不同。梯田处理土壤中＞0.25mm 的水稳性团聚体含量(WSA)均在 39.34% 以上，而非坡面梯化处理的 WSA 在 38.26%。与直坡 CK 相比，梯田措施能够改善土壤团聚状况，尤其是配套了前埂后沟或梯壁植草的梯田，其 WSA 在 53.52% 以上。这主要是由于梯田措施截短坡长，改变土壤水循环，表层土体干湿交替作用明显，促进土壤空隙发育和＞0.25mm 水稳性团聚体生成，土壤孔隙度和抗蚀性能维持在比较高的水平。

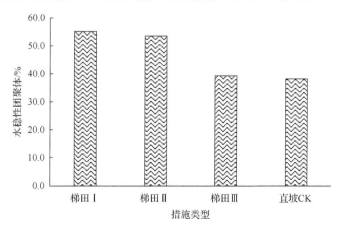

图 5-4　不同类型梯田措施下表层土壤＞0.25mm 的水稳性团聚体含量

梯田Ⅰ为前埂后沟+梯壁植草水平梯田；梯田Ⅱ为梯壁植草水平梯田；梯田Ⅲ为梯壁裸露普通水平梯田；CK 为未坡改梯地

2）提高土壤养分含量

土壤化学属性是土壤质量的重要组成部分，反映土壤的营养状况，是度量土壤生长潜势的指标，土壤有机质和活性有机碳对土壤养分、植物生长乃至环境都有直接影响。由表5-12可知，在0～20cm深度范围内，各类梯田措施土壤有机质为13.11～15.35g/kg，与非坡面梯化对照相比，前埂后沟+梯壁植草水平梯田能够提高土壤有机质含量。梯田措施土壤全氮含量在0.13～0.27g/kg，全磷含量为0.04～0.17g/kg，与非坡面梯化对照相比，梯田没有明显提高土壤全氮和全磷水平。梯田措施土壤全钾含量为13.67～15.35g/kg，与非坡面梯化对照相比，梯田可以改善土壤全钾水平，但增长幅度不大。与梯壁裸露水平梯田相比，其他类型梯田措施不能显著提高土壤养分水平。

表5-12　不同类型梯田措施下表层土壤养分含量　　　　　（单位：g/kg）

措施类型	有机质	全氮	全磷	全钾
梯田 I	15.35±3.17	0.27±0.26	0.17±0.11	13.67±2.17
梯田 II	13.11±2.69	0.13±0.05	0.04±0.02	14.46±1.26
梯田 III	13.32±1.02	0.15±0.19	0.07±0.04	15.35±1.28
直坡 CK	14.99±2.07	0.56±0.26	0.24±0.11	13.19±1.15

注：梯田 I 为前埂后沟+梯壁植草水平梯田；梯田 II 为梯壁植草水平梯田；梯田 III 为梯壁裸露普通水平梯田；CK 为未坡改梯地。

3）增加土壤生物活性

土壤微生物群落是土壤生物区系中最重要的功能组分，其群落组成对土壤环境条件变化反应敏感，土壤氨化、硝化、固氮及纤维素分解等生化作用强度是在土壤各主要微生物类群参与下进行的，对维持其生态系统的碳、氮平衡有着重要作用。农业土壤中微生物的数量与种类受耕作制度、作物种类、作物生育期等因素的影响，而微生物又是土壤活性的重要参与者。因此，可以通过选择耕作管理方式来调控土壤微生物，进而改善土壤肥力，用微生态方法来使作物达到最高效益。我国南方红壤由于高度风化，矿物释放的养分十分有限，微生物和土壤酶在土壤物质循环中所起的作用更大。研究表明，红壤微生物量与土壤肥力的化学指标及植物产量之间显著相关，可作为红壤肥力的指标之一（姚槐应和何振立，1999）。

表5-13为不同坡改梯措施下表层（0～20cm）土壤微生物数量变化。坡改梯措施土壤细菌数量均高于未坡改梯对照处理，其中，前埂后沟+梯壁植草水平梯田和梯壁植草水平梯田分别比对照增加2.1和3.5倍；与未坡改梯对照相比，坡改梯处理均小于未坡改梯处理；各处理中未坡改梯对照处理土壤放线菌的数量为最高，前埂后沟+梯壁植草水平梯田处理土壤放线菌数量较梯壁裸露水平梯田增加1.02倍；土壤细菌、真菌和放线菌3种主要微生物类群总量来看，以梯壁植草水平梯田最多，为173.56万CFU/g干土。可见，不同坡改梯措施类型对土壤微生物类群数量的影响存在差异。从表5-13中还可以看出，各处理中土壤微生物数量呈现出相同的变化趋势：细菌＞放线菌＞真菌。细菌是土壤微生物的主要类群，数量最多，表明在坡改梯系统中，细菌的繁殖力、竞争力及土壤养分有

效转化能力强于其他类群；放线菌与真菌数量虽不及细菌，但其绝对数量也较多，坡耕地改造为梯田后，随着立地条件改善，有机物质流失减少，土壤透气性和腐殖化作用增强，促进了微生物生长代谢所需的营养元素的形成于发育，微生物数量则会呈现增加趋势，生化活性强度增强。

表 5-13　不同坡改梯措施表层土壤微生物数量　　（单位：10⁴CFU/g 干土）

表 5-13　不同坡改梯措施表层土壤微生物数量　　（单位：10^4CFU/g 干土）

措施类型	细菌数量	真菌数量	放线菌数量	微生物总数
梯田 I	106.75±69.02	1.05±0.61	24.05±27.07	131.85±74.12
梯田 II	155.04±113.66	1.28±0.65	17.24±8.70	173.56±122.25
梯田III	84.66±87.13	0.84±0.40	11.89±6.37	94.90±94.46
直坡 CK	34.44±27.83	1.76±0.56	38.13±2.21	74.33±27.39

注：梯田 I 为前埂后沟+梯壁植草水平梯田；梯田 II 为梯壁植草水平梯田；梯田III为梯壁裸露普通水平梯田；CK 为未坡改梯地。

2. 生物和耕作技术

2014 年 8 月 15 日，研究人员对坡耕地试验区进行土壤样品采集与分析测试，探讨不同生物和耕作措施实施 3 年后的土壤质量物理、化学和生物属性差异。

1）改善土壤物理性质

图 5-5 为坡耕地试验区不同处理的表层（0～20cm）土壤容重和总孔隙度。结果表明：除常规耕作+稻草覆盖外，其他 3 种水保措施类型表层 0～20cm 土壤的容重（1.28～1.35g/cm³）均小于裸露对照地（1.44g/cm³），说明这 3 种水土保持措施实施 3 年后对土壤结构功能改善的效果较好；相应地，荒坡对照地发生土壤侵蚀后土壤孔隙被分散的土粒填充土壤孔隙而致土壤紧实，导致土壤容重增加，土壤孔隙较小，为 45.7%；而顺坡垄作+植物篱、横坡垄作和顺坡垄作 3 种水保措施下土壤侵蚀明显减少，土壤孔隙度较对照地高，为 49.1%～51.7%。稻草覆盖措施因仅实施一年，对土壤结构的改善还不明显。

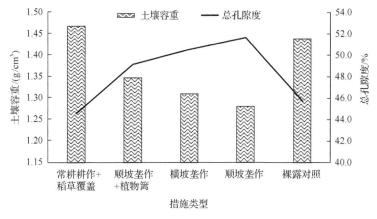

图 5-5　不同生物和耕作措施下表层土壤容重和总孔隙度

　　表5-14列出了各处理0～20cm表层土壤样本中各粒级微团聚体在微团聚体总量中的分配情况。从表中可以看出，表层土壤微团聚体的优势粒级都是 0.05～0.005mm，平均含量为 59.96%；次优势粒级是 2～0.05mm，平均为 37.89%；＜0.005mm 粒级的微团聚体含量最少，平均为 2.15%。土壤中＜0.05mm 和＞0.05mm 粒级微团聚体的比例是土壤微团聚体分布的又一特征。从该表中可以看出，除顺坡垄作+植物篱和常规耕作+稻草覆盖措施外，其他水保措施下土壤这一团聚体比值高于裸露对照土壤，说明横坡垄作和顺坡垄作处理土壤＜0.05mm 粒级颗粒含量占微团聚体总量的比例较大、团聚程度较低，土壤小粒级微团聚体含量的增多更有利于土壤养分的释放；顺坡垄作+植物篱和常规耕作+稻草覆盖措施土壤中＜0.05mm 和＞0.05mm 粒级微团聚体的比例低于对照地，说明这两种措施处理条件下土壤大粒级微团聚体含量的增多，更有利于土壤养分的保存。

表 5-14　不同生物和耕作措施下表层土壤微团聚体粒径含量　　　　　（单位：%）

措施类型	0.05～2mm	0.005～0.05mm	＜0.005mm	＜0.05mm 和＞0.05mm 比值
常规耕作+稻草覆盖	44.15±5.21	54.19±5.72	1.66±0.51	1.28±0.27
顺坡垄作+植物篱	57.14±21.41	40.57±21.38	2.29±0.51	0.92±0.69
横坡垄作	28.90±6.12	68.45±5.95	2.65±0.17	2.54±0.75
顺坡垄作	24.20±4.27	73.41±3.38	2.39±0.89	3.20±0.74
裸露对照	35.04±10.48	63.20±10.59	1.76±0.12	1.99±0.89

　　由图 5-6 可知，不同处理措施下表层土壤湿筛团聚体各粒径所占比例有所不同。相比裸露对照处理，水保措施处理在一定程度上增加了表层土壤＞0.25mm 水稳性团聚体的比例，以横坡垄作增加比例最大，顺坡垄作+植物篱次之，这可能与横坡垄作对土壤水稳性团聚体的保护机制以及黄花菜篱的植物残体的归还量不同有关。

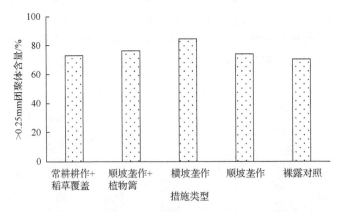

图 5-6　不同生物和耕作措施下表层土壤＞0.25mm 水稳性团聚体占比

2) 提高土壤养分含量

　　由表 5-15 可知不同措施处理表层土壤理化性质变化显著。不同水保措施处理土壤有机质含量均大于裸露对照地有机质含量，并以顺坡垄作+植物篱措施下土壤有机质含量最高，达 10.99g/kg。土壤按有机质含量划分：小于 0.2% 为瘠薄，0.2%～0.6% 为较瘠薄，

0.6%～1.0%为较肥沃，大于 1.0%为肥沃。试验区不同水保措施处理下表层土壤有机质含量为 8.21～10.99g/kg，根据这一标准，试验区土壤有机质含量比较高。有机质含量的高低主要与两个因素有关，一是形成有机质的枯落物种类，二是有机质所处的环境条件。土壤、生物、气候等因素均影响土壤有机质含量，如顺坡垄作+植物篱，生物量较高，枯落物含量较丰富，易分解，土壤水分条件较好，有机质含量较高。横坡垄作措施下缺少黄花菜篱枯落物和秸秆归还，同时土壤侵蚀较顺坡垄作+植物篱严重，土壤微生物量较少，因此有机质含量较顺坡垄作+植物篱少。对照地因土壤表层裸露土壤流失严重，加之没有植物对地表的保护作用，也没有枯落物腐烂转变成有机质作为补充，导致对照地土壤有机质含量最低。

表 5-15　不同生物和耕作措施下表层土壤化学性质

措施类型	有机质/(g/kg)	全氮/(g/kg)	全磷/(g/kg)
常规耕作+稻草覆盖	9.68±0.10	0.54±0.25	0.32±0.04
顺坡垄作+植物篱	10.99±0.61	0.41±0.10	0.54±0.12
横坡垄作	8.95±1.12	0.39±0.08	0.45±0.04
顺坡垄作	9.70±2.16	0.41±0.16	0.40±0.19
裸露对照	8.21±0.20	0.33±0.02	0.41±0.04

土壤全氮的含量是衡量土壤氮素供应状况的重要指标。不同水土保持措施处理土壤全氮含量均大于裸露对照地全氮含量；常规耕作+稻草覆盖措施下土壤全氮含量最高，达0.54g/kg。土壤全氮含量主要决定于有机质的积累和分解作用相对强度，因此其消长与土壤有机质质量分数的变化较为一致。土壤全氮含量的变化受土壤母质、植被、温度、枯落物的分解速率等因素的影响。常规耕作+稻草覆盖措施下覆盖度相对较大，稻草秸秆相对丰富，易分解氮素养分归还多，因此常规耕作+稻草覆盖土壤全氮含量较高；裸露对照地土壤全氮含量最低。

不同处理下土壤全磷含量变化范围为 0.32～0.54g/kg，除顺坡垄作+植物篱最高外，其他处理之间相差不大。顺坡垄作+植物篱全磷最高，与顺坡垄作+植物篱水土流失量小，而磷主要随地表径流泥沙流失有关。土壤中磷素含量受自然因素，如母质、植被、温度和降水等的影响，同时也受到人为因素，如利用方式、耕作、施肥及灌溉等措施的影响。

3）增加土壤微生物活性

本研究表明，不同措施类型土壤微生物数量有所不同（表 5-16）。0～20cm 表层土壤细菌数量以横坡垄作最多，其次是顺坡垄作+植物篱和常规耕作+稻草覆盖，顺坡垄作细菌数量较少，裸露对照最少；放线菌数量以常规耕作+稻草覆盖最多，其次是顺坡垄作，CK 对照和横坡垄作放线菌数量较少，顺坡垄作+植物篱最少；真菌数量是以常规耕作+稻草覆盖最多，其次是顺坡垄作+植物篱，顺坡垄作、横坡垄作真菌较少，裸露对照最少。常规耕作+稻草覆盖土壤微生物数量最大，可能的原因是细菌、真菌和放线菌受土壤养分的影响较大，稻草覆盖小区提供了土壤细菌生长的基质，并因地表有机残茬分解而增加养分含量；同时，土壤表层温度、湿度和通气状况利于微生物的生存与繁衍，因而土壤微生物数量最大。

表 5-16　不同生物和耕作措施下表层土壤微生物数量（单位：10^4CFU/g 干土）

措施类型	细菌数量	真菌数量	放线菌数量	合计
常规耕作+稻草覆盖	10.15±3.26	5.14±1.03	58.68±65.58	73.98±61.29
顺坡垄作	8.26±1.93	1.98±1.05	56.69±24.66	66.94±27.58
横坡垄作	28.35±13.85	1.17±0.00	22.00±14.63	51.52±0.77
顺坡垄作+植物篱	10.74±4.14	3.35±0.33	12.29±3.25	26.38±7.05
裸露对照	5.50±3.24	0.58±2.37	29.10±2.54	35.18±8.16

5.2.5　维持生物多样性

1. 梯田工程

图 5-7 为不同类型梯田措施下植被覆盖度。有梯壁植草的水平梯田植被覆盖度可达 45%，明显高于无梯壁植草的水平梯田或非坡面梯化地块（植被覆盖度约 20%左右），可知梯壁植草一定程度上增加了地表覆盖。

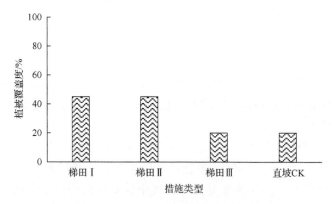

图 5-7　不同类型梯田措施下植被覆盖度

梯田 I 为前埂后沟+梯壁植草水平梯田，梯田 II 为梯壁植草水平梯田，梯田 III 为梯壁裸露普通水平梯田，CK 为未坡改梯地

2. 生物和耕作技术

图 5-8 为坡耕地试验区花生不同生育期的 NDVI 值。由图 5-8 可知，在花生整个生育期内，随着发育期推移，4 种保护型耕作措施处理的花生 NDVI 值均呈增大趋势，表明随着时间推移，作物冠层覆盖度逐渐增大。常规耕作+稻草覆盖措施下花生 NDVI 值在播种期、幼苗期最小，在开花结荚期增大，仅次于横坡垄作，到荚果成熟期 NDVI 值最大，说明该措施可以促进花生，尤其是花生开花结荚期的生长。顺坡垄作+植物篱措施能促进播种期花生生长，期间其 NDVI 值最大，但到后期尤其是开花结荚和荚果成熟期，

顺坡垄作+植物篱措施促进作物生长效应并不明显，与顺坡垄作不相上下。横坡垄作措施下 NDVI 值在幼苗期和开花结荚期最大，但在播种期和荚果成熟期其 NDVI 值与顺坡垄作+植物篱措施相差不大（宁堆虎等，2019）。

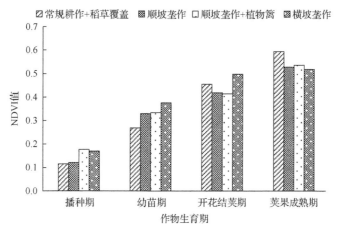

图 5-8　不同生物和耕作措施下 NDVI 值

5.2.6　固碳

1. 梯田工程

图 5-9 为不同类型梯田措施下 0～20cm 表层土壤有机碳储量。由图 5-9 可知，不同类型梯田措施表层土壤有机碳储量为 19.91～23.56t/hm²，并以前埂后沟+梯壁植草水平梯田的土壤有机碳储量最高，高于非梯化坡地的 22.60t/hm²（宁堆虎等，2019）。

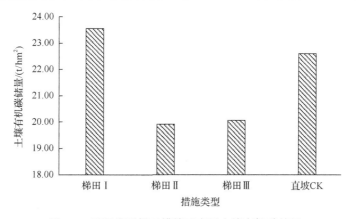

图 5-9　不同类型梯田措施下表层土壤有机碳储量

梯田 I 为前埂后沟+梯壁植草水平梯田，梯田 II 为梯壁植草水平梯田，梯田 III 为梯壁裸露普通水平梯田，CK 为未坡改梯地

2. 生物和耕作技术

图 5-10 为坡耕地试验区不同水保措施下表层土壤有机碳储量。由图 5-10 可知，除

横坡垄作外，不同水保措施类型表层土壤有机碳储量均大于裸露对照地，增幅为 7.7%～25.4%；并以顺坡垄作+植物篱措施下土壤有机碳储量最高，达 17.18t/hm²。顺坡垄作+植物篱，生物量较高，枯落物含量较丰富，易分解，土壤水分条件较好，土壤有机质含量较高，土壤有机碳储量相应较高(宁堆虎等，2019)。

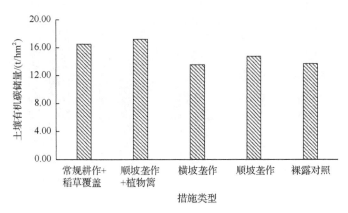

图 5-10　不同生物和耕作措施下表层土壤有机碳储量

5.3　坡耕地水土流失综合治理模式

5.2 节表明，坡改梯、生态路沟、等高植物篱、沟垄耕作、秸秆覆盖等水土保持单项措施具有较好的调水效应、保土效应、提高土壤肥力效应、维持生物多样性效应和固碳效应等，对以坡改梯、植物篱、保土耕作等为代表的坡耕地水土流失治理关键技术进行优化组合、推广、示范、转化和集成，形成适宜南方红壤丘陵区的水土保持调控坡耕地径流泥沙技术体系，将进一步提升坡耕地水土流失综合治理水平，丰富坡地生态农业建设的水土保持技术和生态治理模式，为南方红壤侵蚀区的生态文明建设和可持续发展提供技术支撑。

1) 配置原则

以控制坡耕地水土流失，合理利用和有效保护水土资源，加强农业基础设施建设为目标，治理措施以保土、蓄水措施为主，具体内容以新建坡改梯为重点，形成保水、保肥、保土的高产基本农田，同时配套必要的坡面水系及田间道路等措施。

2) 对位配置

(1) 在土层深厚、土质较好、距村较近、交通较便利、邻近水源、位置较低、坡度(相对)较缓(5°～25°)的地方发展坡耕地农业。

(2) 一般在坡度较缓(<15°)的坡耕地上栽种植物篱，采取"等高植物篱+生态路沟"形式，辅以水土保持植生工程和蓄水保土耕作措施；在坡度适中(5°～25°)的坡耕地上修筑土坎内斜式梯田，采用"前埂后沟+梯壁植草+反坡梯田"形式，辅以截排水沟、蓄水池、道路等配套工程和蓄水保土耕作措施；在坡度大于 25°的陡坡地或者坡度大于 20°的

风化花岗岩、紫色砂岩、红砂岩、泥质页岩坡地，实施退耕还林还草措施(图 5-11)。

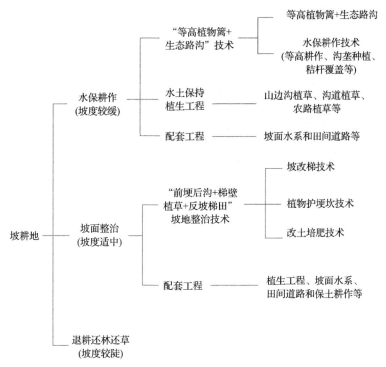

图 5-11　水土保持调控坡耕地径流泥沙关键技术体系框图

5.3.1　坡耕地坡面生态梯化模式

1. 配置思路

鄱阳湖流域在长期的水土流失综合治理实践中，总结出了"前埂后沟+梯壁植草+反坡梯田"的坡面梯化工程优化模式(杨洁等，2017)，宜布设于坡位较低、坡度小于 25°、土层较厚、土质较好的坡地。该模式是鄱阳湖流域山地丘陵使用最为频繁的土坎旱作梯田，适宜种植油茶、柑橘等经济林和果木林以及花生、大豆、油菜等农作物。

"前埂后沟+梯壁植草+反坡梯田"主要是结合坡改梯工程，设置内斜式梯面(即梯面外高内低，略成反坡)，以降低地面坡度和缩短坡长；同时，在梯面上种植柑橘、桃、梨等果树；另外，构筑坎下沟、田埂，并在田埂、梯壁、坎下沟上全部种植混合草籽进行防护处理(图 5-12)。若考虑培肥地力和巩固水土保持效果因素，也可以在田埂和梯壁种植一些经济作物或绿肥，如黄花菜、金银花、野菊花、箭舌豌豆、印度豇豆、猪屎豆等(郑海金等，2018)。

2. 技术组成

"前埂后沟+梯壁植草+反坡梯田"的核心主要包括前埂后沟、梯壁植草、反坡梯田等。

图 5-12　前埂后沟+梯壁植草+反坡梯田

1）前埂后沟

根据原坡面情况，修建前埂后沟式梯田，既能达到良好的水土保持效果，又能控制修建成本。这是因为田面构筑前田埂，可以更好地拦蓄上部坡面径流，减少冲刷；而开挖坎下沟，可以拦蓄上方降雨径流，增加入渗，起到缓解冲刷、拦截和排导径流的作用。在生产实践中，多采取前埂后沟田面工程和截、排、蓄、灌等地表径流调控手段，开展综合整治，发展农村特色产业。

2）梯壁植草

当前我国南方大部分地区梯田以土坎梯田居多，梯壁、田埂多为裸露，遇降雨冲刷，极易受水蚀而被破坏。一旦梯壁、田埂受损，将会导致更为严重的水土流失，甚至出现崩塌现象，直接威胁梯田的稳定。梯壁与田埂植草可以能迅速地覆盖梯壁、田埂表面，达到蓄水保土的作用，维护梯壁、田埂稳定（武艺和杨洁，2008）。

3）反坡梯田

旱作梯田以窄条、低坎为宜，田面略呈逆坡，即修筑反坡梯田，田面向内侧倾斜约3°~5°。这种梯田随地形变化而定型，工程量小、造价低，小雨能蓄、大雨能排，安全稳定性好，管理方便，种植旱粮、经作、果茶等均宜（孙波，2011）。在降水多和坡面径流大的情况下，反坡梯田要配套截流排水沟等坡面水系工程。

3. 技术要点

1）"前埂后沟+梯壁植草+反坡梯田"

（1）断面设计

基本要素包括田面、田坎、田埂和坎下沟，梯田外侧应有田埂，梯田内侧应有坎下沟，以保证梯田的安全（图 5-13）。

在断面规格要素中，田面宽度是主要要素，其他断面要素可由田面宽度来确定。田面宽度大小的确定，应当考虑三个方面的条件：一是原地面坡度，坡度越大，梯田断面规格应越小；二是田间作业的农机具，机耕作业要求田面规格大，人工耕作的田面可小

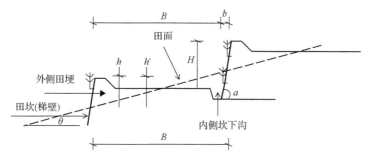

图 5-13　前埂后沟+梯壁植草+反坡梯田断面

些；三是尽量减少土石方挖填量，节省投资。总之，修建梯田采用的断面规格，要综合考虑多种因素，选择断面规格的目标是梯田安全、田间作业方面、节省投资等。适合于鄱阳湖流域的梯田断面规格可参考表 5-17。

表 5-17　土坎梯田规格参考值

地面坡度 $\theta/(°)$	田面宽度 B/m	田坎高度 H/m	梯坎坡度 $\alpha/(°)$
1～5	10～15	0.5～1.2	90～85
5～10	8～10	0.7～1.8	90～80
10～15	7～8	1.2～2.2	85～75
15～20	6～7	1.6～2.6	75～70
20～25	5～6	1.8～2.8	70～65

资料来源：《水土保持综合治理　技术规范　坡耕地治理技术》（GB/T 16453.1—2008）。

　　鄱阳湖流域红壤梯田断面的设计，应当因地制宜，结合蓄排灌，追求低造价、用途广和安全稳定，综合考虑各项技术经济指标。根据坡度、田面宽度、埂坎高度、田坎坡度等断面要素设计参考《水土保持综合治理　技术规范　坡耕地治理技术》（GB/T 16453.1—2008）相关规定，结合当地生产实践经验，田面内斜 5° 以内；梯田埂坎一般采用土料修筑，田坎植草防护。在梯田田面外侧修筑田埂，埂高 0.3～0.5m，顶宽 0.3～0.5m，外坡坡率与梯壁一致，内坡坡率为 1∶0.75；田面内侧设竹节水平沟，一般沟底比降 1/1000、0.3m×0.3m 矩形断面。沟内每隔 5～10m 设一横土挡，土挡高度 15cm 左右。

　　(2)施工工艺

　　根据 GB/T 16453.1—2008 和《长江流域水土保持技术手册》相关规定，土坎梯田具体施工工艺主要有施工准备、梯田定线、田坎清基、修筑田坎、保留表土、修平田面、表土还原、挖沟筑埂、田面翻耕、植物护埂等。

　　(3)施工要求

　　①梯田定线。在坡耕地坡面正中(距左右两端大致相等)从上到下划一中轴线，根据梯田断面设计的田面斜宽，在中轴线上划出各台梯田的基点，从基点出发，用手持水准仪向左右两端分别测定其等高点，并把各等高点连成线，即为各台梯田的施工线。定线过程中，如遇局部复杂地形，应根据大弯就势、小弯取直原则处理，有时为保持田面等宽，可适当调整埂线位置(图 5-14)。

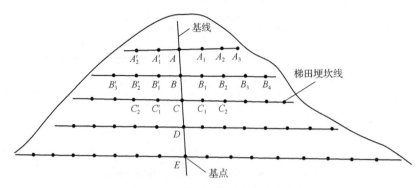

图 5-14　梯田施工定线示意图

②田坎清基。以各台梯田的施工线为中心,上下各划出 50~60cm 宽,作为清基线。在清基线范围内清除厚约 30cm 的表土,暂时堆在清基线下方,施工中与整个田面保留表土综合处理。然后再将清基线内的地面翻松约 10cm,清除石砾等杂物(如有洞穴,及时填塞),整平,夯实。

③修筑田坎。用生土填筑田坎,土中不应夹有石砾、树根、草皮等杂物。修筑时应分层夯实,每层填土厚约 10cm,夯实后约 7.5cm。修筑时每道埂坎应全面均匀地同时升高,不应出现各段参差不齐,影响接茬处质量。田坎升高过程中根据设计的田坎坡度,逐层向内收缩,并将坎面拍光。随着田坎升高,坎后的田面也相应升高、填实,使田面与田坎紧密结合在一起。

④保留表土。可根据地块实际情况采用表土逐台下移法、表土逐行置换法、表土中间堆置法等方法保留表土,一般保留 30cm 表土层。

表土逐台下移法:适用于坡度较陡,田面较窄(10m 以下)的梯田。整个坡面梯田逐台从下向上修,先将最下面一台梯田修平,不保留表土。将第二台拟修梯田田面的表土取起,推到第一台田面上,均匀铺好。第二台梯田修平后,将第三台拟修梯田田面的表土取起,推到第二台田面上,均匀铺好。如此逐台进行,直到各台修平(图 5-15)。

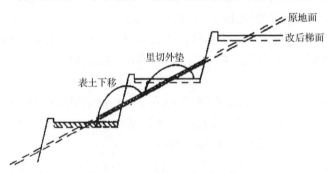

图 5-15　表土逐台下移法示意图

表土逐行置换法:适用于坡面坡度较缓,田面较宽(20~30m)的梯田。先将田面中部约 2m 宽修平,将其上下两侧各约 1m 宽表土取来铺上。挖上侧 1m 宽田面,填下侧 1m 宽田面,将平台扩大为 4m 宽。按前述方法,再向上下两端各展 1m 宽,将平台扩大为 6m。如此继续进行下去,直到将整个田面修平(图 5-16)。

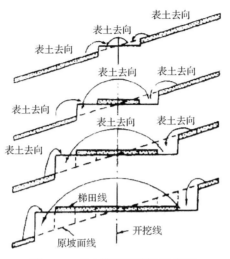

图 5-16　表土逐行置换法示意图

表土中间堆置法：适用于田面宽 10～15m 的梯田。拟修田面的表土全部取起，堆置在田面中心线位置，宽 2m 左右。将中心线上方田面生土取起，填于下方田面。然后将堆置在中心线的表土，均匀铺运到整个田面上(图 5-17)。

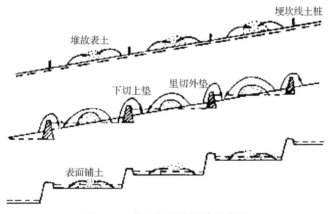

图 5-17　表土中间堆置法示意图

⑤修平田面。将田面分成下挖上填与上挖下填两部分，田坎线以下各 1.5m 范围，采取下挖上填法，从田坎下方取土，填到田坎上方。其余田面采取上挖下填法，从田面中心线以上取土，填到中心线以下。

⑥表土还原。为了能尽快排除田面积水，在表土还原时将田面整成内斜，倾斜度≤5°，并用手持水准仪检查是否达到设计要求的纵向比降，允许误差为±1%。

⑦挖沟筑埂。按设计断面尺寸，在坎坡脚处沿施工线使用人工镐锹开挖竹节水平沟，挖出的土方堆放在坎顶作为培埂用，修整沟底、边。土埂的砌筑要在清好埂基的基础上逐层填土夯实，并修整边坡。

⑧植物护埂。选择经济价值高、对田面作物生长影响小的草种或经济作物，进行植物护埂保持水土的同时，发展田埂经济。沿田埂每隔 20cm 采用混合草籽或作物种籽进

行穴播，品字形布置；种植时用少量泥沙和磷肥拌种，播种季节为春季或秋季。

（4）施工注意事项

①表土是耕地资源最宝贵的组成部分，是粮食生产的最基本条件，是不可再生的农业生产资源，在施工时务必将表土进行剥离并还原。②田坎坡面需人工用镐锹拍平拍实，防止造成新的水土流失。③及时对田埂、田坎进行植物防护。

2）梯壁植草

按照固梯护埂、埂田增效原则，选择抗逆性强、易栽植，适合粗放式管理，保土效果好并具有一定经济价值的水土保持草种或经济作物。一般在梯壁上植草有两种形式，一种是沿等高线条带种植，另外一种是呈品字形穴播种植。草种一般选择当地乡土本草如白三叶、狗牙根等，还可种植一定药用价值和经济效益的黄花菜、野菊花、金银花等。

3）改土培肥

新修梯田应采取保留表土、种植绿肥、施有机肥等措施进行培肥改良。一是种植绿肥，改善土壤结构。主要是种植肥田萝卜、三叶草等绿肥或种植蚕豆、豌豆、大豆、花生等豆科作物，秸秆还田既能保水也能增加土壤有机质。二是合理配方施肥。旱坡地经多年水土流失肥力很低，特别是速效养分缺乏，单纯施有机肥尚不能满足农作物高产需求，必须配合施用化肥，补充速效养分。除氮肥外，还要十分重视施用磷肥。在酸性土壤上施用钙镁磷肥。三是采取早耕、深耕、蓄水（王正秋，2010）。

4）配套工程

由于鄱阳湖流域降水多，暴雨频发，坡面径流大，为保证梯田安全，修建反坡梯田需要配套一定的蓄排工程。一般梯面每隔20～30m布置一道与梯面等高线垂直正交的排水沟，通过沉沙池排入蓄水池、塘库或自然沟道，排水沟按10年一遇24h最大降雨标准设计，采用草沟或砖砌沟渠，蓄水池、沉沙池均采用混凝土或砖块砌筑。此外，还需要修建从坡脚到坡顶、从村庄到田间道路。道路一般宽1～3m，比降不超过15%。在地面坡度超过15%的地方，道路采用S形盘绕而上，减小路面最大比降。

4. 主要功效

坡面梯化后，能截短坡长，改变地形，拦蓄径流，防止冲刷，减少水土流失；保水、保土、保肥，改善土壤理化性能，提高地力，增产增收；改善生产条件，为机械耕作和灌溉创造条件；为集约化经营、提高复种指数、推广优良品种提供良好环境。

江西水土保持生态科技园的定位观测研究表明：与直坡对照相比，"前埂后沟+梯壁植草+反坡梯田"坡面梯化工程优化模式的减流率为89.0%、减蚀率为99.5%，1m土层土壤储水量增加22.9%，表层土壤有机质和全钾分别提高了2.4%和3.6%；相对裸露坡地，"前埂后沟+梯壁植草+反坡梯田"对地表径流泥沙中全氮、全磷流失的拦截率分别在91.9%以上和92.9%以上（张展羽等，2008）。可见，"前埂后沟+梯壁植草+反坡梯田"坡面梯化工程优化模式，一方面减少了径流、泥沙和养分的流失，保持了水土、涵养了水源、改善了环境、提高了土壤肥力水平，增强了土壤抗蚀性；另一方面梯面种植农作物又能提高植被覆盖度，增加地表枯落物，增强整个模式调控径流泥沙、控制面源污染、涵养水源、保育土壤的能力，形成良性循环，有利于促进经济和环境可持续发展。

5. 适用范围

一般在坡位较低、坡度小于 25°、土层较厚、土质较好的地块修筑梯田，采用"前埂后沟+梯壁植草+反坡梯田"形式，配套修筑坡面水系工程和田间道路系统。"前埂后沟+梯壁植草+反坡梯田"坡面梯化工程优化模式广泛适用于鄱阳湖流域乃至我国南方红壤坡地水土流失防治和生态农业开发等领域，对合理开发利用红壤资源、提升水土流失治理的水平和效益、丰富完善我国南方红壤坡地水土流失防治体系、指导和推动水土保持生态建设的可持续发展具有重要的意义。

5.3.2　生态路沟水系重塑模式

1. 配置思路

采用生态路沟水系重塑模式的坡耕地，除地块后部的背沟和前缘的边沟外，地块内部还有横坡截流沟和顺坡垄沟。地块后部背沟的功能，主要是拦截上方坡地径流；地块前缘边沟的功能，主要是拦截、滞留地块产出的径流，沉积泥沙。横坡截流沟的功能主要是缩短坡长，避免坡面侵蚀细沟的发生；拦截、滞留上部地块产出的径流，沉积泥沙，供田间行走。顺坡垄沟挖沟起垄可以增加垄土厚度，提高作物产量；垄间沟排水、沥水，减少雨季耕土层发生顺坡滑塌。每年冬天，还要将沟道内沉积的泥沙回返到耕地内(严冬春等，2010)。

2. 技术组成

生态路沟水系重塑模式结合了横坡与顺坡的优点，农民更乐意接受。其核心技术是等高植物篱技术和生态路沟，同等高耕作技术、浅垄技术、秸秆覆盖技术等结合，能更好地达到保水、保土、保肥、增产的目的。

3. 技术要点

1)等高植物篱建造技术

(1)植物篱的品种选择

选择的原则是：生长迅速，根系发达；多年生灌木或草本植物；适应环境，能在当地生存；生态效益好，具有较强的保水保土、改良土壤等方面的功能；具有一定的经济价值，可用作粮油果茶菜、饲料绿肥。

适宜鄱阳湖流域乃至推广的植物篱品种很多，其中药用植物篱品种主要有新银合欢、杜仲、金银花、黄荆、紫穗槐、马桑、木槿、紫背天葵、紫花苜蓿等；饲用植物篱品种主要有百喜草、皇竹草、苜蓿、黑麦草、白三叶等；固氮等综合植物篱品种主要有蓑衣草、香根草、黑荆树、胡枝子、矮化桑、黄槐、花椒、黄花菜、茶树等。尤其是黄花菜、花椒、金银花、新银合欢、杜仲、矮化桑等，这些灌草都有较高经济价值，可以在红壤坡地农业中大力推广(卢升銮和钟家有，1997)。

(2)植物篱的布设技术

合理控制植物篱的株距、带间距，株、带间距过大，植物篱的挡土效果就不明显；过小，则对植物生长不利。一般采用双行植物篱即每带植物篱两行，行距、株距视不同植物确定，一般行距 25m，株距 15m。植物篱的带间距根据坡耕地的坡度可窄可宽，一般在 4～8m。缓坡可在 8～15m（马德举等，2007）。

2) 等高耕作技术要点

(1)等高耕作坡长的确定

等高(横坡)耕作所要求的坡度与坡长，随土壤特性(疏松土壤坡长可长些)、作物类型(保护性能好的作物坡长可长些)、地区的降水特点(暴雨强度小的地区可长些)而变化。不同坡度等高耕作的最大坡长参考表 5-18(杨春峰，1986)。

表 5-18　等高耕作的坡长限制

土地坡度/(°)	1～2	3～5	6～8	9～12	12～16	17～20	21～25
最大坡长/m	120	90	60	35	25	18	15

(2)等高耕作构建技术

采用等高耕作时应注意：①等高耕作的地面坡度愈小，效果愈好，一般在 15°以下；②等高耕作的种植行偏离等高线以不超过 3%为宜；③等高耕作在缓坡上可自下而上沿等高线进行耕犁，在较陡坡上自上而下进行，以免上面耕作溜土埋压犁沟；④在鄱阳湖流域和南方红壤区，由于降水较多且土质黏重，沿等高线耕作应有一定比降，以 1∶100～1∶200 为宜，结合草皮排水道排除多余的径流；⑤在土层较薄或降水量较多地区，可结合采用水平防冲沟，以防径流漫溢冲垮犁沟，加剧水土流失；⑥等高耕作最好与密植结合，加宽行距，缩小株距，种植密生作物。

3) 沟垄种植技术要点

通过大量的实践，人们在等高耕作的基础上，创造了沟垄种植，包括水平沟、垄作区田、格网式垄作等多种形式。沟垄耕作通常是在秋耕保墒的基础上，次年春季于播种前适时深耕起垄、机耕起垄开沟深达 20～25cm，畜耕起垄开沟深 20cm 左右、宽 30cm 左右；垄台宽度一般 70～150cm，根据不同农作物、不同种植密度起有所差异，如大豆垄台一般 80cm 左右，每垄两行，株行距 30cm 左右。而后将农家肥和化肥施入沟中，再顺沟浅犁一次，使土肥相融，随后在沟中深播浅盖土，随之顺行镇压，并注意保留沟垄。在降水量大的情况下，垄可以拦截雨水阻止径流，沟中存水，而垄台内作物的主要根系则免遭涝害(唐克丽，2004)。

4) 秸秆覆盖技术要点

鄱阳湖流域稻草资源丰富，可结合生态路沟技术推广进行坡耕地稻草秸秆覆盖。

(1)覆盖用量。覆盖量太多会造成作物根部呼吸减弱，有害气体增加，不利于作物正常生长发育；覆盖量太少起不到保水调温的作用，达不到节水增产的目的。稻草覆盖的数量应根据当地的气候条件和土壤类型而定。试验结果表明，稻草覆盖用量一般以每亩 200kg 为宜，以“地不露白，草不成坨”为标准，同时每亩施用 5～8kg 尿素，调节碳氮比，减少微生物与作物之间的争氮现象(杨少俊等，2009)。

(2)覆盖方法。直播作物，如小麦、玉米、豆类等作物播种后出苗前，均匀铺盖于耕地土壤表面，盖后抽沟，将沟土均匀地撒盖于秸秆上；移栽作物如油菜、红薯、瓜类等，先覆盖后移栽；夏播宽行作物如棉花等，最后一次中耕除草施肥后再覆盖；果树、茶桑等在作物收获后进行覆盖。

(3)注意事项。①施足底肥，增施氮肥。稻草覆盖需要配合施用适量的氮素化肥，以调节碳氮比。一般覆盖地氮肥用量要比不覆盖地增加 30%~40%。②控制杂草。控制杂草是秸秆覆盖技术实施的关键措施之一，要求播种后必须喷施除草剂，或根据情况(结合追肥)进行中耕除草。③防治病虫害。秸秆覆盖技术有效地改善了土壤结构、养分状况、水分状况等，这也势必会改变土壤的原有生态和生物体系，对病虫害的发生规律势必也会产生一定影响。

5)生态路沟技术要点

(1)施工工艺。生态路沟的建设密度应即能满足道路需要，又可满足排水功能，生态路沟间距依据坡度和地形控制在 15~30m，一般在果园中，沟距范围依照 3~5 行果树行距及机械作业(如喷药)范围距离决定。路面和上边坡构成沟体，路面宽度为 $W(150~200\text{cm})$，内斜高 $h(10~15\text{cm})$；其边坡比降分别为 1∶m(m 在 0.58~1.19)、1∶0.75，沿路沟方向纵向比降 i 参考《灌溉与排水工程设计标准》(GB 50288—2018)、《灌溉与排水工程技术管理规程》(SL/T 246—2019)和《坡耕地侵蚀治理技术规范 第 1 部分：生态路沟》(DB36/T 1067.1—2018)中的排水沟比降设计；生态路沟施工完成后形成的横向剖面(图 5-18、图 5-19)。

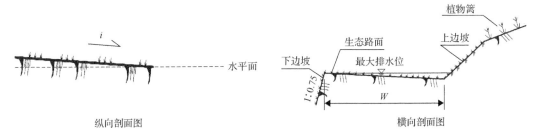

图 5-18　生态路沟剖面示意图

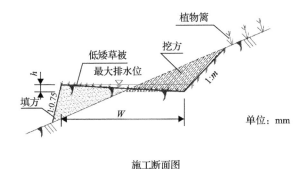

图 5-19　生态路沟施工示意图

(2)施工注意事项。路面、沟两内侧植物需植株低矮、耐践踏、耐旱、固土能力强，且对 N、P 营养元素具有较强吸收能力，假俭草、结缕草等乡土草种为宜。沟道上方坡面种植适宜植物构成植物篱。定期清理路沟内淤积的泥沙和杂物、定期抚育，保障草被均匀覆盖，覆盖度达到 90%以上。

4. 技术成效

红壤坡耕地属于开放性的农田生态系统，是强烈甚至极强烈侵蚀地，由于水土流失严重和不合理耕作方式，土壤物理、化学和生物学性质极其低下。通过生态路沟水系重塑模式，配套保护性耕作措施可以减少红壤坡耕地水土流失量，对土壤保育和固碳减排也有积极意义。生态路渠可以减少红壤坡耕地地表径流和侵蚀产沙，生态路渠+蓄水池减流减沙效益最大，其减流减沙效益都在 88%以上，并且蓄积的雨洪资源可以在干旱季节抗旱作用；植物篱、横坡耕作、稻草覆盖等保护性耕作措施可以显著减少红壤坡耕地地表径流和侵蚀泥沙量。

5. 适用范围

针对修建梯田投入高、风险大、农民不乐意接受等问题，基于对当地农民现有耕作习惯的调查，在较缓坡耕地可应用生态路沟水系重塑低成本水土保持模式，为保护培育红壤耕地资源、提高土地生产力、保障区域粮食安全，促进山区农村社会经济可持续发展提供科技支撑。

5.3.3　水土保持植生工程模式

1. 配置思路

水土保持植生工程主要通过应用植物学、景观生态学和水文学等学科理论，充分遵循生态经济和自然资源永续利用原则，从生态系统的整体性、群落结构的稳定性、资源利用的有效性和可持续性出发，利用植物覆盖地表、固定土壤的能力，部分或全部替代工程措施所具备的防护功能，达到既能防治水土流失，又能美化生态环境以及节约和保护自然资源的目的(左长清，2015)。

2. 技术组成

水土保持植生工程的核心技术主要包括山边沟植草、沟道植草、农路植草、边坡植草等技术。

3. 技术要点

前述介绍的梯壁植草是边坡植草的一种特例，故以下重点介绍山边沟植草、沟道植草、农路植草等技术要点。

1)山边沟植草技术

山边沟为横跨坡向，每隔适当间距所构筑的一系列横沟，用来缩短坡长，分段拦截径流，控制冲蚀，防止小沟蚀的形成，从而达到减少水土流失、保育土地的目的。山边沟因具有开发投资低，土地扰动少，水土流失防治效果与梯田相比差异甚小，且便于机械化耕作和生产管理而得到一定范围的推广。修建范围主要在坡度 20°以下的农用地；在地表覆盖细密的果树园地、牧草地，可适用至坡度 28°(廖绵浚和黄俊德，1995；左长清，2015)。

　　山边沟有宽型和窄型两种(图 5-20)，前者多在土层较厚和坡度较缓的坡面上修建，后者则在土层较浅和坡度较陡的坡面上修建，它们的比降分别为 1%和 1.5%。通常情况下，缓坡地采用底宽 2m，沟内斜深 0.1m 的宽型山边沟，较陡坡地则采用底宽 1.5m，沟内斜深 0.15m 的窄型山边沟。为了防止山边沟的侵蚀，必须采取在沟道和上下边坡种植密生的匍匐性草类——覆盖植物和地面覆盖，以及排水道种草等组合措施。这样不仅可以增强水土保持效果，提高坡地农业的生产效率，同时具有绿化美化环境等多种功能(史德明，1997)。

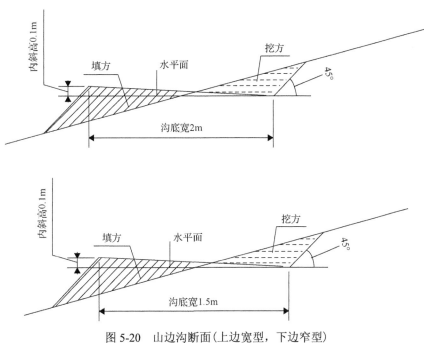

图 5-20　山边沟断面(上边宽型，下边窄型)

　　(1)断面要素

　　山边沟设计时要考虑土壤的入渗能力、纵向及边坡坡度、水流断面面积、植物种类、水流流速等。设计山边沟时，草种建议采用本地植物；草沟的糙度系数应根据种植物的生长状况及草的种类而定；断面大小由估算的径流大小及沟底坡度决定。具体计算公式如下(廖绵濬和张贤明，2004)：

$$V_I=(S+6)/10 \qquad H_I=100\times V_I/S \qquad (5\text{-}1)$$

式中，V_I 为沟距垂直距离，m；H_I 为沟距水平距离，m；S 为原地面坡度，%。

$$Q=A \times V \qquad V=(1/n) R_\text{h}^{2/3} \times S^{1/2} \qquad (5\text{-}2)$$

式中，Q 为排水流量，m^3/s；A 为断面面积，m^2；V 为水流流速，m/s；n 为糙率，取 0.028；R_h 为水力半径，m；S 为沟的纵坡，取 1/100。

(2)山边沟尺寸及工程量

为方便设计中能快速查出不同坡度对应的山边沟尺寸及工程量，特制成表 5-19（廖绵濬和张贤明，2004）。

表 5-19　不同坡度对应的山边沟工程量

地面坡度 /(°)	内斜高/m	沟底宽/m	垂距/m	水平距/m	沟距/m	沟上下边坡坡度 /(°)	挖(填)方面积 /m²	挖(填)方体积 /m³
5	0.1	2	1.47	16.86	16.92	45	0.08	46.65
6	0.1	2	1.65	15.71	15.80	45	0.09	57.49
7	0.1	2	1.83	14.89	15.00	45	0.10	68.80
8	0.1	2	2.01	14.27	14.41	45	0.12	80.60
9	0.1	2	2.18	13.79	13.96	45	0.13	92.92
10	0.1	2	2.36	13.40	13.61	45	0.14	105.77
11	0.1	2	2.54	13.09	13.33	45	0.16	119.20
12	0.1	2	2.73	12.82	13.11	45	0.17	133.24
13	0.1	2	2.91	12.60	12.93	45	0.19	147.94
14	0.1	2	3.09	12.41	12.79	45	0.21	163.36
15	0.1	2	3.28	12.24	12.67	45	0.23	179.55
16	0.1	2	3.47	12.09	12.58	45	0.25	196.59
16	0.15	1.5	3.47	12.09	12.58	45	0.17	132.25
17	0.1	2	3.66	11.96	12.51	45	0.27	214.56
17	0.15	1.5	3.66	11.96	12.51	45	0.18	143.33
18	0.1	2	3.85	11.85	12.46	45	0.29	233.54
18	0.15	1.5	3.85	11.85	12.46	45	0.19	155.02
19	0.1	2	4.04	11.74	12.42	45	0.32	253.66
19	0.15	1.5	4.04	11.74	12.42	45	0.21	167.39
20	0.1	2	4.24	11.65	12.40	45	0.34	275.02
20	0.15	1.5	4.24	11.65	12.40	45	0.22	180.52
21	0.15	1.5	4.44	11.56	12.39	45	0.24	194.49
22	0.15	1.5	4.64	11.49	12.39	45	0.26	209.42
23	0.15	1.5	4.84	11.41	12.40	45	0.28	225.43
24	0.15	1.5	5.05	11.35	12.42	45	0.30	242.67
25	0.15	1.5	5.26	11.29	12.45	45	0.33	261.32
26	0.15	1.5	5.48	11.23	12.49	45	0.35	281.61
27	0.15	1.5	5.70	11.18	12.54	45	0.38	303.80
28	0.15	1.5	5.92	11.13	12.60	45	0.41	328.22

(3)建造技术

①按设计标准沿等高线定点开沟，用犁或人工把上坡的土挖起填在下坡，填好后即出现稍具内斜的宽浅山边沟。一般沟长以 100m 为限，单向排水，沟长超过 100m 时可作双向排水或集中于中间排水，因而在两端或中间应有纵向的排水总沟；②山边沟的内斜

坡降以 1%为准，最大不超过 1.5%，其出水口必须与纵向排水沟相连接，纵向排水道布设在联络道的两侧；③在山边沟沟面、沟壁、排水沟、联络道及坡地全部种植密生的匍匐性草类以覆盖地面。品种可选择假俭草、香根草、黑麦草，狗牙根等；④两个相邻山边沟的垂直间距按公式计算决定，如在果园建设中，其沟间距离按坡度允许沟距范围内。

（4）施工注意事项

沟面经夯实后应为内斜 5%，比降为 3%；修筑完成后应对路面、侧坡进行植物防护；并在山边沟上方沿水平方向栽种植物篱，用于拦截泥沙。

2）沟道植草技术

沟道植草是指在不受长期水淹的沟道（水渠）种植或铺植草类用以防治水土流失的一种技术，由此而形成的沟道简称草沟。草沟主要应用于坡度较缓的渠系建设。

根据沟道的构筑方式，可分为简单草沟和复式草沟。简单草沟是指整个沟道采用种植或铺植草类方法，适用于土层较为深厚，坡度较为平缓，集雨面积较小的沟道上游地区；复式草沟是指在修筑沟道时，部分采用种植或铺植草类，另一部分采用其他材料在沟底或边坡等地方修筑的方法，适用于土层较浅，坡度较陡，集雨面积较大或常年有地表径流的沟道下游地区（左长清，2015）。

（1）草沟设计

草沟设计时要考虑土壤的入渗能力、纵向及边坡坡度、水流断面面积、植物种类、水流流速等。同其他类型排水沟一样，根据汇水量计算确定。一般采用浅蝶式或梯形断面。计算公式可参见一般排水沟断面尺寸设计公式。设计草沟时，草沟的糙度系数应根据植物的生长状况及草的种类而定；断面大小由估算的径流大小及沟底坡度决定，一般采用倒抛物线型断面修筑（图 5-21）。

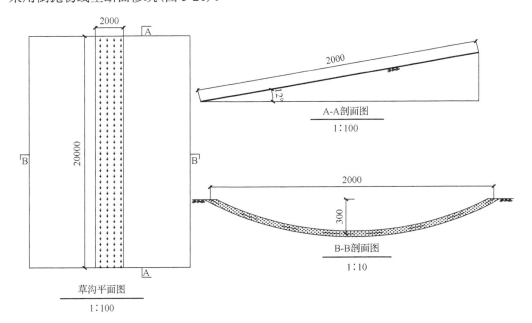

图 5-21　草沟示意图

（2）断面尺寸及工程量

具体见表 5-20。

表 5-20　不同坡度和尺寸对应的草沟工程量

草沟比降 i	弧形沟开口宽度/m	弧形沟深/m	设计流量 Q/(m³/s)	土方量/(m³/m)	草籽量/(kg/m)
0.017	0.5	0.075	0.0246	0.025	0.003
	1	0.15	0.0985	0.100	0.006
	1.5	0.225	0.2215	0.230	0.009
	2	0.3	0.39	0.399	0.012
0.035	0.5	0.075	0.0246	0.025	0.003
	1	0.15	0.0985	0.100	0.006
	1.5	0.225	0.2215	0.230	0.009
	2	0.3	0.39	0.399	0.012
0.052	0.5	0.075	0.0246	0.025	0.003
	1	0.15	0.0985	0.100	0.006
	1.5	0.225	0.2215	0.230	0.009
	2	0.3	0.39	0.399	0.012

（3）施工工艺

草沟施工工艺主要包括施工准备、测量放样、沟槽开挖、人工修整等工艺。种植或铺植的草沟，初期宜将地表径流分散，以利草类生长，待其稳定后再行排水。草种建议采用百喜草、假俭草、类地毯草和狗牙根等具有匍匐茎，抗冲刷和耐浸泡的草类；种草施工主要采用撒播种草、条播种草和穴播种草。

3）农路植草技术

农路是农业经营中基础设施建设的重要组成部分。由农业开发自然形成的土路，缺乏任何保护措施，下雨天泥泞不堪不利交通，如遇大到暴雨还可能被冲毁；而硬化农路如水泥路、卵石路，不但破坏了农路生物多样性，并且增加了经济成本。农路植草既能达到减少水土流失，又不阻碍通行，保持道路通畅，而且节约成本，经济实惠（郑海金等，2012）。目前，农路植草在日本等地得到广泛应用（左长清，2015）。

结合宽型山边沟建设，推广农路植草技术。农路植草技术主要用于人行道路，以满足田间作业和管理通行道路，一般设计采用素土植草路面或泥结石植草路面，路面宽1.0m，路基宽 1.6m，高出地面 0.3m，边坡 1∶1。路面两侧布置排水沟并植树种草。种草施工主要采用撒播种草、条播种草和穴播种草。

4. 技术成效

水土保持植生工程的主要作用与功能体现在：①保护原有资源的基本功能，维系原有土地和土壤的基本属性；②提高工程措施品质，改善生态环境；③维护工程的正常运行，延长工程的使用寿命；④调控水量分配，减轻自然灾害；⑤促进可持续发展，维系生物多样性；⑥降低工程设施后期管护成本。

5. 适用范围

植生工程是一种生态环保的水土保持技术措施，等高植物篱、农路植草、沟道植草、边坡植草等植生工程的共同特点是水土保持效果好，生态景观融合好，建设维护成本低，弥补了许多工程措施的不足，符合生态文明可持续发展理念，值得在今后的水土流失防治、生态农业发展中推广应用(左长清，2015)。

参 考 文 献

陈凯, 胡国谦. 1993. 香根草——红壤坡地水土保持的优良草篱植物. 热带作物科技, (6): 10-12.

何圣嘉, 谢锦升, 杨智杰, 等. 2011. 南方红壤丘陵区马尾松林下水土流失现状、成因及防治. 中国水土保持科学, 9(6): 65-70.

李小强. 2004. 水土保持技术在梯田生态果园建设中的应用. 人民长江, 35(12): 8-8,17.

廖绵浚, 黄俊德. 1995. 台湾农地水土保持之试验研究. 福建水土保持, (2): 48-52.

廖绵濬, 张贤明. 2004. 现代陡坡地水土保持. 北京: 九州出版社.

刘秀艳, 刘洪锋. 2004. 水平沟技术的应用. 水利天地, (7): 44.

卢升銮, 钟家有. 1997. 香根草在红壤丘陵上的应用. 江西农业学报, 9(4): 50-55.

马德举, 梅建新, 刘雄. 2007. 植物篱运用关键技术分析. 水土保持应用技术, (3): 36-37.

宁堆虎, 焦菊英, 饶良懿, 等. 2019. 水土保持生态效应监测与评价. 北京: 中国水利水电出版社.

史德明. 1997. 山坡地开发利用中的水土保持新技术——介绍山边沟及其应用前景. 水土保持通报, (1): 32-33.

水利部, 中国科学院, 中国工程院. 2010. 中国水土流失防治与生态安全: 南方红壤区卷. 北京: 科学出版社.

孙波. 2011. 红壤退化阻控与生态修复. 北京: 科学出版社.

唐克丽. 2004. 中国水土保持. 北京: 科学出版社.

王正秋. 2010. "长治"工程区坡耕地治理技术创新与推广. 人民长江, 41(13): 97-101.

武艺, 杨洁. 2008. 梯壁植草的水土保持效益分析. 南昌工程学院学报, 27(3): 67-70.

武艺, 杨洁, 汪邦稳, 等. 2008. 红壤坡地水土保持措施减流减沙效果研究. 中国水土保持, (10): 37-38,43.

西南农业大学(南方版). 1986. 土壤学. 北京: 中国农业出版社.

谢锦升, 杨玉盛, 谢明署. 2004. 亚热带花岗岩侵蚀红壤的生态退化与恢复技术. 水土保持研究, 11(3): 154-156.

严冬春, 龙翼, 史忠林. 2010. 长江上游陡坡耕地"大横坡+小顺坡"耕作模式. 中国水土保持, (10): 8-9.

杨春峰. 1986. 耕作学(西北本). 银川: 宁夏人民出版社.

杨洁等. 2017. 江西红壤坡耕地水土流失规律及防治技术研究. 北京: 科学出版社.

杨少俊, 李大鹏. 2009. 作物秸秆覆盖节水增产技术. 农村新技术, (19): 4-5.

姚槐应, 何振立. 1999. 红壤微生物量在土壤—黑麦草系统中的肥力意义. 应用生态学报, 10(6): 725-728.

张展羽, 左长清, 刘玉含, 等. 2008. 水土保持综合措施对红壤坡地养分流失作用过程研究. 农业工程学报, 24(11): 41-45.

赵其国. 1995. 我国红壤的退化问题. 土壤, 27(6): 281-286.

赵其国. 2002. 中国东部红壤地区土壤退化的时空变化、机理及调控. 北京: 科学出版社.

郑海金, 陈秀龙, 宋月君, 等. 2018. 江西省水土保持生态果园典型建设模式与效应. 中国水土保持, 439(10): 30-32.

郑海金, 杨洁, 张洪江, 等. 2012. 南方红壤区农田道路强降雨侵蚀过程试验. 农业机械学报, 43(9): 101-107.

左长清. 2011. 新时期我国水土保持科技需求分析与应用推广. 水土水电技术, 42(3): 1-5.

左长清. 2015. 红壤坡地水土资源保育与调控. 北京: 科学出版社.

第6章　果园水土保持技术

　　果树种植作为坡地农业发展过程中的主要模式，不仅是治理水土流失，保护和改善生态环境的一种措施，而且是调整农业产业结构，提高农民收入和生活水平的主导产业之一。近30年来，鄱阳湖流域进行了以农业综合开发治理模式为主的水土流失治理，其中建设生态果园是其重要内容之一(王瑞东等，2011；张少伟等，2011)。特别是江西省"东枣西桃、南橘北梨中柚"的区域布局和"希望在山"的果业发展主战略的实施，大大调动了群众发展果园经济的积极性，使果业开发得以迅猛发展。据《2015年江西省统计年鉴》，江西省现有果园面积为4040.96km²，其中柑橘种植面积为3278.59km²，占果园面积的81.1%；全省水果总产值达114亿元，出口柑橘等鲜果3845批，达14.97万t、1.6亿美元，远销全球30多个国家和地区，创历史新高，出口量列我国柑橘产区首位。由于缺乏水土保持意识和技术指导，近70%的坡地果园都存在不同程度的水土流失(查轩和黄少燕，1999)，特别是果园开发初期水土流失较为严重(孙永明等，2014)。据江西水土保持生态科技园的定位观测，果园开发初期土壤侵蚀模数高达8285t/(km²·a)，远超南方容许土壤流失量标准500t/(km²·a)，达到强烈乃至剧烈侵蚀等级。严重的水土流失导致果园经济效益低下，果树产量低且不稳，直接影响坡地利用的成果与效益，制约当地果业可持续发展(郑海金等，2018)。为此，研发既能有效调控果园径流泥沙，又能满足果农种植需要的果园水土保持技术模式势在必行。

6.1　果园水土保持技术概况

6.1.1　果园带状生草技术

　　果园带状生草技术是在果园尤其是幼龄果园呈带状套种牧草，形成复层植被结构，提高光能利用率，增加贴地面覆盖，不仅可以快速防止水土流失，而且可以提高土壤肥力，有效改善园区生态环境。果园带状生草覆盖与果园秸秆覆盖有着相似的作用，是发展节水农业、自给式解决肥源、提高劳动效率和改善果园生态环境的最有效的技术措施之一。果园带状生草技术已经成为发达国家开发成功的一项现代化、标准化的果园水土保持技术，符合果业可持续发展及生态农业的要求(李爱等，2007)。我国20世纪90年代引进果园带状生草技术，但受生草容易与果树争夺水肥等传统观念的影响，推广应用规模还不大。我国长期沿用果园清耕制，用化肥代替有机肥，果园土壤有机质含量低，肥力不足，严重制约果品产量和质量的提高。为此，应大力提倡果园带状生草覆盖制。

6.1.2　果园套种技术

　　果园套种技术主要是在果园生产中营造农林复合系统。农林复合系统是指在农业实践中采用适合当地栽培的多种土地经营与利用方式，在同一土地利用单元中，将木本植物与农作植物或养殖等多种成分同时结合或交替生产，使土地生产力和生态环境都得以可持续提高的一种土地利用系统(王礼先和朱金兆，2005)。农林复合系统是"平面式"农业向"立体式"农业的发展，它充分利用各种农作物、林木、牧草等在生育过程中的时间差和空间差，并进行合理组装，精细配套，组成各种类型的具有多功能、层次、多途径特征的高优人工生产系统。农林复合系统一般是基于间作套种和带状生草等技术而营建的，即沿等高线布设经济乔木或果树带，带间种植农作物或草类(绿肥)；或加大经济乔木和果树的株行距，在其空间套种作物或草类(绿肥)。在果园内套种经济作物也是红壤侵蚀区农林开发过程中比较常见的配套措施。考虑到幼龄果园园面裸露部分多，套种当地老百姓喜爱的农作物，实现以短养长。南方红壤丘陵区主要有果树套种大豆、花生、西瓜、萝卜等。

6.1.3　果园梯田技术

果园梯田技术是在坡地上分段沿等高线建造的阶梯式果园。果园梯田技术与坡耕地梯田技术相同，两者差别在于果园梯田的田面宽度窄于坡耕地梯田，故不再赘述。

6.2　果园水土保持技术效应

6.2.1　研究方法

选择江西水土保持生态科技园果园试验区，以裸露对照为对比，分析柑橘园清耕(纯林型)、柑橘林下顺坡套种萝卜-黄豆农作物(传统农-林型)、柑橘林下横坡套种萝卜-黄豆农作物(水保农-林型)、柑橘林下横坡套种萝卜-黄豆农作物+带状植百喜草(农-林-草型)等典型果园水土保持技术条件下的调水、保土、提高土壤肥力、维持生物多样性和固碳等方面效应。

1. 试验措施布设

该试验径流小区(图 6-1)修建于 1999 年底。在土层厚度均匀、坡度较均一、土壤理化特性较一致的同一坡面上，建有 4 个径流小区，每个小区宽 5m(与等高线平行)，长 20m(水平投影)，其水平投影面积为 100m²，坡度均为 12°。为阻止地表径流进出，在每个试验小区周边设置围埂，拦挡外部径流。试验小区下面修筑集水槽承接小区径流和泥沙，并通过 PVC 塑胶管引入径流池。

径流池根据当地可能发生 24 小时 50 年一遇的最大暴雨和径流量设计成 A、B、C 三池。A 池按 1.0m×1.2m×1.0m、B 和 C 池按 1.0m×1.2m×0.8m 方柱形构筑，为钢筋混凝土结构现浇而成。A 池在墙壁两侧 0.75m 处、B 池在墙壁两侧 0.55m 处设有五分法 V 形三角分流堰，其中，A 池正面 4 份排出，内侧 1 份流入 B 池；B 池与 A 池一样。三角分流堰板采用不锈钢材料，堰角均为 60°。径流池内壁正面均安装有搪瓷量水尺，率定后可直接读数计算地表径流量。

(a) 柑橘+百喜草与经济
作物等高带(农-林-草型)　　(b) 柑橘+作物横坡耕作
(水保农-林型)　　(c) 柑橘+作物顺坡耕作
(传统农-林型)　　(d) 柑橘清耕(纯林型)

图 6-1　果园试验径流小区

2. 试验处理

每个小区于 2000 年春顺坡栽植二年生大苗柑橘(品种为椪柑)12 株,由上至下种植 6 行,行距 3.0m,每行 2 株,株距 2.5m;距小区两侧各 1.25m,距坡顶 2.5m。水保农-林型小区在果木林下横坡间(轮)种农作物黄豆和萝卜,每个小区种植 6 横条;传统农-林型小区则在果树下顺坡间(轮)种黄豆和萝卜,每个小区种植 3 竖条。间种黄豆和萝卜的小区,在每年 4 月中旬~8 月中旬种植黄豆,种植密度为每 24 万株/hm^2;8 月中旬~次年 3 月中旬种植萝卜,种植密度为 8000 株/hm^2。农-林-草型小区,于 2000 年春在栽种柑橘果树的同时沿等高线带状种植百喜草,带宽 1.0m,带状间隔 1.10m,草丛高度为 20~40cm,草带外沿等高线每年进行黄豆和萝卜轮作。各试验小区设计及处理情况如表 6-1 所示。

表 6-1　果园试验径流小区

措施名称	具体处理
农-林-草型	常年有柑橘,柑橘树下采取百喜草等高带状覆盖,同时间(轮)种黄豆和萝卜,植被覆盖度约 80%
水保农-林型	常年有柑橘,柑橘树下横坡间(轮)作种黄豆和萝卜,植被覆盖度 60%
传统农-林型	常年有柑橘,柑橘树下顺坡间(轮)作种黄豆和萝卜,植被覆盖度 60%
纯林型	常年有柑橘,及时清除地面杂草,植被覆盖度 20%

6.2.2　调水效应

1. 减少地表径流

表 6-2 为果园试验区 2001~2015 年不同处理的多年平均产流量和减流效应。可知,农-林-草型、水保农-林型、传统农-林型、纯林型和裸露对照处理的坡面年最大径流量、年均径流深、年均径流系数都表现为依次增大。这主要与各处理的植被覆盖和套种方式有关。农-林-草型、水保农-林型、传统农-林型、纯林型和裸露对照处理的植被覆盖分别为 80%、60%、60%、20% 和 0%,同一覆盖度条件下水保农-林型为横坡套种,而传统农-

林型为顺坡套种。与裸露对照相比,有柑橘林的坡面年均地表径流减流率为 46.1%～92.7%;与纯柑橘林地相比,复合措施(柑橘林下套种农作物或植草)的减流率为 40.6%～86.4%;与传统农-林复合措施(柑橘林下顺坡套种萝卜-黄豆农作物)相比,水保农-林复合措施(柑橘林下横坡套种萝卜-黄豆农作物)的减流率为 39.3%;农-林-草复合系统(柑橘林下横坡套种萝卜-黄豆农作物+带状植百喜草)较传统农-林复合系统减流率为 77.0%,较纯林地减流率为 86.4%,较裸地减流率为 92.7%。这说明果园农林草复合措施对地表径流具有较好的调控作用,以农-林-草型最佳,水保农-林型次之。

表 6-2　果园不同复合措施减少地表径流效应

处理	年最大径流量/m³	年最小径流量/m³	年均径流深/mm	年均径流系数/%	年均减流率/%
农-林-草型	11.40	0.87	28.29	2.03	92.7
水保农-林型	28.43	0.85	74.75	5.36	80.6
传统农-林型	48.32	1.12	123.13	8.82	68.0
纯林型	68.20	2.87	207.39	14.86	46.1
裸露对照	74.06	0.75	385.04	27.59	——

2. 增加土壤储水

表 6-3 为果园试验区 2014 年全年观测计算的不同处理各土层土壤储水量。可以看出,对于 30cm 土壤储水量,农-林-草型、水保农-林型、传统农-林型和纯林型处理表现为依次减小,但各处理 60cm 和 90cm 土壤储水量无明显变化规律。这主要与下垫面条件对地表土壤储水量影响较大,而对下层土壤储水量作用较小有关。各处理 0～90cm 土层土壤储水总量为 210～250mm。其中,纯柑橘林型地块的土壤储水量较小,主要是因为地表覆盖率低,土壤水分蒸发耗损量大;与纯柑橘林地相比,复合措施(柑橘林下套种农作物或植草)的土壤储水量增加了 18.9%～20.3%,以水保农-林型(柑橘林下横坡套种萝卜-黄豆农作物)地块土壤储水量最大,原因是果园横坡间作农作物层层拦蓄地表径流,加上农、林立体复合配置增大了地表覆盖,增加了雨水就地入渗。各复合措施之间的土壤储水量差异不大。

表 6-3　果园不同复合措施增加土壤储水效应

处理	30cm 土壤储水量/mm	60cm 土壤储水量/mm	90cm 土壤储水量/mm	土壤储水总量/mm	增加土壤储水效应/%
农-林-草型	90.11	62.95	97.41	250.48	18.9
水保农-林型	74.81	80.34	98.27	253.43	20.3
传统农-林型	74.40	69.81	106.99	251.20	19.3
纯林型	62.04	69.87	78.67	210.58	——

6.2.3　保土效应

表 6-4 为果园试验区 2001～2015 年不同处理的多年平均产沙量和保土效应。15 年的

定位观测发现，传统的果园清耕年均土壤侵蚀模数达 1636t/(km²·a)，开发初期高达 8285t/(km²·a)；果园顺坡套作农作物年均土壤侵蚀模数达 1156t/(km²·a)，开发初期高达 7190t/(km²·a)，水土流失十分严重。改进耕作方式有明显的保持水土作用，果园横坡套作农作物年均土壤侵蚀模数为 571t/(km²·a)，开发初期最高达 3128t/(km²·a)；果园横坡套作农作物+带状植草年均土壤侵蚀模数为 20t/(km²·a)，最高仅为 154t/(km²·a)，低于南方容许土壤流失量标准[500t/(km²·a)]，从根本上控制了果园水土流失。

表 6-4 果园不同复合措施减少土壤侵蚀效应

处理	年最大侵蚀量 /[t/(km²·a)]	年最小侵蚀量 /[t/(km²·a)]	年均土壤侵蚀模数 /[t/(km²·a)]	侵蚀状态	年均减蚀率/%
农-林-草型	154	2	20	微度	99.6
水保农-林型	3128	6	571	轻度	88.0
传统农-林型	7190	7	1156	轻度	75.6
纯林型	8285	28	1636	中度	65.5
裸露对照	116670	91	4737	强烈	—

与裸露对照坡面相比，有柑橘林的坡面减蚀率为 65.5%～99.6%；与纯柑橘林地相比，复合措施(柑橘林下套种农作物或植草)的减蚀率为 29.3%～98.8%；与传统农-林复合措施(柑橘林下顺坡套种萝卜-黄豆农作物)相比，水保农-林复合措施(柑橘林下横坡套种萝卜-黄豆农作物)的减蚀率为 50.6%；农-林-草复合系统(柑橘林下横坡套种萝卜-黄豆农作物+带状植百喜草)较传统农-林复合系统减蚀率为 98.3%，较纯林地减蚀率为 98.8%，较裸地减蚀率为 99.6%。这说明果园农林草复合措施对土壤侵蚀具有较好的调控作用，以农-林-草型最佳，水保农-林型次之。

6.2.4 提高土壤肥力

1. 改善土壤物理质量

图 6-2 为果园试验区 2013 年采样测定的 0～20cm 表层土壤物理性质。不同复合措施(柑橘林下套种农作物或植草)实施 10 余年后，无论是农-林-草型，还是水保农-林型，或者传统农-林型，都有利于改善表层土壤容重，其土壤容重水平为 1.23～1.28g/cm³，不仅低于裸露对照(1.31g/cm³)，也低于纯柑橘林措施(1.30g/cm³)；复合措施(柑橘林下套种农作物或植草)的土壤总孔隙度(50.42%～51.72%)高于裸地和纯柑橘林地(49.74%～50.11%)。可见，果园采取合理的农林草复合措施对改良表层土壤结构具有一定的作用。

表 6-5 列出了各处理土壤样本中各粒级微团聚体在微团聚体总量中的分配情况。从表中可以看出，表层土壤微团聚体的优势粒级都是 0.05～0.002mm，含量为 53.41%～62.11%；次优势粒级是 2～0.05mm，含量为 27.03%～35.94%；<0.002mm 粒级的微团聚体含量最少，为 12.57%和 17.84%。不同处理比较，果园复合措施下表层土壤 0.05～

0.002mm、2~0.05mm 粒级微团聚体含量低于裸露对照处理土壤，除水保农-林型和纯林型外，果园复合措施下土壤<0.002mm 粒级微团聚体含量则高于对照处理；各处理土壤中<0.05mm 和>0.05mm 粒级微团聚体的比例大于 1，说明这几种措施处理条件下土壤小粒级微团聚体含量的增多，更有利于土壤养分的保存。

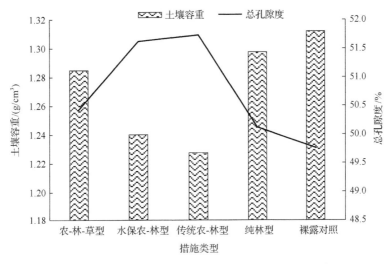

图 6-2　果园不同复合措施下表层土壤容重和总孔隙度

表 6-5　果园不同复合措施下土壤微团聚体粒径含量　　　　　（单位：%）

粒径组成	农-林-草型	水保农-林型	传统农-林型	纯林型	对照
2~0.05mm	27.23±4.26	27.03±2.86	30.38±6.93	33.57±8.82	35.94±14.11
0.05~0.002mm	55.88±4.09	60.40±2.06	61.91±7.58	53.41±7.21	62.11±17.70
<0.002mm	16.89±0.81	12.57±1.08	17.84±10.69	13.01±2.22	13.93±5.50
<0.05mm 和>0.05mm 比值	2.67	2.70	2.62	1.98	2.12

由图 6-3 可知，果园不同复合措施下表层土壤>0.25mm 的湿筛团聚体所占比例有所不同。农-林-草型、水保农-林型、传统农-林型处理表层土壤中>0.25mm 的水稳性团聚体含量（WSA）均在 50.0%以上，而裸露和纯林处理的 WSA 均在 50.0%以下。可见，农林复合措施处理在一定程度上增加了>0.25mm 水稳性团聚体的比例，以农-林-草型增加比例最大，这可能与农、林、草对土壤表层覆盖的保护机制以及残落物的归还量大有关。

2. 提高土壤养分含量

由表 6-6 可知，不同处理措施实施 10 余年后，表层土壤有机质含量变化显著，柑橘林地土壤有机质含量均大于裸露对照地有机质含量，增幅为 7.3%~36.4%；与纯柑橘林地相比，农-林复合措施（柑橘林下套种农作物或植草）土壤有机质增幅为 14.5%~27.1%，并以农-林-草型和水保农-林型措施下土壤有机质含量较高。

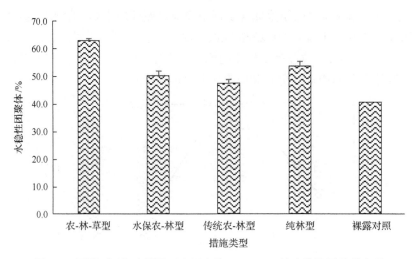

图 6-3　果园不同复合措施下表层土壤＞0.25mm 的水稳性团聚体含量

表 6-6　果园不同复合措施下 0～20cm 表层土壤化学性质

处理	有机质/(g/kg)	全氮/(g/kg)	全磷/(g/kg)	碱解氮/(mg/kg)	速效磷/(mg/kg)	CEC/(cmol/kg)
农-林-草型	17.16±0.23	0.25±0.04	0.12±0.02	101.85±18.31	23.02±3.68	11.67±4.20
水保农-林型	19.05±3.20	0.25±0.05	0.08±0.04	111.77±17.84	17.06±3.22	11.36±4.68
传统农-林型	18.15±5.04	0.12±0.01	0.10±0.04	85.40±13.86	16.74±4.38	11.95±7.65
纯林型	14.99±2.07	0.25±0.04	0.20±0.02	85.17±24.58	2.54±1.52	11.30±3.64
裸露对照	13.97±5.36	0.16±0.01	0.07±0.01	91.70±19.60	1.20±0.93	9.96±2.76

在 0～20cm 深度范围内，不同处理下表层土壤全氮含量变化范围为 0.12～0.25g/kg，以传统农-林型最低，裸露对照次之。土壤碱解氮含量变化范围为 85.17～111.77mg/kg，农-林-草型和水保农-林型土壤碱解氮含量高于裸露对照地，也高于传统农-林型和纯林型。这表明，在裸露荒坡地合理营建复合果园系统，能够提高土壤全氮和碱解氮含量，以构建农-林-草型和水保农-林型效果较好。

在 0～20cm 深度范围内，不同处理下表层土壤全磷含量变化范围为 0.07～0.20g/kg，以裸露对照最低。不同处理下土壤速效磷含量变化较大。土壤速效磷以裸露对照地最低，仅为 1.20mg/kg，纯林型土壤其次，为 2.54mg/kg；而农-林-草型土壤速效磷含量最高，为 23.02mg/kg；水保农-林型土壤速效磷含量低于农-林-草型但高于传统农-林型。可见，农-林复合系统(柑橘林下套种农作物或植草)土壤速效磷含量高于裸露对照地和纯林地，且农-林-草型和水保型农-林型高于传统农-林型和纯林型。

在 0～20cm 深度范围内，不同处理土壤阳离子交换量(cation exchange capacity，CEC)变化范围为 9.96～11.95cmol/kg，除裸露对照地最低(仅为 9.96cmol/kg)外，其他处理之间相差仅 0.06～0.65cmol/kg，差异不显著。裸露对照地和纯林地土壤阳离子交换量最低，一定程度上说明纯柑橘林地和裸露荒坡地易导致土壤肥力下降。

3. 增加土壤生物活性

不同处理措施实施 10 余年后，土壤微生物数量有所不同。从土壤细菌、真菌和放线菌 3 种主要微生物类群总量来看(表 6-7)，以水保农-林型(柑橘林下横坡套种萝卜-黄豆农作物)最多，分别为 240.34 万 CFU/g 干土，常规农-林型(柑橘林下顺坡套种萝卜-黄豆农作物)次之，为 126.55 万 CFU/g 干土；以裸露对照最少，仅为 3.28 万 CFU/g 干土。可见，复合系统(柑橘林下套种农作物或植草)对土壤微生物类群数量的影响存在差异，各复合系统土壤细菌、放线菌和真菌数量明显高于裸露荒坡地，尤其是水保农-林型措施下土壤微生物类群数量最高(郑海金等，2015)。

表 6-7　果园不同复合措施下 0~20cm 表层土壤微生物性质 (单位：10^4CFU/g 干土)

土壤微生物类型	细菌数量	真菌数量	放线菌数量	微生物总数
农-林-草型	38.75±18.27	1.07±0.63	17.83±7.37	57.65±25.24
水保农-林型	199.09±15.45	0.67±0.50	40.58±11.94	240.34±5.58
常规农-林型	80.52±59.01	2.01±0.36	44.01±11.23	126.55±68.59
纯-林型	34.44±27.83	1.76±0.56	38.13±2.21	74.33±27.39
裸露对照	17.02±10.73	0.28±0.05	11.07±9.87	3.28±0.33

6.2.5　维持生物多样性

表 6-8 为果园试验区 2014 年不同农林复合措施下植被覆盖度和生物量(宁堆虎等，2019)。可知，农-林-草型、农-林型和纯林型的植被覆盖度依次为 80%、60% 和 20%，随着植被立体层次的增加，植被覆盖度明显增大。由此表还可知，农-林-草型、水保农-林型、传统农-林型、纯林型和裸露对照处理的年生物量(仅统计柑橘、大豆、萝卜和百喜草的鲜重)表现为依次增大，分别为 33.90t/hm²、33.32t/hm²、32.01t/hm² 和 11.58t/hm²。农-林-草复合系统(柑橘林下横坡套种萝卜-黄豆农作物+带状植百喜草)生物多样性指数最大，为 1.13；传统农-林复合措施和水保农-林复合措施(柑橘林下横坡套种萝卜-黄豆农作物)的生物多样性指数明显大于纯柑橘林地，但二者之间相差不大。这说明果园农林草复合措施对维持生物多样性具有较好的作用，以农-林-草型最佳，农-林型次之。

表 6-8　果园不同复合措施下植被覆盖度和生物量

处理	植被覆盖度/%	生物多样性指数	生物量/(t/hm²)				
			小计	柑橘产量	萝卜鲜重	黄豆鲜重	百喜草鲜重
农-林-草型	80	1.13	33.90	12.94	8.70	0.34	11.92
水保农-林型	60	0.68	33.32	23.54	9.10	0.67	—
传统农-林型	60	0.71	32.01	19.63	12.06	0.32	—
纯林型	20	0	11.58	11.58	—	—	—
裸露对照	0	0	—	—	—	—	—

6.2.6　固碳

由表 6-9 可知，不同处理措施实施 10 余年后，有柑橘林地表层土壤有机碳储量均大于裸露对照地，增幅为 5.8%～28.9%；与纯柑橘林地相比，农-林复合措施（柑橘林下套种农作物或植草）0～20cm 土壤有机碳储量增加 13.1%～21.8%，并以水保农-林措施（柑橘林下横坡套种萝卜-黄豆农作物）下土壤有机碳储量最高，达 27.54t/hm²。水保农-林措施（柑橘林下横坡套种萝卜-黄豆农作物）土壤水分条件较好，土壤有机质含量较高，土壤有机碳储量相应较高。对于表层土壤活性有机碳储量，各措施下土壤活性有机碳储量为 34.03～42.50t/hm²，但各处理措施之间无明显差异（宁堆虎等，2019）。

表 6-9　果园不同复合措施下 0～20cm 土壤有机碳储量　　　　　　（单位：t/hm²）

处理	有机碳储量	活性有机碳储量
农-林-草型	25.56±1.61	39.10±13.00
水保农-林型	27.54±5.93	35.82±13.99
传统农-林型	25.75±6.88	35.41±19.23
纯林型	22.60±3.80	42.50±10.80
裸露对照	21.36±8.48	34.03±7.81

6.3　果园水土流失综合治理优化模式

6.2 节表明，果园带状生草、间作套种、坡改梯等水土保持单项措施具有较好的调水效应、保土效应、提高土壤肥力效应、维持生物多样性效应和固碳效应等，对以坡改梯、带状生草、间作套种等为代表的果园水土流失治理关键技术进行优化组合、推广、示范、转化和集成，形成适宜南方红壤丘陵区的水土保持调控果园径流泥沙技术体系，将进一步提升果园水土流失综合治理水平。借鉴南方红壤丘陵区果园建设模式的研究成果（黄毅斌等，2000），通过对鄱阳湖流域果园经营模式的调查分析，结合不同的自然社会条件，总结、优化和提炼了 3 种典型的水土保持生态果园建设模式，即基于"前垾后沟+梯壁植草+反坡梯田"的果园坡面梯化模式、基于间套种植或带状生草的果园林下复合经营模式以及果园水土保持雨水集蓄工程。南方红壤丘陵区的水土保持调控果园径流泥沙技术配置原则及体系（图 6-4）如下文所述。

（1）配置原则。以控制果园水土流失，合理利用和有效保护水土资源，加强农业基础设施建设为目标，治理措施以保土、蓄水措施为主，推广内容以建设梯田为重点，同时配套农林复合系统和生草覆盖技术，以及必要的坡面水系及田间生产道路等措施，形成保水、保肥、保土的高产生态果园。

（2）对位配置。①在土质好、交通便利、邻近水源的地块，结合当地主导产业进行开发性治理，发展种植经济果木林。②一般在坡度较缓的地块，主要采取基于间作套种的复合果园-农作系统，并配套修筑坡面水系工程和田间道路系统；在坡度适中的地块修筑梯田，采用"前垾后沟+梯壁植草+反坡梯田"形式，辅以基于生草覆盖的复合果园-牧草系统，配套修筑坡面水系工程和田间道路系统；在坡度大于 25°的陡坡地或者坡度大于 20°的风化花岗岩、紫色砂页岩、红砂岩、泥质页岩果园，要实施退耕还林还草措施。

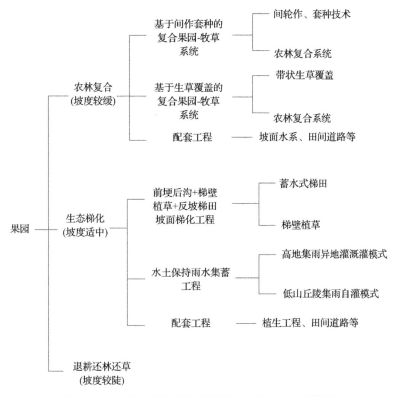

图 6-4　水土保持调控果园径流泥沙关键技术体系框图

6.3.1　果园坡面生态梯化模式

在鄱阳湖流域水土流失区进行果园开发建设时，主要应用"前埂后沟+梯壁植草+反坡梯田"坡面梯化工程优化模式，将水土保持技术措施和果业开发进行有机的结合，建立红壤坡地果园生态经营模式，为同类地区树立合理开发红壤资源的样板。"前埂后沟+梯壁植草+反坡梯田"果园坡面生态梯化模式与 5.3.1 节的坡面梯化工程优化模式相同，核心技术包括前埂后沟、梯壁植草、反坡梯田等，顾不再赘述。

6.3.2　果园林下复合经营模式

1. 配置思路

果园林下复合经营模式主要包括基于间作套种的林下复合经营模式、基于带状生草覆盖的林下复合经营模式及二者混合模式。

基于间作套种和带状生草覆盖的林下复合经营模式主要是在果园生产中营造农林复合系统，具体做法是沿等高线布设经济乔木或果树带，带间种植农作物或草类(绿肥)；或加大经济乔木和果树的株行距，在其空间套种作物或草类(绿肥)。

2. 技术组成

果园林下复合经营模式的核心技术主要包括农林间作套种技术、带状生草覆盖技术等。

基于间作套种和带状生草覆盖的复合农林系统可分为幼林地内间作和成林地内间作；主要果木树种有脐橙、柑橘、柚、桃、梨、枣、杏、猕猴桃、柿等；主要农作物有花生、大豆、蚕豆、豌豆、马铃薯、红薯、萝卜等，尤其是间作大豆，对维护地力和促进林木生长有积极意义；主要草类有假俭草、百喜草、狗牙根、阔叶雀稗及豆科绿肥等。鄱阳湖流域水土流失治理区已形成的果园林下复合经营模式主要有猕猴桃-花生间作系统、柑橘-大豆(萝卜轮作)系统、柑橘-生草覆盖系统等。

3. 技术要点

1) 果园林下复合经营系统

(1) 农林复合系统应遵循的原则

农林复合经营系统应遵循的原则包括因地制宜的原则、生物种类选择原则、种类合理搭配原则、增产增收原则等方面(王礼先和朱金兆，2005；吴封欣和史志民，2016)。

①因地制宜的原则。在山顶和山腰上为防止水土流失可进行林草或果草间作，在坡麓或坡底则可进行林粮或果农间作；坡度 20°以下的坡面可开展农林间作，25°以上则不宜种植农作物，而应种植水土保持林，20°～25°的坡面则可根据具体情况而定。此外，农林草物种的选择还必须考虑当地的土壤条件和气候条件。

②生物种类选择原则。农作物宜选择适应性强、低矮直立、耐阴、不与树木争水肥、有根瘤、耐土壤贫瘠、早熟高产的作物，最好是豆科作物。林木的选择宜为树冠窄，树干通直，枝叶稀疏，冬季落叶，春季展叶晚，主根明显，根系分布深，生长快，适应性强，并能尽早获得经济效益、多用途、价值高的种类。

③种类合理搭配原则。应将速生与慢生、深根与浅根、喜光与耐阴、有根瘤与无根瘤、培肥与耐瘠、耐旱与耐涝的种类搭配，不要把生物化学上相克或在生长发育上相互影响的物种搭配在一起。

④增产增收原则。农林复合系统使各组分间合理搭配，并使循环转化环节增多，有利于物质的多次利用，提高系统的生产力。因此，与农业或林业中单种的生产方式相比，农林复合系统在单位面积上的产出和收入都应该更高。

(2) 农林复合系统的结构设计

农林复合经营系统的结构设计包括物种搭配设计、系统组分的配比设计、空间结构设计、时间结构设计等方面(王礼先和朱金兆，2005；吴封欣和史志民，2016)。

①物种搭配设计。选择合适的系统组分是复合农林系统能够成功的关键，应考虑的因素有：要与当地的气候和土壤条件相适应，以乡土种为主；有利于提高土壤肥力和总体生产力；尽量多用有共生互利的物种，少用种间竞争强的物种；乔木树种的树冠结构尽量有利于光能的透过；物种的搭配要有利于提高物质利用率和能量转化率。

②系统组分的配比设计。在确定系统物种搭配之后，就要安排各组分之间的比例关

系。在复合农林系统的食物链结构中,较高一级的营养级种群数量与第一级营养级种群数量之间要满足"营养金字塔"定律,否则就应从系统外向高营养级种群输入额外的能量补充。在进行系统组分的配比设计时要以生态学原理为基础,同时要考虑地区的生产性质和农民的自身需求。

③空间结构设计。农林复合系统的空间结构包括垂直结构与水平结构。其中,垂直结构在组分上一般包括乔木、灌木和农作物及草类,农林复合系统的垂直结构设计是以提高光能利用率,充分利用地上和地下资源为出发点,同时要使形成的垂直结构起到防止水土流失的作用。水平结构的设计首先要考虑物种组分的生物学特性、生境条件、生产性质及管理水平,使得物种的水平配置既有利于提高经济收入,也有利于环境的保护与改善;还要考虑系统所在地域不同地点的小地形和微地形的变化,以及土壤养分、水分、酸度等因素的不同,考虑农林复合结构本身造成的差异。

④时间结构设计。合理安排各组分在系统中的时间次序是提高系统功能不可忽视的方面。科学的时间结构安排可以大幅度地提高光、热、水土资源的利用率,克服物种间可能存在的生态位重叠所引起的不良竞争或物种间的相克作用,保持系统的可持续发展。时间设计的重点是掌握物候,合理安排和实行轮作。

2) 果园带状生草覆盖技术

该技术适用于年雨量 550mm 以上的地区,黏土质果园和排水不良的低洼地果园也较适合。

果园带状生草技术要点:①在果园行间种植一年生和二年生豆科、禾本科植物,可行行种植也可隔行种植,隔行种植便于施肥、日常管理等;②果园不要密植,最好株间距小、行间距大,这样利于草的生长。幼年果树因利用行间空间大,产草量大,改土增肥效果好;③科学施肥和灌水,既要保证草的生长,又要控制草不能长得过旺;④对种植的草要进行刈割管理,一般草长至 30cm 以上刈割,割下的杂草覆盖树盘(黄强和胡子有,2017)。

4. 主要功效

果园采取间套种植或带状生草的复合措施是"平面式农业"向"立体式农业"的发展,充分利用各种农作物、林木、牧草等在生育过程中的时间差和空间差,并进行合理组装、精细配套,组成各种类型的具有多功能、多层次、多途径特征的高优人工生产系统。果园复合系统保持水土的效果主要来自 3 个方面:①等高生物带的固土与减缓冲蚀作用;②枯枝落叶与草被植物对地表的保护作用;③林冠对雨水的截留作用(唐克丽,2004)。

江西水土保持生态科技园的定位观测研究表明:与清耕果园相比,采取果园横坡套种农作物+带状生草、果园横坡套作农作物和果园顺坡套作农作物等复合果园模式后,地表径流泥沙量大幅度减少,减流率为 40.6%～86.4%,减蚀率为 29.3%～98.8%,0～90cm 土层土壤储水量增加 18.9%～20.3%,0～20cm 土壤有机碳储量增加 13.1%～21.8%,土壤有机质、碱解氮、速效磷含量和 CEC 也有不同程度提高,生物多样性指数从 0 提高到 0.68～1.13;相对于裸露坡地,复合果园对地表径流泥沙中总氮、总磷流失的拦截率分别在 77%以上和 73%以上(张展羽等，2008)。

5. 适用范围

一般在坡度较缓(20°以下)、为节省投资不修筑梯田或地形复杂不宜修筑梯田的地块，主要采取基于间作套种或带状生草的果园复合经营模式，并配套修筑坡面水系工程和田间道路系统。其中，基于带状生草的果园复合经营模式主要用于土质条件较差、坡度相对较陡、水土流失较严重的果园，如在山顶和山腰上开发的果园；而基于间作套种的果园复合经营模式主要用于土质条件相对优越、坡度相对较缓、水土流失相对较轻的果园，如在坡麓或坡底开发的果园。这两种模式尤其适合幼龄果园，宜采用带状覆盖(郑海金等，2018)。

6.3.3　水土保持雨水集蓄工程

南方红壤丘陵区是我国水土流失严重的地区之一，加之洪涝灾害与季节性干旱并存，因此实行水土保持和高效农业灌溉是该地区农业发展的迫切需要。雨水集蓄高效利用是实现农业节水灌溉的重要手段，将成熟的水土保持技术与雨水集蓄技术相结合，建设水土保持雨水集蓄利用工程，可为红壤丘陵区的水土保持和农业节水灌溉提供技术支撑，对保障国家粮食安全和改善区域生态环境具有重要意义。江西省水土保持科学研究院针对鄱阳湖流域的地形和土地利用特征，结合红壤水土流失区坡面整治工作实际，基于水土保持技术和坡面水系优化方法，总结提炼了水土保持雨水集蓄工程，做到了水土保持与雨水集蓄相结合，并使两者合理配置、相互促进，为南方红壤丘陵区的水土流失治理和农业节水灌溉提供了新思路，起到了一定的示范作用。

1. 配置思路

水土保持雨水集蓄工程是引导、收集、储藏地表径流用于农业灌溉的一种措施。其实质是根据侵蚀区水土资源关系，科学的调控坡面径流的运动方式与过程，达到蓄水抗旱，拦沙截流，降低洪涝干旱灾害的目的(郭延辅和段巧甫，2004)。

鄱阳湖流域降水季节分布不均，因此，如何集蓄丰水期的雨水为枯水期利用是该省雨水集蓄工程建设的主要目的；同时，由于该省雨水多，降雨强度大，所以雨水的安全排出是坡面水系建设的一个重要内容。基于此，坡面水土保持雨水集蓄工程建设基本理念为：

(1)涝能蓄、旱能灌。根据地形条件和土地利用类型，因地制宜，统筹兼顾，综合治理，加强集水系统和灌溉系统的一体化建设，把坡面紊乱、无序的径流汇集成有序、可利用的水资源。

(2)集生态建设与小型水利水保工程于一体。将集雨与节灌相结合，雨水集蓄利用工程与先进的水保、农艺措施相结合，工程措施与管理措施相结合，雨水集蓄利用与发展生产、改善生态环境相结合。

2. 技术组成

利用流域内自然条件特征和水土保持技术优势，依据项目建设的基本理念，优化选择的水土保持雨水集蓄模式有两种模式(武艺等，2010)：

(1)高地集雨异地灌溉模式。针对鄱阳湖流域山地、丘陵分布面积广，林地覆盖度高，地势相对高差大的特点，充分利用当地的林地资源和降雨条件，拦截和汇集高处林地的雨水资源，通过水土保持引蓄水系统，为地势相对较低的坡地果园提供灌溉用水。该模式是由集雨面、引蓄水系统和灌溉系统组成。

(2)低山丘陵集雨自灌模式。针对鄱阳湖流域坡地果园面积大、分布广及季节性干旱严重的特点，利用果园自身面积为集雨面，将先进的水保、农艺措施与雨水集蓄技术相结合，建设坡面水系网引流和蓄积雨水，以便在干旱季节对果园进行灌溉。该模式是由集雨面、引蓄水系统和自灌系统组成。

根据当地的降雨、地形、土壤、植被和土地利用特点，充分利用和发挥成熟的水土保持技术功能，构建完整的坡面集雨蓄水工程技术体系。坡面集雨蓄水工程分为集雨系统、引流系统、蓄水系统和灌排系统。每个系统要用相应的水土保持技术构建，例如，集雨系统的水土保持技术包括用作集雨面的乔灌草植物优化配置和前埂后沟+梯壁植草水平梯田等；引水系统的水土保持技术包括山边沟/生态路沟、草沟和草路等技术；蓄水系统水土保持技术包括埋入式蓄水池、沉沙池和山塘等(武艺等，2010)。

3. 技术要点

1)水土保持雨水集蓄量化分析及相应工程确定

(1)集雨面的选择和确定。一般选择海拔相对较高的植物优化组合区为高地集雨异地灌溉模式的集雨面，海拔相对较低的坡耕地和经果林地为低山丘陵集雨自灌模式的集雨面。

(2)引水系统优化选择和确定。引水系统建设以拦沙截流效率高，对环境影响小，有利于综合治理、涵养和净化水源及工程建设为原则。根据多年的试验观测经验，山边沟/生态路沟是一种有效的防治坡面水土流失的工程措施，既可排水又可作为农耕道路，内斜式断面对径流泥沙的拦截作用效果明显；水平台地、梯壁植草和坎下沟等水土保持综合治理措施对于调节径流、优化水源效果明显，所以选择山边沟/生态路沟作为高山集雨异地灌溉模式的引水渠，选择水平台地+梯壁植草+坎下沟的水土保持措施作为低山丘陵集雨自灌+提灌模式的引水系统。

(3)蓄水池容积设计和确定。蓄水池容积大小主要依据年内集雨面各月集蓄的水量和果园需求水量对比确定。根据有关规程规范计算集雨面逐月的汇水量，根据相关手册和规定确定果树的灌水定额，计算果树的灌水周期，然后计算出一次灌水延续时间，最后计算灌水次数，确定灌溉定额和灌溉保证率，从而根据灌溉保证率计算灌溉区需要的年灌溉水量；通过对集雨面与灌溉区的每月来水与需水进行平衡计算，得出满足高地集雨异地灌溉模式和低山丘陵集雨自灌模式的蓄水池大小。

$$V = \alpha \times P \times S \tag{6-1}$$

式中，V 为汇水量，m^3；α 为集雨面相应条件下的径流系数；P 为当地典型年的雨量，mm；S 为集雨面的面积，m^2。

$$I=\beta\times(F_d-w_o)z\times p/1000 \tag{6-2}$$

式中，I 为一次灌水量，mm；β 为土壤中允许消耗的水量占有效水量的比例，为 40%；F_d、w_o 分别为田间持水量和凋萎点含水量，分别为 31% 和 20%；z 为微灌土壤计划湿润层深度，为 0.8m；p 为灌溉土壤湿润比，为 40%。

$$T=I/E_a \tag{6-3}$$

式中，T 为灌水周期，d；E_a 为果树耗水强度，mm/d；其余参数意义同上。

$$t=I\times A/(\eta\times q) \tag{6-4}$$

式中，t 为一次灌水时间，h；A 为单株果树灌溉面积，7.5m^2；q 为单个滴头流量，4.1L/h；η 为滴灌水利用系数，$\eta=0.9$；其余参数意义同上。

$$M_i=I\times A\times N \tag{6-5}$$

式中，M_i 为第 i 种果树的灌溉定额；N 为灌溉次数；其余参数意义同上。

$$P=m/(n+1) \tag{6-6}$$

式中，P 为灌溉保证率；m 为多年灌溉定额从小到大排序后相应定额对应的次序；n 为参与计算的年数。

2) 水土保持雨水集蓄工程引蓄水系统的位置布设

根据各坡面雨水集蓄工程模式的集雨面地形及径流汇集方式，灌溉区在地形中的分布及其与集雨面的距离确定引蓄水系统的布设（图 6-5）。

(1) 高地集雨异地灌溉模式引蓄水系统的位置布设。由于高地集雨异地灌溉模式的集雨面是植被覆盖度高的林地，降雨形成径流呈面状分布，不易汇集，所以采用山边沟/生态路沟技术沿集雨面的最低点等高分布，拦截汇集集雨面径流。因灌溉区离集雨面一般较远，为提高蓄水效益、降低沿程损耗，蓄水量分多个的蓄水池，一部分布设在集雨面的汇水口，一部分布设在灌溉区的顶部。

(2) 低山丘陵集雨自灌模式引蓄水系统的位置布设。低山丘陵集雨自灌模式的集雨面和灌溉区是同一个区域，引水系统利用园区的水平台地坎下沟和园区沿路边布设的草沟汇集径流，引流到蓄水池中。为了提高集蓄雨水效率，降低灌溉的沿程损耗，蓄水池应在灌溉区均匀分布，其位置分布应由其集蓄的径流量满足其控制面积的灌溉量。根据各雨水集蓄模式集雨面地形及径流汇集方式，灌溉区在地形中的分布及其与集雨面的距离确定引蓄水系统的布设。

4. 技术成效

高地集雨异地灌溉模式采用了山边沟/生态路沟+百喜草+引水渠+沉砂池+蓄水池的水土保持技术，实现了将满足生产需要与环境保护融于一体的功效。山边沟/生态路沟+百喜草是一种很好的坡面水系工程技术，既可排水又可作为农耕道路，内斜式断面对径流泥沙拦截作用效果明显，在山边沟/生态路沟内的斜式断面上种植百喜草还能起到净化水质的效果(廖绵濬和张贤明，2004)。

图 6-5 高地集雨异地灌溉模式和低山丘陵集雨自灌模式布置示意图

低山丘陵集雨自灌+提灌模式采用了反坡台地+梯壁植草+坎下沟+引水渠+蓄水池的水土保持技术。反坡台地、枯落物覆盖、梯壁植草和坎下沟等水土保持综合治理措施对调节坡面径流、优化水源效果明显。

将水土保持技术与雨水集蓄相结合，使其合理配置、相互促进，形成了较为完整的水土流失防治和调控径流的坡面水系工程，实现了整治坡面、涵养水量、净化水源的功能，既集蓄了雨水又防治水土流失、保护和改善了环境，又为南方红壤丘陵区的水土流失治理和农业节水灌溉工作提供了新的思路，起到了一定的示范作用(汪邦稳等，2013)。

5. 适用范围

高地集雨异地灌溉模式和低山丘陵集雨自灌+提灌是针对鄱阳湖流域低山丘陵进行山顶戴帽、山腰种果和山下养殖种稻的特点而探索出来的水土保持雨水集蓄模式。随着进一步的深入研究和技术提炼，这两种水土保持雨水集蓄模式具有广泛的应用前景，可在南方红壤坡地水土流失防治和生态农业综合开发等领域推广(武艺等，2010)。

6.4　流域水土保持径流泥沙调控技术体系

本节综合第 5 章 "坡耕地水土保持技术" 和第 6 章 "果园水土保持技术" 等内容,提出基于流域尺度的水土保持径流泥沙调控技术体系。

6.4.1　理念与原理

流域水土保持径流泥沙调控,是以控制水土流失改善生态环境为手段,以改善民生、增加农民收入为根本出发点和落脚点,坚持 "预防为主、保护优先、全面规划、综合治理、因地制宜、突出重点、科学管理、注重效益" 的水土保持工作方针,以小流域为单元,实行山、水、林、田、路、草、能、居统一规划,通过实施梯田、道路、坡面水系等工程措施,荒山及劣地造林、封禁保护、生态修复等生物措施以及农业耕作措施,构建沟坡兼治的水土流失综合防治体系,达到治理水土流失,调整土地利用结构,发展农村经济,保护生态环境的目的,从而实现水土资源可持续利用和生态环境可持续维护。

流域水土保持径流泥沙调控模式作为治理水土流失、改善生态环境、提高农业生产力的主要措施已被实践所肯定。流域水土保持径流泥沙调控技术体系是由多项防治技术组成的,各项技术措施的综合性构成了流域径流泥沙调控成果的多样性及其开发利用的多途径。

以小流域为尺度进行水土保持径流泥沙调控是我国水土流失治理工作中应用比较广泛的一种模式。小流域综合治理是一般以集水面积小于 $50km^2$ 的小流域为单元,因地制宜,因害设防,全面规划,综合治理。同时,采取治坡与治沟相结合,生物与工程措施相结合,田间工程与耕作措施以及乔灌草相结合,形成完善的水土保持综合治理体系。小流域综合治理是不同的水土保持措施形成一个完整的体系,能全面而有效地制止不同部位和不同形式的水土流失,同时可以充分有效地提高天然降水的利用率,减少地表径流,从而做到水不出沟泥不下山。

6.4.2　技术体系构建

1. 建立立体径流泥沙调控措施空间布局

按照 "节水优先、空间均衡、系统治理、两手发力" 的方针,根据流域的自然条件、水土流失特点、社会经济条件、农村产业结构和农村经济发展方向等,推行山顶戴帽子、山脚系带子、沟底穿靴子的沟坡兼治的立体生态治理模式,构筑水土保持 "顶蓄、腰拦、脚滞" 的立体生态治理技术体系(图 6-6～图 6-8)。

1)顶蓄

在远山高山及人烟稀少的陡坡区域,根据水土流失情况,实行全面封禁,禁止人为开垦等生产活动,减少人为活动和人为干扰,依靠大自然的力量进行自然恢复,发挥植被的生态功能。局部营造水土保持林,改善环境,保持水土,实现顶层蓄水、涵养水源的作用,从而建立水土保持防治体系的第一道防线。

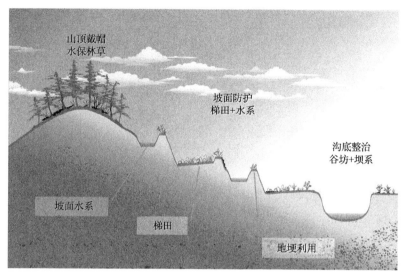

图 6-6　流域水土保持调控径流泥沙技术体系布设示意图

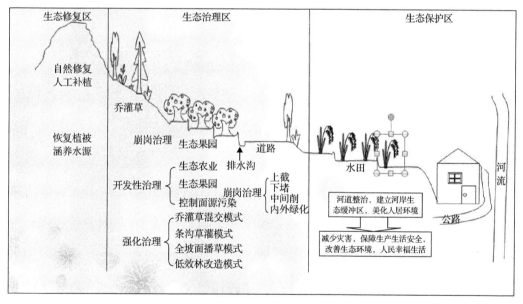

图 6-7　"顶蓄、腰拦、脚滞"的流域径流泥沙立体调控技术体系图

一般水土流失较轻、能满足自然恢复植被要求的林地，采取封禁管护措施。在植被稀疏、种群结构单一的地方，适当补植阔叶树种，加速植被恢复，改造成多种群结构、多林相的乔灌或乔灌草结合的林地；对于水土流失较为严重的疏林地，大力发展水土保持林，减少流域内水土流失，改善生态环境，为当地群众提供木材产品等，促进水土保持生态效益和经济效益协调发展。

2）腰拦

在人口相对密集的浅山和丘陵地带，根据水土流失情况，结合开挖水平沟、水平台地等工程措施，以植树造林为突破口，以果业开发为重点，乔灌草结合，恢复植被，为

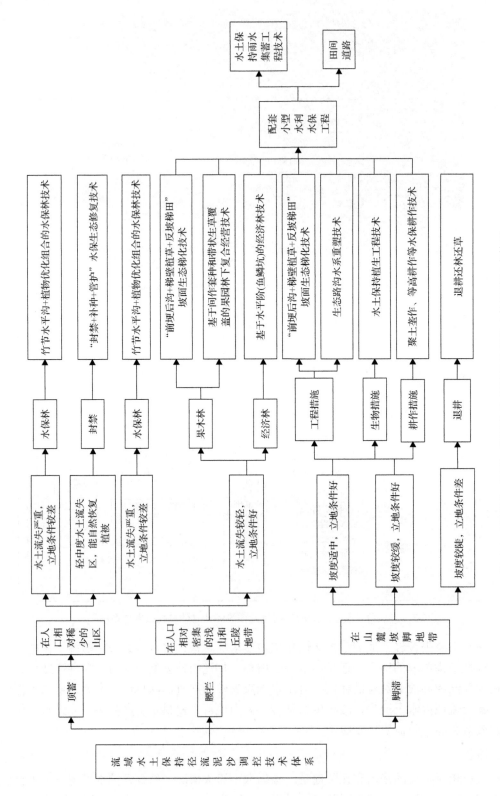

图 6-8 "顶蓄、腰拦、脚滞"的流域或径流泥沙立体调控技术体系

农业生产创造条件，带动农、林、牧、副、渔全面发展。同时在沟道内建设谷坊塘坝、拦沙坎等，调节径流，保障小流域防治体系安全稳定。

一般常利用流域内现有的荒地资源。在立地条件差的荒山荒坡营造水土保持林，利用交通较为便利、水源较近、立地条件较好的山地开发种植经果林，增加土地有效利用面积，提高土地利用率，以缓解人口增长对土地资源的压力。

3）脚滞

在山麓、坡脚等农业种植区及人类活动频繁地区开展农业种植结构调整，改变微地形，建立生物缓冲带，保持水土，减少化肥农药的使用，减少面源污染。加强小型水利水保基础设施建设，改善生产条件和人居环境。

根据坡度等实际情况开展坡改梯或植物篱、山边沟等工程，最终实现坡地变梯地。整体以保土、蓄水措施为主，并结合农民需要，开展农作物种植，合理利用和有效保护水土资源，加强农业基础设施建设，形成保水、保肥、保土的高产基本农田。

2. 各类用地径流泥沙调控措施综合布置，构建综合治理措施体系

1）坡改梯

综合治理坡耕地，规划有序地进行坡改梯工程。为提高土地产出，增加农民收入，常在地埂上设置经济作物带。同时在坡面配套修筑沟渠、涵管、田间道路、蓄水池和沉沙池等小型水利水保工程。因此，采用"前埂后沟+梯壁植草+反坡梯田"坡地整治技术、地埂经济作物带和水土保持雨水集蓄工程技术。但在坡耕地坡度较缓的情况下，为减少土壤扰动，还可采用水土保持耕作技术和水土保持雨水集蓄工程技术；或采用水土保持植生工程技术和水土保持雨水集蓄工程技术，通过生态路沟、植物篱截短坡长，分段拦截径流，减少水土流失，逐步自然形成台地。当坡耕地坡度较陡（≥25°时），则采取退耕还林还草措施。

2）果木林

在立地条件较好、水源较丰富、交通便利的荒地营造果木林，常采用"前埂后沟+梯壁植草+反坡梯田"生态果园技术，同时为了满足灌溉排水的需要，还应配套沟渠、涵管、田间道路、蓄水池和沉沙池等小型水利水保工程，开展雨水有效收集利用。若为充分利用土地资源，提高产出，还可在果树带间种植（套种）农作物或草类（绿肥）。因此，径流泥沙调控措施可采用"前埂后沟+梯壁植草+反坡梯田"果园生态梯化模式、基于间套种植的林下复合经营模式、基于带状生草覆盖的林下复合经营模式及二者混合模式，以及水土保持雨水集蓄工程等。

3）经济林

在立地条件较好、水源较丰富、交通便利的荒地营造经济林，采取等高水平阶整地方式，栽植多年生的、能产生较高经济效益的经济林树种，并配套修筑沟渠、涵管、田间道路、蓄水池和沉沙池等小型水利水保工程，开展雨水有效收集利用，减少水土流失；如遇立地条件较差或地形破碎，则采取鱼鳞坑整地。因此，径流泥沙调控措施可采用基于水平阶（鱼鳞坑）的经济林技术和水土保持雨水集蓄工程技术。

4）水保林

在坡度较陡、立地条件较差，水土流失严重的荒坡地营造水保林，可沿等高线修筑水平竹节沟，并配套乔、灌、草的立体防护。根据治理地块实际需要，在沟壑发育的沟蚀严重地区，合理布置谷坊、拦沙坎等小型水利水保工程，拦蓄径流泥沙。因此，径流泥沙调控措施主要采用竹节水平沟+植物优化组合的水保林技术。

5）封禁管护

对水土流失较轻并能满足自然恢复植被要求的疏林地、灌木林地和乔木林地，采取封禁治理措施，在植被稀疏、种群结构单一的地方，适当补植阔叶树种，加速植被恢复。因此，径流泥沙调控措施可采用"封禁+补种+管护"水土保持生态修复技术。

6）配套设施

一般配备在经果林和坡改梯工程中的有田间道路（通行量较少的人行道路采用植草路）、截排水沟（不受长期水淹的沟道采用植草沟）、蓄水池、沉沙池、涵管、塘坝等。一般配备在水保林中的有谷坊、拦沙坎等。

参 考 文 献

郭延辅, 段巧甫. 2004. 水土保持径流调控理论与实践. 北京: 中国水利水电出版社.

黄强, 胡子有. 2017. 山地生态果园建设模式与技术. 云南农业科技, (4): 31-33.

黄毅斌, 应朝阳, 郑仲登, 等. 2000. 红壤丘陵区生态果园建设的模式、技术与效应. 福建农业学报, 15(增刊1): 182-184.

李爱海, 汪景彦, 程存刚, 等. 2007. 苹果园生草覆盖制现状与发展趋势. 果农之友, (9): 4-5.

廖绵濬, 张贤明. 2004. 现代陡坡地水土保持. 北京: 九州出版社.

宁堆虎, 焦菊英, 饶良懿, 等. 2019. 水土保持生态效应监测与评价. 北京: 中国水利水电出版社.

孙永明, 叶川, 王学雄, 等. 2014. 赣南脐橙果园水土流失现状调查分析. 水土保持研究, 21(2): 67-71.

唐克丽. 2004. 中国水土保持. 北京: 科学出版社.

汪邦稳, 方少文, 沈乐, 等. 2013. 赣北红壤区坡面水系工程截流拦沙控污效应分析. 人民长江, 44(5): 95-98.

王礼先, 朱金兆. 2005. 水土保持学(第2版). 北京: 中国林业出版社.

王瑞东, 姜存仓, 刘桂东, 等. 2011. 赣南脐橙园立地条件及种植现状调查与分析. 中国南方果树, 40(1): 1-3.

吴封欣, 史志民. 2016. 水土保持复合农业林的规划设计. 建筑工程技术与设计, (32): 18.

武艺, 汪邦稳, 杨洁. 2010. 南方红壤区水土保持雨水集蓄模式研究. 中国水土保持, (5): 23-25.

杨洁等. 2017. 江西红壤坡耕地水土流失规律及防治技术研究. 北京: 科学出版社.

查轩, 黄少燕. 1999. 南方山地果园开发的水土保持问题. 水土保持研究, 6(2): 36-39.

张少伟, 杨勤科, 任宗萍, 等. 2011. 江西省赣南地区土地利用动态分析. 水土保持研究, 18(2): 53-56.

张展羽, 左长清, 刘玉含, 等. 2008. 水土保持综合措施对红壤坡地养分流失作用过程研究. 农业工程学报, 24(11): 41-45.

郑海金, 陈秀龙, 宋月君, 等. 2018. 江西省水土保持生态果园典型建设模式与效应. 中国水土保持, 439(10): 30-32.

郑海金, 杨洁, 王凌云, 等. 2015. 农林复合系统对侵蚀红壤酶活性和微生物类群特性的影响. 土壤通报, 46(4): 889-894.

第7章 林下水土流失防治技术

7.1 林下水土流失概况

2005 年水利部牵头组织开展的"中国水土流失与生态安全综合科学考察",指出"远看青山在,近看水土流"现象普遍,是南方红壤区水土流失的一大特点。

鄱阳湖流域属于南方红壤区的核心区域,尽管森林覆盖率较高,但林下灌草稀疏,地表裸露往往导致中度甚至强烈以上的水土流失。林下水土流失不仅制约了农村经济的可持续发展,而且破坏了人类赖以生存的生态环境,是亟待水土保持科技工作者解决的实践问题。

需要指出的是,林下水土流失有广义和狭义之分。广义的林下水土流失包括针叶林(主要是马尾松林和杉木林)下水土流失、桉树人工林下水土流失和茶果园(特别是开发初期)的水土流失等;狭义的林下水土流失主要是指南方红壤区广泛分布的马尾松林下水土流失。本书主要是针对马尾松林下水土流失。

7.1.1 马尾松林下水土流失现状

马尾松是我国南方用材林和防护林的主要树种之一,其特点是易繁殖、抗逆性强、生长快且用途广泛等,广泛分布于 16 个省区(黄登银,2009)。其中四川盆地森林面积的 14%为马尾松林地,江西、福建、浙江、安徽、湖北、湖南、贵州、广东、广西等省区用材林面积的 40%以上为马尾松林地面积,浙江省最高达到 62.5%。马尾松是南方当前主要的建筑、采脂、造纸以及防护树种(莫江明等,2001)。20 世纪 80 年代初,我国南方马尾松林面积位于全国针叶林中首位,达到 14.2 万 km^2,是典型的森林类型之一(汪邦稳等,2014)。

马尾松对酸性土壤适应性强,是鄱阳湖流域侵蚀劣地的先锋树种之一,在森林生态系统恢复中起着重要的引导作用。受自然和人为因素影响,大部分马尾松林的林分结构差,生产力低,加上林下覆被稀少,水土流失严重,保水保土能力弱(佘济云,2002)。林文莲(2003)调查表明,20 年树龄的马尾松林地,马尾松密度 925 株/hm^2,平均树高只有 0.8m,平均地径仅为 3.1cm,植被仅以"小老头树"及少量芒萁等草本为主,地表裸露导致严重的土壤侵蚀,甚至部分马尾松根系裸露。

20 世纪 90 年代末,受自然和人为因素的影响,发生水土流失的马尾松群落近 1/4(莫江明等,2004)。飞播和人工挖穴造林的中、幼龄马尾松林地水土流失普遍发生。飞播地林下植被稀少,立地条件较差,南方降雨量大且集中,容易造成中度以上的土壤侵蚀,侵蚀模数较正常林地高出 1169.7t/(km^2·a)以上(何圣嘉等,2011)。以福建省长汀县为例(陈宏荣等,2007),两处 20 年树龄的马尾松侵蚀劣地,树高只有 2.5~3.0m,土壤侵蚀模数分别高达 4800t/(km^2·a)和 4300t/(km^2·a),约为南方红壤丘陵区土壤容许流失量

$500t/(km^2 \cdot a)$ 的 9 倍。

严重的林下水土流失，不仅使表层土壤流失殆尽，部分林地露出心土层甚至母质层或母岩层，而且导致水源涵养能力削弱，表层土壤砂砾化，土壤养分严重流失和高度贫瘠化。有的强烈侵蚀马尾松林地，土壤砂砾化严重，林地土壤有机质低于 5g/kg，全氮平均为 0.15g/kg，最低仅 0.04g/kg，全磷平均为 0.10g/kg，最低仅 0.02g/kg（杨玉盛等，1999）。严重恶化的立地条件制约着林下植被生长的同时，林地土壤裸露程度进一步增加，林下水土流失加剧，恶性循环加速了马尾松林群落的逆向演替。

7.1.2　马尾松林下水土流失成因

1. 林分结构单一

据统计，鄱阳湖流域的森林覆盖率已达 60%以上，但以针叶纯林为主、树种单一且林分结构不合理等问题突出。马尾松纯林不仅水土流失严重、保水保土能力弱，而且凋落物导致土壤酸化加剧，林下灌木难以生长，合理的乔灌草林分结构无法形成。林地针叶化导致了土壤质量、生物多样性和森林水文等生态效益下降，以及土壤酸化、地力衰退、林分生产力下降和病虫害等问题越来越严重（林金堂，2002）。吴彩莲（2005）研究发现，马尾松纯林地侵蚀模数比阔叶林地大 $7442.7t/(km^2 \cdot a)$，且随着林地针叶化，地表裸露，土壤沙化，土壤抗蚀性下降，土壤养分流失严重。杨一松等（2004）通过对 15°红壤坡地 11 种利用模式 10 年土壤侵蚀的研究，表明水土保持效果好的利用模式依次为常绿阔叶林、混交林、毛竹林和针叶林。

2. 林下植被匮乏

马尾松林生态系统群落结构简单、稳定性较差，长期受人为和自然因素的影响，导致林分不合理，覆盖度低，生产力低等问题，部分发生逆向演替。林下植被匮乏是关键问题，通常表现为无下木层或者下木层的种类、数量极少，簇生茅草、芒萁和野古草等构成草本层，林下植被盖度常在 30%以下（马志阳和查轩，2008），甚至在 5%以下（佘济云等，2002），在坡面的坑洼区域呈簇状分布或者沿侵蚀沟呈带状分布。

林下植被是森林生态系统的重要组成，在土壤侵蚀防治、土壤改良等方面具有重要作用（何小武和李凤英，2001）。林下植被匮乏导致红壤退化土壤肥力下降，植被生产力下降，"空中绿化"现象发生。段剑（2014）在鄱阳湖流域泰和第四纪红土中的研究发现马尾松根系分泌物造成林下植物群落组成单一及分布稀疏，主要表现为抑制周边植物种子的萌发及幼苗生长。

林下植被是涵养水源、保持水土功能的重要层次，对森林保持水土能力的大小起着决定性作用。袁正科等（2002）研究表明林地输沙率与林下植被覆盖度高度相关，林下植被覆盖度为 24.2%～58.4%时，年土壤侵蚀量减少 35.49%～57.55%。水建国等（2003）通过综合 14 年的定位研究得出，红壤坡地植被覆盖度每增加 10%，土壤侵蚀量成倍减少，而当植被覆盖度超过 60%时，全年土壤侵蚀可控制在 $200t/(km^2 \cdot a)$ 以下。由此可见，林下植被状况对马尾松林水土保持效益具有重要影响。

3. 降雨年内分布不均且集中

鄱阳湖流域所在的南方红壤区主要受亚热带季风气候控制，雨量充沛，但年内降水分配极不均衡，主要集中于 4～9 月份(占全年降水量的 70%以上)，降雨侵蚀力 R 值一般为其他地区的 3 倍以上(梁音等，2008)，部分地区侵蚀性降雨占多年平均总降雨量的比例高达 88.62%(左长清和马良，2005)，是引起严重水土流失的主要动力。植被覆盖低或者林下植被覆盖低，集中降雨极易产生地表径流并导致严重的土壤侵蚀，几场大雨、暴雨引起的土壤侵蚀量和径流量占年总侵蚀量和总径流量分别达 81.4%和 78.6%(卢程隆等，1990)。吴擢溪(1996)研究也表明，降雨侵蚀力从 70.31J·cm/(m² · h) 增加到 2471.97J·cm/(m² · h) 时，林下植被覆盖低的林地，径流量较原先增加了 159.38cm³/hm²(约 17 倍)，泥沙量则较原先增加了 1054.62kg/hm²(约 205 倍)，暴雨侵蚀力高，是造成林地土壤侵蚀的关键因素。

另外，丘陵和低山交错分布，地形起伏较大，浅沟、切沟大量发育，地表进一步破碎化，是土壤侵蚀加剧的地貌条件。

7.1.3　马尾松林下水土流失研究进展

1. 马尾松林下水土流失特征研究

20 世纪 80 年代以来，相关学者对马尾松林退化问题开展了大量研究，主要集中在森林群落结构调整和养分循环两方面。但是，由于马尾松侵蚀林地较为特殊，在一些地区由于长期打枝，使得马尾松虽然存在一定的郁闭度，然而林冠层较薄，加之地表缺少覆盖，容易形成"绿伞效应"，使得遥感技术无法监测到林下严重的水土流失，对林下土壤侵蚀的研究不多。因此，除了进行林地植被恢复外，还要加强林地水土流失的定量研究。在各种水土流失评估模型中，植被参数选择的是植被覆盖综合值，没有区分乔灌草覆盖的层次。马尾松侵蚀林地的这种"绿伞效应"为正确评估林地水土流失带来了困难。开展林地不同覆盖层次对水土流失影响的定量化研究，可为评估林下侵蚀提供必需的修正参数。

2. 马尾松林下水土流失防治研究

众多研究表明，马尾松林林分结构不合理，林下地表覆盖低，引发严重的水土流失和养分流失问题，导致土壤不断退化。林下灌草通过拦截降雨消减动能，不仅能防止溅蚀，而且对拦蓄径流和固持土壤作用明显。因此，林下灌草在保持水土、涵养水源、维持生物多样性等方面具有重要的作用，如主要灌木种类的平均最大持水率40%，草本平均最大持水率57%(曾思齐等，1996)。对次生马尾松侵蚀林地，通过提高林下植被覆盖，提升其保水保土能力，可达到生态功能恢复的目标，解决马尾松林地水土流失的关键措施是恢复林地植被结构组成的多样性(郭晓敏等，1998)。

马尾松纯林地水土流失严重，土壤保肥能力差，水文功能混乱，植被难以恢复，因此抗逆性物种选择是林地植被恢复重要基础(杨艳生等，1998)。次生马尾松侵蚀林地类型多，不同母质发育的土壤关键限制因素各异，物种选择在不同马尾松林地植被恢复中尤为重要，一方面要关注备选物种对土壤的适应性，另一方面要关注其在改良土壤、保水保土等方面的作用。姚毅臣等(1997)在鄱阳湖流域的调查研究表明，对花岗岩侵蚀区马尾松林地适应性较强、保水保土效果较好的灌木有胡枝子、黄栀子、茅栗、白栎、牡荆，草本有百喜草、画眉草、糠稷、苏丹草、毛花雀稗、圆果雀稗、黄花菜、柱花草、金色狗尾草、棕叶狗尾草；适合于鄱阳湖流域第四纪红土侵蚀区马尾松林地改造的优良草本植物有百喜草、宽叶雀稗、画眉草、黑麦草、狗牙根、假俭草和苏丹草(王昭艳等，2008)。马尾松纯林地提高灌草覆盖度，有助于增加土壤水稳性团聚体，提高土壤抗分散能力，增强土壤抗蚀能力和蓄水保土能力(杨玉盛等，1999；谢锦升等，2002)，同时将改善土壤结构，提高土壤肥力，促进马尾松林地群落的正向演替(曾河水等，2004)。由于降雨和植被结构区域差异明显，因此研究不同区域、不同林地类型降雨与水土流失的关系，可为理解不同植被防治水土流失的作用机理提供科学依据。

植被问题是水土流失严重地区生态建设中最大的问题。马尾松侵蚀林地植被稀疏，结构单一，是导致水土流失严重的重要原因之一。近几十年来，马尾松侵蚀林地的植被恢复已经受到许多学者的关注，并且在恢复途径、恢复模式及其产生的生态效应方面做了大量研究，提出了适合于各区马尾松侵蚀林地的恢复模式。但对各种模式中植被组合的比例、混交方式、密度控制、群落结构配置等方面的详细研究报道较少，没有形成不同立地类型区马尾松侵蚀林地生态恢复治理技术体系，缺乏对恢复技术的总结推广。加强这些恢复措施与治理技术体系的研究，有利于提高马尾松侵蚀林地植被恢复的成效。

7.2　马尾松林下水土流失规律

7.2.1　材料与方法

1. 研究区概况

1)花岗岩侵蚀区——赣县

研究区位于赣江上游赣县大田乡信江村，地理位置为东经 115°06′32″～115°06′38″，北纬 25°52′18″～25°52′18″，地处亚热带湿润季风气候区，具有气候温和、光照充足、雨量充沛、四季分明、无霜期长等特点。多年平均气温为 19.3℃，极端最高温度 41.2℃，极端最低气温−6℃，多年平均蒸发量 1629mm，无霜期 285 天；年日照时数为 1902h，太阳总辐射量为 111kcal/cm²，≥10℃积温 5159.1℃；多年平均降水量为 1476mm，降水年内分配不均，主要集中在 4～7 月，约占全年降水量的 50%，且多以大雨、暴雨形式出现，10 年一遇 24 小时最大降雨量 154mm，20 年一遇 24 小时最大降雨量为 181mm。主要的灾害性天气有低温阴雨天气、高温低湿天气、寒露风天气和干旱等。

研究区属赣南低山丘陵区，土壤侵蚀类型以水力侵蚀为主；成土母质以花岗岩类风化物为主，土壤类型主要有红壤和水稻土。由花岗岩风化物发育而成的红壤，具有砂砾含量高，质地粗糙，漏水漏肥，有机质、磷素和氮素等有效养分较少，自然肥力较低，酸性偏强的特点，一旦植被遭到破坏，在暴雨和地表径流的冲刷下，极易造成严重的水土流失。

该区地带性植被为亚热带常绿阔叶林，植物区系成分主要由壳斗科、樟科、山茶科、厚皮香科、金缕梅科、冬青科和杜英科等常绿阔叶树组成。但由于长期不合理的采伐利用，使原生植物不断减少，现状植被类型主要为针阔混交林、针叶林、灌草等，其中以马尾松纯林分布为主。

2) 第四纪红土侵蚀区——泰和

研究区位于赣江中游泰和县，地处吉泰盆地的西南部(东经 114°17′~115°20′，北纬 26°27′~26°59′)，其土壤和农业生产情况在吉泰盆地、江南丘陵区均有一定的代表性。泰和县属于我国中部亚热带季风气候，水热资源丰富，但时空分布不均。年平均气温 18.6℃，极端最高气温 40.4℃，极端最低气温-6℃，无霜期 281 天，多年平均降水量 1378mm，雨量充沛，但四季降雨不均，4~6 月为雨季，占全年降雨的 50%。

泰和县主要由低山丘陵地貌组成，占 70%以上，土壤侵蚀类型以水力侵蚀为主。丘陵区主要由白垩纪不同地质时期的红色砂砾岩和紫色砂砾岩、泥质页岩及红色黏质砾岩组成，分布范围极广，是组成泰和红色盆地的主要地面物质基础。

该区原有常绿阔叶林被破坏后，代而取之的是针、阔叶次生林，其中以稀疏马尾松和刺芒、野茭草、四脉金茅、山芝麻、飘拂草、画眉草等草本植物为主。

2. 试验设计

1) 花岗岩侵蚀区——赣县

根据自然地形条件和地表植被恢复类型，共设置了 4 种马尾松郁闭度(0、7%、15%、24%)，在每种郁闭度下设置纯林(地表裸露)、灌木覆盖地表(胡枝子)和草本覆盖地表(百喜草)，总共 12 个径流小区(表 7-1、表 7-2)，小区宽 5m(与等高线平行)，长 20m(顺坡面水平投影)，下方设有集水槽和集流池，集流池设有一、二级径流池。一级池建有 5 个 V 形分流堰，其中一个连通二级池。试验中草本植物平行等高线条带状条播种植播幅 6cm，行距 20~30cm，播后用细沙或碎土覆盖，厚度 1.0~1.5cm，播种量 1.2kg/小区。灌木植物：移栽株行距 30cm×30cm，品字形栽植。如图 7-1 所示。

2) 第四纪红土——泰和

选取典型马尾松纯林地，根据自然地形地貌修建 4 种不同类型的野外自然坡面径流小区，分别为全裸对照(CK)小区、马尾松纯乔(PT)小区、马尾松乔灌组合(TS)小区、马尾松乔草组合(TG)小区(图 7-2)，各小区出水口设置径流、泥沙收集装置，均采用三级分流进行产流量的收集与折算，其中，一二级分流桶均为 13 孔分流，分流孔直径 3m，孔间距 3cm。一级径流桶直径为 50cm，二、三级径流桶直径同为 60cm，从而完成次降雨的径流、泥沙样品采集。各试验小区基本配置情况如表 7-3、表 7-4 所示。

表 7-1 赣县试验小区措施配置表

小区编号	小区处理	坡度/(°)	郁闭度/%
101	全裸	18.02	
102	百喜草	18.70	0
103	胡枝子	19.78	
201	地表裸露	23.35	
202	百喜草	21.90	7
203	胡枝子	22.80	
301	地表裸露	19.55	
302	百喜草	21.42	15
303	胡枝子	20.67	
401	地表裸露	18.63	
402	百喜草	23.62	24
403	胡枝子	24.27	

表 7-2 赣县试验小区林木分布特征表

小区编号	株数($H<2m$)		株数($H>2m$)		胸径(树高大于 2m)/cm
	株数	树高/m	株数	树高/m	
101	9	1.50	—	—	—
102	4	1.58	5	2.16	4.6
103	27	1.39	16	2.83	6.3
201	29	1.10	5	3.80	7.0
202	5	1.25	11	3.76	7.8
203	2	1.50	7	2.95	6.7
301	13	1.16	12	3.64	6.3
302	11	1.46	11	3.63	7.1
303	9	1.51	11	3.49	9.0
401	6	1.17	13	3.23	5.9
402	—	—	14	4.91	9.0
403	6	1.21	20	4.15	7.4

3. 数据获取与研究方法

1) 花岗岩侵蚀区——赣县

(1) 降雨数据。一是通过 JFZ 型数字自记雨量计等分钟记录次降雨过程。将从雨量计中获取的降雨资料，以 6h 为间隔划分降雨场数，统计每场降雨的降雨量、降雨历时及时段最大雨强等；二是从当地气象局获取 2009～2011 年的部分日降雨数据。

(2) 产流、产沙数据。产流量主要通过量取径流池水深，经过相关公式推算得到；泥沙浓度采用泥沙自动测定仪测定体积泥沙浓度，通过径流量换算得到泥沙量。

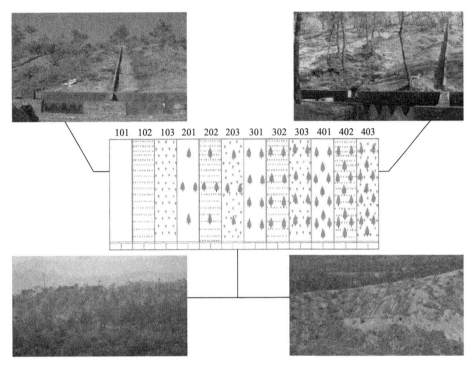

图 7-1　赣县试验小区布置图

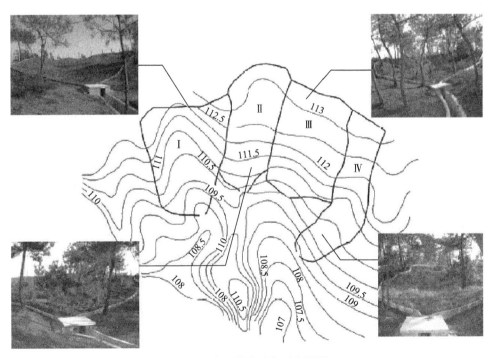

图 7-2　泰和县试验小区布置图

表 7-3 泰和县试验小区措施配置表

小区编号	小区处理	坡度/(°)	郁闭度/%	面积/m²	配置说明
Ⅰ	裸露对照(CK)	9.3	0	344.6	地表全裸, 无任何植被覆盖
Ⅱ	乔灌组合(TS)	6.5	30	256.8	地表以马尾松和胡枝子混合种植, 其中胡枝子种植方式为40cm×50cm 穴植
Ⅲ	纯乔(PT)	6.7	30	313.0	地表为马尾松纯林, 林下无任何植被
Ⅳ	乔草组合(TG)	6.3	30	235.5	地表为马尾松和百喜草混合种植, 其中百喜草为横坡条带栽植, 间距为40cm

表 7-4 泰和县试验小区林木分布特征表

小区处理	株数/株	树高/m	胸径/cm
裸露对照(CK)	—	—	—
乔灌组合(TS)	14	>5	13.5
纯乔(PT)	12	>5	13.1
乔草组合(TG)	10	>5	14.1

(3)数据整理与分析。涉及水土流失与降雨特性因子之间的关系研究, 以及所有关系曲线的求解和相关图表绘制均通过 Minitab、Excel 等统计分析软件完成。

2)第四纪红土侵蚀区——泰和

(1)降雨数据。通过自记雨量计来进行测定, 其中, 间隔大于 6h 的降雨设定为一次降雨事件, 降雨数据主要采用降雨量, 单位为 mm。

(2)产流数据。主要用径流深(F)来表示, 获取方式如下:首先, 通过体积法测定每次降雨各试验小区的产流体积(V), 然后通过单位折算获得单位面积(S)的产流数据, 即径流深(F)。具体换算公式如下:

$$F=V/S\times 1000 \tag{7-1}$$

式中, F 为径流深, mm;V 为产流体积, m³;S 为试验小区面积, m²。

(3)产沙数据。为了更好地进行对比分析, 需要统一换算为单位面积上的产沙量, 主要用单位面积侵蚀量(E)来表示, 获取方式如下:通过测定每次降雨产生的径流泥沙浓度(C), 通过与产流体积(V)相乘计算得到产沙量(S), 再通过单位折算获得单位面积上的产沙数据, 即单位面积侵蚀量(E)。具体换算公式如下:

$$E=V\times C/(S\times 1000) \tag{7-2}$$

式中, E 为单位面积侵蚀量, t/km²;V 为产流体积, m³;C 为采集径流泥沙浓度, kg/m³;S 为试验小区面积, m²。

(4)减流率。减流率为防治措施小区与马尾松纯乔小区产流量的差值与马尾松纯乔小区的比值。

$$R_f = (F_p - F_c)/F_p \times 100\% \tag{7-3}$$

式中，R_f 为减流率，%；F_p 为马尾松纯乔小区径流深，mm；F_c 为不同防治措施小区的径流深，mm。

(5)减沙率。减沙率为防治措施小区与马尾松纯乔小区产沙量的差值与马尾松纯乔小区的比值。

$$R_s = (S_p - S_c)/S_p \times 100\% \tag{7-4}$$

式中，R_s 为减沙率，%；S_p 为马尾松纯乔小区单位面积侵蚀量，t/km^2；S_c 为防治措施小区的单位面积侵蚀量，t/km^2。

本书主要目的是研究次生马尾松林地水土流失发生规律、机理及影响因素。为此，在次生马尾松林地建立径流小区，采用野外径流小区试验观测法，采集降雨、径流、泥沙等数据，分析降雨特性、次生马尾松林郁闭度与水土流失之间的内在关系，主要从降雨和郁闭度两个方面研究马尾松林纯林林下水土流失特征和规律，为后期开展针对性的防治提供科学依据。

7.2.2　花岗岩侵蚀区马尾松林下水土流失规律

1. 降雨因子对林下水土流失的影响

1）次降雨量与产流量关系

共收集到 82 场侵蚀性降雨数据，通过对不同配置的 12 个试验小区次降雨量与产流量进行相关性和统计分析，得到各小区产流量与降雨量的趋势回归模型，结果表明以一元二次回归模型最优。

次降雨量与各小区的产流量都存在显著性相关，其中，以林下地表裸露的 101、201、401、301 小区产流量与降雨量相关系数最大（表 7-5）。在各小区的一元二次回归模型中（表 7-6），可决系数以 201 小区的最大（$R^2=0.81$），其次为 101 小区（$R^2=0.78$）、401 小区（$R^2=0.78$）和 301 小区（$R^2=0.76$），地表裸露的小区最大，表明无地表覆盖的情况下，降雨量与产流量高度相关。

当林下地表种植胡枝子或百喜草后，降雨量对产流量的影响有所减弱，马尾松+胡枝子和马尾松+百喜草的配置模式回归方程的可决系数大小相当（表 7-6），造成此种结果的原因可能与各小区的坡度和小区微地形有关。从结果上看，各小区次降雨量与径流量存在较好的正相关关系，降雨是径流产生的主要决定因素。

表 7-5　各小区降雨量与产流量相关系数表

编号	101	102	103	201	202	203	301	302	303	401	402	403
相关系数	0.86[**]	0.75**	0.78[**]	0.89[**]	0.75[**]	0.78[**]	0.86[**]	0.82[**]	0.76[**]	0.87[**]	0.79[**]	0.81[**]

**$P<0.01$，极显著相关。

表 7-6　各小区降雨量与产流量回归模型

编号	方程表达式	R^2
101	$Q=0.002P^2+0.121P+1.725$	0.78
102	$Q=0.003P^2+0.002P+3.296$	0.63
103	$Q=0.003P^2-0.013P+5.685$	0.69
201	$Q=0.002P^2+0.413P+0.216$	0.81
202	$Q=0.003P^2+0.074P+2.961$	0.61
203	$Q=0.004P^2-0.144P+6.159$	0.74
301	$Q=0.002P^2+0.356P+1.323$	0.76
302	$Q=0.0002P^2+0.269P+0.410$	0.67
303	$Q=0.0006P^2+0.188P+1.321$	0.57
401	$Q=0.002P^2+0.372P+2.560$	0.78
402	$Q=0.003P^2-0.042P+4.940$	0.71
403	$Q=0.003P^2-0.056P+5.229$	0.75

注：Q 为产流量（次降雨径流深）；P 为降雨量。

2）次降雨量与产沙量关系

根据各小区次降雨量与产沙量的相关性分析和曲线模拟，除 201 小区和 301 小区分别以幂函数曲线和对数函数曲线模型最优外，其余均以一元二次曲线模型最优。各小区降雨量与产沙量都呈现显著性相关，但是相关系数都较小，基本保持在 0.5 以下，只有个别小区大于 0.5（表 7-7），第一组小区中以 101 小区产沙量与降雨量的可决系数最大，第二、三和四组小区中以 203、303 和 403 小区的产沙量与降雨量的可决系数最大，其次为马尾松+胡枝子小区和纯马尾松小区（表 7-8）。各小区所产生的泥沙量均与降雨量存在正相关的关系，降雨是泥沙产生的主要动力源。降雨量的多少，直接影响着各小区的产沙量，结合各小区内不同的微地形和所采取的植物措施配置模式，其产生的泥沙量呈现出不同的趋势。

表 7-7　各小区降雨量与产沙量相关系数表

编号	101	102	103	201	202	203	301	302	303	401	402	403
相关系数	0.36**	0.32**	0.48**	0.45**	0.40**	0.59**	0.51**	0.54**	0.36**	0.63**	0.40**	0.55**

**$P<0.01$，极显著相关。

表 7-8　各小区降雨量与产沙量回归模型

编号	方程表达式	R^2
101	$S=0.009P^2-0.009P+20.259$	0.73
102	$S=0.011P^2-0.250P+27.536$	0.58
103	$S=0.022P^2-1.027P+46.196$	0.69
201	$S=3.4082P^{0.92}$	0.38
202	$S=0.006P^2+0.468P+15.850$	0.59

续表

编号	方程表达式	R^2
203	$S=0.030P^2-1.799\,P+44.972$	0.86
301	$S=92.109\ln(P)-204.230$	0.40
302	$S=-0.005\,P^2+2.116\,P-7.360$	0.53
303	$S=0.004\,P^2+0.620\,P+10.065$	0.59
401	$S=0.004\,P^2+2.400\,P+32.72$	0.78
402	$S=0.019\,P^2-0.992\,P+39.519$	0.73
403	$S=0.018\,P^2-0.854\,P+34.468$	0.77

注：S 为产沙量（次降雨侵蚀模数）；P 为降雨量。

2. 郁闭度因子对林下水土流失的影响

本节内容主要从年时间尺度和不同降雨强度等方面探讨了次生马尾松林郁闭度对林地产流产沙的影响，从变异系数大小讨论了不同郁闭度下产流产沙差异，并采用概率统计的方法研究了次生马尾松林不同郁闭度小区产流产沙的最大概率排序关系，通过极差统计分析说明了不同郁闭度小区产流产沙差异大小。

1）年产流产沙随马尾松林郁闭度的变化

2010 年，赣县试验区年总降雨量为 1822mm。产流量从 450mm/a 到 1060mm/a；侵蚀模数从 2000t/(km²·a) 到 6000t/(km²·a)。纯林小区产流特征随郁闭度变化不一，表现为 401 小区＞201 小区＞301 小区，但三者之间的差异不大，产流量为 1000～1060mm/a，产流量平均为 1036mm/a；各纯林小区年产流系数分别为 57.2%（201 小区）、54.9%（301 小区）、58.3%（401 小区），年产流系数平均为 56.9%。各小区年产沙模数随郁闭度的变化与产流特征随郁闭度的变化稍有不同。纯林小区产沙模数关系表现为 401 小区＞301 小区＞201 小区，从 4937～6035t/(km²·a)，产沙模数平均为 5383t/(km²·a)，产沙模数波动幅度相对较大，并随着郁闭度的增加而增加。

从理论上讲，结构复杂的森林生态系统郁闭度越高其对降雨截留作用越强，产沙量应越小，但通过对试验区次生马尾松纯林地调查发现，201 小区马尾松数量最多，但高于 2m 的非常少，只占 15%，多数是矮小的马尾松灌丛；301 小区马尾松数量次之，高于 2m 的马尾松占 50%；401 小区马尾松数量最少，而高于 2m 的马尾松所占比例高为 68%。可知，马尾松郁闭度对降雨产流产沙的影响并不大，而是马尾松林结合胡枝子灌丛对产沙影响相对较大，原因在于灌丛数量多，并与马尾松构成了双重截留层，减弱了降雨对地表击溅和地表径流的形成，从而影响泥沙的产生和搬运，对泥沙的拦截相对较多。

从上述分析可知，各种类型小区产流产沙模数随次生马尾松残林郁闭度有一定的波动。不同郁闭度下，纯林小区产流差异不大，说明次生马尾松残林的截留作用非常有限，即使随着郁闭度的增加，截留作用亦没有明显的增加。研究区次生马尾松林地由于自然因素生长缓慢，除在马尾松顶端有枝叶，其余部位只剩主干，因此只有顶端冠层结构。

生长不良的次生马尾松顶端冠层间空隙多且大，雨滴容易直接穿过冠层到达地面，因此截留作用微弱。纯林小区产沙波动稍大，年产沙有随郁闭度增加的趋势，通过小区实地调查发现，这种差异是由于小区内林木特征所引起的，说明只剩顶层结构的次生马尾松林，不仅不能减弱雨滴动能，反而会将细小雨滴汇聚成大雨滴降落到地面，从而加剧土壤侵蚀。

从绝对值上看，纯林小区产沙量确实是随着郁闭度的增加而增加，并与林木的生长特征有关，但这种影响也是有限的，实际上纯林小区的产沙变异还没有灌草小区大。由此可知，纯林小区次生马尾松林郁闭度对产流产沙没有明显的影响。

2）不同雨强下产流产沙随马尾松林郁闭度的变化

在自然降雨中，雨强随着降雨过程是不断变化的。在表征降雨过程的特征值中，主要采取时段最大雨强，而采用频率较高的是30min最大雨强和60min最大雨强。本节主要采用60min最大雨强来划分雨强范围，原因在于60min所包含的降雨过程相对较长，更能表征降雨过程的变化情况，并以10mm/h为间距将60min最大雨强进行等级划分。在统计的40场降雨过程中，60min最大雨强均小于50mm/h，其中有52.5%的60min最大雨强小于10mm/h，10～20mm/h的占30%，20～30mm/h的占10%，30～40mm/h的为7.5%。

纯林类型小区，不同等级雨强下的平均产流量随次生马尾松林郁闭度稍有波动，但无明显的增减趋势。雨强小于10mm/h的降雨过程中，不同郁闭度下的产流量关系为401小区＞301小区＞201小区，产流量变异系数为18%，平均为10.2mm；10～20mm/h的雨强下，产流量大小为401小区＞201小区＞301小区，变异系数为4%，产流量平均为24.0mm；20～30mm/h雨强下，各纯林小区产流量排序为201小区＞401小区＞301小区，产流量变异系数为12%，平均为17.8mm；30～40mm/h的雨强下，产流量表现为201小区＞401小区＞301小区，变异系数为14%，产流量平均为25.7mm。

纯林小区在低雨强下平均产沙量有增大的趋势（0～30mm/h），特别是在小于10mm/h雨强下的平均产沙量要比10～30mm/h雨强下的平均产沙量高。雨强小时，细小的雨滴容易被马尾松松针截留汇聚为大雨滴降落到裸露地面，从而造成更加严重的侵蚀。雨强小于10mm/h的降雨过程中，不同郁闭度下的产沙量关系为401小区＞301小区＞201小区，变异系数为11%，产沙量平均为126.8t/km^2；10～20mm/h的雨强下，产沙量大小为401小区＞301小区＞201小区，变异系数为10%，产沙量平均为87.1t/km^2；20～30mm/h雨强下，各纯林小区产沙量排序为401小区＞301小区＞201小区，变异系数为20%，产沙量平均为40.8t/km^2；30～40mm/h的降雨条件下，产沙量表现为401小区＞201小区＞301小区，变异系数为25%，产沙量平均为100.4t/km^2。

通过分析得出，在年时间尺度上，各类型小区产流产沙量有一定的波动，纯林小区产沙量有随郁闭度增加而增加的趋势，但这种趋势只有在雨强较小的细雨过程中存在，这主要是由于小区内林木特征导致的。但从变异系数看来，纯林类型小区在不同郁闭度下的产流产沙变化相对最小，年产流量变异系数为3%，年产沙量变异系数为11%。不同类型小区年平均变异系数大多数小于25%，可见不同郁闭度小区产流产沙波动并不大。

综合上述，赣县花岗岩区次生马尾松林郁闭度在 0~0.24 内波动，表明次生马尾松残林地对产流产沙的调控能力有限，实施林下植被恢复是提高林地水土保持功能的必要措施。

7.2.3　第四纪红土侵蚀区马尾松林下水土流失规律

1. 降雨特征

如表 7-9 所示，泰和试验区 30 场次降雨的总雨量为 599.5mm。其中，最小次降雨量为 7.8mm，最大次降雨量为 50mm，平均次降雨量为 19.89mm。按照降雨类型划分标准，30 场次降雨中有小雨 9 场，降雨量为 81.2mm，占总降雨量的 13.54%；中雨 12 场，降雨量为 195.1mm，占总降雨量的 32.54%；大雨以上降雨 9 场，降雨量为 323.2mm，占总降雨量的 53.92%；占总雨次数 30% 的大雨及以上类型的降雨所产生的降雨量占到了整个降雨量的一半以上。

表 7-9　降雨分类概况表

雨型	次数/次	降雨量/mm	占总降雨次数的百分比/%	占总降雨量的百分比/%
小雨	9	81.2	30	13.54
中雨	12	195.1	40	32.54
大雨以上	9	323.2	30	53.92

2. 产流产沙特征

1) 总产流产沙特征

降雨是坡面产流和产沙的主要驱动力。通过对马尾松纯乔 (PT) 小区次降雨产流、产沙数据的整理与分析，马尾松纯乔小区 30 场次降雨的总径流深为 209.36mm，径流系数为 34.92%，与裸露对照 (CK) 小区相比，减少了 52.92mm 和 8.83%，差异不明显 (图 7-3)；次降雨的总单位面积侵蚀量为 1721.28t/km²，与裸露对照 (CK) 小区相比，减少了 970.91t/km²，差异较明显 (图 7-4)。

2) 次降雨产流产沙特征

产流方面，PT 小区和 CK 小区降雨量与产流量的相关系数分别为 0.95 和 0.98，均呈极显著性相关 ($P<0.01$)；产沙方面，PT 小区和 CK 小区的降雨量与产沙量的相关系数分别为 0.92 和 0.94，也呈极显著性相关 ($P<0.01$)。

通过对 PT 小区和 CK 小区产流量及产沙量的统计分析，得到产流量与产沙量的相关系数分别为 0.92 和 0.93，均呈极显著性相关 ($P<0.01$)。如图 7-5 所示，PT 小区和 CK 小区的次降雨量与产流量的关系分别可用一元二次和一元一次回归模型表达，PT 小区和 CK 小区的次降雨量和产沙量的关系均可用一元二次回归模型表达。从产流量与产沙量的关系模型上看，CK 小区为幂函数回归模型，PT 小区为一元二次回归模型，通过对 30 场次降雨的产流及产沙数据的显著性检验得到，马尾松纯乔小区与裸露对照小区在次降雨产流方面无显著性差异，在次降雨产沙方面，差异性极显著 ($P<0.01$)。

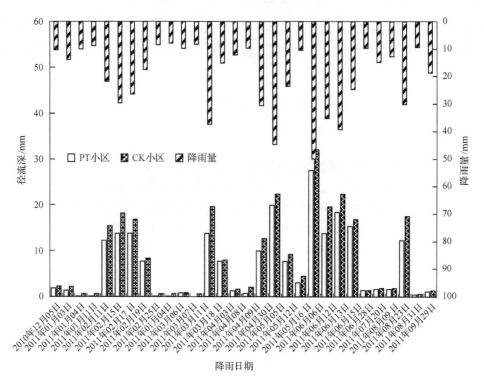

图 7-3　马尾松纯乔小区与裸露对照小区次降雨产流数据

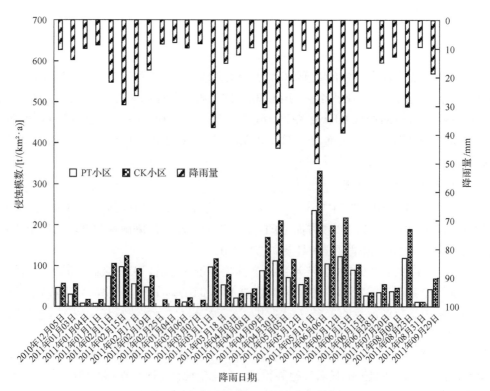

图 7-4　马尾松纯乔小区与裸露对照小区次降雨产沙数据

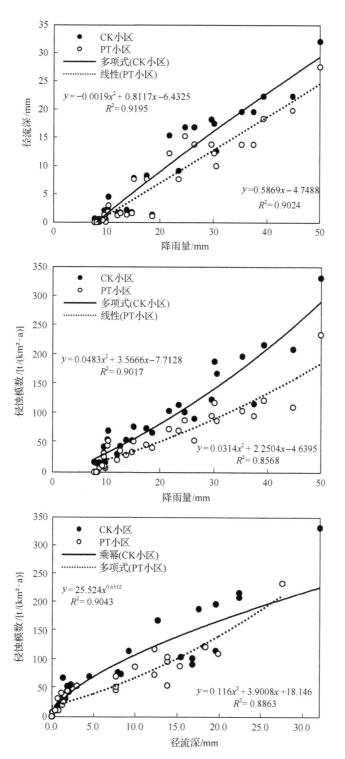

图 7-5　马尾松纯乔小区与裸露对照小区的降雨、产流以及产沙关系模型

3）不同雨型下产流产沙特征

如表 7-10 所示，小雨型下 PT 小区的径流深和单位面积侵蚀量分别是 CK 小区的 44.02%和 50.07%，从占总径流深和单位面积侵蚀量上来看，PT 小区的径流深仅占到了总径流深的 1.63%，略低于 CK 小区的 2.96%，PT 小区的单位面积侵蚀量占到了总单位面积侵蚀量的 5.51%，同样略低于 CK 小区的 7.03%，马尾松纯乔小区在小雨型下，具有一定的减流、减沙效果，产流、产沙占有比例均低于全裸对照小区；中雨型下，PT 小区的径流深和单位面积侵蚀量分别是 CK 小区的 85.45%和 69.78%，从占总径流深和单位面积侵蚀量上来看，PT 小区的径流深仅占到了总径流深的 29.88%，要略高于 CK 小区的 27.91%，PT 小区的单位面积侵蚀量占到了总单位面积侵蚀量的 34.67%，略高于 CK 小区的 31.76%，马尾松纯乔小区在中雨型下，减流、减沙成效较小雨型有所降低，在整个降雨过程的产流、产沙占有比例方面较为接近，略高于全裸对照小区；大雨及以上雨型下，PT 小区的径流深和单位面积侵蚀量分别是 CK 小区的 79.09%和 62.50%，从占总径流深和单位面积侵蚀量上来看，PT 小区的径流深仅占到了总径流深的 68.47%，要略低于 CK 小区的 69.12%，PT 小区的单位面积侵蚀量占到了总单位面积侵蚀量的 59.82%，略低于 CK 小区的 61.20%，马尾松纯乔小区在大雨及以上雨型下，减流、减沙成效介于小雨型和中雨型之间，在整个降雨过程的产流、产沙占有比例方面，略低于裸露对照小区。不同雨型下，马尾松纯乔小区与裸露对照小区略有不同，中雨型下产流、产沙量占整体的比例均高于裸露对照小区，减流、减沙成效以小雨型最高，均接近 50%，其次为大雨及以上雨型，分别为 20.91%和 37.50%，最低的为中雨型，分别为 14.55%和 30.22%。

表 7-10　不同降雨类型下裸露小区和马尾松纯乔小区产流产沙特征

雨型	特征		CK	PT
小雨型	产流量	径流深/mm	7.77	3.42
		占径流深比例/%	2.96	1.63
		径流系数/%	9.57	4.21
	产沙量	侵蚀模数/(t/km^2)	189.31	94.79
		占侵蚀模数比例/%	7.03	5.51
中雨型	产流量	径流深/mm	73.22	62.57
		占径流深比例/%	27.91	29.88
		径流系数/%	37.53	32.07
	产沙量	侵蚀模数/(t/km^2)	855.17	596.72
		占侵蚀模数比例/%	31.76	34.67
大雨及以上雨型	产流量	径流深/mm	181.29	143.38
		占径流深比例/%	69.12	68.47
		径流系数/%	56.09	44.36
	产沙量	侵蚀模数/(t/km^2)	1647.71	1029.77
		占侵蚀模数比例/%	61.20	59.82

通过对不同雨型下的次降雨、产流及产沙数据分析(表 7-11),得到小雨型下 PT 小区和 CK 小区的降雨量与产流量相关性均不显著,降雨量与产沙量方面,PT 小区则呈显著性相关($P<0.05$),CK 小区相关性不显著,PT 小区和 CK 小区的产流量与产沙量均呈现极显著性相关($P<0.01$),PT 小区仅有产流量与产沙量的相关系数小于 CK 小区,其余相关系数均大于 CK 小区;中雨型和大雨及以上雨型下,PT 小区和 CK 小区次降雨量、产流量及产沙量两两之间均呈极显著性相关($P<0.01$),PT 小区在降雨量和产流量及产流量和产沙量的相关系数方面均大于 CK 小区,仅有降雨量和产沙量的相关系数小于 CK 小区;PT 小区各相关系数基本上伴随着雨型的提升,呈现递增趋势,仅有产流量与产沙量的相关系数呈现小雨型<大雨及以上雨型<中雨型,CK 小区各相关系数的趋势与之不同,降雨量与产流量方面与 PT 小区一致,降雨量与产沙量方面,中雨型的最大,其次为大雨及以上雨型,产流量与产沙量方面,出现了递减的趋势。

表 7-11 不同降雨类型下裸露对照小区和马尾松纯乔小区降雨量、产流量以及产沙量关系

小区	降雨量与产流量相关系数(R)			降雨量与产沙量相关系数(R)			流量与产沙量相关系数(R)		
	小雨型	中雨型	大雨及以上雨型	小雨型	中雨型	大雨及以上雨型	小雨型	中雨型	大雨及以上雨型
CK	0.456	0.785**	0.883**	0.445	0.845**	0.816**	0.982**	0.849**	0.800**
PT	0.630	0.790**	0.889**	0.685*	0.768**	0.806**	0.816**	0.895**	0.847**

**$P<0.01$,极显著相关;*$P<0.05$,显著相关。

7.3 马尾松林下水土流失防治技术及效应

7.3.1 林下植被恢复的主要限制因素

1. 花岗岩侵蚀区

试验研究表明赣县花岗岩区土壤流失导致的土层浅薄化、土壤颗粒粗化、养分贫瘠化及土壤酸化是影响林下植被生长的主要障碍因素;次生马尾松林生长缓慢,多为不成林的小老头松,加之环境恶劣,林下植被难以生存。

1)物理因素

土壤机械组成是土壤最基本的特性之一,它反映了土壤物理化学方面的信息。通过赣县花岗岩区次生马尾松残林地颗粒组成分析可知(表 7-12),土壤颗粒分布以 0.05~2mm 的砂粒为主,其次为 0.002~0.05mm 的粉粒,<0.002mm 的黏粒所占比例小,质地为砂质壤土。但在各种粒径组成中,粒径>2mm 的石砾占总颗粒的比例较大,大部分都是石英颗粒,说明该区土壤已经严重砂砾化。根据调查,试验区地表上层为砂砾严重的薄层土壤,下层为坚硬的基岩,而且有的地方基岩已裸露。黏粒含量适中的土壤有利于水稳性团聚体和裂隙的形成,细砂或极细砂比例大的土壤不利于稳定结构的形成,砂砾化严重的薄层土壤,因粗砂含量高,则无法形成团聚体。由于砂粒含量高,黏粒含量少,颗粒间空隙大,所以蓄水能力弱,抗旱能力差,土壤因含水量少,热容量小,昼夜温差变化大，土温变化快，不利植物的生长。而在该区零星分布的铁芒萁也主要生长在土层疏松、颗粒较细的低洼处。由此可见土壤物理性质差是该区林下植被难以生长的原因之一。

表 7-12　赣县试验区土壤颗粒组成　　　　　　（单位：%）

采样编号	>2mm	0.05~2mm	0.002~0.05mm	<0.002mm
01	36.85	66.19	23.84	9.98
02	25.59	60.85	21.74	17.41
03	20.14	59.44	31.43	9.13
04	31.17	59.52	26.71	13.77

土壤侵蚀对土壤颗粒运移的选择性导致土壤细颗粒物质的大量流失，随着土壤侵蚀的加剧，土壤物理性质不断恶化。有关研究已经表明，花岗岩侵蚀区随着侵蚀程度的加剧，土壤团聚体破坏严重（张桃林等，1999）。水稳性团聚体的破坏，意味着土壤抗蚀性能的降低，更容易遭受雨滴击溅、径流冲刷等作用，进一步加剧了土壤侵蚀的发生。随着土壤团聚体的破坏，土壤结构也随之发生变化，其中土壤孔隙改变最为突出。张桃林等（1999）指出随着侵蚀程度的加剧，土壤总孔隙度、通气孔隙及毛管孔隙都有明显的下降，而非活性孔隙比例明显上升。因此随着侵蚀过程的发展，土壤的粗化过程也随之加剧。土壤孔隙是土壤水分运移的通道，毛管孔隙比例的减少，影响土壤中的水分运移，从而影响植物的需水要求，成为花岗岩区林地植被生长的障碍。

2）化学因素

养分是植物生长的动力，扎根于土壤中的植物，必然从土壤中吸收大量有效养分，因此土壤中的养分状况制约着植物的生长发育。鄱阳湖流域次生马尾松林地水土流失引起的土壤有机质和氮磷养分的严重亏缺及土壤酸化等已成为林地植被难以生长的关键因素之一。

试验区土壤 pH 平均值为 4.38（表 7-13），属强酸性土壤，植被难以在这种强酸性的土壤中生长。土壤中的各种养分含量均较低，根据全国第二次土壤普查土壤养分分级标准，赣县花岗岩马尾松林地土壤养分都处于最低级别——第 6 级。各养分含量除全钾为轻度缺乏外，其余均为极度严重缺乏状态，且速效磷在各种养分中相对最缺乏。该区土壤呈强酸性，加剧了养分离子的淋溶作用，是造成自然肥力低下的原因之一；其次长期严重的土壤侵蚀，又加剧了土壤养分的流失。除极少数耐贫瘠植物可以生长外，绝大部分植物不能生存。因此，要实现林下植被恢复，必须选择耐贫瘠的植物品种。

表 7-13　赣县试验区土壤养分含量

采样编号	pH(H$_2$O)	有机质/(g/kg)	全氮/(g/kg)	全磷/(g/kg)	全钾/(g/kg)	速效磷/(mg/kg)	速效钾/(mg/kg)
01	4.47	4.05	0.29	0.08	34.50	0.4	60.0
02	4.40	3.80	0.20	0.12	22.22	0.1	52.5
03	4.33	3.51	0.24	0.10	28.54	0.3	42.5
04	4.38	2.95	0.24	0.09	18.48	0.2	37.5

2. 第四纪红土侵蚀区

泰和第四纪红土区土壤质地黏重，土壤有效水库容小，以及养分贫瘠和土壤酸化是导致林下植被难以生长的主要障碍因素。

1) 物理因素

该区成土母质主要是第四纪红土、紫色或红色砂砾岩。由这些母质发育的风化物及其土壤疏松表层在气候等因素的作用下，较易产生流失，致使地表裸露多，土壤黏、板、酸、瘦。如表 7-14 所示，泰和第四纪红土区马尾松残次林地土壤颗粒组成中平均 50%是＜0.002mm 的黏粒，0.05～2mm 的砂砾含量也占到 33%，粉粒含量相对较低，而＞2mm 的石砾含量非常少，土壤质地为黏土。因此，该区土壤质地黏重，紧实黏结，通常干时坚硬，湿时黏重，土壤透水、透气性差，不利于植物扎根生长。

表 7-14 泰和试验区土壤颗粒组成 （单位：%）

采样编号	＞2mm	0.05～2mm	0.002～0.05mm	＜0.002mm
01	1.39	31.88	15.76	52.36
02	1.52	32.08	16.40	51.52
03	0.58	34.99	15.60	49.41
04	0.68	38.35	13.74	47.91

第四纪红土发育的红壤黏粒含量高，质地黏重紧实，土壤水分运移困难。红土区的总库容和贮水库容都比较高，0～150cm 总库容达 793.8mm，贮水库容达 495.32mm，持水性较好，但是有效库容很低，只有 188.80mm，只占贮水库容的 38%，无效库容所占比例高达 62%。其次，随着土壤厚度的增加，各种库容都也都增加，但有效库容占贮水库容的比例从 50%减少到 30%，而无效库容比例从 50%增加到 70%。有效库容比例的减小严重影响植被的生长，特别是在旱季，上层土壤由于蒸发强烈，土壤含水量低，植物主要靠深根系从下层土壤中吸收水分，但由于有效库容的减小，植被更难得到必需的水分供应，因而植物很难存活下去。

2) 化学因素

表 7-15 反映了泰和第四纪红土区的土壤养分基本状况。其中土壤 pH 平均值只有 4.19，属强酸性土壤。土壤中各种养分含量低，有机质平均含量 4.00g/kg，全氮、全磷和全钾平均含量分别只有 0.36g/kg、0.22g/kg 和 9.09g/kg，速效磷和速效钾平均含量分别为 0.53mg/kg 和 61.25mg/kg。土壤中的养分全量变异系数都在 10%以下，但有机质和速效磷的空间分布差异大，变异系数分别达到 51.58%和 62.93%。根据全国第二次土壤普查土壤养分分级标准，泰和第四纪红土区马尾松林地土壤养分都处于最低级别——第 6 级。除速效钾处于中度缺乏外，其余各养分含量均为极度严重缺乏状态；其中有机质含量只有严重缺乏水平基线的 27%，全氮为 48%，全钾为 91%，速效磷为 21%。同样，速效磷在各种养分中也是相对最为缺乏。

表 7-15 泰和试验区土壤养分含量

采样编号	pH(H₂O)	有机质/(g/kg)	全氮/(g/kg)	全磷/(g/kg)	全钾/(g/kg)	速效磷/(mg/kg)	速效钾/(mg/kg)
01	4.26	3.23	0.37	0.22	9.20	0.7	62.5
02	4.25	2.21	0.37	0.21	9.00	0.3	70.0
03	4.06	6.95	0.35	0.24	9.62	0.9	70.0
04	4.20	3.56	0.35	0.21	8.52	0.2	42.5

针对以上障碍因素，要实现林下地表植被恢复，必须选择抗旱耐贫瘠的品种作为林下植被恢复的先锋植物。试验表明在马尾松林下适宜生长的植被有胡枝子、百喜草、高羊茅和狗尾草，为兼顾林下恢复的多样性，可以将上述品种混合种植。然而，在各种障碍因素的影响下，即使是抗旱耐贫瘠的优良品种，在植被生长的初期亦是非常缓慢，倘若在苗期遇到不利天气，灌草幼苗难以存活。为加快灌草的生长速度，增强其抗恶劣环境的能力，可以配施一定量的石灰和磷肥改良土壤性质，促进灌草生长。

7.3.2 林下水土流失防治技术

鄱阳湖流域马尾松林大多属于飞播造林，土壤贫瘠、灌草覆盖低、土壤侵蚀严重、水源涵养能力弱，解决马尾松侵蚀林地水土流失的关键措施是恢复林地植被结构的多样性（郭晓敏等，1998）。通过封禁补植、施加有机肥改善土壤结构，提高土壤肥力，补植重点包括灌草补植、阔叶树补植，可有效治理马尾松林下水土流失。对于中度以上侵蚀强度的区域，工程措施和植物措施相结合治理效果更明显。

马尾松林侵蚀劣地主要特点为缺水少肥，治理的关键是保水保土增肥，促进林草快速覆盖，增强侵蚀劣地的生态自我修复能力。应以预防保护为主，实行草灌或草灌乔混种，采用条状、穴状种植草灌带，配合人工施肥、补植、封禁等强化措施推进裸露地表的林草快速覆盖，促进侵蚀劣地的生态自我修复和良性循环。

1. 微地形改造

地形是土壤侵蚀的影响因素之一，主要表现在坡度和坡长两个方面，通过坡面水土保持工程的修筑，如水平台地（条带）、水平竹节沟等工程措施改变微地形，截断坡长后可实现分散径流，延长径流停蓄时间，增加入渗，进而减少径流冲刷的目的。姚毅臣等（1997）研究表明，马尾松残次林原土壤侵蚀模数平均为 $6500t/(km^2 \cdot a)$，通过实施水平沟、水平台地、反坡地、撩壕 4 种坡面工程，3 年内林地水土流失治理成效显著，其中以水平沟的综合治理效益最佳。林地水土流失由试验前的强度流失降为轻度流失，各试验小区的土壤流失量分别比对照减少了 70.6%、67.6%、66.2% 和 67.0%，0～20cm 表层土壤含水量分别高出对照 4.1%、2.4%、0.5% 和 4.9%。

2. 草灌补植

对于立地条件严重恶化的马尾松林地，根据因地制宜"以草起步、草灌先行"的原则，优先选择草本和灌木种类，追施肥料并辅以适当的工程措施，遵循植被的演替理论，实现地表的快速覆盖，防治土壤侵蚀。选择象草、香根草、百喜草等抗逆性强的草种进行补植，或者配合胡枝子等灌木的草灌混合补植，均是马尾松林下水土流失治理的良好措施。

3. 阔叶树补植

结合马尾松林地的立地条件，根据适地适树的原则选择阔叶树种，进行阔叶树补植，营造针阔混交林，提高林下植被多样性，改善土壤结构，提高土壤肥力，提高林地土壤蓄水保肥能力，促进退化马尾松林生态系统正向演替（王会利等，2010）。通过补植阔叶树木荷，营造马尾松+木荷混交林，林地水土流失得到有效控制，结果显示 2006 年径流量和土壤侵蚀量较对照区分别降低了 33.58%和 81.60%（王建华等，2008）。

4. 封禁管护

人地矛盾突出，对生态系统剧烈干扰，山地植被遭到大面积破坏，是森林生态系统退化并引发严重水土流失的关键原因。减少人为干扰是马尾松生态系统恢复的重要前提。对大面积连片的退化马尾松林实施封禁，充分利用南方良好的水热条件，发挥大自然的自我修复能力实现水土流失区植被的快速恢复，是退化马尾松林生态系统恢复的有效措施。

封山育林短时间不会明显影响林分整体状况，但能提高林下植被盖度、生物多样性，同时促进生境改善及保水保土效益的提升。例如，大面积马尾松林封山育林 15 年后，植被覆盖度从 35.0%提高到 91.4%，土壤侵蚀模数减少 2054t/(km²·a)，涵养水源能力提高 56%以上，土壤结构改善，土壤肥力提高，群落正向演替，林下水土流失得到遏制（郭志民和黄传伟，2004）。试验表明，封育和补植措施发挥效益后，年均减流率分别为 47.5%和 44.2%，年均减沙率分别为 67.8%和 62.3%，减流减沙效果显著（莫江明等，2001）。

7.3.3　花岗岩侵蚀区林下水土流失防治效应

1. 马尾松纯林不同林下改造措施的水土保持效应

林下植被作为森林群落的重要组成部分，对于维持森林物种多样性、水土保持、促进养分循环和维护林地地力等方面具有不可忽视的作用，近年来备受关注。在赣县花岗岩侵蚀区，选择郁闭度高（24%）、中（15%）、低（7%）三种马尾松纯林共建立了 12 个径流场，设置林下植草（百喜草）和补植胡枝子灌木等措施，并与裸露地为对照，通过次降雨下的定位观测，分析比较不同林下改造措施的水土保持效应。

1) 低郁闭度情况下不同地表覆盖类型的产流产沙

在 7%郁闭度下，与 201（地面裸露）小区相比，203（胡枝子）和 202（百喜草）小区在减少地面径流和控制泥沙量方面效益明显。203（胡枝子）、202（百喜草）和 201（地面裸露）小区径流系数分别为 25.85%、29.33%和 51.12%，侵蚀模数分别是 216.25t/(km²·a)、272.73t/(km²·a)和 476.0t/(km²·a)。因此，马尾松纯林下种植胡枝子和百喜草均有明显的控制水土流失的作用，并且补植胡枝子灌木效果高于百喜草。

2) 中郁闭度情况下不同地表覆盖类型的产流产沙

在 15% 郁闭度下，与 301（地面裸露）小区相比，303（胡枝子）和 302（百喜草）在减少地面径流和控制泥沙量方面效益明显。303（胡枝子）、302（百喜草）和 301（地面裸露）小区径流系数分别为 25.25%、31.1% 和 53.44%，侵蚀模数分别是 203.86t/(km²·a)、230.97t/(km²·a) 和 503.69t/(km²·a)。因此，马尾松林下种植胡枝子、百喜草均有明显的控制水土流失的作用，并且胡枝子的效果强于百喜草。

3) 高郁闭度情况下不同地表覆盖类型的产流产沙

在 24% 郁闭度下，与 401（地面裸露）小区相比，403（胡枝子）和 402（百喜草）处理在抑制水土流失方面效益明显。403（胡枝子）、402（百喜草）和 401（地面裸露）小区径流系数分别为 27.5%、26.36% 和 55.70%，侵蚀模数分别是 199.66t/(km²·a)、221.31t/(km²·a) 和 536.61t/(km²·a)。因此，地面种植胡枝子、百喜草均有明显的控制马尾松林下水土流失的作用。同时在减少径流上百喜草优于胡枝子，在控制泥沙量方面胡枝子则优于百喜草。

各种马尾松郁闭度下，不同地表覆盖类型间产流产沙存在不同的差异，但总体趋势是一致的。其中地表裸露小区产流产沙与有灌木（胡枝子）、草本（百喜草）覆盖地表小区的产流产沙存在较大差异，灌木（胡枝子）、草本（百喜草）覆盖地表小区均有明显的减流减沙作用（表 7-16）。多重分析（LSD）结果表明，地表裸露、胡枝子覆盖地表和百喜草覆盖地表三者间的产流产沙存在显著差异，而胡枝子和百喜草之间没有显著性差异。

表 7-16　不同地表覆盖类型下产流产沙特征

	地表裸露	百喜草	胡枝子
地表盖度/(%)	0	30	40
年径流量/(mm/a)	1056±289	592±48	614±76
侵蚀模数/[t/(km²·a)]	7527±2166	3415±488	3088±305

从年产流量来看，表现为地表裸露>胡枝子>百喜草。以地表裸露为对照，林下补植胡枝子减少产流量 442mm，减流率为 42%；百喜草处理减少产流量 464mm，减流率达 44%。从侵蚀模数来看，表现为地表裸露>百喜草>胡枝子。相对地表裸露小区，胡枝子处理下减少产沙量 4439t/km²，减沙率达 59%；百喜草小区减少产沙量 4112t/km²，减沙率为 55%。

通过林下植被恢复（灌草覆盖度约 20%），可以将林地侵蚀从强烈侵蚀降低为中度侵蚀。这是因为灌草覆盖地表，防止雨滴击溅；植物本身、枯枝落叶及其形成的物质，增加了地面的粗糙度，阻挡和分散径流，减缓流速，增加入渗；灌草根系固持土壤，提高土壤抗蚀性，减少泥沙的产生；其次，地表径流是导致土壤流失的原因之一，地表裸露小区，径流量大，流速快，它不仅带走土壤细颗粒，导致土壤结构破坏、渗透性能变差、土壤质地变粗等，而且还带走土壤中的有机物质和可溶性矿物营养元素，以致土壤理化学性质变差。因此，进行地表灌草覆盖可以有效防治水土流失。

分析表明，在相同地表覆盖条件下，不同类型土壤的土壤侵蚀量与径流量的关系存在差异。总的来说，相比花岗岩侵蚀区，实施水土保持措施如种植地被物，对于改善第四纪红土侵蚀区土壤侵蚀和径流状况有更明显的效果。百喜草改善地表径流和拦蓄泥沙的作用优于胡枝子，这是因为相比胡枝子，百喜草发达的地上部分和匍匐茎具有减小雨滴击溅、阻缓地表径流的产生和延长汇流时间等作用。同时，百喜草根系发达，且新陈代谢快，腐烂的根系能增加土壤有机质含量，改善土壤团聚体结构，从而提高土壤的下渗量和持水量，达到拦蓄目的。

植被恢复的目的之一就是恢复林地植被的多样性。植被结构复杂的森林生态系统可以提高涵养水源、水土保持的能力，并可以增加养分循环等功能。因此在恢复林下植被的同时要注意植被多样性的恢复，将筛选出的优良灌草进行不同配置，从而筛选出最佳的植被多样性恢复配置。

2. 其他措施对林下植被的促进作用

在侵蚀严重的次生马尾松林地，土壤结构差，肥力低下，水分条件恶劣，植被生长困难。即使是适宜林下生长的优良灌草品种，其生长亦缓慢。加速林下植被生长速度，有助于提高植被存活率和恢复效率。

水利部长江水利委员会重点项目"花岗岩地区马尾松林地水土流失规律试验研究"结果表明，在酸性强、自然肥力极低的次生马尾松林地分别施用低水平的石灰粉($2.5t/hm^2$)和低水平的钙镁磷肥($0.85t/hm^2$)对林下植被生长没有明显的促进作用；而施用高水平的石灰粉($12.5t/hm^2$)和高水平的钙镁磷肥($4.25t/hm^2$)可以明显改善植被的生长状况，加快植被的生长速度，并可以提高林下灌草的覆盖度。同时施用石灰粉和钙镁磷肥比单施石灰粉或单施磷肥效果更佳，其中 $12.5t/hm^2$ 的石灰粉和 $4.25t/hm^2$ 的钙镁磷肥共同施加下植被覆盖率最高为 37.5%，$2.5t/hm^2$ 的石灰粉和 $0.85t/hm^2$ 的钙镁磷肥配施下覆盖率为 29.1%，其余措施下的覆盖率都在 20%以下。因此，单施高水平的石灰粉或磷肥对植被恢复的效果并不良好。两者同时施用时，不论是低水平同施还是高水平同施，其促进植被生长的效果都非常明显，石灰粉或磷肥用量也会影响林下植被生长的好坏，同时施用石灰粉和磷肥措施下的覆盖率是单施石灰粉或磷肥的 1.5～2.5 倍。试验说明研究区植被恢复过程中必须同时解除土壤酸性和土壤瘠薄两大限制因素，才能达到较好的恢复效果。

7.3.4　第四纪红土侵蚀区林下水土流失防治效应

1. 不同防治模式减流减沙效应

通过与马尾松纯乔小区的产流、产沙数据对比分析得到，乔灌组合小区和乔草组合小区的减流率分别为 55.84%和 75.04%，减沙率分别为 96.71%和 98.32%。减流与减沙成效均以乔草组合模式最优，减流、减沙率较乔灌组合模式分别提高了 19.2%和 1.61%，通过乔草组合模式不仅可实现拦蓄径流的作用，还可有效降低雨滴直接打击地表，造成减少土壤溅蚀的发生，总产流、产沙量减少明显。

通过对不同防治模式下的次降雨、产流量以及产沙量进行关系建模（图 7-5），发现与马尾松纯乔小区的关系模型相同，均可用一元二次回归模型表达，从模型模拟的可决系数上看，乔灌组合小区仅有降雨量与产流量之间的可决系数大于乔草组合小区，其余的均为乔灌组合小区大于乔草组合小区，这也充分说明了乔草组合模式，百喜草地表拦蓄径流的效果显著，在拦蓄地表径流的同时促进了地表径流的下渗，从而弱化了降雨对地表产流的相关性，侵蚀泥沙主要在地表产流运移以及降雨打击侵蚀的双重作用下产生。

马尾松纯林小区与裸露对照小区的水土流失特征比较，降雨量、产流量以及产沙量的关系模型均以一元二次回归模型最优，与裸露对照小区的幂函数关系略有不同(图 7-5)。马尾松林下水土流失在不同雨型下的降雨驱动贡献存在差异，马尾松纯林小区，在小雨型条件下，树冠对于细小雨滴具有一定的聚集归并作用，使得雨滴打击地表的动能加大，溅蚀能力加强，利于泥沙随径流运移产沙，故此，在小雨型下，马尾松纯乔小区与裸露对照小区相比，造成水土流失的原因，不仅有雨滴的直接打击，马尾松针型树叶的聚集归并也起到非常重要的助推作用，以致马尾松纯乔小区的降雨量与产沙量存在显著性相关($P<0.05$)，降雨量对于马尾松纯林小区的产流、产沙贡献率，以大雨及以上雨型最大，然而由于马尾松纯林小区树冠的影响，以中雨型下的产流量与产沙量的相关性最为密切，这与裸露对照小区不同，因为在第四纪红土侵蚀区，土壤黏粒含量高，质地黏重紧实，在大雨型下，地表裸露的松土，易于受降雨以及产流的影响，前期侵蚀较为严重，增长迅速，后期伴随着地表裸土的流失，降雨以及产流对产沙的影响会逐渐降低，反而马尾松纯乔小区由于稀疏乔木的覆盖，延缓了降雨以及产流对产沙的影响，存在一定的滞后作用，特别是在中雨型下更为突出。在防治模式方面，由于乔灌以及乔草组合模式可以很好地减弱马尾松稀疏林冠的雨滴聚集归并作用，同时减弱了雨滴直接打击地表的机会，其减流、减沙成效显著。

2. 不同雨型及防治模式下减流减沙成效

表 7-17 表明，小雨型下，乔灌组合小区与乔草组合小区的总减流、减沙率分别为 96.78% 和 99.51%；中雨型下，乔灌组合小区与乔草组合小区的总减流、减沙率分别为 71.89% 和 88.33%；大雨及以上雨型下，乔灌组合小区与乔草组合小区的总减流、减沙率分别为 47.86% 和 68.66%，从各雨型下的总减流、减沙成效上看，从大到小依次为小雨型、中雨型和大雨及以上雨型。

表 7-17　不同防治措施小区减流率、减沙率特征　　　　　　　　(单位：%)

小区	小雨 减流率			小雨 减沙率			中雨 减流率			中雨 减沙率			大雨及以上 减流率			大雨及以上 减沙率		
	最小	最大	平均	最小	最大	平均	最小	最大	平均	最小	最大	平均	最小	最大	平均	最小	最大	平均
乔灌组合	39.06	100	84.11		100		57.92	100	82.23	96.02	100	99.13	40.36	58.91	47.75	91.13	97.40	95.08
乔草组合	98.74	100	99.71		100		72.33	100	91.58	98.58	100	99.65	55.44	88.03	70.27	96.44	98.64	97.60

进一步对各雨型下的次降雨减流、减沙成效进行分析表明,小雨型下,次降雨产流方面,乔灌组合小区和乔草组合小区的最小减流率分别为 39.06%和 98.74%,最大减流率均为 100%,平均减流率分别为 84.11%和 99.71%,次降雨产沙方面,乔灌组合小区和乔草组合小区的减沙率均为 100%;中雨型下,次降雨产流方面,乔灌组合小区和乔草组合小区的最小减流率分别为 57.92%和 72.33%,最大减流率均为 100%,平均减流率分别为 82.23%和 91.58%,次降雨产沙方面,乔灌组合小区和乔草组合小区的最小减沙率分别为 96.02%和 98.58%,最大减沙率均为 100%,平均减沙率分别为 99.13%和 99.65%;大雨型及以上雨型下,次降雨产流方面,乔灌组合小区和乔草组合小区的次降雨最小减流率分别为 40.36%和 55.44%,最大减流率分别为 58.91%和 88.03%,平均减流率分别为 47.75%和 70.27%,次降雨产沙方面,乔灌组合小区和乔草组合小区的最小减沙率分别为 91.13%和 96.44%,最大减沙率分别为 97.40%和 98.64%,平均减沙率分别为 95.08%和 97.60%。不同雨型条件下,其总减流、减沙成效以及次降雨减流减沙成效均表现为小雨型＞中雨型＞大雨型及以上雨型。

参 考 文 献

陈宏荣, 岳辉, 彭绍云, 等.2007. 侵蚀地劣质马尾松林改造效果分析. 中国水土保持科学, 5(4): 62-65.

段剑.2014. 马尾松根系分泌物的化学组成及其化感作用研究. 南昌: 江西农业大学.

郭晓敏, 牛德奎, 刘宛秋.1998. 江西省红壤侵蚀劣地植被恢复技术及综合治理效果研究. 水土保持研究, 2: 108-122.

郭志民, 黄传伟.2004. 闽东南沿海丘陵区小流域生态修复效果. 中国水土保持科学, 2(3): 103-105.

何圣嘉, 谢锦升, 杨智杰, 等.2011. 南方红壤丘陵区马尾松林下水土流失现状、成因及防治. 中国水土保持科学, 9(6): 65-70.

何小武, 李凤英.2001. 防治南方土壤侵蚀的新途径——贴地表覆被. 水土保持学报, 15(6): 50-52.

黄登银.2009. 不同密度马尾松林下植被和土壤性质. 防护林科技, (2): 21-23.

梁音, 张斌, 潘贤章, 等.2008. 南方红壤丘陵区水土流失现状与综合治理对策. 中国水土保持科学, 6(1): 22-27.

林金堂.2002. 福建省林地针叶化及其对生态环境的影响. 福州: 福建师范大学.

林文莲, 谢锦升.2003. 严重侵蚀红壤封禁管理措施马尾松生长过程特点. 福建水土保持, (3): 45-49.

卢程隆, 黄炎和, 郑添发, 等.1990. 闽东南花岗岩地区土壤侵蚀的研究. 水土保持通报, 10(2): 41-48.

马志阳, 查轩.2008. 南方红壤区侵蚀退化马尾松林地生态恢复研究. 水土保持研究, 15(3): 188-193.

莫江明, 孔国辉, Brown S, 等.2001. 鼎湖山马尾松林凋落物及其对人类干扰的响应研究. 植物生态学报, 25(6): 656-661.

莫江明, 彭少麟, Brown S, 等.2004. 鼎湖山马尾松林群落生物量生产对人为干扰的响应. 生态学报, 24(2): 193-200.

余济云, 曾思齐, 陈彩虹.2002. 低效马尾松水保林下植被及生态功能恢复研究: 恢复技术优化经营模式. 中南林业调查规划, 21(2): 1-3.

水建国, 叶元林, 王建红, 等.2003. 中国红壤丘陵区水土流失规律与土壤允许侵蚀量的研究. 中国农业科学, 36(2): 179-183.

汪邦稳, 段剑, 王凌云, 等.2014. 红壤侵蚀区马尾松林下植被特征与土壤侵蚀的关系. 中国水土保持科学, 12(5): 9-16.

王会利, 唐玉贵, 韦娇媚.2010. 低效林改造对土壤理化性质及水源涵养功能的影响. 中国水土保持科学, 8(5): 72-78.

王建华, 罗嗣忠, 叶冬梅.2008. 赣南山地水土保持生物措施效益研究. 中国水土保持科学, 6(5): 37-43.

王昭艳, 左长清, 杨洁.2008. 第四纪红壤侵蚀区优良水土保持草本植物的选择与评价. 水土保持通报, 5: 87-91.

吴彩莲.2005. 林地针叶化对土壤侵蚀特征及生态环境影响研究. 福州: 福建师范大学.

吴擢溪.1996. 杉木幼林地水土流失与降雨特性关系研究. 福建林学院学报, 16(4): 304-309.

谢锦升, 杨玉盛, 陈光水, 等.2002. 封禁管理对严重退化群落养分循环与能量的影响. 山地学报, 20(3): 325-330.

杨艳生.1998. 第四纪红粘(黏)土侵蚀区生物多样性恢复重建研究(I)恢复重建原则和模式. 水土保持研究, 5(2): 90-94.

杨一松, 王兆骞, 陈欣, 等.2004. 南方红壤坡地不同利用模式的水土保持及生态效益研究. 水土保持学报, 18(5): 84-87.

杨玉盛, 何宗明, 邱仁辉, 等. 1999. 严重退化生态系统不同恢复和重建措施的植物多样性与地力差异研究. 生态学报, 19(4): 490-494.

姚毅臣, 李相玺, 左长清. 1997. 花岗岩侵蚀区适生植物研究. 中国水土保持, 11: 20-25.

袁正科, 田育新, 李锡泉, 等. 2002. 缓坡梯土幼林林下植被覆盖与水土流失. 中南林学院学报, 22(2): 21-24.

曾河水, 岳辉. 2004. 长汀县以河田为中心的花岗岩强度水土流失区植被重建的主要模式. 福建水土保持, (4): 16-18.

曾思齐, 佘济云, 肖育檀, 等. 1996. 马尾松水土保持林水文功能计量研究——Ⅰ. 林冠截留与土壤贮水能力. 中南林学院学报, (3): 1-8.

张桃林, 史学正, 张奇. 1999. 土壤侵蚀退化发生的成因、过程与机制中国红壤退化机制与防治. 北京: 中国农业出版社.

左长清, 马良. 2005. 天然降雨对红壤坡地侵蚀的影响. 水土保持学报, 19(2): 1-4, 32.

第 8 章　崩岗侵蚀防控技术与模式

8.1　概　　况

《中国水利百科全书》中对崩岗的定义为：在水力和重力作用下山坡土体受破坏而崩塌和冲刷的侵蚀现象。崩岗的基本内涵可以表达为：崩岗的发育地理环境为南方热带、亚热带红壤丘陵山区；主要驱动力为水力作用、重力作用和人类作用；表现特征为植被退化、陡坎遍布、崩壁林立、地表支离破碎、土壤侵蚀严重。并指出，每当雨季，风化岩体大量吸水，土粒膨胀，内聚力减小，抗剪力降低，易产生裂隙，在重力作用下发生崩塌，逐渐形成崩岗。在国外没有专门的崩岗类型名词，大多将其归为崩坡或崩塌等重力作用类型(Dus, 1982; Au, 1998)。因此总体上，崩岗是在重力和水力综合作用下，厚层风化物发生崩塌后形成特定地貌形态的侵蚀现象，是沟壑侵蚀的一种特殊形式，也是坡地侵蚀沟谷发育的高级阶段。

8.1.1　崩岗侵蚀分布特征

崩岗侵蚀在南方分布面积广。根据 2005 年南方崩岗侵蚀普查数据〔《南方崩岗防治规划(2008～2020 年)》〕，崩岗集中分布于长江以南的广东、江西、湖南、福建、广西、湖北、安徽 7 省(自治区)的 70 个地(市)、331 个县(市、区)风化壳深厚的丘陵区，共有大、中、小型崩岗 22.19 万个，崩岗侵蚀总面积为 117269hm²。其中，江西省共有崩岗 48058 处，总面积为 20674.8hm²，崩岗数量和面积上均位列七省区第二位，崩岗分布涉及江西省 11 个设区市，共计 77 个县(市、区)、985 个乡镇。

崩岗侵蚀具有明显的地带性分布。崩岗侵蚀主要分布在年平均气温 >16℃、≥10℃年积温约 5000℃ 以上的亚热带，年均降水量 1000mm 以上的湿润地区。

崩岗侵蚀具有明显的岩性分布。崩岗绝大部分分布在花岗岩母岩地区，红砂岩有少量分布，其他母岩零星分布。

崩岗侵蚀具有明显的垂直性分布。超过 97% 的崩岗分布在海拔 100～500m 的丘陵地区，平原阶地、山区很少有崩岗分布；相对高程方面，崩岗基本上位于相对高程在 100～200m 内；5°～25° 坡度级上的崩岗数量百分比和面积百分比都 >70%，是崩岗分布的主要坡度级；崩岗的总体数量以东坡向的分布最多，大部分分布在半阳坡上；坡型方面，凸形坡和凹形坡中崩岗数量和面积以距离沟壑临近距离在 200～300m 内数量最多，面积最大(陈晓安等, 2013)。

8.1.2　崩岗侵蚀危害

崩岗是红壤区生态系统退化的最高表现形式(孙波, 2011)。崩岗侵蚀是危害性仅次于滑坡和泥石流的水土流失灾害，我国崩岗侵蚀主要集中在长江以南热带、亚热带赤红壤、红壤丘陵区，尤其在我国华南花岗岩风化土地区发育更为剧烈（张萍和查轩，2007），是造成这些地区生态环境恶化的重要原因，被形象地称为是生态环境的"溃疡"（赵健，2006）。

在 2005 年的中国水土流失与生态安全综合科学考察中，崩岗被认为是鄱阳湖流域最严重的土壤侵蚀类型之一，是生态安全、粮食安全、防洪安全和人居安全的主要威胁（图 8-1），是丘陵区发展生态经济、振兴农业的最大障碍，严重制约了地方经济社会的可持续发展。

(a) 破坏土地　威胁生态安全

(b) 毁坏农田　危及粮食安全

(c) 泥沙淤积　威胁防洪安全

(d) 人去楼空　威胁人居安全

图 8-1　崩岗主要危害

8.1.3　崩岗侵蚀防控技术与模式的演化

针对崩岗的诱发原因及不同发育阶段，我国学者对崩岗治理技术与模式开展了广泛的探索，取得了丰硕成果。在水土保持措施的基本框架内，崩岗治理主要采取工程措施和生物措施相结合的综合治理模式。

早在 20 世纪 40 年代，南方省区就对崩岗治理进行了一些探索，总结了一些经验，取得了一定成效，但多以工程措施为主，如修土、石谷坊和拦沙坝等。20 世纪 50 年代开始对福建安溪、福建惠安、江西兴国一带崩岗进行治理，多以修建谷坊为主。自 1954 年以来，就有研究人员对崩岗进行治理研究，但涉及的面比较窄，推广应用范围有限

(曾昭璇和黄少敏, 1980)。

史德明(1984)提出了崩岗治理的原则性模式: "上拦-下堵-中绿化"。"上拦"是在崩岗顶部(沟头)及其四周修天沟排水, 防止径流冲入崩口, 控制沟头溯源侵蚀; "下堵"是在崩岗沟口修筑谷坊和拦沙坝等, 拦蓄径流泥沙, 防止泥沙下泄, 抬高侵蚀基准面, 稳定沟床, 防止崩壁底部淘空塌落; "中绿化"是在崩积堆上造林、种草或种竹等来稳定崩积堆。之后, 注重以植物措施为主, 植物与工程措施相结合的办法, 探索出一套比较完整的崩岗立体综合治理技术。在 "上拦-下堵-中绿化" 的基础上, 延伸为 "上截-中削-下堵-内外绿化", 取得了较好的生态和经济社会效益(刘瑞华, 2004)。后来, 国内部分学者又根据崩岗不同的发育阶段及不同的治理目的, 提出了各自的治理方法。尽管这些治理方法的主导思想有所差异, 但是基本上都是从 "上拦-下堵-中绿化" 的基础上演变而来的。但是, "上拦-下堵" 的治理模式由于忽视了崩壁的不断崩塌及沟谷的连续下切, 产生大量的崩积体, 谷坊很快淤满, 下堵功能失效, 达不到理想的治理效果。"上拦-下堵-中间削" 的治理模式由于不断形成崩塌面, 开挖量巨大, 不但投资很大, 而且开挖物很容易就转变成流失源, 形成新的破坏, 也达不到理想的效果。

到了 20 世纪末期, 把崩岗作为一个系统、综合治理崩岗的思想逐渐成熟。崩岗作为一个复杂的系统主要由集水坡面、沟壁、崩积体、崩岗沟底(包括通道)和冲积扇等子系统组成, 各子系统之间存在复杂的物质输入和输出过程。崩岗治理的基本思路, 一是控制集水坡面的跌水动力条件, 制止或减缓崩岗沟壁的崩塌, 减少对下游的危害; 二是要设法控制冲积扇物质再迁移和崩岗沟底的下切, 抬高崩岗侵蚀基准面, 以尽量减少崩积堆的再侵蚀过程, 从而达到稳定整个崩岗系统。丘世均(1990)从系统论原理出发论述了稳定沟壁、减少崩积堆输出和筑谷坊坝拦截对崩岗治理的意义。丁光敏(2001)提出了针对各子系统进行的综合治理模式: 集水坡地的治理、崩积体的固定、崩岗通道的治理、崩岗冲积扇的治理等, 提出在崩岗侵蚀的综合治理过程中要把工程措施与生物措施紧密结合起来, 做到以工程保生物, 以生物护工程。

20 世纪 90 年代以后, 崩岗治理思路转变为对崩岗群的开发利用, 在崩岗治理过程中, 充分考虑崩岗治理区的自然、社会、经济情况, 根据崩岗不同发育阶段和不同崩岗类型, 兼顾生态、社会、经济三方面的效益, 探索出了一些较好的治理模式。在综合考虑崩岗发生的环境因素、人类活动和社会发展因素的基础上, 结合治理方向和目标, 崩岗治理主要分为生态型、经济型和综合型三种治理模式。生态型治理模式是以生物措施治理为主, 辅助必要的工程措施, 看重崩岗治理的生态效益和社会效益。技术上主要采取上截、下堵、中削, 辅以内外绿化, 注重崩岗侵蚀区的生态改良, 即植被的恢复。经济型治理模式是以工程措施为主, 生物措施为辅, 将崩岗侵蚀区开发为工业开发用地, 用于工业生产, 能产生较大经济效益的一类治理方式。该模式适用于交通便利、人口聚集、土地资源紧张的城市周边。对于城镇周边的崩岗地区, 不同部位可采取差异化治理策略。综合型治理模式是合理搭配各类措施, 以期在取得良好的生态效益和社会效益的同时还能有不错的经济效益。

近年来, 鄱阳湖流域典型崩岗区的综合治理总结出各类治理模式, 治理成效显著

（图 8-2～图 8-8）。崩岗防控过程中新技术、新材料和植物新品种的应用也是一个重要方面，如巨菌草对洪积扇土壤抗剪强度有较大提升作用，这主要是由于其生物量密度、根系表面积密度和分叉数密度均高于其他草种，该草种具有生态效益好和经济效益高等特点（何恺文等，2017；李慧等，2017）。

图 8-2　赣县崩岗治理现场

图 8-3　赣县崩岗治理边坡防护工程

图 8-4　赣县崩岗治理为果业开发创造条件

图 8-5　赣县崩岗治理梯壁植草

图 8-6　修水县崩岗群建设用地治理

图 8-7　赣县崩岗生态恢复性治理

图 8-8　赣县白鹭乡一户一窝立体经济开发模式

8.2　崩岗侵蚀影响因素

气候、土壤、地质、地形地貌、植被、人为活动等多种因素与崩岗的形成均密切相关，崩岗是这些因素综合作用的产物，各因素之间相互促进、相互制约，其中水力和重力作用是主要原因。总之，崩岗的发生和发展，是外营力的侵蚀作用大于土体抗蚀力的结果。

8.2.1　材料与方法

分析土壤抗剪强度、土壤颗粒组成、土壤孔隙度、渗透性、压缩性、液塑性等指标的土壤样品采自赣县田村花岗岩母质崩岗土壤、赣县田村花岗岩母质非崩岗土壤、于都紫色砂岩崩岗土壤、吉安市泰和县第四纪红土。采集的表层土和母质层土壤质量含水率都在 10%左右。

颗粒级配采用筛分法和吸管法测定：从风干、松散的土样中，用四分法按下列规定取出代表性试样 1000 g。将试样过筛，并准确称量每一级孔目土样至 0.1g。计算小于某粒径的试样质量占试样总质量的百分数：

$$x = \frac{m_A}{m_B} d_x \tag{8-1}$$

式中，x 为小于某粒径的试样质量占试样总质量的百分数；m_A 为小于某粒径的试样质量，g；m_B 为细筛分析时或用吸管法分析时所取试样质量(粗筛分析时则为试样总质量)，g；d_x 为粒径小于 2mm 或粒径小于 0.075mm 的试样质量占总质量的百分数，如试样中无大于 2mm 粒径或无小于 0.075mm 的粒径，在计算粗筛分析时则 d_x=100%。

$$不均匀系数：C_u = \frac{d_{60}}{d_{10}} \tag{8-2}$$

土壤孔隙度根据土壤的密度和容重来计算。

渗透性根据达西定律用土壤入渗仪测定；土壤容重采用环刀法测定。

液塑性的测定：采用液塑限联合测定法。取过 0.5mm 筛的代表性土样约 200g（3 份）加入不同数量的纯水，使分别接近液限、塑限和两者中间状态的含水量，调成均匀土膏后静置 24h。将制备好的土膏填入试杯。圆锥仪调零，圆锥在自重下沉入试样内 5s 后立即测读圆锥下沉深度。取下试样杯，然后从杯中取 10g 以上的试样 2 个，测定含水率。绘制圆锥下沉深度 H 与含水率 W 的关系曲线。查得下沉深度为 17mm 所对应的含水率为液限 W_L；查得下沉深度为 2mm 所对应的含水率为塑限 W_P，以百分数表示，取整数。

抗剪强度采用四联直剪仪直接测定：在试样上施加垂直压力后立即快速施加水平剪力。采用 4 个试样，分别在 100kPa、200kPa、300kPa、400kPa 不同的垂直压力 p 下，施加水平剪切力进行剪切，测得剪切破坏时的剪应力 τf。然后根据式(8-3)确定土的抗剪强度指标——内摩擦角 ϕ 和黏聚力 C。

土壤的抗剪强度是表征土体力学性质的一个主要指标，其大小直接反映了土壤在外力作用下发生剪切的难易程度(张爱国, 2001)。土壤抗剪强度是由颗粒间连续拉引细微颗粒的凝聚力和颗粒间的滑动所产生的内摩擦力构成，黏聚力使细微颗粒黏着或凝聚在一起，抗剪强度通常用库仑公式表示：

$$\tau = c + \sigma \times \tan\phi \tag{8-3}$$

式中，τ 为土壤抗剪强度，kPa；c 为土的强度指标之一，称之为土壤凝聚力，kPa；σ 为作用在剪切面上的法向应力，kPa；ϕ 为土的强度指标之一，称之为内摩擦角(°)。

凝聚力是黏性土区别于无黏性土的特征，使黏性土的颗粒在一起成为团粒结构，而无黏性土单粒结构。凝聚力来源于电分子吸力(黏性土颗粒极细，土粒表面带负电荷，土中水分子的正电荷 2 与土粒表面吸引，定向排列成结构水，产生黏聚力)和土壤胶结物质(土中含有硅铁碳酸盐等物质，对土粒产生胶结作用，使土壤具有黏聚力)。

土壤的内摩擦力是指土壤颗粒表面之间的摩擦力。在土体剪切面上下之间的土粒发生相对移动所产生的摩擦力。因这种摩擦力存在于土体的内部，故称内摩擦力。内摩擦力有作用于剪切面的法向应力 σ 与土体的内摩擦角 $\tan\phi$ 组成，内摩擦力的数值为这两项的乘积。

土壤的颗粒组成是土壤物理性质的基本指标，该指标对土壤黏结性、土壤内摩擦角、土壤抗冲性、土壤质地等性质都会产生重要影响。本书按照《土工试验方法标准》(GB/T 50123—2019)进行分类，具体为：>2mm 的为砾粒、0.075～2mm 为砂粒、0.005～0.075mm 为粉粒、<0.005mm 为黏粒。

在地形地貌分析方面主要以赣县为例，以赣县崩岗调查数据为基础，运用 ArcGIS 将赣县的地形图进行叠加分析，提取海拔、坡度、坡向、坡型、沟壑与崩岗侵蚀的关系。赣县位于江西省南部，属丘陵山地。地势东南高，中、北部低，东部和南部重峦叠嶂，其间夹有山间条带状谷地，海拔为 500～1000m；多年平均降水量为 1438mm；由花岗岩发育形成的红壤分布广泛，集中连片，整个土层中夹有大量石英砂和砾石，质地粗糙，是崩岗主要发生区域。

8.2.2　气候

本节主要将花岗岩风化壳厚度变化特征与温度从北到南特征值结合起来，分析温度对岩石风化的影响，结合崩岗的分布，寻求崩岗发生的温度条件；将降雨从北到南的特征值与崩岗的分布特征结合起来，分析崩岗发生的降雨条件；最后通过典型崩岗区分析降雨、径流与崩岗侵蚀产沙的关系。

1. 热量

崩岗发生在年平均气温约 16～24℃的地区，并主要集中在年均气温 19～24℃的地区；从≥10℃积温来看，崩岗发生在 5000～8000℃的地区，并主要集中在 6000～8000℃的地区。平均≥10℃积温 4500～8000℃为亚热带地区，即崩岗发生在年平均≥10℃积温约 5000℃以上亚热带地区(图 8-9)。高温高湿的环境背景为各类母岩加速风化提供了必要条件。其中，花岗岩残积物自东北向华南逐渐增厚的趋势就是湿热条件下剧烈化学风化作用的结果，而深厚的花岗岩母质为崩岗发生提供了物质基础。

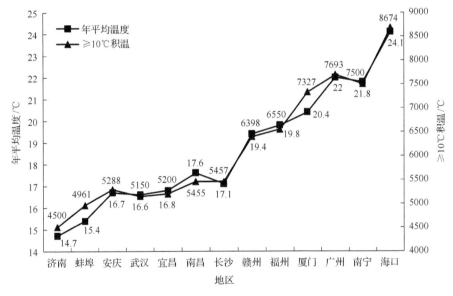

图 8-9　不同地区年平均温度和≥10℃积温特征(1971～2000 年)

2. 降雨

崩岗发生在淮河流域以南的地区，近似分布在武汉、宜昌、安庆及其以南的地区。蚌埠以北的地区年均降水量在 900mm 以下，蚌埠以南处于长江流域的地区年均降水量都在 1000mm 以上，表明崩岗发生在 1000mm 以上的湿润地区。另外，尽管在西北、东北、华北也有花岗岩广泛分布，但却没有崩岗的发生，主要由于北方年降水量不足 800mm。气候干燥母岩风化缓慢，风化壳薄。同时降雨侵蚀力和径流冲刷能力弱，不利于崩岗发生。在年均降水量 1000mm 以上的湿润地区，高湿的环境背景为母岩加速风化提供了良好条件，保证了崩岗发生所需的风化壳厚度；同时，大量的降雨会带来足够的雨滴击溅能量和径流冲刷能量，为崩岗侵蚀发生发展提供动力。

南方地区降雨的年内分布规律相似，降雨主要集中在 4～8 月，该时间段降雨量和降雨次数占总降雨的 60% 以上。4～8 月份处于雨热同期的季节，为该地区岩石风化创造了良好的气候条件。另外，降雨集中，次降雨量、雨强大，径流冲刷力大，径流下切地表，形成沟道，年复一年，逐渐发育成崩岗。

南方大部地区，多年平均日雨量≥10mm 即中雨以上的降雨天数高达 34.8～49.3 天，日降雨量≥25mm 即大雨以上的降雨日数达 13.4～20.8 天，≥50mm 暴雨日数达 3.3～6.6 天(表 8-1)，表明南方地区强降雨频繁，强降雨量大，引起侵蚀的概率较高，为崩岗发育提供了能量条件。

表 8-1　不同地区日雨量≥10mm、≥25mm、≥50mm 的日数(1971～2000 年)　　(单位：d)

日雨量/mm	安庆	武汉	南昌	长沙	福州	广州	南宁
≥10	39.5	34.8	47.9	41.1	41.5	49.3	35.5
≥25	16.5	13.8	19.1	13.4	15.2	20.8	15.3
≥50	6.1	4.7	5.7	3.3	4	6.6	4.5

8.2.3　土壤

土壤和母质是崩岗发生的物质基础。崩岗具有很强的岩性分布特征，不同的岩性其风化形成的母质与土壤特性差异很大，特别是岩土力学性质、颗粒组成、结构、透水性等方面差异很大，这些指标影响到土壤的抗蚀性、土体的稳定性。因此，研究土壤和母质的性质对揭示崩岗侵蚀形成的内在原因具有重要意义。

总体上，目前相关研究对花岗岩风化壳组成和结构进行了分析或推算，探讨了崩岗成因，但缺乏实测数据支撑，另外未与其他岩性母质风化壳进行对比分析，因而，很难说明崩岗在花岗岩母质成群发生的内在机理，更不能解释为何其他母岩如红砂岩母岩地区亦有崩岗发生。因此，本书试图通过对第四纪红土、紫色砂岩和花岗岩三种母质类型风化壳进行现场采样分析相关土壤性质，特别是土壤岩土力学方面的特性，阐明崩岗较易在花岗岩母质上发生，紫色砂岩次之，而不易在第四纪红土母质发生。

1. 土壤颗粒组成

1)土壤颗粒组成与土壤深度的关系

三种母质类型土壤中，第四纪红土从表层到深层，土壤砾石有所增加，其他粒径颗粒不同土层基本一样(图 8-10)。第四纪红土网纹层中存在一些坚硬棱块结构，从上到下其棱块结构明显，其坚硬物种含一定的砾粒。因此，从表层到深层，土壤砾石有所增加；第四纪红土成土母质是沉积物，很多学者认为第四纪红土本身就是风化壳(席承藩，1965)，因此，其土壤剖面粒径基本接近。正是因为第四纪红土层上下颗粒组成类似，但从上到下坚硬的颗粒物增加，土壤网纹层中锰核和铁质胶结物的增加，从而导致第四纪红土从表层到母质层凝聚力增大，因此总体上不易发育崩岗侵蚀。

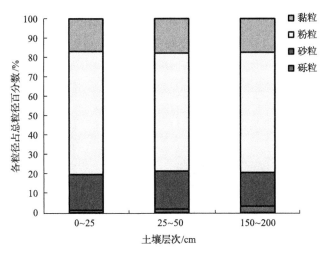

图 8-10　第四纪红土粒径随土层变化

紫色砂岩地区土壤随着土壤深度的增加，土壤中的黏粒和粉粒含量不断减小，砾粒和砂粒不断增大(图 8-11)。于都紫色砂岩崩岗地区采样点表层是河流沉积物风化形成的红土层，本身细颗粒较多，加上风化程度高，因此，表层的土壤黏粒和粉粒等细颗粒含量较大，而深层的母质层土壤风化程度低，其土壤的黏粒和粉粒等细颗粒含量较少，砾粒和砂粒等粗颗粒含量多。正是由于表层风化程度高，黏粒和粉粒细颗粒多，土壤之间的黏结性好，土壤的凝聚力大，而母质层风化程度低，砂粒和砾粒等粗颗粒较多，土壤结构松散，导致土壤结构凝聚力小，较易发育崩岗。

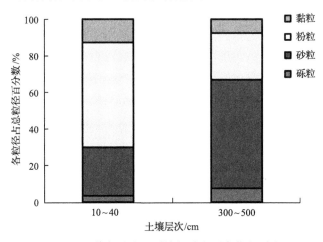

图 8-11　紫色砂岩母质粒径随土层变化(于都)

花岗岩母质土壤随着土壤深度的增加，土壤中的黏粒和粉粒含量不断减小，砾粒和砂粒含量不断增大(图 8-12)。南方花岗岩地区红壤由花岗岩风化形成，从表面到下层土壤的风化程度在不断减弱，因此，花岗岩母质土壤从表面到下层黏粒和粉粒等细颗粒不断减小，而砾粒和砂粒等粗颗粒不断增加。表层红土层风化程度高，细颗粒多，土壤之间的黏结性好，其凝聚力大，而母质层风化程度低，粗颗粒多，存在大量的砂粒和砾石，使得土壤结构松散，土壤间的黏结性差，土壤凝聚力小。因此，相对于第四纪红土和紫色砂岩两种母质类型土壤，花岗岩风化壳整体的黏结性最低，最易发生崩岗侵蚀。

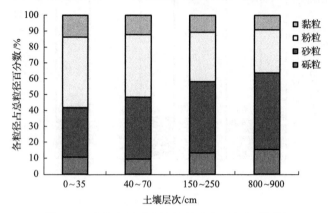

图 8-12　花岗岩母质土壤粒径随土层变化(赣县)

2)不同类型土壤颗粒组成差异

通过对几种土壤的颗粒组成分析(图 8-13)，结果表明第四纪红土表层黏粒含量达到 16.8%，要明显大于紫色砂岩和花岗岩，紫色砂岩和花岗岩黏粒接近，第四纪红土粉粒含量高达 40%，明显高于紫色砂岩和花岗岩，第四纪红土、紫色砂岩、花岗岩地区表土层，其细颗粒总含量分别为 80.2%、70.1%、58.1%；第四纪红土(0~25cm)、紫色砂岩(10~40cm)、花岗岩(0~35cm)表层土中砾粒、砂粒粗颗粒含量依次增大，两者相加含量分别为 19.8%、29.9%、41.9%。上述分析表明，第四纪红土表层土的细颗粒含量远高于紫色砂岩和花岗岩地区表土层，而第四纪红土表层土的粗颗粒低于紫色砂岩和花岗岩地区表土层，土壤的细颗粒含量越大，土壤抗剪强度越高。因此，第四红土表层土抗剪强度远高于紫色砂岩和花岗岩地区表土层。

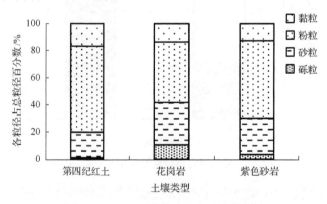

图 8-13　不同土壤类型表土层粒径差异

黏粒和粉粒细颗粒从第四纪红土、花岗岩、紫色砂岩的母质层依次减小(图 8-14)，其中第四纪红土母质层黏、粉粒含量分别达到 17.3%、61.9%，要远高于花岗岩、紫色砂岩母质；母质层砂粒含量从第四纪红土、花岗岩、紫色砂岩依次增大，分别为 17.6%、

44.8%、59.3%，紫色砂岩母质砂粒和花岗岩母质砂粒远高于第四纪红土；砾粒含量从第四纪红土、紫色砂岩、花岗岩的母质依次增大，其中花岗岩母质砾粒含量为 13.5%，远高于第四纪红土和紫色砂岩。由于第四纪红土母质的细颗粒含量远高于紫色砂岩和花岗岩地区母质层，而其砾粒和砂粒粗颗粒含量最低，因此，第四红土母质层抗剪强度远高于紫色砂岩和花岗岩地区母质层；花岗岩母质黏粒、粉粒高于紫色砂岩，紫色砂岩砂粒高于花岗岩母质，因此花岗岩母质凝聚力略大于紫色砂岩，总体上符合花岗岩、紫色砂岩、第四纪红土的崩岗发育难易顺序。

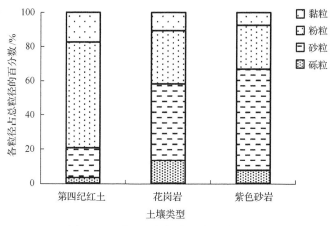

图 8-14　不同土壤类型母质层粒径差异

3) 不同类型土壤不均匀性分析

三种类型土壤表土层的不均匀性结果表明（图 8-15、图 8-16、表 8-2、表 8-3），表土层中，花岗岩粒径差异最小，其次为紫色砂岩，第四纪红土差异最大；花岗岩表土层不均匀系数最大，紫色砂岩次之，第四纪红土最小。不同类型土壤母层中花岗岩的粒径差异最小，紫色砂岩次之，第四纪红土差异最大；花岗岩母质层不均匀系数最大，紫色砂岩次之，第四纪红土最小。

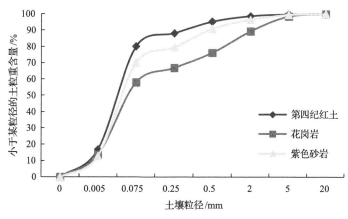

图 8-15　不同类型土壤表土层粒径差异

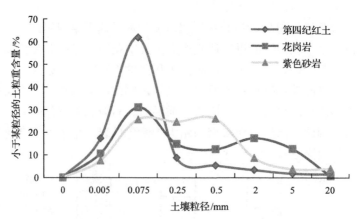

图 8-16　不同土壤类型母质层粒径差异

表 8-2　不同类型土壤表土层土粒均匀系数

土壤类型	第四纪红土	紫色砂岩	花岗岩
不均匀系数	13.6	30	46

表 8-3　不同类型土壤母质层不均匀系数

土壤类型	第四纪红土	紫色砂岩	花岗岩
不均匀系数	16.8	39.9	70.6

从上述分析可知,第四纪红土的表土层和母质层不均匀系数都很小,紫色砂岩其次,花岗岩的表土层和母质层不均匀系数都很大。土壤颗粒的不均匀系数越大,土壤的不同大小颗粒混杂程度越高,土壤的稳定性越差,土壤的内摩擦角就越小。另外,不均匀系数越大,土壤的结构越差,土壤间的黏结性就越小。不均匀系数分析进一步表明,花岗岩土壤稳定性最差,抗剪强度小,紫色砂岩相对较差,第四纪红土稳定性非常好,土壤抗剪强度亦很大。

2. 土壤孔隙度

土壤孔隙度是土壤中孔隙容积与土体容积的百分比,可反映土壤的松紧程度,间接影响土壤渗透性能和抗剪强度。由三种土壤类型不同层次土壤孔隙度可知(表 8-4),从表土层到母质层,第四纪红土和紫色砂岩的土壤容重在增大,花岗岩土壤容重在减小;不同类型土壤其表土层土壤容重基本一样,但母质层差异较大。从表土层到母质层,第四纪红土和紫色砂岩的土壤孔隙度在减小,花岗岩土壤孔隙度在增大;不同类型的表土层土壤孔隙度基本一样,但母质层差异较大。一般条件下,土壤层次越深,土体被压实得越紧密,土壤容重越大,孔隙度越小,但花岗岩土体表现出相反的规律(牛德奎,2009)。花岗岩土体颗粒较粗,从上到下,土壤的粗颗粒特别是砾石含量不断增大,细颗粒含量减小,那么颗粒间隙增大,导致下层母质中孔隙度较高。

表 8-4　不同层次不同类型土壤孔隙度对比

土壤层次	第四纪红土		花岗岩		紫色砂岩	
	容重/(g/cm³)	总孔隙度/%	容重/(g/cm³)	总孔隙度/%	容重/(g/cm³)	总孔隙度/%
表土层	1.49	45	1.45	47	1.48	46
母质层	1.59	42	1.33	51	1.77	34

3. 渗透性

土壤入渗是指水分进入土壤形成土壤水的过程，对地表径流、土壤含水量及土壤湿润锋有很大影响。影响土壤入渗的因子很多，与土壤质地、结构、总孔隙度、孔隙大小分配、土壤含水量等都有关。一般情况下，在入渗开始阶段，土壤入渗性能好，特别是当土壤湿度较低时更为明显；随着土壤湿度的增加，入渗能力逐渐减小，最后到达稳定入渗的强度。水分在土壤中入渗时，首先是土壤的表层达到饱和，其下是湿润层，它的湿润程度随深度减小，湿润梯度则往下变陡，直到湿润锋（王彦华等，2000）。由于土壤入渗受土壤含水量影响，而土壤的饱和稳定入渗率是土壤固有的特性，也是衡量不同土壤类型间和相同土壤类型不同层次间差异的重要指标，因此本节研究土壤的饱和稳定入渗率。

表 8-5 显示，花岗岩和紫色砂岩土壤无论是表土层还是母质层的饱和稳定入渗率都远远大于第四纪红土，并且花岗岩入渗率要大于紫色砂岩；第四纪红土土壤饱和稳定入渗率从表土层到母质层在减小，紫色砂岩和花岗岩地区土壤饱和稳定入渗率从表土层到母质层都在增大。第四纪红土表土层土壤结构较好，土壤孔隙度较小，并且从表土层到母质层孔隙度减小，因此，其饱和稳定入渗率从表土层到母质层在减小，紫色砂岩和花岗岩地区土壤表土层是一层黏粒、粉粒等细颗粒含量较大的红土层，并且其孔隙度较低，而母质层细颗粒含量较小，砂粒和砾粒粗颗粒含量都在 50%以上，因此，其表土层饱和稳定入渗率低，而母质层都非常大。

表 8-5　不同层次不同类型土壤饱和渗透性对比

土壤层次	饱和稳定入渗率/(mm/min)		
	第四纪红土	紫色砂岩	花岗岩
表土层	0.12	0.38	0.39
母质层	0.02	0.44	0.46

由于紫色砂岩和花岗岩地区土壤的入渗性非常好，降雨时地表水分大量的入渗，特别是当表土层被侵蚀后，径流能快速向下入渗，随着越来越多的水分入渗，饱和层不断向下发展，湿润层与湿润锋也不断向下移动，土壤的湿润层增大，特别是土壤饱和层的加大，土壤黏聚力和内摩擦角的降低，导致土层的稳定性不断下降，容易诱发崩岗发生。另外，也有可能是因为花岗岩土体结构中存在一定的优先流，导致径流沿着岩土孔隙、裂隙以优先流入渗，并软化孔隙和裂隙两侧风化膨胀层，降低抗冲性和抗剪强度，利于崩塌形成。

4. 压缩性

土壤压缩性是指在外部压力作用下，土壤体积变化的性质。压缩系数越大，土壤在外力作用下体积变化越大，越容易变形失衡。花岗岩和紫色砂岩地区土壤表土层和母质层的压缩系数都远大于第四纪红土的压缩系数(图 8-17)，可知花岗岩、紫色砂岩地区土壤的松散程度较高，在外力作用下容易变形失衡。

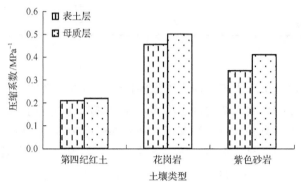

图 8-17　不同土壤压缩性

5. 液塑性

黏性土不同的软硬、稀稠状态其含水率不同，土壤含水率的变化，导致土壤颗粒间的距离增加或减小，也会使土壤结构、几何排列和联结强度发生变化。当含水率很大，土壤处于液态时，土粒被自由水隔开，土粒间距大，土壤具有流动性，土壤强度和稳定性极低，几乎失去抗外力的能力；土壤水分含量减少时，多数土粒间存在弱结合水，土粒在外力作用下相互错动而颗粒间的结构联结并不丧失，土壤处于可塑状态，此时，土壤在外力作用下容易变形，但整体不受破坏，外力移去后仍继续保持其变化后的形态特征；水分再减少，含强结合水时，结构联结较强，土壤处于半固态，土壤稳定性较高，抵抗外力能力较强；固态时土壤表现出非常坚硬，抵抗外力能力非常强(牛德奎，2009)。

三种土壤不同土层土壤液塑性结果表明(表 8-6)，第四纪红土从表土层到母质层，随着土壤黏粒含量增加，土壤塑性限度、流性限度、塑性指数都在增大；花岗岩、紫色砂岩地区从表土层到母质层，土壤黏粒含量不断减小，土壤塑性限度、流性限度、塑性指数都在减小。紫色砂岩母质层土壤塑性限度、流性限度、塑性指数都非常小，远低于其他岩性母质土壤，塑性限度只有 12.6%，流性限度只有 18.7%，其流性限度值比其他土壤的塑性限度值还小，塑性指数为 6.1，远小于黏粒、粉粒的界限 10，说明紫色砂岩母质土壤流动性非常强，在含水量较低时都能发生流动。通过赣江上游于都县紫色砂岩地区崩岗实地调查，发现紫色砂页岩地区崩岗主要发生在沟头。丘世钧(1999)研究广东省崩岗亦指出，砂页岩低丘崩岗发生在冲沟沟头，是源头墙壁后退时通过切割—下坠的方式进行的，是水蚀和重力侵蚀共同作用的一种侵蚀方式，两者都占有重要的地位。它不同于花岗岩丘坡的崩岗侵蚀，后者以大规模的重力侵蚀为主，水蚀仅见于冲沟发育阶段，或仅是重力侵蚀的触发因素(丘世钧，1994)。通过上述分析，紫色砂页岩地区沟道一方面下切地表，破坏砂岩地区的层状结构，导致沟道中凸起的土块下坠；另一方面，由于沟道中径流量大，沟道沿岸及沟头部分的砂页岩在水分的长期浸泡下渗透吸收了充足的水分，由于其塑性限度、液性限度值很小，径流下部的土块很容易变形成为流动状态，流入径流，从而导致上方土块凸起失去支撑，失衡下坠。

表 8-6　不同类型不同层次土壤液塑性

土壤类型	塑性限度/%		流性限度/%		塑性指数		土壤分类	
	表土层	母质层	表土层	母质层	表土层	母质层	表土层	母质层
第四纪红土	18.5	21	32.4	37	14	16	低液限黏土	低液限黏土
花岗岩	28.7	27.5	47.8	44.4	19.1	16.9	含砂高液限黏土	黏土质砂
紫色砂岩	21.7	12.6	39	18.7	17.3	6.1	含砂低液限黏土	粉土质砂

6. 土壤抗剪强度

1) 不同土壤抗剪强度分析

不同类型土壤凝聚力差别很大(图 8-18)，第四纪红土表土层土壤和母质层土壤的凝聚力都远大于花岗岩和紫色砂岩地区的土壤；第四纪红土从表土层到母质层土壤凝聚力在增大，而花岗岩和紫色砂岩地区的土壤从表土层到母质层土壤凝聚力在减小；花岗岩和紫色砂岩母质地区的土壤表土层凝聚力接近，母质层土凝聚力亦接近。

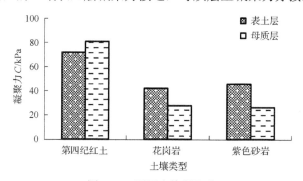

图 8-18　不同土壤凝聚力

不同类型土壤表土层和母质层土壤的内摩擦角都表现出第四纪红土＞紫色砂岩地区的土壤＞花岗岩地区的土壤，其中第四纪红土内摩擦角要远大于其他两种土壤；第四纪红土从表土层到母质层土壤内摩擦角在减小，而花岗岩和紫色砂岩地区的土壤从表土层到母质层土壤凝聚力在增大(图 8-19)。

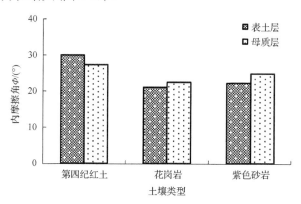

图 8-19　不同土壤内摩擦角

土壤的抗剪强度取决于土壤凝聚力和内摩擦角两个因素，第四纪红土凝聚力和内摩擦角都最大，紫色砂岩和花岗岩发育土壤凝聚力无明显差别，但紫色砂岩母质层内摩擦角要大于花岗岩母质层，表明不同母质层土壤的抗剪强度从大到小依次为第四纪红土、紫色砂岩地区土壤、花岗岩土壤，其中第四纪红土的抗剪强度远大于花岗岩和紫色砂岩土壤，正因为第四纪红土的抗剪强度很高，相对于花岗岩和紫色砂岩发育的土壤而言，其土壤较难被水流冲刷侵蚀，同时，其凝聚力和内摩擦角非常大，土壤间的黏结力很强，土粒的休止角大，土壤很难崩塌发生崩岗；花岗岩地区和紫色砂岩地区土壤抗剪强度较小，土壤很容易被水流冲刷侵蚀，形成沟道，同时，其凝聚力和内摩擦角非常小，土壤间的黏结力很弱，土粒的休止角小，随着沟道的发展，沟道两侧和沟头土壤不断崩塌，形成崩岗。

2）相同土壤抗剪强度分析

由于试验区赣县田村大部分崩岗表层的红土层已经被侵蚀，本采样点为无红土层的剧烈型崩岗，将其母质土壤与其附近同为花岗岩母质地区土壤的母质层进行分析，两个采样点母质层相同，不同的是地形地貌，崩岗区坡度较大，约 15°以上，非崩岗区坡度较缓，约 7°左右。由图 8-20 可知，其凝聚力几乎无差异，基本接近，其微小的差别系采样深度的不同引起。另外，崩岗与非崩岗地区的花岗岩母质层土壤内摩擦角几乎无差异，其微小的差别系采样深度的不同引起（图 8-21）。

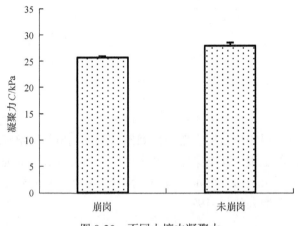

图 8-20　不同土壤内凝聚力

上述分析表明，崩岗的花岗岩母质层和同一地区非崩岗的花岗母质层其抗剪强度没有明显差别，说明崩岗的发育与土壤母质层影响外，还受地形地貌因素影响。

3）不同土层抗剪强度的影响及表层红土层对崩岗阻滞作用

在赣江上游花岗岩地区的土壤存在着一层地质时期风化形成的红土层，该红土层质地较黏，土壤性质与母质层差异非常明显。土壤凝聚力分析表明，花岗岩地区土壤的凝聚力从表土层到母质层土壤凝聚力差别明显，红土层远大于母质层土壤的凝聚力，二者存在显著性差异（图 8-22）。土壤内摩擦角分析表明，花岗岩地区母质层土壤的内摩擦角稍大于红土层，二者不存在显著性差异（图 8-23）。

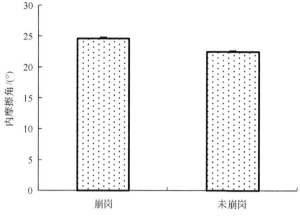

图 8-21　不同土壤内摩擦角

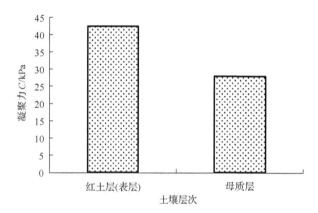

图 8-22　花岗岩土壤不同层次土壤凝聚力

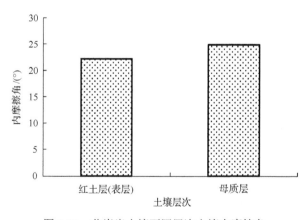

图 8-23　花岗岩土壤不同层次土壤内摩擦角

通过上述分析表明，花岗岩地区红土层凝聚力要远大于母质层，红土层内摩擦角与母质层无明显差异，由此可见，花岗岩地区红土层的抗剪强度显著大于母质层的抗剪强度。通过对崩岗侵蚀最剧烈的赣县崩岗侵蚀调查亦发现，在崩岗侵蚀剧烈的地区表面红土层被破坏，甚至已经无红土层。分析表明，花岗岩地区红土层可以减缓崩岗的发育，红土层的破坏将加剧崩岗的发育。

在于都紫色砂岩崩岗地区取样发现土壤表层存在着一层含有大量鹅卵石的红土层，可推测是地质时期的河流沉积物，该红土层质地较黏，其土壤性质与紫色砂岩母质层差异非常突出，紫色砂岩地区母质层土壤的凝聚力要远小于表层土壤的凝聚力(图 8-24)。另外，紫色砂岩地区土壤母质层的内摩擦角显著大于表层土壤的内摩擦角(图 8-25)。

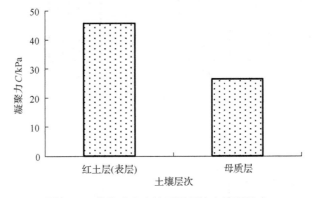

图 8-24　紫色砂岩土壤不同层次土壤凝聚力

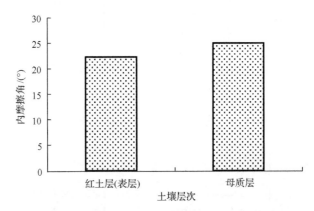

图 8-25　紫色砂岩土壤不同层次土壤内摩擦角

紫色砂岩土壤红土层的凝聚力比母质层大，但是母质层的内摩擦角比红土层大，无法直接比较其抗剪强度大小，通过直剪试验散点图 8-26 可知，紫色砂岩地区的红土层的抗剪强度要大于母质层的抗剪强度。上述表明，紫色砂岩表层红土层可以减缓崩岗的发育，于都紫色砂岩地区崩岗主要集中在沟头，不同于花岗岩地区山丘崩岗多，无明显分布规律，由于紫色砂岩地区表层很厚的红土层抗剪切强度大，一般的坡面漫流对其冲刷侵蚀很小，而沟道内径流冲刷能力大，随着径流的不断切割，红土层不断被切割，一旦红土层切穿，紫色砂岩母质层极容易被径流冲刷，沟道不断加深，沟壁变高变陡，紫色砂岩母质内摩擦角很小，土体很容易失衡向沟内崩塌。上述分析表明，无论在花岗岩崩岗区域，还是在紫色砂岩崩岗区域，红土层的抗剪强度都显著大于母质层，其抗侵蚀能力强，土体亦稳定性高，可以减缓崩岗发育，该土层一旦被破坏，将加剧崩岗的发育。

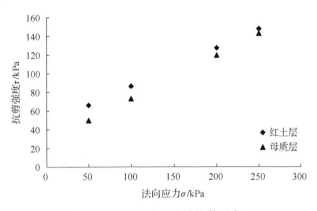

图 8-26　不同土层土壤抗剪强度

4) 土壤含水量对土壤抗剪强度的影响

土壤含水量对土壤抗剪强度有较大影响。本书将土壤自然取样状态下及饱和处理下分别进行测试比较研究。结果表明，不同土壤的表土层从自然 (未饱和) 状态到饱和含水量状态土壤的凝聚力都急剧下降，减小到自然状态的一半以下，花岗岩和红砂岩的表土层饱和含水状态下的凝聚力分别为 19.05kPa、19.35kPa，比其相应土壤的母质层自然状态下都要小很多，并且小于第四纪红土含水量处于饱和状态下的凝聚力 (图 8-27)。

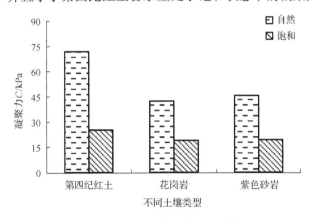

图 8-27　不同含水量下表层土壤凝聚力

土壤的内摩擦角分析表明，第四纪红土、花岗岩、紫色砂岩的表土层从自然 (未饱和) 状态到饱和状态土壤的内摩擦角都急剧下降，分别减小 7.6°、2.3°、4.1°，并且第四纪红土表土层含水量处于饱和状态下的内摩擦角大于花岗岩和紫色砂岩 (图 8-28)。

不同土壤的母质层从自然 (未饱和) 状态到饱和状态土壤的凝聚力都急剧下降，第四纪红土、花岗岩母质、紫色砂岩母质分别减小 55%、37%、37%，并且第四纪红土母质层土壤处于饱和含水量状态下的凝聚力是花岗岩、紫色砂岩母质饱和状态下的 2 倍左右 (图 8-29)。

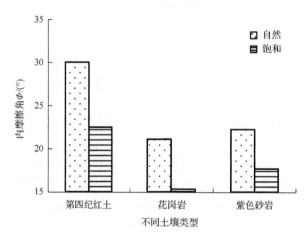

图 8-28　不同含水量下表土土壤内摩擦角

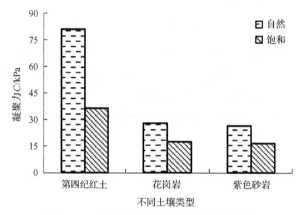

图 8-29　不同含水量下土壤母质层凝聚力

第四纪红土、花岗岩、紫色砂岩母质内摩擦角从自然状态下的 27.5°、22.5°、25°到饱和含水状态下分别减少为 23.5°、20.9°、22.5°（图 8-30），表明不同母质饱和含水状态下内摩擦角要小于干燥状态，并且在饱和含水状态第四纪红土母质内摩擦角大于紫色砂岩母质，紫色砂岩母质内摩擦角大于花岗岩母质。

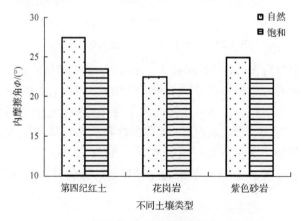

图 8-30　不同含水量下土壤母质层内摩擦角

　　上述分析表明土壤含水量对土壤的抗剪强度影响很大，第四纪红土、花岗岩、紫色砂岩不同类型土壤无论表土层还是母质层从比较干燥(质量含水率10%)的自然状态到水分饱和状态下其凝聚力和内摩擦角都变小，土壤抗剪强度比自然状态下低。花岗岩和紫色砂岩凝聚力和内摩擦角在饱和含水和非饱和状态下土壤的凝聚力和内摩擦角都大大小于第四纪红土。花岗岩和紫色砂岩土壤之间的黏结性很差，土壤颗粒的休止角很小，其土块稳定性差，极易崩塌。当降雨使得土壤含水量增加，特别是达到饱和后土壤凝聚力和内摩擦角急剧减小，土壤抗蚀和抗冲性下降，很容易被降雨和径流侵蚀。另外，土壤颗粒的休止角变小，土壤稳定性变差，很容易发生崩塌逐步形成崩岗。水分对土壤力学性质的影响是崩岗发生在雨季的原因之一。

8.2.4　地形地貌

1. 海拔与高度

1)不同海拔条件下崩岗分布特征研究

　　地形和海拔高程影响着地貌发育过程。海拔高度影响着地形地貌，特别是地表坡度，另外海拔的高低直接与剥蚀、沉积强弱相关，从而影响风化壳的厚度。反之，比较和缓低平的地形上一般风化壳厚度较厚。在赣县不同海拔高度范围内的崩岗调查研究(图8-31)显示：①80～100m，共有崩岗 42 处，占地面积 19.85hm^2，分别是总数量和面积的 1.03%和 1.1%，活动型崩岗居多，面积为 18.3hm^2，从形态上来说以瓢形崩岗最多共 22 处，面积达 10.86hm^2；②100～250m，共有崩岗 3556 处，占地面积 975.7hm^2，分别是总数量和面积的 87.6%和 72.4%，活动型崩岗有 3439 处，面积为 936.1hm^2，形态上来说混合型崩岗最多共 1500 处，面积达 774.93hm^2；③250～500m，共有崩岗 444 处，占地面积 343.63hm^2，分别是总数量和面积的 10.9%和 25.5%，其中活动型崩岗 422 处，面积达 315.73hm^2，形态上以混合型崩岗为主，达 288 处，面积为 276.14hm^2；④500～750m，崩岗分布较少，仅有 17 处活动型崩岗，面积为 7.53hm^2，其中大部分为活动型崩岗(共 10 处)，面积为 5.24hm^2。

　　综上，崩岗主要分布在海拔 100～250m 的低山丘陵区域，分别占了总数量和总面积的 87.6%和 72.4%，其次是 250～500m 区域，分别占了崩岗总数量和总面积的 10.9%和 25.5%。海拔小于 100m 的地区主要为台地，坡度较缓，不利于崩岗的发育；海拔大于 500m 的地区主要为低山区，地势高，坡度非常陡，剥蚀作用强，风化壳薄，风化壳厚度基本小于 1m，亦不利于崩岗的发育。

2)不同相对海拔条件下崩岗分布特征研究

　　一些学者认为，在研究崩岗在不同海拔等级上的分布时，仅以绝对海拔高度来进行分析，往往会忽略崩岗区域相对高程对其影响，高差越大，势能越大，为崩岗的形成提供了较好的条件。鉴于此，本书还开展了相对高程条件下的崩岗分布特征研究(图8-32)。崩岗主要分布在相对高程位于 100～200m 的范围内，崩岗数量共计 3140 处，面积达 1252.26hm^2，分别占到了崩岗总数量和面积的 77.35%和 70%，主要以活动性崩岗为主，从形态上以瓢形和混合型为主；相对高程 0～100m 的范围内，崩岗的分布数量和面积次之，分别为 671 处和 330.86hm²；其余相对高程范围内崩岗分布极少。造成此种原因的主要因素可能与在位于相对高程 200m 以下的区域，以低缓丘陵为主，伴随着人类活动(开发果园、工程建设、修筑道路等)的加入，对该区域植被生长环境以及土壤的结构和发育过程产生了不恰当干预，故此，位于此高程范围的崩岗发育较多。

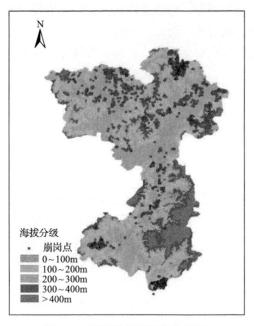
图 8-31　不同海拔下崩岗分布图

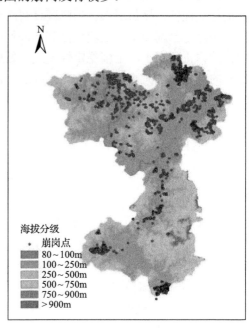
图 8-32　不同相对高程下崩岗分布

2. 坡度与坡向

1) 不同坡度条件下崩岗分布特征研究

坡度是地貌形态特征的重要因子之一，土壤侵蚀往往伴随着坡度的增加，侵蚀量呈递增趋势，历来是土壤侵蚀研究的重要内容。在自然界中坡度的变化极大。国际地理学会地貌调查与制图委员会将坡度分为 7 个级别：平原至微倾斜平原(<2°)、缓斜坡(2°～5°)、斜坡(5°～15°)、陡坡(15°～25°)、急坡(25°～35°)、急陡坡(35°～55°)、垂直坡(>55°)。由图 8-33 可以得到：①在平原至微倾斜平原地区，共有崩岗 239 处，面积达 75.09hm²，分别占了总数量和面积的 5.9%和 4.2%；②缓斜坡地区，共有崩岗 611 处，面积 222.88hm²，分别占了总数量和面积的 15.1%和 12.5%；③斜坡区域，共有崩岗 1893 处，面积达 774.92hm²，分别占了总数量和面积的 46.7%和 43.3%；④陡坡区域，共有崩岗 1081 处，面积达 522.33hm²，分别占了总数量和面积的 26.6%和 29.2%；⑤急坡区域，共有崩岗 225 处，面积 183.12hm²，分别占了总数量和面积的 12.6%和 10.2%；急陡坡区域，共有崩岗 10 处，面积为 10.11hm²，各坡度级崩岗主要以活动型崩岗和综合型崩岗居多。通过以上分析，得到崩岗主要发育在坡度位于 5°～25°的斜坡和陡坡区域，数量和面积分别占了总体的 73.3%和 72.5%，主要以活动型和综合型崩岗为主。

2) 不同坡向条件下崩岗分布特征研究

坡向因素在崩岗接受太阳照射、承接不同风向性降雨方面，起到了非常重要的作用。为了进一步了解坡向对于崩岗发育的影响作用，开展了不同坡向对崩岗发育的影响研究，研究发现，不同坡向上的崩岗分布各有特点，其中活动型崩岗以东坡向数量最多 (681 处)，其次为西坡向 (567 处)，最少的为东南坡向 (387 处)。面积方面，西坡向的面积最大 (268.15hm²)，其次为西北坡向 (256.16hm²)，最小的为西南坡向 (165.31hm²) (图 8-34)。混合型崩岗也主要分布在东西两个坡向上，瓢形崩岗以东坡向的最多，其他类型的崩岗分布各坡向相当。崩岗的总体数量以东坡向的分布最多，共有 698 处崩岗，西坡向崩岗面积最大，面积可达 281.41hm²。本书结论与相关学者得到的崩岗分布以南坡向为主的结论有所不同。坡向对水土流失的影响主要是通过小气候起作用的。因阳坡 (南坡、东南坡和西南坡) 与阴坡 (北坡、东北坡和西北坡) 和半阳坡 (东坡和西坡) 受光照的不同，造成气温、土温和蒸发的不同，形成不同的小气候。另外，盛行风向使不同坡向降水多寡也不一样，从而造成外力作用不同。

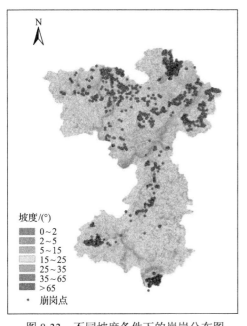

图 8-33　不同坡度条件下的崩岗分布图

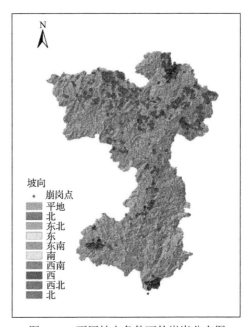

图 8-34　不同坡向条件下的崩岗分布图

3) 不同坡型条件下崩岗分布特征研究

不同坡型对于土壤侵蚀的作用各有不同。不同的坡型特征可以利用地表的曲率进行描述和量化，直线形和凸形斜坡在曲率上的体现为曲率≥0，凹形坡和阶梯形坡的曲率<0，通过空间分析计算得到不同坡型条件下的崩岗分布 (图 8-35)，得到不同坡型的条件下，凸形坡和直线坡的崩岗共有 2013 处，面积达 893.16hm²，凹形坡和阶梯坡的崩岗共有 2046 处，面积达 895.33hm²。其中，均以综合型和活动型崩岗数量最多和面积最大，其他各类型崩岗数量和面积相当。只有条形崩岗方面，凸形坡类崩岗数量比凹形坡少，但是总面积是凹形坡的近 3 倍，这可能与坡型有关，一般来说，直形坡上下坡度一致，下部集中

径流量多，流速最大，土壤冲刷较上部剧烈；凸形坡上部缓、下部陡而长，土壤冲刷较直形坡下部更强烈；凹形坡上部陡、下部缓，中部土壤侵蚀强烈，下部侵蚀较小，常有堆积发生；台阶形坡在台阶部分水土流失减少，但在台阶边缘上，就容易发生沟蚀。相对而言，凹形坡和阶梯坡更易发生活动崩岗侵蚀。

4) 沟壑与崩岗的分布特征研究

崩岗是沟壑侵蚀比较典型的一种形式，崩岗一般都发生在侵蚀活跃的坡面和沟壑中。本书结合 DEM 生成的沟壑矢量文件，研究崩岗侵蚀和沟壑分布的关系，通过研究崩岗点到最近沟壑的距离统计，研究崩岗分布与沟壑的关系。崩岗与沟壑的临近距离分为 5 级，其中崩岗数量最大的为 200~300m，其次为 100~200m，再者就是 0~100m，最小的为 400~500m(图 8-36)。各区间内崩岗的数量以综合型和活动为主，其次为瓢形崩岗，崩岗数量和面积以距离沟壑临近距离在 200~300m 数量最多，面积最大，向两边逐渐减少。也就是说崩岗集中发育在丘陵高坡的中部位置，向上森林覆盖较好，向下为基本农田，中间地带是人类生产、生活活动的主要区域，可能造成崩岗这样的分布特征。

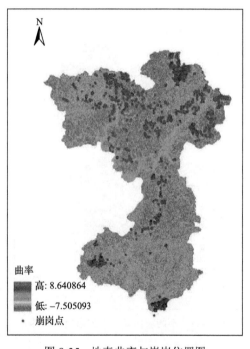

图 8-35　地表曲率与崩岗位置图

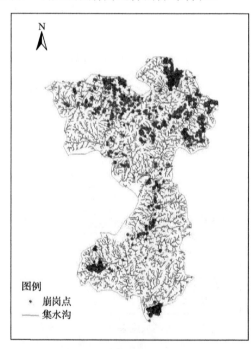

图 8-36　崩岗点与沟壑分布图

8.3　崩岗侵蚀防控关键技术

8.3.1　工程措施

崩岗综合治理中工程措施主要包括截水沟(或称天沟)、排水沟、崩壁小台阶、谷坊、拦沙坝等几种，尤其是截水沟和谷坊是最为常见的技术手段。在部分区域，受技术及资金等诸多原因的影响，崩岗治理的标准普遍偏低，治理技术不够规范，造成部分工程措施不能充分发挥应有的作用。严格按照设计要求进行工程施工是关键环节。

1. 沟头

沟头主要采取截水沟或排水沟措施（图 8-37、图 8-38）。

图 8-37　崩岗治理截水沟（赣县）　　　　　　图 8-38　崩岗治理排水沟（赣县）

截水沟是在崩口上方和两侧坡面沿等高线开挖的水平沟，用以拦截坡面径流，防止径流对崩壁的冲刷、切割作用。①截水沟按 5 年一遇 24h 暴雨设计。②截水沟应布设在崩口顶部外沿 5m 左右，从崩口顶部正中向两侧延伸。截水沟长度以能防止坡面径流进入崩口为准。③截水沟采用半挖半填的沟埂式梯形断面。

排水沟沿崩岗脊走向设置，承接坡面来水，排除径流，防止冲刷。

当排水沟底纵坡过陡时，可设计急流槽，或在沟中加设跌水，减小纵坡比降；跌水下方沟底应设置消力池，池长为跌水差的 2～3 倍；排水沟全断面衬砌。

2. 崩壁

崩壁采取的工程措施主要有崩壁小台阶（图 8-39）。

图 8-39　崩壁小台阶（赣县）

(1)崩壁台阶一般宽 0.5～1.0m，高 0.8～1.0m，台面向内呈 5°～10°反坡。外坡：实土 1：0.5，松土 1：0.7～1：1.0。

(2)崩壁坡度上部宜陡，下部可相对较缓；土质上部应坚实，下部疏松。台阶从上到下应逐步加大宽度，缩小高度，同时放缓外坡。

(3)在每个坡面各级台阶的两端，从上到下宜修排水沟，块石衬砌或种草皮防冲。

3. 沟道

崩岗沟道治理实践中采取的工程措施主要有谷坊和拦沙坝两种。

修建谷坊的主要目的是固定沟床，防止下切冲刷。因此，在选择谷坊时，应考虑以下几方面的条件：坝口狭窄，上游宽敞平坦，口小肚大，以利于拦沙；沟底与岸坡地形、地质(土质)状况良好，无孔洞或破碎地块，无不易清除的乱石和杂物；在有支流汇合的情形下，应在汇合点的下游修建谷坊；谷坊不应设置在天然跌水附近的上下游，但可设在有崩塌危险的山脚下。

坝体断面一般为梯形，设计要求如表 8-7 所示：

表 8-7 坝体断面设计表

坝高/m	顶宽/m	底宽/m	上游坡比	下游坡比
1.0	0.5	2.0	1：0.5	1：1.0
2.0	1.0	6.0	1：1.0	1：1.5
3.0	1.5	10.5	1：1.5	1：1.5
4.0	2.0	18.0	1：1.5	1：2.0
5.0	3.0	25.5	1：2.0	1：2.5

资料来源：《南方崩岗防治规划(2008—2020 年)》(水利部)。

我国南方地区雨多雨大地区，谷坊集水面积与溢洪口尺寸之间的关系如表 8-8 所示。

表 8-8 不同集水面积与谷坊溢洪口尺寸的关系

集水面积/hm²	溢洪口深/m	溢洪口宽/m
20	0.2	0.6
20	0.3	0.32
50	0.3	0.81
20	0.4	0.53
100	0.4	1.06
100	0.5	0.75
100	0.6	0.57
200	0.6	1.15
200	0.7	0.91
200	0.8	0.75
500	0.6	2.88
500	0.7	2.22
500	0.8	1.86
500	0.9	1.60
500	1.0	1.53

常见的谷坊一般为土谷坊、干砌石谷坊、浆砌石谷坊、简易沙袋谷坊、生态袋谷坊等(图 8-40)。

(a) (b)

图 8-40　干砌石谷坊(a)和简易沙袋谷坊(b)

为达到预期效果,往往需要在一条沟道内连续修筑多座谷坊,形成谷坊群(图 8-41)。

(a) (b)

图 8-41　生态袋谷坊群(a)和浆砌石谷坊群(b)

根据《南方崩岗防治规划(2008~2020 年)》,拦沙坝的建设要求如下。

(1)拦沙坝选址。坝址附近应无大断裂通过,无滑坡、崩塌,岸坡稳定性好,沟床有基岩出露,或基岩埋深较浅,坝基为硬性岩或密实的老沉积物;坝址处沟谷狭窄,坝上游沟谷开阔,沟床纵坡较缓,能形成较大的拦淤库容。

(2)设计标准。拦沙坝一般布设在上游泥沙来量多的主沟内或较大的支沟。在设计标准上,崩岗内拦沙坝一般按 10 年一遇 24h 暴雨设计;如崩口外附近有重要建筑物或经济设施,且承担防洪与灌溉任务时,应按 20 年一遇 24h 暴雨标准设置土坝、溢洪道和泄水洞,按小水库设计。

(3)拦沙坝和谷坊的区别。谷坊一般布置在小沟道内,沟深、宽一般为几米,由多座谷坊坝组成谷坊群发挥作用；拦沙坝一般布置在大沟道内，沟深、宽一般在几米至几十米。

鄱阳湖流域常见的拦沙坝一般为土坝、浆砌石和混凝土拦沙坝（图 8-42）。

图 8-42　崩岗治理拦沙坝

8.3.2　植物措施

1. 沟头

沟头集水区主要包括集水坡面和崩岗沟头。该区的侵蚀主要为集水坡面的面蚀、沟蚀及沟头溯源侵蚀。集水坡面汇集径流流向崩壁，形成跌水，加速崩岗沟底侵蚀与崩壁的不稳定。该区的防治要点是有效地增加土壤入渗、拦截降雨和崩岗上方坡面的径流，防止径流流入崩塌冲刷区，控制集水坡面跌水的形成（图 8-43）。

对红土层已被剥蚀殆尽、较破碎的坡地，则根据区域土壤、气候特点，选择深根性、耐瘠、速生的树草种，如马占相思、木荷、藜蒴、竹类、合欢、百喜草、糖蜜草等，构建乔灌草相结合的水土保持林，营建地带性森林系统。其中，沿崩口上方、截流沟下方坡面可以设置植物防护带：灌木带宽 7m，草带宽 3m，以点播白栎、胡枝子，密植香根草效果较好，可有效遏制溯源侵蚀（图 8-44）。

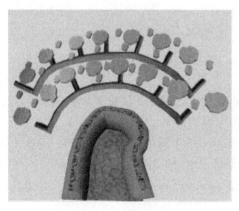

图 8-43　沟头防护林示意图　　　　图 8-44　乔灌草相结合的水土保持林

对红土层尚存、比较完整的坡面，种植油茶、杨梅、板栗、银杏、茶叶等，进行开发性治理。下面重点对油茶和杨梅进行介绍。

1) 油茶

作为油料经济植物，近年来普通油茶(山茶科山茶属)的推广面积迅速扩大。根据其生物学特性和生态学习性，油茶对土壤要求不甚严格，适宜在鄱阳湖流域土层深厚的酸性土栽植，因此在崩岗侵蚀区进行油茶栽培值得尝试，尤其适合在坡度相对和缓的坡面或崩壁上栽植。

将坡面按照内斜式条带的方式进行整地，内斜度为 5°左右。带宽因立地条件的不同而有差异，一般带宽为 1.0～3.0m，坡度较大时，带宽可小些，坡度较小时，带宽可大些。在台地内侧，开挖一条蓄水沟，以存蓄雨水，防止干旱。

用一年生平均苗高 30cm 的粗壮、根系好的实生苗，在苗木冬末春初新芽未萌动前进行造林。为了更有效地防止崩壁水土流失，可以适当将实生苗的种植密度加大，株行距为 1.5m×2m，亩植 200 株(图 8-45、图 8-46)。

图 8-45　崩岗坡面小台地种植油茶(赣县)　　　图 8-46　崩岗坡面水平竹节沟种植油茶(兴国)

选择在阴雨天进行造林以提高成活率。采用大穴回表土的方法进行油茶实生苗种植。穴规格为长宽深 1m×0.8m×0.5m 左右，穴内填满表土并混合一些鸡粪有机肥，每株油茶实生苗搭配 1kg 有机肥。表土回填时高于周围地表 10cm，以免表土下沉后穴内低于周围地面而形成积水，对油茶生长不利。

2) 杨梅

杨梅属于杨梅科杨梅属乔木，具有适应性强、抗逆性强、生长势强、耐瘠薄、根系分布广泛等特点，是一种主要的经济果树，同时也是一种优良的水土保持植物。杨梅树喜阴气候，喜微酸性的山地土壤，其根系与放线菌共生形成根瘤，吸收利用天然氮素，耐寒耐旱耐贫瘠，省水省工又省肥。此外，杨梅树性强健，易于栽培，经济寿命长，生产成本明显比其他水果低，被人们誉为"绿色企业"和"摇钱树"，是一种非常适合鄱阳湖流域水土流失开发性治理、保持生态的理想树种(图 8-47)。

图 8-47　杨梅

利用径流小区定位监测表明，杨梅园、梨园、油茶园、水保林、裸地五种土地利用方式小区中，杨梅园产流产沙量最小，与裸地作相比，杨梅园的减流减蚀效益最大，分别达到 9.77% 和 53.22%，杨梅园的水土保持效益最高。另外，杨梅园土壤理化性质也得到有效改善。此外，因杨梅具有根部固氮特性，致使土壤中全氮含量也得到一定提高。这是由于杨梅树生长快，分枝多，茎叶茂盛，根系发达，能迅速有效地覆盖地表和固持土壤，减小雨滴击溅和地表径流冲刷作用，减轻和控制水土流失，其枯枝落叶等大量的有机物归还土壤改善肥力状况。这进一步证实了杨梅是一种优良的水土保持植物，值得在自然条件适宜的水土流失区引种推广。

2. 崩壁

崩壁的治理，应根据崩岗的发育情况，采取不同的治理措施。处于发育中的崩岗，因崩壁立地条件较差，宜先选取一些抗干旱、耐贫瘠、喜阳的先锋草本植物，快速覆盖崩壁表面，培育出稳定的草本植物群落。在崩岗沟底种植野葛藤、爬山虎等攀援植物，向上生长自然覆盖崩壁，增加崩壁植被覆盖，有效减缓暴雨径流的直接冲刷；攀援植物还有利于降低崩壁温度，减少崩壁水分蒸发，改善崩壁小环境，促进植物生长，稳定崩壁。条件允许的地方，可采用液压喷播植草护坡、土工网植草护坡等技术，治理并稳定崩壁。植物可选择爬山虎、野葛藤、地石榴和常春藤等攀援性植物。

对处于发育晚期的崩岗，因崩壁较矮，应采取削坡筑阶地的方法进行治理，并在台阶上栽种经济作物，周围种植牧草加以覆盖，以降低崩塌面的坡度，截短坡长，降低土体重力，减缓径流的冲刷力，并在控制水土流失的同时，提高经济效益。其中，由于水分缺乏加上土壤肥力状况较差，在开挖成的崩壁小台地上以优良速生固土灌草为主，快速促进其植被覆盖，如胡枝子、黑麦草、雀稗等。在崩壁上种植植物，施加客土是生物治理获得成功的重要措施。

下面重点对爬山虎和胡枝子进行介绍。

1)爬山虎

爬山虎为葡萄科爬山虎属多年生落叶木质藤本植物。爬山虎适应性强，性喜阴湿环境，耐寒，耐旱，耐贫瘠，对土壤要求不严，但在阴湿、肥沃的土壤中生长最佳。爬山虎一般采取扦插繁殖。在距离崩壁基础 50cm 地方开挖条形沟，沟不浅于 30cm，宽度不低于 30cm。将有机肥和沟内土壤搅拌在一起，每米沟约施加 2kg 有机肥作为基肥。在崩壁基部进行双行栽植，每米栽植约 6 株，每行 3 株，并剪去过长茎蔓，栽植完毕后，要立即浇蒙头水，并且要浇足、浇透。待爬山虎发出新芽后再追施复合肥，以后每隔一段时间施肥一次，并不定期浇水(图 8-48)。

图 8-48　爬山虎治理崩岗崩壁

2) 胡枝子

胡枝子为豆科蝶形花亚科胡枝子属落叶灌木。胡枝子耐旱、耐寒、耐瘠薄、耐酸性、耐盐碱、耐刈割，适应性强，对土壤要求不严格。其生境通常在暖温带落叶阔叶林区及亚热带的山地和丘陵地带，是这一带地区的优势种。由于胡枝子生长快，封闭性好(林冠截留降雨效应好)，根系发达，且适于坡地生长，是丘陵漫岗水土流失区的治理树种，是南方水土保持植物的重要种类。胡枝子一般采取插条育苗的方式进行造林。采 2～3 年生、粗 1cm 左右主干，截成 15～20cm 插穗，秋季随采随截随插，插后及时灌水。开挖条行沟，行距 30cm，株距 20cm，沟内施加一次基肥，采样鸡粪有机肥拌土的方式进行(图 8-49)。

图 8-49　削坡开级，灌草结合(赣县)

3. 沟道

沟谷植物措施是控制崩岗进一步发展的重要防线，也是控制崩岗危害的重要程序。

沟谷植物措施在改善崩岗内部环境的同时，能有效促使泥沙停淤，阻滞泥沙出口，延缓径流冲刷切割。在沟谷内，土壤环境和水分条件有所改善，可以选择分蘖性强、抗淤埋、具蔓延生长特性的乔灌木。如果沟底较宽，沟道平缓，可种植草带，带距一般 1～2m，以分段拦蓄泥沙，减缓谷坊压力，草带沟套种绿竹和麻竹。在沟道较小且适应砂层较厚的沟段，种植较为耐旱瘠的藤枝竹等。谷坊内侧的淤积地经过土壤改良，可以种植经济林果，如泡桐、桉树、蜜橘、杨梅和藤枝竹等，在注重生态效益的同时，兼顾一定的经济效益。

控制崩积体的再侵蚀，是治理崩塌冲刷区、防止沟壁溯源侵蚀的重要组成部分。对于小型崩岗，如集水坡面治理得当，可很快稳定崩积体。对于中、大型崩岗，由于崩积体地表坡度往往比较大，故需先进行整地，填平侵蚀沟，然后种上深根性的林草带，如香根草带等，并在草带间种植藤枝竹或牧草等，形成"草带+竹类"或"果茶+牧草"的治理模式(图 8-50)。

图 8-50　沟道或崩积堆植物封闭

1) 泡桐

泡桐是我国著名的特有速生乡土树种，也是世界上最速生的三大用材树种之一。泡桐根系发达，固土效果好，是水土流失区的优良树种之一。泡桐的适应性较强，一般在酸性或碱性较强的土壤中，或在较瘠薄的低山、丘陵或平原地区也均能生长，最适宜生长于排水良好、土层深厚、通气性好的砂壤土或砂砾土。因此在崩岗侵蚀区的沟床内或洪积扇等区域种植泡桐是一个比较理想的选择(图 8-51)。

2) 藤枝竹

藤枝竹为禾本科簕竹属丛生型竹种。秆高 5～10m，径 4～5cm，节间长 35～50cm，下部多少呈"之"字形曲折。由于竹子鞭根交错，生长迅速，在改善小气候、保持水土方面具有重要作用。竹子枝叶密集，叶面积指数高，能有效净化空气，改善环境。据测定，竹子吸收二氧化碳、制造氧气的功能是同面积落叶乔木的 1.5 倍。根据有关测算，每亩竹林每年可保水 25m³，保土 3t，减少土壤氮磷钾流失量 23kg。竹子掉下来的竹叶，腐烂后就变成了有机肥料，使土壤变得疏松和肥沃(图 8-52)。

图 8-51　泡桐封闭沟道(赣县)

图 8-52　崩岗沟道内藤枝竹长势良好

4. 冲积扇

冲积扇的治理既是沟口冲积区治理的重要组成部分，也是崩岗治理中的最后一个环节，应以生物措施为主，等高种植草带，中间套种耐旱瘠竹类，在较短的时间内，防止泥沙向下游移动汇入河流。对剧烈发育的崩岗和崩岗沟较集中的流域，应选择肚大口小、基础坚实的坝址，修建拦沙坝，阻止洪积扇向下游移动；并在拦沙坝和谷坊顶部与侧坡种植牧草或铺设草皮，以保护工程安全。植物措施能控制冲积扇物质再迁移和崩岗沟底的下切，以尽量减少崩积堆的再侵蚀过程，从而达到稳定整个崩岗系统。冲积扇即崩口冲积区土壤理化性质较好，可以种植一些经济价值较高的林木，也可以整地进行大规模林果开发(图 8-53～图 8-55)。

图 8-53　植物配置(马尾松+泡桐+藤枝竹+枫香+雀稗)

图 8-54　冲积扇开发性治理

图 8-55　巨菌草治理崩岗

8.3.3　化学措施

1. PAM

聚丙烯酰胺(polyacrylamide，PAM)俗称絮凝剂或凝聚剂，是线状高分子聚合物，分子量在 300 万~2500 万，固体产品外观为白色粉颗，液态为无色黏稠胶体状，易溶于水，几乎不溶于有机溶剂。应用时宜在常温下溶解，温度超过 150℃时易分解。非危险品、无毒、无腐蚀性。固体 PAM 有吸湿性、絮凝性、黏合性、降阻性、增稠性，同时稳定性好。该产品的分子能与分散于溶液中的悬浮粒子架桥吸附，有着极强的絮凝作用。它具有平面网格和立体网格结构，并极易溶于水。通过大量试验得出，当其溶解于水，并与土壤颗粒发生作用时，能够改善土壤结构，增强土壤水稳性，提高土壤抗水蚀能力。PAM作为一种合成的可溶性聚合物，广泛应用于坡地及沟道的防蚀中，在土壤管理中具有很大的潜力(Annbrust, 1999; 刘纪根和雷廷武, 2002; 王辉等, 2008)。20 世纪 80 年代，人们发现阴离子型 PAM 能达到同样的效果且成本大大降低。2009 年在美国北卡罗来纳州两个公路建设工程的研究表明，与传统石谷坊相比，植物谷坊及植物谷坊+PAM 两种措施在拦截泥沙方面效果更为优异(Mclaugldln et al., 2009)。

1）PAM 阻控侵蚀预试验

利用江西水土保持生态科技园的人工模拟降雨设施进行了花岗岩母质红壤土槽坡面不同 PAM 施用量配比试验。试验所用的 PAM 为阴离子型（水解度为 10%）。相对分子质量分别为 600 万、800 万、1200 万和 1600 万。将从野外取回的土样风干后过 10mm 筛，然后装入长 300cm、宽 150cm、高 50cm 的土槽中，填土厚度为 45cm。在装填土之前，先在土槽底部填 2cm 厚的小碎石，并铺上透水纱布，以保持试验土层的透水状况接近天然坡面。静置相同时间（4h）待其含水量稳定之后，将事先配好的 PAM 溶液均匀地喷洒在供试土壤表面，待其充分风干之后进行降雨试验。人工模拟降雨高度为 3m，为下喷式组合喷嘴，试验雨强为 60mm/h，土槽坡度为 10°，尾部放置集水器用来收集坡面产流和泥沙。PAM 溶液的浓度设定为 0.5g/L，喷洒量设定为 0g/m²（CK）、2g/m² 和 10g/m²。每次试验降雨历时 30min，每 3min 收集径流泥沙一次，获得其过程径流量和土壤侵蚀量。每个实验设 2 个重复，最后取平均值。

通过模拟降雨，对分子量为 1200 万、水解度为 10% 的 PAM、施用量分别为 0g/m²，2g/m² 和 10g/m²（编号分别为 CK、PAM-2、PAM-10），通过不同的 PAM 配比添加后，其产流产沙出现了显著性的变化（图 8-56）。在产流方面，PAM-2 与 PAM-10 均有增加产流的效果，径流量分别增加了 53.56% 和 59.54%。可能是因为受试土壤结构性差，缺少可分散的黏粒，在降雨作用下容易产生结皮。喷施后土壤表面形成一层保护膜，形成化学结皮，导致土壤入渗降低、径流量增加的现象。在产沙方面，PAM-10 拦截泥沙的效率最好为 95.94%，其次为 PAM-2，拦沙效率为 90.41%，具有较好的拦截泥沙的作用。

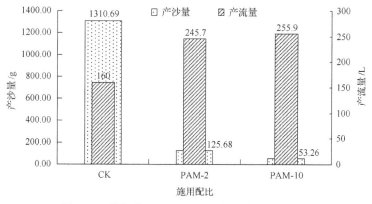

图 8-56　模拟降雨不同 PAM 添加量产流产沙变化

试验表明，当 PAM 溶解于水，并与土壤颗粒发生作用时，能够改善土壤结构，增强土壤水稳性，提高土壤抗水蚀能力。合理利用聚丙烯酰胺（PAM）不仅可以减少泥沙流失，还可以减少由于水土流失造成的大量有机质和氮、磷、钾等养分的流失。

2）PAM 阻控崩岗侵蚀技术

（1）崩积体 PAM 与植物措施集成技术。崩积体作为崩岗侵蚀的主要泥沙来源，要根据崩积体坡度及稳定性，对其进行适量配比 PAM 的施撒，进而增强崩积体土壤的理化性质和抗蚀性，在此技术之上，对坡度较大、地形破碎度较大的崩岗而言，对其进行单施适量配比 PAM 溶液的方式，或者采取削坡减载的方式，减缓崩积体坡度，开挖阶梯反坡平台，结合 PAM 喷施技术有效施加有机肥，从而起到提升坡面稳定性，增加雨水入渗，改善崩壁土壤水分条件，增加灌、草本植物成活率和覆盖度，注重以灌、草结合为主，主要灌、草种类为胡枝子、百喜草、黄栀子等。针对坡度较为缓和的崩积体坡面而言，主要采取依坡就势的方式，采取栽种灌、草与适量配比 PAM 溶液混施的方法进行崩积体坡面的整治，主要从改善坡面土壤稳定性及植物成活率出发，从而提升坡面灌、草的立体发育，改善崩积体的土壤侵蚀情况。

（2）谷坊 PAM 与植物护坡集成技术。在构建谷坊方面，为了提升其生态景观成效并节约成本，本技术主要结合谷坊的施工工艺，进行谷坊坡面的 PAM 与植物措施集成技术的探索。主要采取在谷坊顶部和迎、背坡面进行坡面施撒适量配比的 PAM 溶液，结合表面施撒种植相关适生草种，从而实现谷坊边坡的防护和绿化，可起到提升谷坊草本植物的成活率及谷坊稳定性的成效，从而连接上游下泄泥沙，提高土壤侵蚀基准面，有效控制崩岗的进一步侵蚀，减缓和稳固现有土壤侵蚀状况，为后期治理提供良好的土壤基质条件。

（3）冲积扇 PAM 与植物措施集成技术。结合 PAM 在改善土壤机构以及培肥土壤方面的特性，通过在冲积扇开展不同 PAM 与植物措施相结合的治理方式，进而起到稳固冲积扇和提高土壤肥力的目的，主要采取措施有以生态修复为主的 PAM 与乔、灌、草立体栽培技术和发挥生态经济为主的 PAM 与经济作物种植集成技术（主要集成相应的工程措施和植物措施，开展 PAM 集成生态果园开发模式），通过相关研究发现，通过施用合适的 PAM 溶液施撒，施用 PAM 在一定程度上降低土壤容重，减少土壤有机质流失，并有效减少果园土壤速效磷、碱解氮和速效钾的流失，保肥效果良好。

2. W-OH

W-OH 的主要成分是一种改性亲水性聚氨酯树脂，呈淡黄色乃至褐色油状体，以水为固化剂，与水反应生成具有良好力学性能的弹性凝胶体，具有高度安全性，无二次污染。W-OH 在现有亲水性聚氨酯材料的基础上融合纳米改性、组成结构改变及功能材料复合技术，使改性后的复合材料完全克服了原有亲水性聚氨酯树脂耐光照、耐酸碱性、耐候性及力学性差等缺陷，具有高耐久性、自然降解可控性、环保性等特征，大幅提高了凝胶固化力学性能以及其与多种材质（土、沙等）的结合力（高卫民等，2010）。

基于 W-OH 新材料的崩岗减源防塌技术是以水为固化剂，和 W-OH 材料混合，直接或与其他植生方法结合，喷涂于崩岗边坡斜面上（主要是崩岗集水坡面和崩壁斜坡），短时间内即发生凝胶、固化、形成弹性多孔结构固结层，有效防止斜面因雨水而受到的侵蚀。同时该固结层具备良好的保水、保温性，从而有效保证低成本的植生绿化方法（如种子撒播法等）的成功实施（图 8-57）。

崩岗疏松物质经 W-OH 作用后可形成固化层，在集水坡面使用可有效减少地表径流的渗漏，同时还可以提高土壤抗侵蚀能力，有效减少水土流失。在播撒植物种子和肥料等的沙土上喷洒 W-OH 后（图 8-58），迅速形成多孔质弹性且有植生性能的固结层。该固结层具有良好的抗风蚀、抗紫外线降解可控性、保水、保温和保肥性，能促进植物生长。通常情况下喷洒 2%～5%浓度的 W-OH 两周后植物便可发芽、生长，当植物生长 2～3 个生命周期后 W-OH 的固结层便可逐渐自然降解，从而过渡到后期的生物可持续固沙固土（Wu et al.，2011）。

(a) W-OH材料

(b) 固化前

(c) 3%浓度固化后

(d) 5%浓度固化后

图 8-57　不同浓度 W-OH 材料固化后形态

图 8-58　工人在坡面喷洒 W-OH

8.4　崩岗侵蚀综合防控模式

崩岗侵蚀防控，主要包括管理措施和技术措施。管理措施涉及行政管理、规章制度、宣传教育等，而技术措施包括崩岗发育环境背景整治技术、崩岗不同部位治理关键技术和崩岗治理模式等。风险低，主要以预防（管理措施）为主，防止侵蚀发生或加剧。风险高，就要采取技术措施为主，减缓侵蚀进程，减轻危害（图 8-59）。

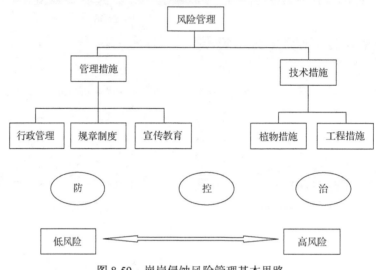

图 8-59　崩岗侵蚀风险管理基本思路

8.4.1　生态恢复型

1. 大封禁+小治理模式

对于低风险的崩岗，可以采取大封禁+小治理的综合防控模式，以维持区域相对稳定状态为目标。在关键单项技术上主要包括封禁公告、强化行政监督，加强宣传教育，开发过程中强化水土保持"三同时"制度。利用当地降雨丰富和热量丰富的特点，采取大封禁和小治理相结合的方法，在充分发挥大自然的自我修复能力的基础上，对于特定崩岗的特定风险部位，进行技术处理和局部的水土保持措施调控，如开挖水平竹节沟、补植阔叶树种和套种草灌等，同时加强病虫害和防火，促进植被恢复，以降低崩岗的危害。

在大封禁过程中，当地政府应颁布"封山育林命令"，在封禁治理区竖立醒目的封禁碑牌，层层签订合同，建立责任追究制度，实施目标管理责任制。在小治理过程中，对部分水土流失较为严重的集水坡面或冲积区（冲积扇）进行径流调控，开挖水平竹节沟或采用品字形开挖竹节沟，蓄水保肥，并对马尾松老头林进行抚育施肥，促进其生长。植被结构或多样性不好的地方适当补植一些阔叶树种和草灌，促进草灌乔结合，促进植物群落的顺向演替，恢复亚热带常绿阔叶林植被，变单纯的蕨类（铁芒萁）或单纯的马尾松疏林为混交林。该种做法是一种道法自然、因势利导的路子，注重依靠大自然力量修复生态(表 8-9)。

表 8-9 大封禁+小治理模式

模式名称	防控思路	关键单项技术	备注
大封禁+小治理模式	防	宣传教育、封禁、水平竹节沟、补植阔叶树种和套种草灌	合理开发利用，做好预防措施；适用于那些已经到了发育晚期的相对稳定型崩岗或者存在较低崩岗发生风险的区域

2. 治坡降坡稳坡"三位一体"模式

此类崩岗属于相对活跃型，着重在于控制溯源侵蚀，控制崩岗继续发育，对崩岗沟头集水区、崩塌冲刷区和沟口冲积区三个相对独立的单元进行系统治理。同时由于三个单元之间存在复杂的物质输入和输出过程，并且产生能量转化，因此需要阻断或减缓崩岗系统物质或能量的继续输送。在防控思路上以"控"为主，主要采取治坡、降坡和稳坡"三位一体"的生态恢复模式，保护性利用，可以开发也可以生态保护(表 8-10)。

表 8-10 治坡降坡稳坡"三位一体"模式

模式名称	等级	风险等级	防控思路	关键单项技术	备注
治坡降坡稳坡"三位一体"模式	2	中风险	控	坡面径流调控、削坡开级、谷坊或谷坊群、崩壁和崩积堆整治、沟道植物封闭(生态恢复植物或经济生态效益兼顾的植物)	崩头仍有集雨面，崩壁沟沟陡峭、沟头有跌水，已形成悬崖，崩口和切沟的水蚀作用仍在进行，重力侵蚀强烈，并伴有滑塌发生，陡壁坡脚常见塌积堆，危害严重。遇暴雨，沟头崩塌活跃，沟头陡壁新土出露

具体而言，就是将崩岗侵蚀作为一个系统进行整治，即以单个崩岗或崩岗侵蚀群为单元，坚持生物措施与工程措施相结合，治坡与治沟相结合，对崩头集水区、崩头冲刷区和沟口冲积区分别采取"治坡、降坡和稳坡"的整治办法，采取疏导外部能量，"坡面径流调控+谷坊+植树种草"治理集水坡面、固定崩集体，稳定崩壁等措施，实施分区治理，最终达到全面控制崩岗侵蚀，提升生态效益的目的。

3. 先拦后治模式

对于高风险的崩岗，基本上已经发生强烈侵蚀。此类崩岗非常活跃，容易继续发育。在防控思路上与较高风险基本一致。如果不存在开发利用价值，或者目前不具备开发利用的经济条件，则可以增加一种模式，即先期有效拦挡+后续开发利用模式(表 8-11)。具体为：在基本控制对下游的危害后，让崩岗系统自然发育，对崩头、崩壁等不采取任何技术措施，待经济条件成熟时再来考虑开发利用。在首先减轻崩岗侵蚀对下游的危害的基础上，根据崩岗自身的特点(规模、地理位置等)相应地采取大规模农林开发或整理为建设。

具体做法是将整个崩岗群视作一个整体，先期对崩岗侵蚀群因地制宜采取有效措施以阻止泥沙下泄危害下游，如"谷坊群+挡土墙整体包围"模式，在外围修筑浆砌石挡土墙将崩岗侵蚀群整体包围，防止泥沙下泄危害下游农田；同时，将里面每个崩岗视作整体中的个体，保留崩岗区内部原貌，在每个崩岗口就地取材修建谷坊，泥沙首先在谷坊沉积后，再汇集流入山下山塘进行二次沉沙处理。经此分段拦截处理后，能最大限度地减少泥沙危害，有利于促进崩岗人工-自然系统的逐步稳定。待经济条件允许且具备较大开发利用价值后再进行集约开发。该模式可以说从根本上突破了原有的"上拦、下堵、中间削、内外绿化"的崩岗综合治理方式，适合以开发利用为主要治理方向且规模较大的崩岗侵蚀群，在暂时不具备条件时采用。

如果侵蚀群落地理位置较为优越、交通便利，还可以花费少量的经费开发为生态警示基地和水土保持科普教育基地，以对中小学生和社会公众进行科普警示教育。适合建设成生态警示教育基地的崩岗群，辅以各种简介标识牌，增强人们对崩岗的认识，了解崩岗发生发展的机理，认识自然因素和人类不合理的经济活动对崩岗发育的具体影响；同时通过崩岗治理开发，让人们了解不同技术手段在崩岗治理中的应用，感性认识人类在水土保持生态建设中可以大有作为，增强水土保持意识和生态文明意识(表8-11)。

表 8-11　先拦后治模式

模式名称	防控思路	关键单项技术	备注
先拦后治模式	控+治	外围拦挡防止泥沙下泄危害、保留崩岗区内部原貌、后期大规模开发利用	不存在开发利用价值，或者目前经济条件不具备的较大规模崩岗侵蚀群，可以先开发为生态警示教育基地，待后期条件允许时再开发利用

8.4.2　经济开发型

此类崩岗，在外界因素的诱导下(如短历时强降雨事件)较易发生崩岗侵蚀，重点在治。建议采取反坡台地+经果林种植崩岗开发利用模式和规模整理为建设用地开发模式。以集约开发的方式，充分发挥规模效应，增加单位面积土地的生产力，获取较大的经济效益，提高区域人口承载量。不过此种治理模式要求人力、物力和财力投入较大，在经济状况允许的条件下可以施行。

1. 经果林开发模式

反坡台地+经果林种植崩岗开发利用模式多适用于混合型崩岗以及大型的瓢形崩岗、爪形崩岗和集中连片的崩岗侵蚀群的治理，对位于交通便利、经济条件较好区域的中型崩岗也可以采用这种模式。此种强度开发性综合治理模式，其实质上就是对地貌的重塑。采用机械或爆破(结合人工)的办法把支离破碎的崩岗地貌进行强度削坡整理成规整的田园(反坡台地和水平梯田)，变成可利用的土地，为后期经济创收型果园或经济林木的栽植提供良好的立地基础。如果崩头和崩壁坡度较大、体量巨大，不建议整体推平，而是修成小台阶或反坡台地，而崩口冲积区则修整为标准的水平梯田。此种综合治理模式，优点是一次性解决了崩壁、崩积堆的治理问题，是治本之策，突破了崩岗侵蚀理论研究滞后的束缚(表8-12)。

在开发治理过程中，要注意山、水、田、园、路统筹考虑，尤其是在开发初期要特别注意水土保持措施的配套，如截排水沟、蓄水池、沉砂池、谷坊、挡土墙、护坡、坎下沟和梯壁植草等。措施布置上坚持先上后下、上下兼治；先坡后沟、沟坡同治；工程措施、植物措施、耕作措施和生态修复措施并举，蓄拦截排，科学配置的方针。

表 8-12　反坡台地+经果林种植开发利用模式

模式名称	防控思路	关键单项技术	备注
经果林开发模式	治	机械或爆破强度削坡整理成规整的田园(反坡台地和水平梯田)、为后期经济创收型果园或经济林木的栽植提供良好的立地基础。或者对崩头和崩壁整修为小台阶或反坡台地，崩口冲积区修整为水平梯田。注意山、水、田、园、路统筹考虑，开发初期要特别注意水土保持措施的配套，如截排水沟、蓄水池、沉砂池、谷坊、挡土墙、护坡、坎下沟和梯壁植草等	多适用于混合型崩岗以及大型的瓢形崩岗、爪形崩岗和集中连片的崩岗侵蚀群的治理，对位于交通便利、经济条件较好区域的中型崩岗也可以采用这种模式

此种模式在应用推广过程中，要充分吸收当地果业开发的丰富经验，对承包山地或自行开发治理崩岗的农户，地方财政尤其是水土保持部分和国土资源部门要通过资金或苗木等形式进行补贴，提高崩岗开发治理的积极性，实行"谁治理、谁受益"。同时，在开发过程中水土保持部门要给予技术指导，以便有力控制开发过程中尤其是初期的水土流失。例如，兴国县鼓励外商、个人、单位入股、租赁、购买使用权等形式治理开发崩岗等水土流失，并对治理开发大户给予适当资金补助和技术支持，提供优惠政策，大大加快了崩岗治理的步伐。据在赣县的走访调查，这种模式尽管投入大，但长远来看经济效益显著，老百姓容易接受。在政府辅以一定的资金支持后，当地群众对承包崩岗劣地进行果业开发积极性较高。

2. 建设用地规模整理模式

如果崩岗侵蚀群距离城镇较近、交通通便利，就具备了较大的开发利用价值，可以规模整理为建设用地，从而为乡村盖房、城镇建设或工业厂房开发储备宝贵的土地资源。对耕地资源稀缺的鄱阳湖流域仍不失为一种多赢的举措。因土地资源特别是耕地资源稀缺，为最大程度保护耕地，缓解建设用地和保护耕地的矛盾，必须开发寻找新的建设用地来源。

如果具备作为建设用地(厂房或城镇建设等)的条件，根据实际地形条件，以小流域为单元，以崩岗为中心，集中治理，连片治理，采取机械开挖的方式将整个崩岗系统(包括崩头、崩壁、沟口冲积区)的全部范围或部分推平，并配置好排水、挡土墙、护坡和道路设施，整理为工业用地。这一模式虽然投入大，但回报高且快，适用于交通要道、集镇周边的崩岗侵蚀区。同时，注意采取一定的水土保持措施尤其是工程措施来控制开发初期的水土流失(表 8-13)。

表 8-13　建设用地规模整理模式

模式名称	防控思路	关键单项技术	备注
建设用地规模整理模式	治	连片治理，采取机械开挖的方式将整个崩岗系统全部范围或部分推平，并配置好排水、挡土墙、护坡和道路设施，整理为工业用地。注意采取水土保持措施尤其是工程措施来控制开发初期的水土流失	如果距离城镇较近、交通便利，具备较大的开发利用价值，可以采取此模式

在风险分析的基础上，提出了针对性较强的崩岗侵蚀综合防控模式，具体如表 8-14 所示。

表 8-14　基于风险评估的崩岗侵蚀综合防控模式

防控思路	模式名称	关键单项技术
防	大封禁+小治理模式	宣传教育、封禁、水平竹节沟、补植阔叶树种和套种草灌
控	治坡降坡稳坡"三位一体"模式	坡面径流调控、削坡开级、谷坊或谷坊群、崩壁和崩积堆整治、沟道植物封闭(生态恢复植物或经济生态效益兼顾的植物)
治	经果林开发模式	机械或爆破强度削坡整理成规整的田园(反坡台地和水平梯田)、为后期经济创收型果园或经济林木的栽植提供良好的立地基础。或者对崩头和崩壁整修小台阶或反坡台地,崩口冲积区修整为水平梯田。注意山、水、田、园、路统筹考虑,开发初期要特别注意水土保持措施的配套,如截排水沟、蓄水池、沉砂池、谷坊、挡土墙、护坡、坎下沟和梯壁植草等
	建设用地规模整理模式	连片治理,采取机械开挖的方式将整个崩岗系统全部范围或部分推平,并配置好排水、挡土墙、护坡和道路设施,整理为工业用地。注意采取水土保持措施尤其是工程措施来控制开发初期的水土流失
控+治	先拦后治模式	外围拦挡防止泥沙下泄危害、保留崩岗区内部原貌、后期大规模开发利用

参 考 文 献

陈晓安, 杨洁, 肖胜生, 等. 2013. 崩岗侵蚀分布特征及其成因. 山地学报, 31(6): 716-722.

丁光敏. 2001. 福建省崩岗侵蚀成因及治理模式研究. 水土保持通报, 21(5): 10-15.

高卫民, 吴智仁, 吴智深, 等. 2010. 荒漠化防治新材料 W-OH 的力学性能研究. 水土保持学报, 24(5): 1-5.

何恺文, 黄炎和, 蒋芳市, 等. 2017. 2 种草本植物根系对长汀县崩岗洪积扇土壤水分状况的影响. 中国水土保持科学, 15(4): 25-34.

李慧, 黄炎和, 蒋芳市, 等. 2017. 2 种草本植物根系对崩岗洪积扇土壤抗剪强度的影响. 水土保持学报, 31(3): 96-101.

刘纪根, 雷廷武. 2002. 坡耕地施加 PAM 对土壤抗冲抗蚀能力影响试验研究. 农业工程学报, 18(6): 59-62.

刘瑞华. 2004. 华南地区崩岗侵蚀灾害及其防治. 水文地质工程地质, 31(4): 55-58.

牛德奎. 2009. 华南红壤丘陵区崩岗发育的环境背景与侵蚀机理研究. 南京: 南京林业大学.

丘世钧. 1990. 红土丘坡崩、陷型冲沟的侵蚀与防治. 热带地理, 10(1): 31-39.

丘世钧. 1994. 红土坡地崩岗侵蚀过程与机理. 水土保持通报, 14(6): 31-41.

丘世钧. 1999. 切割下坠—砂页岩地区崩岗源头墙壁后退方式之一. 水土保持通报, 19(6): 20-22.

史德明. 1984. 我国热带、亚热带地区崩岗侵蚀的剖析. 水土保持通报, 3: 32-37.

孙波. 2011. 红壤退化阻控与生态修复. 北京: 科学出版社.

王辉, 王全九, 绍明安. 2008. 聚丙烯酰胺对不同土壤坡地水分养分迁移过程的影响. 灌溉排水学报, 27(2): 86-89.

王彦华, 谢先德, 王春云. 2000. 风化花岗岩崩岗灾害的成因机理. 山地学报, 18(6): 496-501.

席承藩. 1965. 关于中国红色风化壳的几个问题. 中国第四纪研究, 4(2): 42-54.

曾昭璇, 黄少敏. 1980. 红层地貌与花岗岩地貌. 中国自然地理(地貌). 北京: 科学出版社: 139-150.

张爱国, 李锐, 杨勤科. 2001. 中国水蚀土壤抗剪强度研究. 水土保持通报, 21(3): 5-9.

张萍, 查轩. 2007. 崩岗侵蚀研究进展. 水土保持研究, 14(1): 170-172.

赵健. 2006. 江西省崩岗侵蚀与形成条件. 水土保持应用技术, 5: 16-17.

Annbrust D V. 1999. Effectiveness of Polyacrylamide (PAM) for wind erosion control. Journal of Soil and Water Conservation, 3: 557-559.

Au S W C. 1998. Rain-induced slope instability in Hong Kong. Engineering Geology, 51: 1-36.

Dus Zanchar. 1982. Soil Erosion. New York: Elesrier Scientific Publishing Company: 281-287.

Mclaugldln R A, King S E, Jenmngs G D. 2009. Improving construction sire runoff quality with fiber check dams and poly acrylamide. Journal of Soil and Water Conservation, 64(2): 144-153.

Wu Z R, Gao W M, Wu Z S, et al. 2011. Synthesis and characterization of a novel chemical sand-fixing material of hydrophilic polyurethane. Journal of the Japan Society of Materials Science, 60(7): 674-679.

第9章 稀土矿迹地水土流失治理技术

9.1 概 况

　　赣南是全国有色金属主要生产基地之一，该地区拥有的钨储量占到全国的70%、占世界的40%，而稀土元素储量位列全国第二(邹国良和陈富，2006)。矿产资源的开发利用为江西省乃至全国的经济发展做出了重要贡献，但亦对赣南生态环境造成相当大的威胁，例如，土壤及植被遭受不同程度的破坏、土壤酸化、重金属污染等(李恒凯，2015)。矿产开采使得矿区地表土壤与地质结构被大幅破坏，植被生长受到抑制，进而显著降低了植被覆盖度，无法有效保护土壤免受侵蚀，造成严重的水土流失问题(王静杰，2017)。矿区水土流失形式主要包括：①土壤人为扰动和堆积体使土地遭受破坏或被占用，堆积体结构松散造成表层土壤侵蚀严重、河道被侵蚀泥沙淤塞，加剧洪水危害(王曰鑫和李敏敏，1997)；②地表水渗漏和地下水疏干引起水资源匮乏；③矿区崩塌、泻溜、面塌陷、滑坡等重力侵蚀时有发生(林强，2006)。

　　江西省赣州市素有"稀土王国"的美称，拥有储量丰富的离子型稀土资源。稀土矿开采方式以露天开采为主，且大部分矿区存在三方面的问题：①不科学、合理的布局；②生产规模普遍偏小；③安全问题较大，存在隐患，导致生态环境遭受破坏，酸水等污染、水土流失问题相当严峻(刘芳，2013)。经过几十年的发展，赣南稀土矿开采已经由传统的堆浸、池浸方式转变为原地浸矿开采工艺。堆浸、池浸工艺素有"搬山运动"之称，对生态环境的破坏严重。池浸方式将去除植被的表层土壤剥离，并将剥离的表层土壤全部倒进浸矿池里，然后添加浸提液提取其中的稀土元素，收集浸矿液并将其注入专门的母液处理场所(刘芳，2013)。堆浸原理与池浸类似，都需要将表土剥离。原地浸矿工艺主要通过在原位布设管网将硫酸铵等浸提液注入稀土矿体，将矿体中的离子型稀土元素提取出来，并设置集液沟收集浸提液注入母液处理场所进行进一步处理(刘芳，2013)。堆浸、池浸工艺需要大面积破坏表土和植被，同时产生大量的尾砂，这些尾砂保水保土性能差，在降雨条件下易发生严重的水土流失。

9.1.1 矿迹地水土流失及其影响因素

　　矿迹地水土流失指由人类采矿活动所造成的一类土壤侵蚀类型(叶林春等，2008)。矿区主要开采工艺包括洞采和露采两种。其中，洞采工艺造成的地表土壤及植被破坏相对较小，由此引发的土壤侵蚀也相对较小；相比之下露采工艺则会对地表土壤及植被造成相当严重的破坏，进而引发比较严重的土壤侵蚀。根据矿区开采的场所类型不同，可以将矿迹地水土流失划分为以下4种：①露天开采所产生的土石混合体随机堆放所产生的水土流失；②露天开采所导致的植被破坏或稀疏区域所产生的水土流失；③矿区开采后出现的凹陷区域；④废弃矿区经人为活动进行生态恢复的区域(卞正富等，1998)。

作为一种土石混合堆积体，矿区尾砂坡面水土流失主要受到降雨、地形、土壤本身理化性质、植被覆盖等因素的影响。

1. 降雨因素

降雨是影响土石混合堆积体坡面土壤侵蚀的重要因素之一。Jiang 等(2014)通过降雨试验指出，土石混合堆积体坡面所产生的径流及侵蚀泥沙数量均与降雨强度呈现显著正相关关系。景民晓等(2013)阐述了降雨强度与堆积体平均径流率及平均侵蚀率之间均存在线性关系。史倩华等(2016)研究发现，采用露采工艺煤矿区所产生的土石混合堆积体坡面产生数量也与雨强密切相关。丁亚东等(2014)、李建明等(2016)通过试验研究发现，土石混合堆积体坡面径流及产沙量都与雨强呈现线性相关。戎玉博等(2016；2018)则进一步指出，土石混合堆积体坡面总产沙量和雨强呈现指数相关关系。Riley(1995)指出，就算是相当小的径流也可以引发土石混合堆积体水土流失，而在遭受径流的反复冲刷后土石混合堆积体非常容易产生细沟侵蚀发育，形成较强的冲刷和搬运动能(史东梅等，2015)，因此，土石混合堆积体坡面产沙量会随径流产量的增加而增加(Zhang 等，2015)。

2. 地形因素

土石混合堆积体土壤机械组成与正常土壤差异较大，导致堆积体坡面表现出与自然土壤坡面区别较大的特性，因而土石混合堆积体坡面侵蚀规律有一定的特殊性，研究堆积体坡面特性对于深入了解其土壤侵蚀规律具有重要的意义。野外调查研究表明，堆积体主要坡面形态包括凸、凹及平 3 类(高儒学等，2018)。牛耀彬等(2016)通过试验指出，土石混合体细沟侵蚀所形成的沟宽和沟深都与放水流量呈显著正相关关系，而沟宽与坡度呈负相关关系，沟深与坡度的相关性因流量变化而不同，流量较小呈现负相关，而流量较大时呈现正相关。张少佳等(2016)研究发现，土石混合体堆积体的坡度和放水流量都与坡面产流及产沙量间存在显著正相关关系。张翔等(2016)则研究指出，随着放水流量的变化，土石混合堆积体坡面平均侵蚀量与坡度间存在线性相关，并且具有临界的坡度。而 Dong 等(2012)则研究指出，坡度与产流量的关系因雨强不同而存在较大差异，但坡度与产沙量间则存在显著正相关关系。

3. 土体理化性质

矿区土壤坡面侵蚀发育过程中，侵蚀内、外营力及下垫面土体条件发挥着重要的作用，而坡面径流主要受土体保水性能影响。侵蚀外营力是影响土壤侵蚀发育过程的主要外部要素，而主要内部因素则为土壤本身理化性质。机械组成是表征组分的重要指标，直接影响矿区土壤的结构特征，还与土壤容重、孔隙数量等密切相关，对土壤抗蚀性具有重要的影响作用。

通过采集信丰县虎山稀土矿(HS)、定南岭北镇西细坑稀土矿(XK)、安远里田稀土矿(LT)、赣县吉埠镇小布村稀土矿(XBC)和宁都县黄陂稀土矿尾砂样品(HP)。

　　赣县吉埠镇小布村稀土矿和宁都县黄陂稀土(图 9-1 和表 9-1)等典型稀土矿 0～20 和 20～40cm 层土壤样品,分析其机械组成、有机质含量和容重等理化性质。分析结果如表 9-2 所示。结果表明,稀土尾砂主要组成成分为砂粒和粗粉粒,黏粒含量较低(0～6.9%),有机质含量偏低(1.52～3.00g kg^{-1})。结果表明,矿迹地土壤尤其是废弃尾砂堆积体是物质组成极不均匀、离散程度很大的土石混合物,具有结构松散、内摩擦角和黏聚力小的特点,植物根系与有机质缺乏的特征。

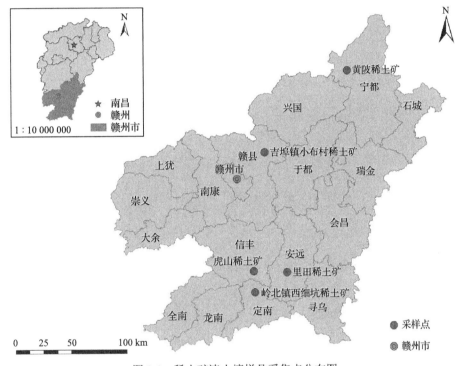

图 9-1　稀土矿渣土壤样品采集点分布图

表 9-1　采样点基本信息

稀土矿	样点经纬度	尾矿渣浸矿工艺	堆积年限
信丰县虎山稀土矿	115.0649°E 25.1229°N	堆浸工艺	2009 年
定南岭北镇西细坑稀土矿	115.0750°E 24.9528°N	堆浸工艺	2006 年
安远里田稀土矿	115.3328°E 25.1107°N	堆浸工艺	2006 年
赣县吉埠镇小布村稀土矿	115.1572°E 26.0573°N	堆浸工艺	2010 年、2014 年
宁都县黄陂稀土矿	115.8240°E 26.7060°N	堆浸工艺	2007 年

表 9-2　典型稀土矿尾矿渣的基本理化性质

稀土矿	尾矿堆积年限	土壤深度/cm	机械组成			pH	土壤有机碳/(g/kg)	容重/(g/cm³)
			砂粒/%	粗粉粒/%	黏粒/%			
HS	6 年	0～20	69.5	30.5	0.0	4.28	3.00	1.44
		20～40	69.4	30.6	0.0	4.09	1.87	1.53
XK	9 年	0～20	70.9	22.6	6.4	4.34	2.81	1.26
		20～40	71.9	21.1	6.9	4.32	2.53	1.19
LT	9 年	0～20	76.5	23.5	0.0	4.62	2.21	1.53
		20～40	68.3	31.7	0.0	4.84	2.25	1.26
XBC-1	1 年	0～10	67.3	32.7	0.0	5.94	1.55	1.56
		10～20	64.4	33.7	1.8	5.49	2.84	1.51
		20～30	68.5	29.7	1.8	5.52	1.96	1.53
		30～40	69.5	28.6	1.8	5.52	2.85	1.45
XBC-2	5 年	0～10	62.2	37.8	0.0	5.37	2.12	1.38
		10～20	59.0	41.0	0.0	6.07	1.93	1.40
		20～30	60.2	39.8	0.0	4.45	1.52	1.42
		30～40	54.9	45.1	0.0	4.08	2.21	1.36
HP	8 年	0～10	65.2	33.0	1.8	4.23	2.11	1.31
		10～20	64.9	35.1	0.0	4.21	2.52	1.26
		20～30	67.3	32.7	0.0	4.24	2.21	1.39
		30～40	59.0	35.1	6.0	4.33	2.19	1.29

　　物质组成直接影响土石混合堆积体坡面产流产沙特性。研究发现,土体黏聚力是表征土体抵抗径流冲刷破坏的重要指标之一(Fattet 等,2011),而土体黏聚力与含水量呈现显著负相关关系,随含水量增加,土壤黏聚力显著降低(油新华和汤劲松,2002),且石粒的存在会改变土石混合物中颗粒间应力场(董月群等,2013)。因此,在径流不断冲刷作用下,松散的土石混合体内部颗粒间的黏聚力会逐渐降低,形成径流的下切进而发育成侵蚀沟,最终导致边坡遭受严重侵蚀。稀土尾砂土体抗蚀性能较差,在径流冲刷下非常容易产生细沟侵蚀发育。大量研究发现,细沟侵蚀的发育会造成侵蚀量以数倍甚至数十倍的幅度增长(Auerswald 等,2009),细沟产沙量占坡面总产沙量的比例可以达到70%(Kimaro 等,2008),这主要是因为细沟汇聚的股流具有较大的冲刷力和搬运力。在细沟侵蚀发育过程中,侵蚀沟头和沟岸土体会因重力作用而产生崩塌、滑塌等现象。研究发现,重力侵蚀是造成细沟侵蚀过程中坡面产沙变化的关键因素,且重力侵蚀导致的产沙量占坡面总侵蚀量的比重超过50%(韩鹏等,2003)。史东梅等(2015)研究指出,细沟侵蚀发育是导致侵蚀量快速增加的因素,而重力作用下沟壁土体的崩落是导致产沙变化的驱动因素。堆积体边坡的坡面和坡脚在径流冲刷下容易遭受破坏,并导致边坡上方土体悬空并产生坍塌,与此同时,随着水分的入渗,边坡土体抗剪强度迅速降低,使得边坡土体侵蚀不断加剧,最终造成边坡滑塌。稀土尾砂如得不到及时且有效保护,极易发生严重水土流失甚至产生崩塌、

滑坡以及泥石流，严重威胁周边水土资源及生态环境安全。

4. 植被因素

矿产开采对植被的破坏相当严重。以赣南稀土矿为例，开采前矿区的植被覆盖率为60%～90%，植被类型主要有松、杉等。但经过开采后，地表植被基本被破坏，山头几乎被削平，沟谷大部分被弃土及流沙等填满，区域原始地形及地貌被彻底改变，产生大面积裸露，生态环境遭受严重破坏，显著降低了植被覆盖率，最低降到10%以下。往日的葱茏青山彻底变为沙水横流，满目疮痍，植被严重退化。同时，由于酸性浸提液(如硫酸铵)的大量注入，导致岩土体处于长期饱和的状态，岩土体含水量显著增加，岩土体的强度显著降低，土壤发生软化，土壤抗蚀性显著降低，地形切割效应加剧，产生纵横沟壑，矿区天然地貌及景观遭到严重破坏(李恒凯，2015)。

稀土矿迹地人为植被恢复是改善该区域生态环境的重要措施之一。刘斯文等(2015)在龙南县足洞稀土矿区采用草－灌结合方式对稀土尾矿区进行了生态修复试验，草本植物包括狗牙根、苜蓿，灌木主要包括胡枝子、荆条、紫穗槐，结果表明，植被恢复后矿区土壤酸化、水土及营养元素流失均得到有效控制。郭晓敏等(2015)研究了桉树对稀土矿迹地植被恢复效果，发现种植桉树后稀土矿迹地土壤理化性质得到有效改善，如容重降低、孔隙度增加、有机质含量提高、养分含量增加，同时，桉树具有较高的生物量，营造了良好的林下环境，为其他动植物创造了良好生境，从而有效提高了生物多样性。

9.1.2　矿迹地水土流失治理技术概况

目前常见的矿迹地水土流失治理技术主要包括植被措施、土地整治措施及工程措施。

1. 植被措施

矿区开采不可避免会造成地表扰动和植被破坏，而植被覆盖是影响水土流失的关键因素之一。因此，采取多种措施有效促进矿区土壤植被覆盖是防治矿区水土流失的关键之一。矿区废弃地土壤结构性差，有机质和养分(氮、磷、钾)含量均较低，与此同时，土壤重金属含量普遍偏高，对植物生长和土壤微生物等的抑制作用明显，因此土壤条件是矿区土壤植被恢复重建的重要限制因素。由此可见，矿区土壤植被恢复的关键是筛选优良先锋植物和实施土壤改良。植物筛选以根蘖性强，生长迅速，耐干旱贫瘠的适生树种为主(刘芳，2013)。

在矿区植被重建过程中应首先选择草类，在此基础上通过乔、灌、草的合理搭配，在草或树种选择中应该优先考虑乡土树或草种，另外可适当引入部分外来优良品种，从而提高植被恢复效率。例如，适用于赣南稀土矿采矿迹地植被恢复的林、草种类主要有桉树、马尾松、黄檀、刺槐、胡枝子、芭芒、狗牙根、马唐草、百喜草、雀稗等(彭冬水，2005)。Smit 等(2000)研究发现，在煤矿废弃地植被恢复过程中应优先选择椴树，主要原因是相比较于落叶松+刺槐混交林或槭树林，椴树林地土壤有机质及腐殖质含量提高幅度更高，土壤养分恢复更明显。Dutta 和 Agrawal(2001)通过分析养分平衡进而对树种进行筛选，结果显示阿拉伯胶树、木麻黄和桉树树叶养分积累及分解速率相对适中，能够促进废弃地养分处于相对平衡状态。豆科植物因具有较强的固氮效应，可以较快地适应立地条件并对其进行改良，一般在矿区废弃地复垦过程中被选择作为先锋植物(Jochimsen，2001)。古锦汉等(2007)通过在广东茂名典型矿山迹地上种植 30 余种阔叶物，并对比不同阔叶树生长情况，结果表明海南蒲桃、海南红豆、红胶木、桃花心木等能够较好的适应该矿迹地生境。

对于矿产开采过程中产生的弃渣，一般需要先进行客土处理即所谓的客土复垦法。该方法是目前矿山废弃地植被恢复中最常用且快捷的一种方法，主要通过选择有覆土条件的矿山废弃地作为恢复对象。首先在表层覆盖一定厚度(约 50cm)具备相当肥力的土壤，并配合一些土壤改良措施(包括施肥、种植豆科作物或增施绿肥等)，从而实现对矿山废弃地的直接利用(杨修和高林，2001)。

2. 土地整治措施

矿区开采活动将大量表土剥离，被剥离出来的表土一方面被用于填埋坑洞，另一方面可以用于矿区开采后期植被恢复前期客土，在实际操作过程中应该因地制宜，采用土地整治及客土措施，将废弃矿区尽可能地改造成为有利用价值的土地(叶林春等，2008)。首先需要平复整理需要复垦的尾砂，依地形采取挖填方、削坡、平整等工程手段进行地形整理后，产生人造平台或梯田。对于那些已经平整好的尾砂复垦区应该事先添加基肥，再在上面覆盖一定厚度的土壤，在土壤上种植植物，与此同时，还需合理布设一些工程配套措施，如排水沟。针对那些已经被流沙掩埋的农田，首先需将淤沙进行清理，从而使得农田可以最大限度地恢复其原始的面貌。一般而言，这种方法也可以用于采用原地浸矿工艺的废弃矿山(陈建国和李志萌，2010)。

3. 工程措施

通常而言，矿山在开采以及运输过程中会导致大量废弃污染物的产生，包括弃土、弃石、尾渣、酸性废水等(叶林春等，2008)。这些弃土、弃石、弃渣若随意倾倒，易引起严重的水土流失，因此有必要采取拦挡措施。目前比较常见的矿区防护工程措施包括拦沙、护坡以及截排水工程 3 大类。拦沙工程又可细分为以下三种：拦沙坝(尾矿库)、挡沙墙、拦沙堤(叶林春等，2008)。拦沙坝按照建造材料主要可以分为浆砌石坝、干砌石坝、土石混合坝等，拦沙坝建造设计规模主要由尾砂堆积体数量决定。而挡沙墙根据结构形式不同可以划分为：重力式、悬臂式以及扶臂式等。拦沙堤则主要包括堤内拦沙与堤外防洪两大功效，所以建造拦沙堤需要的关键标准包括选线、基础和防洪标准。护坡工程则主要包括干砌石以及浆砌石护坡两大类，在进行坡面防护配套措施建造设计时应当首先确保护坡的稳定以及保证正常水土保持功能。对坡度较小(1.0∶2.5～1.0∶3.0)的坡面，坡脚未受到水流冲刷的护坡，可以选择干砌石护坡；而对于坡度较大(1∶1～

1∶2)、有可能遭受水流强烈冲刷的坡面，则应当选择浆砌石护坡。截排水工程主要有蓄水池、截流沟、排水沟、道路集流沟、排(放)水暗渠、沉砂池等。一般矿区在选矿厂场地周边、道路两侧或临坡地段都会开挖排水沟，通常来讲，对于那些位于土壤质地较好或坡面主要由强风化岩石地段的排水沟可以选择浆砌石。在需要建排洪沟或者溢洪坝时，需要根据防洪标准以及当地最大降雨量来进行设计(叶林春等，2008)。

9.2　稀土矿迹地坡面土壤侵蚀规律

鄱阳湖流域降雨量丰沛且相对集中，暴雨频繁发生。年降雨量 800～2500mm，远高于全国年均降雨量(630mm)，其中，雨季(4～9 月)总降雨量占全年降雨量的比例超过70%(梁音等，2008)。高强度降雨会导致径流短时间内形成，从而对地表土壤造成严重的破坏，容易引发严重的土壤侵蚀。为研究降雨对矿迹地水土流失的影响，以稀土尾砂作为研究对象，采用人工模拟降雨试验，设置不同的雨强，研究不同降雨条件下稀土尾砂坡面侵蚀过程。

9.2.1　材料与方法

1. 试验区概况

黄陂稀土整合矿区位于江西省宁都县城北东 320°方位相距 35 km 处。矿区中心地理坐标为 115°49′25″E、26°44′18″N，行政区划隶属宁都县黄陂镇。区内为低山丘陵地形，海拔标高一般在 300m 左右，相对高差在 50m 以下。该区为亚热带东南风气候，温暖潮湿，四季分明。据宁都县气象局资料统计，年最高气温为 39.3℃，最低气温为 0℃，历年平均气温约为 19.2℃，全年无霜期为 280 天。区内年平均降水量 1200mm 左右，其中每年 4～6 月为丰水期，占全年降水量的 56.4%，10 月至翌年 1 月为枯水期，占全年降水量的 14.2%，而其余 5 个月为平水期。区内年均蒸发量为 1200mm 左右。其中每年 7 月、8 月蒸发量最大，占全年蒸发量的 28.2%，1～3 月蒸发量最小，占全年蒸发量的 12.7%。

矿区处于低山丘陵区。海拔标高 260～340m，相对高差 30～700m。最高点海拔标高349.4m，最低点为南西侧溪沟海拔标高 266.2m。山坡平均坡度小于 35°。山坡坡度一般为 15°～35°，局部可达 45°。矿区处在桃山岩体内，桃山花岗岩基南北长约 45km，宽约25km，面积约 1000km²。该岩基是由多期次侵入的花岗岩所组成的复式岩体，主要为燕山早期第一阶段中粗粒似斑状黑云母花岗岩岩株及花岗斑岩、伟晶岩岩脉。矿石中主要矿物为高岭土类黏土矿物、石英和钾长石，三者占 94.81%，其次为磁铁矿和黑云母，占4.61%，其余矿物均少量至微量。矿石中可见之稀土矿物主要有独居石、氟碳铈矿和氟碳铈钡矿(徐金球等，2006)。

矿区主要植被为人工湿地松及百喜草等草本植物。

稀土矿开采工艺为硫铵堆浸法，尾砂堆形成时间为 2007 年。由于水土流失严重，土地贫瘠，土壤酸性大，尾矿堆积区植物生长特别稀疏，堆积体上只生长有耐酸性的草本植物芒萁和木本植物湿地松。

2. 试验设计与方法

1）降雨设备及试验槽

人工模拟降雨试验在江西省水土保持生态科技园人工模拟降雨大厅进行（图 9-2）。降雨大厅详细介绍见 4.2.1，系统参数见表 9-3。

图 9-2　降雨系统

表 9-3　人工模拟降雨系统性能参数

性能指标	性能参数
雨强连续变化范围	$10\sim200\text{mm h}^{-1}$
降雨面积	$15.6\text{m}\times12.6\text{m}$
降雨均匀度	>0.80
降雨高度	18m
雨强变化调节时间	<30s
数据采集器存储容量	≥32000 条
降雨采样间隔	10～9999s 可调

试验土槽为江西省水土保持科学研究院自行设计的可移动液压式变坡度钢槽，槽体长宽高为 3m×1m×0.5m。试验前用 PVC 板将土槽均分为两个长宽高 3m×0.75m×0.6m 的土槽，并用防水硅酮玻璃胶将两个土槽间的缝隙堵上，以防止降雨时两个土槽间的径流产生对流。土槽改造好后往两个土槽同时填土，防止填土不均导致 PVC 板变形。从泥沙出口一边开始，取 3 个观测断面，用来观测降雨径流侵蚀过程及地表微型态变化。试验土槽简图如图 9-3 所示。

2）试验设计

为了尽可能涵盖南方最大 60min 时段降雨强度，通过对区域多年降雨量进行统计分析，共设计 5 个雨强，分别为 1.0mm/min、1.25mm/min、1.5mm/min、1.75mm/min 和 2.0mm/min。试验设计 2 个重复，共计 30 场次降雨。

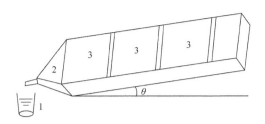

图 9-3　试验土槽装置

1. 接样桶；2. 集流槽；3. 观测断面；θ. 水平夹角

降雨开始前，采集土壤样品，分析其含水量、容重、有机质含量等。同时，在模拟降雨过程中测量雨水温度、径流流速、径流量、径流深、径流宽等。运用雨量筒对雨强进行率定，采用梅花桩法进行布设，率定 3~5 次，取平均值，控制雨强偏差小于±5%。用高锰酸钾示踪法测定坡面上各断面径流的最大流速，利用雷诺数(Re)辨别坡面径流流态类型(紊流、过渡流或层流)，分别用不同断面径流流速乘以换算系数，获得平均流速；同时采用薄钢尺测定坡面不同断面径流宽度及深度，分别在每一过水断面的 3 个不同位置，并取平均值。在上、中、下坡位分别用体积为 200cm^3 标准环刀采集 4 个样品，运用烘干法测定容重及其含水量。将收集的侵蚀泥沙烘干称重。降雨历时 60min，及时记录每一场降雨径流开始时间。产流开始后，在前期间隔 1min 采集 1 次径流及侵蚀泥沙样品，后期间隔 3min 采集径流数泥沙样品。

3)试验填土及数据采集

试验填土前，通过弃土的容重和含水量，计算每次试验所需要的弃土重量，填装弃土的容重、含水量分别为 1.01g/cm^3、22.91%。填装弃土前，先在槽子底层铺 10cm 沙子，以便雨水下渗后可顺利排出。土槽填装不进行分层，以模拟野外真实的松散弃土体，填装完后用直的木条将坡面大致整平，放置 24h 自然沉降。将试验土槽升至预设坡度，并将从坡面滑落，汇集于集流槽中土壤清理干净，并用双层油布遮盖。降雨开始后，首先率定雨强，雨强符合标准后，快速将油布掀开，计时开始，并及时观察坡面径流产生情况。当出现明显股流时，记录下相应时间，即为产流开始时间。此时，对应试验设计时刻表，在集流槽出口用集流桶收集径流泥沙样并用秒表记录采集时间。与此同时，位于 3 个观测断面的量测人员，在同一时刻测量各断面的水流流速、水宽和水深。试验过程中，观测坡面水沙过程和坡面微形态变化。

3. 数据处理分析

实验测得数据，利用软件 Excel 和 SPSS 19.0 进行数据整理和统计分析。用最小显著差数法(LSD 法)的比较，两平均数之间差异显著用不同字母标记($P>0.05$)，两平均数之间差异不显著用相同字母标记($P<0.05$)。

为研究稀土尾砂坡面水动力学过程，本书选取平均流速、径流剪切力、径流功率、单宽径流能耗、雷诺数、弗劳德数和阻力系数等参数，其计算公式如下：

1)平均流速

平均流速是在同一时刻对三个不同断面的流速分别测量 2 次，取其平均值得到表面最大流速，再乘以换算系数 0.75 得到。

2）径流剪切力

径流剪切力是反映水流在流动时对坡面土壤剥蚀力大小的重要参数，通过克服土粒之间的黏结力，使土粒疏松分散，从而为径流侵蚀土壤提供物质来源，其计算公式为（杨春霞等，2010）

$$\tau = \gamma RJ = \rho g h \theta \tag{9-1}$$

式中，τ 表示径流剪切力，Pa；γ 表示水体重度，N/m³；R 表示水力半径，m；J 表示径流能坡，无量纲；ρ 表示水体密度，kg/m³；g 表示重力加速度，9.8 m/s²；h 表示径流深，m；θ 表示地面坡度，（°）。

3）径流功率

径流功率表示单位面积水体水流功率，代表单位面积坡面的径流势能随时间的变化速率，体现了处于一定高度的径流沿坡面输移所产生的动力势能，表达式如下

$$\omega = \gamma h V J = \tau V \tag{9-2}$$

式中，ω 为径流功率，N/(m·s)；V 为径流平均流速，m/s。

4）单宽径流能耗

单宽径流能耗为以过水断面最低点作基准面的单位水重的动能及势能之和。

$$E = \frac{\alpha V^2}{2g} + h \tag{9-3}$$

式中，E 为断面单位能量，cm；h 为水深，cm；α 为校正系数，取为 1。

5）雷诺数

雷诺数是表征径流流态的主要指标之一，当它增加到某一临界数值时，流体流态从层流转变为紊流。当 $Re < 500$ 时，水流流态为层流；当 $500 < Re < 2000$ 时，水流流态属于过渡状态，而当 $Re > 2000$ 时，径流流态属于紊流状态（黄鹏飞，2013）。雷诺数计算式如下

$$Re = 4VR / v_m \tag{9-4}$$

式中，v_m 为含沙水流的运动黏滞性系数，m²/s。

6）弗劳德数

弗劳德数（Fr）是辨别径流流速（急流或缓流）的重要参数，主要反映了断面上径流所产生的动能与势能的相对关系。当 $Fr < 1$ 时，水流流态为缓流；$Fr > 1$ 时，水流流态为急流。弗劳德数 Fr 的计算公式为

$$Fr = V / (gR)0.5 \tag{9-5}$$

式中，g 为重力加速度，$\mathrm{m/s^2}$。

7) 阻力系数

Darcy-weisbach 阻力系数 f 是径流向下运动过程中受到的来自水土界面的阻滞水流运动力的总称。其表达式为

$$f = \frac{8gRJ}{V^2} \tag{9-6}$$

8) 土壤剥蚀率

是指单位时间、单位面积上土体在侵蚀动力的作用下被剥蚀掉的土壤颗粒的质量。其表达式为

$$D_r = k(\tau - \tau_c) \tag{9-7}$$

式中，D_r 为土壤剥蚀率，$\mathrm{g/(m^2 \cdot s)}$；k 为土壤可蚀性指标，$\mathrm{g/(Pa \cdot min)}$；$\tau_c$ 为土壤的临界剪切应力，Pa。

9.2.2　水动力学特征

图 9-4 为不同雨强条件下平均土壤剥蚀率随各径流水力参数的变化关系。由图 9-6(a)

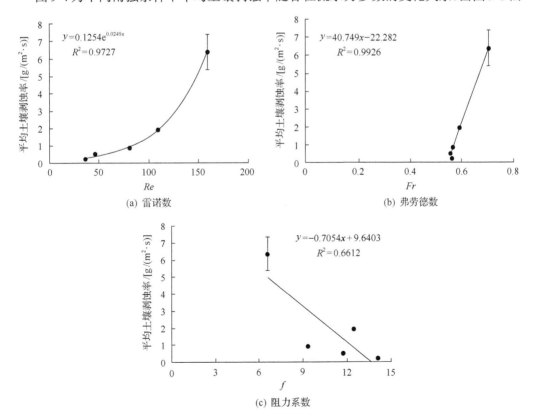

(a) 雷诺数

(b) 弗劳德数

(c) 阻力系数

图 9-4　不同雨强条件下土壤剥蚀率与各径流水力参数的关系

可知，平均土壤剥蚀率随雷诺数的增大表现为增大的变化趋势，雷诺数变化范围为
36.07～158.93，其值均小于 500。回归分析表明，平均土壤剥蚀率与雷诺数呈显著的指
数相关关系(R^2=0.97，$P<0.01$)。由图 9-5(b)可知，平均土壤剥蚀率随弗劳德数的增大
表现为增大的趋势，弗劳德数变化范围为 0.56～0.70。平均土壤剥蚀率与弗劳德数呈极
显著的线性正相关关系(R^2=0.99，$P<0.01$)。由图 9-5(c)可知，平均土壤剥蚀率随阻力
系数的增大表现为减小的变化趋势，阻力系数变化范围为 6.61～14.07。平均土壤剥蚀率
与阻力系数呈极显著的线性负相关关系(R^2=0.66，$P<0.01$)。

9.2.3　产流特征

1. 产流起始时间分析

稀土尾矿坡面的产流起始时间随雨强的变化趋势如图 9-5 所示。产流起始时间随雨
强的增大，产流起始时间显著缩短，其值变化范围为 0.29～3.43min。雨强由 1.0mm/min
增加至 2.0mm/min，产流起始时间降低了 10.83 倍。

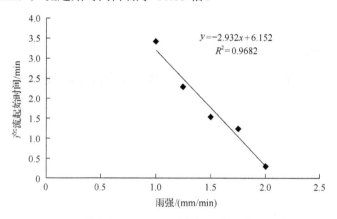

图 9-5　产流起始时间随雨强变化

回归分析表明，产流起始时间与雨强呈极显著的线性负相关关系(R^2=0.97，$P<$
0.01)，常规项为 6.152，系数为–2.932。

2. 径流率随降雨历时的变化特征

不同雨强条件下，稀土尾矿坡面的径流率随时间的变化过程如图 9-6 所示。由图可
知，总体趋势上，随降雨历时持续，不同雨强条件下的径流率变化趋势分两种情况：
①1.0～1.75mm/min 雨强时的土壤剥蚀率随产流时间持续表现为"快速增大—稳定波动变
化—快速减小"的变化过程；②2.0mm/min 雨强时的土壤剥蚀率随产流时间持续表现为"快
速增大—稳定波动变化—再次快速增大—再次稳定波动变化—快速减小"的变化过程。

1.0～1.75mm/min 雨强时，径流率"快速增大"阶段主要发生在产流的前 2～6min
内。在该阶段，以上各降雨强度条件下的产流时段分别为 3.43～9.43min、3.28～8.28min、
1.54～3.54min 和 1.23～4.23min；径流率则分别在 0.54～1.24L/min、1.39～1.80L/min、
1.49～2.80L/min 和 1.05～3.38L/min 变化，其变异系数 Cv 值在 0.11～0.50 变化，属于

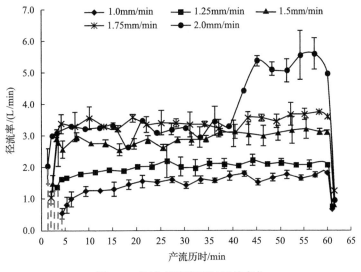

图 9-6　径流率随降雨时间的变化

中等变异，最大径流率分别是最小径流率的 2.29 倍、1.29 倍、1.87 倍和 3.22 倍，径流率快速增长趋势非常明显。径流率"稳定波动变化"阶段的产流时长为 50.6～55.8min，在该阶段，以上各降雨强度条件下的产流时段分别为 9.43～60min、8.28～60min、3.54～60min 和 4.23～60min；径流率则分别在 1.24～1.83L/min、1.80～2.22L/min、2.56～3.23L/min 和 3.08～3.75L/min 变化，其变异系数 Cv 值在 0.05～0.09 变化，属于弱变异，最大径流率分别是最小径流率的 1.5 倍、1.2 倍、1.3 倍和 1.2 倍，说明该阶段的径流率变化趋势无显著差异，其属于稳定波动变化趋势。径流率"快速减小"阶段的持续时长在 1.05～1.45min 变化，径流率分别由 1.83L/min、2.09L/min、3.13L/min 和 3.60L/min 减小为 0.67L/min、0.76L/min、0.82L/min 和 1.25L/min，其减小幅度在 63.20%～73.75%变化。

2.0mm/min 雨强时，径流率"快速增大"阶段主要发生在产流的前 6min 时段内，其产流时段为 0.29～6.29min，径流率则在 2.05～3.31L/min 之间变化，其变异系数 Cv 为 0.19，属于中等变异，最大径流率是最小径流率的 1.61 倍，径流率快速增长趋势非常明显。径流率"稳定波动变化"阶段的产流时长为 33min，其产流时段为 6.29～39.29min，径流率则在 2.66～3.47L/min 变化，其变异系数 Cv 为 0.05，属于弱变异，说明该阶段的径流率变化并无显著差异，最大径流率是最小径流率的 1.30 倍。径流率"再次快速增大"阶段的产流时长为 6min，其产流时段为 39.29～45.29min，径流率则在 3.30～5.37L/min 变化，其变异系数 Cv 值为 0.24，属于中等变异，说明该阶段的径流率变化存在显著性差异，其快速增大趋势明显，最大径流率是最小径流率的 1.62 倍。径流率"再次稳定波动变化"阶段的产流时长为 14.7min，其产流时段为 45.29～60min，径流率则在 4.99～5.61L/min 变化，其变异系数 Cv 值为 0.05，属于弱变异，说明该阶段的径流率变化并无显著性差异，其稳定波动变化趋势明显，最大径流率是最小径流率的 1.12 倍。径流率"快速减小"阶段的持续时长为 1.56min，径流率由 4.99L/min 减小为 0.96L/min，其减小幅度为 80.72%。

综上，由于稀土尾矿是花岗岩土壤经过溶液浸提后形成的尾砂，其砂砾含量略高于花岗岩土壤，因此，其产流过程具有与花岗岩土壤相似的变化规律。产流起始阶段，坡面局部尾矿首先达到饱和形成薄层径流，此时径流率较小，随着降雨持续，产流面积快速增大，很快形成全面产流，表现出径流率"快速增大"的变化趋势；此后，由于尾矿入渗率较稳定，径流率表现为"稳定波动变化"的趋势；降雨结束，由于径流流速较快，加上径流入渗土壤损失，径流率表现为"快速减小"的变化趋势。1.0～1.5mm/min 雨强时，花岗岩发育的红壤弃土坡面的侵蚀形态以面蚀为主，坡面出现了跌坎，但是未形成细沟，径流率较稳定；1.75～2.0mm/min 雨强时，坡面的侵蚀形态出现了细沟侵蚀，由于沟头和狗岸崩塌导致径流率出现了一些较大的波动，雨强为 2.0mm/min 时表现更加明显。

3. 坡面产流特征分析

不同雨强条件下的坡面产流特征如图 9-7 所示。由图 9-7(a)可知，1.0～2.0mm/min 雨强时的平均径流流速在 0.05～0.09m/s 变化，雨强由 1.0mm/min 增大至 2.0mm/min 时，其平均径流流速增大 1.0 倍。通过对不同雨强下的平均径流流速进行单因素方差分析表明，1.0～1.75mm/min 雨强、1.50～2.0mm/min 雨强条件下的平均径流流速并无显著差异，说明雨强对平均径流流速无影响。

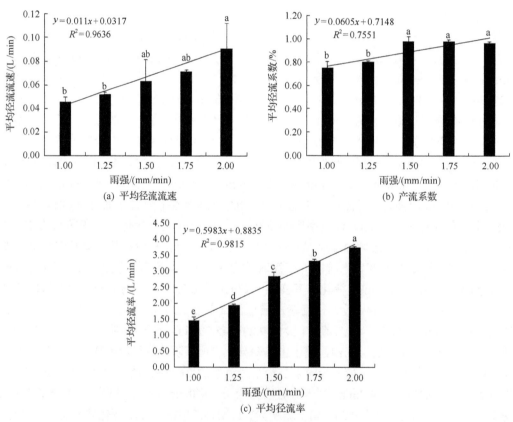

图 9-7　不同雨强条件下的产流特征

不同字母代表在 0.05 水平差异显著

回归分析表明，平均径流流速与雨强呈极显著的线性相关关系(R^2=0.98，P<0.01)，常规项为 0.8835，系数为 0.5983。

图 9-7(b) 为平均径流系数随降雨雨强的变化关系。由图可知，1.0~2.0mm/min 雨强时的平均径流系数在 75.22%~98.12%变化；通过对不同雨强下的平均径流系数进行单因素方差分析表明[图 9-7(b)]，1.0~1.5mm/min 雨强时的平均径流系数存在显著差异，说明雨强较小时，雨强变化对平均径流系数有显著性影响。当雨强大于 1.5mm/min 时，雨强对平均径流系数无影响，此时的降雨基本上均转化为了地表径流，土壤入渗量非常小。

图 9-7(c) 为平均径流率随降雨雨强的变化关系。由图可知，1.0~2.0mm/min 雨强时的平均径流率在 1.47~3.76L/min 变化，雨强由 1.0mm/min 增大至 2.0mm/min 时，其平均径流率增大 1.57 倍。通过对不同雨强下的径流率进行单因素方差分析表明[图 9-7(c)]，以上各雨强条件下的径流率均存在显著性差异，说明随着降雨雨强增大，坡面平均径流率显著增大。

回归分析表明，平均径流率与降雨强度呈极显著的线性相关关系(R^2=0.98，$P<$ 0.01)，常规项为 0.8835，系数为 0.5983。

9.2.4 产沙特征

1. 土壤剥蚀率随降雨历时的变化特征

不同雨强条件下土壤剥蚀率随产流历时的变化过程如图 9-8 所示。由图可知，各降雨强度条件下的土壤剥蚀率的变化过程各不相同，说明稀土尾砂坡面的侵蚀特征更加复杂。

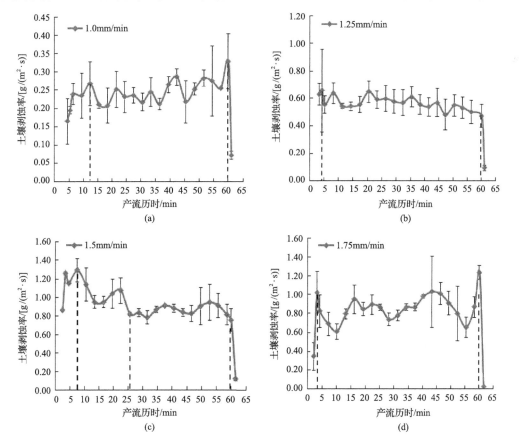

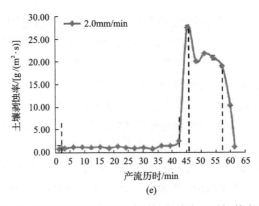

图 9-8　不同雨强条件下土壤剥蚀率随降雨时间的变化

1.0mm/min 雨强时的土壤剥蚀率随产流时间持续表现为"快速增大—剧烈波动变化—快速减小"的变化过程，其持续时段分别为 3.43～12.43min、12.43～60min 和 60～61.09min，持续时长分别为 9min、47.6min 和 1.09min，其土壤剥蚀率的变化范围分别为 0.16～0.27g/(m²·s)、0.21～0.33g/(m²·s) 和 0.33～0.07g/(m²·s)，变异系数 Cv 值分别为 0.19、0.13 和 0.92，属于中等变异，说明随着降雨历时，不同阶段的土壤剥蚀率的变化均有显著的差异，最大土壤剥蚀率分别是最小土壤剥蚀率的 1.69 倍、1.57 倍和 4.71 倍。

1.25mm/min 雨强时的土壤剥蚀率随产流时间持续表现为"增大—稳定波动变化—快速减小"的变化过程，其持续时段分别为 2.28～4.28min、4.28～60min 和 60～61.05min，持续时长分别为 2min、55.7min 和 1.05min，其土壤剥蚀率的变化范围分别为 0.63～0.66g/(m²·s)、0.47～0.66g/(m²·s) 和 0.47～0.09g/(m²·s)，变异系数 Cv 值分别为 0.03、0.09 和 0.96，其前两个阶段均为弱变异，说明其第一阶段土壤剥蚀率随降雨历时持续而增大的变化趋势并不明显，土壤剥蚀率"稳定波动变化"和"快速减小"的变化趋势明显，最大土壤剥蚀率分别是最小土壤剥蚀率的 1.05 倍、1.40 倍和 5.22 倍。

1.5mm/min 雨强时的土壤剥蚀率随产流时间持续表现为"快速增大—波动减小—稳定波动变化—快速减小"的变化过程，其持续时段分别为 1.54～7.54min、7.54～25.54min、25.54～60min 和 60～61.45min，持续时长分别为 6min、18min、34.5min 和 1.45min，其土壤剥蚀率的变化范围分别为 0.86～1.29g/(m²·s)、0.82～1.29g/(m²·s)、0.75～0.94g/(m²·s) 和 0.75～0.12g/(m²·s)，变异系数 Cv 值分别为 0.17、0.15、0.07 和 1.02，除土壤剥蚀率"稳定波动变化"阶段为弱变异外，其余阶段的土壤剥蚀率为中等和强度变异，说明其余不同阶段的土壤剥蚀率随降雨历时的变化趋势更加显著，最大土壤剥蚀率分别是最小土壤剥蚀率的 1.50 倍、1.57 倍、1.25 倍和 6.25 倍。

1.75mm/min 雨强时的土壤剥蚀率随产流时间持续表现为"快速增大—剧烈波动变化—快速减小"的变化过程，其持续时段分别为 1.23～3.23min、3.23～60min 和 60～61.56min，持续时长分别为 2min、56.8min 和 1.56min，其土壤剥蚀率的变化范围分别为 0.35～1.02g/(m²·s)、0.61～1.23g/(m²·s) 和 0.03～1.23g/(m²·s)，变异系数 Cv 值分别为 0.69、0.16 和 1.35，属于中等和强度变异，说明随着降雨历时，不同阶段的土壤剥蚀率的变化均有显著性的差异，最大土壤剥蚀率分别是最小土壤剥蚀率的 2.91 倍、2.02 倍和 41.0 倍。

2.0mm/min 雨强时的土壤剥蚀率随产流时间持续表现为"快速增大—稳定波动变化—再次快速增大—波动减小—快速减小"的变化过程，其持续时段分别为 0.29～6.29min、6.29～36.29min、36.29～45.29min、45.29～57.29min 和 57.29～61.56min，持续时长分别为 6min、30min、9min、12min 和 4.27min，其土壤剥蚀率的变化范围分别为 0.74～1.12g/(m²·s)、0.77～1.25g/(m²·s)、1.37～27.51g/(m²·s)、10.39～27.51g/(m²·s) 和 1.18～10.39g/(m²·s)，变异系数 Cv 值分别为 0.17、0.14、1.57、0.28 和 1.13，属于中等和强度变异，说明随着降雨历时，不同阶段的土壤剥蚀率的变化均有显著性的差异，最大土壤剥蚀率分别是最小土壤剥蚀率的 1.51 倍、1.62 倍、20.08 倍、2.65 倍和 8.81 倍。

综上，产流起始阶段，由于稀土尾矿中砾石和沙粒含量较高，结构比较松散，排列较为疏松，团聚体中粗细颗粒结合不紧密，加之坡面形成径流的面积较小，径流量小，其剥离土粒的能力弱，土壤剥蚀率小，随着降雨持续，产流面积和径流量快速增大，径流剥离土粒的能力增强，更多的松散土壤颗粒被径流挟带迁移，土壤剥蚀率增大，表现出土壤剥蚀率"快速增大"的变化趋势；随着降雨进行，1.0～1.25mm/min 雨强时的土壤剥蚀率表现为较为剧烈的波动变化趋势，这是由于尾矿结构松散，尽管地表会形成结皮，但其不稳定，更容易被破坏，坡面出现了一些跌坎和细短型的细沟，因此，土壤剥蚀率表现为较为剧烈的"波动变化"趋势；随着雨强增大（1.5～2.0mm/min），坡面细沟发育，土壤剥蚀率表现为剧烈的"波动变化"趋势，降雨强度越大，其趋势越明显；降雨结束，径流率"快速减小"导致径流剥蚀土粒的能力及其挟沙能力弱，土壤剥蚀率表现出与径流率相同的减小变化趋势。

2. 坡面产沙特征分析

不同降雨雨强条件下的坡面产沙特征如图 9-9 所示。由图 9-9(a) 可知，1.0～2.0mm/min 雨强时的平均土壤剥蚀率在 0.24～6.37g/(m²·s) 变化，雨强由 1.0mm/min 增大至 2.0mm/min 时，其平均土壤剥蚀率增大 26.10 倍。通过对不同降雨强度下的平均土壤剥蚀率进行单因素方差分析表明[图 9-9(a)]，1.0～1.5mm/min 雨强时的平均土壤剥蚀率并无显著差异，说明雨强较小的情况下，雨强对平均土壤剥蚀率无影响；雨强大于1.5mm/min 时的平均土壤剥蚀率存在显著差异，说明当雨强达到某一值后，雨强对平均土壤剥蚀率有显著性的影响，随着雨强的持续增大，其平均土壤剥蚀率将显著性增大。

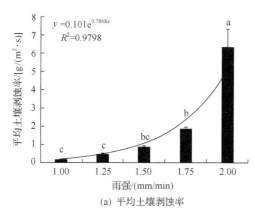

(a) 平均土壤剥蚀率

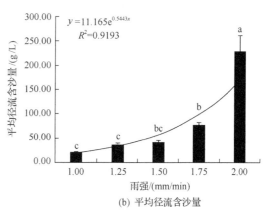

(b) 平均径流含沙量

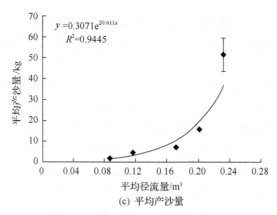

$$y=0.3071e^{20.611x}$$
$$R^2=0.9445$$

(c) 平均产沙量

图 9-9 不同雨强条件下的产沙特征

不同字母代表在 0.05 水平差异显著

回归分析表明，平均土壤剥蚀率与雨强呈显著的指数相关关系（$R^2=0.98$，$P<0.01$），见图 9-9(a)。

图 9-9(b)为平均径流含沙量随雨强的变化关系。由图可知，1.0～2.0mm/min 雨强时的平均径流含沙量在 21.67～228.33kg/m³ 变化，雨强由 1.0mm/min 增大至 2.0mm/min 时，其平均径流含沙量增大 10.54 倍。通过对不同雨强下的平均径流含沙量进行单因素方差分析表明，1.0～1.5mm/min 雨强时的平均径流含沙量并无显著差异，说明雨强较小的情况下，雨强对平均径流含沙量无影响；雨强大于 1.5mm/min 时的平均径流含沙量存在显著差异，说明当雨强达到某一值后，雨强对平均径流含沙量有显著性的影响，随着雨强的持续增大，其平均径流含沙量将显著性增大。

回归分析表明，平均径流含沙量与雨强呈极显著的指数相关关系（$R^2=0.92$，$P<0.01$），见图 9-9(b)。

图 9-9(c)为次降雨平均产沙量随平均径流量的变化关系。由图可知，1.0～2.0mm/min 雨强时的平均产沙量在 1.90～51.59kg 变化，平均径流量在 0.09～0.23m³ 变化，雨强由 1.0mm/min 增大至 2.0mm/min 时，其平均产沙量和径流量分别增大 27.10 倍和 2.64 倍，平均产沙量的增幅大于平均径流量。

回归分析表明，平均产沙量与平均径流量呈极显著的指数相关关系（$R^2=0.94$，$P<0.01$），见图 9-9(c)。

9.2.5 坡面侵蚀产沙动力机制

不同雨强条件下的土壤剥蚀率与各侵蚀动力参数的关系如图 9-10 所示，由图可知，次降雨平均土壤剥蚀率与径流流速、径流剪切力、径流功率和单宽径流能耗均呈显著的相关关系，其判定系数 R^2 的大小依次为：径流流速（$R^2=0.9865$）、径流功率（$R^2=0.9737$）、单宽径流能耗（$R^2=0.9673$）和径流剪切力（$R^2=0.9619$），由此可知，径流流速是描述稀土尾矿坡面侵蚀动力机制的最优因子。1.0～2.0mm/min 雨强时的径流流速、径流剪切力、径流功率和单宽径流能耗分别在 0.05～0.09m/s、3.70～10.00N/m²、0.16～0.95N/(m·s) 和 0.60～1.20J/(min·cm) 变化，其变异系数 Cv 值在 0.26～1.27 变化，为中等或强度变异，说明不同雨强条件下的以上各侵蚀动力参数均具有显著的差异。

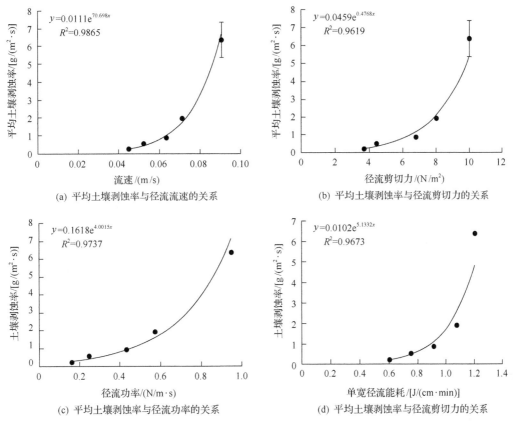

(a) 平均土壤剥蚀率与径流流速的关系　　　　(b) 平均土壤剥蚀率与径流剪切力的关系

(c) 平均土壤剥蚀率与径流功率的关系　　　　(d) 平均土壤剥蚀率与径流剪切力的关系

图 9-10　不同雨强条件下土壤剥蚀率与各侵蚀动力参数的关系

回归分析表明，次降雨的平均土壤剥蚀率与径流流速、径流剪切力、径流功率和单宽径流能耗呈显著的指数相关关系，回归其关系式见图 9-10。

9.3　覆盖对稀土矿迹地坡面产流、产沙的影响

9.3.1　材料与方法

1. 试验区概况

试验区同 9.1.3 节所述。

2. 试验设计与方法

实验中所用土槽规格为 3m(长)×1.5m(宽)×0.6m(高)。试验前将该土槽用 PVC 板均分为两个 3m(长)×0.75m(宽)×0.6m(高)的土槽，并用防水硅酮玻璃胶将两个土槽间的缝隙堵上，防止降雨时两个土槽间的径流产生对流。土槽改造好后往两个土槽同时进

行填土(防止因不均匀导致 PVC 板变形)。为了保证所有试验土壤性状的相同并模拟自然条件下稀土尾砂的水土流失规律,对试验土壤采取不过筛不研磨处理,尽量保持土壤原有结构免遭破坏。试验土槽填土时,首先用纱布填充试验土槽底部的排水孔,随后填入10cm 厚天然细沙作为透水层,保障试验过程中试验土槽排水良好。

人工模拟降雨试验在江西省水土保持生态科技园人工模拟降雨大厅进行。实验中设置 2 种雨强(60mm/h 和 90mm/h)及 3 个稻草覆盖水平,其中稻草的覆盖量分别为 0g/m²、250g/m² 和 500g/m²,覆盖度分别为 0、50%和 100%,所有处理坡度均设置为 30°。将称量好的稻草均匀平铺在稀土尾砂上面(表 9-4)。试验设计的雨强和坡度根据当地实际情况(郑太辉等,2018)。降雨开始后,率定雨强,使实测雨强与设计值之间的误差<5.0%后迅速掀去油布,同时用秒表开始计时,观察坡面产流产沙过程,降雨产流开始即用干净的聚乙烯桶采集径流水样,前 6min 每 2min 采一次样品,6min 后每 5min 采集一次样品。雨停至产流截止采集最后一个径流泥沙样品。降雨时间为 1h。当坡面形成明显股流时,记录产流开始时间。降雨结束时记录时间。待产流停止时记录产流结束时间。

表 9-4　降雨前土壤初始含水量和容重

处理	设定雨强/(mm/h)	初始含水量/%	容重/(g/cm³)
0 稻草覆盖度	60	19.28±0.66	1.07±0.04
	90	19.33±0.62	1.06±0.03
50%稻草覆盖度	60	19.35±0.45	1.09±0.06
	90	19.16±0.58	1.08±0.08
100%稻草覆盖度	60	19.15±0.11	1.04±0.01
	90	19.28±0.40	1.04±0.02

9.3.2　产流特征

表 9-5 显示的是不同稻草覆盖度(0 稻草覆盖度、50%稻草覆盖度和 100%稻草覆盖度)和雨强(60mm/h 和 90mm/h)条件下稀土矿渣坡面产流开始及截止时间。雨强条件相同情况下,稀土矿渣坡面产流开始均表现为 0 稻草覆盖度<50%稻草覆盖度<100%稻草覆盖度($P<0.05$)。当雨强为 60mm/h 时,50%稻草覆盖度和 100%稻草覆盖度处理坡面径流开始时间分别比 0 稻草覆盖度坡面延迟 2.48min 和 4.87min,幅度分别为 46%和 91%。而当雨强为 90mm/h 时,50%稻草覆盖度和 100%稻草覆盖度处理坡面径流开始时间分别比 0 稻草覆盖度坡面延迟 4.76min 和 7.54min,延迟幅度分别达到 3 倍和 4.8 倍。雨强条件分别为 60mm/h 和 90mm/h 时,0 稻草覆盖度处理坡面径流分别在 1.07min 和 1.43min停止。50%稻草覆盖度处理稀土矿渣坡面径流截止时间分别比 0 稻草覆盖度处理延长1.49min 和 1.54min;而 100%稻草覆盖度处理坡面则分别延长 3.43min 和 3.64min。而下垫面条件相同的情况下,不同雨强条件下稀土矿渣坡面产流开始均表现为 90mm/h<60mm/h($P<0.05$),产流截止时间则刚好相反。

表 9-5　不同稻草覆盖和雨强条件下稀土矿渣坡面产流开始及截止时间

雨强/(mm/h)	处理	产流开始时间/min	产流截止时间/min
	0 稻草覆盖度	5.38±0.51c	1.07±0.24C
60	50%稻草覆盖度	7.86±0.34b	2.56±0.19B
	100%稻草覆盖度	10.25±0.46a	4.50±0.49A
	0 稻草覆盖度	1.56±0.12c	1.43±0.25C
90	50%稻草覆盖度	6.32±0.21b	2.87±0.38B
	100%稻草覆盖度	9.10±0.66a	5.07±0.67A

注：数字后不同字母代表差异显著($P<0.05$)。

图 9-11 显示的是不同稻草覆盖度和雨强条件下稀土矿渣坡面单位时间产流量变化情况。当雨强大小为 60mm/h 时，0 稻草覆盖度、50%稻草覆盖度和 100%稻草覆盖度条件下稀土矿渣坡面初始单位时间产流量分别为 713.5±406.59mm/min、445±148.49mm/min 和 230.0±53.03mm/min。产流开始后，0 稻草覆盖度处理条件下稀土矿渣坡面单位时间产流量在前 6min 内迅速增加(从初始的 713±406.59mm/min 增加到 1400±212.13mm/min，增幅达 96.4%)，且很快趋于稳定。50%稻草覆盖度处理条件下稀土矿渣坡面单位时间产流量在产流开始后 31min 内均呈现增加的趋势(从初始的 445±148.49mm/min 增加到 1600±28.28mm/min，增加 2.6 倍)，后趋于稳定；而 100%稻草覆盖度条件下稀土矿渣坡面单位时间产流量变化在产流开始后 41min 内均呈现逐渐增加的趋势，直到产流开始 41min 以后才趋于稳定。产流开始后 6min 内不同稻草覆盖条件下稀土矿渣坡面单位时间产流量表现为 0 稻草覆盖度＞50%稻草覆盖度＞100%稻草覆盖度($P<0.05$)；产流开始后 6～21min 则表现为 0 稻草覆盖度＞100%稻草覆盖度＞50%稻草覆盖度($P<0.05$)；产流开始 21min 后 100%稻草覆盖度条件下稀土矿渣坡面单位时间产流量则显著高于 0 稻草覆盖度和 50%稻草覆盖度($P<0.05$)。当雨强为 90mm/h 时不同稻草覆盖度条件下稀土矿渣坡面单位时间产流量则呈现不同的变化规律。产流开始 16min 内呈现 0 稻草覆盖度＞50%稻草覆盖度＞100%稻草覆盖度($P<0.05$)；16min 后 0 稻草覆盖度和 50%稻草覆盖度条件下稀土矿渣坡面单位时间产流量之间没有显著差异,但均显著高于 100%

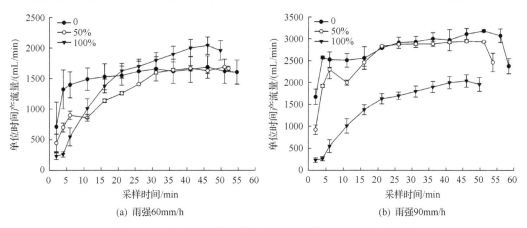

(a) 雨强60mm/h　　　　　　　　　(b) 雨强90mm/h

图 9-11　不同稻草覆盖条件下稀土矿渣坡面单位时间产流量

稻草覆盖度条件下稀土矿渣坡面单位时间产流量。当下垫面条件为 0 稻草覆盖度和 50% 稻草覆盖度时，不同雨强对稀土矿渣坡面单位时间产流量的影响均呈现 90mm/h＞ 60mm/h($P<0.01$)，而下垫面条件为 100%稻草覆盖度时，不同雨强对稀土矿渣坡面单位时间产流量的影响差异不显著。

当雨强为 60mm/h 时，不同稻草覆盖度条件下稀土矿渣坡面 1h 总产流量呈现 0 稻草覆盖度＞100%稻草覆盖度＞50%稻草覆盖度($P<0.05$)(表 9-6)。而雨强大小为 90mm/h 时，不同稻草覆盖度条件下稀土矿渣坡面 1h 总产流量呈现 0 稻草覆盖度＞50%稻草覆盖度＞100%稻草覆盖度($P<0.01$)(表 9-6)。这说明，稻草覆盖显著增加了坡面降雨的入渗量，从而降低了产流量。下垫面条件一致时，雨强为 90mm/h 条件下稀土矿渣坡面 1h 总产流量均显著高于 60mm/h 条件下稀土矿渣坡面 1h 总产流量($P<0.01$)(表 9-5)。

表 9-6　不同稻草覆盖和雨强条件下稀土矿渣坡面 1h 总产流量对比

雨强/(mm/h)	处理	总产流量/L
60	0 稻草覆盖度	84.83±11.28a
	50%稻草覆盖度	70.49±0.76c
	100%稻草覆盖度	76.38±12.30b
90	0 稻草覆盖度	164.50±2.26a
	50%稻草覆盖度	140.45±1.91b
	100%稻草覆盖度	118.71±0.94c

注：数字后面不同字母代表差异显著($P<0.05$)。

9.3.3　产沙特征

通过对不同稻草覆盖条件下稀土矿渣坡面径流中泥沙浓度变化分析(图 9-12)可知，雨强为 60mm/h 时，0、50%和 100%稻草覆盖度条件下稀土矿渣坡面径流中泥沙初始浓度分别为 67.01±17.05g/L、26.92±0.30g/L 和 17.81±1.82g/L。不同稻草覆盖度条件下稀土矿渣坡面径流中泥沙浓度均呈现随产流过程逐渐降低的趋势。与此同时，不同稻草覆盖条件下稀土矿渣坡面径流中泥沙浓度均表现为 0 稻草覆盖度＞50%稻草覆盖度＞100%稻草覆盖度($P<0.05$)。在整个产流过程中，0、50%和 100%稻草覆盖度条件下稀土矿渣坡面径流中泥沙浓度变化范围依次为 28.51±7.24g/L～67.01±17.05g/L、8.07±0.86g/L～26.92± 0.30g/L 和 4.29±2.59g/L～17.81±1.82g/L。50%和 100%稻草覆盖度条件下稀土矿渣坡面径流中平均泥沙浓度只有 0 稻草覆盖度条件下稀土矿渣坡面径流中平均泥沙浓度的 34.8% 和 22.9%。雨强大小为 90mm/h 时，不同稻草覆盖度条件下稀土矿渣坡面径流中泥沙浓度亦呈现随产流过程逐渐降低的趋势。50%和 100%稻草覆盖度条件下稀土矿渣坡面径流中平均泥沙浓度分别为 0 稻草覆盖度条件下坡面径流中平均泥沙浓度的 52.7%和 39.8%。结果表明，在雨强为 60mm/h 和 90mm/h 时，采用稻草覆盖措施均能够显著降低稀土矿渣坡面径流中泥沙浓度；在较大雨强(90mm/h)条件下稻草覆盖措施的减沙效应要低于较小雨强条件下稻草覆盖措施的减沙效应。当下垫面条件一致的条件下，90mm/h 雨强条件下稀土矿渣坡面径流中泥沙浓度要小于 60mm/h 雨强条件下稀土矿渣坡面径流中泥沙浓度，但差异不显著($P>0.05$)。

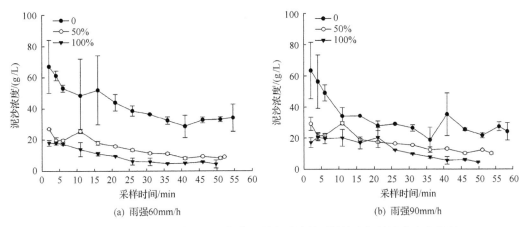

图 9-12　不同稻草覆盖和雨强条件下稀土矿渣坡面径流中泥沙浓度变化情况

通过对不同稻草覆盖条件下稀土矿渣坡面单位时间产沙量变化分析(图 9-13)可知，不同稻草覆盖度条件下稀土矿渣坡面单位时间产沙量均呈现先增加后降低的趋势。0 稻草覆盖度条件下稀土矿渣坡面单位时间产沙量在产流开始后 4min 就达到最大值(60mm/h 和 90mm/h 雨强条件下分别为 81.52±46.71g/min 和 145.31±45.95g/min)。50%稻草覆盖度条件下稀土矿渣坡面单位时间产沙量在产流开始后 11min 达到最大值(60mm/h 和 90mm/h 雨强条件下分别为 21.83±0.33g/min 和 59.06±5.91g/min)。而 100%稻草覆盖度条件下稀土矿渣坡面单位时间产沙量在产流开始后 21min 才达到最大值(60mm/h 和 90mm/h 雨强条件下分别为 15.40±2.38g/min 和 53.69±21.27g/min)。雨强相同的情况下，不同稻草覆盖条件下稀土矿渣坡面单位时间产沙量均呈现 0 稻草覆盖度＞100%稻草覆盖度＞50%稻草覆盖度($P<0.05$)。当下垫面条件一致的条件下，90mm/h 雨强条件下稀土矿渣坡面单位时间产沙量要显著高于 60mm/h 雨强条件下稀土矿渣坡面单位时间产沙量($P<0.05$)。

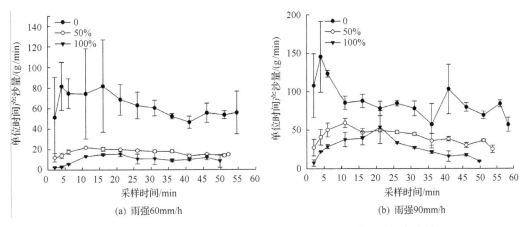

图 9-13　不同稻草覆盖和雨强条件下稀土矿渣坡面单位时间产沙量

表 9-7 给出的是不同稻草覆盖和雨强条件下单次降雨下单位面积的侵蚀量对比情况。从该表可以看出，雨强条件一致的情况下，不同稻草覆盖条件下单次降雨下单位面积的

侵蚀量均呈现 0 稻草覆盖度＞100%稻草覆盖度＞50%稻草覆盖度($P<0.01$)。当雨强大小为 60mm/h 时，50%和 100%稻草覆盖度条件下单次降雨下单位面积的侵蚀量分别为 0 稻草覆盖度条件下单次降雨下单位面积的侵蚀量的 26.6%和 15.5%。而当雨强为 90mm/h 时，50%和 100%稻草覆盖度条件下单次降雨下单位面积的侵蚀量分别为 0 稻草覆盖度条件下单次降雨下单位面积的侵蚀量的 45.2%和 28%。当下垫面条件一致的条件下，90mm/h 雨强条件下单次降雨下单位面积的侵蚀量要显著高于 60mm/h 雨强条件下单次降雨下单位面积的侵蚀量($P<0.05$)。

表 9-7　不同稻草覆盖和雨强条件下单次降雨下单位面积的侵蚀量对比

雨强/(mm/h)	处理	侵蚀模数/(t/km²)
60	0 稻草覆盖度	1504.73±400.32a
	50%稻草覆盖度	400.16±24.71b
	100%稻草覆盖度	233.65±56.47c
90	0 稻草覆盖度	2207.67±67.13a
	50%稻草覆盖度	997.94±90.82b
	100%稻草覆盖度	618.33±64.45c

注：数字后面不同字母代表差异显著($P<0.05$)。

　　植被覆盖重建是防治敏感脆弱带及裸露坡地水土流失的重要措施之一，但在这些地区进行植被重建往往需要花费数年甚至更长的时间(Cerdà，1999；Smets et al.，2008)。对于如稀土尾矿地区强酸度、贫营养的土壤环境来说，要成功实现植被修复就更加困难。而采用不同生物覆盖措施可以极大提高敏感脆弱带及裸露坡地水土流失防治进度(Döring et al.，2005；Jordán et al.，2010)。因此，研究稻草覆盖对稀土矿渣坡面产流、产沙对矿区土壤侵蚀防治具有重要的理论和实践指导意义。以上研究结果表明，稻草覆盖措施可以起到有效降低雨滴打击的作用，减弱对土壤的击溅侵蚀和对土壤结构的破坏，防止溅散的土粒堵塞土壤孔隙，增加雨水入渗速率，从而减少径流量，因此可以起到良好的水土保持效果。本书通过采样人工模拟降雨试验对比研究三种不同稻草覆盖度(0、50%和 100%)条件下赣南典型稀土矿区稀土尾砂坡面径流、泥沙的差异，发现采用稻草覆盖措施能够显著延长稀土尾砂坡面径流形成时间，且随着覆盖度的增加，径流开始时间延缓幅度也随着提高。此外，降雨结束后，稻草覆盖措施可以有效延长稀土矿渣坡面径流截止时间。未采用稻草覆盖措施的稀土矿渣坡面单位时间产流量呈现快速增加后趋于稳定的趋势，而采用稻草覆盖措施的稀土矿渣坡面单位时间产流量则以相对较慢速度逐渐增加，且稳定时间要显著晚于裸露处理稀土尾砂径流率稳定时间。且覆盖度越高，延长幅度越长。这说明稻草覆盖能够有效延长降雨在坡面的停留时间，从而增加了降雨入渗的机会。

　　稻草覆盖措施显著降低了稀土尾砂坡面单位时间产沙量、泥沙浓度和土壤侵蚀模数，且降低幅度与覆盖度成正比，即覆盖度越高，减沙效率越高。其原因主要为稻草覆盖能够有效降低稀土尾矿坡面径流流速，进而减少径流对土壤的剥离和搬运。这与 Adams(1966)，Poesen 和 Lavee(1991)，Smets 等(2008；2011)，Meyer 等(1970)的研究是一致的。Meyer 等(1970)研究指出相比较于裸露处理坡面，小麦秸秆覆盖量为 0.5t/hm^2 的坡面土壤侵蚀量降低 1/3，而覆盖度为 5t/hm^2 的坡面土壤侵蚀量降低 95%。Lal(1976) 研究发现 4~6t/hm^2 秸秆覆盖使耕地土壤侵蚀量降低 1%~15%，其减沙效率与免耕措施相当。Loch 和 Donnollan(1988)研究了采用人工模拟降雨试验研究了小麦留茬覆盖对一种龟裂黏土侵蚀的影响，发现径流侵蚀量随小麦留茬覆盖量的增加而降低。

9.4　矿迹地水土流失防治措施及效益评价

稀土尾砂常为凹凸不平、不规则的堆积体，含有一定的稀土和重金属元素，土壤团聚体结构基本破坏严重，且大多呈现酸性或弱酸性。尾含砂量高(砂粒含量超过 40%)、黏性差、透水性强、抗蚀性小、保水保肥能力较差，易受风力、水力侵蚀，流失量大，在未采取任何水土保持措施的情况下，土壤侵蚀模数可达 15000t/(km^2·a)，除速效钾含量高于赣南山地土壤的平均值外，土壤中植物生长必需的有机质、磷等营养成分含量相对较低，不易被植物直接吸收的铵氮含量则相对较高(彭冬水，2005)。根据其特点，针对废弃稀土尾砂的水土流失综合防治措施主要包括：截排水工程、整地工程、经果林开发模式和林草修复模式。

9.4.1　工程措施

1. 截排水工程

截排水工程措施主要包括：塘坝、拦沙坝、谷坊等。

塘坝一般布设在区间流域闭合处且呈现"肚大口小"的地形的位置。塘坝设计时主要依据小型水利、水保工程设计标准，坝高一般要求为 5~10m，首先选择建造均质土坝。土坝的一端或两端需要修建相应的溢流口，溢流口首先选择浆砌石进行衬砌，主要是为了最大可能地清理区域内汇集的水，在坝坡可以适当种植草本或铺垫草皮对坡体进行防护(彭冬水，2005)。

拦沙坝主要布置在冲蚀沟处，其主要作用是就地拦挡泥沙，防止泥沙下泄。通常坝址处应当沟谷狭窄、坝上游则需要沟谷开阔、沟床纵坡坡度不能太大。为了保证施工和材料获取方便，拦沙坝一般建设重力坝。根据建筑材料不同，拦沙坝可以划分为两大类：浆砌石坝和土坝。其中，龙南富坑稀土矿拦沙坝便属于浆砌石坝(图 9-14)。这类拦沙坝主要建造于汇水量相对较大的沟道中，其坝高一般为 3~6m，顶宽则为 1m，边坡坡度为 1:1，可以直接在坝顶设置溢流口，保证溢流口与坝体保持一体，土坝宜采用分层填土并夯实，坝高一般为 3~10m，坝顶宽为 2~3m，上游坡度范围保持在 1:1.25~1:1.75，下游坡比 1:2~1:2.5；溢流口设置在土坝一端或两端的坡面上，一般宽 0.6~1m、深 0.6~1.5m，边坡坡度为 1:0.75~1:1。

图 9-14　龙南富坑稀土矿拦沙坝(浆砌石坝)

谷坊通常设置于小冲蚀沟易发育的坡面出口处,主要作用是防止冲蚀沟两边坡面的泥沙流失以及沟底的下切(中华人民共和国水利部,2018)。谷坊建造时应就地取材,以修建成土谷坊为主,高度设置为 2～5m,顶宽一般为 1.5～2.0m,迎水坡度控制在 1∶1.2～1∶1.8,背水坡度则一般为 1∶1～1∶1.5;溢流口可以建造于谷坊一端或者两端坡面。依据小冲蚀沟细而长的特征,一般需建造谷坊群,即在同一冲蚀沟选择数个不同断面,每个断面设置 1 个谷坊,从而形成梯级式谷坊群,将谷坊整合成一个有机整体,从而有效降低谷坊建设工程量,有效提高谷坊拦沙效果。

2. 整地工程

稀土矿矿迹地地表一般比较不平整,加上尾砂堆积体孔隙率较大,蓄水、保水能力相对较差,因此在植被恢复前一般需要针对场地进行适当的土地平整,修建排水系统,合理布设截排水沟,保证排水通畅,在进行植被恢复前需要削坡整成水平台地,使坡度放缓。针对稀土尾款区主要种植经果林,宜采用梯田整地方式,具体如下(SL 657—2014)。

(1)因地制宜地将稀土采矿迹地分割成数额不等、规格为 0.67～1.33km² 的耕作小区。

(2)将耕作小区沿等高线整成宽 3～4m、坡度相似的水平梯田,并修建前埂后沟,梯壁及梯田外沿种植适宜的草本。

(3)为了方便田间管理作业及运输,可以设置宽度适宜的机耕道路,路面宽宜为 4～6m,机耕道路两侧或单侧应修建排水沟,在坡度较陡部位,应修建消力措施,或采取混凝土护面,保护路基。

(4)需要因地制宜地修建排水系统,主要包括截水沟、排水沟等,在实际设计建造中需要与梯田、作业道路统筹考虑。

9.4.2　林草措施

1. 经济开发型

对于地形较缓、交通便利、具有经济开发价值的稀土废矿区,采用机械削坡,修筑水平台地,通过穴状整地结合的方式,合理种植甜柚、脐橙、油茶等经济作物,既可防止水土流失，改善生态环境，又可发展农村经济，增加农民收入，形成多种经果林综合开发模式在赣南很多稀土矿区得到推广应用（见图9-15）。例如，龙南县足洞稀土矿迹地通过在山顶种植松树，在坡面种植草本，在台地上种植蚕桑，最后在沟底种植竹子，从上至下形成"林—果—草"整体模式。不仅使得矿区生态环境得以恢复，还兼顾经济效益，形成松树经济林、蚕桑、象草3大种植基地，显著增加当地居民人均收入（谭真，2016）。此外，将稀土矿迹地进行适当整地和种植松树、杉木、桑树、竹子、杨梅、脐橙等经济果木林，并辅以适当的草本如百喜草、狗尾巴草等，并在山谷修筑塘坝。矿区产生的污水经过治理后可以修筑池塘可进行水产养殖，山坡上建植的草本可用于喂鱼、放牧，山塘水库则可用于农业灌溉，形成"林（果）—草—渔（牧）"综合模式。信丰县采用腐熟生物材料及养猪产业制造的大量猪粪对稀土矿迹地进行治理，腐熟生物材料及猪粪经过加工制成活体蛋白及有机肥，后添加至土壤中发生一系列生化反应，有效提高土壤肥力及保水效率。结合经济林（果）的种植，从而达到综合治理猪粪污染和稀土尾砂、减少水土流失的效果，形成绿色低碳循环生态农业，形成独具特色的"猪—沼—林（果）"模式。定南县将废弃稀土矿山治理与脐橙产业发展相结合、与蔬菜产业发展相结合、与生猪养殖产业发展相结合形成了3种开发治理模式（刘云等，2015）。

(a) 定南西坑稀土尾矿区油茶园

(b) 赣县稀土矿区油茶园

(c) 宁都县稀土矿区油茶

(d) 赣县废弃稀土矿区油茶、甜柚园

图9-15 赣南稀土矿区"经果林"治理示范区

为评价"经果林"治理模式水土保持生态效益，采用样方调查、土壤样品采集分析测试等方法对宁都县、赣县废弃稀土矿区油茶、甜柚等"经果林"治理区植被生长、土壤理化性质改良情况进行了调查，结果如表 9-8 所示。宁都县废弃稀土矿区进行油茶开垦后 1 年内基本没有草本植物出现，这是因为油茶开垦过程中需要除草灌，导致其种植初期植物品种相对单一。而种植 3 年后的油茶林植物种类达到 4 种(表 9-8)，除了油茶外，周围还生长有芭茅、马唐草、蒲公英，且随着油茶种植年限的延长，草本生物量呈现显著增加的趋势，3 年生油茶周围草本生物量达 447.84g/cm^2。赣县废弃稀土矿区种植甜柚 2 年后，甜柚周边发现长有赤茅野古草，其生物量干重达到 53.29g/cm^2。

表 9-8　典型稀土矿区"经果林"治理模式植被生长情况

地区	"经果林"类型	植物种类/个	株高/cm	冠幅/(cm×cm)	周径/cm	总覆盖度/%	草本生物量干重/(g/cm^2)
宁都	1 年油茶	1	59.7	30×26	—	10	0.00
	3 年油茶	4	167.5	70×55	—	75	447.84
赣县	2 年甜柚	2	90	—	3	25	53.29

宁都县典型废弃稀土矿土壤 pH 为 4.29~4.97，呈现弱酸性，通过种植油茶后土壤 pH 值有所提升(表 9-9)。说明种植油茶可以改善稀土尾矿土壤 pH。

表 9-9　典型稀土矿区"经果林"治理模式土壤化学性质改良情况

地区	"经果林"类型	pH	有机质/(g/kg)	全氮/(g/kg)	氨氮/(mg/kg)	硫酸根/(g/kg)	速效磷/(mg/kg)
宁都	对照区(CK)	4.29	2.82	0.05	8.27	1.73	0.00
	1 年油茶	4.97	4.99	0.15	26.94	2.05	0.39
	3 年油茶	4.59	6.58	0.21	12.37	1.86	0.81
赣县	对照区(CK)	4.04	2.81	0.06	27.56	1.54	0.12
	2 年甜柚	4.44	2.50	0.17	10.92	1.34	4.54

种植油茶后矿区土壤有机质显著提高，且随着油茶种植年限越长，土壤有机质含量提高的幅度越大。种植油茶后矿区土壤速效磷显著增加，且 3 年生油茶林土壤速效磷要显著高于 1 年生油茶林。由此可以，种植油茶林可以有效提升土壤地力。

由此可见，"经果林"治理模式不仅能够取得较可观的经济效益，还能够增加矿区植被多样性及覆盖度，进而降低水土流失，改善矿区土壤理化性质。

2. 生态恢复型

废弃矿区生态系统的恢复植被恢复是关键。植被恢复主要以乡土植物为主，乔、灌、草合理搭配，尽可能与周边原生植被相谐，所以必须选择适宜的先锋植物和优化造林措施，以达到固土护坡的效果。本节以赣南典型稀土矿区为例，总结提炼赣南稀土矿区生态修复模式。

1)"纯林"模式

对于稀土废矿区坡面破碎严重，土质沙化、疏松且肥力低下的裸露坡面，植被难以生长，难以开发利用的稀土矿山，采用穴状整地后种植桉树、湿地松等速生林木，可以使坡面水土流失得到及时有效控制。该模式在宁都县、赣县、寻乌县、龙南等地区废弃稀土矿得到广泛推广应用（图 9-16）。

(a) 宁都稀土矿区湿地松林

(b) 龙南足洞稀土矿湿地松和桉树林治理区

(c) 赣县稀土矿区纯桉树林

(d) 寻乌双茶亭废弃稀土矿区纯桉树林

图 9-16　"纯林"治理模式

通过对宁都县稀土矿区湿地松治理基地及赣县、寻乌县废弃稀土矿区"纯桉树林"植被生长、土壤理化性质改良情况进行了调查，结果表明，宁都县典型废弃稀土矿区经种植湿地松后 2 年，植物种类达到 4 种，主要包括湿地松及湿地松种植过程配合混播的狗牙根、野古草，再加上自然生长的芭茅（表 9-10）。2 年湿地松株高 79.2cm，平均每年生长 39.6cm；2 年湿地松冠幅不大，仅为 52cm×41cm。2 年生的湿地松林植被覆盖度仅30%，一方面湿地松生长慢，另一方面湿地松种植后期管理施肥不如经济林，因此周围草本生长较差。赣县 2 年生桉树林草本植物主要为芭茅，而 5 年生桉树林植物种类较多，达到 4 种，桉树林下生长着芭茅等乡土草种；各类恢复植物株高都增长较快，特别是速生植物桉树生长迅速，2 年生桉树林平均高 850cm，5 年生桉树平均高 1500cm，桉树年平均生长 3～5m。2 年生的桉树周径达 16cm，5 年生桉树周径平均高达 41.5cm，桉树周径年平均生长 8.5cm。随着种植年限的增加，桉树植被覆盖度不断增加，5 年生桉树林植被覆盖度比 2 年生桉树林高 30%。2 年生桉树林草本较少，草本生物量干重仅 4.2g/cm^2；而 5 年生桉树林下开始有大量草本植物，特别是乡土植物芭茅的生长，其生物量达520.3g/m^2，说明桉树种植后可以改善生境，促进乡土草本植物生长。

表 9-10　典型稀土矿区"纯水保林"治理模式植被生长情况

地区	水保林类型	植物种类/个	株高/cm	周径/cm	总覆盖度/%	草本生物量干重/(g/cm²)
宁都	2 年湿地松	4	79.2	52×41	30	172.95
赣县	2 年纯桉树	2	850	16	65	4.20
	5 年纯桉树	4	1500	41.5	85	520.3
寻乌双茶亭	3 年纯桉树	3	700	31	34	63.55
	4 年纯桉树	2	950	37	46	11.61

　　郭晓敏等(2015)研究了桉树种植对稀土尾矿植被恢复的效果。结果表明：①桉树种植后，生长良好，具有较高的生物量，营造了林下小环境，为其他动植物及微生物的迁入创造了生活条件；②桉树种植后，对土壤有一定的改良效果。1 年生桉树、2 年生桉树及 1 年生萌芽桉树生物量分别为：20.50t/hm²，21.00t/hm²，16.04t/hm²。以桉树为主导形成的桉树林生态系统生物量分别为：23.02t/hm²，23.82t/hm²，20.88t/hm²。

　　与对照区相比，宁都县典型废弃稀土矿区经种植湿地松 2 年后，土壤 pH 有所提高，有机质、全氮和速效磷等营养成分均呈现不同程度的提高(表 9-11)。相对比较对照区，赣县废弃稀土矿区 2 年、5 年桉树林分别提高土壤有机质 55%、112%，说明桉树能明显提高稀土尾矿土壤有机质含量，并且随着桉树生长年限的增加，土壤有机质增加，桉树生长较快，而且是落叶树，枯枝落叶较多，因此能明显提高土壤表层有机质。桉树种植 2 年后没有明显增加土壤全氮，一方面桉树喜氮植物对氮需求比较高，另一方面桉树种植 2 年后枯落物相对较少，因此 2 年后没有明显增加土壤全氮。桉树种植 5 年后明显增加土壤全氮含量，通过调查发现 5 年桉树林枯枝落叶层很厚，林下自然生长的草本灌木亦较多。种植桉树后土壤速效磷呈现显著提高，且种植年限越长，提高效果越好。寻乌县双茶亭废弃稀土矿桉树林对土壤理化性质的影响与赣县类似。郭晓敏等(2015)通过研究发现桉树林地容重小于裸地，孔隙度大于裸地，说明种植桉树可以改善土壤孔隙状况，保持土壤水分。稀土尾矿土壤 pH 低，1 年生、2 年生、1 年生萌芽林林地 pH 均大于对照地，说明种植桉树对土壤有一定改善作用，并且栽植时间越长，改善作用越明显。

表 9-11　典型稀土矿区"纯水保林"治理模式土壤化学性质改良情况

地区	水保林类型	pH	有机质/(g/kg)	全氮/(g/kg)	氨氮/(mg/kg)	硫酸根/(g/kg)	速效磷/(mg/kg)
宁都	对照区(CK)	4.29	2.82	0.05	8.27	1.73	ND
	2 年湿地松	4.60	3.35	0.14	9.76	0.77	0.12
赣县	对照区(CK)	4.04	2.81	0.06	27.56	1.54	0.12
	2 年纯桉树	4.66	4.37	0.09	7.26	1.92	0.41
	5 年纯桉树	4.62	5.96	0.29	8.01	0.96	2.01
寻乌双茶亭	对照区(CK)	3.98	2.01	0.07	4.20	0.39	0.51
	3 年纯桉树	5.45	7.79	1.97	2.84	0.30	0.93
	4 年纯桉树	5.12	8.86	0.61	1.67	0.35	1.17

注：ND 指未检出。

由此可见，桉树种植对稀土尾矿区生态环境的改善作用明显，具有良好的复绿与生态重建效果。

2)"纯草"治理模式

针对稀土废矿区开采剥离后形成的弃土坡面，短时间要求恢复植被，陡坡地则采用机械削坡，修成水平台地再客土植草，若缓坡地可以直接客土覆盖结合撒播狗牙根的方式进行植被恢复。该模式可以使坡面保持相对稳定状态，迅速被植物覆盖，坡面水土流失能得到有效控制。该生态恢复模式在赣县稀土矿推广应用(图 9-17)。

图 9-17　赣县稀土矿示范区(狗牙根+水平台地)

采用狗牙根+水平台地模式的废弃稀土矿植被单一，主要是狗牙根，其他杂草很少(表 9-12)。狗牙根种植后稀土尾矿区土壤有机质提高到 4.33 倍(表 9-13)，说明狗牙根提高土壤有机质较好，因狗牙根草本科根系发达、茎叶茂盛，极容易提高土壤有机质含量。狗牙根能够显著提高稀土尾矿全氮含量，因狗牙根枯落物较多，植物根系较多，同时其根系内生固氮菌。

表 9-12　赣县稀土矿狗牙根+水平台地推广示范区植物生长情况

处理	种类/个	株高/cm	总覆盖度/%	草本生物量/(g/m²)
2 年狗牙根	1	25	70	482.8

表 9-13　赣县稀土矿狗牙根+水平台地推广示范区土壤化学性质

处理	pH	有机质/(g/kg)	全氮/(g/kg)	氨氮/(mg/kg)	硫酸根/(g/kg)	速效磷/(mg/kg)
对照区(CK)	4.04	2.81	0.06	27.56	1.54	0.12
2 年狗牙根	4.65	12.18	0.37	10.70	0.77	0.97

3)"林＋草"治理模式

稀土废矿区裸露地剩存的剥离面为全风化、高风化的多砾石紧砂土，保水保肥能力差，植被很难生长，针对这种情况，稀土矿区生态修复采用林草种植技术，通过工程整地、客土培肥土壤与选用抗性强、耐旱耐瘠林草合理密植相结合的方式，不仅起到了很好的防治水土流失的作用,而且对稀土矿区生态植被的快速恢复起到了积极的促进作用。目前赣南寻乌(图9-18和图9-19)、赣县等地废弃稀土矿区的植被已经对裸露矿区的地表已经形成了完全覆盖,林下枯枝落叶层较为深厚,土壤表层出现了较薄的腐殖质层,水土保持治理效果显著,成为一种用于稀土开采区植被快速恢复的治理模式。

图9-18 寻乌县双茶亭生态修复区(桉树+狗尾草)　　图9-19 寻乌县双茶亭生态修复区(桉树+雀稗)

4年生桉树林+草的桉树株高、周茎、覆盖度都大于3年生桉树林+草的桉树株高、周径、覆盖度,说明随着桉树生长年限的增加,桉树林的株高、周径、覆盖度都增大,因此随着治理年限的增加桉树植被恢复治理稀土尾矿效果越好;3年生桉树林+草的桉树株高、周径、桉树覆盖度都大于3年生的纯桉树林(表9-14和表9-15),4年生桉树林+草的桉树株高、周径、桉树覆盖度亦大于4年生的纯桉树林(表9-14和表9-15),说明桉树+草配合种植后有利于桉树的生长,提高桉树的各项生长指标,主要由于林草种植过程中施肥,增加土壤肥力,同时林草植被减少地表水土流失,枯落物、根系不断改善土壤理化性质,提高土壤肥力;不同年限桉树+草总植被覆盖度都大于相应年限的纯桉树总植被覆盖度,说明桉树+草种植后一方面改善了土壤,另外一方面种草后,草本身的覆盖度很高,从而提高修复区总覆盖度。

表9-14　寻乌县推广区"桉树林+草"措施桉树生长情况

处理	桉树株高/m	周径/cm	桉树覆盖度/%	总植被覆盖度/%
3年纯桉树林	7	31	27	34
3年桉树林+草	8.8	32	60	85
4年纯桉树林	9.5	37	37.5	46
4年桉树林+草	12	44	54.5	98.5

表9-15　寻乌县推广区"桉树林+草"措施草生长情况

处理	草名	株高/cm	覆盖度/%	生物量/(g/m²)
3年纯桉树林	芭茅	230	10	57.3
3年桉树林+草	棕叶狗尾草	173	45	130
4年纯桉树林	芭茅	165	0.5	11.6
4年桉树林+草	雀稗	599	57	442.9

通过对寻乌县文峰乡石排村双茶亭自然村稀土尾矿区表层 0～5cm 土壤样品的采集和测试,从表 9-16 可知寻乌县双茶亭稀土矿区土壤 pH 测试值在 3.98～5.14,土壤呈弱酸性。未治理的对照区土壤 pH 最低,通过种植桉树以及桉树+草治理后,土壤 pH 明显改善,土壤 pH 平均提高 1.18,提高幅度达 30.0%;未治理的对照区土壤有机质含量较低仅 2.01g/kg,通过不同措施治理后土壤有机质均明显提高,平均提高 8.19g/kg,其中桉树+草治理后土壤有机质提高幅度大于纯桉树林(表 9-16),不同年份的桉树+草比对应的纯桉树林土壤有机质含量平均提高 3.75g/kg,相同的治理措施,从 3 年治理到 4 年治理土壤有机质增加;未治理的对照土壤全氮含量非常低,土壤全氮仅 0.07g/kg,通过治理后土壤全氮含量明显提高,土壤全氮含量平均提高 1.34g/kg;未治理的对照区氨氮浓度最高达 4.2mg/kg,通过不同措施治理后土壤氨氮浓度明显降低,平均降低 2.52mg/kg,其中桉树+草治理后对土壤中氨氮的改善超过纯桉树林,不同年份桉树+草治理后土壤中氨氮比纯桉树林平均降低 0.81mg/kg;对照区和不同措施治理后土壤中硫酸根离子浓度无明显差异,表明通过种植桉树以及桉树+草治理后不能降低土壤中硫酸根离子浓度;未治理的对照区土壤速效磷含量很低,通过不同措施治理后土壤速效磷含量平均提高 0.82mg/kg,治理后土壤速效磷平均为未治理的 2.61 倍,无论纯桉树林还是桉树+草都随着治理年限的增加土壤速效磷含量增大,桉树+草治理后土壤速效磷含量比相应年份纯桉树治理的土壤速效磷含量平均提高 0.56mg/kg。

表 9-16　寻乌双茶亭推广区"林+草"0～5cm 深度土壤化学性质

处理	pH	有机质/(g/kg)	全氮/(g/kg)	氨氮/(mg/kg)	硫酸根/(g/kg)	速效磷/(mg/kg)
对照区(CK)	3.98	2.01	0.07	4.2	0.39	0.51
3 年纯桉树林	5.45	7.79	2.84	2.84	0.30	0.93
3 年桉树林+草	5.14	10.82	0.99	0.99	0.26	1.53
4 年纯桉树林	4.92	8.86	1.67	1.67	0.35	1.17
4 年桉树林+草	5.12	13.32	1.23	1.23	0.31	1.69

通过对寻乌县文峰乡石排村双茶亭自然村稀土尾矿区 5～10cm 土壤样品的采集和测试,从表 9-17 可知双茶亭稀土尾矿区土壤 pH 测试值在 4.98～5.49,土壤呈弱酸性,整体上不同治理年限以及不同治理措施对 5～10cm 深度的土壤 pH 影响无明显差异,表明不同治理措施对 5cm 以下的土层 pH 影响较小;通过不同措施治理后土壤有机质含量明显提高,平均提高到 3.94g/kg,土壤有机质含量随着治理年限的增加而增加,从 3 年治理到 4 年治理土壤有机质含量平均提高 2.32g/kg,桉树+草措施治理比单纯桉树治理对土壤有机质改良要好,平均要提高 1.58g/kg;未治理的对照区 5～10cm 深度土壤全氮含量非常低,仅 0.02g/kg,通过治理后土壤全氮平均提高到 0.73g/kg;未治理的对照区 5～10cm 深度土壤氨氮含量相对较高,土壤氨氮为 2.30mg/kg,通过治理后土壤氨氮平均减小 1.03mg/kg,桉树+草的减氨氮效果比纯桉树林平均要高 0.50mg/kg;不同治理措施治理后硫酸根离子比未治理的对照区土壤小 0.32g/kg,但不同治理措施间对硫酸根离子的减少

效果无明显差异；未治理的对照区 5～10cm 深度土壤速效磷浓度仅 0.03mg/kg，通过治理后土壤速效磷浓度平均提高到 0.20mg/kg，通过植物修复治理能明显提高土壤速效磷肥力，从 3 年的治理到 4 年的治理土壤速效磷平均含量从 1.7mg/kg 提高到 2.4mg/kg，桉树＋草治理措施比纯桉树措施治理后土壤速效磷提高 1.4mg/kg，桉树＋草治理对于提高土壤速效磷效果要明显好于纯桉树。

表 9-17　寻乌双茶亭推广区"林＋草"5～10cm 深度土壤化学性质

处理	pH 值	有机质/(g/kg)	全氮/(g/kg)	氨氮/(mg/kg)	硫酸根/(g/kg)	速效磷/(mg/kg)
对照区(CK)	4.98	1.39	0.02	2.30	0.85	0.03
3 年桉树林＋草	5.49	3.38	0.72	0.87	0.67	0.21
4 年桉树林＋草	4.72	6.08	0.67	1.17	0.36	0.33

参 考 文 献

卞正富, 张国良, 胡喜宽. 1998. 矿区水土流失及其控制研究. 土壤侵蚀与水土保持学报, 4(4): 31-36.

陈建国, 李志萌. 2010. 稀土矿矿山环境治理与土地复垦——以赣南"龙南模式"为例//中国环境科学学会学术年会论文集. 北京: 中国农业大学出版社.

丁亚东, 谢永生, 景民晓, 等. 2014. 轻壤土散乱锥状堆置体侵蚀产沙规律研究. 水土保持学报, 28(5): 31-36.

董月群, 雷廷武, 张晴雯, 等. 2013. 集中水流冲刷条件下浅沟径流流速特征研究. 农业机械学报, 44(5): 96-100.

高儒学, 戴全厚, 甘艺贤, 等. 2018. 土石混合堆积体坡面土壤侵蚀研究进展. 水土保持学报, 32(6): 1-8, 39.

古锦汉, 冯光钦, 梁亦肖. 2007. 矿山迹地植被恢复树种选择技术研究. 湖南林业科技, 33(5): 18-20.

郭晓敏, 周桂香, 张文元, 等. 2015. 赣南桉树种植对稀土矿植被恢复的效果研究. 海峡两岸水土保持学术研讨会.

韩鹏, 倪晋仁, 王兴奎. 2003. 黄土坡面细沟发育过程中的重力侵蚀实验研究. 水利学报, (1): 51-55.

黄鹏飞. 2013. 黄土区工程堆积体水蚀特征及坡度因子试验研究. 北京: 中国科学院研究生院.

景民晓, 谢永生, 赵暄, 等. 2013. 土石混合弃土置体产流产沙模拟研究. 水土保持学报, 27(6): 11-15.

李恒凯. 2015. 南方稀土矿区开采与环境影响遥感监测与评估研究. 北京: 中国矿业大学.

李建明, 牛俊, 王文龙, 等. 2016. 不同土质工程堆积体径流产沙差异. 农业工程学报, 32(14): 187-194.

梁音, 张斌, 潘贤章, 等. 2008. 南方红壤丘陵区水土流失现状与综合治理对策. 中国水土保持科学, 6(1): 22-27.

林强. 2006. 花岗岩矿区水土流失及其治理技术研究——以安溪县铁峰山花岗岩矿区为例. 福州: 福建农林大学.

刘芳. 2013. 龙南离子型稀土矿生态环境及综合整治对策. 金属矿山, 443(5): 135-138.

刘斯文, 黄园英, 韩子金, 等. 2015. 离子型稀土矿山土壤生态修复研究与实践. 环境工程, 33(11): 160-165.

刘云, 杨晋, 冷从德. 2015. 赣南废弃稀土矿山地质环境治理现状及发展趋势. 地质灾害与环境保护, 26(2): 45-49.

牛耀彬, 高照良, 李永红, 等. 2016. 工程堆积体坡面细沟形态发育及其与产流产沙量的关系. 农业工程学报, 32(19): 154-161.

彭冬水. 2005. 赣南稀土矿水土流失特点及防治技术. 亚热带水土保持, 17(3): 14-15.

戎玉博, 白玉洁, 王森, 等. 2018. 含砾石锥状工程堆积体坡面径流侵蚀特征. 水土保持学报, 32(1): 109-115.

戎玉博, 骆汉, 谢永生, 等. 2016. 雨强对工程堆积体侵蚀规律和细沟发育的影响. 泥沙研究, (6): 12-18.

史东梅, 蒋光毅, 彭旭东, 等. 2015. 不同土石比的工程堆积体边坡径流侵蚀过程. 农业工程学报, 31(17): 152-161.

史倩华, 李垚林, 王文龙, 等. 2016. 不同植被措施对露天煤矿排土场边坡径流产沙影响. 草地学报, 24(6): 1263-1271.

谭真. 2016. 赣州四种模式推进废弃稀土矿山环境治理. 中国粉体工业, (4): 27-28.

王静杰. 2017. 矿区水土保持研究进展. 山西水土保持科技, (3): 5-6, 12.

徐金球, 李芳积, 曾兴兰, 等. 2006. 从尾矿中回收氟碳铈矿和独居石的浮选研究. 稀土, 27(5): 67-72.

杨修, 高林. 2001. 德兴铜矿矿山废弃地植被恢复与重建研究. 生态学报, 21(11): 1932-1940.

叶林春, 朱雪梅, 邵继荣. 2008. 矿山开采水土流失现状与治理措施. 中国水土保持科学, 6(增刊): 88-89.

油新华, 汤劲松. 2002. 土石混合体野外水平推剪试验研究. 岩石力学与工程学报, 21(10): 1537-1540.

张少佳, 高照良, 李永红, 等. 2016. 高边坡工程堆积体产流产沙特性研究. 水土保持学报, 30(2): 107-110.

张翔, 高照良, 杜捷, 等. 2016. 工程堆积体坡面产流产沙特性的现场试验. 水土保持学报, 30(44): 19-24.

郑太辉, 汤崇军, 黄鹏飞, 等. 2018. 稻草覆盖对赣南稀土尾渣坡面产流产沙的影响. 环境科学研究, 31(9): 1564-1571.

中华人民共和国水利部. 2008. 水土保持综合治理 技术规范 沟壑治理技术(GB/T 16453.3-2008). 北京: 中国标准出版社.

邹国良, 陈富生. 2006. 赣南矿产资源综合开发与利用研究. 采矿技术, 6(4): 13-15.

Adams J E. 1966. Influence of mulches on runoff, erosion, and soil moisture depletion. Soil Science Society of America Proceedings, 30(1): 110-114.

Auerswald K, Fiener P, Dikau R. 2009. Rates of sheet and rill erosion in Germany: A meta-analysis. Geomorphology, 111(3/4): 182-193.

Cerdà A. 1999. Parent material and vegetation affect soil erosion in eastern Spain. Soil Science Society of America Journal, 63: 362-368.

Dong J Z, Zhang K L, Guo Z L. 2012. Runoff and soil erosion from highway construction spoil deposits: A rainfall simulation study. Transportation Research Part D Transport and Environment, 17(1): 8-14.

Döring T F, Brandt M, Heß J. 2005. Effects of straw mulch on soil nitrate dynamics, weeds, yield and soil erosion in organically grown potatoes. Field Crops Research, 94(2/3): 238-249.

Dutta R K, Agrawal M. 2001. Litterfall, litter decomposition and nutrient release in five exotic plant species planted on coal mine spoils. Pedobiologia, 2001, 45(4): 298-312.

Fattet M, Yu F, Ghestem M, et al. 2011. Effects of vegetation type on soil resistance to erosion: Relationship between aggregate stability and shear strength. Catena, 87(1): 60-69.

Jiang F S, Huang Y H, Wang M K, et al. 2014. Effects of rainfall intensity and slope gradient on steep colluvial deposit erosion in Southeast China. Soil Science Society of America Journal, 78(5): 1741-1752.

Jochimsen M E. 2001. Vegetation development and species assemblages in a long-term reclamation project on minespoil. Ecological Engineering, 17(2): 187-198.

Jordán A, Zavala L M, Gil J. 2010. Effects of mulching on soil physical properties and runoff under semi-arid conditions in southern Spain. Catena, 81(1): 77-85.

Kimaro D N, Poesen J, Msanya B M, et al. 2008. Magnitude of soil erosion on the northern slope of the Uluguru Mountains. Catena, 75(1): 38-44.

Lal R. 1976. Soil erosion on Alfisols in western Nigeria: II. Effect of mulch rates. Geoderma, 16: 377-382.

Loch R J, Donnollan T E. 1988. Effects of the amount of stubble mulch and overland flow on erosion of a cracking clay soil under simulated rain. Australian Journal of Soil Research, 26: 661-672.

Meyer L D, Wischmeier W H, Forster G R. 1970. Mulch rate required for erosion control on steep slopes. Soil Science Society of America Journal, 34: 928-931.

Poesen J W A, Lavee H. 1991. Effects of size and incorporation of synthetic mulch on runoff and sediment yield from interrils in a laboratory study with simulated rainfall. Soil and Tillage Research, 21: 209-223.

Riley S J. 1995. Aspects of the differences in the erodibility of the waste rock dump and natural surfaces, Ranger Uranium Mine, Northern Territory, Australia. Applied Geography, 15(4): 309-323.

Smets T, Poesen J, Bhattacharyya R, et al. 2011. Evaluation of biological geotextiles for reducing runoff and soil loss under various environmental conditions using laboratory and field plot data. Land Degradation & Development, 22: 480-498.

Smets T, Poesen J, Knapen A. 2008. Spatial scale effects on the effectiveness of organic mulches in reducing soil erosion by water. Earth-Science Reviews, 89: 1-12.

Smit S, Miletic Z, Pipkov N, et al. 2000. Land protection and erosion control of lignite mine areas. Yubileen Sbornik Nauchni Dokladi: Lesotekhnicheski Universitet: 462-467.

Zhang L T, Gao Z L, Yang S W, et al. 2015. Dynamic processes of soil erosion by runoff on engineered landforms derived from expressway construction: A case study of typical steep spoil heap. Catena, 128: 108-121.

第10章 鄱阳湖滨湖沙地治理技术

土地沙漠化是干旱及半干旱地带重要的生态环境问题，然而湿润及半湿润地带的土地同样受风沙活动影响，其所造成的土地退化问题还未引起人们的重视（莫明浩等，2016）。半湿润、湿润地区的沙质干河床与河流泛淤三角洲及海滨沙地因风力作用，产生风沙活动并出现类似沙漠化地区的沙丘起伏地貌景观。朱震达（1986）将我国东部和南方半湿润、湿润地区土地"沙质荒漠化"过程定义为"土地风沙化"过程，其出现的"类似沙漠景观"的土地称之为"风沙化土地"。风沙化土地与沙漠化土地主要是因自然环境、地理条件不同而存在显著的差异。由于地带性、区域性等空间分异性，使湿润、半湿润地区具有较优越的自然条件，虽然在植被遭到破坏后的沙质地表也会因风力作用产生风沙活动形成风沙地貌景观，但不会形成沙漠环境。因此，按地带分异规律，区分出风沙化土地，既便于开展有针对性的科学研究，又便于结合客观实际进行防治、开发和利用风沙化土地，使已经退化的土地尽快恢复生产力。

鄱阳湖滨湖地区存在"类似沙漠景观"的土地沙漠化问题，无论成因、分布范围、治理及开发利用途径与北方干旱地区土地沙漠化均有所不同。由于水蚀、风蚀和人类不合理利用土地等自然、人为因素的作用，出现了以沙丘、沙洲、沙山组成的"水乡沙漠"特殊景观。其原因是河漫滩的沙质沉积物在枯水季节，特别是在干季，受风力吹扬作用，堆积在沿河阶地上，形成风沙活动的地表一般以沙丘的形态出现作为其景观标志。另外，鄱阳湖周围分布一系列沙山，主要集中在江西湖口县、彭泽县、星子县、永修县、松门山岛与矶岛、都昌县多宝及南昌新建县厚田附近的赣江西侧等地。关于鄱阳湖滨湖沙山形成原因有"水成说"和"风成说"之争。"水成说"认为五河的水流汇合鄱阳湖后，由于水面展宽，流速减缓，泥沙开始沉积，鄱阳湖沙山沉积具有河流环境的岩相标志，因受新构造运动间歇性抬升，经后期流水侵蚀和风力改造所致，故沙地分布与古河道一致。"风成说"认为沙山是风成堆积丘，鄱阳湖区由于受小地形影响风力作用很明显，基本动力是冰期中强劲北方干冷气流的南侵，湖水位下降而出露的河湖滩地提供了物质来源（莫明浩等，2011）。左长清（1989）认为鄱阳湖沙地及沙山的形成是地质构造变迁、水土流失、水体顶托倒灌和风力侵蚀共同作用所致，但各片沙山形成的主导因子不尽一致。

鄱阳湖滨湖沙地在全国土壤侵蚀分区中属于风力侵蚀区中的沿河环湖滨海平原风沙区，以都昌县多宝沙山、星子县蓼花沙山面积较大。严重的风沙侵蚀压埋农田，毁坏耕地，导致生态环境恶化、居民生活贫困，加剧了人与土地资源的矛盾，严重影响了区域生态安全和粮食安全。探讨沙地治理、利用和修复的有效技术，建立鄱阳湖滨湖沙地生态保护与修复综合治理体系，对于加快江西省水土保持与荒漠化防治进程，改善当地生态环境，促进生态文明建设具有重要意义。

10.1　沙地风力侵蚀规律

10.1.1　沙粒运动形式及监测设备

据北方沙漠的观测研究，风沙流中沙粒依风力大小、颗粒粒径、质量不同而以悬移、跃移、蠕移三种形式向前运动，鄱阳湖滨湖沙地地区的风力侵蚀监测也需要对这三种形式进行监测。当沙粒起动后以较长时间悬浮于空气中而不降落，并以与风速相同的速度向前运动时称为悬移。沙粒在风力作用下脱离地表进入气流后，从气流中取得动量而加速前进，又在自身的重力作用下以很小的锐角落向地面，不断下落的沙粒有可能反弹起来，继续跳跃前进，而且由于它的冲击作用，还能使其降落点周围的一部分沙粒受到撞击而飞溅起来，造成沙粒的连续跳跃式运动，这种运动方式称为跃移。沙粒在地表滑动或滚动称为蠕移，蠕移运动的沙粒称为蠕移质。在某一单位时间内蠕移质的运动可以是间断的。

为了进行风力侵蚀监测，在都昌县多宝沙山试验地安装了中国科学院研制的监测悬移、跃移、蠕移等不同沙粒运动的集沙仪设备，有全方位沙粒跃移集沙仪、全方位沙粒蠕移集沙仪和全方位沙尘悬移水平通量集沙仪等。

1. 全方位沙粒跃移集沙仪

风沙的移动与风向和风速有关，在土壤风蚀、风沙移动、土地沙化和水土保持等研究中，如何随风向全方位准确地收集、监测并获得风沙量是研究的关键。全方位沙粒跃移集沙仪(图 10-1)解决了风沙收集过程中采集器随风向变化而收集的关键问题，它不需要任何动力装置，具有收集完全、操作简单、安装方便等特点。适用于土壤风蚀、风沙移动、土地沙化及荒漠化等研究中风沙移动量的野外定位及流动监测。

图 10-1　全方位沙粒跃移集沙仪

2. 全方位沙粒蠕移集沙仪

全方位沙粒蠕移集沙仪(图 10-2)是用于测定风沙流中沙粒蠕移量的仪器。测量时，先将沙粒蠕移收集器埋入沙地，并与沙地相平，风沙流进入沿水平方向进入顶盖表面的环形隔槽，通过与孔相连的漏斗流入扇状盒。风沙流过后，打开顶盖，按方向顺序将扇状盒的沙粒倒入布袋里，称重计量。可从不同方向计算出单位面积和单位时间流进扇状盒的沙通量的大小。

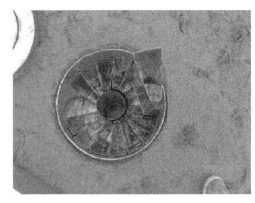

图 10-2　全方位沙粒蠕移集沙仪

3. 全方位沙尘悬移水平通量集沙仪

全方位沙尘悬移水平通量集沙仪(图 10-3)，利用收集器与风向标绕轴随风转动，在大气中以水平方向运动的沙尘进入集尘盒，通过对集尘盒内的气流泄压，沙尘沉积于集尘盒内，通过称量盒内的沙尘量，可以建立沙尘通量随高度的分布函数计算，可以得出沙尘暴过程中沙尘浓度随高度的变化规律，还可以得出某高度范围内的水平沙尘的输送总量。

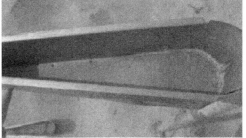

图 10-3　全方位沙尘悬移水平通量集沙仪

10.1.2　风力侵蚀规律

1. 不同风沙运动形式风蚀量

蠕移集沙仪、跃移集沙仪和悬移集沙仪等仪器的 2014 年集沙称重如表 10-1 所示。与北方风蚀监测不同，在都昌多宝沙山试验地若按 16 个方向称重沙粒，未能收集测出，因此本书分北面和南面两个方向收集沙粒称重。从结果来看，风沙运动形式以跃移和蠕移为主。

表 10-1　都昌多宝沙山试验地集沙仪集沙量称重　　　　　　　（单位：g）

沙粒类型	方向	10 月	11 月	12 月
蠕移集沙量	北面	8.52	19.83	42.55
	南面	7.14	16.67	23.66
	总	15.66	36.50	66.21
跃移集沙量	北面	33.01	76.99	425.62
	南面	10.86	25.35	166.32
	总	43.87	102.34	591.94
悬移集沙量	总		7.62	

根据集沙仪测量结果计算输沙率公式：

$$q = \frac{100m}{t \times d} \tag{10-1}$$

输沙率单位若按 g/(m·min)，则试验区数量级为 10^{-4}g/(m·min)，因取样为每月取样一次，所以在鄱阳湖滨湖沙地以 d 为单位，输沙率 q 的单位为 g/(m·d)（表 10-2）。

表 10-2　输沙率计算结果　　　　　　　[单位：g/(m·d)]

沙粒类型	10 月	11 月	12 月
蠕移输沙率	6.53	15.21	27.59
跃移输沙率	4.57	10.66	61.66
悬移输沙率		1.06	

从气象监测来看，鄱阳湖沙山地区主风向为北风，因此集沙仪北面的集沙量大于南面；最大风力为 5~6 级，风季主要集中在 11 月至翌年 2 月，这也是鄱阳湖沙山地区发生风力侵蚀的主要时期；从输沙率来看，监测点的输沙率较小，远小于北方沙地，可能和监测点位置属于半固定沙丘有关。

2. 风蚀深

采用 1m 长的竹扦(图 10-4)9 根，在观测样地内按 2m×2m 的间距将竹扦插入地面，地面以上保留 60cm 左右，标记 50cm 刻度，每月记录竹扦顶部到地面的距离监测风蚀深。

样地选择了三种类型，分别为稀少植被、植被覆盖和荒沙。

图 10-4　插钎法监测风蚀深

每根竹扦顶部到地面的距离变化量为

$$H = \sum_{i=1}^{n} \Delta L_i / n \tag{10-2}$$

式中，n 为在观测样地内布设的总数；ΔL_i 为第 i 根钢钎顶部到地面的距离的变化量。如果计算出 H 为负值，说明监测样地发生了吹蚀，如果 H 为正值，则说明监测样地发生了风积。

风蚀深监测结果如表 10-3 所示。

表 10-3　都昌多宝沙山三个试验样地的风蚀深　　　　（单位：cm）

时间	样地 1(稀少植被)	样地 2(植被覆盖)	样地 3(荒沙)
2013.9	0	0.2	1.3
2013.10	0	0	1.2
2013.11	0.2	0	1.5
2013.12	0.2	0	1.5
2014.1	0.2	0	1.6
2014.2	0	0	0.8
2014.3	0	0	0.2
2014.4	0	0	0.2
2014.5	0	0	0.2
2014.6	0	0.1	0.2
2014.7	0	0	0
2014.8	0	0	0
2014.9	0	0	0
2014.10	0	0	1.2
2014.11	0	0	1.2

10.2 沙地植物群落特征

10.2.1 研究方法

1. 沙地植物组成及地理成分

本节的调查路线为多宝乡—刘家山—马家堰—张家塘—大矶山—小矶山等地的路线，采用线路踏查法采集研究区域的植物标本，带回室内进行鉴定，统计鄱阳湖滨湖沙地植物名录，并在此基础上，查阅相关资料(吴征镒，1991，2003；吴征镒等，2003)，对其科属的地理成分进行统计分析，并与研究区的所在的庐山、赣西北的区系状况进行比较分析。

2. 沙地植物多样性变化调查

风沙化过程是指具有风沙活动并形成风沙地貌景观的土地退化过程。这一过程主要出现在湿润及半湿润地带河流下游的沙质古河床及泛淤决口扇地段及海滨沙地。本书从生态学角度，根据植被覆盖度的不同，将风沙化过程划分为流动沙丘、半流动沙丘和固定沙丘三个阶段。即流动沙丘(覆盖度 $C<15\%$)，半流动沙丘($15\%<$覆盖度 $C<30\%$)，固定沙丘(覆盖度 $C>30\%$)。采取空间代替时间的方法，对鄱阳湖滨湖沙地风沙化过程中植物多样性变化特征进行研究。具体做法为：在研究区域分别随机设置样地，流动沙丘 5 个，半流动沙丘 5 个，固定沙丘 10 个，样方面积均为 1m×1m。记录各群落样方里的物种组成、覆盖度、植株高度，同时记录其生境条件。

3. 数据处理

1)沙地植物地理成分分析

在对鄱阳湖沙地植物与其他地区进行比较分析时,采用综合系数(左家哺,1990)和相似性系数(张镱锂,1998)进行描述，公式为

$$r = \frac{2c}{a+b} \times 100\% \tag{10-3}$$

式中，r 为相关系数；c 为共有属；a 为鄱阳湖沙地区系植物总属数；b 为对比区系植物总属数，此公式也用于科、种相似性分析。

$$S_i = \sum_{i=1}^{n} \frac{(x_{ij} - \bar{x}_{ij})}{x_{ij}} \tag{10-4}$$

式中，x_{ij} 表示第 i 个地区 n 个分类单位中第 j 个分类单位的数值；$\bar{x}_{ij}$ 表示 n 个分类单位中第 j 个分类单位的平均值；S_i 表示第 i 个地区植物区系成分的综合系数。S_i 越大，第 i 个地区植物区系越丰富；相反，则越贫乏。

2）沙地植物多样性指数分析

对样地的调查数据，通过 Excel 处理并计算各群落的生物多样性指数。关于物种多样性测定，采用目前最广泛使用的物种丰富度指数、Simpson 指数、Shannon-Weiner 指数、Pielou 群落均匀度指数。

（1）物种丰富度指数

$$R = \ln S \tag{10-5}$$

（2）物种多样性指数

①Simpson 指数

$$D = 1 - \sum_{i=1}^{s} P_i^2 \tag{10-6}$$

②Shannon-Weiner 指数

$$H = -\sum_{i=1}^{s} P_i \ln P_i \tag{10-7}$$

（3）Pielou 群落均匀度指数

$$J_{sw} = \left(-\sum_{i=1}^{s} P_i \ln P_i \right) \bigg/ \ln S \tag{10-8}$$

式中，i=1，2，3，…，S，S 为样方中物种总数；P_i 为第 i 个物种的相对重要值。Simpson 指数对物种均匀度较为敏感，而 Shannon-Weiner 指数受物种的丰富度的影响更大。Pielou 群落均匀度指数直接反映的是群落的均匀度。

10.2.2　植物科属组成及地理成分

根据调查结果统计（表 10-4），鄱阳湖沙地多宝沙山附近沙地植物共计 129 种，隶属于 58 科 104 属。种子植物（不包括栽培种）共计 115 种，隶属于 50 科，92 属，占江西省种子植物（303 科、1231 属、4116 种）总数的 16.50%、总属数的 7.47%、总种数的 2.79%，多样性不丰富，在属、种的层次上尤其突出。其中双子叶植物 43 科、75 属、96 种，分别占总科、属、种数的 84.31%、80.65%、82.76%。研究区植物组成中以双子叶植物占据主导地位，裸子植物的分布相对稀少，仅马尾松 1 种（段剑等，2013）。

表 10-4　鄱阳湖沙地种子植物种类组成

植物类型		科数	占总科数/%	属数	占总属数/%	种数	占总种数/%
裸子植物		1	2	1	1.09	1	0.87
被子植物	单子叶植物	12	12	16	17.39	18	15.65
	双子叶植物	86	86	75	81.52	96	83.48
合计		50	100	92	100	115	100

注：栽培植物 2 科、6 属、7 种不列入统计范围之内。

1. 科的组成特点

根据沙地种子植物各科所含种数的多少，将其划分为较大的科（≥5 种的科）、少种科（2～5 种的科）和单种科三种类型（表 10-5）。单种科 24 科，占总科、属、种数的 48%、26.09%、20.87%；少种科 21 科，占总科、属、种数的 42%、40.22%、43.48%；较大的科仅 5 科，占总科、属、种数的 10%、33.70%、35.65%。

表 10-5　鄱阳湖沙地种子植物大小科特征统计

较大的科（≥5 种）	5 科 31 属 41 种
禾本科(13：13) 菊科(6：8) 蔷薇科(5：9) 大戟科(4：5) 蝶形花科(3：6)	
少种科（2～5 种）	21 科 37 属 50 种
樟科(3：3) 防己科(2：2) 石竹科(2：2) 桑科(3：3) 楝科(2：2) 漆树科(2：2) 茜草科(2：2) 忍冬科(2：3) 紫草科(2：2) 玄参科(2：2) 马鞭草科(2：4) 唇形科(3：3) 莎草科(3：3) 堇菜科(1：2) 蓼科(1：3) 壳斗科(1：2) 葡萄科(1：2) 芸香科(1：4) 山矾科(1：2) 木犀科(1：2)	
单种科	24 科 24 属 24 种
松科(1：1) 十字花科(1：1) 景天科(1：1) 商陆科(1：1) 藜科(1：1) 酢浆草科(1：1) 千屈菜科(1：1) 瑞香科(1：1) 山茶科(1：1) 藤黄科(1：1) 椴树科(1：1) 榆科(1：1) 含羞草科(1：1) 冬青科(1：1) 卫矛科(1：1) 檀香科(1：1) 鼠李科(1：1) 伞形科(1：1) 夹竹桃科(1：1) 萝藦科(1：1) 报春花科(1：1) 鸭跖草科(1：1) 百合科(1：1) 菝葜科(1：1)	

注：括号内为属数：种数。

以上分析表明，研究区域植物优势科现象明显，较大的科如禾本科、菊科、蔷薇科、大戟科和蝶形花科，仅占总科数的 10%，种数却占总种数的 35.65%，其中禾本科的白茅、菊科的飞蓬、大戟科的算盘子等构成了该区的优势和建群种，上述 5 科对研究区域的区系组成和植被恢复具有重要作用和意义。而科的组成主要是以单种科和少种科为主，与其他生境条件好的自然保护区等地的区系特征是有区别的，这主要是研究区本身特殊的生境条件导致的。

2. 属的组成特点

根据沙地植物各属所含种数的多少，将其划分为较大的属（≥4 种的属）、少种属（2～4 种的属）和单种属三种类型（表 10-6）。其属的组成特点单种属 75 属，占总属数的 81.52%，种数 75 种，占总种数的 65.22%；较大的属仅胡枝子属和花椒属 2 属，占总属数的 2.17%，种数 8 种，占总种数的 6.96%；少种属有 15 属，占总属数的 16.31%，种数有 32 种，占总种数的 27.82%，如堇菜属、蓼属、叶下珠属、梨属、蔷薇属、悬钩子属、栎属、蛇葡萄属、山矾属、女贞属、六道木属、蒿属、飞蓬属、臭牡丹属、牡荆属。

表 10-6　鄱阳湖沙地种子植物大小属特征统计

类型	属数	占总属数/%	种数	占总种数/%
较大的属（≥4 种）	2	2.17	8	6.96
少种属（2～4 种）	15	16.31	32	27.82
单种属	75	81.52	75	65.22
合计	92	100	115	100

　　研究区沙地植物在属的组成上，单种属占主导地位，其次，少种属占从属地位，较大的属稀少，属的优势现象不明显，且植物在属的水平上分化不大，趋向于单种属的分布，植被组成相对简单，系统脆弱性强，易受自然和人为因素的影响，造成植被的逆向演替，从而产生风沙化现象。

3. 科的地理成分

　　按吴征镒(1991)的划分标准,将鄱阳湖沙地种子植物 50 科的地理成分划分为 4 个类型(表 10-7)。

表 10-7　鄱阳湖沙地植物科、属的分布区类型

分布区类型	科数	占总科数/%[①]	属数	占总属数/%[①]
1.世界分布	24	—	18	—
2.泛热带分布	19	73.08	25	33.78
3.东亚及热带南美间断分布	2	7.69	—	—
4.旧世界热带分布	—	—	5	6.76
5.热带亚洲至热带大洋洲分布	—	—	6	8.11
6.热带亚洲至热带非洲分布	—	—	1	1.35
7.热带亚洲分布	—	—	5	6.76
8.北温带分布	5	19.23	15	20.26
9.东亚及北美间断分布	—	—	6	8.11
10.旧世界温带分布	—	—	4	5.41
11.温带亚洲分布	—	—	1	1.35
12.地中海区、西亚至中亚分布	—	—	1	1.35
13.东亚分布	—	—	5	6.76
合计	50	100	92	100

①百分数%不包括世界分布类型。

　　从表 10-7 的统计分析中，可知世界分布类型的科 24 科，主要是一些生态幅较宽，适应性强的科，以草本植物为主，如石竹科、蓼科、藜科、菊科、紫草科、唇形科、莎草科、禾本科等；木本植物有蔷薇科、榆科、桑科、鼠李科、木犀科、玄参科等。热带分布类型(2~7 类型)的科 21 科，占总科数(不包括世界分布类型，以下同)的 80.77%，其中以泛热带分布(19 科)为主，占热带分布科的 90.48%，且主要以木本植物为主，如樟科、山茶科、藤黄科、卫矛科、芸香科、楝科、漆树科和夹竹桃科等，草本植物有鸭跖草科、萝藦科等；藤本植物有防己科和葡萄科；东亚及热带南美间断分布有 2 科，分别是冬青科和马鞭草科，占热带分布科的 9.52%。温带分布类型(8~11 和 13 类型)有 5 科，全部为北温带分布，占总科数的 19.23%，有松科、忍冬科、百合科、壳斗科和灯心草科。

鄱阳湖沙地植物科的地理成分具有明显热带属性，这与研究区域的亚热带气候密切相关，但世界分布型在该区系中也有很重要的地位，甚至在科的数量上，世界分布型更丰富，该类型的适应生境范围广，生态幅较宽，在干旱荒漠的研究区分布广，优势明显。

4. 属的地理成分

属是由其组分部分即种所构成，它们在发生上是单元的，具有共同的祖先，属的地理分布型可以表现出该属植物的演化扩展过程和区域差异。根据吴征镒(1991)的对中国种子植物属的划分原则，将鄱阳湖滨湖沙地种子植物92属的地理成分划分为12个类型（表10-7）。

据统计结果可知，世界分布类型属18属，为草本植物，如藜菜属、商陆属、苍耳属、灯心草属、马唐属等；热带分布类型(2～7类型)的属42属，占总属数的56.76%，其中泛热带分布占优势，占热带分布的59.52%，木本植物有如算盘子属、乌桕属、朴属、榕属、卫矛属等，草本植物有鸭跖草属、球柱草属、狗牙根属、白茅属和狗尾草属等；温带分布类型(8～11和13类型)31属，占总属数的41.89%，其中以北温带分布(15属)为主，占温带分布的48.39%，木本植物有松属、山楂属、栎属、盐肤木属等，草本植物有忍冬属、蓟属、马先蒿属、薄荷属、拂子茅属、画眉草属等，藤本植物有蛇葡萄属；古地中海和泛地中海成分有黄连木属1属，占总属数的1.35%。

鄱阳湖沙地种子植物属的区系成分复杂多样，在中国有分布的15种类型中，只有东亚及热带南美间断分布和中国特有分布类型未见，地理成分以热带分布为主，同时具有温带和东亚成分，世界分布类型的属在该区系中也占有重要地位，无特有现象。总体上，研究区种子植物科、属的地理成分表现出了很大程度上的一致性。

5. 与其他区系的比较

选择研究区所在的庐山、赣西北植物区系，采用相似性系数法和综合系数法对其进行比较分析，由于研究区域生境的特殊性，因此把世界分布型属列入统计，统计结果见表10-8。

表 10-8　鄱阳湖沙地与其他区系的比较分析

项目	鄱阳湖沙地	庐山[1]	赣西北
科/属/种数	50/92/115	163/898/2200	157/740/1693
综合系数	−2.3477	1.5309	0.8284
世界分布类型属占总属数[2]/%	19.57	9.76	9.46
热带性属占总属数/%	45.65	37.86	39.19
温带性属占总属数/%	33.70	49.08	47.97
古地中海区属占总属数/%	1.09	0.53	0.27
中国特有属占总属数/%	—	2.77	3.11
热带性属相似性系数/%	—	23.71	22.96
温带性属相似性系数/%	—	15.84	16.06

①参考庐山植物园，庐山植物名录，1982；②总属数包括世界分布类型属。

1）丰富度程度比较

各比较区系的综合指数数值大小依次为庐山＞赣西北＞鄱阳湖沙地，以鄱阳湖沙地综合指数最小，区系丰富程度最低；研究区高温干旱，生境单一，是造成物种多样性不丰富的主要原因之一，而所比较的区系环境条件复杂多样，适合各种生态习性的植物生长，区系复杂，丰富度程度高。研究区区系丰富度低，系统稳定性差，易受高温干旱，风沙因素的干扰，导致风沙化现象加剧。

2）属的地理成分比较

从各区系属的分布类型组成上看，以热带性属为主，温带性属居从属地位，同时世界分布型属比例较对比区系大，说明研究区分布的很大一部分是生态幅宽、适应性强的世界广布型植物。此外，研究区系没有出现中国特有属，与对比区系相比较，研究区系具有明显的自身特点。在属的地理成分相似性比较上，由于其丰富度程度差异较大，因此，得出热带性属和温带性属的相似性系数相对较高，基本上研究区域分布的热带性和温带性属在对比区系均有出现，同时与两个对比区系之间的差异不大。

物种多样性代表着物种演化的空间范围和对特定环境的生态适应性，鄱阳湖不丰富的植物多样性反映了整个区域干旱高温等恶劣的环境，这与李升峰和任黎秀（1995）提出限制鄱阳湖沙地植物正常生长和发育的不利因素的观点是一致的。合理种植植物是治理土地沙漠化的有效措施之一，因此，如何保护、恢复和重建鄱阳湖沙地的植被，成为改良沙生土壤环境和治理土地风沙化的关键科学问题。

禾本科、菊科、蔷薇科、大戟科和蝶形花科为研究区的优势科，其中禾本科的白茅、菊科的飞蓬、大戟科的算盘子和单叶蔓荆构成了该区的优势和建群种，这类植物对于植被恢复和重建具有重要意义，可以作为良好的先锋物种，迅速增加沙地表面的粗糙度，改良沙地土壤环境（如有机质、水分等），增加土壤种子库的滞留，随着沙地生境的改善，一些外来的植物引入进来，植物多样性增加，同时，植物多样性的增加也促进其生境的改良，达到一个良性循环和相互促进的效果。利用这些植物生态习性的特殊性，在沙地上，可以采用种植这些植物形成沙障等方法，来促进植物的演替过程，迅速固定流动沙丘。这是快速治理土地风沙化的有效措施。

随着植物演替的进行，先前种植的先锋植物会逐渐被其他植物所代替，因此，植物能否正常进行正向演替，与外来物种的来源途径有关，沙地上主要为土壤种子库，了解土壤种子库如何影响植物的正向和逆向演替过程，可为快速恢复和重建研究区的植被提供基础数据和科学指导。

研究区植物科、属的地理成分都具有明显的热带属性，这与其所处的亚热带气候相关，但相比其所在的庐山、赣西北区系，世界分布类型所占比例尤其突出，世界分布类型的植物特性为生态幅较宽，适应性强，研究区域相比亚热带植物区系，有自身明显的特点。在一定程度上，世界分布类型对于研究区的区系组成具有相当重要的地位，此类型的植物也是研究区的主要优势类群，应该作为保护植物的重点对象。

10.2.3　沙地植物多样性特征

1. 优势类群

对优势科进行的统计分析表明(表 10-9)，含 8 种以上的科有菊科、蝶形花科、蔷薇科、禾本科，占总科数的 6.90%，种数占总种数的 29.46%，为该区域的优势科。含有 2~7 种的科有鳞毛蕨科、马鞭草科、忍冬科、芸香科、大戟科、樟科、唇形科、莎草科等24 科。单种科有里白科、铁线蕨科、十字花科、商陆科、萝藦科、报春花科、鸭跖草科、百合科、菝葜科、灯心草科等 30 科。本区优势科有蔷薇科、蝶形花科、菊科和禾本科，其中蔷薇科和蝶形花科构成灌木层的优势科，草本层的优势科为禾本科和菊科。禾本科是研究区分布最广的科，也是沙生植物群落建群植物和先锋植物。

表 10-9　鄱阳湖滨沙地植物的优势科、属

序号	科名	种数	占总种数/%	属名	种数	占总种数/%
1	蓼科	—	—	蓼属	3	2.33
2	芸香科	—	—	花椒属	4	3.10
3	菊科	8	6.20	—	—	—
4	蝶形花科	8	6.20	胡枝子属	4	3.10
5	蔷薇科	9	6.98	梨属	3	2.33
6	禾本科	13	12.38	—	—	—
	总计	38	29.46		14	10.86

该区域的优势属有蓼属(3 种)、花椒属(4 种)、胡枝子属(4 种)、梨属(3 种)。4 个优势属中包含 14 个种，占总属数的 3.85%，占总种数的 10.86%。含 2 种的属有 15 属，单种属 85 属，占总属数的 81.73%，显然，单种属在沙地植物组成中也占有重要地位。

根据植物种的重要值，发现该区域灌木层的优势种主要为茵陈蒿、单叶蔓荆、算盘子等，而假俭草、知风草、乳浆大戟、瞿麦、升马唐等构成草本层的优势种。

2. 多样性指数

1) 风沙化过程植物组成变化

根据沙地上的陆生植物对水分的适应情况，将其生态习性划分为湿生植物、中生植物和旱生植物三种类型。植物在风沙化过程各阶段出现的频率，划分为共有种：在所有的生境中均出现的种；稀有种：在 2 种生境中均出现的种；特有种：只在 1 种生境中出现的种。将沙地样方调查结果按以上标准统计(表 10-10)，可知，流动沙丘旱生植物 6 种、中生植物 1 种，半流动沙丘旱生植物 8 种、中生植物 4 种，固定沙丘旱生植物 15种、中生植物 13 种、湿生植物 2 种。流动沙丘地表温度高，含水量低，只有一些具有根状匍匐茎的旱生植物能够成功定居，如狗牙根、假俭草、单叶蔓荆等，植物的根状匍匐茎有利于植被的快速覆盖，同时可以阻碍地表沙粒的流动，增加种子库的数量，沙地含水量增加，半流动沙丘阶段中生植物数量明显增多，沙地蓄水能力增加并逐步演变为沙土，地表环境得到良好的改善，固定沙丘不再单独以旱生植物占优势，中生植物地位也很明显，甚至出现了 2 种湿生植物，说明沙地干旱、贫瘠的环境在固定沙丘阶段已经得到明显改善。因此，风沙化过程中沙生植物的组成与其环境有着密切联系。

表 10-10 　不同类型沙丘植物组成

植物种名	生态习性	流动沙丘		半流动沙丘		固定沙丘	
		频率类型	重要值	频率类型	重要值	频率类型	重要值
单叶蔓荆	旱生	V	12.99	V	11.82	V	8.08
知风草	旱生	V	14.69	V	5.45	V	5.76
球柱草	中生	V	8.74	V	11.31	V	5.56
乳浆大戟	旱生	V	11.12	V	13.82	V	6.04
瞿麦	旱生	V	12.99	V	5.45	V	5.51
假俭草	旱生	V	14.25	V	3.29	V	0.55
狗牙根	旱生	+	25.20	+	11.95		
多苞斑种草	中生			+	4.30	+	3.01
虎尾草	旱生			+	4.58	+	3.38
飞蓬	中生			+	13.91	+	3.96
细梗胡枝子	旱生			+	6.02	+	3.89
丛枝蓼	中生			+	8.10	+	0.80
江南马先蒿	中生					#	1.74
茵陈蒿	旱生					#	6.32
鹤草	旱生					#	2.09
升马唐	旱生					#	6.29
酢浆草	中生					#	2.75
算盘子	旱生					#	6.52
鸡眼草	中生					#	0.54
截叶铁扫帚	旱生					#	3.02
扁担杆	中生					#	3.75
白茅	旱生					#	4.21
芦苇	湿生					#	3.37
钝萼附地菜	中生					#	1.72
徐长卿	旱生					#	2.21
了哥王	中生					#	0.88
鸭跖草	湿生					#	1.86
大蓟	中生					#	1.85
土荆芥	中生					#	1.55
狗尾草	旱生					#	1.14
糯米条	中生					#	1.65

注：V 代表共有种；+代表稀有种；#代表特有种。

2)风沙化过程中植物多样性指数变化

根据图 10-5 可知，固定沙丘到流动沙丘，植物群落的丰富度指数逐渐降低，固定沙丘物种丰富度最高达到 30 种，半流动沙丘有 12 种，流动沙丘最少，只有 7 种。从生物多样性指数看，Simpson 指数和 Shannon-Weiner 指数随着风沙化过程的进行而逐步减小，且 Shannon-Weiner 指数以固定沙丘到半流动沙丘过程减少幅度较大，由 3.208 到 2.379，减小值为 0.829。以上说明风沙化是一个物种丰富度逐渐降低的过程，且减少最多、最快时期是固定沙丘到半流动沙丘阶段，也就是说半流动沙丘是风沙化过程中一个重要的转折点，这一点与国内其他研究者的结论也是相符合的。Simpson 指数减少的幅度不大，表明风沙化过程各阶段物种分布均匀，另外，群落均匀度指数变化特征也反映这一点。

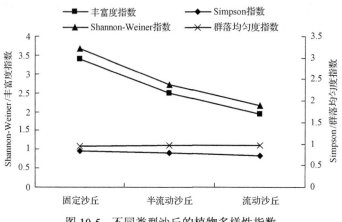

图 10-5 不同类型沙丘的植物多样性指数

3) 风沙化过程中植物出现频率变化

从不同沙丘植物种出现频率的多样性指数（表 10-11）看，流动沙丘的植物组成是以共有种为主，Simpson 指数和 Shannon-Weiner 指数分别为 0.829、1.547，稀有种只有一种，多样性指数最低；固定沙丘则是特有种占据主导地位，Simpson 指数和 Shannon-Weiner 指数分别为 0.923、2.703；半流动沙丘主要为共有种和稀有种；此外，流动沙丘和半流动沙丘特有种基本没有分布，在固定沙丘中却占有优势地位。因此，风沙化过程中，固定沙丘到半流动沙丘物种丧失最多的是特有种，而半流动沙丘到流动沙丘主要是稀有种。国内外的经验表明，种植植物是治沙经济有效的措施之一。从植物演替的角度看，保护固定沙丘的特有种和种植一些与其特殊生境相适应的植物，有利于阻止植物的逆向演替，对于防治土地风沙化和植被恢复具有重要意义。

表 10-11 不同沙丘植物种出现频率特点

植物出现频率	流动沙丘		半流动沙丘		固定沙丘	
	Simpson 指数	Shannon-Weiner 指数	Simpson 指数	Shannon-Weiner 指数	Simpson 指数	Shannon-Weiner 指数
特有种	—	—	—	—	0.923	2.703
稀有种	—	0.347	0.800	1.694	0.770	1.515
共有种	0.829	1.547	0.798	1.680	0.802	1.658

3. 生活型

生活型是生物对外界综合环境的长期适应,而在外貌上反映出来的类。因此,对植物生活型的研究,可以分析一个地区或某一个植物群落中植物与其生境(特别是气候)的关系。本书植物生活型划分,依据丹麦植物学家 Ranvkiaer 的生活型分类系统。

1) 风沙化过程沙生植物生活型特点分析

从分析结果(图 10-6)可以看出,各阶段的植物生活型组成差异明显,流动沙丘主要是高位芽植物和地下芽植物,其 Shannon-Weiner 指数达到 1.155,占流动沙丘 Shannon-Weiner 总指数的 60.98%;半流动沙丘则是以一年生植物占据优势地位,其 Shannon-Weiner 指数 1.001,占总指数 42.08%;固定沙丘以高位芽植物和一年生植物为主,其 Shannon-Weiner 指数 1.964,占总指数的 61.22%。流动沙丘地表沙粒受风的影响易流动,不宜于植物种子的滞留,一年生植物在此阶段分布极少,也可能是流动沙丘表层(0~30cm)有机质等营养物质含量低于深层(30~60cm),地表温度高蒸发量大,含水量低等原因造成的,而一些地下芽植物能够依靠地下水在此阶段定居生存。随着植被覆盖度增加,地表粗糙度加大,外界传播来的种子更容易滞留,以种子越冬的一年生植物,竞争能力更强而定居下来,成为半流动沙丘的优势种群。到固定沙丘阶段,土壤理化性质明显改善,此时的植物生活型主要是高位芽植物和一年生植物。相反,也是由于上述原因,植物在风沙化过程中生活型的变化主要表现为:一年生植物的减少,地下芽植物的增加,且变化幅度较大的阶段为半流动沙丘至流动沙丘阶段。

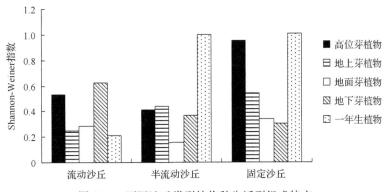

图 10-6　不同沙丘类型植物种生活型组成特点

2) 风沙化过程沙生植物生活型谱特点分析

鄱阳湖滨湖沙地植物生活型谱(表 10-12),高位芽植物 49 种,居首位,达 42.61%,其次为一年生植物 23 种,占 20.00%。表现为该区植被具有亚热带荒漠属性。鄱阳湖气候条件为中亚热带湿润气候,其特点是夏季湿润多雨,冬季干旱少雨,占优势的高位芽植物大体上反映了该区域的地理气候条件,但由于沙地的保水性差,冬季干旱少雨,以种子越冬的一年生植物更适应其特殊的环境,因此该区域植物生活型谱较典型的亚热带气候植物生活型谱,一年生植物比重有所增加。

表 10-12　鄱阳湖滨湖沙地植物生活型谱

生活型	高位芽植物	地上芽植物	地面芽植物	地下芽植物	一年生植物
种数	49	15	16	12	23
占总种数/%	42.61	13.04	13.91	10.43	20.00

注：鄱阳湖滨湖蕨类植物及栽培的林木记录到 14 种，不列入生活型统计范围之内。

鄱阳湖沙地具体分布在彭泽县、红光、湖口县老召山、都昌县多宝、星子县沙山及新建县厚田等地，本章调查的范围主要集中在都昌县多宝，并没有对鄱阳湖滨湖所有分布的沙地进行植物多样性调查。因此，在沙地植物组成特点上，调查结果与鄱阳湖沙地植物组成存在一定的偏差(段剑等，2013)。

10.3　沙地治理技术

10.3.1　材料与方法

1. 植物配置试验方法

1)试验设计

在都昌县多宝沙山选择试验样地进行了沙地植被恢复试验，主要为试验引种江西省水土保持重点治理工程中常用的狼尾草、棕叶狗尾草、狗牙根草坪、宽叶雀稗等草本植物在鄱阳湖滨湖沙地中的适生性以及对沙地生境的改变效果。在多宝沙山一半固定沙丘(29°24′23.0″N，116°5′53.2″E)设置了 20m×30m 的样地 13 处，措施配置如表 10-13 所示。其中，湿地松、枫香、胡枝子、刺槐为 2009 年栽植，间隔 50cm，行距 1m。草本植物为2010 年后进行试验，狼尾草、棕叶狗尾草、宽叶雀稗均采用挖沟条播方式，播种时拌壤土和氮磷钾复合肥，在原有配置中间播种，行距 1m，播种量约 5g/m²。草坪采取前期定期浇水、后期不浇水管理方式，草种采用不浇水管理方式。

表 10-13　沙地植被恢复试验措施配置

样地	措施配置	布设时间
1	湿地松+狼尾草	2010 年 4 月
2	湿地松+棕叶狗尾草	2010 年 4 月
3	刺槐+枫香+狼尾草	2010 年 4 月
4	湿地松+胡枝子+狼尾草	2010 年 4 月
5	湿地松+胡枝子+宽叶雀稗	2011 年 4 月
6	湿地松+枫香+狼尾草	2010 年 4 月
7	湿地松+枫香+狗牙根草坪	2010 年 6 月
8	胡枝子+狼尾草	2010 年 4 月
9	湿地松+刺槐+狼尾草	2010 年 4 月
10	湿地松+刺槐+棕叶狗尾草	2010 年 4 月
11	枫香+狼尾草	2010 年 4 月
12	枫香+狗牙根草坪	2010 年 6 月
13	刺槐+棕叶狗尾草	2010 年 4 月

2) 测试及分析方法

调查植被盖度, 刈割草本的地上部分并称重, 带回室内置于 85℃烘箱烘至恒重, 称重, 换算出单位面积生物量干重。采用 S 形取样取土样测定土壤养分含量, 其中有机质采用重铬酸钾法, 全氮采用硫酸—高氯酸法, 全磷采用高氯酸—硫酸酸溶—钼锑抗比色法。

选取丰富度(R)、Gleason 丰富度指数(I)、Shannon-Weiner 多样性指数(H), 衡量物种多样性特征。

2. 沙障工程试验方法

1) 沙障试验区的布设

通过试验, 设置了蔓荆沙障试验区、玉米秸秆沙障试验区(图 10-7)和裸露对照三种处理。按照就地取材原则及考虑区域植被特点等, 选择玉米秸秆和单叶蔓荆作为布置沙障的材料。于试验区内裸露流动沙丘, 选择立地条件一致的区域, 划分为蔓荆沙障试验区、玉米秸秆沙障试验区和裸露对照区。各试验区间隔 20m 以上的距离, 保证各试验区之间互不影响。试验区的情况如下。

图 10-7 玉米秸秆沙障试验区

(1)蔓荆沙障试验区

试验区面积 20m×30m。蔓荆沙障制作可选取 1~2 年生健壮枝条, 枝条梢端 30cm 去掉不要, 留下的截成每枝 50cm 长, 选择阴雨天气, 当天扦插, 按株行距 0.6m×1m 规格, 挖 35cm 深的穴, 将蔓荆枝条粗的一头成 45°斜插入穴, 方向为坐北朝南, 填沙踩实, 枝条露出地面 5cm。本书选取天然蔓荆沙障样地。

(2)玉米秸秆沙障试验区

试验区面积为 20m×30m。沙障间距为 2m×2m, 玉米秸秆埋入土内 30cm, 露出土面 30cm。

(3)裸露对照试验区

试验区面积 20m×30m。立地条件一致的裸露流动沙丘。

2)试验内容

通过对比试验，测定蔓荆沙障、玉米秸秆沙障地块与裸露对照地块的养分含量、年风沙侵蚀厚度、侵蚀量、不同高度起沙风速及理化指标，从而分析玉米秸秆沙障和蔓荆沙障对沙地生态环境的影响，评估其阻沙固沙和改良土壤作用，具体开展以下试验内容。

(1)沙障的固沙阻沙效应

在玉米秸秆沙障、蔓荆沙障和裸露对照地块进行定位观测，同时观测起沙风速、风速和积沙。风速观测使用便携式手持风速仪，设置高度为 50cm 和 200cm，每次观测记录取 15 次，取读数的均值。观测点的设置：玉米秸秆沙障和蔓荆沙障地块设置在沙障中间；积沙观测使用测桩法，每一测点埋 5 个固定桩观测积沙或风蚀厚度。

(2)沙障的改良土壤效果

于实施后第二年 7~8 月份，在玉米秸秆沙障、蔓荆沙障和裸露对照地块内，多点(S形)采集 0~40cm 土层混合土样分析测定土壤理化性质。

(3)沙障对地表温度和湿度的影响

于 7 月中旬在地块内用地温计测定地表和土壤温度。

10.3.2　植物配置措施试验

1. 植物种类

滨湖沙地由湖岸沙滩向内陆延伸由流动沙丘向半流动沙丘乃至固定沙丘方向过渡，沙生植被覆盖度逐渐增大。在流动沙丘和半流动沙丘上零星生长小灌木单叶蔓荆、狗牙根，固定沙丘植物种类较丰富，其紧靠半流动沙丘的地带主要为单叶蔓荆、狗牙根、白茅、茵陈蒿、球柱草、假俭草和结缕草组成的灌木或草本群落，再向内延伸则又出现美丽胡枝子、小果蔷薇、黄荆、紫珠、野花椒等灌木以及马尾松、算盘子、乌桕、枫香、枸骨等幼树幼苗，并人工种植刺槐、湿地松、桃等，但是植物群落垂直结构简单，一般为单层或双层，极少为乔灌草三层。

从植物配置试验样地对本土植物频度的分析结果来看(表 10-14)，调查发现试验样地共有滨湖沙地乡土植物 19 种，频度较高的为假俭草、鹤草、飞蓬、丛枝蓼、升马唐、瞿麦、单叶蔓荆等，说明这几种植物在鄱阳湖沙地固定沙丘中的适生性较好。

表 10-14　试验样地各植物频度和相对频度值

种名	频度	相对频度/%
球果薯菜	0.417	5.155
飞蓬	0.750	9.278
单叶蔓荆	0.583	7.216
徐长卿	0.167	2.062
丛枝蓼	0.667	8.247
乳浆大戟	0.500	6.186
瞿麦	0.583	7.216

续表

种名	频度	相对频度/%
鹤草	0.750	9.278
升马唐	0.583	7.216
假俭草	0.917	11.340
了哥王	0.250	3.093
茵陈蒿	0.333	4.124
酢浆草	0.333	4.124
商陆	0.333	4.124
虎尾草	0.250	3.093
戟叶堇菜	0.167	2.062
知风草	0.167	2.062
扁担杆	0.083	1.031
芦苇	0.250	3.093

2. 植被覆盖度

从图 10-8 可以看出，在 2009 年 5 月植被恢复试验之前，各样地覆盖度均很低，都在 5% 以下。经引种耐旱型乔、灌、草植物后，乔、灌长势不明显，草本植物的发芽率都较高，能达到快速覆盖的效果。尤其是湿地松+胡枝子+狼尾草配置措施在种植当年 2010 年 5 月覆盖度达 85.1%，湿地松+刺槐+棕叶狗尾草覆盖度达 92.3%；狗牙根草坪长势良好，种植当年覆盖度都在 90.2% 以上；宽叶雀稗在沙地中的发芽率最低，样地覆盖度只有 35.1%。但是由于鄱阳湖滨湖沙区气候条件恶劣，夏季高温时间长，地表温度常达 50℃ 以上，冬季干旱多风，风沙活动频繁，因此各样地的植被保存率并不高，导致各样地植被覆盖度均比种植当年减少，仅样地 4、7、12 覆盖度在 50.0% 以上，样地 12 的覆盖度为 70.0%，说明狗牙根在鄱阳湖沙地中的适生性较强。

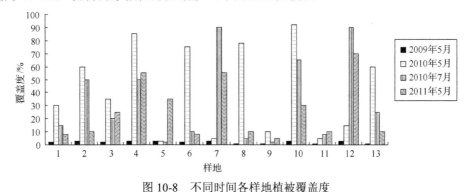

图 10-8　不同时间各样地植被覆盖度

3. 草被生物量

由表 10-15 可知，在植物成熟期过后，2010 年 11 月选择部分样地取样测得狼尾草和棕叶狗尾草等草被地上高、根长和生物量。狼尾草地上高在 13.1～33.2cm，根长在 9.2～14.3cm；棕叶狗尾草地上高 33.2～78.5cm，根长 11.3～24.3cm；狗牙根地上高 15.2～22.3cm，根长在 10.2～14.3cm；须根均较多，具有较好的固沙效果。相比样地 10 和 13 的棕叶狗尾草，其他样地中狼尾草的成活率均很低，在 10%以下。10 和 13 样地中棕叶狗尾草的生物量分别为 243.0g/m²、184.0g/m²，含水率也较高，分别为 9.2%、8.2%，说明棕叶狗尾草的引种当年能够起到增加覆盖、涵养水分的作用。

表 10-15　草被生物量及含水率

样地	1	3	4	6	8	9	10	13
生物量干重/g	30.7	5.9	20.4	25.6	51.1	8.0	145932.0	110478.0
含水率/%	4.4	1.2	4.9	4.8	4.8	1.6	9.2	8.2

4. 土壤养分含量

2010 年 7 月和 2011 年 7 月分别对样地 0～20cm 深度土壤取样，因沙粒主要成分是石英、云母，石英含量高，致使沙土质粗糙，肥力特别贫瘠。沙粒粒径一般在 0.1～1.0mm，pH 在 4～6，变化不大。养分含量测试结果如表 10-16 所示，可见沙地土壤肥力缺乏，各样地土壤全氮、全磷、有机质含量均很低且相差不大，2010 年平均值分别为 0.28g/kg、0.08g/kg、1.75g/kg，2011 年平均值分别为 0.38g/kg、0.14g/kg、2.49g/kg，因植被恢复试验后只有一年时间，植被对土壤的改良效果并不显著，但整体而言各样地养分含量略有提高。一方面，林草凋落物腐烂后可增加土壤养分质量分数，另一方面，植物根、茎、叶能够减少沙地水蚀、风蚀的产生从而保持土壤养分。说明植被恢复具有保土改土效果，但短期内无法快速改良土壤，需要长时间的累积。经植被恢复试验后有机质、全氮、全磷含量最高的样地分别为枫香+狗牙根草坪、湿地松+刺槐+棕叶狗尾草、刺槐+枫香+狼尾草，这与草本植物成活率和植被覆盖度高有一定关系。

表 10-16　各样地土壤养分含量　　　　　　　（单位：g/kg）

样地	时间	全氮	全磷	有机质	样地	时间	全氮	全磷	有机质
1	2010.7	0.32	0.09	1.81	8	2010.7	0.13	0.06	1.70
	2011.7	0.23	0.17	3.54		2011.7	0.14	0.11	1.68
2	2010.7	0.34	0.07	1.21	9	2010.7	0.11	0.09	1.23
	2011.7	0.20	0.21	1.31		2011.7	0.14	0.14	2.52
3	2010.7	0.61	0.06	0.57	10	2010.7	0.16	0.07	3.47
	2011.7	0.98	0.21	3.38		2011.7	1.30	0.14	3.11
4	2010.7	1.13	0.09	2.17	11	2010.7	0.13	0.10	2.02
	2011.7	0.99	0.08	2.83		2011.7	0.10	0.15	2.03
5	2010.7	0.13	0.08	1.64	12	2010.7	0.12	0.13	1.56
	2011.7	0.14	0.06	1.83		2011.7	0.07	0.14	3.59
6	2010.7	0.15	0.06	1.78	13	2010.7	0.15	0.08	1.45
	2011.7	0.18	0.12	1.61		2011.7	0.20	0.17	2.60
7	2010.7	0.18	0.08	2.17					
	2011.7	0.22	0.08	2.32					

5. 植物多样性

植被恢复试验后，于 2011 年 7 月和 2013 年 9 月进行植被恢复多样性调查，发现相比之前裸露的沙地，各试验样地的物种丰富度和生物多样性都有所增加，已形成一定的植物群落。丰富度是群落物种多样性直接的表达特征，试验样地物种数、丰富度 Gleason 指数均较低，说明此时试验地的植被组成成分仍比较简单，最大的是样地 3、4、7，物种数和 Gleason 丰富度指数分别为 13、2.03，是最小值的 2 倍；仅 5、6 样地的物种数和 Gleason 丰富度指数先增加后减少。一定程度上说明，随着时间序列的演替，刺槐+枫香+狼尾草、湿地松+胡枝子+狼尾草、湿地松+枫香+狗牙根的配置有利于物种数的增加；而湿地松+胡枝子+宽叶雀稗、湿地松+枫香+狼尾草草坪两种配置在物种丰富度上有降低的趋势，其植物群落表现出了一定的逆向演替趋势。

多样性指数可以较好地反映个体密度、生境差异、群落类型和群落中物种数目多少。如图 10-9 所示，Shannon-Weiner 多样性指数较大的是样地 6（湿地松+枫香+狗牙根草坪）、7（湿地松+枫香+狼尾草）、12（枫香+狗牙根草坪），分别为 1.89、1.79、1.78，是最小值的近 2 倍，沙地植物调查中固定沙丘的优势草种均有出现。结合对覆盖度及养分含量的分析，可以认为狗牙根作为乡土草种适合于当地的自然条件，乔+草的配置模式能够优化植物群落结构，以实现生态效应的优化。

此外，种植的狼尾草、棕叶狗尾草、宽叶雀稗虽然在后期的植被演替过程中被淘汰，但是这类植物对于植被恢复和重建具有重要意义，可以作为良好的先锋物种，迅速增加

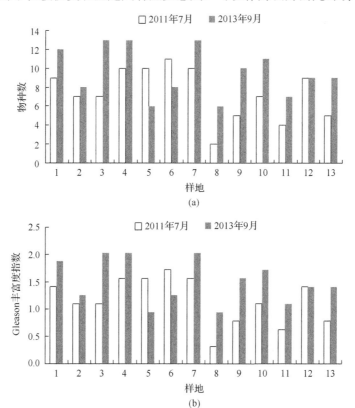

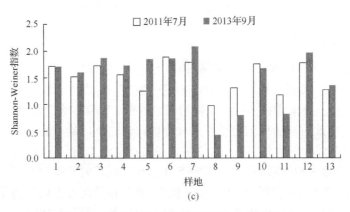

图 10-9 各样地植被恢复群落生物多样性比较

沙地表面的粗糙度，改良沙地土壤环境（如有机质、水分等），增加土壤种子库的滞留，随着沙地生境的改善，球柱草、假俭草、鸭跖草、球果蔊菜、鹤草、乳浆大戟子、酢浆草等一些植物传播入内，植物多样性增加，同时，植物多样性的增加也促进其生境的改良，达到良性循环和相互促进的效果。

鄱阳湖沙地植被恢复应建立在依靠自然力基础上，不可能全部通过人力去改善环境，这就要求种植的植物要具有较高耐旱性和耐瘠性，同时要具有较好的改善环境的能力。植被恢复的初步试验结果表明狼尾草、棕叶狗尾草、狗牙根、宽叶雀稗等草本植物在鄱阳湖滨湖沙地中能够起到一定的增加植被覆盖、改良土壤、增加物种多样性的作用，但狼尾草、棕叶狗尾草、宽叶雀稗等外来种的成活率不高，狗牙根、假俭草在沙地中的适生性较强，可以作为改善沙地环境的先锋植物。

10.3.3 沙障工程试验

荒漠化防治的一种重要手段是机械固沙，即通过各种工程设施的建设，对风沙起到固、阻、输、导的作用，达到防止风沙危害的目的。其中最具有代表性的一种工程就是沙障的设置（表 10-17）。众多专家学者都对麦草方格沙障进行了相关研究，表明麦草方格沙障有很好的防风固沙效应；但是，有些沙区应用麦草方格的成本很高。另外，目前用做沙障的材料多种多样，在沙障防沙治沙过程中，对沙障材料的选择存在盲目性。能否找出一种适用于当地、防风固沙效果好且成本低的沙障材料，成了一些沙区亟需解决的问题。

1. 不同类型沙障比较

1）对土壤含水率的影响

图 10-10 为玉米秸秆、蔓荆沙障和裸露对照区内 0～60cm 不同层次土壤含水量分析结果。与裸露对照比较，玉米秸秆沙障内不同土壤层次土壤含水率没有明显变化，在 4.71%～6.72%范围内变化；蔓荆沙障在 0～20cm、20～40cm、40～60cm 层次土壤含水率有所提高，达到显著差异（$P<0.05$，下同），增幅在 5.75%～18.05%。同时两种沙障土壤含水率也在 0～20cm、20～40cm、0～60cm 土壤层次表现出显著差异。说明沙地 0～60cm 土壤含水率随

表 10-17　沙障的分类依据及类型

分类依据	沙障类型	分类依据	沙障类型
设置后能否繁殖	活沙障	设置方式	平铺式
	死沙障		直立式
降高不同	高立式	能否移动	固定沙障
	低立式		可移动沙障
	隐蔽式	半人工材料	煤矸石、旧枕木柱、荆笆等
透风情况/孔隙度	通风型	人工材料	聚乳酸纤维、聚酯纤维、塑料(聚乙烯)、尼龙网、
	疏密型		水泥、沥青毡、高分子乳剂、棕榈垫、无纺布、土工格栅、
	紧密型		土壤凝结剂、覆膜沙袋阻沙体等
设置后的形状	格状式	天然材料	黏土、砾石、麦草、芦苇秆、沙柳、棉花秆、沙蒿、锦鸡儿、
	带状式		玉米秆、胡麻秆、山竹子、小叶杨、旱柳、碱蓬、东疆沙拐枣、
	其他		芨芨草、花棒柠条、紫穗槐等

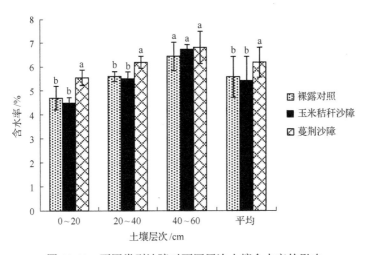

图 10-10　不同类型沙障对不同层次土壤含水率的影响

不同字母表示在同一土壤层次不同试验处理之间差异显著，$P < 0.05$

土壤深度的增加而增加；在沙障的实施期内，玉米秸秆沙障对于土壤含水率的提高无明显作用效果；除 40～60cm 深层土壤外，蔓荆沙障对于土壤含水率的提高具有显著效果。因此，从提高沙地土壤含水率的角度看，蔓荆沙障效果明显，而玉米秸秆沙障无明显效果，或者说在改善土壤蓄水能力方面，蔓荆沙障的时效性比玉米秸秆沙障要快。

2) 对土壤有机质含量的影响

促进沙地土壤有机质含量增加是防风固沙的一种有效手段。从玉米秸秆和蔓荆沙障内不同层次土壤有机质含量的分析结果(图 10-11)看，两种沙障内 0～20cm 表层土壤有机质含量分别是裸露对照的 3.62、22.24 倍，具有显著的改良效果；而 20～40cm、40～60cm 深层次土壤有机质含量未表现出显著差异。这可能是布设沙障后增加了地表粗糙度，增加了植物枯枝落叶的滞留性，尤其蔓荆沙障枯落物和根系对表层土壤有机质含量的增加起着重要作用。因此，从有机质含量角度看，在沙障的实施期内，玉米秸秆沙障和蔓荆沙障对深层土壤无明显作用，对表层土壤均具有明显的改良效果，但蔓荆沙障效应程度更大，其增幅是玉米秸秆沙障的 6.14 倍。

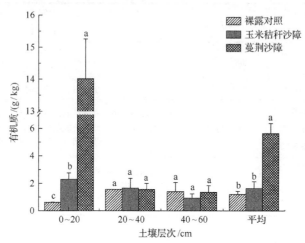

图 10-11　不同类型沙障对不同层次土壤有机质含量的影响

不同字母表示在同一土壤层次不同试验处理之间差异显著，$P<0.05$

3）对沙地土壤氮磷含量的影响

从两种沙障的土壤养分含量分析结果（图 10-12）可知，玉米秸秆沙障对土壤全氮、全磷、碱解氮和速效磷含量均无明显作用；蔓荆沙障除对土壤全氮无明显作用外，能有效提高全磷、碱解氮和速效磷含量。两种沙障对于 0～20cm 表层土壤养分含量的影响规律一致，即蔓荆沙障具有显著的改良效果，其全氮、全磷、碱解氮和速效磷含量分别是裸露对照的 2.47 倍、3.58 倍、8.14 倍、8.86 倍，而玉米秸秆沙障无明显作用效果。两种沙障在 20～40cm 层次土壤全氮、全磷和速效磷含量上有一定的变化，但经方差分析，未达到显著性差异；土壤碱解氮含量则表现为蔓荆沙障差异显著，玉米秸秆沙障无明显作用。两种沙障对 40～60cm 层次土壤的全氮含量无明显作用，土壤全磷、碱解氮和速效磷含量则表现出与 0～20cm 层次土壤类似的规律。因此，从土壤养分改良的角度看，蔓荆沙障的改良效应程度显著大于玉米秸秆沙障。

2. 蔓荆沙障试验研究

1）对沙地风速的影响

由图 10-13 可知，覆盖度为 15% 和 55% 的蔓荆沙障均能有效降低风速。在距离地面 50cm 处，覆盖度为 15% 和 55% 的蔓荆沙障试验区的平均风速分别为裸露对照区的 85.9% 和 66.3%，降幅分别为 14.1% 和 33.7%；在距地表 200cm 处，风速也有较为明显的降低，覆盖度为 15% 和 55% 的蔓荆沙障的平均风速分别为裸露对照区的 90.1% 和 82.0%，能有效减少沙地的风蚀。这是因为蔓荆沙障对气流产生阻挡和分割作用的结果。当气流沿地表流动时，遇到有蔓荆生长的沙地，一方面由于植被的存在粗化了地表，阻挡了气流的前进；另一方面植物茂密的枝叶，把气流分割成若干小涡旋，消耗了气流动能，使气流下降，因而风速也随之降低。

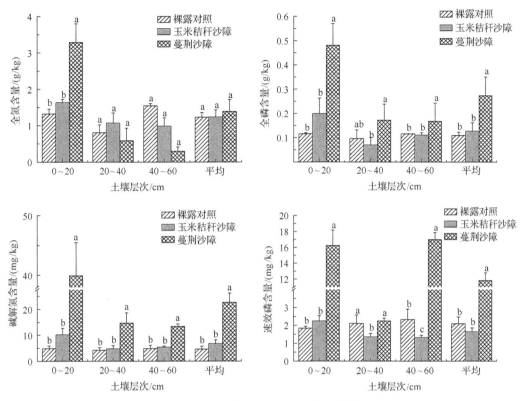

图 10-12　不同类型沙障对沙地不同层次土壤养分的影响

不同字母表示在同一土壤层次不同试验处理之间差异显著，$P<0.05$

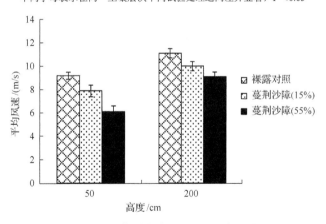

图 10-13　蔓荆沙障对沙地风速的影响

2）固沙阻沙效益

表 10-18 是植株高 0.6m，覆盖度 70%的蔓荆沙障的观测结果。由表可知，沙地种植蔓荆后，风沙流结构明显改变，贴地层沙量显著增加，使大部分沙粒沉降于地表，减小了沙丘的前移速度。与裸露对照相比较，距离沙障边缘距离 2m、5m、10m、20m 处，无论是 0.5m 还是 2.0m 高的风速都显著降低，为裸露对照的 20.7%～65.5%，且降幅随距离的增大而减小。此外，0～20cm 的输沙量也急剧减少，且降幅随距离的增大而减小，在

距离蔓荆沙障 2m 处，输沙量由 $1.28g/(cm^2 \cdot min)$ 变为 $0.00302g/(cm^2 \cdot min)$。因此，蔓荆沙障具有良好的阻沙效益。

表 10-18　蔓荆沙障林内风速及输沙量

项目	观测高度	单位	裸露对照	距沙障边缘的距离/m			
				2	5	10	20
风速	2.0m	m/s	11.0	5.8	6.4	7.0	7.2
		为裸露对照的%	100	52.7	58.2	64.4	65.5
	0.5m	m/s	9.2	1.9	3.2	3.1	3.3
		为裸露对照的%	100	20.7	34.8	33.7	35.9
输沙量	0~20cm	$g/(cm^2 \cdot min)$	1.28	0.00302	0.00812	0.00792	0.01

蔓荆属亚热带沙生灌木，根系发达。据调查，2 年生蔓荆单株根系平均重可达 0.86kg，为地上部分生物量的 2 倍，根系长可达 1.6m，根系分布范围约 $1.10m^2$。由于蔓荆根系须根多，且呈网状分布，沙土受植物根系存在的影响而被固定。流动沙丘治理经验表明，种植蔓荆等强阳性、耐干旱、根系发达的先锋植物后，结合营造湿地松等乔木树种，5 年后，流动沙丘即可固定成为固定沙丘。植物生长，覆盖度增加，使沙丘位移减缓的同时也能减小风蚀危害。

星子县的观测数据表明，覆盖度为 10%~20% 的蔓荆沙障，年平均风蚀模数为 $24757t/km^2$，而在覆盖度为 40% 的蔓荆沙障，年平均风蚀模数只有 $2920t/km^2$，前者为后者的 8.5 倍。因此，蔓荆沙障具有良好的固沙效益。

3) 对温湿度的影响

沙地土壤温度昼夜温差大，含水率小，比热小，土体松散。白天在阳光的照射下，土壤温度升高较快而高，夜间土壤散热迅速，温度降低较快而低。在夏季酷暑烈日暴晒下，裸露对照沙地表土温度可达到 70℃ 以上，昼夜温差极大，使沙地生态环境变得十分恶劣；而蔓荆沙障由于枝叶对太阳辐射及地面热辐射的吸收和阻隔作用，土壤温度变化幅度变小，地表温度大为降低，空气湿度也相应增加(图 10-14)。蔓荆沙障地表极端最低温度与裸露对照地无明显差异，而极端最高温差相差 15~18℃，裸露对照地最高温度可达 72℃，蔓荆沙障地最高温度为 55℃，由于温度的降低，蔓荆沙障地的空气湿度也稍有增加。

试验结果表明：在沙障实施期内，蔓荆和玉米秸秆沙障均具有良好的防风固沙效应。从土壤含水率的角度看，蔓荆沙障能显著增加土壤的含水量，而玉米秸秆沙障无明显效果，或者说在改善土壤蓄水能力方面，蔓荆沙障的时效性比玉米秸秆沙障要快，且因秸秆仍未腐烂，蔓荆沙障对土壤有机质及 N、P 养分含量的改良效益优于玉米秸秆沙障，所以短期内蔓荆沙障的效果更好。

从废弃物利用的角度，鄱阳湖沙山地区农村的稻草、棉花、玉米秸秆都可利用作为沙障材料，对防风固沙、改良土壤起到一定的作用。

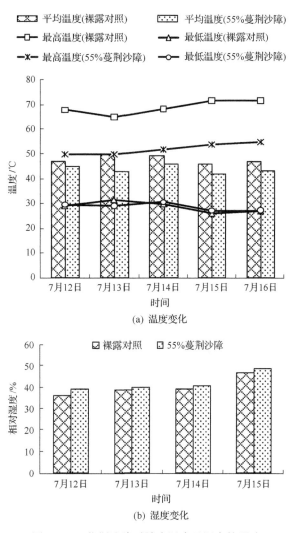

图 10-14 蔓荆沙障对地表温度及湿度的影响

平均温度为当日 8 时、14 时、18 时三个时刻观测值的平均值

10.3.4 沙地综合治理技术及效益

沙地的风沙化过程可分为 3 个阶段：潜在风沙化阶段、正在发展中的风沙化阶段和严重风沙化阶段，其对应的沙地类型为固定沙丘、半流动半固定沙丘和流动沙丘。根据试验和总结，针对鄱阳湖滨湖沙地不同类型，分别提出其生态保护与修复的技术方法。

1. 流动沙丘治理技术

1) 蔓荆修复技术

蔓荆属马鞭草科牡荆属，是一种伏地或倾斜的多年生落叶灌木，多生于湖滨、海边、细沙洲、河畔及沙滩，是一种随沙生长、适应性很强的植物。实验表明，其具有耐干旱、耐瘠薄、耐盐碱、易管理的特点，尤为流沙地区生长茂盛，具有越冬、越夏率高，萌发力强，分蘖率高，生长迅速，覆盖度大等特点(杨洁和左长清，2004)。因蔓荆适宜在流沙环境中生长，所以在流动沙丘中将其作为滨湖沙地生态修复的重要技术手段。蔓荆匍匐茎被流沙埋后能生长不定根，向四周延伸，有效阻止流沙的移动，起到良好的固沙作用，而且每年有大量枯叶落叶归还于沙地，积累养分，促使流动沙丘生境改变。

2) 湿地松修复技术

湿地松是一种适合沙化土地生态系统重建的植物，它对土壤的水分和养分条件要求较低，可以通过发达的根系从土壤中吸收水分和营养来维持自身正常代谢活动，表现出耐旱、耐贫瘠和固沙能力强等特性，其树冠茂盛，树干通直，抗风能力强，不仅可以提高沙丘覆盖率，还可以减小风对沙地的侵蚀(曹昀等，2017)。但湿地松因物种单一、病虫害的威胁等原因在沙化土地恢复中还存在一些问题，在生态修复中栽种湿地松的同时，需辅以乡土先锋植物，以增加生物多样性，提高沙土微生物的数量和酶活性。同时，需注意病虫害的防治，适当接种菌根剂，以促进湿地松的生长。

3) 防风固沙林修复技术

流动沙丘的自然环境最为恶劣，林带的作用在于防风，防风的目的在于固沙。鄱阳湖滨湖沙地主要的水土流失类型是风力侵蚀，特别是靠湖岸线一带，常受大水域"狭管效应"所致暴风冲击较大，因此对于流动沙丘滨湖湖岸线防风固沙林布局应力求成片，三级网络，草、灌、乔齐上，层层控制。

防风固沙林主要以湿地松为主，但要避免单一的树种，需以湿地松为主要建群种，并套种枫香、蔓荆、胡枝子、杉木、木荷等灌草物种和土著先锋树种，形成乔-灌-草立体化针阔混交防风固沙林带。

2. 半流动半固定沙丘治理技术

1) 植草修复技术

植被恢复的试验表明狼尾草、棕叶狗尾草、宽叶雀稗等外来种的成活率不高，狗牙根在沙地中的适生性较强。但是狼尾草、棕叶狗尾草、狗牙根、宽叶雀稗等草本植物在鄱阳湖滨湖沙地中能够起到一定的增加植被覆盖、改良土壤、增加物种多样性的作用(莫明浩等，2012)。所以沙地植被恢复中植草修复技术是其最为重要的关键技术之一，假俭草、狗牙根等乡土草种可以作为改善沙地环境的先锋植物，植草修复是半流动半固定沙丘生态修复的有效手段。

2) 灌草结合的修复技术

半流动沙丘仍受风沙流的影响，所以需要依据当地的立地条件，结合原生树种的生物学和生理学特性采用灌-草结合的生物固沙技术，生态修复中选择灌木主要是为了防止风力侵蚀的影响，更好地固沙。实施中可以采用蔓荆、胡枝子、茵陈蒿、剑麻等适生灌木密植的方式形成生物沙障，在风沙区外围以固定沙块减小风速，内部采用植草和草、灌混交的方式进行生态修复，充分发挥植物措施的优良性和互补性。

3. 固定沙丘治理技术

1)封禁治理

生态修复的核心是通过减少人为干扰、依靠植被的自然恢复从而恢复其生态系统功能，实现改善生态环境的目标。鄱阳湖沙地植被恢复应建立在依靠自然力基础上，不可能全部通过人力去改善环境。相比而言，固定沙丘受风力侵蚀影响较小，自然环境相对较好，虽然存在季节性干旱，但是雨量丰沛，适合耐旱植物生长，在某些区域植被覆盖度可达 60%以上。因此，在植被覆盖度较高的区域，可以采用封禁治理措施，严禁放牧和人为扰动，"小范围植被恢复、大范围封禁修复"，充分发挥生态系统自我修复能力。

2)发展经济林

鄱阳湖滨沙化土地区周围的群众由于受自然条件和沙害的影响，经济基础薄弱，因此，需要综合利用沙地资源，提高经济效益。因沙地尤其是沙山中荒地较多，而某些经济作物不仅适合而且需要沙生的环境，长势较好，因此，可以在荒山荒地种植有一定价值的经果林和经济作物，如白桃、西瓜、棉花、土豆等，综合利用，促进扶贫攻坚。

4. 生态修复综合治理与利用模式

鄱阳湖滨湖沙地有类似北方沙漠景观，却又有自身的特点和优势。与北方沙漠地区恶劣的自然环境相比，鄱阳湖地区虽然雨量分布不均，但是降雨总量充沛，且雨热同期，光热资源丰富，这些优越的气候条件为治理和利用提供了较好的自然基础。基于鄱阳湖滨湖沙地的特点，可采取一系列的综合治理方式。

1)营造植被生境，修复生态环境

以植物调查为基础，选择耐旱的乡土草本植物，如狗牙根、假俭草、结缕草，以及狼尾草、棕叶狗尾草、宽叶雀稗等保水保土的草本植物作为改善沙地生境的先锋植物，而后配合植物群落向阳性乔灌木自然演替过程的进行，选择速生、耐旱、耐瘠薄的湿地松、刺槐、枫香、木荷、杉木、苦楝、胡枝子、小果蔷薇、黄荆、紫珠、野花椒、算盘子等树种，加速形成乔、灌、草立体结构的稳定的植物群落，以修复生态环境。建立蔓荆、玉米秸秆沙障等，使土壤肥力提高，地表开始出现地衣、苔藓，继而矮草群落渐次落户，植被群落由原来单一植物逐步形成多种植物组成的稳定灌草植物群落。

2)保护生物多样性，促进综合利用

建立封禁区，由固沙先锋植物筑起一道阻拦沙流移动的生物屏障，为生物创造得以生存的环境，结合植物群落的自然演绎和人工引种，可以重建沙地生物多样性。沙地经过改造，生态环境转好，土地生产潜力提高，生物多样性增加，植被演替由低级向高级阶段发展；野生动物在沙地里出现，各种昆虫、鸟类栖息，物种的多样性能够稳定生态系统的健康。

3)调整产业结构，发展多种经营

植物品种优化组合，种养业合理配置，在沙地初步固定后，根据市场需求，集约、

高效地发展多种经营。种植市场对路、适合本地气候条件的农作物，如棉花、西瓜、桃、李、板栗等；发展家禽养殖，减少化学杀虫剂的使用，利用家禽粪培肥地力。

4) 开展宣传教育，强化生态意识

沙地治理除了通过因地制宜的技术手段外，还要注重通过政策引导、法律约束、社会宣传等多方面举措来控制违法行为、提高当地群众生态意识、减少人为干扰，保证生态修复的成果不反弹，实现人与自然的和谐共处。为此，需要以习近平生态文明思想为指导，牢固树立"绿水青山就是金山银山"的理念，通过建立示范基地，采用标语、墙报、印发资料等多种方式进行广泛深入的宣传教育，同时加强技术培训和指导，树立样板，宣传典型，强化意识。

5. 综合治理效益

1) 生态效益

都昌县多宝沙山的试验结果表明在半固定沙丘湿地松成活率为 85%，刺槐成活率在80% 以上，枫香、胡枝子成活率在 70% 以上；湿地松+胡枝子+狼尾草配置措施在种植当年覆盖度达 85%，湿地松+刺槐+棕叶狗尾草覆盖度达 92%；狗牙根草坪长势良好，种植当年覆盖度都在 90% 以上；多样性指数最大的是湿地松+枫香+狼尾草群落、湿地松+枫香+狗牙根群落和枫香+狗牙根群落，沙地植物调查中固定沙丘的优势草种均有出现（莫明浩等，2012）。试验区形成的湿地松、刺槐、枫香、苦楝、蔓荆、茵陈蒿、算盘子、小叶胡枝子、狗尾草、狗牙根、假俭草、鹤草、飞蓬、瞿麦等乔-灌-草多层次立体结构植物群落使得沙地生境明显改善，植被覆盖度由之前的 5% 提高到 70% 以上，形成了适宜植物生长的小气候。

为改善星子县蓼南、蓼花两个乡镇 30km² 风沙区沙山水土环境、治理严重的水土流失，星子县从 20 世纪 50 年代开始曾几次组织大规模的治沙固沙活动，但都因技术、投入等原因收效甚微。近几年，星子县实行"多元投资、集中承包、连片开发、综合治理"的沙山治理管理体制，加大了对沙山治理的投入，形成了治理沙山长效机制。据测算，目前沙山土壤土质的几项主要指标为年均保水量 277.8 万 m³、年平均保土量 7.65 万 t，侵蚀率比治理前下降了 20 倍，表明沙地水土环境有了很大改善。

2) 经济效益

进行鄱阳湖滨湖沙地治理的同时，必须发展经济，加大综合利用，提高人民生活水平。贯彻水土保持以生态效益为主，以短养长的方针，在生态修复的基础上，结合地方特色，可以大力发展种植业、养殖业和加工产业，种植业的秸秆、养殖业的粪便等产物又可循环利用以促进生态修复，增加生物多样性，以此形成鄱阳湖滨湖沙地生态经济可持续利用模式(图 10-15)。

沙地生态保护与修复综合治理作用主要反映在间接经济效益上，通过沙地的治理建设，改变了沙地的恶劣环境，使其向良性循环发展。多层次、多体系的植被覆盖调节了小气候，林草措施可以拦截降雨、涵养水源，保持水土，良好的生态环境为农业生产服务，农田产量稳步提高，除粮食作物增产外，为其他农作物也带来增产效应。

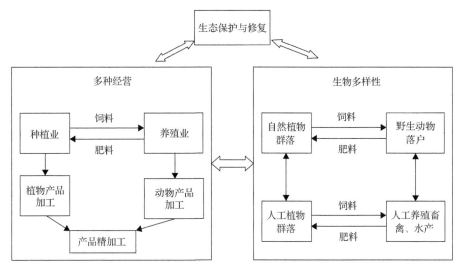

图 10-15　鄱阳湖滨湖沙地生态经济可持续利用模式

在固定沙丘,土壤水分、肥力相对较高,除植树造林外,在地势平缓、水源条件较好的地方栽种以桃树为主的果木林,在都昌县多宝乡水土保持试验站栽种桃树,单株平均产量 5kg 以上;通过施肥、防治病虫害等管理措施,蔓荆籽产量大大提高,平均每公顷可达 90kg;同时,在沙地中种植西瓜、土豆、棉花等经济作物,饲养鸡等家禽,获得了一定的收益;都昌县多宝沙山刘家村,经过多年的治理开发,多种经营,农民人均年收入(4053 元)提高 29%。

3)社会效益

由于水土保持生态修复工程的实施,风起漫天飞沙的现象受到遏制,减少了下游河道的淤积,延长了水库的使用寿命,不再有沙压农田、房屋的现象。风沙区不仅生态环境得到明显改善,而且为当地提供了一个良好的生产基地,土壤理化性状的改良增加了农作物的种植面积,缓解了人多地少的矛盾。随着沙化土地的综合治理、利用,滨湖沙区乡、村都有较大的发展,人民群众生活水平日益改善,社会财富不断增长。

星子县沙湾小流域各项综合治理措施的实施,有效地改善了农业生产条件,减轻了水土流失对土地的破坏,使水土资源得到永续利用,提高了小流域土地产出率、商品率和劳动生产率,为当地农村经济的持续、快速、健康发展奠定了基础条件;通过水土保持治理开发,发展水土保持产业,有效地促进了农村产业结构的调整,提高农业综合生产能力,促进农民增收,加快群众脱贫致富。项目的实施,特别是租赁、承包、拍卖、股份合作制等多种治理开发形式,有效地调动群众治理风沙土地水土流失的积极性,促进了农村社会进步和生态文明的建设,从而全面推动了小流域的经济繁荣和社会发展。

参 考 文 献

曹昀, 陆远鸿, 朱悦, 等. 2017. 湿地松在鄱阳湖区沙化土地恢复中的试验研究. 生态环境学报, 26(5): 741-746.

段剑, 杨洁, 刘仁林, 等. 2013. 鄱阳湖滨沙地植物多样性特征. 中国沙漠, 33(4): 1034-1040.

段剑, 杨洁, 莫明浩, 等. 2013. 鄱阳湖沙地种子植物科属组成及地理成分. 干旱区资源与环境, 27(12): 100-105.

李升峰, 任黎秀. 1995. 鄱阳湖滨沙生植被的初步研究. 植物资源与环境, 4(2): 32-38.

莫明浩, 段剑, 王凌云. 2016. 鄱阳湖滨湖湖沙山区风力侵蚀监测技术探讨. 中国水土保持, (5): 66-68.

莫明浩, 汤崇军, 涂安国, 等. 2011. 鄱阳湖泥沙及沙地研究进展评述. 中国水土保持, (8): 45-47.

莫明浩, 杨洁, 段剑, 等. 2012. 鄱阳湖沙地植物调查及植被恢复试验研究. 人民长江, 43(20): 70-74.

吴征镒. 1991. 中国种子植物属的分布区类型. 云南植物研究, 13(增刊IV): 1-139.

吴征镒. 2003. 《世界种子植物科的分布区类型系统》的修订. 云南植物研究, (5): 535-538.

吴征镒, 周浙昆, 李德铢, 等. 2003. 世界种子植物科的分布区类型系统. 云南植物研究, 25(3): 245-257.

杨洁, 左长清. 2004. 蔓荆在鄱阳湖风沙区的适应性及防风作用研究. 水土保持研究, 11(1): 47-49.

张镱锂. 1998. 植物区系地理研究中的重要参数——相似性系数. 地理学报, 17(4): 429-434.

朱震达. 1986. 湿润及半湿润地带的土地风沙化问题. 中国沙漠, 6(4): 1-13.

左长清. 1989. 论鄱阳湖泥沙淤积及其对环境的影响. 水土保持学报, 3(1): 38-42.

左家哺. 1990. 植物区系的数值分析. 云南植物研究, 12(2): 179-185.

第11章 堤防边坡植草防护技术

鄱阳湖是我国第一大淡水湖,在长江流域的洪水调蓄中发挥着重要作用。鄱阳湖水位受五河来水及长江顶托、倒灌双重影响,汛期持续时间长,洪涝灾害频繁,给湖区人民带来了深重的灾难。湖区圩堤数量众多,堤线总长约 2460km①,是该区工程防洪体系的基础和主体,肩负着保护湖区人民生命财产安全的防洪任务。堤防边坡防护是堤防安全的重要保障,也是堤防除险加固工程建设的重要组成部分。随着经济社会的发展,水生态文明建设成为当今水利改革发展的重要课题。因此,堤防工程不仅需要具备泄洪、排涝的基本功能,同时需要兼顾其景观美学,以及环境与生态效益等功能。在以往的堤防护坡形式上,更多的考虑因素是防洪功能,缺乏环境与生态功能。

随着鄱阳湖生态经济区上升为国家战略,堤防的景观生态护坡已经成为一个研究的热点问题(陈小华和李小平,2007; Qu et al.,2009; 高强和颜学恭,2010)。目前,湖区堤防背水坡多为植草护坡、铺植草皮和土质边坡自然恢复等防护形式,但因草种适应性和竞争性不强及管理不到位等原因,多数圩堤杂草丛生现象普遍,有的还存在较多高秆植物,严重影响堤容堤貌,且易产生虫蚁洞穴,造成安全隐患,并给汛期巡堤查险带来较大困难。而汛期堤防现状检查是防治汛期出现重要险情最为有效的措施之一(贾金生等,2005)。因此,研究提出低矮、匍匐生长、生态优势的护坡草种,构建"防洪、景观美学、环境与生态功能"于一体的堤防生态护坡技术体系迫在眉睫。研究成果不仅能有效改变堤防岸线杂草、杂灌繁多等问题,改善堤防景观,而且有利于汛期堤防查险除险,提高防洪安保,对提高堤防管理水平、降低堤防岸线管理成本提供一定的科学依据,这也契合"水生态文明"建设的大背景。

11.1 堤防植被及土壤种子库

堤防背水坡目前普遍面临着堤身杂草、杂灌繁多的问题,甚至取代了原有的护坡草种。杂草疯长不仅影响堤防景观,而且对日常河道管理工作非常不利,严重影响了汛期查险除险。同时,堤防杂草清除工作消耗大量人力物力,杂草清除后护坡草种如果不能及时繁殖覆盖也会引起水土流失问题。因此,调查了解野外堤防自然植物组成及多样性特点,为堤防护坡草种的选择及有效控制杂草(特别是高秆杂草)具有重要的现实意义。

11.1.1 材料与方法

1. 研究区域

以《鄱阳湖区综合治理规划》中的湖区重点圩堤作为典型研究对象,包括赣东大堤

① 水利部长江水利委员会. 2010. 鄱阳湖区综合治理规划.

樟树段、新干段、南昌县段，丰城市小港联圩，樟树市肖江堤，南昌县蒋巷联圩、三江联圩、清丰山左堤，鄱阳县鄱阳湖珠湖联圩、饶河联圩，九江县长江赤心堤、永安堤，永修县鄱阳湖三角联圩、修河九合联圩、新建廿四联圩、余干信瑞联圩、永修九合联圩和万年中洲圩等 30 余个重点典型堤防，布设了 10m×10m 样地 30 个(图 11-1)。

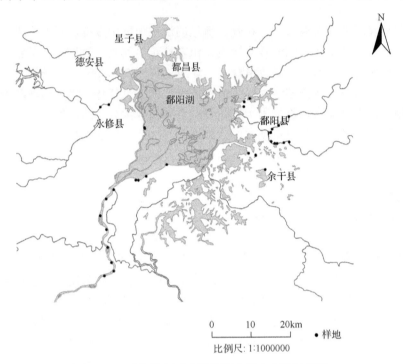

图 11-1　鄱阳湖区重点堤防调查样点布设示意图

2. 研究方法

1) 堤防植物组成

采用线路踏查法，调查记录堤防背水坡的地理位置和出现的植物名称。对现场不能确定名称的植物，采集标本带回室内进行鉴定，并制作成蜡叶标本。

2) 堤防植物多样性特征

根据野外堤防背水坡样地的调查情况，堤防建设加固的土料主要有湖滨潮滩土与山地红黏土。采用样带与样方法，区分不同加固土料，调查堤防植物群落多样性特征。具体方法：研究区域布设了 30 个 10m×10m 样地，在每个样地内，沿对角线方向设置 5 个 1m×1m 草本样方，共计 150 个草本样方。记录样方植物种类、数量、覆盖度和高度等指标。

3) 野外土壤采样

区分不同土料与植草模式，对堤防背水坡土壤种子库进行调查。在每个 1m² 草本样方内，用圆柱形取样器，分 0~10cm、10~20cm，沿主对角线方向，采集 3 个直径 7.8cm、深 10cm 的土柱，混合成 1 个土样，共计 300 个样品。

4）土壤种子库萌发

采用种子萌发法确定土壤种子库密度。野外采集的混合土样用 0.2mm 孔径的土壤筛筛洗，去除土样中的植物根茎、块茎和其他杂物。为了提高土壤中种子的萌发率，一般在萌发试验之前需要对土壤先后进行冷、热处理以助于打破种子休眠，尤其是坚硬的种子。之后将土样浓缩处理，这样可以在相对较短的时间内萌发出大量的幼苗。将土壤充分混匀后平铺到 25cm×20cm×5cm 的萌发盒中，土壤层厚度不超过 1cm 以保证尽量多的种子萌发。盒内提前装入约 3cm 厚的经过 120℃ 烘箱处理 12h 的细沙。

处理好的萌发盒摆放在人工气候箱内，白天温度 25℃、黑夜 18℃、湿度 75%、光周期 12h。每天浇水一次保证土样足够湿润。种子开始萌发后每星期统计一次萌发情况。幼苗鉴定后随即拔除，暂时未能鉴定的需要进行标注后移出另行盆栽直到可以鉴定出种类为止。若连续 2 个月都没有小苗萌发即可认为土壤中所有种子都已萌发，试验就可结束。在种子萌发过程中，为了能使种子尽可能地萌发，通常会在移出已鉴定的幼苗之后，将萌发框中的土壤进行松动。

5）数据处理与分析

植物群落多样性特征分析采用 Margalef 丰富度指数、Simpson 指数、Shannon-Weiner 指数、Pielou 群落均匀度指数（何兴东等，2004；胡胜华等，2006；张金屯，2011；段剑等，2013）。Simpson 指数、Shannon-Weiner 指数、Pielou 群落均匀度指数计算公式见式（10-5）～式（10-7），Margalef 丰富度指数计算公式如下

$$I_{\mathrm{Ma}}=(S-1)/\ln N(2) \tag{11-1}$$

式中，I_{Ma} 为 Margalef 丰富度指数；S 为物种数目；N 为全部物种个体总数。

11.1.2　堤防植物多样性特征

1. 植物组成

通过线路踏查法，对江西省鄱阳湖区的重点堤防背水坡植物组成进行了调查，并整理出植物名录。共统计高等植物 106 种，隶属于 38 科，89 属（表 11-1）。占江西省种子植物（江西省地方志编委会，1964）（303 科、1231 属、4116 种）总科数的 12.54%、总属数的 7.23%、总种数的 2.58%。其中双子叶植物 33 科、66 属、80 种，分别占总科、属、种数的 86.85%、74.16%、75.47%。研究区植物组成中以双子叶植物占据主导地位，裸子植物和蕨类植物分布相对稀少。

鄱阳湖区重点堤防背水坡植物生活型分析结果（图 11-2），发现湖区重点堤防背水坡植物以草本植物为主，共 74 种，占总种数的 69.81%，其中禾草有马唐、狗尾草、狗牙根、假俭草、早熟禾、牛筋草、白茅、结缕草等 19 种，非禾草有节节草、爵床、鬼针草、一年蓬、飞蓬、长萼堇菜、紫花地丁、酢浆草、斑地锦、叶下珠、蛇莓、鸡眼草、破铜钱、积雪草、车前等 55 种；乔木、灌木和藤本植物为 8、21、3 种，占总种数的 7.55%、19.81%、2.83%。

表 11-1　鄱阳湖区重点堤防背水坡植物组成

类别		科数	占总科数/%	属数	占总属数/%	种数	占总种数/%
蕨类植物		2	5.26	2	2.25	2	1.89
裸子植物		1	2.63	1	1.12	1	0.94
被子植物	双子叶植物	33	86.85	66	74.16	80	75.47
	单子叶植物	2	5.26	20	22.47	23	21.70
总计		38	100	89	100	106	100

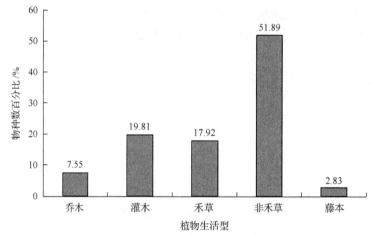

图 11-2　鄱阳湖区重点堤防背水坡植物生活型组成

2. 优势类群

对优势科进行的统计分析结果表明(表 11-2),含 8 种以上的科有禾本科、菊科和大戟科 3 科,占总科数的 7.89%,种数占总种数的 35.85%,是研究区分布最广的优势科。含有 2~8 种的科有蝶形花科、蓼科、蔷薇科、堇菜科、苋科、酢浆草科、伞形科、茄科、玄参科、马鞭草科、鸭跖草科、菝葜科、莎草科等 16 科。单种科有海金沙科、蕨科、松科、商陆科、藜科、千屈菜科、杨柳科、桑科、荨麻科等 19 科。优势属不明显,3 个种以上的属仅蓼属(5 种)、悬钩子属(3 种)、堇菜属(3 种),占总属数的 3.37%,占总种数的 12.36%。

表 11-2　鄱阳湖区重点堤防背水坡植物的优势科属

类别	名称	种数	占总种数/%	类别	名称	种数	占总种数/%
科名	禾本科	19	17.92	属名	蓼属	5	5.62
	菊科	11	10.38		悬钩子属	3	3.37
	大戟科	8	7.55		堇菜属	3	3.37
合计		38	35.85	合计		11	12.36

根据植物种的重要值(图 11-3),发现堤防植物的优势种以草本植物为主,如狗牙根、马唐、狗尾草、鬼针草、牛筋草等,重要值为 0.39、0.22、0.15、0.13、0.12;分布广泛

的物种有马唐、狗牙根、鬼针草、狗尾草、牛筋草等，频度为 88.89%、77.78%、66.67%、62.96%、48.15%。可以看出分布广泛的物种，也是该区域的优势种。这些物种的根茎、种子繁殖能力非常强，是堤防植物群落的建群和先锋植物。

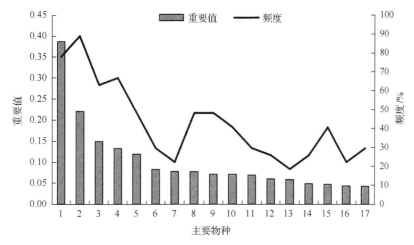

图 11-3　鄱阳湖区重点堤防主要物种重要值及其频度分布

1. 狗牙根；2. 马唐；3. 狗尾草；4. 鬼针草；5. 牛筋草；6. 豚草；7. 假俭草；8. 稗草；9. 香附子；
10. 空心莲子草；11. 一年蓬；12. 三裂叶薯；13. 节节草；14. 薄荷；15. 鸡眼草；16. 白茅；17. 田菁

3. 多样性指数

4 种多样性指数(图 11-4)比较发现，两种加固土料堤防的植物群落多样性特征差异较大。湖滨潮滩土与山地红黏土的 Margalef 丰富度指数为 7.69、4.30，Simpson 指数分别为 0.61、0.47，Shannon-Weiner 指数为 5.38、3.05，Pielou 群落均匀度指数为 1.51、1.02，在丰富度与多样性指数上，均以湖滨潮滩土大于山地红黏土。

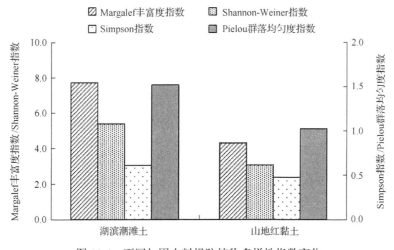

图 11-4　不同加固土料堤防植物多样性指数变化

11.1.3　堤防土壤种子库特征

土壤种子库是指存在于土壤表面(一般指凋落物层)和土壤中的全部存活种子的总和(王国栋等, 2013)。对堤防土壤种子库进行调查研究,有利于认识土壤种子物种多样性与地表植被的相关性,了解堤防植被群落演替的特征(白文娟和焦菊英, 2006; 杜有新和曾平生, 2007),也可以为研究如何控制堤防杂草萌发和控高除杂提供基础数据和科学依据。

由不同加固土料堤防背水坡土壤种子库密度分析结果(图 11-5)可知,湖滨潮滩土的土壤种子库密度明显大于山地红黏土。其中 0~10cm 土层:湖滨潮滩土(7609 粒/m²)>山地红黏土(753 粒/m²),差异显著($P<0.05$,下同);10~20cm 土层:湖滨潮滩土(972 粒/m²)与山地红黏土(1040 粒/m²)间无显著差异。

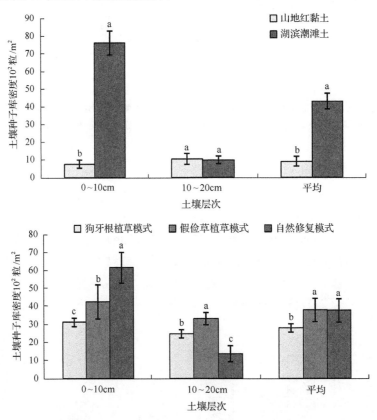

图 11-5　不同加固土料堤防背水坡土壤种子库密度
不同字母代表不同土料类型或植草模式之间差异显著,$P<0.05$

不同植草模式下的土壤种子库密度大小规律为:假俭草植草、自然修复模式大于狗牙根植草模式。其中 0~10cm 土层:自然修复模式(6154 粒/m²)>假俭草植草模式(4255 粒/m²)>狗牙根植草模式(3120 粒/m²),差异显著;10~20cm 土层:假俭草植草模式(3314 粒/m²)>狗牙根植草模式(2473 粒/m²)>自然修复模式(1370 粒/m²),差异显著。不同土料类型与植草模式下 0~10cm 土壤种子库数量明显多于 10~20cm 土壤层次。

11.1.4　堤防植物多样性与土壤种子库的关系

相关性分析结果（表 11-3）发现，转换对数的土壤种子密度与转换对数的物种数、Simpson 指数、Shannon-Weiner 指数和 Pielou 群落均匀度指数呈显著正相关，与转化对数的地上植被密度和重要值呈极显著正相关（$P<0.01$），而与 Margalef 丰富度指数无显著相关性。说明堤防土壤种子库密度与地上植物多样性特征存在较好的相关性。

表 11-3　堤防土壤种子库密度与地上植物多样性指数的相关系数

	地上植被密度对数	物种数对数	地上植被重要值对数	Margalef 丰富度指数	Simpson 指数	Shannon-Weiner 指数	Pielou 群落均匀度指数
土壤种子库密度对数	0.841**	0.486*	0.598**	0.153	0.496*	0.475*	0.441*

*$P<0.05$；**$P<0.01$。

11.2　堤防护坡草种遴选

植草护坡技术可以在较短时间内实现坡面植被覆盖，达到固土护坡、防止水土流失、满足生态环境的需要。由于其可控性，用于营造堤防背水坡景观绿地，且不影响防汛排查，可广泛应用于全国各地的背水坡防护。①草种低矮匍匐，便于汛期查险除险。堤防工程在汛期可能会遇到堤防坍塌、洪水满溢等险情，必须采取排查与抢护措施对其进行处理，以便第一时间发现险情并采取相应处理措施，如堤坡附近是否存在渗水、裂缝及滑坡现象，堤脚是否出现漏洞、管涌等问题，以保证堤防工程的安全运行。这就对堤防边坡防护草坪的生态景观提出了一定的要求，低矮匍匐生长的护坡草坪，有利于提高汛期堤防的查险除险工作的效率和准确性。②草种耐旱耐贫瘠、繁殖能力强，有利于地表迅速覆盖，防治水土流失。堤防除险加固工程前期，由于边坡裸露，易造成严重的水土流失问题，影响堤防边坡稳定性。因此，堤防植草护坡选择的草种，需繁殖能力强、生长快，有利于地表迅速覆盖，防治水土流失。③草种生态优势明显，管理便利，降低堤防日常管理成本。大多数圩堤植草护坡由于选择的草种，竞争能力差，生态优势不明显，导致圩堤坡面杂草丛生现象普遍，存在较多高秆植物，一方面严重影响堤容堤貌，且易产生虫蚁洞穴，造成安全隐患，并给汛期巡堤查险带来较大困难；另一方面，增加了堤防日常管理维护工作的成本。因此，选择生态优势明显、管理便利的草种，有利于降低堤防日常管理成本。

生态堤防建设中，迫切需要找出适宜堤防特殊需求的护坡植物种类，以及一套科学的种植推广技术体系，其中草种筛选是构建堤防植草护坡技术体系的最关键环节。堤防背水坡植草防护的目标草种应该具备以下特征：①根系发达，有较好的水土保持效果；②具有低矮、匍匐生长等特点，便于汛期查险除险，不利于蛇鼠等野生动物建造洞穴；③多年生、生态竞争力强、管理便利，能快速形成优势种群，抑制其他高秆草种生长，减小堤防日常维护的工作量和工作难度；④对水肥要求不严，特别是能够在堤防工程常用的红黏土、页岩风化料等土壤环境下迅速生长，具备较强的快速覆盖地表和抗旱的能力，无需人工浇水灌溉；⑤对当前堤防生态环境不会造成任何危害，不存在生物物种入侵等现象。

根据上述要求，从草种的生物学特性和生态学习性出发，根据已有植草护坡成果的积累，特别是结合野外植被调查的研究结果，从堤防优势乡土草种出发，进行小区筛选试验，提出符合要求的目标草种。

11.2.1 材料与方法

1. 试验设计

在前期工作的基础上，利用江西水土保持生态科技园的试验平台，2014 年 6 月份开始进行了小区尺度试验。狗牙根每种处理小区面积为 24m² 之外，其余处理面积均为 9m²，试验设计如表 11-4 所示。每个小区的土壤、坡向、坡度(6°)均一致。种植前区分 0～10cm、10～20cm 层，对土壤进行了取样分析(每层共 6 个取样点)，结果如表 11-5 所示。

表 11-4　试验小区表层土壤性质

层次	pH	容重/(g/cm³)	全氮/(g/kg)	全磷/(g/kg)	全钾/(g/kg)	有机碳/(g/kg)
0～10cm	5.78±0.16	1.41±0.03	0.72±0.08	0.32±0.03	13.84±0.96	9.54±0.47
10～20cm	5.96±0.21	1.58±0.06	0.64±0.05	0.33±0.04	13.25±0.81	7.56±0.35

表 11-5　试验小区处理

编号	草种	繁殖方式	种植密度	预处理
1	假俭草	条播草茎	100 个/m²	无处理
2	狗牙根	种子繁殖	12g/m²	无处理
3	结缕草	种子繁殖	12g/m²	30%NaOH 浸泡 0.5h
4	狗牙根+剪股颖	种子繁殖	狗牙根(8g/m²)+剪股颖(4g/m²)	无处理
5	地毯草	种子繁殖	12g/m²	无处理
6	麦冬	种子繁殖	12g/m²	无处理
7	宽叶雀稗	种子繁殖	12g/m²	无处理
8	马蹄金	种子繁殖	12g/m²	无处理
9	野牛草	种子繁殖	12g/m²	无处理
10	剪股颖	种子繁殖	12g/m²	无处理
11	紫花苜蓿	种子繁殖	12g/m²	无处理
12	二月兰	种子繁殖	12g/m²	无处理
13	蟛蜞菊	种子繁殖	12g/m²	无处理
14	蛇莓	种子繁殖	12g/m²	无处理

2. 试验观测

对不同草种的植株高度和覆盖度进行观测。植株自然高度：在每个试验小区中沿对角线选取三株进行红线标记，每次定株测定植株的自然高度，监测期为从 2014 年 6 月 10 日至 8 月 22 日草坪高度稳定为止。覆盖度：利用植被覆盖度摄影测量仪 JZ-SH11 对试验小区范围进行照片采集和数据处理分析覆盖度，监测期从 2014 年 6 月 10 日开始至 9 月 16 日结束。

11.2.2　植株高度

植株高度观测结果(图 11-6)，表明假俭草、野牛草、麦冬、剪股颖、马蹄金、二月兰等草种植株相对低矮，生长基本稳定后(8 月中下旬)植株自然平均高度都低于 20cm。而狗牙根、宽叶雀稗等草种生长季结束后植株平均高度都高于 30cm。

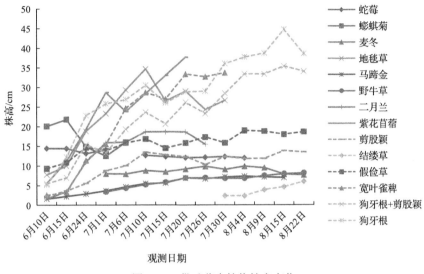

图 11-6　供试草本植物株高变化

11.2.3　覆盖度

对不同草种植被覆盖度的观测结果表明(图 11-7)，野牛草、麦冬发芽较晚，比其他

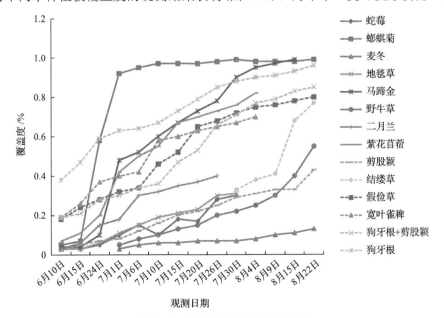

图 11-7　供试草本植物覆盖度变化

植物要晚近 20 天并且覆盖度较低，尤其麦冬在 20%以下；蛇莓、蟛蜞菊、马蹄金、二月兰、紫花苜蓿、剪股颖、结缕草、地毯草在生长初期覆盖度不高，在 10%以下，但其中蟛蜞菊比较特殊，经过 7 天左右可以迅速覆盖地表，覆盖度可达 90%以上，马蹄金覆盖速度与蟛蜞菊相比较为缓慢，但最终的覆盖度也在 90%以上；宽叶雀稗、假俭草、狗牙根+剪股颖混合栽植在种植初期覆盖度可达 20%，相对表现较为优良，但最终的覆盖度均在 80%左右。

11.2.4　优势草本

遴选试验结果表明，假俭草、狗牙根和结缕草成坪后，草坪高度相对低矮，也能在较短的时间内快速成坪覆盖地表，有效控制堤防坡面水土流失。

假俭草是禾本科蜈蚣草属多年生 C_4 植物，原产于中国南部，主要分布于长江流域以南各地的林边及山谷坡地等土壤肥沃湿润处。假俭草叶形优美，植株低矮，是世界三大暖季性草坪草之一。以匍匐茎延伸，向上生长速度较慢，不需经常修剪，被称为“懒人的草”或“穷人的草”，是一种非常理想的低水平养护管理的阔叶类草种，适宜建植运动和休闲等功能草坪。具有生长迅速、覆盖率高、抗性强等习性，也是一种优良的固土护堤和植草护坡的水土保持植物。在堤防坡面上，相比较其他草种草坪，假俭草草坪具有低矮、耐践踏、耐旱耐瘠薄，抗病虫害能力强等特点，生态景观效益好，大大减少了堤防日常管理维护(控高除杂)成本，同时有利于汛期开展堤防的查险除险工作(图 11-8)。

(a)　　　　　　　　　　　　　　　　(b)

图 11-8　假俭草植株(a)及成坪效果(b)

鄱阳湖流域位于我国长江中下游属于亚热带区域，是野生狗牙根的产地之一。调查发现，鄱阳湖流域堤防及其周边区域狗牙根分布广泛，在有些区域甚至形成了纯度较高的天然草坪，体现出了很强的适应性。作为鄱阳湖流域本土草种，采用狗牙根草皮护坡的成本较低、取材便利、视觉美观、种植工序简单等诸多的优势，值得在护堤护坡中广泛推广，在草皮护坡中，狗牙根相比于其他草种更具备一定的优势(图 11-9)。

结缕草又名老虎皮、锥子草、崂山草、延地青，禾本科结缕草属多年生草本植物。结缕草在我国广泛分布于东北、华北和华东各省区，广泛用于城市绿化、公共绿地以及高尔夫球场、运动场等草坪的建植，并且能够作为水土保持植物广泛应用于河岸护堤领域(图 11-10)。

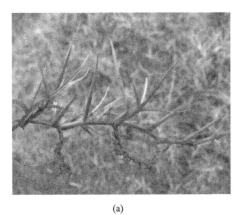

(a) (b)

图 11-9　狗牙根植株(a)及成坪效果(b)

(a) (b)

图 11-10　结缕草植株(a)及成坪效果(b)

11.3　假俭草茎段繁殖技术

为防治水土流失、降低堤防日常管理成本和便于汛期巡查排险，堤防植草护坡技术对草种的要求为低矮匍匐、耐干旱贫瘠、成坪速度快、生态优势明显及管理粗放，假俭草可以完全满足这些要求，是一种优良的堤防护坡水土保持植物。虽然假俭草有众多的优点，但是目前其繁殖种植技术却不成熟，无论是有性繁殖还是无性繁殖技术。假俭草结实率特别低，种子细小，并且干秕率很高。造成假俭草自然结实低的主要原因是其自交不亲和，而在自然界假俭草主要依赖于匍匐茎无性繁殖，往往造成一整片的假俭草源自有限的植株个体，再加上假俭草主要靠风媒传粉，所以同一片区域的假俭草花序往往容易接受来自相同植株个体的花粉而导致自交不结实(Bouton, 1983)。另外，假俭草花序上的种子的成熟时间也不一致，很难同时大量收集成熟饱满的种子(刘建秀等, 2003)。这些原因导致假俭草的种子市场价格非常高，这也是限制假俭草在我国大规模推广种植的主要原因。

目前，生产利用上通常采用种茎营养扦插繁殖，但这种繁殖技术耗工费时，建植成本较高。而茎段繁殖一般有撒茎和扦插两种种植方式。一般取当年生或一年生带三个节的嫩枝作为种茎，即繁殖材料。撒茎是指将种茎均匀撒在事先整理好的坪床，然后覆土或者覆盖其他覆盖材料，以刚好盖住茎枝为宜，再充足浇水。扦插是指将种茎斜插在事先湿润的坪床，其中最好入土 2 节，露出地面 1 节(以含 3 节种茎为例)(彭燕和干友民，2003)。理论上，撒播种植比扦插种植更能节省人力资源，降低建植成本较，从而提高种植效率。因此，本书重点研究假俭草茎段撒播无性繁殖技术，试图解决其中的关键技术环节，提高假俭草无性繁殖种植效率；主要包括假俭草茎段撒播前生根处理、最佳覆盖材料及方式和最佳撒播密度三个方面的技术研究，并且还进行了室外撒播中试实验。

11.3.1　材料与方法

1. 茎段生根试验

1)试验材料

以采自江西省新干县的野生假俭草为实验材料，种植位于江西省德安县的江西水土保持生态科技园进行资源保存。将假俭草茎条从母株上剪下，然后再剪成 6～10cm 长的短茎，每个短茎保证有两个完整的茎节，两头各半节长。

2)试验设计

试验于 2017 年 7～8 月在江西水土保持生态科技园温室中进行，选择 5 种生根剂进行生根处理，分别是萘乙酸(NAA)、吲哚丁酸(IBA)、生根粉 2 号(ABT-2)、生根粉 6 号(ABT-6)和尿素溶液(Urea)。萘乙酸和吲哚丁酸浓度为 100mg/L；生根粉 2 号和生根粉 6 号按照商业说明书建议的草本植物使用浓度为 1g/L；尿素溶液浓度为 4%；再设置清水浸泡作为对照组。浸泡时间为 30min。完成浸泡后，将假俭草茎段均匀撒播在事先整理平整的地面上，样方设置为 1m×1m，土壤保持充分湿润，生根期间每天早晚各浇一次水。萘乙酸、吲哚丁酸和尿素溶液 3 种处理组别各 12 个样方重复，生根粉 2 号和生根粉 6 号 2 种处理组别各 6 个样方重复，清水浸泡对照组 8 个样方重复。每种处理组的一半样方用无纺布覆盖，另外一半样方不用无纺布覆盖。

3)采样方法

在茎段撒播后当天开始连续 5 天，每天下午 6 点检测假俭草生根情况。每个样方内随机选取 30 个假俭草茎段，检测其生根与否，在检测过程中尽量不移动假俭草茎段。统计选定假俭草茎段的生根茎段数量，生根率为生根的假俭草茎段数量除以 30 再乘以 100%。撒播后一个月，待茎段已经完全确认成活之后，再统计样方内的所有成活茎段数量，成活率为成活茎段数量除以撒播总茎段数量。

4)数据处理

采用重复方差分析方法比较不同生根剂和无纺布覆盖处理对根茎段数量比率影响，生根茎段数量比率作为因变量，无纺布和无纺布覆盖处理作为自变量，采用 Student-

Newmnan-Keuls 方法进行重复比较。采用两因素方差分析方法比较不同生根剂和无纺布覆盖处理对茎段成活率的影响，茎段成活率为因变量，无纺布和无纺布覆盖处理作为自变量，采用 Student-Newmnan-Keuls 方法进行重复比较。数据分析在用 Excel(2010)和 SPSS 20 软件中完成。

2. 地表覆盖试验

1)试验材料

以采自江西省新干县的野生假俭草为试验材料，保存种植在江西水土保持生态科技园内。将假俭草茎条从母株上剪下，然再剪成 6~10cm 长的短茎，每个短茎保证有两个完整的茎节，两头各半节长。茎段用 100mg/L 浓度吲哚丁酸浸泡 30min。

2)试验设计

试验于 2016 年 9~10 月在江西水土保持生态科技园温室中进行(图 11-11)。选择如下几种覆盖方式进行对比试验：①无纺布覆盖(WB)，②遮阳网覆盖(ZY)，③覆土(FT)，④无纺布+覆土(WB+FT)，⑤遮阳网+覆土(ZY+FT)，⑥对照(DZ，即不覆盖任何材料)，⑦扦插(QC)；其中扦插作为另外一种形式的对照，因为前试验证明扦插的成活率最高，可达 90%。覆土为在茎段撒播后在表层均匀撒播一层 1~2cm 后的细土。将浸泡后的假俭草茎段撒播在 50cm×50cm 大小的样方内，每个样方撒播 30 条茎段。撒播后，每天早晚各浇一次水以保证土壤充分湿润。

图 11-11　假俭草茎段撒播地表覆盖实验

3)测定指标与方法

在茎段撒播后当天开始连续统计 15d，每天下午 6 点检测假俭草生根情况。检测样方内所有 30 个茎段生根与否，在检测过程中尽量保证不移动假俭草茎段。用生根茎段比率(生根率)表示生根情况，生根率指生根的假俭草茎段数量除以撒播总茎段数量再乘以 100%。撒播一个月之后，待茎段已经完全确认成活之后，再统计成活茎段数量以计算成活率，成活率指成活茎段数量除以撒播总茎段数量再乘以 100%。

4) 数据处理

采用重复方差分析探寻覆盖处理对生根速率的影响，生根比率作为因变量，覆盖处理作为自变量；采用单因素方差分析探寻覆盖处理对成活率的影响。采用 Student-Newmnan-Keuls 方法进行重复比较。数据分析用软件 Excel(2010)和 SPSS 20 中完成。

3. 水肥管理试验

1) 试验材料

以采自江西省新干县的野生假俭草为实验材料，种植于江西水土保持生态科技园进行资源保存。

2) 试验设计

试验于 2016 年 10 月至 2017 年 5 月在江西水土保持生态科技园温室中进行，通过温室大棚的湿帘、天窗及保温膜等控温措施控制温室大棚内温度，常年大致范围为 15～30℃，由于假俭草为暖季性草，在 11 月至次年 2 月期间温室内温度较低(15℃左右)，基本处于停滞生长状态。用花盆(高×直径=26cm×28cm)装 14kg 取自地表的自然土(湿土)，每个花盆扦插 10 株 6～10cm 长的假俭草茎段(含 4～5 节)，所有茎段采自同一假俭草资源圃，茎段取自匍匐茎中上部分，因为此部分茎段生命力最强。每两天浇水一次，10 天后确定扦插茎条成活后(若茎段生根表示已成活)，每盆保留 6 株长势一致的幼苗。

设置 17 个不同组合的施肥种类和梯度处理，每种处理 15 盆重复。设置 4 种肥料施肥方式和对照组(只浇水不施任何肥)，分别是氮肥(N)、钾肥(K)、磷肥(P)和复合叠加肥(NPK，此肥料组别为前 3 种肥料叠加使用，而不是使用某种商品复合肥)。氮肥为尿素，生产厂家为安徽昊源化工集团有限公司，总氮≥46.4%；钾肥为硫酸钾肥，生产厂家为山东海化有限公司，氧化钾(KO_2)含量≥50%；磷肥为过磷酸钙肥，生产厂家为湖北新洪磷化工股份有限公司，过磷酸钙(P_2O_5)含量 14%～20%。根据草坪粗放管理每年施肥量(氮肥、钾肥和磷肥有效含量)约 4kg/亩的方式，分摊到每周施肥一次，具体施肥单次量和次数见表 1(倍数为 1 的组别)；另外再设置 3 个梯度，分别为 1/2，2 和 4 倍浓度梯度(表 11-6)。在温室安装蒸发仪，每天记录蒸发水量，每个星期根据累计蒸发情况确定每周的浇水量。磷肥在装土过程中一次性将过磷酸钙肥全部埋入盆中，钾肥和磷肥则分次完成，每次将尿素或者硫酸钾溶于水中，再浇入盆中。每周一进行浇水施肥措施，其中对照组和磷肥组每次只浇水，氮肥组、钾肥组合氮磷钾叠加组则将所需的氮肥、钾肥称重溶于计算好的水量中浇灌。

3) 测定指标与方法

从 2016 年 10 月 7 日第一次施肥开始至实验结束，齐地刈割 2 次。第一次刈割是 3 月 15 日，第二次刈割是 5 月 30 日，因为每年冬季，11 月至次年 2 月假俭草基本处于停滞生长阶段，所以第二次收割的时间较短。每次收割将盆中所有地上部分的枝条和叶子全部剪下，称重；每组随机选择 4 盆，每盆选择 3 个匍匐茎分别测量长度。

表 11-6　肥料施用方案

肥料	浓度梯度	编号	单次施肥量/(g/盆)	第一次收割		第二次收割	
				施肥次数	总施肥量/(g/盆)	施肥次数	总施肥量/(g/盆)
氮肥	0.5	N1/2	0.01875	22	0.4125	10	0.1875
	1	N1	0.0375	22	0.825	10	0.375
	2	N2	0.075	22	1.65	10	0.75
	4	N4	0.15	22	3.3	10	1.5
钾肥	0.5	K1/2	0.01875	22	0.4125	10	0.1875
	1	K1	0.0375	22	0.825	10	0.375
	2	K2	0.075	22	1.65	10	0.75
	4	K4	0.15	22	3.3	10	1.5
磷肥	0.5	P1/2	0.5	1	0	0	0.1
	1	P1	1	1	0	0	0.2
	2	P2	2	1	0	0	0.4
	4	P4	4	1	0	0	0.8
氮磷钾肥	0.5	NPK1/2	N1/2+K1/2+P1/2	22	N1/2+K1/2	10	N1/2+K1/2
	1	NPK1	N1+K1+P1	22	N1+K1	10	N1+K1
	2	NPK2	N/2+K2+P2	22	N/2+K2	10	N/2+K2
	4	NPK4	N4+K4+P4	22	N4+K4	10	N4+K4
对照	0	CK	0	0	0	0	0

4) 数据处理

用 Excel(2010)和 SPSS 20 软件对试验数据分别进行基本计算和统计分析(单因素方差分析和 Student-Newmnan-Keuls 方法多重比较),显著水平 $P \leqslant 0.05$,全文用平均值±标准误表示均值。

4. 茎段撒播试验

1) 试验材料

以采自江西省新干县的野生假俭草为实验材料,种植于江西水土保持生态科技园进行资源保存。将假俭草茎条从母株上剪下,然后再剪成 6～10cm 长的短茎,每个短茎保证有两个完整的茎节,两头各半节长。样方大小设置为 $2 \times 2m$ 大小,事先将样方整理平整。每个样方内撒播 400 个茎段。

2) 茎段处理

将准备好的茎段先在 4% 尿素中浸泡 30min,再在 100mg/L 吲哚丁酸中浸泡 10min 处理。

3) 保水剂

利用丙烯酰胺-丙烯酸盐共聚交联物类型的保水剂,设置 $2g/m^2$ 的保水剂和不使用保水剂两种处理。

4）覆盖材料

覆盖有以下的几种方式：①无纺布覆盖，②遮阳网覆盖，③覆土，④无纺布+覆土，⑤遮阳网+覆土，⑥对照，⑦扦插（作为另外一种对照形式）（图 11-12）。覆盖物持续30 天，因为实验期间室外温度非常高，天气经常处于晴朗状态，太阳直射强度非常大。

图 11-12　假俭草茎段室外撒播覆盖实验

5）翻耕

在野外撒播过程中，覆土也会增加很大工作量，从而增加产业推广的生产成本。因此，本部分实验拟发明翻耕的方式以增加茎段与土壤接触的面积。具体的方式为当假俭草茎段撒播在地面上之后，人工用钉耙翻动一遍，使大部分假俭草都部分埋入土中，翻耕的深度为 6～8cm。

6）数据收集

在实验期间 9 月 24 日至 10 月 14 日，前 4 天，每天下午 6 点检测假俭草生根情况；以后每隔一天，下午 6 点检测假俭草的生根情况。在每个样方内，随机挑选 5 个区域，每个区域随机选择 30 个假俭草茎段作为检测对象，检测其生根与否，在检测过程中尽量保证不移动假俭草茎段。用生根茎段比率表示生根情况，生根率表示生根的假俭草茎段数量除以 30 再乘以 100%。在假俭草完全成活后，再统计样方内所有死亡假俭草茎段，以统计最终成活率。

7）数据分析

利用重复方差分析探寻保水剂、覆盖材料及翻耕对生根速率的影响；利用多因素方差分析探寻保水剂、覆盖材料及翻耕对成活率的影响；对覆盖材料进一步的多重比较分析。

11.3.2　茎段生根

假俭草茎段的生根情况是判断其成活最直接、最根本的依据。生根数量、根的生长长度是直接反应撒播的生长状况好坏的指标，而生根速度是假俭草撒播后成活率提高的关键。生根剂处理可以有效提高假俭草的生根速率。本节拟用 3 种常用生根剂（萘乙酸、吲哚丁酸和生根粉）以及尿素溶液处理假俭草茎段，设置多种浓度和多种浸泡时间梯度，希望通过观察茎段的生根时间来确定适合假俭草的生根剂以及合适的浓度和浸泡时间，为生产实践提供合理有效的技术指导。

1. 茎段生根效率

实验结果表明不同生根素对假俭草茎段生根效果有显著差异（$F=11.71$，$P<0.001$；表 11-7），多重比较结果显示吲哚丁酸（100mg/L）对假俭草生根效率最好，而其他生根剂处理之间对假俭草生根效果差异不大（图 11-13）。无论是覆盖无纺布还是不覆盖无纺布的条件下，吲哚丁酸处理后假俭草茎段的生根茎段数量最多，接近最大值，而其他生根处理的生根茎段数量比例相对较低（表 11-8）。随着时间的延长，不同试剂作用效果下的生根茎段百分率均呈递增趋势，但是在每个阶段的递增速率不同，且没有一定的规律。

表 11-7　生根剂和无纺布覆盖对假俭草生根茎段比例影响的两因素方差分析结果

指标	Type Ⅲ SS	d.f.	F	P
截距	62.43	1	1479.62	<0.001
无纺布	0.54	1	12.74	0.001
生根剂	2.47	5	11.71	<0.001

同时，实验结果显示覆盖无纺布比不覆盖无纺布对假俭草生根茎段数量有显著作用（$F=12.74$，$P=0.001$；表 11-7），以吲哚丁酸为例，覆盖无纺布比不覆盖无纺布的第五天生根茎段数量比例为 94% 大于 89%，其他几种生根剂处理也有同样的趋势（图 11-13，表 11-8）；此外，无论使用哪种生根剂处理，覆盖无纺布处理使假俭草生根茎段数量比率在第三天就显著多于不覆盖无纺布处理（图 11-13），说明覆盖无纺布有利于缩短假俭草茎段生根时间，这与二者间温度及光线变化有关，覆盖无纺布具有较好的保温及荫蔽效果，能为假俭草生根提供相对平稳的光和温度等环境条件，更好地促进生根。

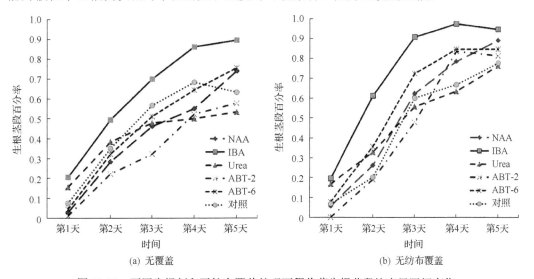

图 11-13　不同生根剂和无纺布覆盖处理下假俭草生根茎段比率日际间变化

表 11-8　生根剂和无纺布覆盖对假俭草生根茎段比例的影响

实验天数	无纺布覆盖 (否 N; 是 Y)	生根剂					
		NAA	IBA	Urea	ABT-2	ABT-6	对照
第 1 天	N	0.03±0.01	0.21±0.07	0.16±0.03	0.01±0.01	0.04±0.02	0.08±0.02
	Y	0.06±0.02	0.19±0.05	0.17±0.04	0.00±0.00	0.08±0.02	0.07±0.03
第 2 天	N	0.28±0.06	0.49±0.06	0.38±0.09	0.22±0.06	0.32±0.06	0.35±0.07
	Y	0.26±0.07	0.61±0.07	0.33±0.07	0.19±0.05	0.36±0.07	0.20±0.02
第 3 天	N	0.46±0.07	0.70±0.08	0.48±0.08	0.32±0.08	0.51±0.13	0.57±0.10
	Y	0.62±0.08	0.91±0.03	0.56±0.08	0.48±0.07	0.72±0.06	0.60±0.11
第 4 天	N	0.55±0.07	0.86±0.05	0.38±0.04	0.52±0.02	0.64±0.09	0.68±0.10
	Y	0.78±0.06	0.97±0.01	0.63±0.06	0.83±0.05	0.84±0.04	0.67±0.11
第 5 天	N	0.74±0.08	0.89±0.03	0.53±0.05	0.58±0.08	0.76±0.07	0.63±0.01
	Y	0.89±0.04	0.94±0.02	0.76±0.08	0.81±0.09	0.84±0.11	0.78±0.08

2. 茎段成活率

假俭草茎段成活与否的判断依据是新根产生或有新的分蘖出现，仅外观表现良好却无生根现象的茎段，继续观察直至生根或死亡。实验结果显示不同生根剂对假俭草茎段成活率有显著差异（$F=2.59$，$P=0.039$；表 11-9），多重比较结果显示，对茎段成活促进作用强弱依次为吲哚丁酸＞生根粉 2 号＞生根粉 6 号＞萘乙酸＞尿素溶液，不同试剂作用下茎段成活率均高出对照组，但尿素溶液效果不明显。其中，吲哚丁酸（100mg/L）对假俭草生根效率最好，达到 80.55%（图 11-14）；而覆盖无纺布对假俭草茎段成活率没有显著影响（$F=0.20$，$P=0.67$；表 11-9）。

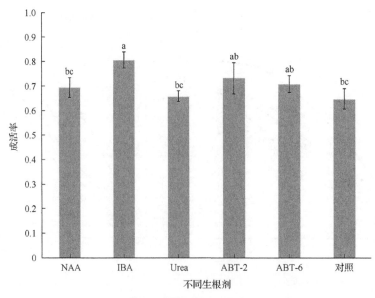

图 11-14　不同生根剂处理下假俭草茎段成活率

不同小写字母表示不同处理间差异显著，$P<0.05$

表 11-9 生根剂和无纺布覆盖对撒播假俭草茎段成活率影响的两因素方差分析结果

指标	Type III SS	d.f.	F	P
截距	25.44	1	1846.90	<0.001
无纺布	0.003	1	0.20	0.67
生根剂	0.18	5	2.59	0.039

不同生根剂对假俭草茎段生根效率有着显著影响，其中效果最好的是吲哚丁酸，具体表现为生根茎段数量多、生根时间短。其他几种生根剂，如萘乙酸、生根粉 2 号、生根粉 6 号和 4%尿素溶液，对假俭草的生根茎段数量和缩短生根时间方面都没有明显差异。生根剂对假俭草茎段成活率也有显著影响，其中成活率最高的还是吲哚丁酸，其他几种生根剂处理的成活率为 65%~73%，没有显著差异。前期预实验证明吲哚丁酸和萘乙酸对假俭草茎段生根效率最佳浓度为 100mg/L。

本节还初步探讨了覆盖无纺布对假俭草茎段生根是否有影响，结果显示覆盖无纺布对假俭草生根茎段数量和缩短生根时间都有显著正作用，说明覆盖对假俭草撒播有重要作用，但是需要有更细致研究探讨覆盖材料和覆盖方式对假俭草撒播成功的影响。然而，覆盖无纺布对假俭草茎段成活率并没有显著影响，这可能是因为该试验在温室内完成，没有直接暴露在太阳下直晒，加上撒播后水分管理充分，所以在该试验中无纺布覆盖对假俭草成活率的作用不能直接体现出来，这需要后期更多相关实验进行验证。

实践证明假俭草在困难立地条件下的生态护坡效果显著，以假俭草为先锋草种的水土保持植物多层次复合配置能快速固定裸露坡面的侵蚀土壤，防止水土流失，产生较好的生态防护及生态景观效果，因此，通过研究不同生根剂对假俭草茎段撒播的生根效应，解决繁殖种植技术难题对假俭草的推广应用具有重要意义。

11.3.3 地表覆盖

1. 茎段生根效率

重复方差分析结果显示，不同覆盖处理对假俭草生根茎段比率有显著差异（$F=15.44$，$P<0.001$）。多重比较结果显示扦插、覆土、覆土+遮阳网和覆土+无纺布 4 种处理比对照、无纺布和遮阳网覆盖 3 种处理的生根效率显著更多、生根时间显著更少（图 11-15）。第 15 天，扦插的生根效率达到 99.44%，覆土、覆土+遮阳网和覆土+无纺布 3 种处理也分别达到了 85%，80%和 90.56%，而对照、无纺布和遮阳网覆盖 3 种处理则分别为 60%，45%和 35%。扦插在第 9 天的生根茎段数量就达到最高值并且一直维持稳定，覆土、覆土+遮阳网和覆土+无纺布 3 种处理的假俭草生根茎段比率在第 11 天基本进入稳定时期，而对照、无纺布和遮阳网 3 种处理生根率一直呈缓慢增加趋势。

2. 茎段成活率

单因素方差分析结果显示，不同覆盖处理对假俭草茎段成活率有显著差异（$F=12.38$，$P<0.001$）。多重比较结果显示扦插和覆土+无纺布处理的成活率最好，分别达到94.44%和 90.56%；覆土和覆土+遮阳网处理的成活率其次，都为 81.67%；对照为 76.11%；遮阳网覆盖的成活率最低，为 72.22%（图 11-16）。

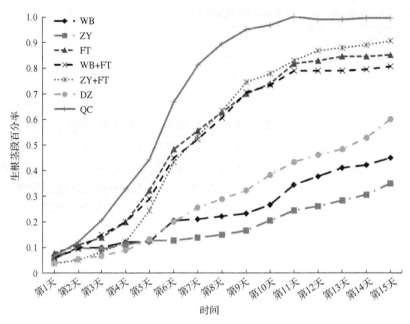

图 11-15　不同覆盖处理下假俭草生根茎段比率日际间变化

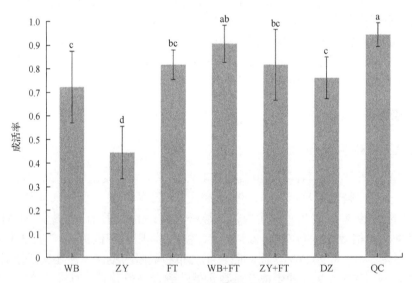

图 11-16　不同覆盖处理下假俭草茎段成活率

不同字母表示不同处理间差异显著，$P < 0.05$

　　试验结果显示，覆土、覆土+无纺布和覆土+遮阳网 3 种处理对假俭草茎段的生根茎段比率有明显效果，说明覆土对假俭草茎段生根有着重要作用，并且在覆土的基础上覆盖无纺布效果更好；直接覆盖无纺布和遮阳网对假俭草茎段生根效率没有明显作用。另外，在缩短生根时间方面，3 种覆土处理明显比不覆土处理时间短，说明覆土措施有利于撒播假俭草茎段更加快速定根，即覆土措施可减少撒播后的管护时间和管护成本。

　　尽管在生根茎段比率方面，覆土、覆土+无纺布和覆土+遮阳网处理之间没有显著差异，但是在成活率方面，覆土+无纺布处理最高，几乎接近扦插方式，覆土和覆土+遮阳网处理的成活率相对差一点；而直接覆盖遮阳网处理比对照的成活率还低，即直接覆盖遮阳网对假俭草茎段成活率有副作用。这说明在茎段生根初期，覆土措施最关键，这是因为撒播茎段在充分接触土壤的情况下最有利于茎节处发根，而在茎段生根后，叶子开始光合作用，遮阳网将阳光完全挡住不利于茎段成活。不同覆盖材料对假俭草茎段生根效率和成活率都有显著差异，综合分析显示：覆土+无纺布处理是最有利于假俭草茎段撒播方式和覆盖方式，最终的茎段成活率可达到与扦插的同一水平。说明改进撒播的覆盖方式可以显著提高撒播的茎段成活率、缩短生根时间以减少管护成本。

11.3.4　水肥管理

1. 茎叶鲜重

　　总体而言，第一次刈割茎叶鲜重比第二次收割的小(F=55.44, P<0.001; 38.34±1.03 vs 57.89±2.41)，可能是因为假俭草在春季(3~5 月)比秋季和冬季(10 月到次年 2 月)生长迅速，茎叶鲜重积累更大。第一次收割的各种施肥措施比较结果显示，N4、NPK4 两组的茎叶鲜重最大，磷肥组整体鲜重都比较高，钾肥组 4 个梯度的鲜重都较低；氮肥、磷肥和氮磷钾肥组基本的趋势是随着浓度增大茎叶鲜重增多[图 11-17(a)]。第二次收割的各种施肥措施比较结果显示，NPK2 和 NPK4 两组的茎叶鲜重最大，并且在 NPK 施肥处理中茎叶鲜重随着浓度梯度上升而增大；磷肥组和氮肥组整体茎叶鲜重相差不大，浓度间差异也不大；钾肥组茎叶鲜重最小[图 11-17(b)]。

2. 茎段长度

　　第一次收割和第二次收割的茎长差异不大(F=1.88, P=0.17; 284.07±10.15 vs 312.18±

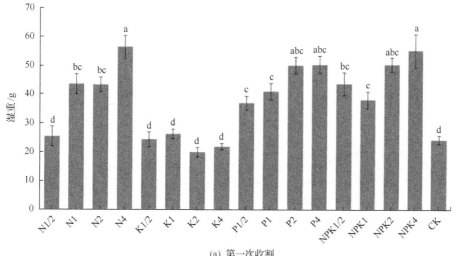

(a) 第一次收割

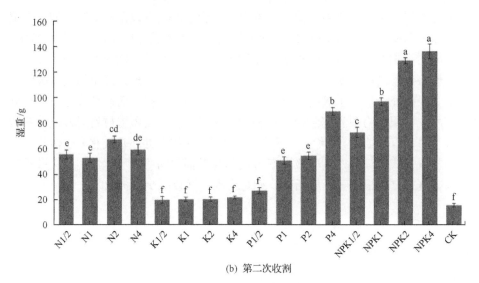

(b) 第二次收割

图 11-17　不同施肥处理下假俭草茎叶鲜重比较

不同字母表示不同处理间差异显著，$P < 0.05$

17.84），但是第一次收割各施肥组别之间差异比较小，第二次收割个施肥组别间差异较大（图 11-18）。第一次收割茎长最长的是 K2 和 NPK1/2 两组，其他施肥组别之间茎长差异比较小[图 11-18(a)]。第二次收割茎长最长的是 K4 和 NPK1 两组，总体上可看出氮磷钾肥和钾肥的高浓度施肥处理的茎长最长，磷肥组茎长最短[图 11-18(b)]。两次收割结果显示钾肥对于假俭草茎段生长最为关键，尽管钾肥对假俭草整体茎叶鲜重影响最小。

氮肥和磷肥对假俭草茎叶鲜重的提高明显大于钾肥，主要影响在植株叶片上。而钾肥对于假俭草生长的促进作用主要体现在茎段上，要明显大于氮肥和磷肥。因此，在获取假俭草茎段种源或促进假俭草匍匐固土时，可加大钾肥的施用量。

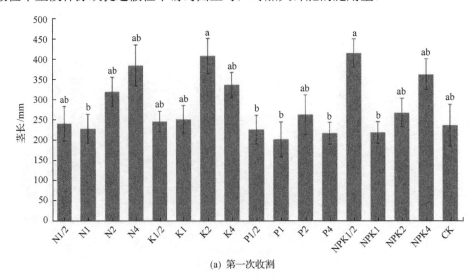

(a) 第一次收割

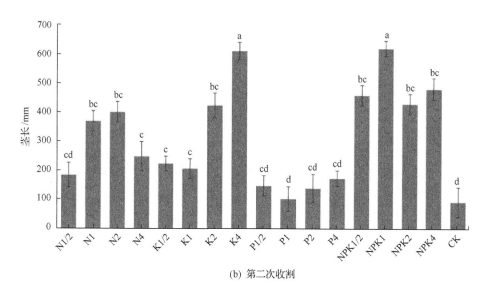

(b) 第二次收割

图 11-18　不同施肥处理下假俭草茎长比较

不同字母表示不同处理间差异显著，$P < 0.05$

研究结果显示假俭草在春季和夏季的长势远大于秋季和冬季，因此获取种源应抓住春季和夏季这段黄金季节。施用氮肥和氮磷钾肥对假俭草的生物量都有显著提高，但是施用钾肥和氮磷钾肥对假俭草茎长有显著作用。这说明两方面的问题，第一，茎条生长钾肥起到重要作用；第二，氮肥虽然有利于假俭草生物量的提升，但是主要促进假俭草叶子生物量的增加。所以，在获取假俭草种源过程中，为了获取更高产量的假俭草种茎应偏重施用钾肥，并且需要适当控制氮肥的施用以避免过多的营养用于生长叶子。

试验栽种假俭草所用的土壤为第四纪红土，速效磷含量非常低，仅为 0.15mg/kg，即磷可能是这类土壤供养植物比较缺乏的一种营养元素。因此，在补充施用磷肥的情况下，第一次收割的生物量磷肥组茎叶鲜重还比较大，而第二次收割发现磷肥组的茎叶鲜重整体比较小，可能是因为随着磷的消耗植物所能利用的磷肥有限导致其茎叶鲜重比较低。磷肥组的茎长与生物量的结果类似。磷肥是植物生长的重要必要元素之一，因此在红壤上种植假俭草，施用磷肥跟钾肥一样重要。

11.3.5　茎段撒播

重复方差分析结果显示，保水剂、覆盖材料和翻耕都对假俭草生根情况有着显著影响（表 11-10）。使用保水剂和翻耕都比不使用保水剂和不翻耕的效果好，而翻耕的效果又比施用保水剂的效果好。而覆盖材料对假俭草的效果多重比较结果显示，效果最佳的为无纺布，其次为对照、遮阳网，效果最差的是覆土。在撒播 20 天后，生根效率都还是比较低，无纺布覆盖的生根效率为 65%，而覆土的为 54% 左右。具有翻耕措施的处理组别比不翻耕措施的处理组别生根率显著提高，生根效率最好的组合为保水剂+翻耕+无纺布，其次为无保水剂+翻耕+无纺布，它们的生根效率分别达到 98% 和 96.7%，表明翻耕+无纺布组合是室外撒播的最佳组合。而没有翻耕的样方，假俭草生根效率都比较低，约 60%。

表 11-10　假俭草生根情况重复方差分析结果

指标	Type Ⅲ SS	d.f.	F	P
截距	125.921	1	7774.589	<0.001
保水剂	0.119	1	7.331	0.008
覆盖材料	0.265	3	5.452	0.002
翻耕	28.971	1	1788.746	<0.001
保水剂+覆盖材料	0.258	3	5.317	0.002
保水剂+翻耕	0.08	1	4.94	0.029
覆盖材料+翻耕	0.029	2	0.896	0.412
保水剂+覆盖材料+翻耕	0.122	2	3.775	0.027

　　多因素方差分析显示，影响假俭草最终成活率的因素只有翻耕，保水剂与覆盖材料对最终的成活率都没有显著影响(表 11-11)。翻耕的样方平均成活率达到 72.6%，其中保水剂+翻耕+无纺布处理后的生根效率达到 82.7%和无保水剂+翻耕+无纺布的生根效率达到 86%；而不翻耕的样方平均成活率只有 49.4%。所以，室外撒播最佳的组合为翻耕+无纺布组合。

表 11-11　假俭草生根情况多因素方差分析结果

指标	Type Ⅲ SS	d.f.	F	P
修正的模型	0.286a	11	0.838	0.622
截距	5.604	1	180.794	<0.001
保水剂	0.005	1	0.169	0.695
覆盖材料	0.025	3	0.271	0.844
翻耕	0.191	1	6.152	0.048
保水剂+覆盖材料	0.004	3	0.039	0.989
保水剂+翻耕	0.014	1	0.467	0.52
覆盖材料+翻耕	0.028	2	0.445	0.66

　　试验发现，无论是在空气中还是地面上对假俭草生根速率和生根数量，以及生根质量，吲哚丁酸溶液处理后的效果最好，并且最佳溶度为 50~100mg/L。覆盖无纺布对于撒播在地面上的假俭草茎段最终生根数量有着重要效果，这可能是因为无纺布可以在一定程度上保持地面临界面的湿度，为假俭草营造最佳的生根环境。

　　试验结果还表明覆土对假俭草的生根效率和成活率都有最佳的效果，当采用无纺布+覆土的复合措施时，效果比单纯覆土更佳。扦插无论是生根效率和成活率都是最高的，成活率达到 95%，而无纺布+覆土撒播假俭草的成活率也达到了 90%，几乎接近了扦插的效果。保水剂对于生根效率并没有明显作用，但是在假俭草成活率方面与覆土存在着交互作用，若不使用保水剂+覆土可以使假俭草的成活率达到最大。基肥对于假俭草的生根效率和成活率都没有明显效果，或许对于其后期成坪会起到关键作用。室外试验结果表明最适合撒播假俭草生根效率和成活率的方式为翻耕+无纺布，其中这个处理后的假俭草成活率可达 85%左右，并且这是在 9、10 月份，试验地正处在温度非常高的时期，若在适合假俭草种植的春季，其撒播效率或许会更高。

11.4　植草护坡关键技术

11.4.1　边坡整治

对堤防除险加固工程而言，建议采用山地红黏土的心土层(土壤种子库较少)，进行加高培厚，提高后期植草草坪净度。①喷施封闭剂：对已有杂灌的堤防坡面，进行地表植被清理后，喷施芽前除草剂(也称封闭剂)，在土壤中形成封闭层，封杀土壤中种子库杂草的萌发，将杂草的危害降到最低。②化学除杂：喷施封闭剂后一周内不宜播种目标草种。待一周后土壤中零星杂草萌发后喷施针对性较强的化学药剂进行补充除杂。研究结果表明，经前期喷施封闭剂处理后，堤防植草护坡杂草明显低于未喷施封闭剂的坡面(图 11-19)。

(a) 坡面未前处理　　　　　　　　　(b) 坡面前处理

图 11-19　坡面前期除杂对比效果

植草护坡过程中，由于正处在雨季时节播种，坡面局部水土流失非常严重。因此，在植草过程中，需要布设排水措施以有序引导堤防路肩径流和坡面汇水径流。即在坡肩外延(背水坡顶部)布设一道土埂，上面植草，并每隔一段距离设置一个出口，与在坡面上开设的生态草沟相连接，构建草埂+草沟的堤防排水系统(图 11-20)，将坡肩和坡面上部的径流引排至坡底，减轻径流对坡面的冲刷，保护种植的草皮。①草埂：在坡肩外延(背

图 11-20　堤防草埂草沟排水系统

水坡顶部)布设一道土埂, 土埂高度约为 20cm, 宽度约为 30cm。在土埂上撒播狗牙根等草籽, 形成一道草埂。②草沟: 草沟的宽度主要受占地面积的控制, 同时还应注意施工的便利程度。建议生态草沟的宽度以小型挖机的施工面为准, 一般为 60cm。草沟的深度需要结合堤防当地降雨量与堤防路面宽度具体设计。

11.4.2 高效建植

1. 条播

开沟条播法进行草籽繁殖有利于提高覆盖度、均匀度。同时在堤防坡面上形成一条条与堤防岸线平行的草带也有利于减轻坡面雨水冲刷, 从水土保持的角度是一种比较好的播种方式(图 11-21)。①种植沟规格: 沟深 5cm, 沟宽 8cm, 沟距 35cm。②种肥沙拌匀: 由于狗牙根草种籽粒细小, 为便于播种均匀, 播撒时建议混合适量细砂, 与肥料一起按照一定比例充分拌和后再行播撒。③播种覆土: 人工均匀撒播于种植沟内。按照播种面积配好种子、肥料和细沙后, 按照 200~500m² 的作业面积分成几等份, 便于工人在撒播时将相应的播种量均匀撒播于每一个作业面积内。草种播撒完成后, 均匀覆土一层, 厚度约 2cm。④无纺布覆盖: 种子播种后, 采用具有透水、透气的无纺布, 既可以减小堤防未覆盖前的水土流失, 又可以控制外界杂草种子的入侵。⑤水分管理: 草种播撒完成后, 应及时浇水养护管理, 以提高草皮成坪率。播撒草种施工应选取无风或微风时间, 最好是阴雨时期, 以提高成活率。

(a) 开挖种植沟   (b) 拌种

(c) 播种   (d) 无纺布覆盖

图 11-21 条播建植关键环节

2. 撒播

为提高播种效率，推荐手摇式撒播机进行堤防草籽播种。手摇式撒播机进行堤防坡面草籽播种施工，其他程序如前期坡面整理、覆土、覆盖无纺布、后期水分养护与条播建植法相同。人工手动种子播种机适用各种可播撒的颗粒状种子及化肥，属于微型人力播撒机器，可以提高效率。单人 8 小时可播种 1 万～1.5 万 m²。

11.4.3　控高除杂

1. 机械控高

传统堤防管理多采用人工维护，"手拿一把锄，肩挑一担箕，吃住在大堤，砍草和平堤"就是形容湖区传统堤管维护除草平堤，往往是劳动强度大，管护工效却不高。为提高堤防管理水平，要切实改变传统堤管观念，积极创新堤防管理新模式、新技术。

1) 背式圆盘割草机

以余干信瑞联圩为例，采取市场上常见的背式圆盘割草机尝试了机械控高试验。原有堤防坡面狗牙根草皮高度为 30～35cm，割草要求达到 10～15cm。试验得到相关直接成本约为 0.15～0.21 元/m²(含劳务费、机械租赁费和燃料动力费)。若堤防按 15m 坡长计，1km 堤防控高费用约 3150 元(每年一次即可)。

2) 往复式堤防割草机

往复式堤防割草就是堤防管护人员根据堤坡除草的需要而自主研发的割草机械，能在坡比 1∶2 的大堤堤面、堤坡自由作业，行走稳定性好，采用动力刀片，可任意调节割草高度，通过往复剪切动作，能将直径 5cm 左右的高秆植物切断，是一种理想的大堤、坡面割草机械，能有效提高工作效率，减轻堤管人员体力劳动，节约能源消耗。鄱阳湖流域堤防坡面背水面一般坡比为 1∶2～1∶3，这为堤防割草机的推广应用提供了便利。往复式堤防割草机工作效率可以达到每台班(8 台时)16000m²，单位面积割草成本仅为 0.01 元/m²，这是人工割草及其他小型割草机无法比拟的。在选用堤防割草机时，需要考虑以下几个方面的因素：具备能够在较大倾斜角下长时间正常运转的动力装置；具有低重心设计的稳定结构；具有强劲的驱动力，适宜在陡坡上上下移动；具备良好的地面附着力。

2. 化学控高

草坪矮化的方法一是进行品种选育，二是进行人为控制。其中，目前较为快捷的现实方法就是利用植物生长拟制剂中的延缓剂进行矮化，降低植被层整体高度，达到要求的坡面整体景观(刘果，2006)。

目前常用的草坪生长抑制剂主要是多效唑。多效唑是一种赤霉素生物合成的植物生长调节剂，是植物生长调节剂中一种有效抑制高生长促进粗生长的良好矮壮剂，其作用机理是通过阻断内根贝壳杉烯合成酶的合成而导致植物矮化。它在土壤中不仅有较高的活性和较长的持效期，而且还有土壤吸收和叶面吸收的双重特点，因而喷雾和土施均较方便，是草坪矮化的理想药剂(贾洪涛等，2003)。自 20 世纪 80 年代在我国推广应用以来，已广泛应用于绿化草坪的矮化等诸多方面。

尽管多效唑对各类草坪和品种皆有矮化效果，但由于各种类型品种和草坪生长势强弱不同，用药量及其矮化效果也不尽相同，因此在试验过程中，在江西水土保持生态科技园百草园进行了小区尺度的多效唑预试验，并根据试验结果再在堤防坡面进行了一定面积的中试。结果发现，与对照相比，不同浓度的多效唑添加都能对普通狗牙根的生长高度起到一定程度的抑制和矮化作用(图 11-22)。其中 200mg/kg 处理的矮化效果不是特别明显，高度降低平均为 12%；400mg/kg 和 600mg/kg 处理的矮化效率分别为 28%和 42%。但是经过 15 天的观测发现，600mg/kg 处理会使得狗牙根叶片变黄，影响景观效果。采取 400mg/kg 的多效唑喷施是最优方案。

(a) 对照　　　　　　　　　　　　　　　(b) 200mg/kg

(c) 400mg/kg　　　　　　　　　　　　　(d) 600mg/kg

图 11-22　狗牙根控高试验

3. 化学除杂

杂草防除一直是草坪养护的问题之一。堤防杂草由于种类繁多，其本身具有出苗时期不一致、种子量庞大、种子寿命长且具休眠性、传播方式多样等特点，从而使其难以通过单一的苗后除草来防治。化学除杂主要是通过喷洒药剂来抑制杂草的生长，效果明显，但具有一定的污染，因此，从环境友好角度出发，需要选择毒性残留小的生物农药。

1) 芽前除草剂

芽前除草剂是指作用在杂草发生早期，即杂草种子萌发过程中的除草剂，能够在表土层(通常 2cm 以上)固着而不向深层淋溶，使药剂在土壤中形成药土层，从而杀死或抑制表土层中萌发的杂草种子，将杂草的危害降到最低。常见的芽前除草剂有氨氟乐灵、二甲戊乐灵、氟硫草定、氟草胺、秀百宫等。芽前除草剂主要针对种子萌发的杂草，如马唐、狗尾草、稗草等多种一年生禾本科杂草及苋、藜、繁缕等阔叶杂草和一年生莎草。因此，在使用氨氟乐灵等芽前除草剂时，需要对田间草相进行调查，了解主要的杂草种类及萌发时期，以保证正确的施药时期和用量。

2) 芽后除草剂

人们通常习惯在杂草长出后利用芽后除草剂进行除草工作，但由于草坪植物与一些杂草在生物学特性、生态习性上非常接近，除草剂的选择范围相对较小，在杂草出苗后用选择性的芽后除草剂会在杀死杂草的同时也会引起草坪草的药害。目前，针对性较强的环境相对友好的除草剂，如草甘膦(10%水剂)、农达(41%水剂)、2 钾 4 氯对阔叶杂草防除效果明显；盖草能对禾本科杂草防除效果最好；假俭草草坪采用氨基氟乐灵和拿捕净可以到达到良好的除杂效果，同时对假俭草草坪无毒害作用。

后期根据草坪草种的生长及杂草的危害情况，选用对自身草种无毒害的芽后除草剂进行杂草防除试验，如咪唑喹啉酸可以防除多种禾本科、莎草科及阔叶杂草，适用于狗牙根、结缕草、假俭草等暖季型草坪草的成熟草坪；二氯吡啶酸主要用于阔叶杂草的防除；甲磺隆主要用于防除阔叶杂草及少量禾本科杂草；甲磺草胺主要用于莎草、阔叶及部分禾本科杂草的防除。戊炔草胺适用于暖季型草坪，萌前主要封闭禾本科及阔叶杂草，萌后茎叶处理可以防除禾本科杂草。

3) "一封一杀，封杀结合" 模式

封闭剂+除草剂二位一体的化学除杂模式有别于目前园林养护者"见草打草"的习惯，此模式提倡在杂草出苗前，先使用芽前型除草剂进行土壤封闭，将大部分种子萌发的杂草扼杀在"襁褓之中"；而对于已经出苗的少量杂草进行苗后防除，以实现杂草的全年治理。如果使用时部分杂草已经出苗，则需要先拔出已出苗的杂草，或者将其与苗后除草剂(如草甘膦)进行混配，并均匀地喷施到地表及已萌发的杂草上，从而达到封杀结合的效果。

与苗后除草剂(如草甘膦)进行混配进行除草时，应注意药剂除了喷洒已萌发的杂草，还要均匀地喷施到地表，并且至少留出半天时间后再灌溉，以便给已萌发的杂草足够的时间去吸收苗后除草剂，从而达到最佳的除草效果。

4. 生物除杂

生物除杂主要是草种选择和种植密度两大方面。在堤防草种的选择上，要求草种具备明显的优势，能够迅速繁殖覆盖地表，减少杂草生长的空间，以阻止外来物种的入侵，通过种间竞争等生态学原理来阻控其他杂草在草坪上定居及生长。以假俭草为例，成坪后的假俭草草坪草层厚实，密度高，杂草很难在其浓密的草层下萌发。覆盖度变化越大，成坪越快越有利于提升目标草种的生态位，挤占杂草入侵的可能性。

11.4.4　后期养护

草地自然演替是不受人为控制的自然规律。受各种外来因素影响，如杂草种子入侵、原有草皮退化、放牧干扰等，原有的草地类型不适应新的环境，暂时或永久地逐步消失，代之而形成的适应新自然环境条件的新草地类型。即使完全按照技术要求从物理、化学和生物三个方面实施了控高除杂的技术手段，也不能保证堤防植草护坡能一劳永逸地发挥效益。还需要后期加强管理与养护，如进行常态化的水分管理、杂草杂灌人工拔除和化学防除、割草机来控制高度等技术，才能使得堤防植草护坡效益的长期发挥。

转变观念，以市场化、物业公司化管理模式为目标，建立以"目标责任管理和合同经营管理"为主的工程管护模式；建议成立运作堤防维修养护专业公司，运用市场化的方式和现代化的公司管理模式来进行堤防维修养护作业。

培育堤防工程维护管理市场，积极推行工程管理与维修养护分离，以精干主体、剥离辅助。逐步建立起与管理单位相对独立，并符合专业化、市场化和社会化要求的工程维修养护部门，以提高养护水平，降低养护成本。

11.5　植草护坡效益评价

11.5.1　材料与方法

1. 水土保持效益

1) 研究区概况

2014 年，结合鄱阳湖区重点圩堤第六个单项建设工程，在永修九合联圩($29°03′N$，$115°49′E$)背水面进行了不同植草护坡的试验示范工作。项目区年均气温 16.9℃，多年平均降雨 1423mm。降雨年内分配不均，4～7 月雨量占总雨量的 50%～60%。九合联圩在除险加固过程中，采取附近山体第四纪红土心土层进行分层碾压。坡长均为 20m，坡比1∶3(坡度约为 18.5°)。其中，狗牙根地实施面积达到 24000m²，结缕草地和假俭草地实施面积均为 4000m²，并保留了一定面积的裸露坡面和自然恢复坡面进行对比。

2) 下垫面设计

每种植草模式各选取 3 块坡度一致的样地为试验区(共计 15 块样地)，面积均为2m(堤防岸线方向)×3m(顺坡方向)。每块样地中间用不锈钢挡板隔开，作为样地内的一次重复，分隔后的径流小区面积为 1m×3m。每个径流小区出口处挖一个直径为 0.5m、深为 0.5m 的坑，便于收集径流泥沙样品。模拟降雨之前，调查了每块样地草本层的平均高度和覆盖度；并在每块样地上坡、中坡和下坡各采集 2 个土壤样品进行混合，分析样地土壤性质(表 11-12)。

表 11-12　样地基本特征

植草模式	平均高度/cm	覆盖度/%	20cm 土壤容重/(g/cm³)	最大入渗率/(mm/min)	pH	总有机碳/(g/kg)	全氮/(g/kg)	全磷/(g/kg)
BL	—	2±1	1.64±0.06	0.26±0.03	6.65±0.77	1.74±0.31	0.34±0.02	0.22±0.01
NRS	64.4±8.9	48±6	1.62±0.05	0.29±0.02	5.49±0.39	5.85±1.37	0.48±0.10	0.23±0.03
BS	37.2±2.2	86±4	1.57±0.05	0.35±0.03	4.74±0.02	5.21±0.02	0.71±0.07	0.27±0.02
ZJS	19.5±1.5	64±5	1.61±0.04	0.33±0.03	4.83±0.00	3.90±0.00	0.49±0.01	0.36±0.04
EOS	15.8±2.1	72±4	1.60±0.05	0.31±0.04	4.88±0.05	2.39±0.15	0.35±0.04	0.22±0.00

注：调查时间为 2015 年 9 月 7 日。数据为平均值±标准误差($n=3$)。BL 为裸露坡面，NRS 为自然恢复坡面，BS 为狗牙根草籽条播坡面，ZJS 为结缕草草籽条播坡面，EOS 为假俭草护坡坡面。

3) 人工模拟降雨设计

人工模拟降雨设备由运输设备和降雨监测系统组成。运输设备为江西省水土保持科学研究院自主研发的水土流失移动监测车,车上配备 1.5m³ 的水箱、2kW 的发电机、1.1kW 的水泵、操作平台等配套设施。降雨监测系统主要特征如表 11-13 所示。在选择好的试验小区搭设人工降雨支架(高 5m，长宽均为 4m)。放好主控制器和雨量计。根据实时风向用帆布搭建好挡风棚。模拟降雨时间为 2015 年 9 月中旬,天气晴好没有天然降水。根据试验区域历史资料及实际情况,每种下垫面设置 4 场降雨,雨强分别为 20mm/h、40mm/h、90mm/h 和 150mm/h,每场降雨历时 30min,两场降雨之间间隔 1 小时。降雨之前,进行预降雨使土壤饱和。

表 11-13　人工模拟降雨监测系统参数表

设备名称	型号	参数
降雨器	QYJY-501	雨强在 10～200mm/h 范围调节；降雨均匀度>0.8；雨滴大小 0.5～0.58mm；精度 7mm/h；高度 6m；降误差≤2%
雨量计	SL3-1	承水口径ϕ200mm；测量降水强度<4mm/min；测量最小分度 0.1mm；准确度 4%
主控制器	SC-101	电压 AC 220V/50Hz；工作环境温度 0～60℃；工作环境湿度≤95%；数据存储容量≥32000 条；采样间隔 10～9999s；通信接口 RS232
数据采集器	QYCJ-2	电压 AC 220V/50Hz、DC 24V；工作湿度≤90%；工作温度–10℃～50℃；数据容量≥32000 条；通信接口 RS232

4) 试验过程与数据采集处理

试验前用遮雨布遮盖小区,降雨器启动后先率定雨强,当雨强与设计值误差控制在 5%以内、均匀度在 80%以上即满足要求(倪含斌等,2006)。雨强符合要求后,快速掀起小区上方的遮雨布,用秒表记录初始产流时间。在集流槽出口处用径流桶收集径流样,同时记录接样时间。降雨过程中,每 5min 收集 1 次径流样,并在收集的径流样中搅拌均匀取 500mL 用于测定相应径流样的泥沙浓度,采用烘干法确定泥沙重量。在此过程中同时采用高锰酸钾示踪法测定径流流速,取 2 个断面的平均值作为流速,将所测流速乘以 0.75 得到较为理想的径流流速(雷廷武等,2015)。采用 SPSS17.0 和 Excel(2010)进行数据统计分析和作图。

2. 边坡稳定性

1) 研究内容

(1) 对鄱阳湖流域堤防边坡的降雨条件下稳定性、安全性进行分析,定量化揭示植草对堤防边坡的强度、变形和渗透特性。

(2) 基于现有文献,考虑鄱阳湖流域堤防边坡红黏土、风化砾质黏土两种客土层的 Green-Ampt 入渗模型进行研究,分析植被对滑坡的影响因素,定量化分析不同降雨强度对滑坡强度、安全系数等关键参数的影响,揭示降雨条件下堤防护坡失稳的变形破坏模式与过程机制。

(3) 采用 Flac2D 软件进行模拟降雨入渗,量化分析植物根系、降雨强度、降雨历时、边坡坡型、坡率、客土对入渗性能的影响,然后结合工点进行堤防护坡稳定性验证分析。

(4) 在降雨入渗研究的基础上,建立堤防边坡稳定性分析模型,对植被防护黏土和砂土堤防边坡稳定性进行计算分析其应力应变情况,用强度折减并分析影响堤防边坡稳定各相关因子,然后基于模拟降雨入渗结果对比分析堤防护坡边坡稳定性,提出植物根系选择建议。

2) 研究思路

根据堤防植草边坡实际,方案考虑 2 种客土类型、3 种植草类型、1 种坡率和 3 种雨强,建立了 18 个计算模型,具体如表 11-14 所示。

表 11-14 堤防护坡稳定性评价方案

客土类型	植草类型		根系深度/cm	组号	坡率	雨强/(mm/d)	备注
	无根系	裸露	0	N-1	1:1.5	30, 60, 120	
黏土	浅根系	狗牙根、假俭草	15	N-2	1:1.5	30, 60, 120	
	深根系	结缕草	30	N-3	1:1.5	30, 60, 120	
	无根系	裸露	0	S-4	1:1.5	30, 60, 120	与第1组对比
风化砾质黏土	浅根系	狗牙根、假俭草	15	S-5	1:1.5	30, 60, 120	与第2组对比
	深根系	结缕草	30	S-6	1:1.5	30, 60, 120	与第3组对比

在充分保留研究对象固有特性基础上,采用 Flac2D 数值模拟软件和强度折减法,开展有限元分析计算,对堤防护坡的强度、变形及渗透特性进行研究,对比分析植草前后的堤防安全稳定性。技术路线见图 11-23。

(1) 结合已建工程和典型堤防边坡资料,开展鄱阳湖流域堤防的客土工程特性研究,提取典型堤防边坡的基本物理力学性质,分析堤防边坡的变形破坏模式。

(2) 将降雨对植草堤防边坡失稳影响归结于强渗透带的裂隙贯通失稳,有针对性地开展植被截水作用和根系加筋效应研究,重点围绕堤防可能的变形破坏模式,分析不同植草条件下坡体的弹塑性力学参数,渗流参数及变形参数的变化规律。

(3) 结合堤防护坡降雨入渗的室内外试验数据,开展植草护坡的堤防渗透稳定性计算、抗滑稳定性计算及沉降计算;根据计算出来的应力和应变分析结果,考虑不同根系条件下水的渗透体积力和渗透压力的影响,诠释临界变形破坏演化规律,提出植草条件堤防边坡失稳的形成机制概念模型。

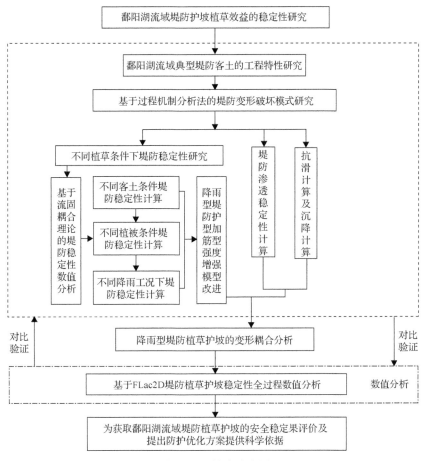

图 11-23　技术路线图

(4)基于 Greet-Ampt 及 Flac2D 数值分析技术,结合非饱和土渗透理论模型,对堤防裸露坡体、狗牙根草籽条播坡体(狗牙根根系集中分布在 0～10cm 土层)、假俭草草茎栽植坡体(平均根系深为 6.18cm)、结缕草草籽条播坡体(中华结缕草具有强大的地下茎,节间短而密,每节生有大量须根,分布深度多在 20～30cm 的土层内)等 4 种植草护坡模式开展数值模拟研究,分析总结堤防变形破坏过程土体强度劣化-失效规律,并进行验证。

3)护坡模型参数分析

计算模型需要代表某一类型项目,其具有该项目的基本特性,其他模型可以在此模型上演变,因此本次模型需要具有简单实用且具有代表性。本次的堤防物理模型采用 1：1.5 的坡率,堤顶宽度 4.0m,堤高 6.0m,堤身外为原始河道,假设河道总水头高 5.0m。根据研究,植草边坡相当于弱化加筋土体,其本构模型采用摩尔-库仑本构模型,其参数相对于素土质边坡有所提高,主要体现在黏聚力上,而内摩擦角变化不大;对于堤岸和原始河道在边坡稳定计算中采用摩尔-库伦本构模型,在渗流计算中采用饱和-非饱和模型。同时本次采用 Geostudio 软件作为辅助软件,根据模型分析结果。

本次模型参数部分边界条件如表 11-14 所示。对于渗流模型其采用非饱和理论,其参数比较复杂，涉及土体的饱和含水量、剩余含水量、非饱和土体的渗透系数、非饱和土的基质吸力等。采用估算法给出其参数；渗透系数采用 Fredlund 估算法，储水函数采用 Fredlund 和 Xing 估算法，估算基质吸力如图 11-24 所示。本次堤岸蓄水渗流稳定时间为 200 天，降雨时间均采用 5 天，渗流-应力耦合为 1 天。总水头为 5m，水头位于堤岸右侧，其水面位于堤脚以下，对堤岸边坡影响不大。

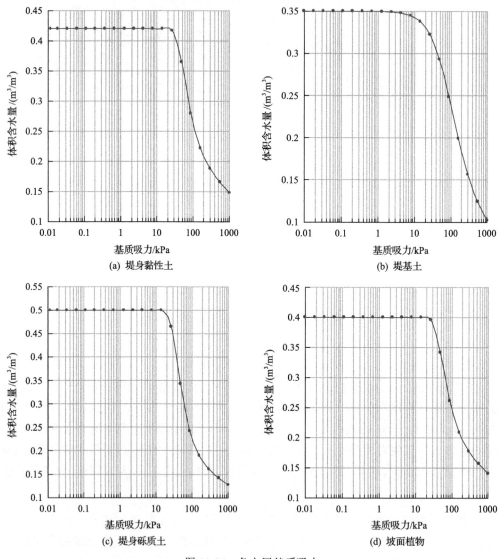

图 11-24　各土层基质吸力

11.5.2　水土保持效益

1. 初始产流时间

初始产流时间反映不同管理措施下坡面土壤对雨强的响应。结果表明，雨强相同时，裸地初始产流时间最短，其次分别是自然恢复、结缕草地、假俭草地和狗牙根地。当坡面存在植被覆盖时，不同雨强条件下坡面产流时间较裸露坡面均有较大幅度的延长（图 11-25）。方差分析进一步表明，4 种存在草本覆盖的护坡模式与裸地之间均存在显著性差异（$P<0.05$），但 4 种植草护坡模式之间不存在显著差异（$P>0.05$）。另外，随着雨强增大，5 种下垫面下初始产流时间都有所降低，并且裸地初始产流时间减小的幅度较小，而存在草本覆盖情况下初始产流时间下降的幅度较大。

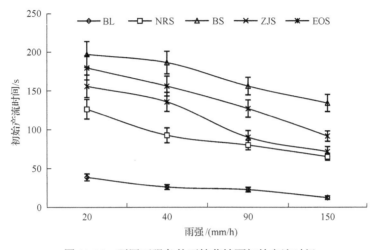

图 11-25 不同雨强条件下植草坡面初始产流时间

分析表明，主要是因为初始产流时间的响应与坡面覆盖度存在密切联系，因为初始产流时间的排序与实际情况中的不同坡面覆盖度排序完全一致，都表现为 BS（86%）＞EOS（72%）＞ZJS（64%）＞NRS（48%）＞BL（2%），即随着覆盖度的增加，初始产流时间逐步降低。这与相关研究结果一致，如张翼夫等（2015）研究表明自然降雨过程中当雨强为 10～80mm/h 时，与裸露坡面相比，15%、30%、60% 和 90% 的秸秆覆盖度坡面推迟产流时间分别为 1.0～15.4min、2.1～22.1min、3.4～48.2min 和 5.9～73.6min。钱婧（2015）也认为影响初始产流时间最大的因素是植被覆盖度，植被的介入可削弱坡长对初始产流时间的影响。

2. 径流流速

试验表明，相同雨强下，与 BL 相比，其他 4 种下垫面下径流流速显著降低（$P<0.05$，图 11-26）。这说明存在草本覆盖护坡处理都具有降低坡面流速的作用，减小了径流动能，从而可以削弱径流的剥蚀地表能力，有效抑制泥沙流失，保护堤防坡面。另外，各处理下地表径流流速都随着雨强的增大而增大（图 11-26）。方差分析进一步表明，在 20mm/h、40mm/h 和 90mm/h 3 种雨强下，几种存在植物覆盖的护坡之间径流流速没有明显差异（$P<0.05$）；当雨强增大到 150mm/h 时，则存在较大差异，表现为 EOS＜BS＜NRS＜ZJS＜BL。与 BL 相比，NRS、BS、ZJS 和 EOS 流速分别降低了 65.9%、69.4%、56.4% 和 81.2%，说明堤防坡面植草后可以有效降低大雨强下的坡面流速，并且 EOS 护坡模式减缓坡面流速的效果最为明显。

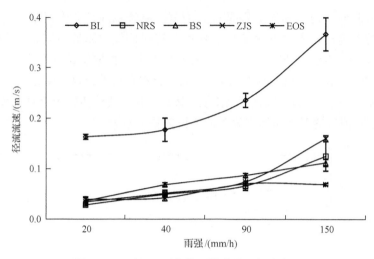

图 11-26　不同雨强条件下植草坡面径流流速

不同处理之间坡面流速的差异主要是由坡面糙率决定的，糙率越大流速越小，而坡面糙率又与草本层高度、排列格局、覆盖度等密切相关（Jarvela, 2002；张冠华等, 2014；张升堂等, 2015）。尽管 EOS 坡面覆盖度不是最高，但由于是草茎穴状栽植方式，坡面差异性较大，因此具备较低的径流流速。流速的大小决定着水流对泥沙的搬运强度。因此，坡面植草能明显延缓坡面水流速度，从而降低水流对坡面的侵蚀力，起到保持水土和保护堤防坡面的作用。

3. 径流系数

相比径流量，径流系数更能反映不同处理之间地表径流的差异。试验表明，不同植草堤防坡面径流系数对雨强的响应具有较大差异（图 11-27）。BL 和 NRS 径流系数均随雨强增加而逐步增大，20mm/h 雨强下分别为 0.25 和 0.23，150mm/h 雨强下则增大至 0.90 和 0.72。这主要是因为 BL 和 NRS 植被覆盖度较低，坡度较缓并且堤防坡面压实度较高，土壤入渗能力小造成大部分降雨都转换成地表径流。随着雨强增加，BS 径流系数呈现先减小后增大的趋势（图 11-27）。在 20mm/h 的降雨条件下径流系数最大（0.51），而后迅速减小，在 40mm/h 和 90mm/h 的降雨条件下，径流系数分别为 0.38 和 0.31，而到 150mm/h 的降雨条件下，其径流系数增加到 0.48。这可能因为狗牙根成坪处理覆盖度高，在小雨强下，降雨径流还没有达到土壤表面，就从草面形成径流流走；但随着雨强增大，降雨径流沿茎根到达土壤地面，形成土壤入渗，径流系数下降，然而当雨强继续增大，超过土壤入渗能力时，径流系数开始增大。ZJS 和 EOS 两种植草模式堤防坡面径流系数对雨强的响应没有明显规律，分别在 0.42~0.54 和 0.35~0.54 变动。这可能因为这两种植草模式坡面覆盖度较低，初始径流系数较大，同时堤防坡面经过平整压实，土壤孔隙小，降雨很快形成径流，径流系数较高，但随着雨强增大，地表被剥蚀、搬运侵蚀后，地表糙率增大，土壤入渗增加，所以径流系数维持在一个相对稳定的水平。

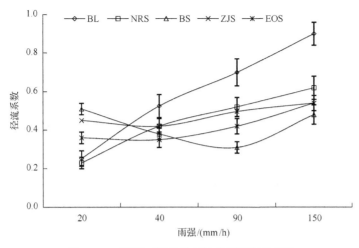

图 11-27　不同雨强条件下植草坡面径流系数

总体而言，小雨强下(20mm/h)，4 种存在植被覆盖的堤防坡面与 BL 的径流系数差异不明显。但在其他 3 种雨强条件下，4 种植草坡面的径流系数都低于 BL。说明堤防进行植草防护后都能够有效抑制地表径流的产生。而且随着雨强的增大，植草坡面与 BL 径流系数的差异越来越大，这也表明堤防植草防护坡面对地表径流的抑制作用在大雨强下表现得更明显(图 11-27)。地表径流是泥沙流失的直接驱动力，因此在大雨强下进行植草防护更能有效减少堤防坡面的泥沙损失，有效保护堤防，起到固土护堤的作用。

4. 泥沙流失量

各处理泥沙量基本上随着雨强的增强而增大，但不同植草模式下泥沙流失量的变化对雨强变化的响应存在较大差异，特别是植草堤防坡面与 BL 堤防的差异较为明显(图 11-28)。当雨强由 20mm/h 增加到 150mm/h 时，BL 泥沙流失量从 132.8g 增加到 4747.6g，增加了近 35 倍，而 NRS、BS、ZJS 和 EOS 植草模式下泥沙流失量则分别增加了 3 倍、2 倍、7 倍和 13 倍，说明与 BL 相比，植草护坡能有效减少堤防土壤侵蚀。

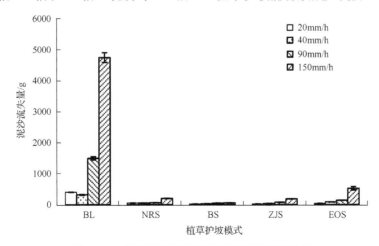

图 11-28　不同雨强条件下植草坡面泥沙流失量

另外，各降雨条件下不同植草模式之间的泥沙量也存在明显差异。以 BL 为核算基数，比较了不同植草模式对泥沙流失量的抑制效应（表 11-15）。在 20mm/h 的降雨条件下，几种植草模式的减沙顺序为：BS＞ZJS＞EOS＞NRS；在 40mm/h 的降雨条件下，减沙顺序为：BS＞ZJS＞NRS＞EOS；在 90mm/h 的降雨条件下，减沙顺序为：BS＞NRS＞ZJS＞EOS；在 150mm/h 的降雨条件下，减沙顺序为：BS＞ZJS＞NRS＞EOS。这说明随着雨强的增大，4 种堤防护坡模式对泥沙流失的抑制作用越来越强，大雨强下堤防植草能够起到更大的防护作用。

表 11-15　不同植草模式对泥沙流失量的抑制效应（以裸地为参照）

	20mm/h	40mm/h	90mm/h	150mm/h
NRS	37.5%	17.3%	4.2%	4.2%
BS	12.9%	8.7%	3.2%	1.2%
ZJS	17.7%	11.4%	5.1%	3.9%
EOS	27.6%	27.4%	9.5%	11.1%

众多研究表明，影响地表产流产沙的因素较多，其中内在因素主要有土壤质地、入渗速率，外在因素主要有雨强、降雨量、植被覆盖度、坡度等（Sun et al., 2013; Zhang et al., 2014; 于国强等, 2010; 张旭昇等, 2012）。

植被覆盖度和雨强是影响初始产流时间和产流速度的关键因素。裸露堤防坡面初始产流时间最短且随雨强增大而减小，这与裸地无植被覆盖，单位时间和面积内坡面的承雨面积随雨强的增大而变大，产流时间相应缩短的观点一致（霍云梅等, 2015）。堤防植草后，初始产流时间都有所降低，表明草被层能够重新分配降雨，削弱降雨动能，地下根系可以固定土壤颗粒和稳定土壤结构，增加降雨就地入渗，减少径流（杨春霞等, 2014）。不同下垫面径流流速的差异也说明草本覆盖护坡处理具有降低坡面流速的作用，减小了径流动能，从而可以削弱径流的剥蚀地表能力，有效抑制泥沙流失，保护堤防坡面。

研究表明，小雨强下堤防植草抑制径流效果不明显，但随着雨强的增大，植草坡面与裸露坡面径流系数的差异越来越大，表明植草后对地表径流的抑制作用在大雨强下表现得更明显。土壤管理措施改变土壤质地，引起初始产流时间和径流速率的变化，导致减流效果的差异（李静苑等, 2015）。杨春霞等（2014）在黄河堤防的研究也指出尽管自然恢复对低强度降雨时的径流拦蓄率可达 90% 以上，但对高强度降雨的拦蓄作用有限，需要采取其他植草措施才能有效抑制产流，进而保护堤防坡面。

地表土壤对降雨强度等外在因素的响应机制最终反映在调控效果的差异方面，主要原因在于不同措施改变了原有地表侵蚀形态和微地貌形态，阻碍泥沙的搬运、沉积和输移等。与裸露坡面相比，植草护坡能有效减少堤防产沙量。随着雨强的增大，4 种堤防护坡模式对泥沙流失的抑制作用越来越强，大雨强下堤防植草能够起到更大的防护作用。这与裸露堤防径流调节能力差、经常出现侵蚀沟的实际情况相符，也与刘晓燕等（2015）和于国强等（2010）的相关研究结果一致。

张锐波等（2017）研究指出，就雨强和植被覆盖度两要素而言，雨强对径流量的影响显著，植被覆盖度对产沙量的影响大于雨强。从坡地水力侵蚀产沙的机理来看，坡面侵蚀的外动力是降水，内抗力是土壤的抗蚀性，再就是地表植被覆盖度。在雨强大于 1.7mm/min 时，植被对侵蚀产沙的缓冲作用减弱，只有在植被覆盖度大于 80%以上时，对侵蚀产沙的减轻作用显得明显。植被覆盖度对坡面水力侵蚀产沙的影响存在着一个上下限，但植被覆盖度小于 15%时对阻止侵蚀是无效的。但植被覆盖度大于 80%时，植被覆盖度的再增加，不能引起产流产沙的大幅度下降(朱冰冰等，2010；康佩佩等，2016)。

11.5.3　边坡稳定性

1. 裸露堤岸稳定性

堤身为黏土和风化砾质黏土，其区别在于渗透系数和颗粒直径及相应的物理力学性质，从而会影响其孔隙水压力和边坡稳定性。

1)裸露黏土堤身稳定性

从表 11-16 可以看出，当雨强为 30mm/d、60mm/d、120mm/d，降雨时间为 5 天时，堤岸孔隙水压力逐渐增大，且渗透深度加深，在堤基浅表形成渗透带。堤基地下水位线及孔隙压力变化幅度小，主要受降雨入渗量的控制，但是坡面集水效应较差，说明雨量增加到一定程度时入渗量增大。裸露情况下，堤岸稳定系数分别为 1.391、1.378、1.371，说明降雨入渗对边坡稳定有一定影响，安全系数分别降低了 2.56%、3.50%和 3.99%。说明裸露的背水坡受降雨影响，雨量越大，安全系数越低。中到大雨时孔隙水压力增速最快，主要表现为坡脚率先破坏，到极端降雨时，孔隙水压力增速减缓，变形破坏转为坡面冲刷、冲蚀为主。

表 11-16　不同工况下堤身整体稳定安全系数

植草根系深度/cm	堤身填料	安全系数				
		无降雨蓄水	蓄水	雨强		
				30mm/d	60mm/d	120mm/d
0	黏土	1.412	1.428	1.391	1.378	1.371
	风化砾质黏土	1.490	1.506	1.507	1.456	1.375
15	黏土	1.422	1.431	1.397	1.386	1.386
	风化砾质黏土	1.514	1.524	1.521	1.509	1.490
30	黏土	1.432	1.457	1.426	1.419	1.418
	风化砾质黏土	1.540	1.565	1.565	1.557	1.557

2)裸露风化砾质黏土堤岸稳定性

表 11-16 表明，雨强为 30mm/d、60mm/d 时，堤身孔隙水压力变化不大，最大值均为 60，但最大孔隙水压力的面积逐渐扩大，并向背水坡延伸；当雨强为极端暴雨条件(120mm/d)，降雨历时 5 天后，堤身最大孔隙水压力反而有所降低。堤基地下水位线及孔隙压力变化较小，主要受降雨入渗量的控制，坡面集水效应相差较大，说明雨量增加到一定程度时并不能加大入渗量。堤身安全稳定系数在中雨、大雨、暴雨工况下分别为

1.507、1.456、1.375，安全系数分别降低了 2.56%、3.50%和 3.99%，说明降雨入渗对边坡稳定系数有正相关作用。

2. 浅根系草种护坡堤岸稳定性

1) 浅根系草种护坡黏土堤岸稳定性

根据模拟结果(表 11-16)，堤身植草完成后其安全系数为 1.422，蓄水后安全系数有所提高，可以达到 1.431。雨强为 30mm/d、60mm/d、120mm/d，降雨时间为 5 天时堤身孔隙水压力变化较大，特别是非饱和区域的等值线明显移动，堤身表层和堤脚浅层呈现饱和状态，堤基地下水位线及孔隙压力变化较小，主要受降雨入渗量的控制，但是坡面集水效应相差较大。计算分析表明，浅根系草种植草后雨量增加到一定程度时并不能加大入渗量，而更多的时转化为坡脚和坡面集水。3 种不同降雨强度下堤身安全稳定系数分别为 1.397、1.386、1.386，说明降雨入渗对边坡稳定有一定影响，相对未降雨情况下，安全系数分别降低了 2.39%、3.14%和 3.14%，降低幅度有所减缓，特别是对大雨、暴雨稳定效应明显，表明浅根系草种植草护坡对降雨防渗效果较好。

2) 浅根系草种护坡风化砾质黏土堤岸稳定性

模拟结果(表 11-16)表明，堤岸植草完成后其安全系数为 1.514，蓄水后安全系数有所提高，可以达到 1.524。雨强为 30mm/d、60mm/d、120mm/d，降雨时间为 5 天时堤身孔隙水压力变化较大，特别是非饱和区域的等值线明显移动，堤身表层和堤脚浅层呈现饱和状态。堤基地下水位线及孔隙压力变化较小，主要受降雨入渗量的控制，但是坡面集水效应相差较大，也就是说雨量增加到一定程度时并不能加大入渗量，而更多的时转化为坡脚和坡面集水。3 种不同降雨强度下堤岸稳定系数分别提高到 1.521、1.509、1.490，说明降雨入渗对边坡稳定有一定影响，相对未降雨情况下，安全系数分别降低了 0.20%、0.98%和 2.23%，说明浅根系草种植草护坡防止降雨失稳的效应更加明显。

3. 深根系草种护坡堤岸稳定性

1) 深根系草种护坡黏土堤岸稳定性

根据模拟结果，植草护坡完成后其安全系数为 1.432，蓄水后安全系数有所提高，可以达到 1.457(表 11-16)。雨强为 30mm/d、60mm/d、120mm/d，降雨时间为 5 天时堤岸孔隙水压力变化较大，特别是非饱和区域的等值线明显移动，堤身表层和堤脚出现浅层饱和，堤基地下水位线及孔隙压力变化较小，主要受降雨入渗量的控制，但是坡面集水效应相差较大，也就是说雨量增加到一定程度时并不能加大入渗量，而更多的时转化为坡脚和坡面集水。3 种不同雨强下堤岸稳定系数分别为 1.426、1.419、1.418，说明降雨入渗对边坡稳定有一定影响，相对未降雨情况下，安全系数分别降低了 2.12%、2.60%和 2.68%。说明降雨对植草护坡影响还是较小。

2) 深根系草种护坡砾质黏土堤岸稳定性

根据模拟结果，植草护坡完成后其安全系数为 1.540，蓄水后安全系数有所提高，可以达到 1.565(表 11-16)。雨强为 30mm/d、60mm/d、120mm/d,降雨时间为 5 天时堤岸孔隙水压力变化较大,特别是非饱和区域的等值线明显移动,堤身表层和堤脚浅层呈现饱和状态。根系深 30cm 植草堤基地下水位线及孔隙压力变化较小,降雨入渗量受植草的影响,雨量增加到一定程度时并不能加大入渗量,究其原因,可能是降雨转化坡面集水,顺坡面集水向坡脚汇流。三种不同降雨强度下堤岸稳定系数分别为 1.565、1.557、1.557,说明降雨入渗对边坡稳定有一定影响,相对未降雨情况下,安全系数分别降低了0.00%、0.51%和 0.51%,说明深根系草种植草护坡对降雨变形破坏减缓效应明显。

4. 不同植草堤岸边坡稳定性比较

根据数值模拟计算分析(表 11-16),植草护坡随着草种根系深度的增加,其孔隙水压力、稳定安全系数的变化具有一定的规律性,主要是:植草根系深度越深,稳定性安全系数有所增大,其中对蓄水后的植草堤防稳定作用更为明显。浅根系和深根系植草黏土堤岸比裸露黏土堤岸整体安全系数提高 0.01、0.02;蓄水后浅根系和深根系植草黏土堤防比裸露黏土堤防整体安全系数提高0.004、0.029。

植草对大雨、暴雨的护坡作用显著,计算分析表明,中雨、大雨、暴雨三种工况下植草护坡稳定安全系数均有增大作用,但对大雨、暴雨防护效果更好。植草对黏土、砾质黏土的防止失稳作用明显,一般情况下根系越深,堤防的稳定安全系数越好。在浅根系和深根系植草砾质黏土堤岸比裸露砾质黏土堤岸整体安全系数提高 0.024、0.05,蓄水后浅根系和深根系植草砾质黏土堤岸比裸露砾质黏土堤岸整体安全系数提高 0.018、0.059;雨强 30mm/d 浅根系和深根系植草的砾质黏土堤岸比裸露砾质黏土堤岸整体安全系数提高 0.014、0.058,雨强 60mm/d 浅根系和深根系植草砾质黏土堤岸比裸露砾质黏土堤岸整体安全系数提高 0.053、0.121,雨强 120mm/d 浅根系和深根系植草砾质黏土堤岸比裸露砾质黏土堤岸整体安全系数提高 0.115、0.182。

植草护坡对黏土堤岸和砾质黏土堤岸稳定性均有影响,浅根系、深根系对黏土堤岸稳定性具有增长作用,但增长率接近;深根系对砾质黏土堤岸的稳定性安全系数作用更大,其安全系数最大增长率为 13.23%。植草对不同岩性的堤防均具有较好的保护作用,特别是对于粗粒填料堤防效果更佳。在雨强较大时,植草对堤岸的保护效果明显,能有效迅速排水,减少雨水入侵。

参 考 文 献

白文娟, 焦菊英. 2006. 土壤种子库的研究方法综述. 干旱地区农业研究: 195-198.

陈小华, 李小平. 2007. 河道生态护坡关键技术及其生态功能. 生态学报, 27(3): 1168-1176.

杜有新, 曾平生. 2007. 森林土壤种子库研究进展. 生态环境学报, 16: 1557-1563.

段剑, 杨洁, 刘仁林, 等. 2013. 鄱阳湖滨沙地植物多样性特征. 中国沙漠, 33(4): 1034-1040.

高强, 颜学恭. 2010. 假俭草生态学特性及在水利工程中的应用研究. 长江科学院院报, 27(11): 86-88.

何兴东, 高玉葆, 刘惠芬. 2004. 重要值的改进及其在羊草群落分类中的应用. 植物研究: 466-472.

胡胜华, 于吉涛, 张建新, 等. 2006. 鄱阳湖砂山地区风沙化过程中物种多样性的变化. 中国沙漠, 26: 729-733.

霍云梅, 毕华兴, 朱永杰, 等. 2015. 模拟降雨条件下南方典型黏土坡面土壤侵蚀过程及其影响因素. 水土保持学报, 29(4): 24.

康佩佩, 查轩, 刘家明, 等. 2016. 不同植被种植模式对红壤坡面侵蚀影响试验研究. 水土保持研究, 23(4): 15-22.

贾金生, 侯瑜京, 崔亦昊, 等. 2005. 中国的堤防除险加固技术. 中国水利, 22: 13-16.

贾洪涛, 党金鼎, 刘凤莲. 2003. 植物生长延缓剂多效唑的生理机理及应用. 安徽农业科学, 31(2): 323-324.

李静苑, 蒲晓君, 郑江坤, 等. 2015. 整地与植被调整对紫色土区坡面产流产沙的影响. 水土保持学报, 29(3): 81.

刘果. 2006. 多效唑对高羊茅的调控效应研究. 成都: 四川大学.

刘建秀, 朱雪花, 郭爱桂, 等. 2003. 中国假俭草结实性的比较分析. 植物资源与环境学报, 12(4): 21-26.

刘晓燕, 杨胜天, 李晓宇, 等. 2015. 黄河主要来沙区林草植被变化及对产流产沙的影响机制. 中国科学, 45(10): 1052-1059.

雷廷武, 张晴雯, 赵军, 等. 2002. 确定侵蚀细沟集中水流剥离速率的解析方法. 土壤学报, 39(39): 788-793.

倪含斌, 张丽萍, 张登荣. 2006. 模拟降雨试验研究神东矿区不同阶段堆积弃土的水土流失. 环境科学学报, 26(12): 2065-2071.

彭燕, 干友民. 2003. 野生假俭草营养繁殖方式比较研究. 中国种业, 9: 24.

钱婧. 2015. 模拟降雨条件下红壤坡面菜地侵蚀产沙及土壤养分流失特征研究. 杭州: 浙江大学.

王国栋, Middleton B A, 吕宪国, 等. 2013. 农田开垦对三江平原湿地土壤种子库影响及湿地恢复潜力. 生态学报, 33(1): 205-213.

杨春霞, 李永丽, 李莉. 2014. 自然修复草被对坡面径流的阻滞作用研究. 人民黄河, 36(8): 94-96.

于国强, 李占斌, 李鹏, 等. 2010. 不同植被类型的坡面径流侵蚀产沙试验研究. 水科学进展, 40(5): 593-599.

张冠华, 刘国彬, 易亮. 2014. 植被格局对坡面流阻力影响的试验研究. 水土保持学报, 28(4): 55-59, 109.

张金屯. 2011. 数量生态学. 北京: 科学出版社: 19-21, 88-93.

张锐波, 张丽萍, 钱婧, 等. 2017. 雨强和植被覆盖度对坡地侵蚀产沙影响强度研究. 自然灾害学报, 26(5): 206-212.

张升堂, 梁博, 张楷. 2015. 植被分布对地表糙率的影响. 水土保持通报, 35(5): 45-48, 54.

张旭昇, 薛天柱, 马灿, 等. 2012. 雨强和植被覆盖度对典型坡面产流产沙的影响. 干旱区资源与环境, 26(6): 66.

张翼夫, 李洪文, 何进, 等. 2015. 玉米秸秆覆盖对坡面产流产沙过程的影响. 农业工程学报, 31(7): 118-124.

朱冰冰, 李占斌, 李鹏, 等. 2010. 草本植被覆盖对坡面降雨径流侵蚀影响的试验研究. 土壤学报, 47(3): 401-407.

Bouton J H. 1983. Plant breeding characteristics relating to improvement of centipedegrass. Soil and Crop Science Society of Florida Proceedings, 42: 53-58.

Jarvela J. 2002. Flow resistance of flexible and stiff vegetation: A flume study with natural plants. Journal of Hydrology, 2002, 269(1-2): 44-54.

Qu X M, Shu J L, Wu F P. 2009. Integration and demonstration of sand dikes ecological protection technology//Geosynthetics in Civil and Environmental Engineering. Berlin: Springer: 811-814.

Sun W Y, Shao Q Q, Liu J Y. 2013. Soil erosion and its response to the changes of precipitation and vegetation cover on the loess plateau. Journal of Geographical Sciences, 23(6): 1091-1106.

Zhang X, Yu G Q, Li Z B, et al. 2014. Experimental study on slope runoff, erosion and sediment under different vegetation types. Water Resource Manage, (28): 2415-2433.

第12章　典型区域水土流失防治效益评估

　　水土保持综合治理效益评价是水土保持项目中的一项基础性工作，不仅能客观地反映出治理对农业和经济发展的意义，同时也为治理者的决策提供重要依据。水土保持效益是水土流失地区通过保护、改良与合理利用水土资源，实施各项水土保持措施后所获得的水土保持生态效益、经济效益和社会效益的总称。水土保持效益评价是对水土保持各项措施实施后产生贡献的计算和分析。通过效益评价可以总结水土保持实践中的经验教训，对不同治理方案进行优化和比照，为水土保持工作提供科学的途径和理论依据。20世纪80年代初期，我国水土保持工作基本制定了以小流域为单元的综合治理模式，从而对小流域水土保持综合治理进行动态监测与效益评价(王一鸣等，2017)。对于大尺度如大流域或区域的效益评价，通常需要采用遥感和模型的手段；生态服务价值也是水土流失防治效益的重要部分，生态服务价值评估亦是水土保持综合效益评价的重要内容。

　　评价主要从生态、经济和社会效益3方面进行，采用定性描述和定量分析相结合的方法，系统性和综合性很强。定性评价主要是对治理前后的各效益指标进行简单对比分析；定量评价由于准确性较高是目前应用较广的评价方法，其中使用最多的则是综合评价法。水土保持综合治理效益指标体系建立以后，各指标权重的确定对评价结果的准确性具有较大影响，综合评价法首要前提就是确定各指标的权重，目前应用较多的权重确定方法有专家评估法(特尔菲法)、指标值法和层次分析法等。而在进行后续的治理效益评价时，研究者们所采用的方法大多不相同，这是因在不同地区进行具体水土保持综合治理效益评价时所选用的评价指标和评价侧重点不同所导致。

12.1　典型小流域水土保持综合治理水沙效应

12.1.1　研究方法

　　在赣江上游选择了1个小流域和2个对比果园集水区，通过定位监测采集相关数据，进行水土保持调控径流泥沙和防控面源污染的效益分析。

1. 左马小流域概况

　　左马小流域面积3.2km²，位于赣州市于都县县城郊南面30km处，属赣江的支流上游，是一个低山丘、川道环绕的小流域，以丘陵岗地地貌为主，北部有低山，最低海拔为108m，最高海拔为314m，相对高度30～250m。地质构造属华夏系构造，岩性主要有变质岩、红砂岩。坡度一般在5°～25°，部分高丘、低山大于25°。小流域地处中亚热带季风湿润气候，具有雨量充沛、气候温和、光照充足、四季分明、无霜期长等特点，年均降雨量为1507.5mm，年内降水量分配不均，集中在4～6月降水最多，占全年降水量的47.5%，因此，天然降雨和作物缺水的矛盾仍然存在，水旱灾害频繁发生。该小流域为全国水土保持重点建设工程流陂项目区范围，现状植被较好，以松、杉、阔叶树、灌木类为主，林草覆盖度为40%~50%；土壤类型为花岗岩和红砂岩发育的红壤；地形开阔平坦，坡面较平缓，大部分分布天然次生林和果园。土地利用类型以林地为主，占总面积的77.03%，其次为耕地，占12.00%，再次为园地，占7.19%，其他用地类型占3.78%，具体面积情况见表12-1。小流域内全部为农村人口，农业生产占主导地位，以粮食生产的种植业为主，经济作物、林果和渔业比重小，外出打工为工副业收入主要来源(方少文等,2012)。

表 12-1　左马小流域土地利用现状

		类别	水保措施	面积/亩
耕地	a1	水田	无	448.80
	a2	旱平地	无	108.83
	a3	坡耕地	水平条带	15.06
园地	b1	果园(三花李、脐橙)	水平沟、种草	222.89
	b2	油茶	台地	120.48
林地	c1	水保林(胡枝子、本地松)	水平沟、封禁、拦沙坝	210.84
	c2	水保林(胡枝子、本地松)	水平沟、土谷坊	578.31
	c3	水保林(林业种树、生态林)	封禁	156.63
	c4	原始林、水保林(松树、铁芒萁、木荷)	封禁	2731.53
交通运输用地	e	公路	无	21.08
水域及水利设施用地	f	水库水面	无	63.25
城镇村及工矿用地	g1	村庄	无	
	g2	铸造厂	无	78.31
	g3	采石场	无	
其他	h	裸地	无	18.07
		合计		4774.08

2. 东坑集水区概况

东坑集水区面积为0.02km^2，位于赣州市宁都县会同乡境内，属赣江的支流上游。该集水区为1998~2002年的全国八片水土保持重点治理工程石梅项目区范围，于2000年开发为果园，采用前埂后沟+梯壁植草式水平台地，台面栽种脐橙，观测期已进入盛果期。在此设立卡口站用于监测果园开发后期造成的水土与氮磷流失状况。

3. 城源集水区概况

城源集水区面积0.01km^2，位于赣州市宁都县西北部，属赣江的支流上游。于2009年开发为果园，采用水平梯田，未采用前埂后沟+梯壁植草方式，台面栽种脐橙，观测期尚处于生长期。在此设立卡口站用于监测新开发果园造成的水土与氮磷流失状况。

4. 卡口站监测

卡口站建于赣江上游赣南地区于都县的左马小流域、宁都县的东坑集水区和城源集水区。参照有关测流规范标准和国内外测流设施的运行经验，由最大洪水的计算分析，设计 V 形宽顶堰堰体结构和尺寸。卡口站测流设施由进口段、V 形宽顶堰、缝式堰、测井、水位计、集沙池等部分组成，结构紧凑，连为一体，过堰溢流适用于淹没流和非淹没流(图 12-1)。

(a) 于都左马卡口站

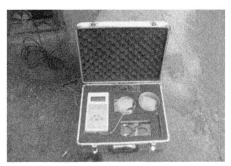

(b) 自记水位计

(c) 宁都东坑卡口站

(d) 宁都城源卡口站

图 12-1　小流域(集水区)卡口站

12.1.2　径流泥沙调控和面源污染防治效应

1. 小流域水土保持措施调控径流泥沙效应

1)左马小流域水土保持措施径流泥沙效应

通过设立的卡口站对左马小流域产流产沙进行定位观测，分析左马小流域径流泥沙特征。统计 2010 年 1 月至 2012 年 12 月三年的产流产沙量，各年的径流量分别为 223 万 m³、162 万 m³ 和 231 万 m³，各年的泥沙量分别为 5500t、5190t 和 5510t，三年的年土壤侵蚀模数分别为 1709t/(km²·a)，1624t/(km²·a) 和 1720t/(km²·a)。据研究，水土保持措施能够对流域径流泥沙起到调控作用，造林和种草等措施主要通过截留、消耗降雨、增加入渗等来理水减蚀，水平竹节沟、台地、拦沙坝等工程措施主要通过拦蓄达到减水减沙的作用。

左马小流域 2010～2012 年月平均径流量和泥沙量如图 12-2 所示，从图中可以看出左马小流域的径流量和泥沙量不仅变化趋势相同，而且随时间的波动也极为一致。左马小流域 4～6 月的径流量最大，占全年产流量的 56%，其中 6 月的径流量最大，径流深为 0.14m。同样，4～6 月的产沙量也最大，占全年泥沙量的 71%，6 月份的侵蚀产沙量也最大。

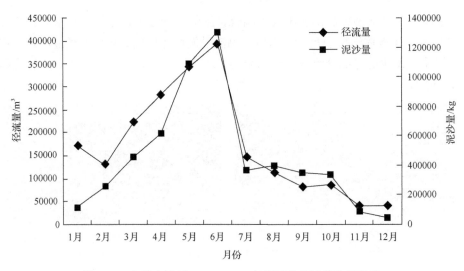

图 12-2　左马小流域 2010～2012 年月平均径流量和泥沙量

采用"水文法"的经验公式法,以基准期的降雨、径流实测数据,建立降雨-径流的经验关系统计模型,把措施建设期的降雨资料代入模型,计算出下垫面不变时的径流量,计算值和实测值之差即为水土保持措施建设等人类活动引起的径流量变化(张守江等,2010)。由于左马小流域在 2009 年之前无水文数据,所以采用贡水流域峡山站数据推导左马小流域的径流量。左马小流域在 2003 年开始实施国家水土保持重点建设工程,根据1957～2002 年峡山水文站数据,得出降雨-径流的经验关系为 $y = 0.004x^{1.4115} \times 10^8$,$y$ 为径流量,x 为降雨量,$R^2 = 0.7001$。根据左马小流域卡口站雨量筒记录数据,2012 年降雨量为 1825mm,经过推算可以得出若按水土保持重点建设工程实施之前下垫面的性质,则产生的年径流量为 321 万 m^3,而全年实际径流量为 231 万 m^3,径流量大为减少,减少了 28%。可见水土保持措施对径流具有调控作用。

从左马小流域 2010 年至 2012 年三年的泥沙量来看,按照水利部《土壤侵蚀分类分级标准》(SL 190—2007),属于轻度侵蚀。在 2003 年赣江上游国家水土保持重点建设工程实施之前,2002 年左马小流域水土流失轻度侵蚀占 36%,中度侵蚀占 33%,强烈侵蚀占 21%,极强烈侵蚀占 8%,剧烈侵蚀占 2%,年侵蚀量 15744t,土壤侵蚀模数为4920t/(km²·a),属于中度侵蚀。流域内土地利用现状存在如下问题:①疏、幼林地面积比重大,占土地总面积的 47.3%,植物群落单一,多数仅有稀疏马尾松;②经济林面积比重小,经果林仅占林地面积的 1.5%;③草地面积少。

采用了水土保持的防控技术后,采取封禁补植乔、灌、草结合的混交林、开发利用低丘缓坡地建设经济果木林、开挖水平竹节沟等水土保持治理措施,同时通过造林种草,促使生态自然修复,左马小流域侵蚀量大为减少,侵蚀强度下降了一个等级,2012 年土壤侵蚀量减少了 10240t。

2)东坑和城源集水区水土保持措施调控径流泥沙效应对比分析

东坑小流域和城源小流域是位于宁都县境内毗邻的两个小流域,具有相似的土壤、地质和地形地貌条件,在水土保持治理之前,东坑小流域和城源小流域的植被相似,都属于植被覆盖率低、水土流失严重的地区。东坑集水区位于宁都县会同乡境内，2003 年在水土保持的同时开发利用水土流失山地，大力发展以脐橙为主的高效经果林，注重山水田林路的统一规划，在改善生态环境的同时，发展了农村经济。城源集水区在 2008 年新开发了大规模的脐橙产业，但未采取有效的水保措施。本书通对东坑和城源小流域的对比，分析水土保持调控径流泥沙的效应。

　　通过设立的卡口站对 2010～2012 年集水区三年的水位、降雨量的自动观测和对含沙量和泥沙淤积量的采样测定，可以计算得出东坑小流域集水区域的各月平均产流产沙量如图 12-3 所示，城源小流域集水区域的产流产沙量如图 12-4 所示。从图中可以看出一年当中东坑小流域集水区只有 3～8 月才产流产沙，而城源小流域集水区产流产沙的时间明显得多。

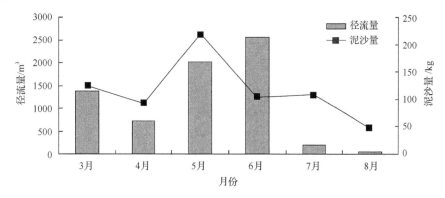

图 12-3　东坑小流域集水区的径流泥沙量

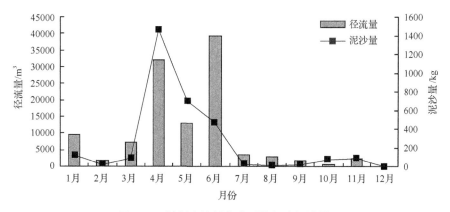

图 12-4　城源小流域集水区的径流泥沙量

　　2010～2012 年东坑集水区的年均径流量为 6922m³，产沙量为 707kg，土壤侵蚀模数为 35t/(km²·a)，属于微度侵蚀。而城源集水区的年径流量为 4032m³，产沙量为 87072kg，土壤侵蚀模数为 8707t/(km²·a)，属于极强烈侵蚀。

　　水土保持措施的实施使得小流域的产流产沙量明显降低，如表 12-2 所示，在降水量基本相同的情况下，东坑集水区比城源小流域年蓄水量增加 57119m³/km²。从产流产沙次数来看东坑集水区明显少于城源集水区，最大含沙量东坑仅为城源的 1%，而最大洪水径流系数东坑为 21%，城源为 56%，存在显著性差异（T 检验，P＜0.05），说明水土保持措施具有明显的削减洪峰作用。果园开发过程中不采取水保措施的城源小流域则产生的水土流失强度为极强烈侵蚀，采取水保措施的东坑小流域则为微度侵蚀，说明水土保持措施具有明显的保土减沙作用。

表 12-2　东坑与城源集水区产流产沙特征对比

项目		年平均
径流模数/[m³/(km²·a)]	东坑	346090
	城源	403209
	拦蓄效益/%	14
侵蚀模数/[t/(km²·a)]	东坑	35
	城源	8707
	拦蓄效益/%	99
最大洪水径流系数/%	东坑	21
	城源	56
	拦蓄效益/%	35
平均产流产沙次数	东坑	17
	城源	39
	差值	21
最大含沙量/(g/L)	东坑	0.93
	城源	85.28
	差值	85.35

对每个月东坑和城源集水区的径流深和单位面积侵蚀泥沙量进行分析（图 12-5 和图 12-6）可以看出，东坑集水区在 3～8 月产流产沙，且每月的产沙量和单位面积产沙量都远远低于城源集水区，而在 4 月和 6 月径流深却大于城源集水区。这是因为东坑集水区采取的经果林+工程措施的水保措施与城源集水区坡地扰动后的脐橙净耕的方式相比，能够明显地减少土壤侵蚀。东坑集水区在主汛期单位面积产流量更大，可能是因为城源集水区因人为扰动后土地松散，在强降雨条件下径流入渗更大，因而地表径流量更少。

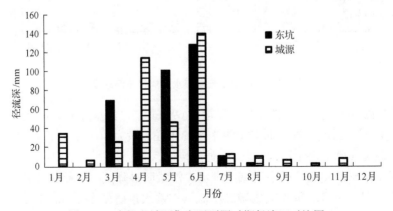

图 12-5　东坑和城源集水区不同时期径流深对比图

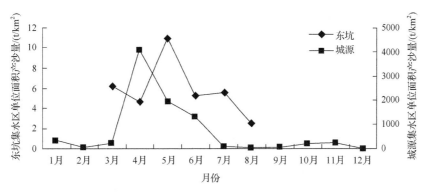

图 12-6　东坑和城源集水区不同时期单位面积泥沙量对比图

2. 小流域水土保持措施防控面源污染效应

1) 水环境状况分析

通过对东坑和城源集水区卡口站取水样测试分析，可以得出东坑和城源集水区水质氮磷的平均浓度，如图 12-7 和图 12-8 所示。

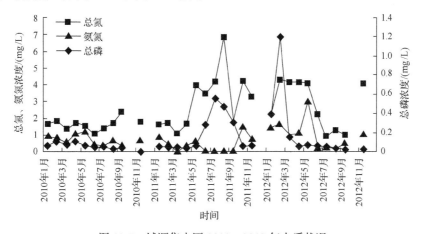

图 12-7　城源集水区 2010～2012 年水质状况

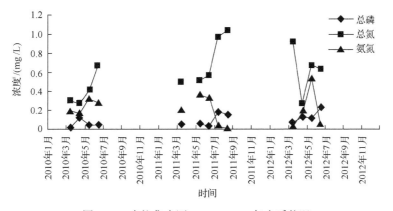

图 12-8　东坑集水区 2010～2012 年水质状况

从图中可以看出，城源集水区水质基本是Ⅳ、Ⅴ类水水平，均为 TN 超标，而东坑集水区仅在 3～6 月和 2011 年的 7、8 月有产流，水质均为Ⅲ类水，未超标。东坑集水区为老果园，前埂后沟+梯壁植草的现代坡地生态农业水土保持模式已建立，植被覆盖度较高，水土流失少，为无明显侵蚀，故水体水质较好；而城源集水区为新开发的果园，未采取水保措施，植被覆盖率低，水土流失严重，为剧烈侵蚀，严重污染水体水质，水质一般都劣于Ⅳ类。可见，在果园中采取植物措施与工程措施相结合的现代坡地生态农业水土保持模式，能够有效地防治水土流失，从而净化水体环境。

2）拦截面源污染效应分析

经计算，在 2010～2012 年三年中城源集水区产生的年均溶解态面源污染总磷为 37kg/km^2，总氮为 696kg/km^2，氨氮为 314kg/km^2；产生的吸附态面源污染磷素为 106kg/km^2，氮素为 290kg/km^2。从计算结果可知，城源集水区的面源污染磷素输出以吸附态泥沙携带为主，氮素输出吸附态和溶解态都很大。东坑集水区产生的年均溶解态面源污染总磷为 22kg/km^2，总氮为 134kg/km^2，氨氮为 57kg/km^2。东坑集水区因产沙量太小，几乎未监测到吸附态氮磷。

通过对面源污染物总氮、总磷和氨氮输出总量的比较可知，东坑集水区产生的面源污染量远小于城源集水区，其溶解态面源污染总磷减少 14kg/km^2，总氮减少 562kg/km^2，氨氮减少 257kg/km^2，减少幅度分别为 40%、81%和 82%。可见，东坑集水区采取的现代坡地水土保持生态果园开发模式可以防控吸附态面源污染，对溶解态面源污染中总磷的拦截率为 40%、总氮的拦截率为 80%以上，效果显著。

12.1.3 "水土保持措施—径流泥沙—水体氮磷"关系模型

水土流失是面源污染的重要形式之一，对水土流失与面源污染关系的研究已得到普遍关注。国内外对面源污染模型的研究主要表现在 3 个阶段：①经验模型构建阶段，此阶段用通用土壤流失方程(USLE)与其相对应的负荷函数来定量模拟出面源污染时空分布特征；②机理模型开发阶段，此阶段代表模型有 ANSWERS、CREAMS 和 AGNPS 模型；③GIS 技术与面源污染模型结合阶段，此阶段的代表模型有 SWAT 模型。由于面源污染机理模型需要的参数多、获取难度大，同时，由于模型参数的空间变异性，限制了该类模型在区域尺度的应用。所以，面源污染经验模型和 GIS 技术结合具有重要的适用性和推广价值。

采用研究区建立的坡面径流小区和流域卡口站观测的径流、泥沙及总氮、总磷等污染物数据，用数学方法建立不同水土保持技术下的径流泥沙与各污染物负荷之间的关系。在此基础上，结合人工模拟降雨试验获取的不同土地利用类型下径流、泥沙及其挟带污染物的数据，构建不同土地利用下径流泥沙与面源污染物关系数学模型，利用构建的基于水文过程的水土流失模型，开发建立"水土保持措施—径流泥沙—水体氮磷"模型。

1. 数学关系模型构建

1）基础数据获取

基于在赣南于都、宁都建立的不同水土保持措施小区和卡口站，2010～2012 年，利用自动观测和人工观测相结合的方法，在于都左马小流域 8 个小区和 1 个卡口站分别获得 30 场降雨下的各场降雨的径流量及其挟带的总氮量、总磷量和氨氮量，泥沙量及其挟带的总氮量、总磷量。在宁都东坑小流域卡口站获得场降雨下的各场降雨的径流量及其挟带的总氮量、总磷量和氨氮量，泥沙量及其挟带的总氮、总磷量。在宁都城源小流域卡口站获得各场降雨的径流量及其挟带的总氮量、总磷量和氨氮量；泥沙量及其挟带的总氮量、总磷量。针对于都左马小流域土地利用类型，分别进行了 8 个不同土地利用类型人工模拟降雨试验，每种类型降了 3 场不同雨量和雨强的降雨，利用自动采集和人工取样法相结合的方法，获取每场降雨下的径流量及其挟带的总氮量、总磷量和氨氮量；泥沙量及其挟带的总氮量、总磷量。

2) 数据处理

为了消除数据采集观测中误差和异常值，基于 Matlab7.0，利用一维插值法中的三次样条插值，对数据进行处理和挖掘。

三次样条插值法编写成 Matlab 计算子程序，其命令格式为：$y_0 = \text{interp1}(x, y, x_0)$；$x = (x_1, x_2, \cdots, x_n)'$；$y = (y_1, y_2, \cdots, y_n)'$；$y_n$ 为插值节点列向量，x_n 为被插值点，y_0 为 x_0 处的插值结果。

污染物（总氮、总磷和氨氮量）的曲线都是连续而光滑的曲线，由于径流或泥沙取样均满足：$a = x_1 < x_2 < \cdots < x_n = b$，且每一时刻都对应污染物（总氮、总磷和氨氮量）的一数值：$y_1, y_2, y_3, \cdots, y_n$。在用三次样条函数插值法时，$x$ 为径流或泥沙，y 为污染物（总氮、总磷和氨氮量），其处理步骤为：

(1) 输入 n 个径流（或泥沙）实际观测值 $x = (x_1, x_2, \cdots, x_n)'$ 及其对应的污染物（总氮、总磷和氨氮量）实际观测值 $y = (y_1, y_2, \cdots, y_n)'$，污染物异常值处对应的径流（或泥沙）为待求插值点 x_0。

(2) 调用 Matlab 计算子程序，计算 y_0，即 x_0 径流（或泥沙）对应的污染物（总氮、总磷和氨氮量）值。

3) 关系模型构建原理与方法

构建污染物总氮量（总磷或氨氮量）与径流量（或泥沙量）的关系模型，并借以对系统的未来行为进行预报，也即是建立因变量 y（污染物）与自变量 x（径流量或泥沙量）的关系预测模型，这种单变量预测模型，基于 n 组独立实际观测值 (x_i, y_i)，$(i = 1, 2, \cdots n)$，常用的方法是回归分析和时间序列分析。针对一个自变量情形，回归分析模型主要有一元线性回归模型、一元多项式回归模型、一元非线性回归模型。

(1) 一元线性回归模型：一般形式为：$y = \beta_0 + \beta_1 x + \varepsilon$，固定的未知参数 β_0、β_1 称为回归系数，自变量 x 也称为回归变量，其中残差 ε 满足 $E\varepsilon = 0$，$D\varepsilon = \sigma^2$，均值为 0，方差为固定值。回归系数 β_0、β_1 用最小二乘法估计，$y = \beta_0 + \beta_1 x$，称为 y 对 x 的回归直线方程，对回归方程 $y = \beta_0 + \beta_1 x$ 的显著性检验，归结为对假设 $H_0 : \beta_1 = 0$；$H_1 : \beta_1 \neq 0$ 进行检验。假设 $H_0 : \beta_1 = 0$ 被拒绝，则回归显著，认为 y 与 x 存在线性关系，所求的线性回归方程有意义；否则回归不显著，y 与 x 的关系不能用一元线性回归模型来描述，所得的回归方程也无意义。

(2) 一元多项式回归模型：一般形式为：$y = \beta_0 + \beta_1 x + \beta_2 x^2 + \cdots + \beta_p x^p + \varepsilon$，其中残差 ε 服从正态分布 $N(0, \sigma^2)$。如令 $x_j = x^j$，$j = 1, 2, \cdots, p$，多项式回归模型本质上为多元线性回归模型。未知参数 $\beta = [\beta_0, \beta_1, \cdots, \beta_p]'$ 和 σ^2 用观测值 (x_i, y_i)，$(i = 1, 2, \cdots n)$ 用最小二乘法估计，对回归方程 $y = \beta_0 + \beta_1 x + \beta_2 x^2 + \cdots + \beta_p x^p$ 的显著性检验，归结为对假设 $H_0 : \beta_0 = \beta_1 = \cdots = \beta_k = 0$ 进行检验。假设 H_0 被拒绝，则回归显著，认为 y 与 x 存在多项式关系，所求的多项式回归方程有意义；否则回归不显著，y 与 x 的关系不能用多项式回归模型来描述，所得的回归方程也无意义。

(3) 一元非线性回归模型：通常需要先配曲线，配曲线的方法是先对两个变量 x 和 y 作 n 次试验观察得 (x_i, y_i)，$i = 1, 2, \cdots, n$ 画出散点图，根据散点图确定须配曲线的类型。通常选择的六类曲线为：①双曲线 $\dfrac{1}{y} = a + \dfrac{b}{x}$；②幂函数曲线 $y = ax^b$，其中 $x > 0$，$a > 0$；③指数曲线 $y = ae^{bx}$，其中参数 $a > 0$；④倒指数曲线 $y = ae^{b/x}$，其中 $a > 0$；⑤对数曲线 $y = a + b \lg x$，$x > 0$；⑥S 形曲线 $y = \dfrac{1}{a + be^{-x}}$，然后由 n 对试验数据确定每一类曲线的未知参数 a 和 b，采用的方法是通过变量代换把非线性回归化成线性回归，即采用非线性回归线性化的方法。

一元线性回归模型和一元多项式回归模型的优点是形式简单，基于 Matlab 平台，回归系数容易得到，缺点是回归往往是不显著，残差 ε 满足不了均值为 0，与实际误差较大。而一元非线性回归模型优点是精确度较高，基于 Matlab 平台，回归系数也容易得到，但在试验数据量在较少或其散点图规律性不强情况下，找不到最佳的配制曲线，配制曲线时人为因素较多，因此最终导致精确度不高。

(4) 时间序列分析：是根据系统有限长度的观察数据，建立能够比较精确地反映时间序列中包含的动态依存关系的数学模型，并借以对系统的未来行为进行预报。时间序列分析中一个重要的理论是滞后变量模型的理论和方法。滞后变量模型考虑了时间因素的作用，使静态分析成为动态分析。考虑到降雨径流受到树冠截留，土壤入渗，泥沙流失经过剥蚀、搬运、沉积等过程影响，污染物变化相对径流（或泥沙）变化的滞后效应，可以利用滞后变量模型建立预测污染物的模型。时间间隔相同的时间序列 x 和 y，过去时期的、对当前被解释变量 y 产生影响的变量 x 称为滞后变量，被解释变量 y 受到自身或另一个变量 x 的前几期值影响的现象称为滞后效应。滞后变量模型包括分布滞后模型和自回归分布滞后模型。被解释变量受解释变量的影响分布在解释变量不同时期的滞后值上，即 $y_t = \alpha + \beta_0 x_t + \beta_1 x_{t-1} + \cdots + \beta_s x_{t-s} + \varepsilon_t$，称分布滞后模型。其中，$\beta_0$ 称为短期乘数，表示本期 x 变动一个单位对 y 值的影响大小；β_s 称为延迟乘数，表示过去各时期 x 变动一个单位对 y 值的影响大小；ε_t 为误差项。

自回归是一个将时间序列变量和它的过去值联系在一起的模型，把滞后变量 x 引入到自回归模型，这种模型为自回归分布滞后模型，p 阶自回归分布滞后模型其一般形式：

$$y_t = \beta_0 + \beta_1 y_{t-1} + \cdots + \beta_p y_{t-d} + \alpha_0 x_t + \alpha_1 x_{t-1} + \cdots + \alpha_d x_{t-d} + \varepsilon_t$$

式中，x_t 为 t 期的解释变量，x_{t-d} 为 $t-d$ 期的解释变量，y_t 为 t 期的被解释变量，y_{t-d} 为 $t-d$ 期的被解释变量，ε_t 是残差序列。

滞后变量模型要求时间序列 x_t 和 y_t 是联合平稳的，即 (x_t, y_t) 的联合分布不随时间的变化而变化。如果序列表现出非平稳性，可对序列进行一次差分。如对序列 x_t 做一次差分后记为 Δx_t，则 $\Delta x_t = x_t - x_{t-1}$；然后对差分后的序列拟合滞后变量模型进行分析预测，最后通过差分的反运算 x_t 的结果：$x_t = \Delta x_t + x_{t-1}$。

针对土壤侵蚀机理中降雨径流受到树冠截留，土壤入渗影响，泥沙流失经过剥蚀、搬运、沉积等过程，根据这些因素，通过对建模方法分析比较和兼顾数据的有限性和系统的有限容量,因此本书选用一阶自回归分布滞后模型构建"水土保持技术—径流泥沙—面源污染物"关系模型。

其建模步骤为：第一步：对观测数据用插值法进行处理和挖掘，形成每个区的总氮序列、总磷序列、氨氮序列、径流序列、泥沙序列；第二步：对每个序列变量进行平稳性检验；如果不平稳，做一次差分后再对一阶差分进行平稳性检验，拟合就用差分后的序列；第三步：对一阶自回归分布滞后模型计算回归系数，观察实际数据与拟合数据图的效果，如有差分序列，则进行差分序列的反运算；第四步：产生残差序列数据并用 ADF 检验 (augmented dickey-fuller test) 判断残差序列 ε_t 是否平稳。

以上回归过程计算均在 EViews6.0 软件上实现。

2. 数学关系模型结果

1) 各水土保持措施下的径流、泥沙与其挟带污染物的关系

利用观测的数据，采用一阶自回归分布滞后模型构建不同水土保持措施下的径流、泥沙与其挟带的总氮、总磷、氨氮的关系模型如表 12-3 和表 12-4 所示。

2) 不同土地利用下径流、泥沙与污染关系模型的构建

因区域尺度上的水土保持措施很难获取，而当前土地利用划分，从大类上基本能反映出相应的水土保持措施，如耕地、林地、果园，草地等。因此，基于土地利用，利用小区观测的数据以及建立的关系模型，结合人工模拟降雨下不同土地利用的径流、泥沙及其挟带的污染物，以及卡口站的径流、泥沙及其挟带的污染物，对不同水土保持措施下的径流、泥沙与其挟带污染物的关系模型进行提炼，构建不同土地利用下的径流泥沙与其挟带污染物的关系数学模型，为实现区域尺度的"水土保持措施—径流泥沙—水体氮磷"提供技术支持。

通过分析人工模拟降雨下降雨强度、降雨量与径流、泥沙及其挟带污染物的关系，利用研究区观测的降雨数据，获取不同降雨类型下各土地利用径流、泥沙及其挟带污染物数据，结合径流小区和卡站观测的数据，提炼研究区不同土地利用类型下径流泥沙与面源污染物的关系模型。结果见表 12-5、表 12-6。

表 12-3　各水土保持措施下径流量与其挟带污染物量的数学关系模型

水保措施	径流量与其挟带污染物量的数学关系模型	备注
裸地	$TPW(t)=0.030058V(t)+0.038719TPW(t-1)$ $TNW(t)=0.488848V(t)+0.772151\ln[TNW(t-1)]$ $NH_4W(t)=0.230364V(t)-0.38013\ln[NH_4W(t-1)]$	
乔+草+水平竹节沟	$TPW(t)=0.036051V(t)+0.155488TPW(t-1)$ $TNW(t)=0.41908V(t)-0.13057\ln[TNW(t-1)]$ $NH_4W(t)=0.283063V(t)-0.04268\ln[NH_4W(t-1)]$	
乔+灌+水平竹节沟	$TPW(t)=0.029717V(t)+0.086408TPW(t-1)$ $TNW(t)=0.574247V(t)-0.26403\ln[TNW(t-1)]$ $NH_4W(t)=0.067532V(t)-0.11211\ln[NH_4W(t-1)]$	$TNW(t)$ 为 t 时期径流挟带的总氮量, $TNW(t-1)$ 为以 t 时刻为基准前一期的径流挟带的总氮量;
乔+灌+草+水平竹节沟	$TPW(t)=0.038947V(t)+0.01786TPW(t-1)$ $TNW(t)=1.069456V(t)-0.25182\ln[TNW(t-1)]$ $NH_4W(t)=0.330944V(t)-0.07032\ln[NH_4W(t-1)]$	$TPW(t)$ 为 t 时期径流挟带的总磷量, $TPW(t-1)$ 为以 t 时刻为基准前一期的径流挟带的总磷量;
乔+水平竹节沟	$TPW(t)=0.04513V(t)-0.03659PG(t-1)$ $TNW(t)=0.862987V(t)-0.27335\ln[TNW(t-1)]$ $NH_4W(t)=0.564967V(t)+0.000163\ln[NH_4W(t-1)]$	$V(t)$ 为 t 时期径流量, $V(t-1)$ 为以 t 时刻为基准前一期的径流量
油茶+水平竹节沟	$TPW(t)=0.041111V(t)-0.00517TPW(t-1)$ $TNW(t)=0.752101V(t)-0.06972\ln[TNW(t-1)]$ $NH_4W(t)=0.118385V(t)-0.02713\ln[NH_4W(t-1)]$	
油茶+绿篱	$TPW(t)=0.037674V(t)-0.05206TPW(t-1)$ $TNW(t)=0.823297V(t)-0.73337\ln[TNW(t-1)]$ $NH_4W(t)=0.255155V(t)-0.26081\ln[NH_4W(t-1)]$	
脐橙+梯田果园	$TPW(t)=0.030325V(t)+0.116741TPW(t-1)$ $TNW(t)=0.936305V(t)-0.21712\ln[TNW(t-1)]$ $NH_4W(t)=0.3032V(t)-0.0602\ln[NH_4W(t-1)]$	

表 12-4　各水土保持措施下泥沙量与其挟带污染物量的数学关系模型

水保措施	泥沙量与其挟带污染物量的数学模型关系	备注
裸地	$TNS(t)=0.27971SG(t)-0.1378SG(t-1)+0.34064TNS(t-1)+0.34805$ $TPS(t)=0.08641SG(t)-0.0196SG(t-1)-0.0632TPS(t-1)+0.34873$	
乔+草+水平竹节沟	$TNS(t)=0.19652SG(t)-0.0884SG(t-1)-0.025TNS(t-1)+0.1806$ $TPS(t)=0.10698SG(t)-0.0467SG(t-1)+0.20481TPS(t-1)+0.08498$	$TNS(t)$ 为 t 时期泥沙挟带的总氮量, $TNS(t-1)$ 为以 t 时刻为基准前一期的泥沙挟带的总氮量;
乔+灌+水平竹节沟	$TNS(t)=0.74265SG(t)+0.04082SG(t-1)+0.04198TNS(t-1)-0.6272$ $TPS(t)=0.28631SG(t)-0.1002SG(t-1)+0.40652TPS(t-1)-0.1326$	
乔+灌+草+水平竹节沟	$TNS(t)=0.27272SG(t)+0.04485SG(t-1)-0.0869TNS(t-1)-0.0528$ $TPS(t)=0.10428SG(t)-0.0503SG(t-1)+0.34102TPS(t-1)+0.05549$	$TPS(t)$ 为 t 时期泥沙挟带的总磷量, $TPS(t-1)$ 为以 t 时刻为基准前一期的泥沙挟带的总磷量;
乔+水平竹节沟	$TNS(t)=0.27646SG(t)-0.0187SG(t-1)+0.0826TNS(t-1)-0.0581$ $TPS(t)=0.13908SG(t)-0.0649SG(t-1)+0.34102TPS(t-1)+0.05549$	
油茶+水平竹节沟	$TNS(t)=0.32546SG(t)-0.0427SG(t-1)+0.11943TNS(t-1)-0.0655$ $TPS(t)=0.17427SG(t)-0.0627SG(t-1)+0.28698TPS(t-1)+0.02028$	$SG(t)$ 为 t 时期泥沙量, $SG(t-1)$ 为以 t 时刻为基准前一期的泥沙量
油茶+绿篱	$TNS(t)=0.31912SG(t)-0.0545SG(t-1)-0.0168TNS(t-1)+0.32181$ $TPS(t)=0.257SG(t)-0.1419SG(t-1)+0.30409TPS(t-1)+0.07552$	
脐橙+梯田果园	$TNS(t)=0.13807SG(t)+0.05676SG(t-1)-0.326TNS(t-1)+0.25687$ $TPS(t)=0.1449SG(t)-0.0316SG(t-1)+0.54087TPS(t-1)-0.0856$	

表 12-5　各土地利用下径流量与其挟带污染物量的数学关系模型

土地利用	径流量与其挟带污染物量的数学关系模型	备注
1 未利用地	$TPW(t)=0.03006V(t)+0.03872TPW(t-1)$ $TNW(t)=0.48885V(t)+0.77215\ln[TNW(t-1)]$ $NH_4W(t)=0.23036V(t)-0.3801\ln[NH_4W(t-1)]$	
2 草地	$TPW(t)=0.03605V(t)+0.15549TPW(t-1)$ $TNW(t)=0.4191V(t)-0.1306\ln[TNW(t-1)]$ $NH_4W(t)=0.28306V(t)-0.0427\ln[NH_4W(t-1)]$	TNW(t) 为 t 时期径流挟带的总氮量，TNW(t−1) 为以 t 时刻为基准前一期的径流挟带的总氮量； TPW(t) 为 t 时期径流挟带的总磷量，TPW(t−1) 为以 t 时刻为基准前一期的径流挟带的总磷量； V(t) 为 t 时期径流量，V(t−1) 为以 t 时刻为基准前一期的径流量
3 林地	$TPW(t)=0.02972V(t)+0.08641TPW(t-1)$ $TNW(t)=0.57425V(t)-0.2640\ln[TNW(t-1)]$ $NH_4W(t)=0.06753V(t)-0.1121\ln[NH_4W(t-1)]$	
4 滩涂	$TPW(t)=0.0451V(t)-0.0366PW(t-1)$ $TNW(t)=0.86299V(t)-0.2734\ln[TNW(t-1)]$ $NH_4W(t)=0.56497V(t)+0.00016\ln[NH_4W(t-1)]$	
5 居民工矿地	$TPW(t)=0.0461V(t)+0.00791V(t-1)-0.18971TPW(t-1)$ $TNW(t)=1.3206V(t)-0.14586V(t-1)+0.091808TNW(t-1)$ $NH_4W(t)=0.92627V(t)-0.25276V(t-1)+0.07007NH_4W(t-1)$	
6 耕地	$TPW(t)=0.0461V(t)+0.00791V(t-1)-0.18971TPW(t-1)$ $TNW(t)=1.3206V(t)-0.14586V(t-1)+0.091808TNW(t-1)$ $NH_4W(t)=0.92627V(t)-0.25276V(t-1)+0.07007NH_4W(t-1)$	
7 果园	$TPW(t)=0.03033V(t)+0.11674TPW(t-1)$ $TNW(t)=0.93631V(t)-0.2171\ln[TNW(t-1)]$ $NH_4W(t)=0.303V(t)-0.060\ln[NH_4W(t-1)]$	

表 12-6　各土地利用下泥沙量与其挟带污染物量的数学关系模型

土地利用	泥沙量与其挟带污染物量的数学关系模型	备注
1 未利用地	$TNS(t)=0.2797S(t)-0.1378S(t-1)+0.3406TNS(t-1)+0.3481$ $TPS(t)=0.0864S(t)-0.0195S(t-1)-0.063TPS(t-1)+0.3487$	
2 草地	$TNS(t)=0.1965S(t)-0.0885S(t-1)-0.0251TNS(t-1)+0.1806$ $TPS(t)=0.10699S(t)-0.04671S(t-1)+0.2048TPS(t-1)+0.084918$	TNS(t) 为 t 时期泥沙挟带的总氮量，TNS(t−1) 为以 t 时刻为基准前一期的泥沙挟带的总氮量； TPS(t) 为 t 时期泥沙挟带的总磷量，TPS(t−1) 为以 t 时刻为基准前一期的泥沙挟带的总磷量； S(t) 为 t 时期泥沙量，S(t−1) 为以 t 时刻为基准前一期的泥沙量
3 林地	$TNS(t)=0.2727S(t)+0.044851S(t-1)-0.08691TNS(t-1)-0.05281$ $TPS(t)=0.104281S(t)-0.05032S(t-1)+0.341021TPS(t-1)+0.0555$	
4 滩涂	$TNS(t)=0.276461S(t)-0.01872S(t-1)+0.08261TNS(t-1)-0.05811$ $TPS(t)=0.139081S(t)-0.06492S(t-1)+0.3410TPS(t-1)+0.0555$	
5 居民工矿地	$TNS(t)=0.27744S(t)-0.05703S(t-1)+0.11506TNS(t-1)$ $TPS(t)=0.43165S(t)+0.19789S(t-1)-0.400671TPS(t-1)$	
6 耕地	$TNS(t)=0.27748S(t)-0.05703S(t-1)+0.11505TNS(t-1)$ $TPS(t)=0.43165S(t)+0.19789S(t-1)-0.40067TPS(t-1)$	
7 果园	$TNS(t)=0.138071S(t)+0.056762S(t-1)-0.3261TNS(t-1)+0.256872$ $TPS(t)=0.14491S(t)-0.03163S(t-1)+0.54088TPS(t-1)-0.0857$	

3) 构建模型合理性评价

模型检验主要包括方程的残差序列平稳性检验，如果自回归分布滞后模型的残差序列是平稳的，则被解释变量与解释变量之间存在依存关系，利用残差序列平稳性检验模型的实用性。序列平稳性检验可进行单位根检验，评价各水土保持技术及各土地利用下径流、泥沙与其挟带污染物的关系模型采用的单位根检验方法为 ADF 检验法；通过对每个变量检验所得的 ADF 值与其 Mackinnon 临界值进行比较来判断其平稳性，如果 ADF 值大于 Mackinnon 临界值，则该变量为非平稳序列；反之，如果 ADF 值小于 Mackinnon 临界值，则该变量为平稳序列。经检验所有关系式的残差序列在 5%的显著水平下 ADF 值都小于 Mackinnon 临界值，说明所有残差序列都拒绝原假设，即不存在单位根，数据序列是平稳的。其被解释变量与解释变量之间存在依存关系，可以用来预测。

3. 界面模型开发及运行

利用建立的研究区各土地利用下径流、泥沙与其挟带污染物数学关系模型，在区域水文过程水土流失的基础上，利用划分的子流域，在 ArcGIS 下开发"水土保持措施—径流泥沙—水体氮磷"模型。

1）"水土保持措施—径流泥沙—水体氮磷"模型开发

基于水文过程的区域水土流失模型，在 AcrGIS 软件平台下，利用研究区（赣南，即江西省赣州市）子流域划分结果，把研究区划分为若干个子流域，在此基础上，针对研究区的不同土地利用类型，分别嵌入相应的"径流泥沙与污染物关系模型"。运行模型可以获取各子流域出口处的泥沙量，径流量及其挟带总氮、总磷及氨氮的量，界面如图 12-9 所示。

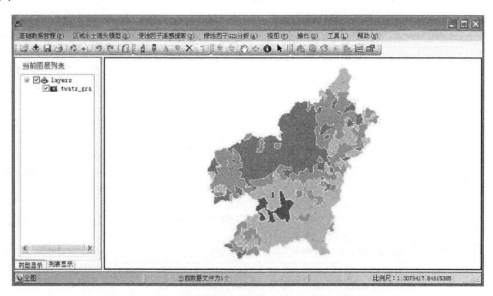

图 12-9　水土保持措施—径流泥沙—水体氮磷模型界面

2）"水土保持措施—径流泥沙—水体氮磷"模型运行结果分析

利用 2008 年赣南土地利用、降雨、DEM 等数据，基于"水土保持措施—径流泥沙—水体氮磷"模型，模拟计算 2008 年各月的径流挟带的总氮、总磷、氨氮的量，泥沙挟带的全氮、全磷的量，并对每个月各指标的特征值进行了统计，见表 12-7。从表中可以看出，径流、泥沙挟带的各污染物量月际变化较大，除了泥沙挟带的全氮(TN)最大值的极大值出现在 8 月份外，径流、泥沙挟带的其他各污染的最大值、均值的极值都出现在

6 月；同时，径流、泥沙挟带的各污染物的最大值、均值的极小值都出现在 12 月份，这与 2008 年的各月降雨特征值(表 12-7)具有一致性。从表 12-7 还可以看出，各月径流挟带的污染物量与泥沙挟带的污染量特征值差别较大，泥沙挟带的污染物量要比径流挟带的污染物量高。

表 12-7　2008 年研究区各月平均降水量　　　　　　(单位：mm)

月份	1	2	3	4	5	6	7	8	9	10	11	12
平均	102.4	72.7	165.0	171.8	195.7	380.1	244.8	66.6	93.6	82.3	53.3	8.7

(1)径流、泥沙挟带各污染物量的时间分布特征

为了进一步分析径流、泥沙挟带各污染物在不同月份的变化情况，对模拟结果的平均值进行统计分析，获得 2008 年径流、泥沙挟带各污染物量月分布直方图，如图 12-10 和图 12-11 所示。

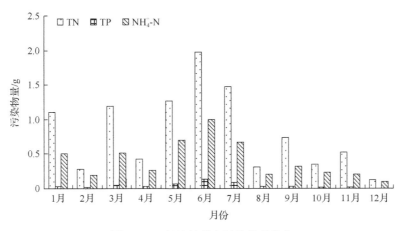

图 12-10　径流挟带各污染物月分布

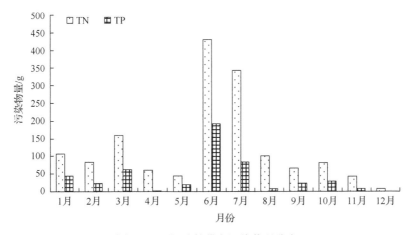

图 12-11　泥沙挟带各污染物月分布

从图 12-10 可以看出，2008 年，赣南区域径流挟带总氮、总磷、氨氮量主要集中在

3 月、5 月、6 月、7 月，总氮、总磷、氨氮流失总量分别占全年的 60.49%、65.33%和 59.02%。其中 6 月份径流挟带量最大，分别是 1.98g、0.133g 和 1g；12 月份径流挟带的总氮、总磷、氨氮量最小，分别为 0.13g、0.002g 和 0.10g。从图 12-11 可以看出，2008 年，赣南区域泥沙挟带全氮、全磷量主要集中在 3、6、7 月，流失量分别占全年的 61.13%和 68.5%。其中 6 月泥沙挟带的全氮、全磷量最大，分别为 430.58g 和 192.71g；12 月份泥沙挟带的全氮、全磷量最小，分别为 7.41g 和 0.12g。对 2008 年各月径流、泥沙挟带的污染量变异分析，获得径流挟带的总氮、总磷和氨氮的变异系数分别为 0.71、0.84 和 0.67；泥沙挟带的全氮、全磷的变异系数分别为 1.00 和 1.30。不同月份泥沙挟带的全氮、全磷量的变异系数要明显高于径流挟带的总氮、总磷量的变异系数，同时，径流、泥沙挟带的磷元素变异系数要高于挟带氮元素的变异系数。说明径流、泥沙挟带的污染物量在不同的月份表现出较大的差异，各污染量的变异系数都在 0.65 以上，其中，泥沙挟带各污染物的变异系数要明显高于径流挟带的污染物量变异系数。径流、泥沙挟带污染量随时间变化而变化。

(2)径流、泥沙挟带污染物量对比分析

径流、泥沙挟带的各污染物在时间和空间上分布具有明显的差异性，为了对比不同月份径流、泥沙挟带污染物的量，分析不同月份面源污染物挟带的主要载体，对模型模拟 1～12 月研究区径流、泥沙挟带的氮、磷量均值进行统计，得出表 12-8。

表 12-8　模型模拟 2008 年各月径流、泥沙挟带的氮、磷及其比值　　(单位：g)

指标	1 月	2 月	3 月	4 月	5 月	6 月	7 月	8 月	9 月	10 月	11 月	12 月
TN_w	1.10	0.28	1.19	0.43	1.27	1.98	1.47	0.31	0.74	0.35	0.52	0.13
TN_s	105.99	84.01	158.91	60.21	45.05	430.58	343.70	101.27	65.83	81.36	42.20	7.41
TN_s/TN_w	96.40	300.00	133.50	140.0	35.50	217.50	233.80	326.70	89.00	232.5	81.20	57.00
TP_w	0.03	0.02	0.05	0.03	0.07	0.133	0.09	0.03	0.03	0.02	0.02	0.002
TP_s	43.81	22.97	62.89	1.39	19.31	192.71	84.29	8.45	23.96	28.60	7.69	0.12
TP_s/TP_w	1460.30	1148.50	1257.80	46.30	275.90	1448.90	936.60	281.70	798.70	1430.00	384.50	60.00

注：TN_w 表示径流挟带的总氮量，TN_s 表示泥沙挟带的全氮的量，TN_s/TN_w 表示泥沙挟带的全氮量与径流挟带的总氮比值；TP_w 表示径流挟带的总磷量，TP_s 表示泥沙挟带的全磷量，TP_s/TP_w 表示泥沙挟带的全磷量与径流挟带的总磷量比值。

泥沙挟带的全氮、全磷量要明显高于径流挟带的总氮、总磷量。在 2008 年不同月份里，赣南泥沙挟带的全氮量是径流挟带的总氮量的 35.5～326.7 倍，最高倍数出现在 8 月，为 326.7 倍，最低倍数出现在 5 月，为 35.5 倍；全年平均为 156.2 倍。在 2008 年不同月份里，赣南泥沙挟带的全磷量是径流挟带总磷量的 46.3～1460.3 倍，最高倍数出现在 6 月，为 1460.3 倍；最低倍数出现在 4 月，为 46.3 倍；全年平均为 945.1 倍。因此，与径流相比，流域尺度上，泥沙是挟带全氮、全磷的主要载体。

通过以上分析，"水土保持措施—径流泥沙—水体氮磷"模型模拟的 2008 年赣南区径流挟带总氮、总磷、氨氮和泥沙挟带的总氮、总磷在时间和空间分布上具有明显的差异性，区域径流泥沙挟带的各污染物主要集中雨季量最大，3 月、5 月、6 月、7 月的径流、泥沙挟带的污染物量可以占到全年的 50%以上。空间分布上，在降雨量相对较少的旱季，径流、泥沙挟带的氮、磷主要分布在流域末梢的河沟中；在降雨量相对较大的雨季，径流、泥沙挟带的氮、磷主要分布在沟道、河道或流域出口处。流域尺度上，泥沙挟带的全氮、全磷量远大于径流挟带的总氮、总磷量，因此，泥沙是流域尺度上挟带全氮、全磷的主要载体。通过模拟估算，2008 年赣南区域氮、磷流失量分别为 6052t 和 1957t，分别折合成尿素 13161t，过磷酸钙 10301t。

12.2　区域水土流失动态变化

3S 技术的高速发展，使得遥感技术广泛地应用于生态环境质量监测与评价中。遥感技术能实现高精度的植被覆盖率和土地利用现状制图，可满足中长期水土流失变化监测预报的数据要求。在 GIS 技术支持下，利用土壤背景和数字地形模型可实现水土流失潜在可能性分析。利用 GIS 空间数据处理技术可实现基于像素的地面逐点分析，满足对水土流失逐点定量分析的要求。利用卫星遥感技术和 GIS 技术在 Web 技术的支撑下进行集成是实现水土流失监测体系的必然手段（张登荣等，2001）。

以赣南为例，研究区域水土流失动态变化和区域水土保持生态建设综合效益评估。赣州市位于江西省南部，故称之为赣南，共辖 18 个县（市、区），赣南是典型的南方水土流失易发丘陵山区，20 世纪六七十年代水土流失非常严重，尤其以 20 世纪 70 年代末至 80 年代初为甚，成为南方水土流失最严重的地区之一。随着 1983 年全国 8 片水土保持重点治理工程（后更名为赣江上游国家水土保持重点建设工程）启动实施，兴国县列入了工程范围，以后逐步扩大到贡水流域的兴国、宁都、于都、瑞金、会昌、石城、赣县、信丰、龙南以及广昌县等 10 个县。1998 年，鄱阳湖流域水土保持重点治理一期工程开始在安远、石城、瑞金、定南、宁都、龙南、信丰、全南、崇义、章贡、南康、寻乌、大余、会昌和上犹等 15 个县（市、区）实施。2002 年，国家水土保持生态修复试点工程将安远县列入试点县。2004 年，国家农业综合开发水土保持项目（原长江上中游水土保持重点防治工程）又新增了南康和上犹 2 个县（市）。至 2019 年，赣南的水土保持生态建设有近 40 年的历史，赣南所有的县（市、区）均已实施或正在实施国家水土保持重点工程，赣南的水土保持工作也逐步走向了规模化和规范化。

12.2.1　水土流失评价模型各因子值获取

借助刘宝元等基于美国 USLE 的成功经验，建立了中国土壤流失预报方程（China Soil Loss Erosion，简称 CSLE），即

$$A = R \times K \times L \times S \times B \times E \times T \tag{12-1}$$

式中，A 为多年平均土壤流失量；R 为降雨侵蚀力；K 为土壤可蚀性；L 为坡长；S 为坡度；B 为水土保持生物措施因子；E 为水土保持工程措施因子；T 为水土保持耕作措施因子。

该模型的最大优点是根据我国水土保持措施的实际情况，将 USLE 中的作物和水土保持措施两大因子变为水土保持三大措施因子，即生物、工程和水土保持耕作措施因子；二是模型的结构相对简单，便于推广应用。由于水土保持耕作措施研究资料少，到目前

为止，国内没有一个有效的模型对其因子值进行计算。同时结合赣南土地利用特点，水平台地和梯田是耕地的主要利用类型，所以耕作措施对水土流失影响小。针对以上原因，本书在计算水土流失变化时不考虑水土保持耕作措施对其影响。

1. 降雨侵蚀力因子 R 值获取

1) 数据来源

本书中 1980 年、1998 年、2008 年的赣南 18 个站的日降雨资料来源于江西省水文部门，站点名称如表 12-9 所示；各水文站的分布如图 12-12 所示。

表 12-9　水文站名称

县	水文站	县	水文站
安远	羊信江、筠门岭	全南	南径
大余	樟斗	瑞金	湖洋、西江
定南	胜前	上犹	安和
赣县	居龙滩	石城	石城
会昌	麻州	寻乌	寻乌
龙南	杜头	于都	汾坑
南康	窑下坝(二)	兴国	隆坪、翰林桥
宁都	桥下垅、美佳山		

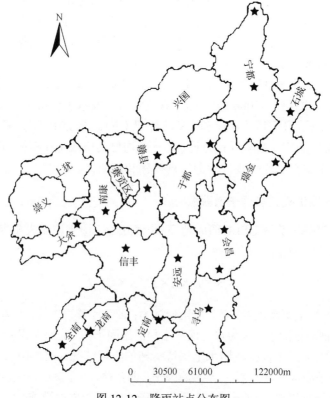

图 12-12　降雨站点分布图

2) 降雨量统计分析

利用研究区 1980 年、1998 年和 2008 年的 18 个站点的月降雨量资料,借助 SPSS 采用 LSD 方法对不同年份的月降雨量和不同站点的年降雨量进行多重比较发现,各年的降雨量在时间和空间上虽然有差异,但差异不显著。

对不同年份各站月平均降雨量和月侵蚀性平均降雨量进行统计,得出不同年份各站月平均降雨量和月侵蚀性平均降雨量的分布图(图 12-13)。从图 12-13 可以看出 1980 年降雨量主要集中在 3~8 月,其降雨量占年降雨量的 78%,最大降雨发生在 4 月,平均降雨量为 340.3mm,占年降雨量的 21%;最小降雨发生在 12 月,降雨量为 15.6mm,占年降雨量的 1%。1998 年降雨量主要集中在 1 月~6 月,其降雨量占年降雨量的 75%,最大降雨发生在 3 月,降雨量为 311.8mm,占年降雨量的 19%,最小降雨发生在 12 月,降雨量为 29mm,占年降雨量的 2%。2008 年降雨主要集中在 3~7 月,其降雨量占年降雨量的 71%,最大降雨发生在 6 月,降雨量为 340.6mm,占年降雨量的 22%;最小降雨发生在 12 月,降雨量为 8.1mm,占年降雨量的 1%。

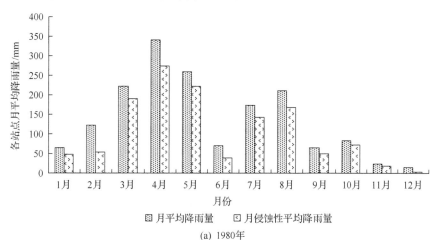

(a) 1980年

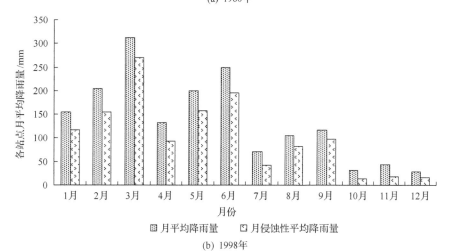

(b) 1998年

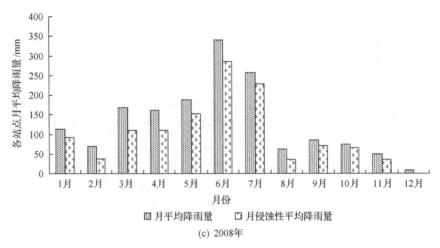

(c) 2008年

图 12-13　1980、1998、2008 年月平均降雨量和月侵蚀性平均降雨量的年内分布

3) 降雨侵蚀力计算

计算了 1980 年、1998 年和 2008 年各个站点半月降雨侵蚀力，由此计算得到 1980 年、1998 年和 2008 年半月平均、月平均、逐年、年平均降雨侵蚀力。

$$
\begin{cases}
R_{半月} = \alpha \sum_{k=1}^{m} (P_k)^{\beta} \\
R_{年} = \sum_{i=1}^{24} R_{半月i} \\
\bar{R} = \frac{1}{n} \sum_{i=1}^{n} R_{年i} \\
\beta = 0.8363 + (18.14 / P_{d12}) + (24.455 / P_{y12}) \\
\alpha = 21.586 \beta^{-7.1891}
\end{cases}
\tag{12-2}
$$

式中，$k = 1, 2, \cdots, m$，是某半月内侵蚀性降雨日数；P_k 是半月内第 k 天的日雨量，本书使用的标准是 12mm；P_{d12} 是一年内侵蚀性降雨日雨量的平均值（即一年中大于等于 12mm 日雨量的总和与相应日数的比值）；P_{y12} 是侵蚀性降雨年总量的多年平均值（即大于等于 12mm 日雨量年累加值的多年平均），降雨侵蚀力单位为 MJ·mm/(km·h·a)。

利用赣南各个站点的日降雨量公式(12-2)分年度计算了赣江流域在赣南各个站点的降雨侵蚀力，借助 SPSS 软件，计算了 1980 年、1998 年和 2008 年各个站点半月降雨侵蚀力，由此计算得到 1980 年、1998 年和 2008 年半月平均、月平均、逐年、年平均降雨侵蚀力。采用 LSD 方法对计算结果进行了分析，发现赣南降雨侵蚀力在时间上的差异不显著，在空间上的差异显著。

总体上，1980、1998 和 2008 年年均降雨侵蚀力分别为 107 万 MJ·mm/(km·h·a)、88.7 万 MJ·mm/(km·h·a) 和 91.2 万 MJ·mm/(km·h·a)（图 12-14）。1998 年的年降雨侵蚀力比 1980 年的年降雨侵蚀力减少了 16.9%，降雨侵蚀力的时空变化主要是由于该区域降水时空分布不均匀引起的：1980 年该区域各站点平均雨量为 1652.4mm，降雨量最大在寻乌站，降雨量为 1763.4mm，降雨量最小在安和站，降雨量为 1451mm；1998 年该区域各站点平均降雨量为 1539.5mm，降雨量最大在汾坑，降雨量为 1833.1mm，降雨量最小在安和站，降雨量为 1422mm；2008 年该区域各站点平均降雨量为 1466.9mm，降雨量最大在寻乌站，降雨量为 1837mm，降雨量最小在信丰，降雨量为 1402.6mm。年际间变化幅度很大，这在很大程度上也影响着该区域的水土流失在时间空间上的变化。

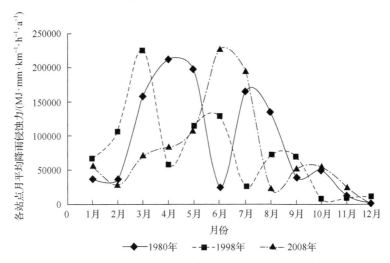

图 12-14 1980 年、1998 年、2008 年月降雨侵蚀力

4) 降雨侵蚀力栅格数据获取

在 ArcMap 下采用 Kriging 内插方法进行降雨侵蚀力空间表面插值，得到降雨侵蚀力栅格图（图 12-15）。

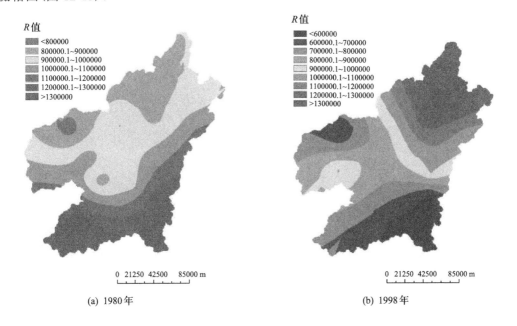

(a) 1980 年   (b) 1998 年

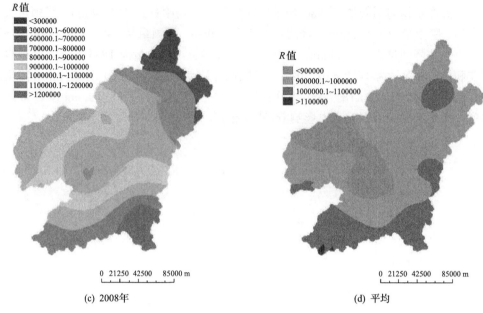

図 12-15　不同年份和平均降雨侵蚀力 R

2. 土壤可蚀性因子 K 值获取

1）土壤可蚀性 K 值计算方法

尽管关于土壤可蚀性值估算的研究很多，但具有代表性的成果为 Wischmeier、EPIC 模型，以及 Shirazi 等所建立的公式。本书根据现有的数据资料，选用 EPIC 模型计算赣南土壤可蚀性 K 值，然后利用修订公式对获取的数据进行修正，最终得到赣南的土壤可蚀性 K 值（汪邦稳等，2011）。

$$K = \left\{ 0.2 + 0.3 \exp\left[0.0256\,\mathrm{SAN}(1 - \mathrm{SIL}/100) \right] \right\} \left(\frac{\mathrm{SIL}}{\mathrm{CLA} + \mathrm{SIL}} \right)^{0.3}$$
$$\left(1.0 - \frac{0.25C}{C + \exp(3.72 - 2.95C)} \right) \left(1.0 - \frac{0.7\mathrm{SN1}}{\mathrm{SN1} + \exp(-5.51 + 22.9\mathrm{SN1})} \right) \tag{12-3}$$

式中，SAN、SIL、CLA 是砂粒、粉粒、黏粒含量，C 则为土壤有机碳含量（%），SN1=1−SAN/100。

$$K = -0.01383 + 0.51575K_{\mathrm{epic}} \qquad R = 0.613, \quad P = 0.106 \tag{12-4}$$

以上 K 值单位均为美制单位，$\mathrm{t} \cdot \mathrm{acre} \cdot \mathrm{h}/(100\mathrm{acre.ft} \cdot \mathrm{tonf} \cdot \mathrm{in})$ 即：吨·英亩·小时/（百英亩·英尺·吨力·英寸），但国际上通常用公制单位 $\mathrm{t} \cdot \mathrm{hm}^2 \cdot \mathrm{h}/(\mathrm{hm}^2 \cdot \mathrm{MJ} \cdot \mathrm{mm})$ 即：吨·公顷·小时/（公顷·兆焦耳·毫米）。两者的换算关系：美制单位×0.1317=公制单位。

2）数据来源

K 值计算在矢量化赣南土壤图的基础上。根据土种志和土壤图的资料，查出所有土壤的理化性质(砂粒、粉粒、黏粒、有机质、有机碳含量)，再进行 K 值计算，并根据土壤图生产 K 值图。

3)土壤可蚀性 K 值分析

根据上述数据和方法，获取了赣南 30 种土壤类型的土壤可蚀性 K 值。可蚀性最强的是草甸土，其 K 值为 0.0417；其次是红壤性土、表潜黄壤、潮土和花岗岩发育的红壤，其值分别为 0.0297、0.0273、0.0240 和 0.0222。借助 ArcGIS 软件和土壤类型图，获取土壤可蚀性 K 值分布图，并以 0.01、0.013、0.016、0.022 和 0.03 对土壤可蚀性 K 进行分级(图 12-16)。从图中可以获知，土壤可蚀性 K 最大值为 0.417，最小值为 0，均值为 0.0164。其中 0.013~0.016 的 K 值分布范围广，且比较集中连片；0.0161~0.022 的 K 值分布范围次之。赣南的土壤可蚀性 0.0131~0.03 的 K 值其分布面积占赣南总面积的 83.4%，这主要是由于赣南红壤大范围分布的结果。

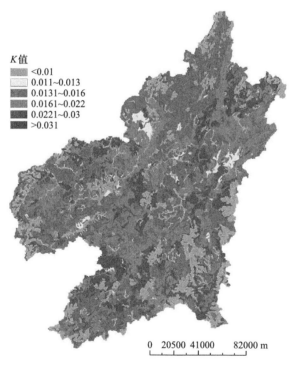

图 12-16　赣南土壤可蚀性 K 值分布图

3. 地形因子 LS 值获取

1)计算方法

坡度坡长因子以 DEM 为基础按一定的算法提取，在 RUSLE 中，坡度因子、坡长因子的算法如下：

$$L = (\lambda / 22.1)^{\alpha} \tag{12-5}$$

式中，L 为坡长因子；λ 为由 DEM 提取的坡长，m；22.1 为 22.1m 标准小区坡长；α 为

坡度坡长指数。

$$S = \begin{cases} 10.8\sin\theta + 0.03 & \theta < 5° \\ 16.8\sin\theta - 0.05 & \theta \geqslant 5° \end{cases} \tag{12-6}$$

式中，S 为坡度因子；θ 为由 DEM 提取的坡度值，（°）。

由于 RUSLE 是用缓坡条件下的野外径流小区观测资料建立的，其坡度坡长因子的计算也是针对这种缓坡地形，直接采用上面的算法来计算陡坡地区的坡度坡长因子值存在较大误差，因此 RUSLE 中坡度坡长因子用于陡坡时的计算算法进行修正，修正后的坡度因子算法为：

$$\begin{cases} S = 10.8\sin\theta + 0.03 & \theta < 5° \\ S = 16.8\sin\theta - 0.5 & 5° \leqslant \theta < 10° \\ S = 21.9\sin\theta - 0.96 & \theta \geqslant 10° \end{cases} \tag{12-7}$$

式中，S 为坡度因子；θ 为坡度值，（°）。

2）数据基础

由于国家基础地理信息中心生产的 DEM 有一些残留的平三角，不能完全满足水土流失评价工作的需求。所以本书工作中基于 1∶50000 地形图，在 ANUDEM 专业软件支持下插值生成水文地貌关系正确的 DEM。

地图数字化：地形图是详细表示地表上居民地、道路、水系、境界、土质、植被等基本地理要素且用等高线表示地面起伏的一种按统一规范生产的普通地图。由于时间限制，我们只对地形图上的地形信息，包括等高线、高程点和较大河流等进行了数字化。数字化过程遵循国家数字线划图有关标准《基础地理信息数字产品 1∶10000 1∶50000 数字线划图》（CH/T 1011—2005）。并对等高线、高程点的高程属性、河流的流向、湖泊拓扑进行严格检查。由图 12-17 可见，赣南地区地形比较复杂，平原、丘陵、山地均有分布。典型样图如图 12-18 所示。

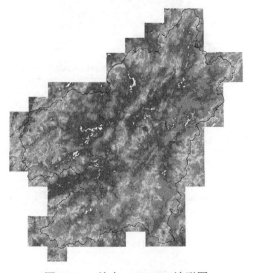

图 12-17　赣南 1∶50000 地形图

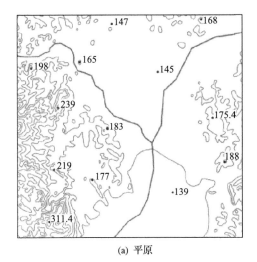
(a) 平原

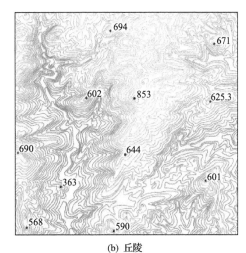
(b) 丘陵

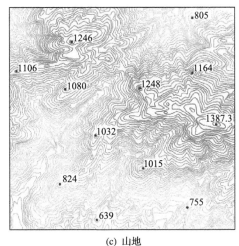
(c) 山地

图 12-18 典型样图(平原、丘陵和山地)

3) DEM 建立

实现方法:Hc-DEM 的生成在专业插值软件 ANUDEM 下实现的。ANUDEM 是 Hutchinson 教授长期研究成果基础上开发的,其开发应用历史超过 20 年。将等高线、高程点、河流等信息输入到软件中,设置各参数值,运行输出高质量的 DEM。作为专业化 DEM 生产软件,已在国外得到广泛关注。

作业方式:在赣南 DEM 生成过程中,由于数据量太大,需对 DEMFJTF 分块运行生成,再拼接成全区 DEM;分块方案如图 12-19 所示。

DEM 质量检验:DEM 质量检验通过计算 DEM 中误差来评价。选取 50 个采样点(以其中一幅 1:50000 图幅为例,图号:G50E020003)(图 12-20)进行高程检测,测得真实高程值与 DEM 模拟值间呈直线相关(图 12-21),并达到极显著水平。并且计算的 DEM 中误差值为 2.91m,其值小于 1/3 等高线间距(20m),达到了美国 USGS 的三级分级标准,这说明了用 ANUDEM 建立的 DEM 具有很高的精度。

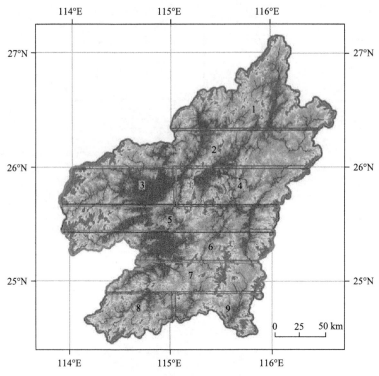

图 12-19　插值分区方案

图中数字代表分区编号

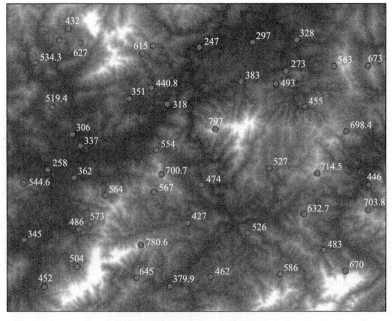

图 12-20　DEM 中误差检测点分布图

图中数字代表误差检测点的海拔高度(单位：m)

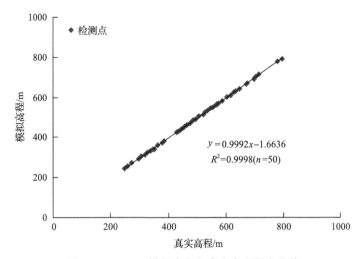

图 12-21　DEM 模拟高程与真实高程拟合曲线

4) 区域 LS 的获取方法

基本原理：主要计算过程包括填洼、流向和栅格坡长的计算、局地山顶点和坡度变化点的提取、坡度和坡长计算、坡度和坡长因子值计算。

计算方法：基利用多重循环和迭代方法，完成对累计坡长的计算。

实现途径：区域地形因子 LS 比较适宜的实现途径是通过在 ARC/INFO 环境下的编程来实现，该方法在国内也有应用。但是这种方式比较适宜于小流域、数据量不大的情况。国内也有人对流域 LS 计算方法进行专门研究。但是这种方式对于较大区域、较大数据量的情况，计算将无法进行。因而 Remortel 利用高级编程语言对程序进行了改进。改进后的程序效率有比较大的提高，但是其中的坡度算法不适应中国的情况，为此本书结合第四次全国水土流失普查工作试点，利用中国的算法分流域计算 LS 因子。

计算中的分区方案：由于数据量太大，即使改进后的程序，也须分区计算。由于坡长的计算隐含了物理累计的原理，因而须按流域进行分区(图 12-22)。

分区域计算与拼接：划分流域后，对每个流域边界缓冲 2km，按流域进行坡度坡长因子的计算。各流域坡度坡长因子计算结束后，将各流域边界缓冲 1km 后切割计算结果图(以去除 LS 因子计算过程中的边际效应)，并在 ARC/INFO 下进行拼接。图 12-23 为拼接后的 LS 因子图。

地形因子计算[DEM，坡度(θ)，坡长(l)，坡度坡长因子(LS)]的最终结果如图 12-24 所示(其中坡长图进行对数变换以提升显示效果)。

利用 1:50000 地形图，引入先进的 DEM 专业工具，可建立水文地貌关系正确的 DEM，为较大区域(地区级、省级)的水土流失定量评价提供地形数据支持。

本书所建立的 Hc-DEM，可反映赣南地形的基本特征，通过中误差检验证明结果具有较高的精度。基于 Hc-DEM 应用本书中的 LS 因子算法和计算流程计算的赣南 LS 因子值在统计上和空间分布上都与赣南地形特征相符合。

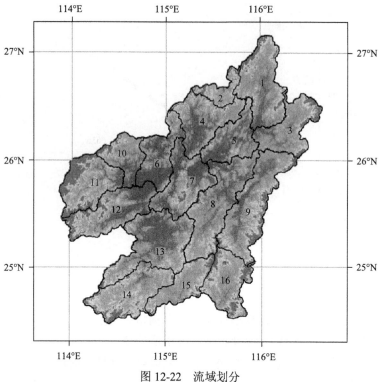

图 12-22　流域划分

图中数字代表流域划分编号

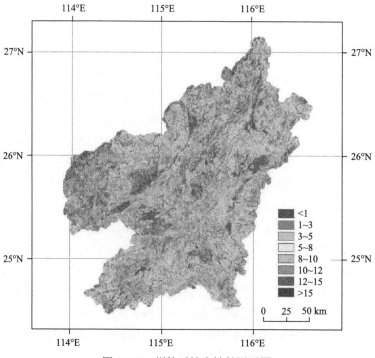

图 12-23　拼接后坡度坡长因子图

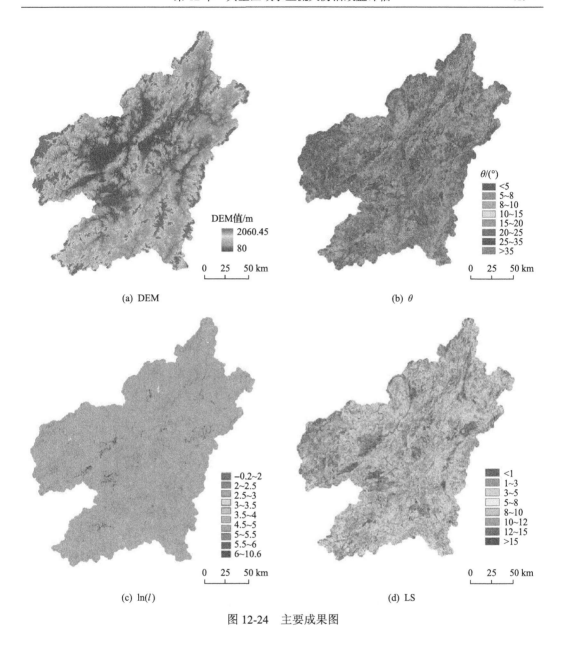

图 12-24　主要成果图

4. 水土保持生物措施因子 B 值获取

B 值获取从 USLE 的 C 因子获取基础上得出。从国内外的研究看来，计算植被 C 因子的方法之一是根据定义用作物小区与裸露小区多年平均土壤流失量比较计算 C 值。在第一版 USLE(1965) 中，重点分析的 C 因子影响因素包括：作物覆盖、耕作历史、生产力水平、作物残体、轮作牧草和冬季覆盖物等。但只限于定性说明这些因子的作用。第二版 USLE(1978) 将 C 因子的每个影响因素都看作一个次因子，考虑了 5 个次因子，前期土地利用次因子、冠层覆盖次因子、表面糙度次因子、土壤水分因子、地面覆盖次因子，数值上等于有无此项时土壤流失量的比值，C 值是所有次因子的乘积。

目前国内植被盖度 C 因子研究大多局限于一定作物的 C 因子值,数据的获得一般从实测径流小区资料计算得到,或者是根据作物农作期划分以及所在区域的降雨侵蚀力季节等计算 C 因子。这些数据仅能满足径流小区或者是小流域的研究,不能满足区域植被因子的研究。

区域尺度植被因子一般是通过遥感图像提取的。为了满足区域水土流失在遥感监测中的应用,将区域植被 C 因子研究转为土地利用,以及不同的土地利用类型的植被盖度研究。根据土地利用图和植被盖度图,结合前人研究成果,赋予不同土地利用类型、不同植被盖度的 C 值,得到区域 C 值图。

1) 数据来源

赣南土地利用解译共涉及三期遥感数据,1980 年 MSS、1998 年 TM 和 2008 年 TM。所需数据如(图 12-25)所示。

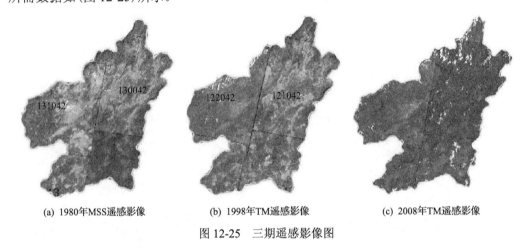

(a) 1980年MSS遥感影像   (b) 1998年TM遥感影像   (c) 2008年TM遥感影像

图 12-25　三期遥感影像图

解译辅助数据:25m 分辨率 DEM。DEM 能够为解译提供很大的辅助作用,解译所利用的 25m 分辨率 DEM 是由 ANUDEM 插值生成,如图 12-26 所示,坡度图由 DEM 生成。

解译其他辅助数据,如河流、行政区划图,Google Earth 等数据。

2) 几何校正

结合研究工作的要求及数据特点,本书采用双线性内插法对 TM 影像进行重采样。该方法把像元的行列数看作是亮度的函数,依据未校正图像像元值计算校正后图像的像元值。

3) 数据特征

TM 遥感影像共有 7 个波段,且每个波段都有自己的特点(表 12-10),这些波段对于土地利用综合信息提取是不可少的,根据地物的光谱特性,选择波段,进行组合,提取土地利用信息,可以满足土地利用解译要求。

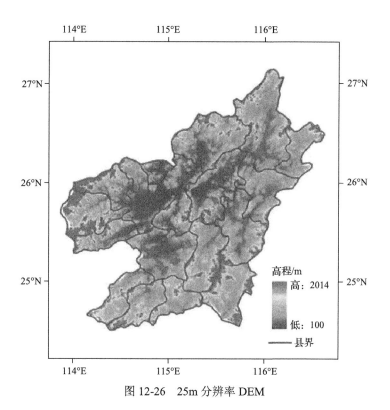

图 12-26 25m 分辨率 DEM

表 12-10 TM 各波段及其应用范围

通道	波长范围/μm	主要应用
TM1	0.45~0.52(蓝)	对水体透穿力强,易于调查水质、水深,沿海水流和泥沙情况。对叶绿素和叶绿素浓度反应敏感。对于区分干燥的土壤及茂密的植物效果也较好
TM2	0.52~0.60(绿)	对健康茂盛绿色植物反射敏感,对水体的穿透力较强。探测健康植物在率波段的反射率,可评价植物生长活力,区分林型、树种,反映水下地形
TM3	0.63~0.69(红)	为叶绿素的主要吸收波段。根据其对叶绿素吸收的能力可判断植物健康状况,也用于区分植物的种类与植物覆盖度。广泛用于地貌、岩性、土壤、植被、水中泥沙等方面。其信息量大,为可见光最佳波段
TM4	0.76~0.90(近红外)	植物茂密实在图上呈白色调,为植物通用波段。常用于生物量调查,作物长势测定。还可显示水体的细微变化和水域范围
TM5	1.55~1.75(短波红外)	处于水的吸收带内(1.4~1.9μm),故对含水量反应敏感,用于土壤湿度、植物含水量调查、水分状况研究、作物长势分析等,从而提高了区分不同作物类型的能力。易于区分云与雪。对岩性与土壤类型的判定也有一定的作用
TM6	10.4~12.6(热红外)	对热异常敏感,可以根据地表发射辐射响应的差别,区分农、林覆盖类型;辨别表面温度、水体、岩石;监测与人类活动有关的热特征;进行水体温度变化制图
TM7	2.08~2.35(短波红外)	处于水的强吸收带,水体呈黑色。可用于区分主要岩石类型、岩石的水热蚀变,探测与交代岩石有关的黏土矿物等

为了利用色彩在遥感图像判读中的优势，常常利用彩色合成的方法对多光谱图像进行处理。根据最佳目视效果原则，对现有的 TM 影像进行了假彩色合成，包括 457、543、432、NDVI35、NDVI25 等合成方案对赣南遥感影像进行解译，可以较好地提取土地利用信息。

4) 解译方法

比较成熟的解译方法有三种：目视解译、计算机屏幕解译和计算机辅助自动分类。考虑到工作量和多期解译的系统性，本书统一采用监督分类和非监督分类相结合的方法，同时结合 DEM、Google Earth、河流行政区划图及专家意见等进行解译。

系统分类：根据水土流失评价需要，采用全国农业区划 1984 年《土地利用现状调查技术规程》，同时受解译影像分辨率影响及地类的可解译性和各土地利用方式对水土流失的影响及植被的水土保持效益，本书解译拟定以下土地利用分类系统，如表 12-11 所示。

表 12-11　土地利用分类系统

编号	一级系统	编号	二级系统
1	耕地	11	水田
2	园地	21	果园
3	林地	31	有林地
		32	灌木林
		33	迹地
4	草地	—	—
5	居民地及工矿用地	51	城镇
		52	农村居民点
		53	独立工矿用地
6	水域	61	水体
		62	滩涂
7	未利用地	71	裸岩

建立标志：建立正确的解译标志，是室内解译前提。根据遥感影像的色调、形状、地图的大小、纹理等直接解译标志和地物的位置、布局等间接标志，建立室内解译标志。由于考察之前进行了部分解译，野外考察更加具体地了解地物的时空分布规律以及实地存在状态。因此结合以前的室内解译标志，在野外考察基础上，建立室内解译标志(图 12-27)。

NDVI 提取：植被是影响水土流失的最主要措施，因此植被覆盖度信息的提取，是区域水土流失监测和评价的基础。目前学者提出的植被指数多达几十种，不同的植被指数有不同的优缺点，适用范围也不尽相同，但是 NDVI 是目前应用最广泛的植被指数。NDVI 的计算公式为：(NIR-R)/(NIR+R)，所以具有近红外和红外波段的遥感数据都可以进行该指数的提取。

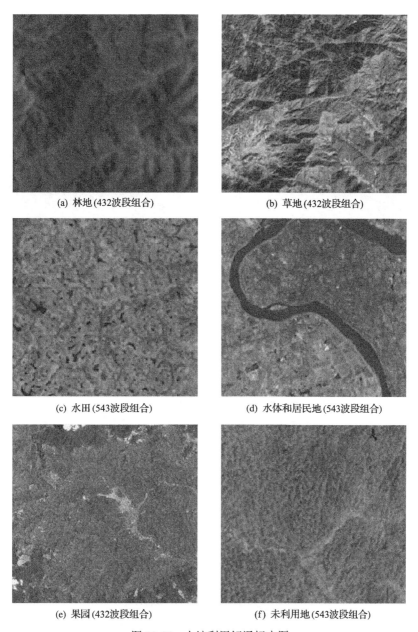

(a) 林地(432波段组合)　　　　　　(b) 草地(432波段组合)

(c) 水田(543波段组合)　　　　　(d) 水体和居民地(543波段组合)

(e) 果园(432波段组合)　　　　　　(f) 未利用地(543波段组合)

图 12-27　土地利用解译标志图

　　遥感图像处理软件中都具有植被指数提取功能，如在 ERDAS 中的可以直接提取 TM、MSS 等有关植被指数，在这些软件支持下，可以方便快捷的获取我们所需要的植被指数。

　　而植被盖度可以通过 NDVI 推算获得，计算植被盖度采用计算公式如下：

$$f = \frac{\text{NDVI} - \text{NDVI}_{\min}}{\text{NDVI}_{\max} - \text{NDVI}_{\min}} \tag{12-8}$$

式中，f 为植被盖度；NDVI 为所求像元的 NDVI 值；$NDVI_{min}$ 与 $NDVI_{max}$ 分别为研究区内 NDVI 的最小、最大值。

结果分析：整理解译的得到的三期土地利用图，结果如图 12-28 所示。

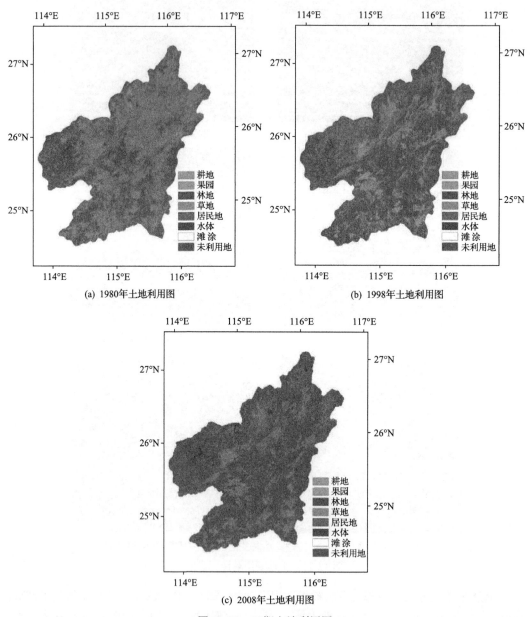

图 12-28　三期土地利用图

根据 B 值的计算方法，编写可运行的 AML 代码，运行程序，得到三期 B 值图，结果如图 12-29 所示。

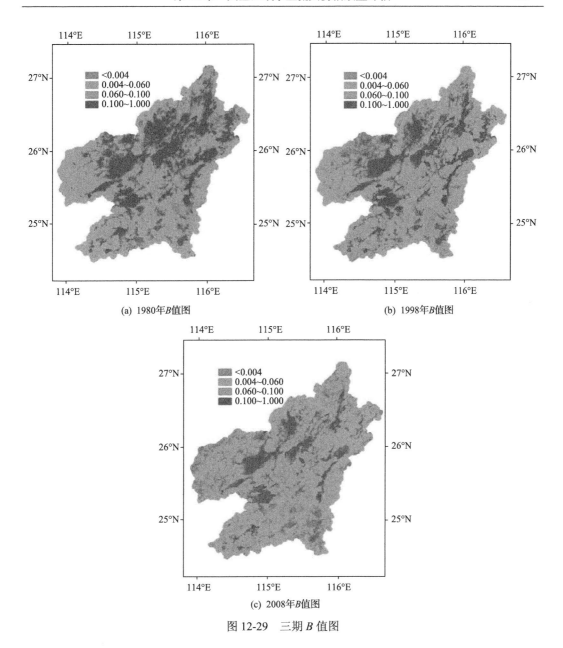

(a) 1980年B值图

(b) 1998年B值图

(c) 2008年B值图

图 12-29　三期 B 值图

5. 水土保持工程措施因子 E 值获取

本书参考水土流失其他因子定义方法，以有工程措施和无工程措施水土流失的比值定义为水土保持工程措施因子。通过赣南各县历年统计的数据，结合野外调查和专家咨询，以县为单位收集了赣南的梯田、水平竹节沟、谷坊、拦沙坝等工程措施数据，提出了区域水土保持措施中工程措施因子的计算方法，计算公式为

$$E = 1 - \left(\frac{S_{\mathrm{t}}}{S} \times \alpha + \frac{S_{\mathrm{glt}}}{S} \times \beta + \frac{S_{\mathrm{z}}}{S} \times \gamma \right) \tag{12-9}$$

式中，S_t 为梯田面积；S_{glt} 为谷坊、拦沙坝和塘坝的控制面积；S_z 为水平竹节沟控制面积；S 为土地面积；α、β、γ 分别为相应工程措施的减沙系数。

在实际中，因水土保持工程措施建设大小不同，其控制面积也会不同，因此根据现场调查，结合水利部水土保持工程建设标准，确定单位水土保持工程措施的控制面积。确定的结果为谷坊控制面积为 1.5hm²，塘坝控制面积为 30hm²，水平竹节沟控制面积为 0.4hm²/km（水平竹节沟每 4m 挖一条带），拦沙坝控制面积为 200hm²。关于各种水土保持工程措施的减沙效益已经有大量的研究，本书根据对水保工作者和水保专家的咨询，同时，结合前人的研究结果，确定相应水保工程措施的减沙效益系数 α、β、γ 的值分别为 76.3%，90%和 65%。

1）数据获取和整理

基础数据主要来自对赣南各县的实地调查及各县历年的水土流失报告。赣南实施水土流失治理以来，历史长，范围广，措施多样，空间变化大，依据赣南水土流失治理特点和国家退耕还林（草）政策的实施为参考，结合研究的需要，将赣南水土保持治理分为三个时段，分别为 1980 年、1998 年和 2008 年，以此来分析治理前后，退耕还林（草）前后，以及当前的水土流失变化情况及空间分布。

赣南水土保持措施多样，内容丰富。依据水利部《水土保持综合治理技术规范》和水土保持的功能，赣南主要的水土保持工程措施有：基本农田、经果林、水平竹节沟、塘坝或山塘、谷坊、拦沙坝等。以县为单位统计各时期的水土保持工程措施。

2）水土保持工程措施因子 E 值获取

利用统计的数据，根据式(12-9)的计算方法，实现对赣南各县水土保持工程措施因子 E 值的获取；同时利用赣南各县边界图，在 ArcGIS 软件支持下，把获取的 E 值作为属性数据，添加到赣南各县边界图中，从而生成不同时期赣南水土保持工程措施因子 E 值的空间分布图（图 12-30）。

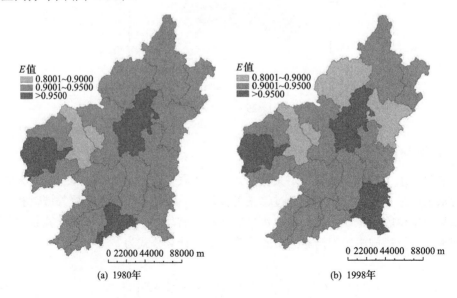

(a) 1980年　　　　　　　　　　　　(b) 1998年

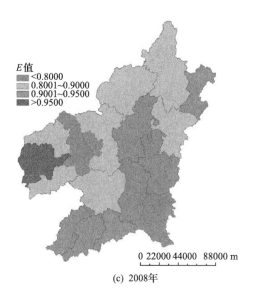

(c) 2008年

图 12-30　水土保持工程措施因子 E 值图

以 0.8、0.9、0.95 为临界值对 E 值进行分级得到图 12-30，从图中可以看出各时期赣南水土保持工程措施因子 E 值的分布格局不同。1980~1998 年赣南水土保持工程措施 E 值分布格局变化不大，赣南大部分县的 E 值都在 0.9 以上。1998~2008 年，这 10 年赣南水土保持工程 E 值变化很大；E 值小于 0.9 的面积扩大到了 9 个县区，其中 E 值小于 0.8 的有 3 个县区，E 值分布变化明显。

从赣南水土保持工程因子数值和分布格局上看，赣南的水土保持工程措施得到了明显的改善，但其措施量占土地面积比例较小，结合赣南的土地利用现状，可以发现，赣南水土保持措施需要进一步加强，为治理水土流失有着较大的潜力。

12.2.2　水土流失动态变化及主控因子

1. 赣南水土流失分布及动态变化

依据 CSLE 公式，将获取的各参数因子在 ArcInfo 下进行计算，获取赣南不同时期的水土流失分布图。

通过获取的水土流失图(图 12-31)，结合对水土流失图属性数据进行统计，可以分析出赣南水土流失分布格局随时间的变化。

1)赣南水土流失时间变化分析

参照水利部《土壤侵蚀分类分级标准》(SL190—2007)，以 500、2500、5000、8000、15000 为临界值，对获取的水土流失栅格数据进行强度分级，统计各时期不同强度下的分布面积，见表 12-12。

从表 12-12 中可以看出各时期不同级别的水土流失分布面积状况，轻度以上水土流失面积在这三个时期中呈逐年减小态势，其面积从 1980 年的 1130km² 减小到 1998 年的 845km²，再减小到 2008 年的 911km²。与 1980 年相比，1998 年和 2008 年的水土流失减

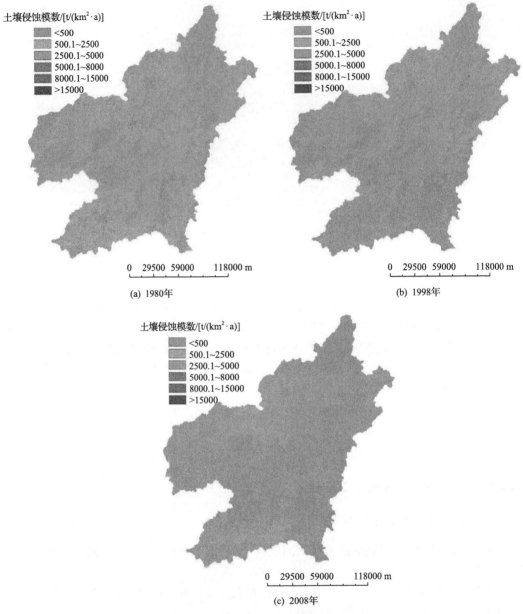

图 12-31 不同时期赣南水土流失分布图

表 12-12　各年份不同土壤侵蚀强度分布面积　　　　　（单位：km²）

年份	轻度 500～ 2500t/(km²·a)	中度 2500～ 5000t/(km²·a)	强烈 5000～ 8000t/(km²·a)	极强烈 8000～ 15000t/(km²·a)	剧烈＞ 15000t/(km²·a)
1980	1130	8396	1501	392	281
1998	845	6605	1658	932	522
2008	911	3352	1468	538	348

小面积比分别为 9.7%和 43.4%。但 1980 年、1998 年和 2008 年的强烈以上水土流失面积分别为 2174km^2、3112km^2 和 2354km^2，1980 年的强烈以上侵蚀面积最小，1998 年的最大。

与 1980～1998 年相比，1998～2008 年的水土流失面积迅速减小；这主要因为 1998 年以后退耕还林(草)政策的出台，以及各级政府对赣南水土流失治理扶持和重视的结果。但是，与 1980 年相比，1998 年和 2008 年的强烈以上水土流失比例都有了不同程度的增加，1998 年增加的比例最大，达到 43.7%；这可能因为改革开放以后，赣南社会经济得到发展，开发建设项目增多，加之 1998 年前开发建设项目的水土流失治理意识不强，监管不强所致(张杰等，2012)。

2)赣南水土流失空间分布变化分析

从图 12-32 可以看出，1980 年、1998 年和 2008 年水土流失整体分布格局大致相同，结合地形看，微度侵蚀一般分布在海拔较高的山区和海拔低的谷底，受人为活动干扰少，植被结构性好且植被覆盖度高或被水体掩盖。水土流失强度大的区域主要分布在海拔 100～500m 的丘陵岗地上，这里主要是人类生产和活动地带，受人为干扰大，水土流失变化明显。

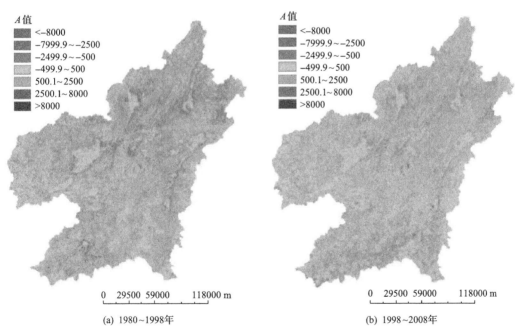

(a) 1980～1998年　　　　　　　　　　(b) 1998～2008年

图 12-32　不同时段的水土流失分布变化图

为分析不同时期水土流失变化空间分布情况，利用不同时期水土流失的栅格数据，在 ArcMap 下进行数学运算，分别获取 1980～1998 年、1998～2008 年的水土流失变化的空间分布图。对获取的水土流失变化分布图的属性数据进行统计，参考《土壤侵蚀分类分级标准》，以-8000、-2500、-500、500、2500、8000 为临界值对变化的水土流失进行分级得出图 4-100(注负值表示从时段初到时段末土壤侵蚀模数增大，正值表示从时段初到时段末土壤侵蚀模数减小）。

从图中可以看出 1980～1998 年和 1998～2008 年的水土流失变化的空间分布有所不同，1980～1998 年土壤侵蚀模数增大的区域主要分布在赣南的北部地区，土壤侵蚀模数减小的地区主要分布在赣南的南部地区；而 1998～2008 年土壤侵蚀模数增大的地区主要分布在赣南的南部地区，水土流失减小的地区主要分布在赣南的北部地区。以土壤侵蚀模数变化＜−500t/(km²·a) 为侵蚀恶化的标准，处于−500～500t/(km²·a) 为侵蚀稳定的标准，＞500t/(km²·a) 为侵蚀改善的标准，统计 1980～1998 年和 1998～2008 年的水土流失恶化、稳定和改善的分布面积得出表 12-13。

表 12-13　各时段水土流失改善、稳定和恶化的分布面积　（单位：km²）

时段	改善	稳定	恶化
1980～1998 年	9994.30	27161.32	2224.02
1998～2008 年	9183.64	29090.38	1105.62

从表中可以看出在 1980～1998 年和 1998～2008 年的两个时段中，水土流失变化处于稳定的面积分别占国土总面积的 69%和 73.9%，水土流失变化处于改善的面积分别占国土总面积的 25.4%和 23.3%，水土流失变化处于恶化的面积分别占国土总面积的 5.6%和 2.8%。为了分析处于不同环境下的水土流失变化的空间分布状况，利用赣南的数字地形图（图 12-33），在 ArcInfo 下进行关联运算，统计出不同海拔高度下的水土流失变化面积分布，得出表 12-14。

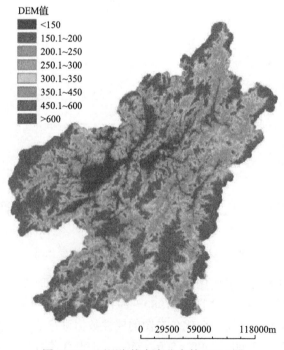

DEM值
■ <150
■ 150.1~200
■ 200.1~250
■ 250.1~300
□ 300.1~350
■ 350.1~450
■ 450.1~600
■ >600

0　29500　59000　　　118000m

图 12-33　不同海拔高度分布的 DEM 图

表 12-14　不同时期水土流失变化在不同海拔高度下的分布面积　（单位：km²）

海拔/m	1980~1998 年			1998~2008 年		
	恶化	稳定	改善	恶化	稳定	改善
<150	37.51	1415.32	287.00	57.07	1415.32	175.90
150~200	41.61	2968.63	982.78	93.60	2968.63	717.83
200~250	303.20	3188.93	1395.97	121.40	3188.93	1343.36
250~300	297.24	3245.47	1610.18	176.93	3442.37	1672.22
300~350	609.19	2444.84	1492.56	206.18	2838.64	1580.64
350~450	306.52	4107.22	2281.31	186.39	4697.92	2180.73
450~600	276.99	4090.04	1298.07	188.18	5074.53	1004.35
>600	351.75	5700.86	646.45	75.86	5565.56	508.59

从表 12-14 中可以看出，无论是在 1980~1998 年还是在 1998~2008 年，在海拔 150m 以下，水土流失变化处于恶化的分布面积都是最小；在海拔 600m 以上，水土流失变化处于稳定的分布面积都是最大，这主要是海拔低的区域主要是水域区，海拔高的区域主要是山地，受人为活动扰动土壤的影响小，生态环境改善。水土流失恶化和改善的区域都相对集中在海拔 200~450m，这个区域的恶化和改善面积在 1980~1998 年分别占总恶化和改善面积的 80.6%和 80.8%，在 1998~2008 年分别占总恶化和总改善面积的 79.5%和 84.7%。这主要是因为赣南海拔 200~450m 是人类活动比较集中的区域，受人类干扰影响很大，在这个海拔高度区域，水土流失改善的主要原因一方面是自然的原因，在无人为干扰下，植被正向演替；另一方面是人为的原因，主要是退耕还林和人为对水土流失治理的结果。而在海拔 200~450m 区域水土流失恶化原因可能是开发项目的建设和人类生产生活活动所致。

2. 影响水土流失动态变化的主控因子

在影响水土流失因子中，降雨是气候因子，是造成水土流失的原动力，是主要的驱动因子。而土壤可蚀性因子、地形因子、水土保持生物措施因子和水土保持工程措施因子都是陆地表面因子，其中土壤可蚀性因子是通过土壤质地和土壤孔隙度的改善减小降雨径流对此侵蚀；地形因子是通过改变降雨径流的二次分配影响水土流失；水土保持生物措施因子和水土保持工程措施因子一方面通过增加地表粗糙度，改变微地形，减小降雨对地表的击溅、降低径流二次分配动能，另一方面通过生物代谢，改良土壤，增加土壤可蚀性。为了分析地形因子、土壤因子、水土保持生物措施因子和水土保持工程措施因子对水土流失的影响程度，在 ArcMAP 的支持下，用分析工具中的随机布点函数，在工作区域随机布设 100 个样点，得到样点分布图层(图 12-34)；把该图层分别与土壤可蚀性因子图、地形因子图、水土保持生物措施因子图、水土保持工程措施因子图和水土流失图叠加，再利用 gridspot 工具分别在相应图层上获取相应分布点的值，再利用 SPSS 软件，分析不同年份各因子对水土流失的影响程度得出结果见表 12-15。

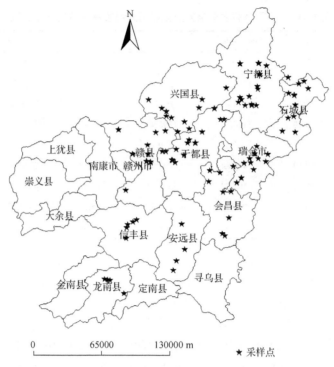

图 12-34　随机样点分布图

表 12-15　不同年份各因子与水土流失的相关性系数

年份	K	LS	B	E
1980	0.419**	0.256*	0.283**	0.044
1998	0.309**	0.113	0.641**	−0.075
2008	0.344**	0.094	0.003	−0.058

*表示双尾检验在 0.05 水平上相关性显著，**表示双尾检验在 0.01 水平上相关性极显著。

　　从表 12-15 中可以看出，不同年份地表各因子对水土流失的影响程度显著性不同。从时间上看，1980 年的土壤可蚀性因子、地形因子和水土保持生物措施因子与水土流失的相关性都表现出显著，其中土壤可蚀性因子、水土保持生物措施因子与水土流失的相关性表现为极为显著；1998 年的土壤可蚀性因子和水土保持生物措施因子与水土流失的相关性表现出极显著。而到了 2008 年只有土壤可蚀性因子与水土流失的相关性表现出极显著水平。所以从 1980 年到 1998 年再到 2008 年，地表各因子与水土流失的显著性关系越来越少，结合水土流失影响因子和水土流失动态分析的结果，可以发现随着赣南水土流失面积逐渐减小，水土流失强度逐渐变弱，对水土流失影响显著的地表因子也越来越少。这主要是由于 1980 年以来随着赣南水土流失治理的逐渐加强，植被条件得到明显改善，微地形也得到了改观，所以水土保持生物措施因子和地形因子对水土流失的影响越来越小。红壤是赣南的主要土壤，因其可蚀性强，在短时间内其主要特性很难改变，因而土壤可蚀性因子一直是水土流失的主导因子。

　　不同时期的水土流失主导因子不同，在 1980 年影响水土流失主导因子有土壤可蚀性因子、水土保持生物措施因子和地形因子，到了 1998 年影响水土流失的主导因子有土壤可蚀性因子和水土保持生物措施因子，到了 2008 年只有土壤可蚀性因子是影响水土流失的主导因子。这说明加强水土流失治理可以减少水土流失的主导因子，反之可以针对不同时期的水土流失主导因子进行水土流失治理，从而使得治理效果更好更有效。

12.3　区域水土保持生态建设综合效益评估

水土保持生态建设是在促进生态环境良性循环的前提下，运用生态系统的基本原理，有针对性地实施不同层次、不同水平、不同规模的水土保持措施，改善恢复现存的自然生态系统或模拟设计优化的人工生态系统，充分发挥自然资源生产潜力，有效防止生态环境恶化，实现生态、经济、社会综合效益的最大化。随着水土保持工作的深入开展，人们迫切需要准确掌握水土保持各项效益的具体量值、水土保持效益存在的地区差异以及对水土保持效益进行评价的方法等，因此建立水土保持效益评价系统显得越来越迫切和重要。生态服务价值的概念可以引入到效益定量评价中，水土保持对国民经济的贡献率亦值得研究。赣南作为我国南方红壤丘陵区水土保持的一面旗帜，20 世纪 80 年代国家重点治理工程启动以来，取得了显著的成效。本书以赣南水土保持 30 年(1980~2009 年)治理效益为例，探讨区域水土保持生态建设综合效益评估方法，以期为水土保持规划、设计和方案制定等方面提供依据，为政府宏观决策提供支持。

水土保持生态建设综合效益从生态效益、经济效益和社会效益 3 个方面进行评价，其中，生态效益通过计算水土保持的生态服务价值得出效益的潜在定量值；经济效益主要通过统计各县的直接经济效益，计算水土保持对国民经济的贡献率，拟合投入、产出之间的关系；社会效益采用层次分析法得出效益值，判定社会效益的区间级别。

指标数据于 1980~2009 年 30 年来江西省水土保持科学研究院与赣南各县水土保持局通过联合调查、实验、实地野外考察、观测、采样分析等方式获取，历史信息和现状信息采用了查阅存档资料、发表的文献、遥感影像、土壤图、土壤侵蚀图、水土流失治理规划图、土地利用现状图，以及部门与居民走访座谈等形式获取。

12.3.1　生态效益

1. 保土效益

如表 12-16 所示，经过近 30 年的水保治理，可减少土壤剥蚀厚度约 0.5cm，按照成土速率(1cm 厚土/400 年)计算，通过水保治理，流失区可挽留近 200 年产生的土壤。赣南水土保持减沙效率为 91.76%。

表 12-16　赣南不同年份土壤剥蚀厚度

年份	平均侵蚀模数/[t/(km²·a)]	水土流失面积/km²	平均表土容重/(g/cm³)	土壤剥蚀厚度/cm
1980	7255	11174.73	1.45	0.50
1998	3402	9377.53	1.34	0.25
2008	1010	6617	1.21	0.08

2. 保水效益

根据调查, 30 年来赣南共开挖水平竹节沟 53948.3km, 相当于赤道周长(40075.7km)的 1.35 倍, 相当于万里长征总距离(12500km)的 4.32 倍。

根据赣南水土保持工程经验计算, 水平竹节沟每米年保土 0.01t, 年保水 0.1m³。可以得到开挖的水平竹节沟每年可保土 53.95 万 t, 保水 539.48 万 m³。30 年来, 建设大小山塘 805 处, 谷坊 14998 处, 拦沙坝 682 处。共可保水达 13.98 亿 m³, 保水率为 13.92%。

3. 生态服务价值

生态效益是指由于水土保持措施的实施促使当地生态环境向良性发展的效益, 主要体现在保持水土、涵养水源等方面。生态效益的价值定量计算则可由水土保持生态服务功能价值评估的结果来表现。迄今为止, 水土保持生态服务功能的系统研究仍不足, 也没有一个明确的概念来阐述它。但是, 水土保持的林草、农业、工程等措施的自然和人工生态系统必然具备生态系统服务功能。水土保持生态服务功能隶属于生态服务功能这个大范围, 因此, 可在生态服务功能的定义下概括水土保持生态服务功能。生态系统服务功能是指生态系统与生态过程所形成及所维持的人类赖以生存的自然环境条件与效用, 它不仅包括各类生态系统为人类所提供的食物及其他工农业生产原料, 更重要的是支撑与维持了地球的生命保障系统。

在总结 Costanza 等(1997)关于生态服务功能概念的基础上, 认为水土保持生态服务功能是指在水土保持过程中所采用的各项措施对保护和改良人类及人类社会赖以生存的自然环境条件的综合效用, 包括保护和涵养水源功能、保护和改良土壤功能、固碳释氧功能、和净化空气功能等。

1)评价方法

评价方法基本采用余新晓(2005; 2007; 2008)的水土保持生态服务功能评价和估算方法, 其中维持生物多性价值的评价认为其采用的投资费用法不能反映本区域的生态价值, 故本书采用机会成本法计算, 为便于计算, 水保林、经济果林作为森林的生物多样价值, 种草为草地的生物多样性价值。单位面积机会成本取现有草地单位面积平均产值 2247.14 元/hm²(赵同谦等, 2004), 由于赣南的人工林物种多样性指数 Shannon-Wiener小于 1, 森林生物多样性单位价格为 3000 元/hm²(王兵等, 2008)。而关于防风固沙价值, 对于西北、华北、东北 3 个片区农田防护林、防风固沙林和牧场防护林的防风固沙功能明显且效益较大, 而对于南方地区土壤侵蚀以水蚀为主, 赣南水土保持林的防风固沙价值相对于以亿元为单位的其他生态价值而言价值很小, 为方便计算, 本书未将其考虑。生态服务价值估算方法如表 12-17 所示。

2)估算结果

采用表 12-17 的计算方法, 通过调查统计赣南各县的水土保持林、经济果木林、种草、塘坝、谷坊、拦沙坝等水土保持措施数据, 计算各生态服务功能价值, 相加即可得出赣州市水土保持总生态服务价值(表 12-18)。赣州市水土保持生态服务价值 1980 年为

表 12-17　赣南水土保持生态服务价值估算方法

指标	评价方法	计算公式	备注
防洪价值	影子工程法	$E_w = T_w r_w$	T_w 为截留降雨总量(m^3)；r_w 为修建单位体积水库造价
涵养水源价值	市场价值法	$E_h = T_w(\theta_g r_g + \theta_n r_n)$	θ_g 为工业用水的比例；θ_n 为农业用水的比例；r_g 为工业用水水价；r_n 为农业用水水价
保持土壤肥力价值	市场价值法	$E_f = T_{gt} C_i P_i$	T_{gt} 为保土量；C_i 为土壤中有效氮、磷、钾含量，i 为氮、磷、钾；P_i 为氮、磷、钾的价格
固持土壤价值	市场价值法	$E_{gt} = T_{gt} r_{gt}$	r_{gt} 为农业平均收益
减轻泥沙淤积价值	劳力成本法	$E_n = T_n r_n$	T_n 为减小泥沙淤积量；r_n 为人工清淤费用
固碳供氧价值	碳税法	$E_{c(o)} = T_{c(o)} r_{c(o)}$	$T_{c(o)}$ 为森林固碳(制氧)量；$r_{c(o)}$ 为工业生产 O_2 的费用和固碳造林成本费用
净化空气价值	影子工程法	$E_i = \sum T_i r_j$	T_i 为 i 树种吸收有害气体体量；r_j 为人工削减有害气体成本
维持生物多样性价值	机会成本法	$E_b = \sum A_g P_j$	A_g 为林、草措施面积；P_j 为生物多样性单位价格

6.30 亿元，1997 年为 25.98 亿元，2007 年为 41.65 亿元。2007 年赣州市生产总值约 701.97 亿元，其中第一产业生产总值约 153.19 亿元。可以得出经过水土保持生态建设创造的生态服务价值相当于当年赣州市 GDP 的 6%，相当于当年赣州市第一产业产值的 27%，可见赣南 30 年来水土保持生态建设创造的潜在价值是十分可观的，获得了巨大的生态效益。从 1980 年、1997 年、2007 年这 3 年的水土保持生态服务价值也可以反映出赣南水土保持的进程。1997 年赣州市水土保持生态服务价值比 1980 年增加了 19.68 亿元，近 20 年来增长了 3.12 倍，说明国家和地方政府对赣南水土流失治理和水土保持建设的政策倾向性，加大了水土流失的治理力度，通过对赣南各小流域的治理，获得的生态效益非常明显。2007 年赣州市水土保持生态服务价值比 1997 年增加了 15.67 亿元，10 年来增长了 60%，说明近 10 年来赣南水土流失得到进一步的治理，前阶段的水土流失通过治理后水土得到有效的保持，向着良性循环发展。

从表 12-18 可以计算出，保持和改良土壤价值、保持和涵养水源价值这两者所占比例最大，1980 年这两者之和占 62%，1997 年占 57%，2007 年占 47%，这也正体现了水土保持的主要生态功能即为保水、保土的功能。由此可见，水土保持措施真正起到了保持土壤、涵养水源、减少侵蚀、增加土壤肥力的作用。维持生物多样性价值在这 3 年当中所占比例不断增加，1980 年、1997 年、2007 年分别为 18%、20%、25%，说明通过水土流失治理工程和水土保持生态建设，物种多样性逐渐增加，林草等生态系统逐渐完善，生态功能得以发挥。同样，净化空气价值和固碳供氧价值也占了较大的比重，水土保持产生的净化空气、固碳供氧的效应也不可忽视。

表 12-18　1980 年，1997 年，2007 年赣州市水土保持生态服务总价值（单位：亿元）

年份	保持和涵养水源价值	保持和改良土壤价值	固碳供氧价值	净化空气价值	维持生物多样性价值	总生态服务价值
1980	1.35	2.53	0.74	0.52	1.16	6.30
1997	6.18	8.63	3.39	2.49	5.29	25.98
2007	12.08	7.75	6.62	4.91	10.30	41.65

12.3.2　经济效益

　　经济效益主要体现在对水土资源经过综合治理后，由于水土、植被资源得到有效保护和培育，地力提高，土壤水分有了改善，使土地生产力和土地利用率得到较大提高。特别是土地利用率的提高，使原来的不毛之地，成了生产用地，改变了广种薄收的生产方式，走向集约经营，实现高产稳产。这种可用货币衡量的土地生产能力和土地利用率提高的效果，称之为经济效益(王越, 2006)。本书的经济效益主要指由于水土保持带来的鲜果、粮食等的直接经济效益。

　　为了治理赣南的水土流失，国家和地方投入了大量的资金开展小流域的综合治理工作。30 多年来，农、林、牧、副、渔各业均取得了显著的生态、经济和社会效益，生态环境向良性循环转化，产业结构趋向合理，生产、经济稳步发展。水土保持生态建设的投入主要由两部分组成，一是群众自筹资金(主要是投劳折合资金)，二是中央和地方财政投入。国家生态环境建设重点工程项目的投入纳入国家基本建设计划，地方按比例安排配套资金。地方性的建设项目，由地方负责投入。小型建设项目主要依靠广大群众劳务投入和国家以工代赈，并广泛吸引社会各方面的投资。

　　1. 资金投入及实施收益

　　赣南的国家水土保持重点建设工程始于 1983 年对兴国县的治理，全国八片水土保持重点治理工程一期工程从 1983 年开始实施，至 1992 年结束；全国八片水土保持重点治理二期工程于 1993 年实施，作为中国七大流域水土保持工程之一，江西省贡水流域为重点治理区，贡水流域的治理区为其上中游的兴国、瑞金、于都、宁都、会昌、石城等六县，均为重点水土流失县，1993～1997 年为二期一阶段；1998～2002 年为二期二阶段；2003～2007 年为三期工程，实施范围增加到兴国、瑞金、于都、宁都、会昌、石城、赣县、信丰、龙南 9 县。

　　参照 1995 年江西省水土保持委员会办公室《江西省水土保持小流域技术资料汇编》、1997 年江西省水土保持委员会办公室《中国七大流域水土保持工程江西省贡水流域重点治理文献资料汇编》、2002 年各县的《全国八片水土保持重点治理二期工程第二阶段赣江流域竣工总结报告》、《2003～2007 年赣江上游国家水土保持重点建设工程竣工验收复验材料汇编》等报告和资料，得出各阶段的水土保持的投资和经济效益情况，如表 12-19～表 12-22 所示。其中，群众自筹经费含投劳投肥折款。为便于分析，本书的经济效益为年平均静态经济效益，计算方法采用上述报告中的根据《水土保持综合治理效益计算方法》(GB/T 15774—2008)和结合当地价格计算指标，项目开工年为计算基准年，效益测算有效期为 30 年，静态经济效益分析法。

表 12-19　1983～1992 年八片一期工程投资　　　　　　(单位：万元)

项目区	水土保持总投资	中央补助	地方匹配	群众自筹
兴国县	11269.45	1180	624.8	9464.65

表 12-20　1993~1997 年八片二期一阶段工程投资　　（单位：万元）

项目区	水土保持总投资	中央补助	地方匹配	群众自筹
会昌	4565.77	254.00	275.68	4036.09
石城	4276.25	263.00	210.40	3802.85
瑞金	5273.91	248.00	509.00	4516.91
宁都	6522.90	294.00	235.20	5993.70
兴国	13229.02	541.00	577.22	12110.80
于都	8169.19	460.00	1061.72	6647.47
合计	42037.04	2060.00	2869.22	37107.82

表 12-21　1998~2002 年八片二期二阶段工程投资　　（单位：万元）

项目区	水土保持总投资	中央补助	地方匹配	群众自筹
兴国	5690.61	512.69	54.46	5123.46
于都	6690.61	480.00	144.00	6066.61
宁都	7851.60	511.00	99.20	7241.40
瑞金	3725.44	407.00	101.00	3217.46
会昌	6568.57	417.00	117.16	6034.41
石城	4968.39	443.00	135.70	4389.69
赣县	6856.83	446.00	133.80	6277.03
信丰	2242.55	403.00	102.77	1736.78
龙南	1900.00	328.00	95.00	1477.00
合计	46494.60	3947.69	983.09	41563.84

表 12-22　2003~2007 年八片三期工程投资　　（单位：万元）

项目区	水土保持总投资	中央补助	地方匹配	群众自筹
兴国（永均项目区）	2631.51	578.00	60.60	1992.91
于都（水南项目区）	2569.60	494.00	50.80	2024.80
宁都（石梅项目区）	2849.61	576.00	126.30	2147.31
瑞金（金源项目区）	2575.80	531.00	152.40	1892.40
会昌（湘江河项目区）	2525.49	494.00	148.20	1883.29
石城（琴松项目区）	2188.02	462.00	55.40	1670.62
信丰（金龙项目区）	2391.80	467.00	140.10	1784.70
赣县（鹿山项目）	3103.80	575.00	172.50	2356.30
龙南（渥江项目区）	1908.54	399.00	82.70	1426.84
合计	22744.17	4576.00	989.00	17179.17

从表中可以看出，1983~1992 年八片一期工程共投资兴国县小流域 11269.45 万元，产生年静态经济效益 2278.37 万元，1993~1997 年八片二期一阶段工程投资赣南六县小流域共 42037.04 万元，产生年静态经济效益 30125.72 万元，1998~2002 年八片二期二

阶段工程投资赣南九县小流域共 46494.60 万元，产生年静态经济效益 36316.15 万元，2003～2007 年八片三期工程投资赣南九县小流域共 22744.17 万元，产生年静态经济效益 19771.23 万元。

2. 经济效益贡献率

1）赣南水土保持经济效益

直接经济效益按照《水土保持综合治理效益计算方法》（GB/T 15774—2008）进行估算。各项治理措施的单位面积的增产量、增产值等根据典型小流域、典型农户调查，结合项目区当地农、林、水、统计局等有关部门多年统计、调查的结果分析确定。得出水土保持措施正常运行后的单位面积产值和运行费，如表 12-23 所示。赣南 1980 年、1998 年和 2008 年水土保持措施面积如表 12-24 所示。

表 12-23　水土保持措施正常运行后的年直接经济效益

措施名称	单位面积运行费/（元/hm²）	单位面积产值/（元/hm²）	效益起始年
坡改梯	200	2160	1
水保林	450	3550	6
经济林	2500	8000	5
果木林	10000	20000	1
种草	100	300	1
封禁治理	24	300	1
小型水利水保工程	占投资 3%		1

表 12-24　赣南 1980 年、1998 年、2008 年水土保持措施面积　（单位：hm²）

年份	水保林	经果林	种草	封禁治理
1980	37075.63	756.3	1133	25510
1998	138339.5	30787.63	9619.03	137179.3
2008	248683.2	77069.43	23427.46	319028.4

2008 年赣南水土保持总静态经济效益为 82.50 亿元。2008 年赣州市地区生产总值为 834.85 亿元，其中第一产业产值为 173.03 亿元。经计算得出，2008 年赣南水土保持总经济效益占赣州市农业总产值的 47.6%，对国民经济的贡献率为 10.86%。

2）赣南国家水土保持重点建设工程所在地区经济效益

（1）占本地区第一产业产值比例

根据《江西统计年鉴》计算得出，1992 年、1997 年、2002 年、2007 年赣南国家水土保持重点建设工程实施县的第一产业产值总和如表 12-25 所示，从计算的水土保持产生的经济效益可以得出其占本地区第一产业产值的比例。计算结果如下，1992 年、1997 年、2002 年、2007 年赣南国家水土保持重点建设工程实施县水土保持经济效益占第一产业产值的比例分别为 67.42%、43.47%、57.20% 和 48.90%，这四年都占了相当的比重，在 50% 上下，四年平均比重约为 53%。由此可见，水土保持的经济效益在国家八片水土保持重点治理工程赣南所在县的第一产业产值中占了很大的比重,是第一产业的重要组成部分。

表 12-25　国家八片水土保持重点治理工程赣南所在县第一产业产值及水土保持经济效益所占比例（单位：万元）

县市	1992 年	1997 年	2002 年	2007 年
兴国	30415	83278	91011	144447
于都	—	76021	73922	117971
宁都	—	84291	97950	141841
瑞金	—	58692	66807	85712
会昌	—	48548	55810	85778
石城	—	42898	40095	57365
赣县	—	—	65978	96707
信丰	—	—	81730	125636
龙南	—	—	43301	68013
合计	30415	393728	616604	923470
水土保持经济效益所占比例	67.42%	43.47%	57.20%	48.90%

(2)对赣州市国民经济贡献率

1982 年、1983 年赣州地区的 GDP 分别为 176900 万元和 451478 万元,1992 年、1997 年、2002 年、2007 年赣州市及各县的 GDP 如表 12-26、图 12-35 所示。1983 年水土保持经济效益约为 2278 万元,1992 年八片一期水土保持重点治理工程总经济效益(未除去投资费用和运行费用)为 20505 万元,1997 年国家八片水土保持重点治理工程的总经济效益为 171134 万元,2002 年总经济效益为 352715 万元、2007 年总经济效益为 451571 万元。

表 12-26　赣州市及国家水土保持重点建设工程赣南所在县地区生产总值（单位：万元）

县市	1992 年	1997 年	2002 年	2007 年
兴国	49230	142158	189056	429517
于都	55012	149731	213432	518775
宁都	59654	167658	246565	493403
瑞金	43100	135425	204400	417825
会昌	31521	91500	126309	255711
石城	26846	76070	79871	145145
赣县	39926	112458	143075	416152
信丰	58069	176853	239248	506507
龙南	24427	69098	133895	362910
赣州市	756058	2226367	3091679	7019653

经计算,国家八片水土保持重点建设工程赣南地区的经济效益 1983 年、1992 年、1997 年、2002 年和 2007 年分别占赣州市地区生产总值的 10.91%、2.71%、7.69%、11.41%、

和 6.43%，1983 年、1992 年、1997 年、2002 年和 2007 年对国民经济的贡献率分别为 7.12%、
3.75%、10.24%、20.98% 和 2.51%。

从计算结果和图 12-35 可以看出，赣南的水土保持经济效益对国民经济的贡献率很
大。尤其是 2002 年贡献率最大，达到 20.98%，因为这几个阶段中 1998～2002 年八片二
期二阶段工程投资最大，获得的收益也最大，而从 1997～2002 年赣州市 GDP 增长相对
而言增幅并不大，因此水土保持取得的经济效益对 GDP 的贡献很大。

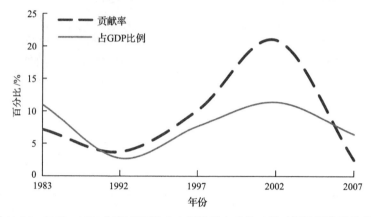

图 12-35　1983～2007 年赣南国家水土保持重点建设工程对国民经济贡献曲线

而 2007 年水土保持对国民经济的贡献率最小，比 2002 年减少了近 9 倍，主要有以
下几方面的原因：一是 2002～2007 年，赣州市经济迅猛发展，国内生产总值从 309 亿
元增长到 701 亿元，水土保持的经济效益相对而言就显得不大。二是根据赣州市人民政
府主办《赣州年鉴 2008》，2007 年赣州市全市生产总值（GDP）701.68 亿元，比上年增长
13.5%，其中，第一产业增长 4.0%，第二产业增长 20.3%，第三产业增长 12.7%。产业结
构由 2006 年的 23.3∶38.9∶37.8 调整至 2007 年的 21.9∶40.9∶37.2，根据《江西统计年
鉴》，1992 年产业结构为 47.6∶27.9∶23.4，1997 年为 41.2∶27.4∶21.7，2003 年为 29.2∶
32.6∶23.2。可以看出 2007 年第一产业增幅不如二、三产业，赣州市产业结构也在向二、
三产业转移，而水土保持以农业、林业为主，所以对国民经济的贡献不如二、三产业大。
三是因为本书计算的水土保持经济效益仅局限于国家八片重点整治工程，因其对赣南的
生态环境、人民生活影响最大，而对其他水土保持的效益未进行计算，这也使得计算
出的经济效益小于实际效益。这几方面的原因导致 2007 年水土保持的经济效益对国民
经济的贡献比 2002 年明显减少。尽管如此，2007 年国家八片水土保持重点建设工程
的经济效益累积值亦达到约 45 亿元，占赣州市 GDP 的 6%，占赣州市第一产业产值的
约 30%。

从图 12-35 中可以看出 1983～2007 年近 30 年来赣南水土保持所产生的经济效益对
国民经济贡献的变化情况，假定 1983～2007 年贡献率为一条平滑的曲线，则可以从图中
看出其变化趋势。从 1983 年开始，随着国家对赣南水土保持的重视，对小流域的治理已
开始显现成效。1983～1992 年水土保持的贡献率略有起伏，1992 年开始，一方面随着国
家对赣南水土保持生态建设的投入加大，另一方面经过多年的水土流失治理，生态建设

产生的累积经济效应开始逐渐显现，从而又促进了政府和群众对水土保持的重视，水土保持生态建设向着良性循环发展。1992~2002 年贡献率逐渐提高，2002 年最大，达到 20%，可以看出赣南水土保持已成为经济发展的重要组成部分。2002 年之后国家水土保持重点建设工程对赣州市国民经济的贡献率开始减小，其原因如前文所分析，赣州市第二、三产业迅猛发展，已超出第一产业，但是从近 30 年来水土保持对国民经济的贡献可以看出其产业结构的调整必须以生态环境为基础，是在水土流失得到有效治理，水土保持的多年累积效应得以显现，生态环境明显改善之后才完成的，所以说水土保持是赣南社会经济的基础。综合以上对赣南水土保持经济效益贡献率的分析，可以认为，水土保持不仅是社会经济的基础，而且是经济发展的重要组成部分。

12.3.3　社会效益

水土保持社会效益指的是水土保持项目实施后，对社会环境系统的影响及其产生的宏观社会效应。也就是说，在获得基础效益、经济效益、生态效益的基础上，从全社会角度出发，为实现社会发展目标(经济增长、公平分配、社会安定、计划、控制人口等)和全面实现国民经济发展目标所做贡献与影响的程度，亦即经济学上的"增长以外的增长"。这种贡献与影响具有间接性、渐变性、潜在性、滞后性、整体性和长远性。

水土保持社会效益的研究实质上是相关的自然科学和社会科学领域的彼此延伸、扩展和交融，应该从人类认识自然、社会现象本质及揭示其发展规律这个基本任务出发，更重要的是考察水土保持这项改造客观世界的活动的社会价值，包括对社会环境的影响及其对社会某些领域变革、发展的推动作用，结合水土保持实践活动特点，水土保持社会效益应反映以下三方面的核心内容：农民脱贫致富、农村经济发展和农村社会进步。具体指标如图 12-36 所示。

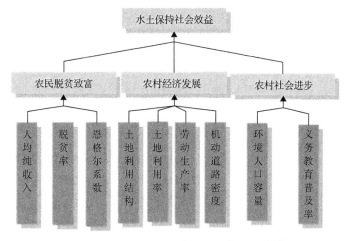

图 12-36　水土保持社会效益评价指标体系

1. 评价方法

采用层次分析法、特尔斐法、模糊综合评判的方法对水土保持的社会效益进行综合评价。层次分析法（analytic hierachy process，AHP）是 20 世纪 70 年代末提出的一种系统分析方法。这种方法适用于结构复杂、决策准则多而且不易量化的决策问题。其思路简单，尤其是紧密地和决策者的主观判断和推理联系起来，对决策者的推理过程进行量化的描述，可以避免决策者在结构复杂和方案较多时逻辑推理上的失误，使得这种方法近年来在国内外得到广泛的应用。特尔斐法又称专家咨询法、专家评分法，是一个使专家集体在各个成员互不见面的情况下对某一项指标的重要性程度达成一致看法的方法，它是进行加权时经常使用的一种方法。

采用 AHP 方法来确定评价指标体系各层次指标因子的权重，其基本原理是对 m 个评价指标关于某个评价目标的重要性程度做两两比较，获得判断矩阵 A，再求 A 的最大特征值 $\lambda\max(A)=m$ 对应的特征向量 $\omega=(\omega_1, \omega_2, \cdots, \omega_m)T$，并将其归一化即得到评价指标的权重值 W。指标 x_i 与 x_j 关于某个评价目标的相对重要性程度之比的赋值参考 1～9 标度法（表 12-27）确定，由多个专家分别给出判断矩阵，最后取平均值，经一致性检验后得出各指标权重。

表 12-27　AHP 法标度参考表

标度	说明
1	表示指标 x_i 与 x_j 相比，同等重要
3	表示指标 x_i 与 x_j 相比，x_i 比 x_j 稍微重要
5	表示指标 x_i 与 x_j 相比，x_i 比 x_j 明显重要
7	表示指标 x_i 与 x_j 相比，x_i 比 x_j 强烈重要
9	表示指标 x_i 与 x_j 相比，x_i 比 x_j 极端重要
2,4,6,8	对应以上两相邻判断的中间情况
倒数	若指标 x_j 与 x_i 比较，判断矩阵值为 $a_{ji}=1/a_{ij}$

将权向量 W 与单因素模糊评价矩阵 R 复合，便得到各被评价对象的模糊综合评价向量 B，采用"加权和"的方法计算。

$$B = W \times R = \{b_1, b_2, \cdots, b_m\} = \sum_{i=1}^{n} w_i \times r_{ij} \qquad (12\text{-}10)$$

2. 评价结果

在遵循尽可能与现有的国家相关标准吻合的基础上，本书采用层次分析法，通过目标层、准则层、指标层 3 个层次构建评价指标体系，涉及 9 个指标，具体指标及计算方法如表 12-28 所示。

利用指标质量离散刻度对各指标进行标准化。指标质量离散刻度是结合国家、地方标准或者比较公认量化值限定指标标准化值，在刻度范围以内插的形式确定指标的标准化值。本书社会效益评价指标质量离散刻度如表 12-29 所示。其中指标 C1、C4、C6 指标标准化以专家咨询的定性数值化为主，指标 C1 人均纯收入采用水土保持建设项目各阶段的年增长率计算，C5、C7 采用实际计算所得数值。

表 12-28　水土保持社会效益评价指标及计算方法

目标层	准则层	指标层	计算方法
水土保持社会效益(A1)	农民脱贫致富(B1)	人均纯收入(C1)	
		脱贫率(C2)	贫困户数/总户数
		恩格尔系数(C3)	食物消费支出金额/总消费支出金额
	农村经济发展(B2)	土地利用结构(C4)	各类型用的面积比与比重的乘积加和
		土地利用率(C5)	(土地总面积−未利用地面积)/土地总面积
		劳动生产率(C6)	全年劳动创造价值/全年劳动投入价值量
		机动道路密度(C7)	已通公路的自然村数/自然村总数
	农村社会进步(B3)	环境人口容量(C8)	现有人口数量/该地区人口环境容量
		义务教育普及率(C9)	初中毛毕业率/16 周岁人口数

表 12-29　水土保持效益指标质量离散刻度

分层指标	质量离散值					
C1	高/1	较高/0.8	中/0.6	偏低/0.4	低/0.2	很低/0
C2/%	>90/1	80/0.8	60/0.6	40/0.4	20/0.2	<10/0
C3/%	<30/1	30/0.8	40/0.6	50/0.4	60/0.2	<60/0
C4	优/1	好/0.8	良/0.6	一般/0.4	差/0.2	很差/0
C5/%	100/1	80/0.8	60/0.6	40/0.4	20/0.2	0/0
C6	高/1	较高/0.8	中/0.6	偏低/0.4	低/0.2	很低/0
C7/%	100/1	80/0.8	60/0.6	40/0.4	20/0.2	0/0
C8/(人/km^2)	<7/1	10/0.8	15/0.6	20/0.4	25/0.2	>30/0
C9/%	100/1	80/0.8	60/0.6	40/0.4	20/0.2	0/0

利用层次分析法确定水土保持社会效益各指标层因子的权重，根据特尔斐法对各指标进行比较，得出判断矩阵见表 12-30，对矩阵进行正规化，进一步进行一致性检验，CI<0.1，满足一致性要求，得出各指标权重。各指标权重如表 12-31 所示。

表 12-30　水土保持社会效益各指标层因子判断矩阵

指标	C1	C2	C3	C4	C5	C6	C7	C8	C9
C1	1	3	4						
C2	1/3	1	2						
C3	1/4	1/2	1						
C4				1	3	1/3	3		
C5				1/3	1	1/4	2		
C6				3	4	1	5		
C7				1/3	1/2	1/5	1		
C8								1	3
C9								1/3	1

表 12-31　水土保持社会效益各指标权重

目标层 A	准则层 B	指标层 C	C 层指标相对于 B 层权重	C 层指标相对于 A 层权重
水土保持社会效益 (A1)	农民脱贫致富 (B1) 0.3745	人均纯收入 (C1)	0.4506	0.1688
		脱贫率 (C2)	0.3021	0.1131
		恩格尔系数 (C3)	0.2473	0.0926
	农村经济发展 (B2) 0.3745	土地利用结构 (C4)	0.2636	0.0987
		土地利用率 (C5)	0.1857	0.0696
		劳动生产率 (C6)	0.3740	0.1401
		机动道路密度 (C7)	0.1767	0.0662
	农村社会进步 (B3) 0.2510	环境人口容量 (C8)	0.5987	0.1503
		义务教育普及率 (C9)	0.4013	0.1007

　　1982~2009 年近 30 年来赣南实施的水土保持项目共治理小流域 395 条，取得了明显的社会效益。本书分 1983~1992 年、1993~1997 年、1998~2007 年三个阶段评价赣州市的社会效益，这三个时期分别跨了 20 世纪八九十年代和 21 世纪初期，且 1983 年国家八片一期水土保持治理工程开始实施，1992 年国家八片一期治理工程完工，1997 年国家八片二期一阶段治理工程完工，2007 年国家八片三期治理工程完工，这三个时间段对赣南的水土保持具有代表性。将赣州市评价指标值(表 12-32)标准化即可得出赣南水土保持生态建设三十年来这三个时段的社会效益综合值(A1)。表 12-32 为三个阶段评价指标标准化后的数值，其中 1~9 代表对应的 C1~C9 这 9 个指标。

表 12-32　三个时段赣南水土保持评价指标值及社会效益评价值

时段	C1	C2	C3	C4	C5	C6	C7	C8	C9	A1
1983~1992 年	602	75%	54%	一般	85%	偏低	11%	17	60%	0.541
1993~1997 年	2100	89%	43%	良	92%	偏低	41%	20	80%	0.618
1998~2007 年	3271	92%	41%	好	95%	中	52%	22	80%	0.698

　　按照质量离散刻度的原理，将社会效益综合值分为 6 类，0.8~1 为优，0.6~0.8 为良，0.4~0.6 为中等，0.2~0.4 为差，0~0.2 为很差。从表 12-32 的计算结果可以看出，1983~1992 年赣南水土保持社会效益的综合值为 0.541，效果为"中等"，1993~1997 年为 0.618，1998~2007 年为 0.698，效果都为"良"。最明显的社会效应是农村人均纯收入的变化，20 世纪 80 年代仅为 602 元，到 1997 年为 2100 元，2007 年为 3271 元，人均纯收入增长了 4 倍以上(莫明浩等, 2011)。

　　从总体的综合值来看，30 年来，赣南水土保持社会效益 21 世纪初>20 世纪 90 年代>20 世纪 80 年代。因为 20 世纪 80 年代赣南地区水土流失异常严重，农民生活较为贫困，人均纯收入、脱贫率等指标基数都很低，到 80 年代末 90 年代初期，随着国家重点水土保持建设的陆续展开，赣南地区脱贫致富、经济发展、社会进步都比较明显，但是由于基数低，所以效果不如后两个阶段。随着国家改革开放等政策的稳步实施，到 90 年代赣南社会经济已经取得了长足的发展，人民生活水平显著提高，同时国家对赣南水土流失的治理范围和力度也比上一阶段加强。20 世纪 80 年代赣南水土保持国家重点工程项目治理流域数约 20 条左右，而 90 年代治理流域数约 220 条左右，水土保持生态建设的成效也带来了 90 年代赣南社会效益的提高。而 21 世纪初的社会效益最高，优于前两个阶段，完全达到"良"的效果，是因为国家对赣南的水土保持建设同样重视，共投入水土保持的小流域约 150 条，另外经过一二十年来的水土流失治理，水土保持带来的效益已经显现，农业、林业受益的同时也带动了相关产业的发展，由于前两个阶段的积累，故 21 世纪初赣南水土保持的社会效益最为显著。

赣南是典型的南方水土流失易发丘陵山区，20 世纪六七十年代水土流失非常严重，尤其 70 年代末至 80 年代初为甚，成为南方水土流失最严重的地区之一。经过 30 年来的水土保持生态建设，有效地改善了生态环境，提高了抵御自然灾害的能力。30 年来，以小流域为单元进行赣南水土保持综合治理，据统计，赣南累计综合治理小流域 395 条，经过多年的连续治理，已治理水土流失面积 5033km^2，水土流失治理度达到 80%以上，治理区内林草覆盖率均在 85%以上。年土壤侵蚀量由 1980 年的 5326 万 t，降到目前的 2450 万 t。江河的河床逐年下降，主要的一级、二级支流河床平均下降 52～86cm。水库、山塘的蓄容量增加，洪涝、干旱等自然灾害明显减少，且灾害强度降低，抵御洪涝、干旱等自然灾害的能力大大增强(宋月君等, 2015)。

综合 30 年来赣南水土保持生态建设的经济效益、生态效益和社会效益的分析，可以得出如下结论：

(1)赣州市水土保持生态服务价值 1980 年为 6.30 亿元，1997 年为 25.98 亿元，2007 年为 41.65 亿元，其中 2007 年相当于当年赣州市 GDP 的 6%。

(2)至 2008 年赣南水土保持静态经济效益为 82.50 亿元，占赣州市农业总产值的 47.6%，对经济的贡献率为 10.86%。

(3)1983 年、1992 年、1997 年、2002 年、2007 年国家八片水土保持重点建设工程的总经济效益分别为 2278 万元、2.05 亿元、17.11 亿元、35.27 亿元和 45.16 亿元，对整个赣南经济的贡献率分别为 7.12%、3.75%、10.24%、20.98%和 2.51%。1992 年、1997 年、2002 年、2007 年占赣南国家水土保持重点建设工程实施县第一产业产值的比例分别为 67.42%、43.47%、57.20%和 48.90%。由此可见，水土保持不仅是赣南社会经济的基础，而且是经济发展的重要组成部分。

(4)30 年来水土保持各个阶段社会效益均达到了"中等"和"良"以上的效果。群众的生产条件、人居环境极大改善，生态安全有了保障。发展了小流域经济，推动了区域经济发展，促进了农民的增产增收。1980 年赣州市农村居民人均纯收入仅为 602 元，到 2007 年为 3271 元，人均纯收入增长了 4 倍以上。

参 考 文 献

陈渠昌, 张如生. 2007. 水土保持综合效益定量分析方法及指标体系研究. 中国水利水电科学研究院学报, 5(2): 95-104.

方少文, 赵小敏, 莫明浩. 2012. 赣南红壤坡面不同措施径流泥沙及氮磷污染输出试验研究.中国水利, (18): 10-13.

关文彬, 王自力, 陈建成, 等. 2002. 贡嘎山地区森林生态系统服务功能价值评估. 北京林业大学学报, 24(4): 80-84.

韩冰, 汪有科, 吴发启. 1995. 渭北黄土高原沟壑区小流域综合治理评价的研究. 水土保持学报, 9(3): 84-89.

江西省统计局.江西统计年鉴(1993—2008). 北京: 中国统计出版社.

靳芳, 余新晓, 鲁绍伟.2007. 中国森林生态系统生态服务功能及其评价. 北京: 中国林业出版社.

康玲玲, 王云璋, 王霞.2002. 小流域水土保持综合治理效果指标体系及其应用. 土壤与环境, 11(3): 271-278.

雷孝章, 王金锡, 彭沛好, 等.1999. 中国生态林业工程效益评价指标体系. 自然资源学报, 14(2): 175-182.

李智广, 李锐.1998. 小流域治理综合效益评价方法刍议. 水土保持通报, 18(5): 19-23.

莫明浩, 杨洁, 方少文, 等.2011. 赣南地区生态建设30a来的综合效益评价. 水土保持通报, 31(4): 172-176.

欧阳志云, 王效科, 苗鸿.1999. 中国陆地生态系统服务功能及其生态经济价值的初步研究. 生态学报, 19(5): 607-613.

全海.2009. 水土保持生态建设综合效益评价指标体系及核算方法初探. 北京林业大学学报, 31(3): 64-70.

石兴旺.2007. 三峡库区典型小流域侵蚀产沙模拟研究. 武汉: 华中农业大学.

宋月君.2015. 赣南水土保持生态建设成果总结与探讨. 水土保持应用技术, (4): 20-21, 26.

孙昕, 李德成, 梁音.2009. 南方红壤区小流域水土保持综合效益定量评价方法探讨——以江西兴国为例. 土壤学报, 46(3): 373-380.

汪邦稳, 方少文, 杨勤科.2011. 赣南地区水土流失评价模型及其影响因子获取方法研究. 中国水土保持, (12): 16-19.

王兵, 郑秋红, 郭浩.2008. 基于Shannon-Wiener指数的中国森林物种多样性保育价值评估方法. 林业科学研究, 21(2): 268-274.

王殿文, 李长胜, 吴艳辉, 等.2003. 生态林业工程水土保持效益计量的研究. 防护林科技, (3): 18-20.

王建华, 罗嗣忠, 叶冬梅.2008. 赣南山地水土保持生物措施效益研究. 中国水土保持科学, 6(5): 37-43.

王一鸣, 高鹏, 穆兴民, 等.2017. 南方红壤丘陵区小流域水土保持综合效益评价——以江西阳坑小流域为例. 水土保持研究, 24(5): 6-13.

王越.2006. 水土保持生态建设经济社会分析. 南京: 河海大学.

吴岚, 秦富仓, 余新晓, 等.2007. 水土保持林草措施生态服务功能价值化研究. 干旱区资源与环境, 21(9): 20-24.

余新晓, 鲁绍伟, 靳芳, 等.2005. 中国森林生态系统服务功能价值评估. 生态学报, 25(8): 2096-2102.

余新晓, 吴岚, 饶良懿, 等.2007. 水土保持生态服务功能评价方法. 中国水土保持科学, 5(2): 110-113.

余新晓, 吴岚, 饶良懿, 等.2008. 水土保持生态服务功能价值估算. 中国水土保持科学, 6(1): 83-86.

张登荣, 朱建丽, 徐鹏炜.2001. 基于卫星遥感和GIS技术的水土流失动态监测体系研究. 浙江大学学报(理学版), 28(5): 577-582.

张杰, 胡松, 陈浩.2012. 赣南水土保持生态建设调查实践. 江西水利科技, 38(3): 172-175.

张守江, 刘苏峡, 莫兴国等.2010. 降雨和水保措施对无定河流域径流和产沙量影响. 北京林业大学学报, 32(4): 161-168.

张颖.2001. 中国森林生物多样性价值核算研究. 林业经济, (3): 37-42.

张忠学, 郭亚芬, 任玉东.2000. 小流域生态经济系统的评价研究. 水土保持通报, 20(1): 24-27.

赵春华, 沈克芬.1998. 实施流域可持续发展的综合治理指标评价. 水土保持研究, 5(1): 64-66.

赵同谦, 欧阳志云, 贾良清, 等.2004. 中国草地生态系统服务功能间接价值评价. 生态学报, 24(6): 1101-1110.

Costanza R, d'Arge R, Groot R, et al. 1997. The value of the world's ecosystem services and natural capital. Nature, (387): 253-260.

第13章 水土流失综合治理示范

水土流失综合治理应坚持"山水林田湖草生命共同体"理念，以水土保持生态文明建设为目标，以低山丘陵区人口密集区为重点，以小流域为单元，根据地形地质条件和工程性质，按照因地制宜、经济实用、技术先进的原则，山、水、田、林、路统一规划，合理布设水土保持工程措施、植物措施和耕作措施，坚持综合治理开发，以期达到经济效益、生态效益和社会效益的全面实现。

13.1 示范总体情况

为充分发挥示范、辐射作用，促进研究成果向现实生产力转化，结合国家近期水土保持重点治理及堤防除险加固工程，选择代表性、典型性的县(市)区域，充分考虑不同母质发育的土壤类型、不同社会经济发展情况和具有良好的水土保持工作及管理基础等特点，分别在鄱阳湖流域内建立了具有典型性、代表性的水土流失综合治理示范基地，示范面积达 1915.6hm²，发挥了良好的示范、辐射作用，可为鄱阳湖流域乃至南方红壤坡地水土流失综合治理提供示范样板，如表 13-1 所示。

表 13-1 典型示范区一览表

编号	治理类型	治理模式	县市	示范技术	示范基地/hm²
1	坡耕地水土流失综合治理示范	生态路沟+水系调控模式	德安县	生态路沟、秸秆覆盖、等高植物篱、等高垄作	2.0
		保土耕作模式	德安县	秸秆覆盖、等高耕作、保土耕作	2.0
			余江县	横坡耕作、植物篱	10.0
			进贤县	横坡耕作、纵坡耕作、间作套种、残茬敷盖、植草覆盖和免耕保墒	5.0
		坡面生态梯化模式	高安市	前埂后沟+梯壁植草+反坡梯田、生态草沟、水系配套工程	1.3
2	果园水土流失综合治理示范	坡面生态梯化模式	德安县	坡改梯+前埂后沟+梯壁植草	4.0
			泰和县	坡改梯、梯壁植草、坡面水系与道路的综合配置	2.0
			赣县区	坡改梯、梯壁植草、坡面水系与道路的综合配置	3.3
			南康区	坡改梯、梯壁植草、坡面水系与道路的综合配置	2.0
			宁都县	坡改梯(前埂后沟+梯壁植草+反坡梯田)、坡面水系(排灌沟、草沟、蓄水池、沉砂池、山塘和滴灌设施)、道路(水泥路、草路、土路)	100.0
		林下复合经营模式	德安县	果园生草、果园套种、作物/牧草植物篱	1.2
			宁都县	果园生草、果园套种、作物/牧草植物篱	120.0
		水土保持雨水集蓄模式	德安县	高山集雨异地灌溉模式、低山丘陵集雨自灌+提灌模式	2.8

续表

编号	治理类型	治理模式	县市	示范技术	示范基地/hm²
3	林下水土流失综合治理示范	封禁管护模式	赣县	封禁管护、宣传教育	150.0
			泰和县	封禁管护、宣传教育	50.0
		生态恢复治理模式	于都县	水平竹节沟、补种湿地松、枫香、胡枝子、宽叶雀稗等	100.0
			泰和县	水平竹节沟、补种湿地松、枫香、胡枝子、宽叶雀稗等	80.0
4	崩岗侵蚀综合治理示范	封禁管护模式	赣县	封禁管护、宣传教育	120.0
			修水县	封禁管护、宣传教育	80.0
			于都县	封禁管护、宣传教育	100.0
		生态恢复模式	赣县	截排水沟、削坡开级、谷坊、拦沙坝、植树植草、PAM、W-OH	50.0
			修水县	截排水沟、削坡开级、谷坊、拦沙坝、植树植草、PAM、W-OH	45.0
		经济开发和建设用地模式	赣县	截排水沟、前埂后沟+梯壁植草+反坡台地、经济树种	4.0
			修水县	截排水沟、前埂后沟+梯壁植草+反坡台地、经济树种	2.7
			于都	先期有效拦挡+后续开发利用	31.0
5	稀土矿迹地水土流失综合治理示范	林草复合+工程措施模式	寻乌县	桉树、胡枝子、湿地松、混合草,拦沙坝、谷坊等小型水保工程	30.0
			宁都县	湿地松、马唐、雀稗、胡枝子混播(条带)	40.0
			赣县	狗尾草、桉树、芭茅,石坎梯田等小型水保工程	26.7
		经济开发模式	赣县	油茶,并套种茅草	20.0
			宁都县	油茶,并套种芭茅、狗尾草等混合草	16.7
6	沙山综合治理示范	封禁管护模式	都昌县	封禁管护、宣传教育	300.0
			星子县	封禁管护、宣传教育	320.0
		生态恢复治理模式	都昌县	蔓荆沙障、乔灌草、机械沙障	30.0
			星子县	蔓荆沙障、乔灌草、机械沙障	40.0
		经济开发利用模式	都昌县	白桃、西瓜、棉花、红薯	10.0
7	堤防植草护坡示范	植草护坡模式	新建廿四联圩	狗牙根、结缕草、假俭草、白三叶、早熟禾	0.6
			樟树肖江堤	狗牙根、结缕草	1.3
			余干信瑞联圩	狗牙根、结缕草、假俭草	2.1
			彭泽棉船洲	狗牙根、杂交狗牙根	1.3
			永修九合联圩	狗牙根、结缕草、假俭草	7.3
			万年中洲圩	狗牙根、结缕草、假俭草、红花酢浆草	2.0
合计					1915.6

13.2 坡耕地水土流失综合治理示范

13.2.1 德安示范区

1. 示范区概况

德安示范区主要位于江西水土保持生态科技园内,示范区概况详见 5.2.1 节。

2. "生态路沟+水系调控"及保土耕作模式

在此示范区内,以山边沟和横坡垄作为技术骨架,对其他相关技术如沉砂池、蓄水池、植草农路、植物篱以及排水系统进行了集成融合,在耕作方式上采取大豆和油菜轮作,即集成了蓄水保土的坡面整治技术、坡面水系优化配置技术、保护性耕作技术以及农路配套技术等,建成了坡耕地水土流失综合治理示范基地(图 13-1)。

(a)

(b)

图 13-1 坡耕地"生态路沟+水系调控"及保土耕作模式示范区

3. 示范效益

示范基地内水土保持综合治理程度达到 90%,水土流失得到基本控制;减沙效率达到 75%;土壤肥力明显提高,土地生产力显著增加;示范区社会效益显著,3 年接待考察学习 1500 人次。

13.2.2 余江示范区

1. 示范区概况

余江县位于江西省东北部、信江中下游,地处 116°41′E～117°09′E,28°04′N～28°37′N。余江县地势为南北高,逐渐向中部倾斜。以低丘岗地为主,南北有少量丘陵,中部为河谷平原。属亚热带湿润季风气候，年平均气温为 17.6℃，其中一月平均气温 5.2℃，七月平均气温 29.3℃。年平均降水量 1788.8mm，平均年日照时数 1739.4h，无霜期 258 天。地貌特征为南北高，逐渐向中部倾斜，丘陵面积 723km^2，平原面积 202km^2，山林面积 391km^2，耕地 320km^2。

2. 保土耕作模式

示范区主要以水土保持耕作技术和植物措施为主，融合坡面整治技术和道路配置，经过两年建设，目前已建立缓坡红壤坡耕地技术集成示范基地 10hm^2。主要技术包括：横坡耕作、薄膜覆盖、秸秆覆盖和植物篱等(图 13-2)。作物为花生，植物篱以香根草为主。

(a) 横坡耕作+植物篱　　　　　　　　　　(b) 植物篱+薄膜覆盖

图 13-2　坡耕地保土耕作余江示范区

3. 示范效益

示范基地内坡耕地治理度达到 75%以上，土壤侵蚀量减少 70%以上。通过控制水土流失，生态环境得到了明显改善，结合发展生态农业，农村经济也得到了一定发展，人均纯收入增长比当地平均增长水平高 30%以上。以余江县"花生+秸秆覆盖+香根草篱模式"示范基地为例，示范基地内土壤侵蚀量减少 80%以上，有机质提高 11%，综合生产能力提高 31%，与传统种植模式相比，经济效益增加 97%～138%。

13.2.3　进贤示范区

1. 示范区概况

示范区位于江西省红壤研究所的水土流失定位试验站内，地理位置为 116°20′24″N，28°15′30″E，气候温和、雨量丰富、日照充足、无霜期长，属中亚热带季风气候，年均降水量 1537mm，年蒸发量 1100～1200mm；干湿季节明显，3～6 月为雨季，雨季雨量占全年雨量 61%～69%；7～9 月为旱季，蒸发量占全年蒸发量的 40%～59%；年均气温 17.7～18.5℃，最冷月气温(1 月)为 4.6℃；最热月(7 月)平均气温一般在 28.0～29.8℃。地形为典型低丘，土壤为第四纪红土母质发育的红壤旱地，质地较黏重，肥力中等。

2. 保土耕作模式

示范区主要以保土耕作模式为骨架，融合坡面整治技术、不同耕作方式、不同种植作物等技术，经过两年建设，目前已建立缓坡红壤坡耕地技术集成示范基地 5hm^2。具体措施包括以下几种技术集成形式(表 13-2 和图 13-3)。

表 13-2　坡耕地治理进贤示范区技术集成介绍

样地类型	示范技术	技术布设
防治水土流失的丘陵红壤坡耕地利用方式	牧草	全园百喜草
	多年生农作物	多年生农作物(苎麻，赣苎三号)
	一年生农作物	一年生农作物(传统旱地利用模式，进贤多粒花生)
	柑橘+覆盖	柑橘+百喜草覆盖
	柑橘	柑橘常规种植(果园主要利用模式)
	柑橘+植物篱	柑橘+百喜草篱
	柑橘+香根草篱	柑橘+香根草篱
蓄水保土的丘陵红壤坡耕地复合系统	自然裸露	自然裸露(恢复)
	自然裸露+橘树	种植 5 年龄橘树
	作物	种植花生
	植草	种植香根草
	作物+橘树	种植花生和 5 年龄橘树
	植草+橘树	种植香根草和 5 年龄橘树
固土保肥的丘陵红壤坡耕地耕作措施	作物	花生常规种植
	作物+覆盖+草篱	种植花生；顺坡间隔 8m 种 4 条香根草篱，每条带 2 行，株距×行距为 50cm×50cm；采用水稻秸秆覆盖
	作物+覆盖	种植花生；采用水稻秸秆覆盖

(a)

(b)

图 13-3　坡耕地治理进贤示范区

3. 示范效益

通过定位对比观测得到，不同的水保耕作措施中，无论是从拦蓄径流泥沙量的效益来看，还是从拦蓄养分流失量的效益来看，敷盖、草篱、敷盖+草篱处理均显著低于传统耕作处理，且花生产量与常耕基本持平；作物+柑橘和植草+柑橘两处理的减流拦沙效率最好，是比较适合于红壤坡耕地的农林复合经营模式。总体而言，示范区水土流失综合治理程度达到 70%以上；生态环境得到明显改观，水土保持减沙效率达到 70%以上；农业生产条件有显著改善，土地利用率达 80%以上；区域经济得到较快发展，人均收入提高 30%左右。

13.2.4 高安示范区

1. 示范区概况

高安市坡耕地面积位列江西省第二。截至 2007 年年底，全市有坡耕地面积 216.9km²，占土地总面积的 8.89%。其中 5°～15°坡耕地面积 131.1km²（又以 5°～8°占绝大部分），占坡耕地总面积的 60.4%；15°～15°坡耕地面积 77.5km²，占坡耕地总面积的 35.7%；25°以上的坡耕地面积 8.4km²，占坡耕地总面积的 3.9%。高安市坡耕地地长多在 100～200m。土壤质地肥沃，主要农作物有水稻、花生、油菜、棉花、红薯、牧草等，坡耕地多种植花生，少量种植蔬菜、牧草。属亚热带湿润季风气候，全年平均年降雨量 1560mm，年平均气温 17.7℃，年平均无霜期 276 天。

2. 坡耕地坡面生态梯化模式

该示范区主要是以蓄水保土的坡面整治技术为主（前埂后沟梯田+梯壁植草+草沟），辅以一定的水土保持耕作措施[花生、芝麻（油菜）轮作]和草沟等植物措施（植草）（图 13-4）。

(a)　　　　　　　　　　　　　　　　(b)

图 13-4　坡耕地治理高安示范区

3. 示范效益

该示范区水土流失综合治理程度达到 70%以上，水土保持减沙效率达到 70%以上；植被覆盖率达到 70%以上，生态环境得到明显改观，农业生产条件有明显改善。如通过定位对比观测得到，与原坡耕地相比，实施坡面生态梯化模式后，保水效益为 33.3%，保土效益为 34.5%。

13.3　果园水土流失综合治理示范

13.3.1　德安示范区

1. 示范区概况

同 13.2.1 节。

2. 果园坡面生态梯化模式

在此示范区内，研究人员以坡改梯为技术骨架，融合了前埂后沟、梯壁植草及植草农路等技术，把坡面整治技术、坡面水系优化配置技术和农路配套技术等进行了集成创新，建成了面积约为 4hm² 的优质果园区，发挥了较好的示范作用，如图 13-5 所示。

图 13-5　柑橘园坡改梯示范区

鉴于前埂后沟+梯壁植草梯田模式在坡地开发中具有显著的生态效益和经济效益，在示范区周边坡地开发坡改梯工程中，沿等高线按照前埂后沟+梯壁植草梯田模式建造的要求进行了布设(图 13-6)，梯面栽种经济果木林(如柑橘、桃、梨、枇杷等)，部分地块林下套种大豆、萝卜等农作物；梯壁上都种植了百喜草进行护壁处理(图 13-7)，在梯埂和沟边种植一些绿肥或经济作物，如猪屎豆、黄花菜等。

3. 果园林下复合经营模式

在此示范区内，研究人员以坡地果园为技术骨架，融合了果园生草、果园套种及果园生草套种等技术，进行了试验示范，建成了面积约为 1.2hm² 的优质果园区，发挥了较好的示范作用，如图 13-8 所示。

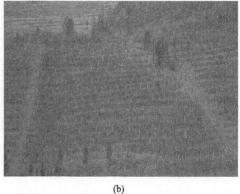

(a) (b)

图 13-6　前埂后沟+梯壁植草式桃园

(a) (b)

图 13-7　梯壁植草式果园推广辐射区

图 13-8　柑橘果园林下复合经营示范区

4. 果园水土保持雨水集蓄模式

为研发区域坡耕地坡面水系工程优化配置技术，在科技园内选择海拔相对较高的水土保持植物优化组合区为高山集雨异地灌溉模式的集雨面，面积 1.60hm²，海拔 69.3m，植被盖度 90%以上，与灌溉区梨园相对高差 20m 以上；选择坡面桃园为低山丘陵集雨自灌+提灌模式的集雨面，面积 1.1hm²，建立试验示范区（表 13-3、图 6-5、图 13-9 和图 13-10）。

表 13-3　试验示范区一览表

序号	模式	集雨面积/hm²	示范技术	技术内容
1	高山集雨异地灌溉模式	1.60	山边沟+百喜草+引水渠+沉砂池+蓄水池的水土保持技术	针对流域内山地、丘陵分布面积广，林地覆盖度高，地势相对高差大的特点，充分利用当地的林地资源和降雨条件，拦截和汇集高山林地的雨水资源，通过水土保持引蓄水系统，为地势相对较低的坡地果园提供灌溉用水。该模式是由集雨面、引蓄水系统和灌溉系统组成
2	低山丘陵集雨自灌+提灌模式	1.20	反坡台地+梯壁植草+坎下沟+引水渠+蓄水池的水土保持技术	针对流域内坡地果园面积大、分布广以及季节性干旱严重的特点，利用果园自身面积为集雨面，将先进的水保、农艺措施与雨水集蓄技术相结合，建设坡面水系网引流和蓄积雨水，以便在干旱季节对果园进行灌溉。该模式是由集雨面、引蓄水系统和自灌+提灌系统组成

(a) 山边沟引水系统

(b) 梨园灌溉区

(c) 蓄水系统沉沙池

(d) 蓄水池系统

图 13-9　高山集雨异地灌溉模式

(a) 台地坎下沟引水系统　　　　　　　　　　　　(b) 台地坎下沟引水系统

(c) 100m³的蓄水池　　　　　　　　　　　　　(d) 20m²的蓄水池

图 13-10　低山丘陵集雨自灌+提灌模式

5. 示范效益

该示范基地内水土保持综合治理程度达到 90%，水土流失得到基本控制；植被覆盖率平均达到 80%，植被覆盖率有很大提高，生态环境得到了明显改善；减沙效率达到 85%；涵养净化水源能力改善。示范区社会效益显著，3 年接待考察学习 1500 人次，成果分别在南康和赣县得到推广，推广面积达到 10000 余亩。

13.3.2　泰和示范区

1. 示范区概况

该示范区依托泰和县水土保持站建设。具体位于老虎山小流域内，地理位置为东经 114°52′~114°54′，北纬 26°50′~26°51′，属中亚热带季风气候，多年平均雨量为 1363mm。无霜期 288 天，平均气温为 18.6℃，平均大于 10℃的积温为 5918℃，极端最高、最低气温分别为 40.4℃和–6℃。老虎山小流域属平原面丘陵区，海拔在 80~200m，境内丘坡平缓，坡度多在 5°左右，土壤为第四纪红土发育而成的红壤，厚度一般为 3~40m。

2. 果园坡面生态梯化模式

示范区主要建设高标准柑橘园。在柑橘园中,融合集成了包括坡面整治技术(坡改梯、梯壁植草)、坡面水系优化配置技术(蓄水池、山塘、沉砂池、谷坊、水平竹节沟、U 形排水沟、植草土沟以及灌溉管网等)和水土保持植物措施(如地面覆盖枯草),并配置了水泥路、土路和植草路面等农路体系(图 13-11)。目前已建示范基地 2hm²,辐射推广面积达 13hm²。

图 13-11　柑橘果园水土流失治理泰和示范区

3. 示范效益

通过山顶戴帽(水保林)、山腰种果(柑橘园)的高标准果园建设,示范区内植被覆盖率由原来的 30%提高到 74%,年土壤侵蚀模数由治理前的 1283t/km² 降至 896t/km²。昔日荒凉裸露的老虎山,如今常年山清水秀,四季花果飘香,流域内农民年人均收入由治理之初的不足 500 元提高到 5000 元,远远超过全县农民的人均年纯收入。另外,通过对示范区的调查,坡面水系优化配置工程的效果明显,集雨、引水和蓄水系统初成体系,养殖业和果园结合发展,达到最佳治理效果。

13.3.3　赣县示范区

1. 示范区概况

该示范区所在地赣县为江西省南部、赣江上游,地处东经 114°42′～115°22′,北纬 25°26′～26°17′,土地总面积 2993km²,其中耕地 247km²,山地 2400km²,水面 153km²,有"八山半水一分田,一分道路和庄园"之称。赣县境域地形属丘陵山地,土壤侵蚀类型以水力侵蚀为主。根据江西省第三次土壤侵蚀遥感调查,赣县现有水土流失面积 882.77km²,占全省水土流失面积的 2.65%。截至 2007 年年底,全县有坡耕地面积 32.5km²,

占全县土地总面积的 1.09%；其中 5°～15° 坡耕地面积 13.2km²，占坡耕地总面积的 40.5%；15°～25° 坡耕地面积 14.3km²，占坡耕地总面积的 43.9%；25° 以上的坡耕地面积 5.1km²，占坡耕地总面积的 15.6%。

该示范区主要依托赣县清溪现代农业科技示范园建设。该科技园地理坐标在东经 115°6′46″～115°17′33″，北纬 26°0′42″～26°9′9″，规划占地面积 232km²，其中核心区面积为果业基地 35km²，油茶基地 14km²。

2. 果园坡面生态梯化模式

在赣县清溪现代农业科技示范园内，选择 3.3hm² 的面积进行示范，主要推广以坡改梯和坡面蓄排水为骨架的坡面整治技术，并对坡面水系优化配置技术和农路配置技术体系进行融合集成，具体技术要点包括前埂后沟、梯壁植草、排水土沟、U 形排水槽、蓄水池、沉砂池、山塘、灌溉管网和水泥路等（图 13-12）。

图 13-12　果园坡面生态梯化赣县示范区

3. 示范效益

该示范区建设之前，土壤侵蚀模数一般在 5000～6000t/(km²·a)。森林覆盖率在 70% 左右，但是林分结构较差，大多数为小老头林，保水能力弱，土壤肥力低下。示范区内农民经济收入较低，大多数以外出务工为生。将大面积的低效林改造为高标准果梯，尽管在开发初期水土流失较为强烈，但一般三年后就可以有效控制水土流失。总体而言，技术实施两年后，示范区水土流失综合治理程度达到 70% 以上，水土保持减沙效率达到 70% 以上；农业生产条件有明显改善，土地利用率达 80% 以上。

13.3.4　南康示范区

1. 示范区概况

该示范区所在地南康市位于江西省南部，居赣江上游章江中下游，地处北纬 25°28′～

26°14′24″，东经 114°29′9″～144°55′24″，土地总面积 1781km²，其中果园面积达 107km²，被命名为"中国甜柚之乡"。属中亚热带季风湿润气候，年平均气温 19.3℃，年平均降水量 1443.2mm，年均日照时数 1856.6h。根据江西省第三次土壤侵蚀遥感调查，南康市现有水土流失面积 677.66km²，占全省水土流失总面积的 2.04%。

2. 果园坡面生态梯化模式

该示范区建设内容主要是以坡改梯和雨水集蓄利用工程为主的果园，技术包括：①水土保持林；②水平台地+梯壁植草；③水平竹节沟(坎下沟)；④排灌沟(U 形槽)；⑤蓄水池(沉砂池)、塘坝和滴灌设施；⑥道路体系。目前已建成示范基地 2hm²，辐射推广示范面积 198hm²。具体做法是：示范区的集雨面采取山顶戴帽的水保林，山腰种果的柚子果园，以及连通示范区的农路路面(图 13-13)。结合国家农业综合开发水土保持项目建设，在水土流失综合治理的基础上，综合运用坡面径流调控理论优化配置水平竹节沟、排灌沟(U 形槽)、蓄水池(沉砂池)、塘坝、滴灌设施等各项"拦、引、蓄、排"小型水利水保措施。引水系统主要有 U 形排水沟、水平竹节沟和果园坎下沟；蓄水系统有 20m³ 的蓄水池 24 口，山谷山塘 2 口。果园整治模式采取水平台地+坎下沟+梯壁植草模式。

图 13-13　果园坡面生态梯化南康示范区

3. 示范效益

该示范区初步形成了坡面径流调控与雨水集蓄利用的技术体系，对山坡坡面、路面、果带带面的雨水进行就地拦截集蓄，形成"集雨有槽、排水有沟、储水有塘、雨季能排、旱季能灌"的循环水模式，减少地表径流，增加地下径流，使雨水不乱流，泥沙不下山，建设"三保"(保水、保土、保肥)果园，降低生产成本，提高果实品质，实现了金山银山与绿水青山的和谐统一。

13.3.5 宁都示范区

1. 示范区概况

宁都位于赣江的一级支流梅江流域中下游、江西省赣州市东北部。宁都示范区主要依托宁都县水土保持科技示范园建设，位于宁都县城北郊石上镇境内，地理位置为北纬26°35′49″～26°38′0.08″，东经116°1′49.8″～116°3′35.4″。地貌类型以构造剥蚀低山丘陵岗地为主，坡度多为5°～25°。土壤主要为红砂岩母质发育的红壤。在全国水土保持区划中，园区地处南方红壤区-江南山地丘陵区-赣南山地土壤保持区。

2. 果园坡面生态梯化模式

在宁都县水土保持科技示范园内建设有脐橙水土保持生态果园示范区，面积达100hm²，辐射推广面积达到1333hm²。主要是坚持山顶林带帽(山顶带帽，面积约占坡面四分之一，不开光头山)、山腰茶果冒(水平台地或反坡梯田，山腰种果)、山脚林草药(山脚穿裙，主要是保留当地黄竹灌草等乡土植被减轻面源污染)、园间配林带(不强行追求大面积连片，果园与果园之间保留或种植约30m宽的植被林带，有效防治病虫害)、整地配措施(外高内低式反坡梯田，辅以前埂后沟+梯壁植草)、水系要蓄排(截水沟、竹节沟、排水沟、沉砂池、蓄水池、山塘连成体系)、道路要合理(水泥主干道和植草空心砖生产便道、土路和草路的连接配套)(图13-14)。

图13-14　果园坡面生态梯化宁都示范区

3. 示范效益

该示范区各项防治措施布局较为合理，建设规范。水土流失综合治理程度达到约86%；25°以上陡坡耕地全部退耕还林还草；植被覆盖度约达到84%，宜治理水土流失面积得到全部治理；土地利用率约达到72%，土地利用结构得到合理调整；土地产出增长率约为65%，区域经济初具规模；基本形成了较为完善的水土保持综合防治体系，治理成果和示范效果显著，科技水平与技术含量较高。

13.4　林下水土流失综合治理示范

13.4.1　于都示范区

1. 示范区概况

于都县左马小流域面积约 3.2km^2，位于赣州市于都县县城郊南面 30km 处，属赣江的支流上游，是一个低山丘、川道环绕的小流域，大部分高丘、低山坡度大于 25°。岩性主要有变质岩、红砂岩。小流域地处中亚热带季风湿润气候，具有雨量充沛、气候温和、光照充足、四季分明、无霜期长等特点，年均降水量为 1507.5mm，一年内降水量分配不均，集中在 4~6 月降水最多，占全年降水量的 47.5%。该小流域为全国水土保持重点建设工程流陂项目区范围，初始植被较差，土地利用类型以林地和耕地为主，面积占比分别为 45% 和 36%。

2. 生态恢复治理模式

结合小流域水土保持重点治理工程，在于都县左马小流域内进行了以水平竹节沟+退耕还林还草措施为主的马尾松林下流的综合治理，总面积达到 100hm^2。主要技术措施包括：水平竹节沟+油茶林、水平竹节沟+泡桐树+胡枝子+阔叶雀稗、马尾松小老头树的人工施肥抚育等（图 13-15）。

图 13-15　马尾松林下流生态恢复治理于都示范区

3. 示范效益

该示范区通过几年的连续治理，马尾松林下植被覆盖度从治理之前的 45% 增加到 80%，宜治理水土流失面积得到全部治理，基本形成了较为完善的水土保持综合防治体系，治理成果和示范效果显著。

13.4.2　泰和示范区

1. 示范区概况

同 13.3.2 节。

2. 生态恢复治理模式

结合小流域水土保持重点治理工程,在泰和县老虎山小流域内进行了以水平竹节沟+退耕还林还草措施为主的马尾松林下流的综合治理,总面积达到 80hm^2。主要技术措施包括：水平竹节沟+枫香、木荷+胡枝子+阔叶雀稗、马尾松小老头树的人工施肥抚育等(图 13-16)。

图 13-16　马尾松林下流生态恢复泰和示范区

3. 示范效益

该示范区通过几年的连续治理,马尾松林下植被覆盖度从治理之前的 56%增加到 84%,宜治理水土流失面积得到全部治理,基本形成了较为完善的水土保持综合防治体系,治理成果和示范效果显著。

13.5　崩岗侵蚀综合治理示范

13.5.1　赣县示范区

1. 示范区概况

赣县崩岗主要发生在花岗岩母质上,占全县崩岗的 87.03%,其次为红砂岩、变质岩,占 11.38%，紫色砂岩、片麻岩占 1.59%。赣县的崩岗治理起步较早，在 20 世纪 50 年代即开展了"封、堵、治"群众性治理，并取得了较好效果，如三溪乡下浓村就曾获国务院"叫崩岗长青树，让沙洲变良田"的锦旗嘉奖。近年来，赣县开展了崩岗治理试验示范工作，采取开发型和生态型两种崩岗整治模式，对 364 个(处)崩岗进行了综合整治，兴建拦沙蓄水坝 113 座，修筑各类谷坊 685 座，现保存并仍在发挥作用的谷坊 486 座，累计治理和控制崩岗侵蚀面积 1072hm²，利用崩岗开发果园 200 多 hm²，累计减少泥沙流失 129.29 万 t，取得了较好的生态、社会和经济效益。特别是在崩岗侵蚀防治实践中，探索出的开发式崩岗整治模式，极大地激发了广大群众治理崩岗的积极性，并涌现了一批开发利用崩岗的先进典型。因此，赣县被选为赣南崩岗示范点建设地。

赣县示范区位于南塘镇黄屋村现代农业示范园。黄屋村土壤发育母质为花岗岩，崩岗情况严重。2015 年 8 月至 2016 年 4 月，依托水土保持小流域重点治理工程，重点对南塘镇黄屋村崩岗侵蚀群中的部分崩岗进行了综合治理(图 13-17 和图 13-18)。根据现场实际情况，将整个崩岗侵蚀群分为四种风险等级，分别进行封禁管理、生态恢复、脐橙开发和规模整理建设用地四种治理模式推广示范。

图 13-17 崩岗侵蚀综合治理赣县示范区治理前

图 13-18 崩岗侵蚀综合治理赣县示范区治理后

2. 大封禁+小治理模式

对基本没有新的侵蚀发生的相对稳定型崩岗，以维持崩岗的相对稳定状态为目标，利用鄱阳湖流域降雨和热量丰富的特点，采取大封禁和小治理相结合的方法，在充分发挥大自然自我修复能力的基础上，进行局部的水土保持措施调控，如开挖水平竹节沟、补植阔叶树种和套种草灌等，同时加强病虫害和防火，促进植被恢复。

在大封禁过程中，当地政府应发布封山育林命令，在封禁治理区竖立醒目的封禁碑牌，层层签订合同，建立责任追究制度，实施目标管理责任制。在小治理过程中，对部分水土流失较为严重的集水坡面或冲积区(冲积扇)进行径流调控，开挖水平竹节沟或品字形竹节沟，蓄水保肥，并对马尾松老头林进行抚育施肥，促进其生长。植被结构或多样性不好的地方适当补植一些阔叶树种和草灌，促进草灌乔结合，促进植物群落的顺向演替，恢复亚热带常绿阔叶林植被，变单纯的蕨类(铁芒萁)坡地或单纯的马尾松疏林为混合林坡。该做法是一种道法自然、因势利导的路子，注重依靠大自然力量修复生态，辩证地处理水土保持生态建设中的问题。

针对示范区低风险等级的区域，依据前述研究结果，主要以管理措施为主，包括在周边村庄张贴或粉刷水土保持宣传标语，竖立封禁公告牌等措施提高附近民众的水土资源保护意识，以及加深对崩岗危害的感性认识和理性思考(图 13-19)。

图 13-19　大封禁+小治理赣县示范区

3. 治坡降坡稳坡"三位一体"模式

共对 7 个崩岗进行了生态恢复性治理。其中主要为活跃型崩岗，属于中等风险等级崩岗侵蚀区。根据前述研究结果，主要采取治坡、降坡和稳坡"三位一体"的生态恢复模式(图 13-20)，即按照"坡面径流调控+谷坊+植树种草"治理集水坡面、固定崩积体，稳定崩壁等措施，实施分区治理，最终达到全面控制崩岗侵蚀，提升生态效益的目的。

坡面集水区：着重控制溯源侵蚀，在崩头和坡面调节径流，让其汇集到崩岗另一侧果业开发区的蓄水池中，从而阻断了崩岗系统物质和能量的继续输送，另外在崩头撒施化学材料 PAM，抑制坡面径流下渗，减轻崩岗崩壁与沟道的压力。

(a)　　　　　　　　　　　　　(b)

(c)

图 13-20　崩岗集水坡面水系处理

在崩壁上，坡底打直木桩、中间打斜木桩、坡顶打水平木桩，在木桩覆土后，形成一个个的小台面，在此基础上客土施肥种植迎春。两排木桩隔 2～3m，每排木桩用竹片编成篱笆状。通过打木桩、编竹篱的方式，稳定土体，同时在稳定的坡面上种草，达到稳定崩壁和快速恢复植被的目的(图 13-21)。

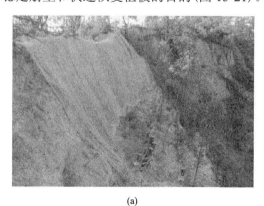

(a)　　　　　　　　　　　　　(b)

图 13-21　崩壁与崩积体生态木桩+竹篱防护

部分崩积堆和沟道边坡采取工程措施+植物措施的方式进行防护(图13-22和图13-23)。工程措施主要是建造生态袋挡墙进行固脚护坡。在崩积堆上，主要栽植红叶石楠、胡枝子、夹竹桃、雀稗，丰富生物多样性同时具有美化功能。在沟道两侧坡面上，主要通过栽植杜鹃、胡枝子、红叶石楠球、红花继木、爬山虎来进行植物护坡，提高坡面植被覆盖率。

(a)

(b)

图 13-22　生态袋固脚护坡

(a)

(b)

图 13-23　崩壁、崩积体、沟道边坡乔灌草植物防护

崩岗沟道同样采取工程+植物的组合措施进行泥沙拦截。工程措施主要是生态袋谷坊(群)，并在3个崩岗的共同出口修建一座拦沙坝。沟道内还种植了桉树、泡桐、杜英、胡枝子和宽叶雀稗，尽快形成生物措施保护沟道。

4. 经果林开发模式

针对示范区内崩岗的风险等级，还建设了面积约 4hm^2 的果业开发区，主要进行脐橙种植。脐橙开发区主要采取"前埂后沟+梯壁植草+反坡台地"模式进行改造(图13-24)。

主要工作内容有：开挖截水沟，将脐橙园山顶(崩岗崩头集雨面)径流引导至蓄水池或工作便道的排水沟中；坡中位置建有沉砂池和蓄水池，主要是将崩岗崩头和上部坡面的径流通过截水沟和工作便道内侧的排水沟引流到蓄水池中便于果园水肥管理。建设坎下沟，将每一个带面内侧的坎下沟与空心砖工作便道相连通(空心砖工作便道内侧带有砖砌排水沟)。带面梯壁植草主要是种植宽叶雀稗草籽，加快植被覆盖。

图 13-24 崩岗侵蚀区开发脐橙园

5. 建设用地规模整理模式

考虑到示范区崩岗侵蚀群距离赣县南塘镇圩镇很近，而且紧邻县道，交通便利，具备开发利用价值，因此规模整理为建设用地是一种可行的选择。在开发利用过程中，根据实际地形条件，以崩岗为中心，集中连片治理，将整个崩岗系统（包括崩头、崩壁、沟口冲积区）的全部范围或部分机械开挖推平，并配置好排水、挡土墙、护坡和道路设施，整理为工业用地（图 13-25～图 13-27）。

(a)   (b)

图 13-25 崩岗侵蚀区规模整理为建设用地

(a)   (b)

图 13-26 喷播植草（湿地松、蟛蜞菊、狗牙根）(a)和浆砌石挡墙+喷播植草（狗牙根）护坡(b)

图 13-27　排水沟+挡墙+生态袋护坡+植草+W-OH 化学措施组合

排水沟主要是混凝土和砖砌排水沟两种；挡墙护坡主要是采取浆砌石(生态袋)挡墙和植草喷播组合的方式，以工程护植物、以植物保工程。

另外，在该示范点建设过程中还采用了喷施 W-OH 的化学措施，以保护坡面和促进植物防护。在坡面上浇水后，喷洒草籽，然后分别覆盖 W-OH，进行生草处理，实现了短时间内坡面草被覆盖，保护坡面免受侵蚀。喷洒化学材料后，在坡面快速生草，效果良好。

13.5.2　修水示范区

1. 示范区概况

该示范区位于路口乡黄桥村马草垄崩岗侵蚀群(29°05′N，114°04′E)。马草垄崩岗侵蚀群含 6 个相对独立又连成一片的崩岗，既有风险等级较低的崩岗，也有风险等级较高的崩岗。该示范区以油茶园开发和生态恢复治理为主。2016 年 4 月至 2017 年 10 月，依托国家农业综合开发水土保持项目，对该崩岗侵蚀群进行了治理。根据现场实际情况，将整个崩岗侵蚀群分为三种风险等级，进行封禁管理、生态恢复和油茶开发三种治理模式推广示范(图 13-28 和图 13-29)。

(a)

(b)　　　　　　　　　(c)

图 13-28　修水示范点治理前原貌

图 13-29　修水示范点治理后全景

2. 大封禁+小治理模式

针对示范区低风险等级的区域，以管理措施为主，具体措施包括：在路口乡圩镇和黄桥村醒目位置张贴或粉刷水土保持宣传标语(图 13-30),如水土保持是山区脱贫致富的根本出路等;在村口张贴水土保持村规民约;在路口树立封禁公告牌等。

图 13-30　水土保持宣传标语

3. 治坡降坡稳坡"三位一体"模式

修水示范点生态恢复区主要采取治坡、降坡和稳坡"三位一体"的生态恢复模式进行治理(图 13-31～图 13-34)。具体措施包括:按照"坡面径流调控+谷坊+植树种草"的综合措施治理集水坡面、固定崩集体,稳定崩壁和沟道;在集水坡面通过开挖排水沟和条带植草等措施调节梳理径流,控制溯源侵蚀;在坡中或坡脚修建沉砂池+蓄水池组合并与排水沟相连接,形成坡面水系工程;在沟道出口修建干砌石谷坊和浆砌石挡墙拦截下泄泥沙,抬高侵蚀基准面。在沟道和边坡补植竹类、胡枝子和宽叶雀稗,形成乔灌草组合提高植被覆盖。

图 13-31　集水坡面条带植草(草路)减缓径流冲刷

(a) 　　　　　　　　　　　　　　　　(b)

图 13-32　排水沟

(a) 　　　　　　　　　　　　　　　　(b)

图 13-33　沉砂池建设

(a) 　　　　　　　　　　　　　　　　(b)

(c)　　　　　　　　　　　　　　　　(d)

图 13-34　谷坊/谷坊群

4. 经果林开发模式

油茶是修水县重点发展的产业。在示范区开发种植了 2.67hm^2 的油茶，主要采取"水平条带+梯壁植草(宽叶雀稗)"的技术组合进行改造(图 13-35 和图 13-36)。

(a)　　　　　　　　　　　　　　　　(b)

图 13-35　条带开挖种植油茶

图 13-36　梯壁植草

13.5.3　于都示范区

1. 示范区概况

于都示范区位于于都县贡江镇，治理之前共有崩岗 1400 余座，崩岗侵蚀面积 361.9hm²，年均土壤流失量 5.5 万 t。示范区千座崩岗连成一片、千沟万壑、沟谷纵横、陡坎遍布，整个山体的土地生产力就此遭到彻底的破坏，场景让人触目惊心。同时，示范区地处梅江、澄江、贡江三江交汇处，又与于都县城隔河相望，对人居环境、粮食安全和河流健康影响极大。因此，开展金桥崩岗区综合治理迫在眉睫。鉴于金桥崩岗区具有特殊的地理位置、全面的侵蚀类型和典型的侵蚀危害，在警示示范和科普教育等方面可以有一定的作为，同时考虑到地方经济实力，采取了一种先期有效拦挡+后续开发利用的综合防控模式。

2. 先拦后治模式

金桥崩岗侵蚀规模较大，且集中连片，划定 31hm² 的崩岗侵蚀地貌就地保留保护，作为警示教育区(图 13-37)。坡面不进行治理，只是在崩岗四周建立挡土墙以减轻泥沙下泄对下游农田的危害。通过现场展示崩岗侵蚀地貌所具备的千沟万壑、沟谷纵横、陡坎遍布的特点，让参观者加强对崩岗的感性认识，心灵得到震撼，感受到崩岗侵蚀对丘陵山区生态安全、粮食安全、防洪安全和人居安全的威胁。对基本没有新的侵蚀发生的相对稳定型崩岗，以维持崩岗的相对稳定状态为目标，在泥沙出口处建立挡土墙等工程措施，阻止泥沙下泄，减少对下游的危害；同时对坡面进行封禁，充分发挥大自然的自我修复能力。对于规模较大的崩岗侵蚀群，以开发利用为主要治理方向，但是在经济状况暂时不具备的条件下可以采取先拦后治的防治模式(图 13-38)。

图 13-37　于都金桥崩岗侵蚀群现状

图 13-38　拦挡建设

　　具体做法为：将整个崩岗群视作一个整体，在外围修筑浆砌石挡土墙将崩岗侵蚀群整体包围，防止泥沙下泄危害下游农田；同时，将每个崩岗视作整体中的一个个体，保留崩岗区内部原貌，在每个崩岗口就地取材修建谷坊，泥沙首先在谷坊沉积后，再汇集流入山下山塘进行二次沉沙处理。经此分段拦截处理后，能最大限度地减少泥沙危害，有利于促进崩岗人工—自然系统的逐步稳定。待经济状况允许后再进行大规模开发利用。这样，既控制了崩岗的水土流失，又不扰动崩岗，保留了崩岗原貌。把崩岗区建设成"崩岗警示基地"和"青少年教育基地"，深受好评。

13.6　稀土矿迹地水土流失综合治理示范

　　在江西省赣州市寻乌县、赣县和宁都县选择典型稀土尾矿区，进行稀土矿迹地水土流失综合治理技术的示范和推广。

13.6.1　寻乌县双茶亭矿迹地

1. 示范区概况

寻乌县位于江西省东南端，居赣、闽、粤三省接壤处，东经 $115°21'22''\sim115°54'25''$、北纬 $24°30'40''\sim25°12'10''$。东邻福建省武平县、广东省平远县，南接广东省兴宁市、龙川县，西毗安远县、定南县，北连会昌县。寻乌属亚热带红壤区南部，土地肥力较好，土壤普遍呈酸性。境内以山地丘陵为主，其中山地占总面积的 75.6%。河网密布，水力资源相当丰富。年平均气温为 18.9℃，年平均降水量为 1650.3mm。寻乌是一个资源富集，素有"稀土王国"之称。境内矿产资源品种繁多，已探明的有稀土、黄金、铀、铅、锌等 30 多种矿产资源，其中稀土储量较大。寻乌县双茶亭水土保持矿区复绿综合治理示范区位于寻乌县文峰乡石排村双茶亭。

2. "林草复合+工程措施"治理模式

该示范区(图 13-39)采取大户治理模式，结合国家水土保持重点建设工程实施，采取生物措施为主，种植乔木桉树，间种胡枝子、湿地松等，套种混合草(图 13-40)，配套拦沙坝、谷坊等小型水保工程措施(图 13-41)。示范区实施规模达到 30hm²，共种植水土保持林 267hm²，修建谷坊 18 处、拦沙坝 8 座、山塘 5 座、水平沟渠 30000m 等。

3. 示范效益

寻乌县双茶亭矿迹地综合治理示范区采取以植物措施为主、工程措施为辅的方式进行综合治理，整个矿区植被覆盖率在 95%以上，水土保持综合效益得到显著提高。

图 13-39　寻乌县双茶亭矿迹地综合治理示范区全貌

(a)　　　　　　　　　　　　　　　　　(b)

图 13-40　"林草复合"生物措施

(a)　　　　　　　　　　　　　　　　　(b)

图 13-41　工程措施

13.6.2　赣县阳埠稀土矿迹地

1. 示范区概况

该示范区位于赣县阳埠乡，距县城 38km，离赣州市区 30km。东靠省道砂园线，西接 105 国道，地处东经 114°42′～115°22′，北纬 25°26′～26°17′。全境地处中亚热带丘陵山区季风湿润气候区，气候温和，阳光充足，雨量充沛，并具有春早、夏长、秋短、冬迟的特点。年均气温 19.3℃，年均日照时数 1092h，年均降水量 1076mm，无霜期 298 天。赣县境域地形属丘陵山地。地势东南高，中、北部低，东部和南部重峦叠嶂，迂回起伏，其间夹有山间条带状谷地，海拔在 500～1000m；中部和北部多为丘陵，大小河流纵横其间，切割成大大小小的丘陵盆地。境内河流密布，700 多条大小河流纵横全境，平均河网密度每平方公里为 0.77km，水力资源丰富。

2. 经济开发模式

主要种植经济作物是油茶，并套种一些茅草，种植面积约为 20hm^2（图 13-42）。

图 13-42　赣县阳埠稀土矿迹地综合治理示范区之油茶园

3. "林草复合+工程措施"治理模式

采取生物措施为主，种植乔木桉树等，套种混合草(狗尾草、芭茅草等)，配套石坎梯田等小型水保工程措施(图 13-43 和图 13-44)。

图 13-43　桉树林

图 13-44　石坎梯田

13.6.3 宁都县稀土矿迹地

1. 示范区概况

同 9.2.1 节。

2. 经济开发模式

主要采取种植经济作物油茶，并套种芭茅、狗尾草等混合草（图 13-45）。

图 13-45 油茶

3. 林草复合治理模式

主要种植湿地松，马唐、雀稗、胡枝子混播（条带）的治理模式（图 13-46）。

(a)　　　　　　　　　　　　　　(b)

图 13-46 湿地松

13.7 沙地综合治理示范

13.7.1 都昌示范区

1. 示范区概况

都昌县多宝沙山位于鄱阳湖入江洪道右岸（116°3′E～116°7′42″E，29°21′22″N～

29°27′18″N），南北长 10km，东西宽 2km，海拔 46.4～242.9m，属中亚热带湿润季风气候，雨量丰沛，无霜期长，春季多寒潮大风，夏季高温闷热多雨，秋季高温干旱，冬季寒冷。自然土壤为红壤和黄棕壤为主，在风的作用下退化为风沙土。全年无霜期 260 天，年平均气温 17.5℃，平均地表温度 21.3℃，最高气温 42℃，最高地表温度 69.5℃，年降水量 1310mm，年蒸发量 1880mm，全年 5 级以上大风 21 天。沙山土壤结构松散，养分含量低，保水保肥能力差。

2. 生态恢复治理模式

在都昌多宝沙山的半流动和固定沙丘，选择耐旱的乡土灌草植物，如蔓荆、狗牙根、假俭草、结缕草，以及狼尾草、棕叶狗尾草、宽叶雀稗等作为改善沙地生境的先锋植物，进行沙地植被恢复，而后配合植物群落向乔灌木自然演替过程进行，选择速生、耐旱、耐瘠薄的湿地松、刺槐、枫香、木荷、杉木、苦楝、胡枝子、小果蔷薇、黄荆、紫珠、野花椒、算盘子等树种，加速形成乔、灌、草立体结构的稳定的植物群落，以修复生态环境，阻止流沙的移动，使流动沙丘转变为固定沙丘(图 13-47)。

(a)　　　　　　　　　　　　　(b)

(c)

图 13-47　鄱阳湖滨沙山生态恢复治理都昌示范区

3. 经济开发利用模式

植物品种的优化组合,种养业的合理配置,是区域经济稳步增长的基础。在沙地初步固定后,摒弃传统的广种薄收方式,根据市场需求,集约、高效地发展多种经营(图13-48)。种植市场对路、适合本地气候条件的农作物,如棉花、西瓜、桃、李、板栗等;发展家禽养殖。林地放养家禽既能提高禽肉的品质,还由于家禽啄食害虫,起到了病虫害防治作用,并减少化学杀虫剂的使用,优化了环境;家禽粪便还能培肥地力,促进植物生长。

图 13-48　鄱阳湖滨沙山经济开发利用都昌示范区

4. 示范效益

该示范区在蔓荆植被覆盖度为 10%～20%时,平均风蚀模数为 24757t/(km²·a),而在覆盖度为 40%时,平均风蚀模数只有 2920t/(km²·a);当覆盖度达 30%时,相应的起沙风速为 7.58m/s,比无植被覆盖的流沙起沙地的起沙风速 4.92m/s 提高 54%;当覆盖度达50%时,沙地即可固定;覆盖度达 70%时,蔓荆年阻沙量平均单株可达 0.4～0.56m³。种植蔓荆后的沙地,由于植物根系的活动,枯叶落叶的增加,改善了土壤的理化性能,减少了养分的淋溶,加强了微生物的活动,增加了有机质含量。蔓荆的枝叶还具有对太阳辐射及地面辐射的吸收和阻隔作用,使沙地土温昼夜变幅减小,地表温度降低,空气湿度增加,种植地小气候得到明显改善。蔓荆沙障的建立,使得沙区生态环境有了明显好转,土壤肥力得以提高,地表开始出现地衣、苔藓,继而矮草群落渐次落户,植被群落由原来单一植物逐步形成多种植物组成的稳定灌草植物群落。

采取经济开发利用模式后,以多宝沙山刘家村为例,经过多年的治理开发和多种经营,农民人均年收入由 3142 元增加到 4053 元。

13.7.2 星子示范区

1. 示范区概况

沙湾小流域地处星子县东南部、鄱阳湖下游西岸，土地总面积为 14.8km²，水土流失面积 4.92km²，平均土壤侵蚀模数为 4170t/(km²·a)，年土壤侵蚀总量为 2.05 万 t。人口 6130 人，人口密度 414 人/km²，完成水土流失综合治理面积 360hm²，营造水土保持林 40hm²，封禁治理 320hm²。

2. 生态恢复治理模式

结合水土保持重点治理工程，在星子县沙湾小流域内对蔓荆沙障治理、湿地松治理及乔灌草水土保持治理进行示范，总面积达 40hm²(图 13-49)。

(a)　　　　　　　　(b)

(c)　　　　　　　　(d)

图 13-49 鄱阳湖滨沙山生态恢复治理星子示范区

3. 示范效益

该小流域因地制宜，综合防治，采取人工治理与生态修复相结合、治理与开发相结合，工程措施和林草措施相结合的手段进行综合治理。通过综合治理，小流域的坡面和沟道得到全面整治，形成坡面绿化、乔灌草多层覆盖，小流域蓄水保土能力明显增强。经测算，所实施各项水土保持措施全面发挥效益后，每年保水 88.16 万 m³，保土 1.04 万 t。

13.8 堤防植草护坡示范

13.8.1 新建廿四联圩

对狗牙根、杂交狗牙根、结缕草、假俭草、白三叶和早熟禾进行示范，实施了 5760m² 的堤防背水面植草护坡工作（表 13-4 和图 13-50）。假俭草草皮间铺，在后期管理养护到位的情况下，需要 60 天能达到 85% 的覆盖度。

表 13-4 新建廿四联圩示范点实施情况

处理	草种	种植方式	坡长/m	岸线长度/m	实施面积/m²
1	假俭草	草籽条播	16	60	960
2		草皮间铺(1:1)	16	25	400
3	杂交狗牙根	草籽撒播	16	100	1600
4		草籽条播(混播黑麦草)	16	50	800
5	狗牙根	草籽条播	16	25	400
6	结缕草	草籽条播	16	50	800
7	白三叶	草籽条播	16	25	400
8	早熟禾	草籽条播	16	25	400
小计					5760

(a) 2013年4月25日

(b) 2013年5月3日

(c) 2014年4月16日

(d) 2016年4月27日

图 13-50 新建廿四联圩植草护坡示范点

13.8.2　樟树肖江堤

樟树肖江堤是内河堤防，对狗牙根、杂交狗牙根和结缕草进行示范，共实施了 12750m² 的堤防背水面植草护坡工程(表 13-5 和图 13-51)。比较研究了是否进行前期土壤处理的实施效果，结果表明，经过土壤前期处理后堤防植草护坡景观效果明显好于没有进行前期处理的效果。

表 13-5　樟树肖江堤示范点实施情况

处理	草种	种植方式	坡长/m	岸线长度/m	实施面积/m²
1	杂交狗牙根	草籽条播	25	300	7500
2	狗牙根	草籽条播	25	160	4000
3	结缕草	草籽条播	25	50	1250
小计					12750

(a) 2013年4月25日　　　　　　　(b) 2013年5月30日

(c) 2013年7月24日　　　　　　　(d) 2015年6月20日

图 13-51　樟树肖江堤植草护坡示范点

13.8.3　余干信瑞联圩

余干信瑞联圩属于鄱阳湖堤防，对狗牙根、杂交狗牙根、结缕草和假俭草进行示范，共实施了 20750m² 的堤防背水面植草护坡工程(表 13-6 和图 13-52),并进行了机械割草控高试验。结果表明,机械控高能在一定程度上降低草皮护坡的高度,达到汛期查险除险工作要求。

表 13-6 余干信瑞联圩示范点实施情况

处理	草种	种植方式	坡长/m	岸线长度/m	实施面积/m²
1	假俭草	草茎埋植	25	100	2500
2	假俭草+杂交狗牙根	草茎埋植+草籽条播	25	50	1250
3		草籽条播	25	200	5000
4		草籽撒播	25	100	2500
5	杂交狗牙根	草籽条播(混播黑麦草)	25	50	1250
6		草籽条播(混播白三叶)	25	50	1250
7		草籽条播(混播早熟禾)	25	50	1250
8	狗牙根	草籽条播	25	130	3250
9	结缕草	草籽条播	25	100	2500
小计					20750

(a) 2013年5月11日

(b) 2013年6月25日

(c) 2014年10月31日

(d) 2015年6月4日

图 13-52 余干信瑞联圩植草护坡示范点

13.8.4 彭泽棉船洲

彭泽棉船洲堤防属于长江干堤堤防，对狗牙根和杂交狗牙根两个品种的示范，共计实施了 12500m² 的堤防背水面植草护坡工程(表 13-7 和图 13-53)。

表 13-7　彭泽棉船洲长江堤防示范点实施情况

处理	草种	种植方式	坡长/m	岸线长度/m	实施面积/m²
1	杂交狗牙根	草籽条播	50	200	10000
2	狗牙根	草籽条播	50	50	2500
	小计				12500

(a) 2013年9月10日　　　　　　　　(b) 2013年11月14日

图 13-53　彭泽棉船洲植草护坡示范点

13.8.5 永修九合联圩

永修九合联圩示范点对狗牙根、结缕草和假俭草进行示范，共实施了 73000m² 的堤防背水面植草护坡工程(表 13-8 和图 13-54)。狗牙根生长调节剂试验结果表明，在狗牙根出苗后的一个星期内喷施生长调节剂可以有效矮化狗牙根。通过布设修筑堤草埂+草沟等排水措施有序引导了堤防路肩径流和坡面汇水径流，降低了播种期雨水对坡面的冲刷。

表 13-8　永修九合联圩示范点实施情况

处理	草种	种植方式	坡长/m	岸线长度/m	实施面积/m²
1	假俭草	草茎埋植	20	200	4000
2	假俭草+狗牙根	草茎埋植+草籽条播	20	200	4000
3	结缕草	草籽条播	20	200	4000
4		草籽撒播	20	350	7000
5		草籽条播	20	1200	24000
6	狗牙根	草籽条播+多效唑 200	20	500	10000
7		草籽条播+多效唑 400	20	500	10000
8		草籽条播+多效唑 600	20	500	10000
	小计				73000

(a) 2014年3月13日　　　　　　　　　　(b) 2014年6月19日

(c) 2015年4月9日　　　　　　　　　　(d) 2017年4月24日

图 13-54　永修九合联圩植草护坡示范点

13.8.6　万年中洲圩

万年中洲圩示范区位于乐安河范围，属于内河堤防，对狗牙根、结缕草和假俭草进行示范，共实施了 20000m^2 的堤防背水面植草护坡工程(表 13-9 和图 13-55)。

表 13-9　万年中洲圩示范点实施情况

处理	草种	种植方式	坡长/m	岸线长度/m	实施面积/m^2
1	假俭草	草茎埋植	10	500	5000
2	结缕草	草籽条播	10	200	2000
3		草籽条播+矮化处理	10	800	8000
4	狗牙根	草籽条播+混播红花酢浆草	10	200	2000
5		草籽条播	10	300	3000
小计					20000

(a) 2014年4月17日　　　　　　　(b) 2014年6月20日

(c) 2015年4月28日　　　　　　　(d) 2015年6月30日

图 13-55　万年中洲圩植草护坡示范点

附　表

附表1　科名拉丁名

科名	拉丁名	科名	拉丁名
漆树科	Anacardiaceae	含羞草科	Mimosaceae
夹竹桃科	Apocynaceae	桑科	Moraceae
冬青科	Aquifoliaceae	木犀科	Oleaceae
萝藦科	Asclepiadaceae	酢浆草科	Oxalidaceae
紫草科	Boraginaceae	蝶形花科	Papilionaceae
忍冬科	Caprifoliaceae	商陆科	Phytolaccaceae
石竹科	Caryophyllaceae	松科	Pinaceae
卫矛科	Celastraceae	蓼科	Polygonaceae
藜科	Chenopodiaceae	报春花科	Primulaceae
鸭跖草科	Commelinaceae	鼠李科	Rhamnaceae
菊科	Compositae	蔷薇科	Rosaceae
景天科	Crassulaceae	茜草科	Rubiaceae
十字花科	Cruciferae	芸香科	Rutaceae
莎草科	Cyperaceae	檀香科	Santalaceae
杜英科	Elaeocarpaceae	玄参科	Scrophulariaceae
大戟科	Euphorbiaceae	菝葜科	Smilacaceae
壳斗科	Fagaceae	山矾科	Symplocaceae
禾本科	Gramineae	山茶科	Theaceae
藤黄科	Guttiferae	瑞香科	Thymelaeaceae
唇形科	Labiatae	椴树科	Tiliaceae
樟科	Lauraceae	榆科	Ulmaceae
百合科	Liliaceae	伞形科	Umbelliferae
千屈菜科	Lythraceae	马鞭草科	Verbenaceae
木兰科	Magnoliaceae	堇菜科	Violaceae
楝科	Meliaceae	葡萄科	Vitaceae
防己科	Menispermaceae		

附表2　属名拉丁名

属名	拉丁名	属名	拉丁名
六道木属	*Abelia*	忍冬属	*Lonicera*
蛇葡萄属	*Ampelopsis*	薄荷属	*Mentha*
蒿属	*Artemisia*	马先蒿属	*Pedicularis*
球柱草属	*Bulbostylis*	松属	*Pinus*
拂子茅属	*Calamagrostis*	黄连木属	*Pistacia*
朴属	*Celtis*	叶下珠属	*Phyllanthus*
蓟属	*Cirsium*	商陆属	*Phytolacca*
臭牡丹属	*Clerodendrum*	蓼属	*Polygonum*
鸭跖草属	*Commelina*	梨属	*Pyrus*
山楂属	*Crataegus*	栎属	*Quercus*
狗牙根属	*Cynodon*	盐肤木属	*Rhus*
马唐属	*Digitaria*	蔊菜属	*Rorippa*
画眉草属	*Eragrostis*	蔷薇属	*Rosa*
飞蓬属	*Erigeron*	悬钩子属	*Rubus*
卫矛属	*Euonymus*	乌桕属	*Sapium*
榕属	*Ficus*	狗尾草属	*Setaria*
算盘子属	*Glochidion*	山矾属	*Symplocos*
白茅属	*Imperata*	堇菜属	*Viola*
灯心草属	*Juncus*	牡荆属	*Vitex*
胡枝子属	*Lespedeza*	苍耳属	*Xanthium*
女贞属	*Ligustrum*	花椒属	*Zanthoxylum*

附表3　种名拉丁名

种名	拉丁名
糯米条	*Abelia chinensis* R. Brown
黑荆	*Acacia mearnsii* De Wilde
菖蒲	*Acorus calamus* Linnaeus
剑麻	*Agave sisalana* Perrine ex Engelmann
剪股颖	*Agrostis matsumurae* Hack.ex Honda
合欢	*Albizia julibrissin* Durazzini
山槐（山合欢）	*Albizia kalkora* (Roxb.) Prain
洋葱	*Allium cepa* Linn.
江南桤木	*Alnus trabeculosa* Hand.-Mazz.

种名	拉丁名
桃	*Amygdalus persica* Linn.
紫穗槐	*Amorpha fruticosa* Linn.
杏	*Armeniaca vulgaris* Lam.
茵陈蒿	*Artemisia capillaris* Thunb.
野古草	*Arundinella anomala* Steud. Syn
刺芒野古草	*Arundinella setosa* Trinius
地毯草	*Axonopus compressus* (Sw.) Beauv.
满江红	*Azolla imbricata* (Roxb.) Nakai
藤枝竹	*Bambusa lenta* Chia
紫背天葵	*Begonia fimbristipula* Hance
冬瓜	*Benincasa hispida* (Thunb.) Cogn.
光皮桦(亮叶桦)	*Betula luminifera* H. Winkl.
鬼针草	*Bidens pilosa* Linn.
苎麻	*Boehmeria nivea* (L.) Gaudich.
多苞斑种草	*Bothriospermum secundum* Maxim.
油菜	*Brassica chinensis* L. var. *oleifera* Mak.
野牛草	*Buchloë dactyloides* (Nutt.) Engelm.
球柱草	*Bulbostylis barbata* (Rottb.) Kunth
紫珠	*Callicarpa bodinieri* Lévl.
油茶	*Camellia oleifera* Abel.
甜槠	*Castanopsis eyrei* (Champ.) Tutch.
锥栗	*Castanea henryi* (Skan) Rehd. et Wils.
苦槠	*Castanopsis sclerophylla* (Lindl.) Schott.
茅栗	*Castanea seguinii* Dode
板栗	*Castanea mollissima* Bl.
华南栲	*Castanopsis concinna* (Champion ex Bentham) A. DC.
栲	*Castanopsis fargesii* Franch.
南岭栲	*Castanopsis fordii* Hance
藜蒴(黧蒴锥)	*Castanopsis fissa* (Champion ex Bentham) Rehd. et Wils.
钩栲	*Castanopsis tibetana* Hance
积雪草	*Centella asiatica* (Linn.) Urban
金鱼藻	*Ceratophyllum demersum* Linn.
土荆芥	*Chenopodium. ambrosioides* Linn.
方竹	*Chimonobambusa quadrangularis* (Fenzi) Makino
虎尾草	*Chloris virgata* Swartz
大蓟	*Cirsium japonicum* Fisch. ex DC.

种名	拉丁名
柑橘（柑桔）	*Citrus reticulata* Blanco
西瓜	*Citrullus lanatus* (Thunb.) Matsum. et Nakai
柚	*Citrus maxima* (Burm.) Merr.
脐橙	*Citrus sinensis* Osb. var. *brasliliensis* Tanaka
鸭跖草	*Commelina communis* Linn.
节节草	*Commelina diffusa* Burm.f.
马桑	*Coriaria nepalensis* Wall.
猪屎豆	*Crotalaria pallida* Ait.
柳杉	*Cryptomeria fortunei* Hooibrenk ex Otto et Dietr.
杉木	*Cunninghamia lanceolata* (Lamb.) Hook.
柏木	*Cupressus funebris* Endl.
青冈	*Cyclobalanopsis glauca* (Thunb.) Oerst.
狗牙根	*Cynodon dactylon* (Linn.) Pers.
徐长卿	*Cynanchum. paniculatum* (Bunge) Kitagawa
莎草	*Cyperus rotundus* Linn.
席草	*Cyperus michelianus* (Linn.) Nees
黄檀	*Dalbergia hupeana* Hance
绿竹	*Dendrocalamopsis oldhami* (Munro) McCl.
麻竹	*Dendrocalamus latiflorus* Munro
瞿麦	*Dianthus superbus* Linn.
芒其	*Dicranopteris dichotoma* (Thunb.) Bernh.
升马唐	*Digitaria. ciliaris* (Retz.) Koel.
马唐	*Digitaria sanguinalis* (Linn.) Scop.
马蹄金	*Dichondra repens* Forst.
芒箕	*Dicranopteris dichotoma* (Thunb.) Bernh.
柿	*Diospyros kaki* Thunb.
蛇莓	*Duchesnea indica* (Andr.) Focke
稗	*Echinochloa crusgali* (Linn.) Beauv.
凤眼莲	*Eichhornia crassipes* (Mart.) Solms-Laub.
杜英	*Elaeocarpus decipiens* Hemsl.
牛筋草	*Eleusine indica* (Linn.) Gaertn.
知风草	*Eragrostis ferruginea* (Thunb.) Beauv.
画眉草	*Eragrostis pilosa* (Linn.) Beauv.
假俭草	*Eremochloa ophiuroides* (Munro) Hack.
飞蓬	*Erigeron acer* Linn.
一年蓬	*Erigeron annuus* (Linn.) Pers.

种名	拉丁名
桉树(大叶桉)	*Eucalyptus robusta* Smith
杜仲	*Eucommia ulmoides* Oliv.
金茅	*Eulalia speciosa* (Debeaux) Kunth
乳浆大戟	*Euphorbia esula* Linn.
斑地锦	*Euphorbia maculata* Linn.
芡实	*Euryale ferox* Salisb.ex konig & Sims
高羊茅	*Festuca elata* Keng ex E. Alexeev
地石榴(地果)	*Ficus tikoua* Bur.
福建柏	*Fokienia hodginsii* (Dunn) A. Henry et Thomas
白蜡树	*Fraxinus chinensis* Roxb.
黄栀子(栀子)	*Gardenia jasminoides* Ellis
算盘子	*Glochidion puberum* (Linn.) Hutch.
大豆	*Glycine max* (Linn.) Merr.
扁担杆	*Grewia biloba* G. Don
常春藤	*Hederanepalensis* K. Koch var. *sinensis* (Tobl.) Rehd.
牛鞭草	*Hemarthria altissima* (Poir.) Stapf et C. E. Hubb.
黄花菜	*Hemerocallis citrina* Baroni
木槿	*Hibiscus syriacus* Linn.
圆锥绣球	*Hydrangea paniculata* Sieb.
破铜钱	*Hydrocotyle sibthorpioides* Lam.var. *batrachium* (Hance) Hand.-Mazz.
黑藻	*Hydrilla verticillata* (Linn. f.) Royle
枸骨	*Ilex cornuta* Lindl. et Paxt.
白茅	*Imperata cylindrica* (Linn.) Beauv.
红薯(番薯)	*Ipomoea batatas* (Linn.) Lam.
刺柏	*Juniperus formosana* Hayata
油杉	*Keteleeria fortunei* (Murr.) Carr.
鸡眼草	*Kummerowia striata* (Thunb.) Schindl.
李氏禾	*Leersia hexandra* Swartz.
浮萍	*Lemna minor* Linn.
新银合欢	*Leucaena leucocephala* (Lam.) de Wit cv. Salvador
胡枝子	*Lespedeza bicolor* Turcz.
截叶铁扫帚	*Lespedeza cuneata* (Dum. -Cours.) G. Don
大叶胡枝子	*Lespedeza davidii* Franch.
广东胡枝子	*Lespedeza fordii* Schindl.
美丽胡枝子	*Lespedeza formosa* (Vog.) Koehne
细梗胡枝子	*Lespedeza virgata* (Thunb.) DC.

种名	拉丁名
山胡椒	*Lindera glauca* (Sieb. et Zucc.) Bl.
枫香	*Liquidambar formosana* Hance
灰柯	*Lithocarpus henryi* (Seem.) Rehd. et Wils
黑麦草	*Lolium perenne* Linn.
金银花	*Lonicera japonica* Thunb.
红花檵木	*Loropetalum chinense* (R. Br.) Oliver. var. *rubrum* Yieh.
番茄	*Lycopersicon esculentum* Miller
马鞍树	*Maackia hupehensis* Takeda
红楠	*Machilus thunbergii* Sieb. et Zucc.
多花木兰	*Magnolia multiflora* M. C. Wang et C. L. Min
紫花苜蓿	*Medicago sativa* Linn.
苦楝	*Melia azedarach* Linn.
糖蜜草	*Melinis minutiflora* Beauv.
芭茅（五节芒）	*Miscanthus floridulus* (Lab.) Warb.
杨梅	*Myrica rubra* (Lour.) Sieb. et Zucc.
莲	*Nelumbo nucifera* Gaertn.
夹竹桃	*Nerium indicum* Mill.
麦冬	*Ophiopogon japonicus* (Linn. f.) Ker-Gawl.
二月兰（诸葛菜）	*Orychophragmus violaceus* (Linnaeus) O. E. Schulz
酢浆草	*Oxalis corniculata* Linn.
红花酢浆草	*Oxalis corymbosa* DC.
糠稷	*Panicum bisulcatum* Thunb.
爬山虎	*Parthenocissus tricuspidata* (Sieb. & Zucc.) Planch.
毛花雀稗	*Paspalum dilatatum* Poir
圆果雀稗	*Paspalum orbiculare* Forst.
双穗雀稗	*Paspalum paspaloides* (Michx.) Scribn.
雀稗	*Paspalum thunbergii* kunth
宽叶雀稗	*Paspalum wettsteinii* Hack.
百喜草	*Paspalum notatum* Flugge
泡桐	*Paulownia fortunei* (Seem.) Hemsl.
江南马先蒿	*Pedicularis henryi* Maxim.
象草	*Pennisetum purpureum* Schum.
狼尾草	*Pennisetum alopecuroides* (Linn.) Spreng.
桃叶石楠	*Photinia prunifolia* (Hook. & Arn.) Lindl.
毛竹	*Phyllostachys edulis* (Carr.) H. de Lehaie
淡竹	*Phyllostachys glauca* McClure
水竹	*Phyllostachys heteroclada* Oliver
紫竹	*Phyllostachys nigra* (Loddiges ex Lindley) Munro

续表

种名	拉丁名
刚竹	*Phyllostachys sulphurea* (Carr.) A. et C. Riv cv. Viridis R.A.Young
湿地松	*Pinus elliottii* Engem.
马尾松	*Pinus massoniana* Lamb.
车前	*Plantago asiatia* Linn.
苦竹	*Pleioblastus amarus* (Keng) Keng f.
水蓼	*Polygonum hydropiper* Linn.
丛枝蓼	*Polygonum posumbu* Buch. -Ham. ex D. Don
商陆	*Phytolacca acinosa* Roxb.
叶下珠	*Phyllanthus urinaria* Linn.
芦苇	*Phragmites australis* (Cav.) Trin. ex Steud.
草芦	*Phalaris arundinacea* Linn.
豌豆	*Pisum sativum* Linn.
早熟禾	*Poa annua* Linn.
竹柏	*Podocarpus nagi* (Thunb.) Zoll. et Mor. ex Zoll.
委陵菜	*Potentilla chinensis* Ser.
金钱松	*Pseudolarix amabilis* (Nelson) Rehd.
蕨	*Pteridium aquilinum* (Linn.) Kuhn var. *latiusculum* (Desv.) Underw.ex Heller
李	*Prunus salicina* Lindl.
野葛藤（葛）	*Pueraria lobata* (Willd.) Ohwi
麻栎	*Quercus acutissima* Carr.
白栎	*Quercus fabri* Hance
栓皮栎	*Quercus variabilis* Blume
华丽杜鹃	*Rhododendron farrerae* Tate
映山红	*Rhododendron simsii* Planch.
刺子莞	*Rhynchospora rubra* (Lour.) Makino
球果蔊菜	*Rorippa globosa* (Turcz.) Thellung
刺槐	*Robinia pseudoacacia* Linn.
小果蔷薇	*Rosa cymosa* Tratt.
爵床	*Rostellularia procumbens* (Linn.) Nees.
乌桕	*Sapium sebiferum* (Linn.) Roxb.
檫木	*Sassafras tzumu* (Hemsl.) Hemsl.
芝麻	*Sesamum indicum* Linn.
木荷	*Schima superba* Gardn. et Champ.
荆三棱	*Scirpus fluviatilis* (Torr.) A. Gray.
水毛花	*Scirpus triangulatus* Roxb.
金色狗尾草	*Setaria glauca* (Linn.) Beauv.
棕叶狗尾草	*Setaria palmifolia* (Koen.) Stapf
狗尾草	*Setaria viridis* (Linn.) Beauv.

种名	拉丁名
鹤草	*Silene fortunei* Vis.
土豆(马铃薯)	*Solanum tuberosum* Linn.
苏丹草	*Sorghum sudanense* (Piper) Stapf
泥炭藓	*Sphagnum palustre* Linn.
紫萍	*Spirodela polyrrhiza* (Linn.) Schleid.
繁缕	*Stellaria media* (Linn.) Cyr.
南方红豆杉	*Taxus mairei* (Lemee et Lévl.) S. Y. Hu
菅	*Themeda gigantea* (Cav.) Hack. var. villosa (Poir.) Keng
糯米椴	*Tilia henryana* Szysz.
香榧	*Torreya grandis* Fort. ex Lindl. cv. Merrillii Hu
野菱	*Trapa incisa* Sieb. et Zucc
荻	*Triarrhena sacchariflorus* (Maxim.) Benth.
白三叶	*Trifolium repens* Linn.
钝萼附地菜	*Trigonotis amblyosepala* Nakai. et Kitag.
小麦	*Triticum aestivum* Linn.
铁杉	*Tsuga chinensis* (Franch.) Pritz.
长苞铁杉	*Tsuga longibracteata* Cheng
乌饭	*Vaccinium bracteatum* Thunb. var. *bracteatum*
苦草	*Vallisneria natans* (Lour.) Hara
香根草	*Vetiveria zizanioides* (Linn.) Nash
蚕豆	*Vicia faba* Linn.
戟叶堇菜	*Viola betonicifolia* J. E. Smith
长萼堇菜	*Viola inconspicua* Blume
黄荆	*Vitex negundo* Linn.
牡荆	*Vitex negundo* Linn. var. *cannabifolia* (Sieb.et Zucc.) Hand.-Mazz.
蔓荆	*Vitex trifolia* Linn.
单叶蔓荆	*Vitex trigolia* var. *simplicifolia* Cham.
紫花地丁	*Viola philippica* Cav.
蟛蜞菊	*Wedelia chinensis* (Osbeck.) Merr.
了哥王	*Wikstroemia indica* (Linn.) C. A. Mey.
花椒	*Zanthoxylum bungeanum* Maxim.
野花椒	*Zanthoxylum simulans* Hance
玉米(玉蜀黍)	*Zea mays* Linn.
枣	*Ziziphus jujuba* Mill.
结缕草	*Zoysia japonica* Steud.